游戏设计与制作

主　编　欧君才　何松泽
副主编　赵　浩　刘晓芳
　　　　杨成伟　吴　俭

北京航空航天大学出版社

内 容 简 介

本书分为两篇。第一篇，着重讲解了3ds Max2014版软件的基本操作与各模块组成，作者按照游戏行业制作的三个流程，重点介绍了3ds Max软件的多边形模型制作、模型UVW的拆分、模型材质编辑等知识点。其中的多边形制作和UVW拆分章节在同类书籍中首次涉及到。第二篇，重点讲解了游戏各类型制作案例，从PS软件在游戏贴图绘制中的应用讲起，涉及游戏行业概念、岗位分工、发展过程、生产制作流程等知识，针对道具、武器、植物、建筑、角色等游戏常用物件进行案例讲解。

本书适合游戏爱好者、将要进入游戏制作行业的人员、三维游戏制作师，是提高游戏制作水平的必备参考书。同时也可以作为高等院校相关专业的教材，还可以作为社会相关领域培训班的教材。

本书配有案例的全程视频讲解，以及教材中涉及的案例源文件，有需要的读者请联系北京航空航天大学出版社理工事业部(电子邮箱 goodtextbook@126.com)。

图书在版编目(CIP)数据

游戏设计与制作 / 欧君才，何松泽主编. -- 北京 ：北京航空航天大学出版社，2014.8

ISBN 978-7-5124-1558-4

Ⅰ. ①游… Ⅱ. ①欧… ②何… Ⅲ. ①游戏—三维动画软件 Ⅳ. ①TP391.41

中国版本图书馆CIP数据核字(2014)第141014号

游戏设计与制作

主　编　欧君才　何松泽

副主编　赵　浩　刘晓芳

杨成伟　吴　俭

责任编辑　杨　昕

*

北京航空航天大学出版社出版发行

北京市海淀区学院路37号(邮编100191)　http://www.buaapress.com.cn

发行部电话：(010)82317024　传真：(010)82328026

读者信箱：goodtextbook@126.com　邮购电话：(010)82316524

三河市汇鑫印务有限公司印装　各地书店经销

*

开本：787×1 092　1/16　印张：24　字数：614千字

2014年8月第1版　2014年8月第1次印刷　印数：3 000册

ISBN 978-7-5124-1558-4　定价：48.00元

前　言

21世纪是计算机快速发展的新时代，计算机图形图像行业也顺应潮流蓬勃发展。

游戏制作是计算机图形图像中的重要组成部分，随着国家大力扶植游戏动漫产业，中国的游戏制作行业正处在新的发展机遇中，各地区一个个游戏动漫基地相继建立。产业在不断壮大，对于三维游戏制作人才的需求与日俱增，同时对人才也提出了新的、更高的要求，各种相关产业学习的书籍也陆续出现，面对琳琅满目的各类书籍一时难以选择。本书编写的初衷就是为广大立志成为一名游戏制作者的朋友提供帮助。书中总结了作者长期从事一线生产工作的经验，读者能从书中学习到系统的、有效的游戏制作技术。

本书由欧君才（四川航天职业技术学院）、何松泽（成都市三叠纪数码科技有限公司）担任主编，赵浩（四川工商职业技术学院）、刘晓芳（四川航天职业技术学院）、杨成伟（四川信息职业技术学院）、吴俭（四川水利职业技术学院）为副主编。在编写过程中得到成都市三叠纪数码科技有限公司的大力支持，在此向三叠纪公司的李洪冰、张胜宇、陈啸、杜淳辉表示感谢。由于作者水平有限，书中疏漏和不足之处在所难免，恳请广大读者及专家不吝赐教。

谨以此书献给蓬勃发展的游戏产业，献给从事游戏制作行业激情澎湃的同人。

编　者

2014年6月

本书内容及其他问题请联系理工事业部，电子邮箱 goodtextbook@126.com，联系电话 010－82317036。

目　　录

第一篇　软件操作基础篇

第二篇 游戏场景制作篇

第一篇　软件操作基础篇

第1章　3ds Max2014软件基础

章节要点：

本章的讲解重点是3ds Max2014软件视图的基本操作、主要工具的具体使用方法和创建模型尺寸单位的设置步骤，这三方面的内容必须熟练掌握。通过本章的学习，将从对3ds Max2014版的基本认知过渡到熟练使用。

1.1　3ds Max2014简介

3D Studio Max，常简称为3ds Max2014或Max，是Autodesk(欧特克)公司开发的基于PC系统的三维动画渲染和游戏制作软件。其前身是基于DOS操作系统的3D Studio系列软件。3ds Max2014是目前的最高版本。游戏公司制作软件版本基本上都使用Maya2009或者3ds Max2014。

1.2　3ds Max2014的发展

与之前的版本相比，3ds Max2014版本提供了全新的创意工具集、增强型迭代工作流和加速图形核心，能够帮助用户显著提高整体工作效率。3ds Max2014拥有先进的渲染和仿真功能，更强大的绘图、纹理和建模工具集以及更流畅的多应用工作流，可让制作者有充足的时间制定更出色的创意决策。

3ds Max2014里增加了全新的分解与编辑坐标功能，不仅新增加了以前需要使用眼睛来矫正的分解比例，更增加了超强的分解固定功能，此功能不仅能让复杂模型的分解变得效率倍增，而且能让更多畏惧分解的新手，更轻易地学会如何分解高面或复杂模型。

3ds Max2014为了让更多的人不需要担心渲染与灯光的设置问题，加入了一个强有力的渲染引擎——Iray渲染器。Iray渲染器，不管在使用简易度上，还是效果的真实度上都是前所未有的。

3ds Max2014在视图显示引擎技术上也表现出了极大的进步，在此版本软件中，Autodesk针对多线程GPU技术，尝试性地加入了更富有艺术性的全新的视图显示引擎技术，能够在视图预览时将更多的数据量以更快的速度渲染出来。淡化图形内核，不仅能提供更多的显示效果，还可以提供渲染无限灯光、阴影、环境闭塞空间、风格化贴图、高精度透明等的环境显示。

3ds Max2014增强了2013版本加入的超级多边形优化工具，增强后的超级多边形优化功能可以提供更快的模型优化速度、更有效率的模型资源分配、更完美的模型优化结果。新的超级多边形优化功能还提供了法线与坐标功能，并可以让高精模型的法线表现到低精度模型上去。

3ds Max2014 把与 Mudbox2014、MotionBuilder2014、Softiamge2014 之间的文件互通做了一个简单的通道，通过这个功能可以把 Max 的场景内容直接导入 Mudbox 里进行雕刻与绘画，然后即时地更新 Max 里的模型内容；也可以把 Max 的场景内容直接导入 MotionBuilder 里进行动画的制作，不需要考虑文件格式之类的要素，即时地更新 Max 里的场景内容；也可以把在 Softiamge 里制作的 IGE 粒子系统直接导入到 Max 场景里去。

3ds Max2014 对渲染效果也做了强化与改进，增加了不少渲染效果，而且这些风格化的效果还可以在视图与渲染中表现一致。此功能主要是为实现更多艺术表现手法与前期设计艺术风格的交流使用。

3ds Max2014 里新增加了一种程序贴图，此贴图已经记录下了数十种自然物质的贴图组成，在使用时可以根据不同的物质组成，制作出逼真的材质效果。此贴图还可以通过中间软件导入游戏引擎中使用。

3ds Max2014 里提供了对矢量置换贴图的使用支持，一般的置换贴图在进行转换时，只能做到上下凹凸。矢量置换贴图可以对置换的模型方向做出控制，从而可以制作出更生动有趣的复杂模型。在 3ds Max2014 里 MR 和 IRAY 都分别支持矢量置换贴图。

3ds Max2014 现在可以提供更精准的模型，可将从真实对象所扫描产生的点云数据汇入到 3ds Max 中。如果你是建模师，也可以在 3ds Max 的 Viewport 中看到点云对象的实际色彩，并实时地调整点云的显示范围，并由吸取点云的节点来创造出新的几何对象；支持. rcp 和. rcs 文件格式，能和其他 Autodesk 的工作流程解决方案如 Autodesk ReCap Studio、AutoCAD、Autodesk Revit 及 Autodesk Inventor 这些软件有更好的整合。

3ds Max2014 加入新的 3D 立体摄影机功能，帮助创建有别以往更具吸引力的视觉内容和特效。如果你已经是 Autodesk Subscription 的用户，则可在 Autodesk Exchange * 应用程序商店找到这个 Stereo Camera 外挂，这个外挂可以建立 3D 立体摄影机的设定。可在 3ds Max 的 Viewport 中看到多种显示模式，包含左右眼、中间或红蓝眼镜（Anaglyph view）的效果，透过 3D Volume 的帮助，可以有效地调整其三维效果。另外，如果加装最新的 AMD FirePro 显示适配器，以及支持 HD3D Active 的立体显示器（屏幕）或配备，则可以直接看到偏光式的立体显示效果。

3ds Max2014 领域的应用

1. 游戏制作

基本上所有与游戏制作相关的公司都会使用 3ds Max 软件，比如暴雪、EA、育碧、Epic 和 SEGA 等世界知名的游戏公司。3ds Max2014 广泛应用于游戏的场景、角色建模和游戏动画制作（如图 1 - 1 所示），使用 3ds Max2014 制作了大量游戏。即使是个人爱好者，利用 3ds Max2014 也能够轻松地制作一些动画角色。对于 3ds Max2014 的应用范围，只要充分发挥想象力，就可以将其运用在许多设计领域中。

2. 建筑动画

北京申奥宣传片、绘制建筑效果图和室内装修是 3ds Max 系列产品最早的应用，如图 1 - 2 所示。先前的版本由于技术不完善，制作完成后，经常需要用位图软件加以处理，而现在 3ds Max2014 直接渲染输出的效果就能够达到实际应用水平。这主要归功于动画技术和后期处理技术的提高，在这方面最新的应用是制作大型社区的电视动画广告。

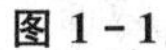

图1-1

图1-2

3. 室内设计

在3ds Max2014等软件中，可以制作出3D模型，用于室内设计，效果图如图1-3所示。

4. 影视动画

世界上第一部全计算机制作的动画片《玩具总动员1》就是用3ds Max5制作完成的，如图1-4所示，现在《阿凡达》、《后天》和《2012》等热门电影也都引进了先进的3D技术。前面已经说过3ds Max在这方面的应用，最早3ds Max系列还仅仅是用于制作精度要求不高的电视广告，现在随着HD(高清晰度电视)的兴起，3ds Max2014毫不犹豫地进入这一领域，而Discreet公司显然有更高的追求，制作电影级的动画一直是其奋斗目标。现在，在好莱坞大片中也常常需要3ds Max2014参与制作。

图1-3

图1-4

5. 虚拟运用

建三维模型、设置场景、建筑材质设计、场景动画设置、运动路径设置、计算动画长度以及创建摄像机并调节动画，都可以通过虚拟运用来完成，3ds Max模拟的自然界，可以做到真实、自然。比如用细胞材质和光线追踪制作的水面，整体效果没有生硬、呆板的感觉。

1.3 3ds Max2014界面

双击3ds Max2014的执行图标，开启3ds Max2014的启动界面(见图1-5)，启动时间会根据计算机的硬件配置，目前的主流家用计算机配置一般在10 s左右，如果长时间没有响应，则可重启计算机或者释放一些后台程序，若仍然解决不了，就需要换一台高配置的计算机了。

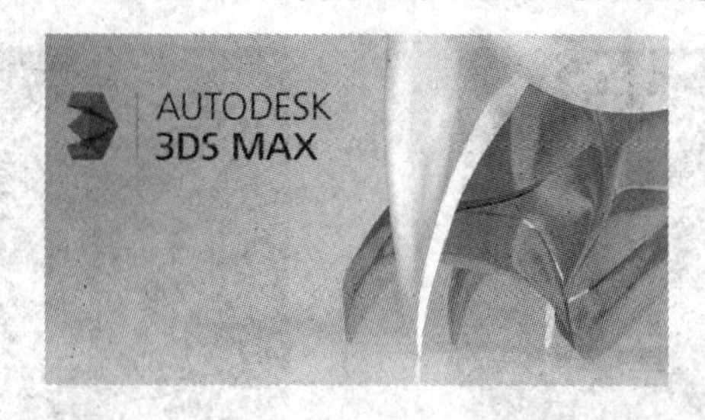

图 1-5

进入软件，软件界面中间会出现一个提示作用的选择小界面，通常叫做欢迎界面，左栏是 2014 版本的新功能视频介绍，右栏是创建新的空白文档(New Empty Scene)、打开文档(Open)和最近打开过的文档(Recent Files)，软件默认为最近依次打开过的 10 个文档(见图 1-6)。

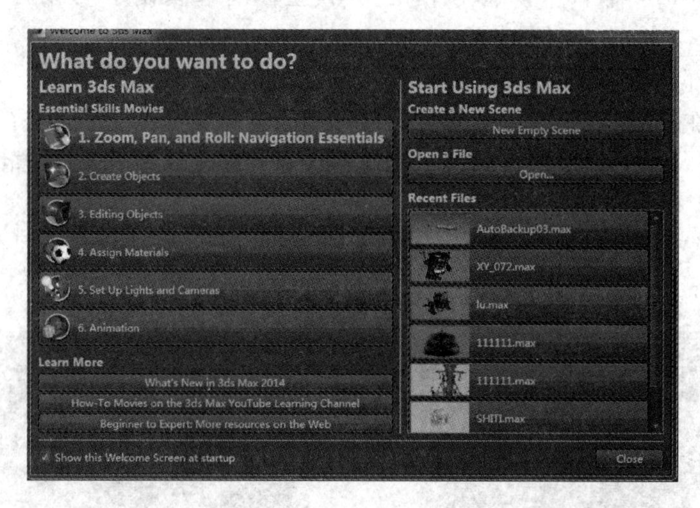

图 1-6

小提示：欢迎界面左侧部分是软件提供的 6 个新功能演示视频。如果用户想启动时不弹出欢迎界面，则需要在左下角勾选 Show this Welcome Screen at startup 即可关闭欢迎界面。

3ds Max2014 操作界面与之前的各个版本相比基本没有变化，由标题栏、工具栏、操作视图、动画操作和创建工具共同构建。

1.3.1 菜单栏的认识

软件界面顶端左上角图标，如图 1-7 所示，从左到右依次为：文件、新建文档、打开文档、保存文档、返回操作前一步、返回操作后一步，也就是把用户最常用的文件操作命令集合到了一起，这些命令的具体应用将在下面做详细的介绍。

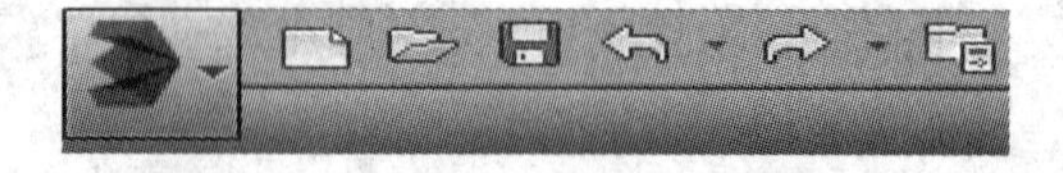

图 1-7

为文件图标,单击此图标,随即显示下拉菜单,如图 1－8 所示。

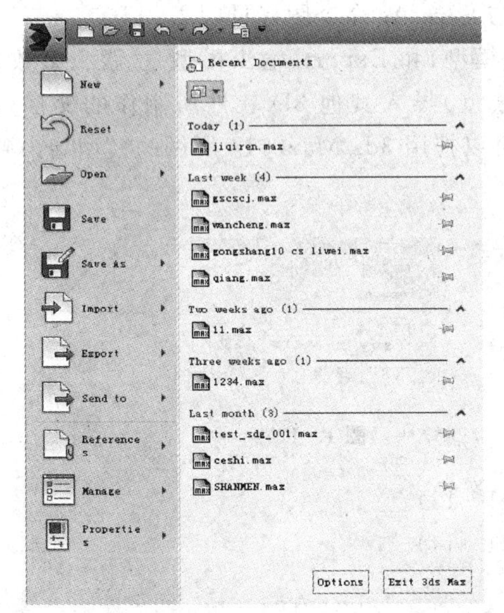

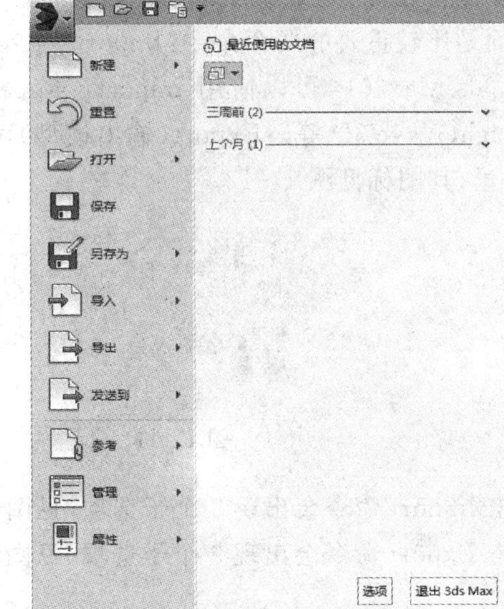

图 1－8

New 为新建文档,该命令可以为用户创建一个新的空白工作文档,而且用户可以对文档进行后续的编辑制作。新建文档里面有 3 个选择项(见图 1－9)。Reset 为重置命令,该命令可以将操作界面重置到初始状态。

Open 命令可以打开做好的文件,快捷键为 Ctrl＋O。

单击 Open 命令后弹出对话框(见图 1－10),可以选择路径找到存放的文件,默认为 3ds Max2014 系统路径。

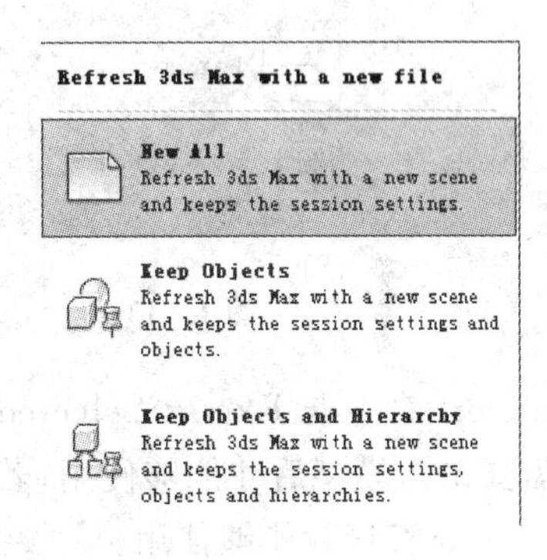

图 1－9

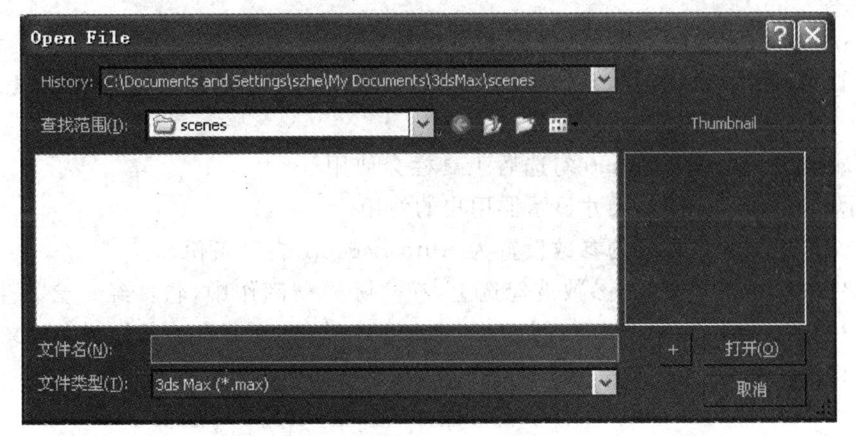

图 1－10

Save 为存储命令，保存用户文档，快捷键为 Ctrl＋S；Save As 为另存储命令，作为用户文档的备份保存，快捷键为 Ctrl＋Alt＋S。Save 与 Save As 命令图标见图 1－11。

下面是比较重要的两个命令：Import（导入模型）和 Export（输出模型）。跟大多数 3D 软件一样，3ds Max2014 可以使用 Import（导入模型）导入其他 3D 软件所制作的文档（比如：Maya、LightWave 3D 等）；Export（输出模型）可以把用 3ds Max2014 所做的模型导出到其他 3D 软件里，其图标见图 1－12。

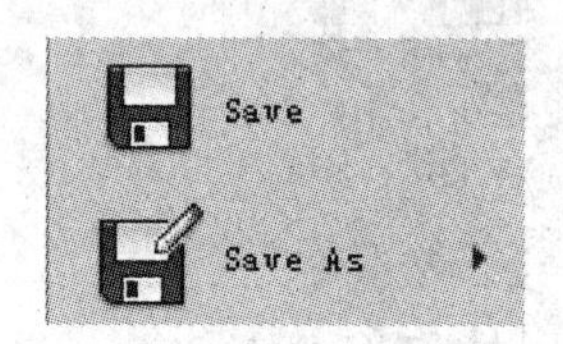

图 1－11

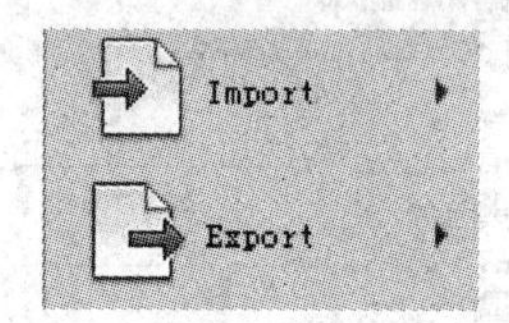

图 1－12

单击 Import 命令会出现 3 个子选项（见图 1－13）。

单击 Export 命令会出现 3 个子选项（见图 1－14）。

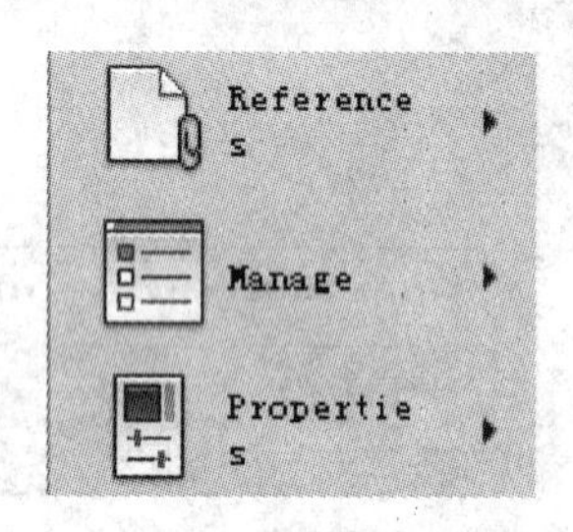

图 1－13

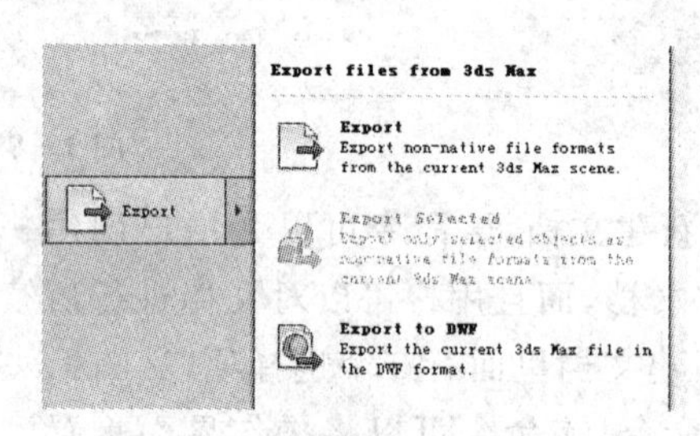

图 1－14

Export 命令与 Export Selected 命令的作用与效果是一样的，区别在于 Export Selected 命令需要单击模型后才能够使用，若没有选择模型则无法使用该命令，呈现灰色的图标显示。Export 命令直接就能够使用。

Options 是 3ds Max2014 的属性设置（见图 1－15），单击后出现命令栏，最主要的属性设置见图 1－16。

Levels：历史记录返回步骤，软件安装后默认为 20 次，可以设置为 99 次，可能实际操作中不需要达到这么多的次数。

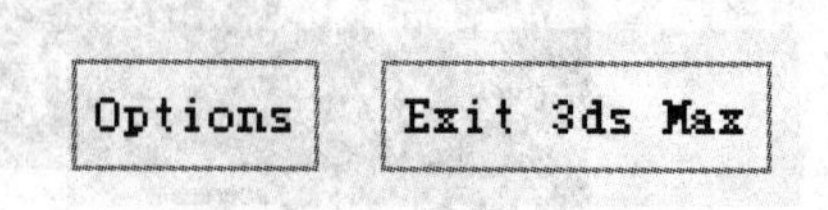

图 1－15

Use Large Toolbar Buttons：勾选后工具栏会使用大图标显示，这个设置方便大尺寸显示器用户的使用。

Files：文件栏设置里重要的参数设置为 Auto Backup（自动备份）。

一定要保持 Enable（启动）参数被勾选上，在实际模型制作中，软件经常会发生报错和文件损坏的情况，若开启了 Enable 这样的 3ds Max2014 软件，则会自动备份制作的文件，有 3 个主要参数（见图 1－17）如下：

- Number of Autobak files：自动备份保存的数量，通常 3 个就够了。
- Backup Interval（minutes）：每次自动备份保存的时间间隔，可以设置 5～10 min。
- Auto Backup File Name：自动备份保存的名字，保持默认名称。

图 1 - 16

图 1 - 17

3ds Max 系列软件在使用中都存在文档损坏情况，当用户文档被损坏无法打开时，可以提取系统自动备份文档，提取备份文件路径为 C:\Users\Documents\3ds Max2014\autoback，系统会按 AutoBackup01、AutoBackup02、AutoBackup03 命名方式按时间先后排列。

Viewports：显示设置，其下面有个关于游戏贴图设置的重要参数——Display Drivers，按照下面的步骤设置，可以保证模型上的贴图以最好的方式显示。

① 单击 Choose Driver 按钮，进入计算机显卡驱动设置，选择最高版本的显卡驱动，单击

Revert from Direct3D 按钮，设置图形程序显示类型为 Direct3D，确定后关闭窗口（见图 1－18）。

② 单击 Configure Driver 按钮，设置模型显示效果精度，按图 1－19 勾选为最佳效果。

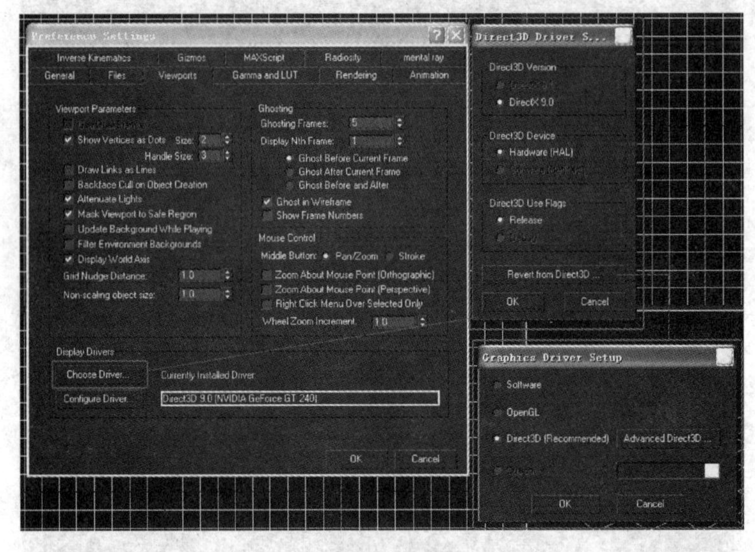

图 1－18

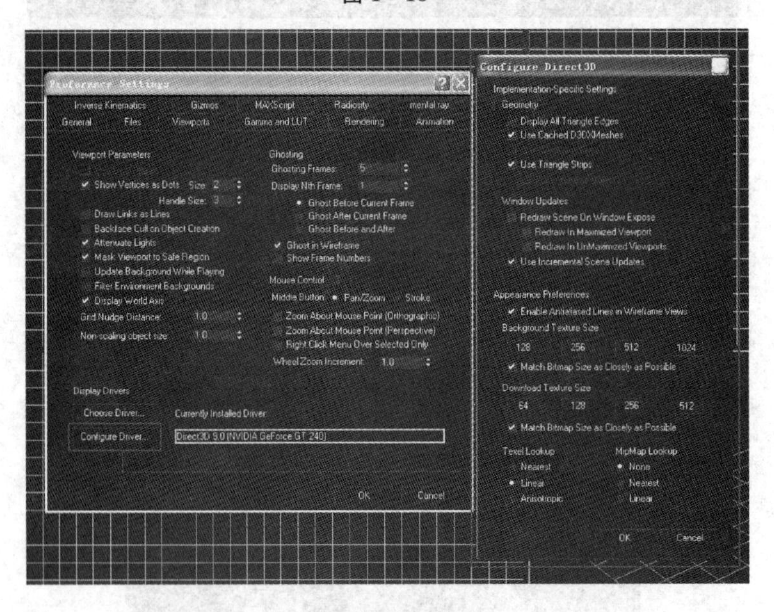

图 1－19

Edit（编辑菜单）：涉及对模型的基本操作（见图 1－20）。

Undo：返回前一步操作，基本上所有的计算机软件都会带有返回前一步操作这样的命令，能够让用户及时返回修改，返回操作步骤的次数受制于前面讲到的次数设置。对应的快捷键为 Ctrl＋Z，对应工具栏里的图标为 。

Redo：向后一步返回过头了，可以使用向后返回，对应的快捷键为 Ctrl＋Y，对应图标为 。

Hold：暂存。

图 1-20

Delete：删除，将不要的模型删除，快捷键是键盘上的 Delete。

Clone：复制，克隆相同的模型。

使用复制命令会弹出对话框——复制设置。复制有 3 种选择方式：

- Copy 复制：复制与原模型一样的模型，复制的新模型有与原模型相同的参数。
- Instance 关联：复制出的模型关联原模型，改变其中任意模型的属性，另一个也随之同步改变。
- Reference 参考：被复制出的模型会受控于原模型。

小提示：实际模型制作中有更快速的复制模型的方法。

使用快速复制模型的方式是：单击需要复制的模型，按住 Shift＋鼠标左键，便可以快速地复制出模型。

用户操作模型的主要三种方式：Move 移动，快捷键“W”；Rotate 旋转，快捷键“E”；Scale 缩放，快捷键“R”。

Tools(工具菜单)：工具菜单提供了 3ds Max2014 软件中主要的工具命令，主要的应用工具都集合在外面的工具栏里，方便用户快速地使用。这里需要着重掌握的是：Mirror (镜像)、Array (阵列)、Align(对齐)、Snapshot(快照)、Group(群组菜单)(见图 1-21)。

Group(群组菜单)：用户可以将多个模型结合成组，或者将已有的组模型再次分离(见图 1-22)。

Group：将多个物件进行群组管理，能同时给群组命令。对物件进行群组操作应用在效果图制作中比较常见，游戏制作不用此命令。

Ungroup：解散群组关系，此命令将被选中的群组物件重新各自分散。

Views(视图菜单)，如图 1-23 所示。

Show Transform Gizmo：显示坐标，取消勾选物件将不会显示三维坐标。

Show Ghosting：显示重影。

Show Key Times：显示时间关键帧。

Shade Selected：显示处理选定对象。

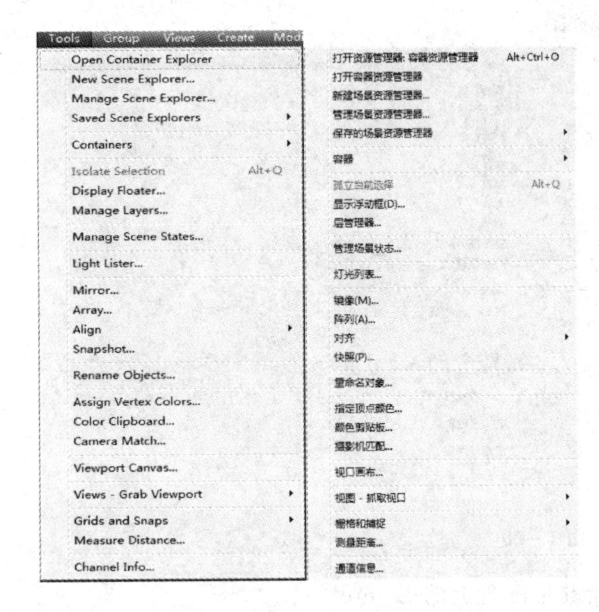

图 1-21

图 1-22

Show Dependencies：显示从属关系。

视图的设置与显示都集合在视图菜单中，通常保持软件默认勾选选项。

各个视图窗口右上角都会带有视图导航器，此功能仿制 Maya 软件，主要作用在于用户可以快速与直观地切换工作视图，并能够控制视图的旋转角度。用户可直接在视图导航器上右击，打开相应的设置命令（见图 1-24）。

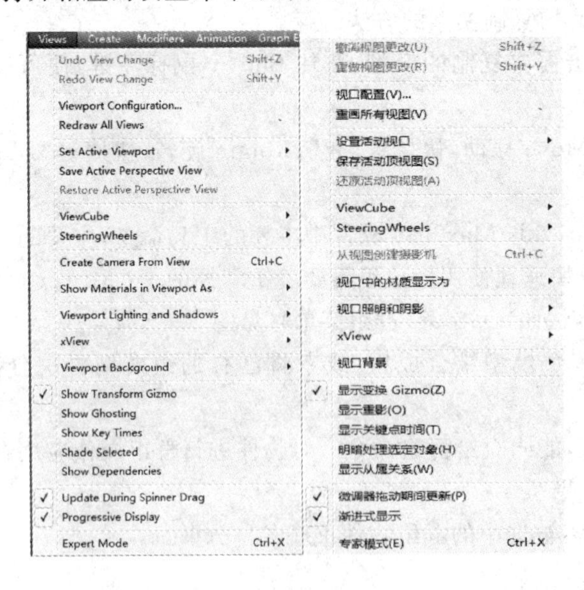

图 1-23

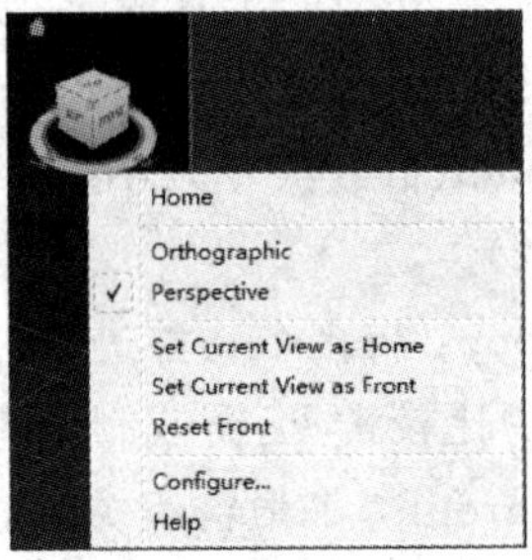

Home
Orthographic
Perspective
Set Current View as Home
Set Current View as Front
Reset Front
Configure...
Help

图 1-24

Home：家，图标是个小房子，作用就是单击直接回到视图初始角度。

Orthographic：正字形，单击视图无透视状态。

Perspective：透视视图，单击切换到透视视图。

Set Current View as Home：设置当前视图的家，此功能可以重新设置家的角度。

Set Current View as Front：设置当前视图的前面，此功能可以重新设置视图的前面。

Reset Front：重置，还原设置改动。

Configure：配置，设置导航器显示方面的参数。

Help：帮助文件。

Create（创建菜单）：3ds Max2014 软件所有创建物件都包含在创建菜单里面（见图 1－25），既可以在创建菜单里选择需要创建的物件，也可以在工具栏里更直观地找到这些创建命令。需要注意：创建的物件只涉及最基本的几何体或者平面物体，想要对物件进一步编辑，需要将创建转化（塌陷）成多边形编辑，在第 3 章“多边形建模操作”中将着重讲解，多边形建模是游戏模型的主要编辑方式。

Modifiers（修改菜单）：修改菜单提供了常用修改器和 3ds Max2014 所有对模型、UVW 方面的修改命令（见图 1－26）。

图 1－25

图 1－26

Animation（动画菜单）：动画菜单主要是对动画编辑和骨骼绑定调节等的设置与功能汇集（见图 1－27）。

Graph Editors（图表编辑菜单）：图表菜单用于访问管理场景和其层次、动画的图表子窗口（见图 1－28）。

Rendering（渲染菜单）：渲染菜单主要是处理灯光、材质、渲染设置、渲染效果等方面的命令集合（见图 1－29）。

Customize（自定义设置菜单）：该菜单包含了用户自定义设置命令快捷键、软件的界面、图标 UI 布局、恢复系统还原设定，以及模型单位

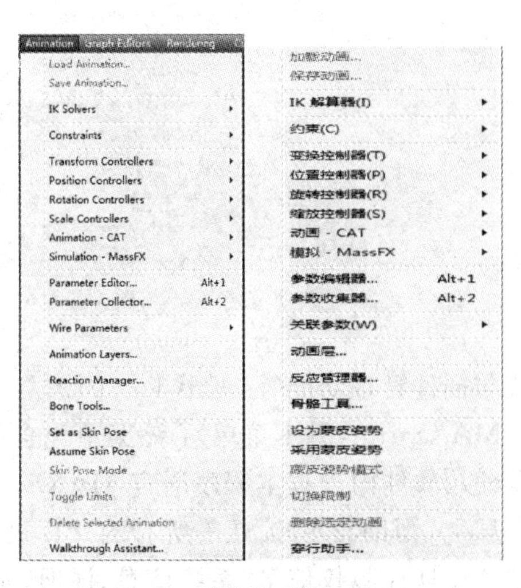

图 1－27

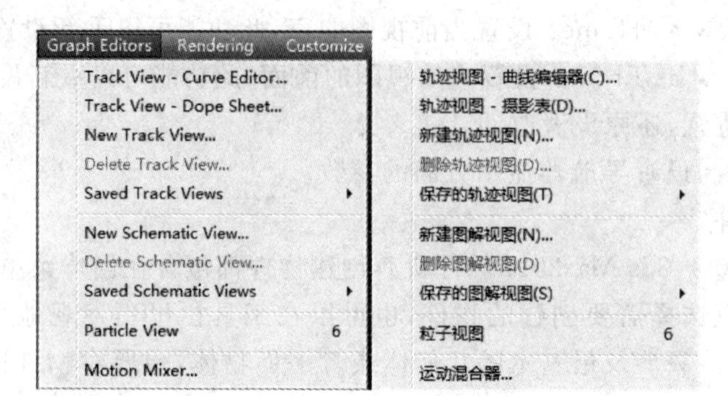

图 1-28

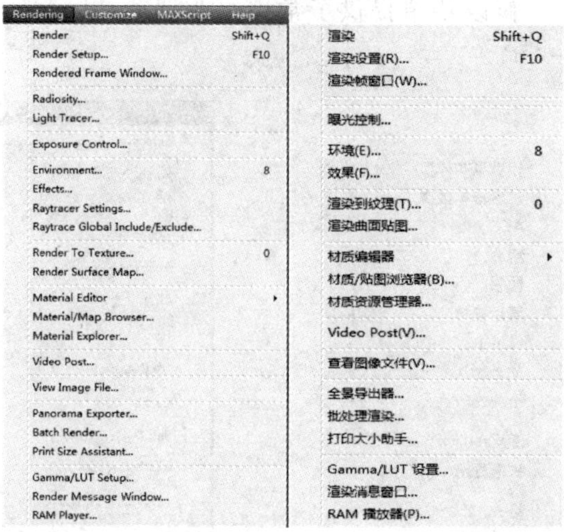

图 1-29

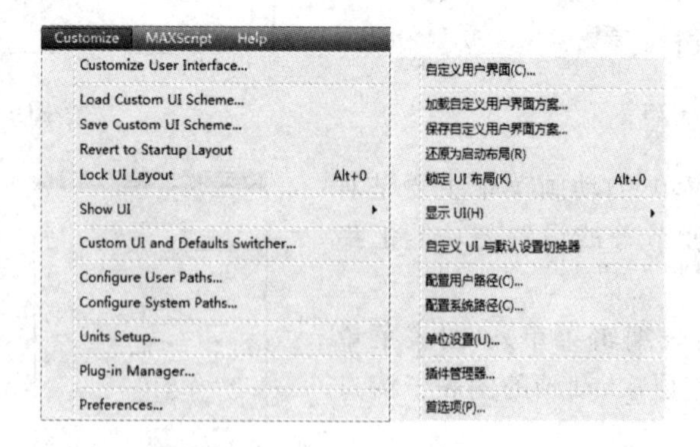

图 1-30

设置与插件管理功能等(见图 1-30)。

MAXScript(脚本菜单):该菜单包含用于处理软件程序脚本的命令(见图 1-31),这些脚本是使用软件内置脚本程序语言 MAXScript 创建而来的。

Help(帮助菜单):几乎所有的计算机软件都会带有帮助菜单,它是软件开发商提供给用户的关于软件版权信息、系统信息、注册、常用说明文档等相关功能的集合(见图 1-32)。

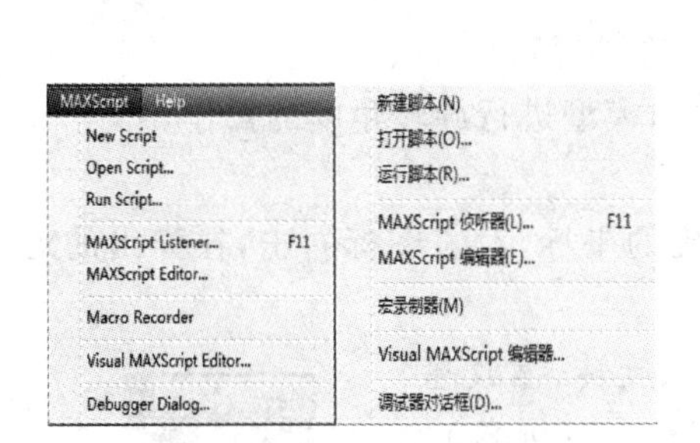

图 1 - 31

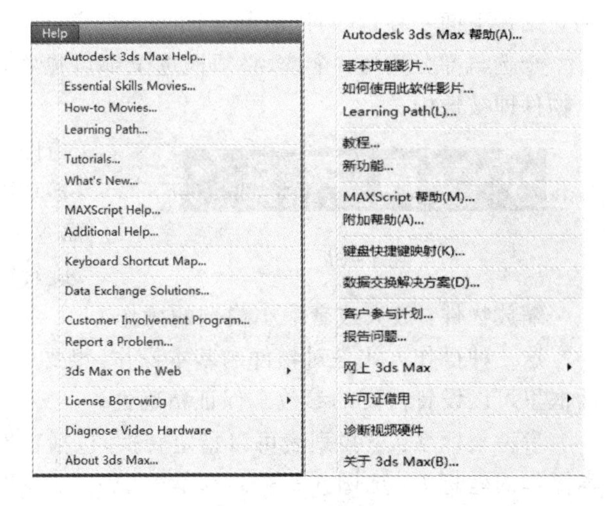

图 1 - 32

1.3.2　主要工具栏的介绍

常用工具栏如图 1 - 33 所示。

图 1 - 33

使用介绍：两个独立的模型可以用链接工具把两者链接起来，如果想要再次分离，则使用打断命令，绑定到空间扭曲。

选择过滤器：针对用户实际制作中涉及的物件类型比较多的情况，场景里带有灯光、摄像机、模型等不容易区别选择，在这种情况下可按选择物件的类型来选择，其他非当前类型则不被选中。比如：只想选择模型，切换成 Geometry，视图中不是物件的则不会被选中。只想选择灯光，切换成 Lights 灯光，视图中除灯光外其他物件不会被选中。All 表示不受任何限制，所有都会被选中(见图 1 - 34)。

选择范围如图 1 - 35 所示。

图 1 - 34　　图 1 - 35

选择工具：快捷键为“Q”，在实际制作中，习惯用移动工具“W”来进行选择操作，这是个不好的习惯。使用移动工具来作为选择工具使用，很可能在选择中使模型发生位移，且不容易察觉出来。使用选择工具是不会发生位移的，应养成工具间相互切换的使用习惯，使其各司其职。

选择列表：视图中的物件会以名字排列在列表中，涉及各种类型的物件，如物体、灯光、摄像机、粒子等都会在列表中显示，可以单击需要的进行选择。视图中被隐藏的物件将不会出现在列表中。

选择范围框：这个工具与一些二维选件选择工具类似，共有 5 种不同类型的选择，需要特别介绍最下面一种，其与以前版本图标不一样，但效果一样，是用涂抹的方式选择。

全选与部分选择：全选，必须框选全部可见物件才能选中；部分选择，只需要鼠标光标碰上物件即被选中。

图 1-36

物件基本操作如图 1-36 所示。

移动物件：对模型进行位移或者对多边形点、边、面等子级别进行位移。

旋转物件：对模型进行旋转角度的操作。

缩放物件：放大或者缩小模型的操作。

这三种操作方式是对物件的基本操作，想要取得精确的坐标，对着图标右击，在弹出的对话框里可以设置需要的参数来保证精确性。

参考坐标系：下拉列表可以指定转换，包括物件移动、旋转、缩放基本操作的坐标系（见图 1-37），包含了 View（视图）、Screen（屏幕）、World（世界）、Parent（父对象）、Local（自身）、Gimbal（万向）、Grid（网格）、Working（工作）、Pick（拾取）。

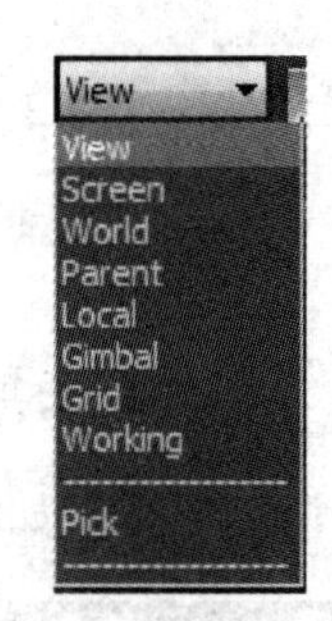

图 1-37

Local 这个坐标在实际制作中比较常用，主要是调节物体自身坐标变化。

磁力捕捉栏（见图 1-38）主要应用在模型自身需要点重叠，与网格对齐，或者两个模型需要坐标对齐等情况。

软件提供了 4 种捕捉，从左到右依次是：空间捕捉、角度捕捉、百分比捕捉以及微调器捕捉。

- 空间捕捉：数字 3 表示 3D 捕捉；
- 角度捕捉：以角度 5°为单位实现模型的旋转；
- 百分比捕捉：等比例缩放模型；
- 微调器捕捉：微调一次单击增加或者减少值。

命名选择集：用户可以选择多个模型在命名选择集里键入自定义名称（见图 1-39）。

镜像与对齐如图 1-40 所示。

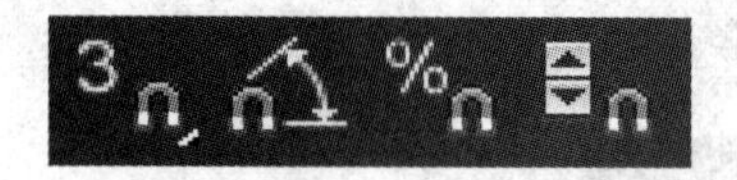

图 1-38

图 1-39

图 1-40

镜像：使物件发生空间位置对称上的变化，镜像除了本身发生变化外，也可以复制出镜像的物体。使用镜像可以弹出对话框参数选择（见图 1-41）。

- Mirror Axis：镜像物件坐标选择。共有 6 种可以选择的镜像坐标。
- Offset：镜像位移数值，通过键入数字来表示坐标位移距离。
- Clone Selection：镜像类型选择，共有 4 种镜像类型。
  - ◆ No Clone：镜像模型自身，按照选择坐标，模型改变自身坐标方向；
  - ◆ Copy：复制镜像物体，镜像模型并且复制出模型；
  - ◆ Instance：复制并且关联属性；

◆ Reference：参考，镜像出的物体受控原物体。

● Mirror IK Limits：镜像 IK 限制，这是软件系统设置，保持默认勾选状态。

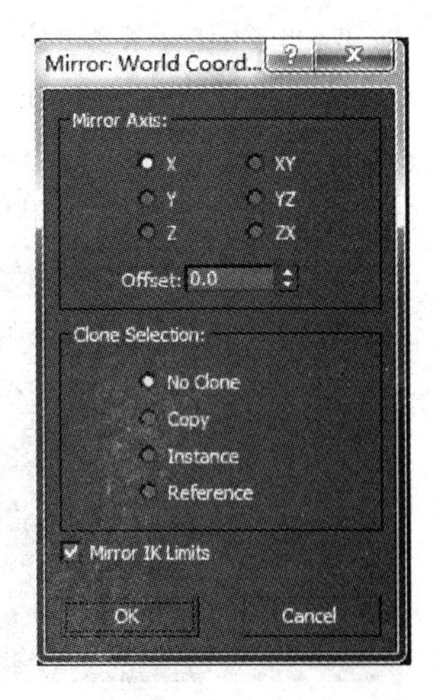

图 1-41

对齐：物件需与另一物件坐标上对齐，软件提供了 6 种不同的对齐工具(见图 1-42)。

● 对齐：将当前选择物体与目标物体对齐。
● 快速对齐：立即使选择物体与目标物体对齐。
● 法线对齐：基于法线选择物体与目标物体对齐。
● 放置高光：将灯光对齐到目标物体，确立其高光。
● 对齐摄像机：将摄像机与选定的物体对齐。
● 对齐到视图：与当前视图对齐。

管理图层(见图 1-43)。大多数软件都是用了 PS 图层作为物体的管理，将物体分别放置在不同的图层，以方便制作者操作和管理物件。

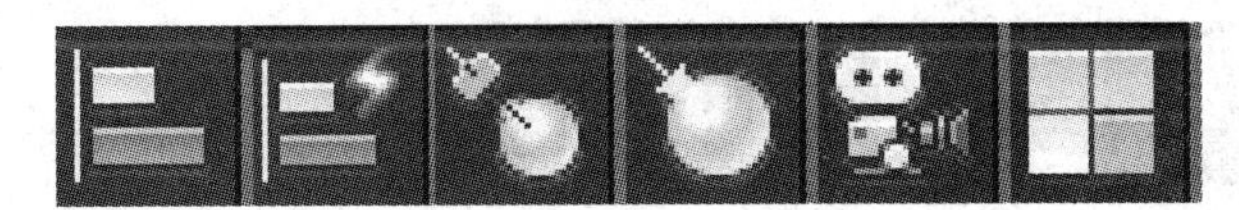

图 1-42

图 1-43

显示扩展工具栏、动画曲线器、图解视图(见图 1-44)。

扩展工具栏：3ds Max2014 版本配备常用插件，最主要的是兼容了石墨工具(Graphite Modeling Tools)插件(见图 1-45)。

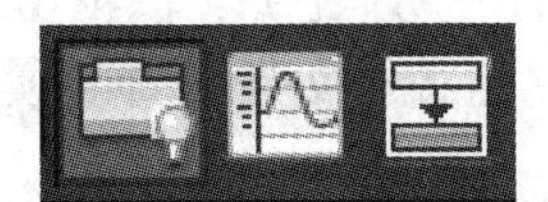

图 1-44

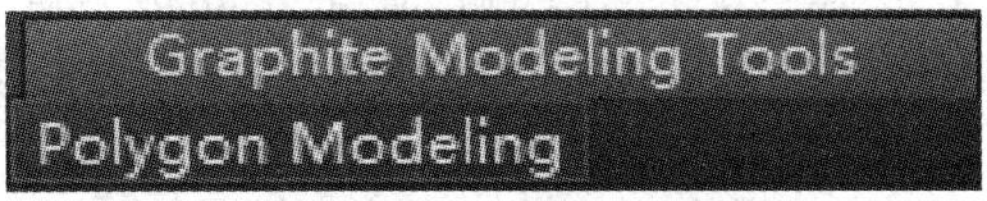

图 1-45

动画曲线器：用户可编辑模型动画的运动轨迹(见图 1-46)。

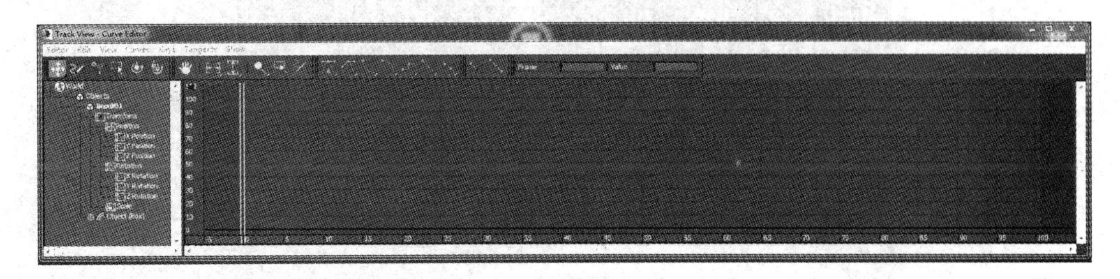

图 1-46

图解视图：用于调节、查看、创建和编辑物件节点属性(见图 1-47)。

材质编辑器：对物件赋予材质，进行创建和编辑材质及其贴图。这部分内容将会在后面章节详细介绍(见图 1-48)。

渲染：3 个带有茶壶的图标分别是渲染场景、渲染帧窗口、快速渲染(见图 1-49)。

- 渲染场景：用于打开渲染场景对话框；
- 渲染帧窗口：打开上次渲染完成的图像；
- 快速渲染：提供给用户快速渲染场景里的模型。

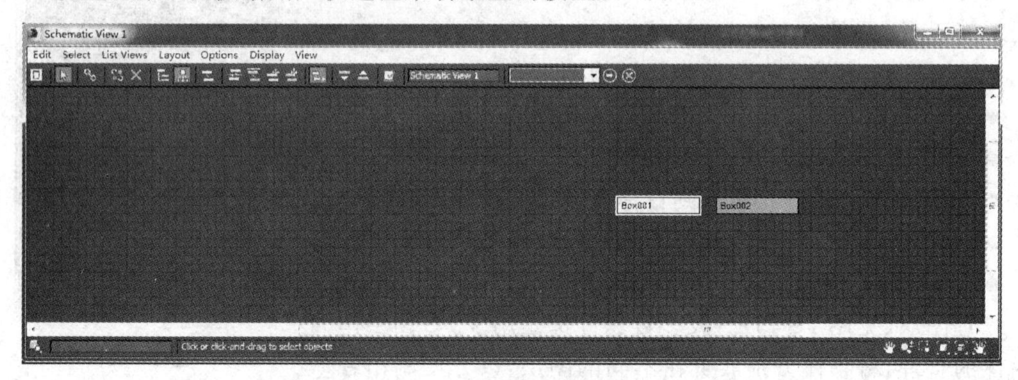

图 1-47

图 1-48

图 1-49

1.3.3 软件的视图操作方式

3ds Max2014 默认有 4 种视图显示，左上角为顶视图，左下角为左视图，右上角为前视图，右下角为透视视图，切换视图的快捷键是相应视图英文的首字母，比如：顶视图的英文为 TOP，它的快捷键则为 T，如果用户要在其他视图快速切换，只需按英文键 T 即可实现快速切换(见图 1-50)。

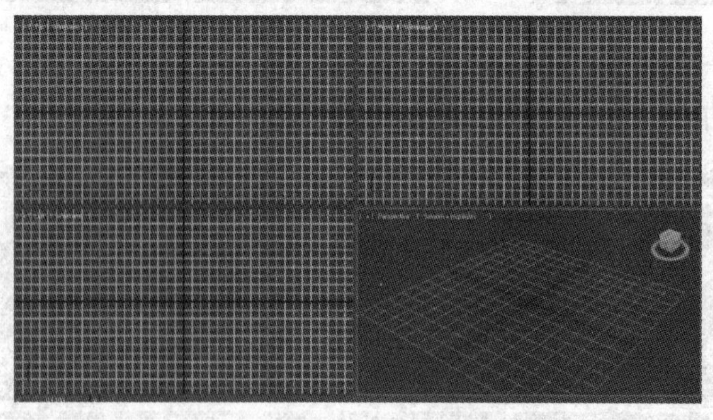

图 1-50

小窍门：顶视图快捷键为 T，前视图快捷键为 F，左视图快捷键为 L，透视图快捷键为 P，底视图快捷键为 B，摄像机视图快捷键为 C，用户视图快捷键为 U。

视图的操作：在 3ds Max2014 软件中使用 Shift、Ctrl、Alt 配合鼠标中键来完成视图的基本操作。

- Alt＋鼠标中键：旋转视图；
- Alt ＋Ctrl＋鼠标中键：等比例缩放视图；
- 移动鼠标中键：移动视图；
- 鼠标中键滚动：缩放视图；
- Shift＋鼠标中键：锁定垂直移动；
- Ctrl＋鼠标左键：加选物体；
- Shift＋鼠标左键：减选物体。

小提示：除了透视图外，在其他视图上配合鼠标中键操作直接切换到用户视图(U)，用户视图是没有透视处理关系的，是一种平行视图，这种视图由于不计算透视关系，在操作面数数量巨大的模型时，CPU 计算较快，便于操作，这是 3ds Max2014 软件独有的视图。

1.4　模型的尺寸单位设置

在创建模型之前，要对 3ds Max2014 的尺寸单位进行设置，养成这样的习惯对于以后的工作是非常必要的。

① 选择 Customize→UnitsSetup 命令(见图 1－51)。

② 弹出单位设置对话框。选择默认的 Metric，在游戏制作项目中通常选择单位米(Meters)或者厘米(Centimeters)(见图 1－52)。

③ 单击 System Unit Setup，将设置的单位统一起来，如果用户设置了 cm，那么这里也设置为 cm，同样如果设置的是 m，这里就设置为 m。其他设置保持默认(见图 1－53)。

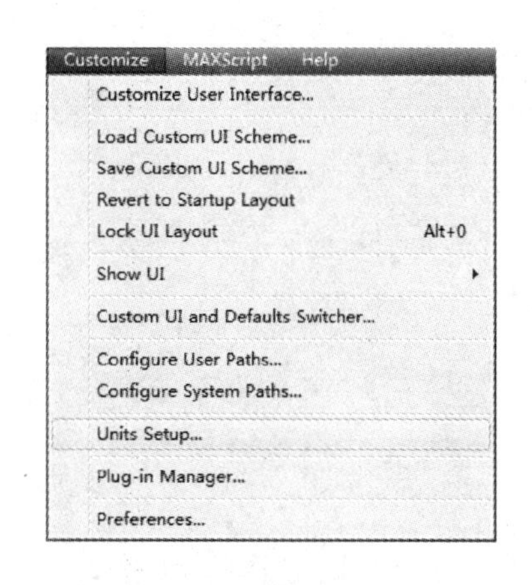

图 1－51

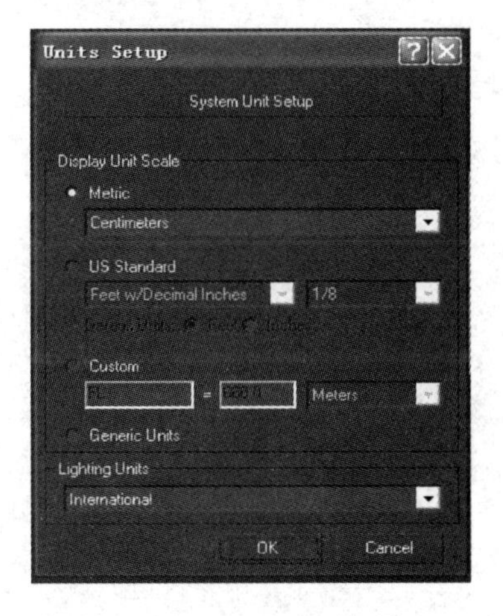

图 1－52

图 1－53

1.5 本章小结

本章主要讲解了 3ds Max2014 软件的基础知识，包括软件的介绍、几大模块的构成与主要工具的使用等。一款软件的熟练使用仅仅靠看是无法做到的，需要实际的上机操作，以便为后面的模型学习做好铺垫。

1.6 课后练习

1. 熟悉软件的基本视图操作。
2. 掌握主要工具的使用方法。

第 2 章　3ds Max2014 基本模型的创建

章节要点：

本章将开始涉及 3ds Max2014 软件模型方面的知识讲解，包括对模型的创建和对模型编辑修改器的应用。标准几何体是学习的重点，扩展几何体在实际应用中较少，只作为了解。修改器的知识选取最重要的部分讲解，某些重要的修改器需要熟练运用。

2.1　标准几何体创建

2.1.1　基本图形的创建

软件视图右边是 3ds Max2014 的命令栏，是用户运用 3ds Max2014 软件对文档进行模型创建、修改、灯光、摄像机建立等编辑操作的集合(见图 2-1)。

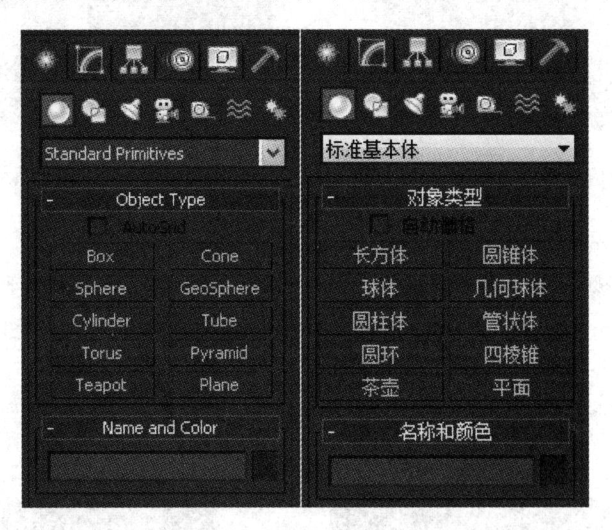

图 2-1

如图 2-2 所示，第一行从左到右依次是：创建面板、修改面板、层次面板、运动面板、显示面板、工具面板；第二行从左到右依次是 3D 基本模型体库、平面线段库、灯光创建、摄像机创建、虚拟物体工具、特效工具、骨骼工具。

图 2-2

3ds Max2014 软件自带了 10 种基本的几何模型样本，用户可以通过提供的样本创建编辑出千变万化的模型。这些几何模型样本也是游戏制作中最常用到的(见图 2-3)。勾选 AutoGrid 后在创建模型时会自带网格作为辅助创建，但基本上不常用，一般是取消勾选(见图 2-3)。

可以在开始创建模型前给创建的模型命名和设置颜色(见图 2-4)。

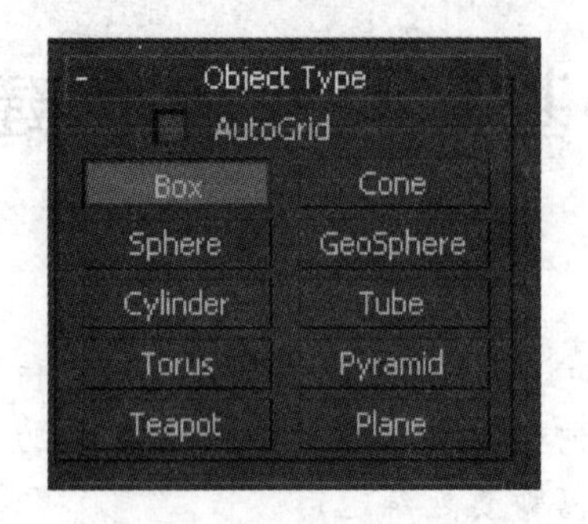

图 2-3

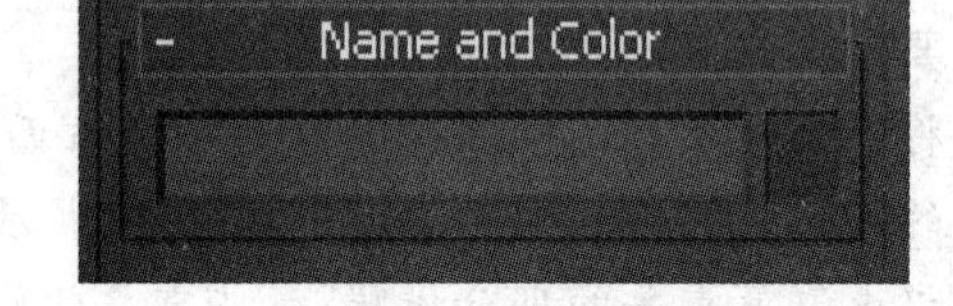

图 2-4

单击带颜色的小图标,在弹出的对话框里选择软件设置好的颜色(见图 2-5 和图 2-6)。

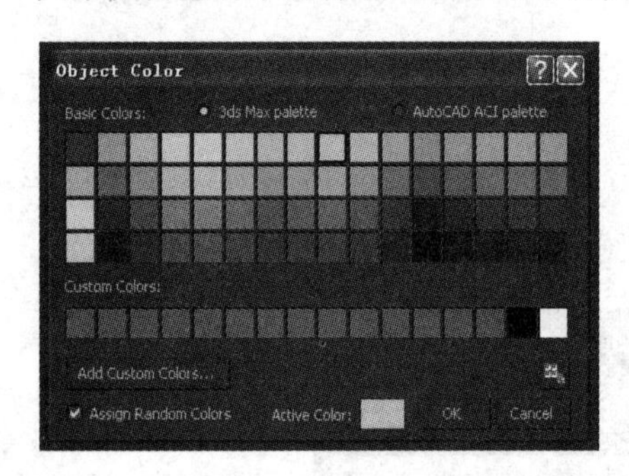

图 2-5

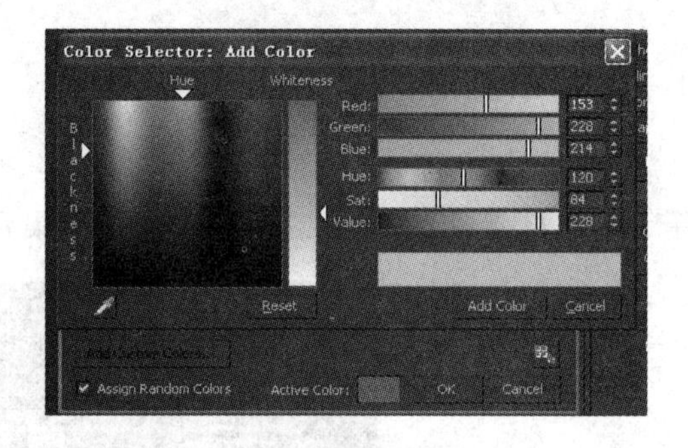

图 2-6

单击 Add Custom Colors 按钮可以自由调配更多、更丰富的颜色。

用户自主调配好颜色后,单击 Add Color 按钮,调好的颜色就添加到预设栏 Custom Colors 中,直接在 Custom Colors 中选择刚才添加的颜色,单击 OK 按钮,创建的新模型就是调配好的颜色。

创建模型的主要属性:"-"表示收起参数设置栏(见图 2-7),"+"表示打开参数设置栏(见图 2-8)。

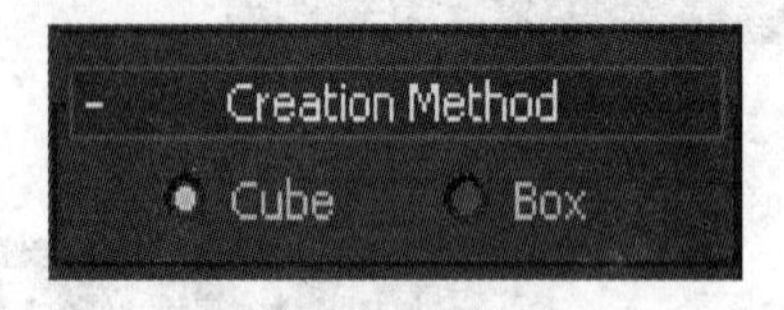

图 2-7

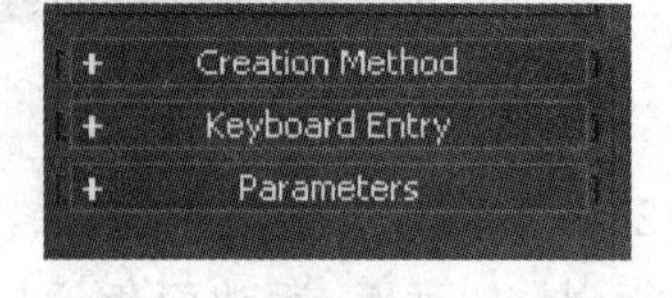

图 2-8

Creation Method:创建方式。在创建模型的时候可以选择两种方式:一种是直接拖动鼠标按长、宽、高的顺序创建,还有一种是直接在视图中拖拽生成模型,这个选项并没有太高的选择价值,保持默认创建就可以了(见图 2-9)。

创建模型的长、宽、高以及长、宽、高面上的线段数,在创建模型前先设置物体的单位。通常游戏模型的单位为 cm 或者 m,单击 Create 按钮就可以直接在视图中创建模型。

小提示: 0.0cm 可以直接输入所需要的数字,或者点击图标里的上下箭头,这个功能可以自由地控制模型的尺寸，如图 2－10 所示。

图 2－9

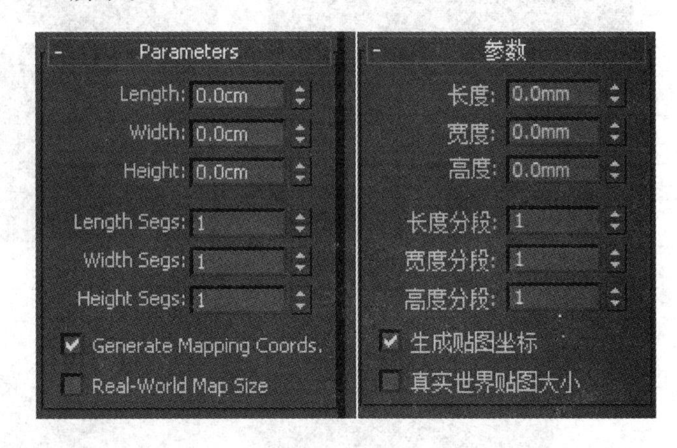

图 2－10

“生成贴图坐标”与“真实世界贴图大小”两个选项保持默认勾选状态。

每种几何体模型都会有不同的参数设置，下面将会单独介绍。

首先先来认识一下都有哪些标准几何体（见图 2－11～图 2－13）。

立方体(BOX)

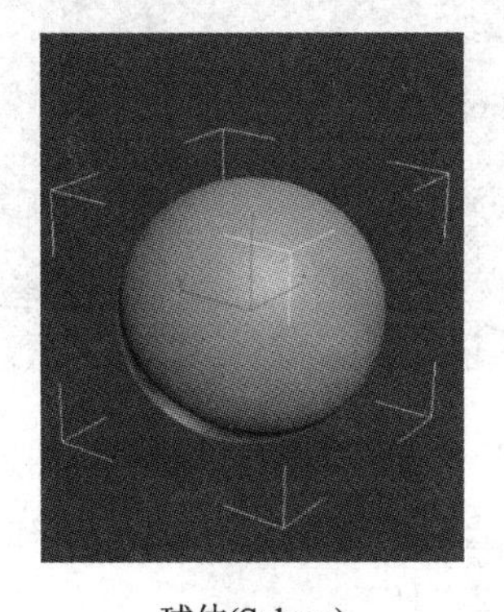

球体(Sphere)

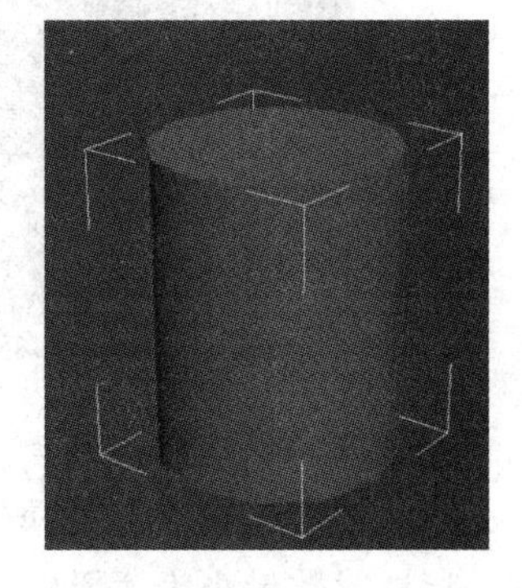

圆柱体(Cylinder)

图 2－11

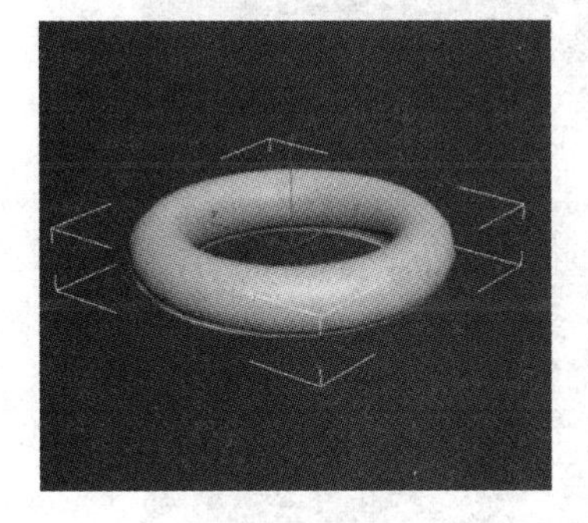

圆环体(Torus)

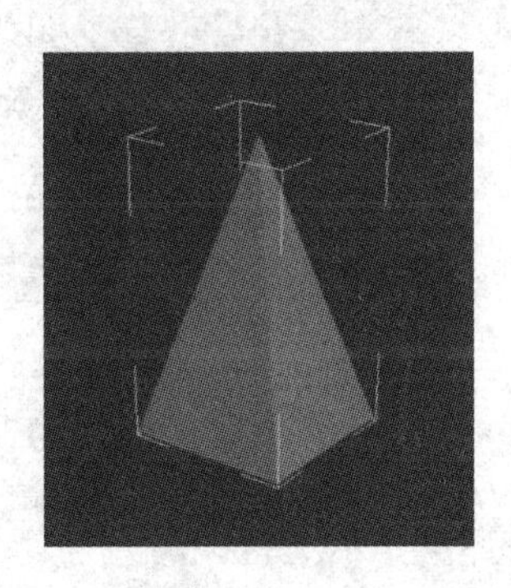

四棱锥(Pyramid)

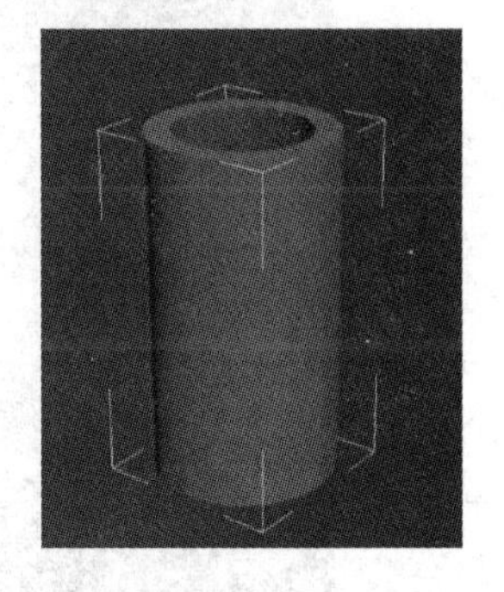

管状体(Tube)

图 2－12

立方体：主要建立基础模型，拥有长、宽、高和线段数的基本属性设置（见图 2－14）。

茶壶(Teapot)

平面(Plane)

圆锥体(Cone)

图 2－13

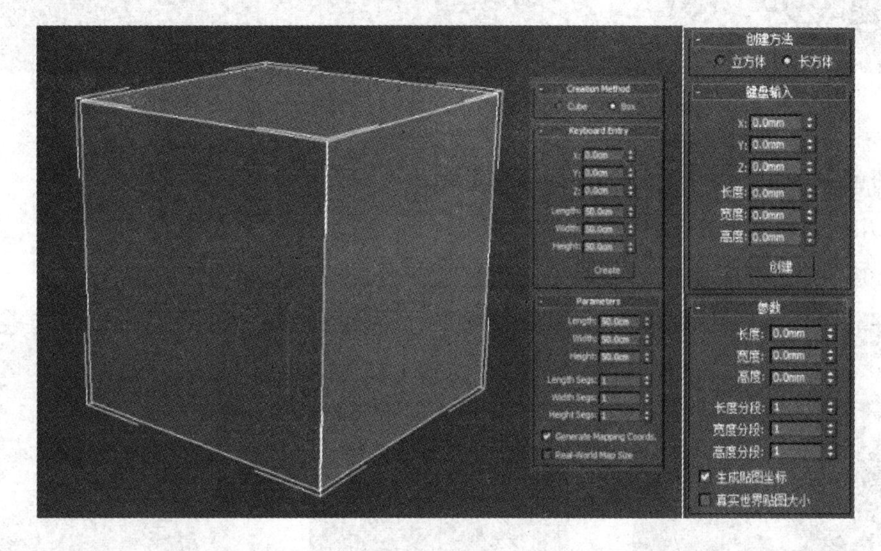

图 2－14

球体：主要有两个基本属性，直径和段数，直径决定球的大小，段数决定球的圆滑程度(见图 2－15)；段数最小为 4 段(见图 2－16)。

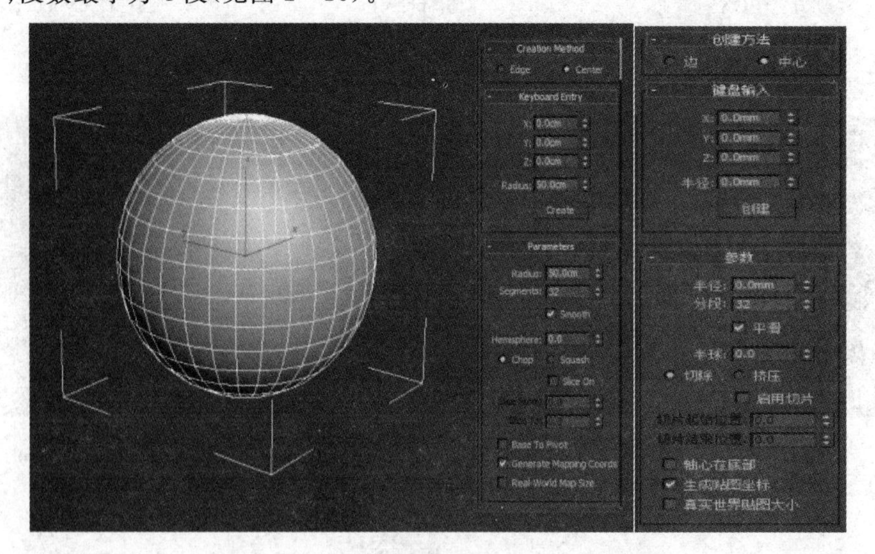

图 2－15

圆柱体：和球体属性差不多，段数是主要属性，通常在游戏制作中，场景柱子、树木都由圆柱体作为基础模型，如图 2－17 所示。

圆环体：扭曲值是圆环独特的属性，调整该值可以让模型产生扭曲变形效果，改变段数用来制作游戏中的铁链模型，如图 2－18 所示。

圆锥体：圆锥体比圆柱体多了直径参数，改变上下两个圆的直径参数可以改变锥体的效果，如图 2－19 所示。

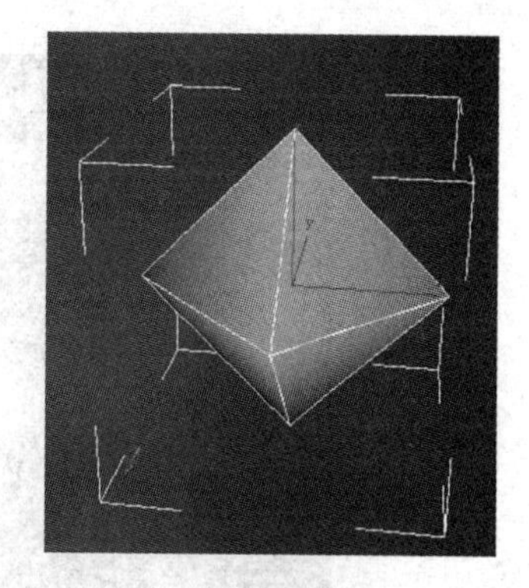

图 2－16

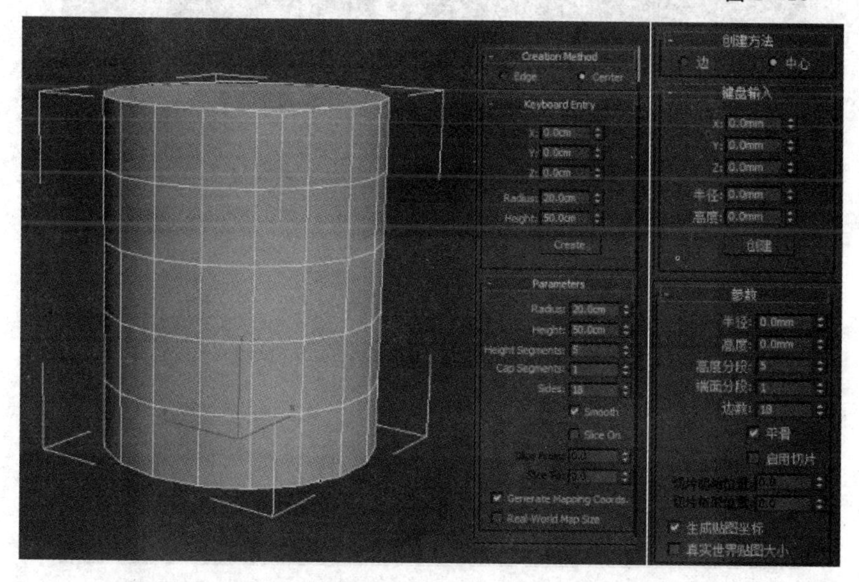

图 2－17

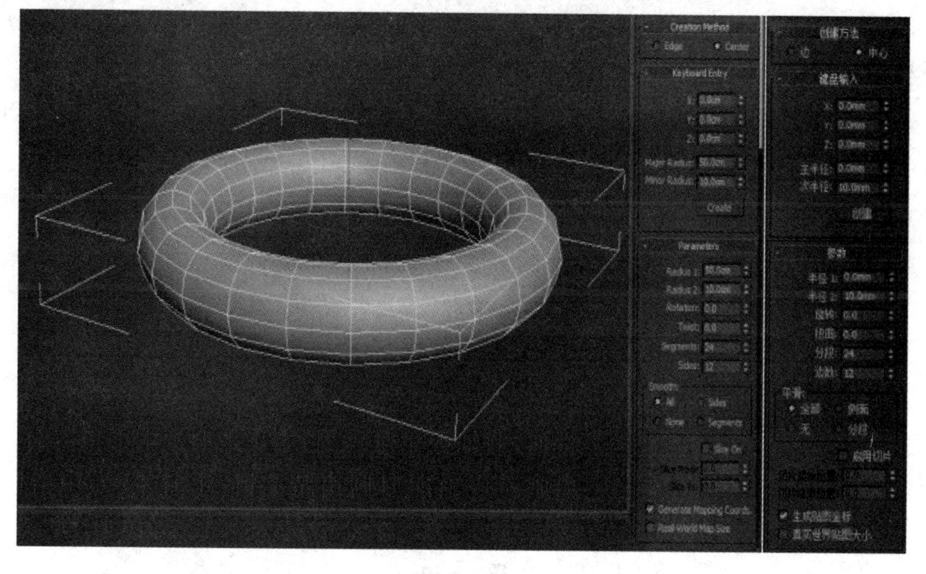

图 2－18

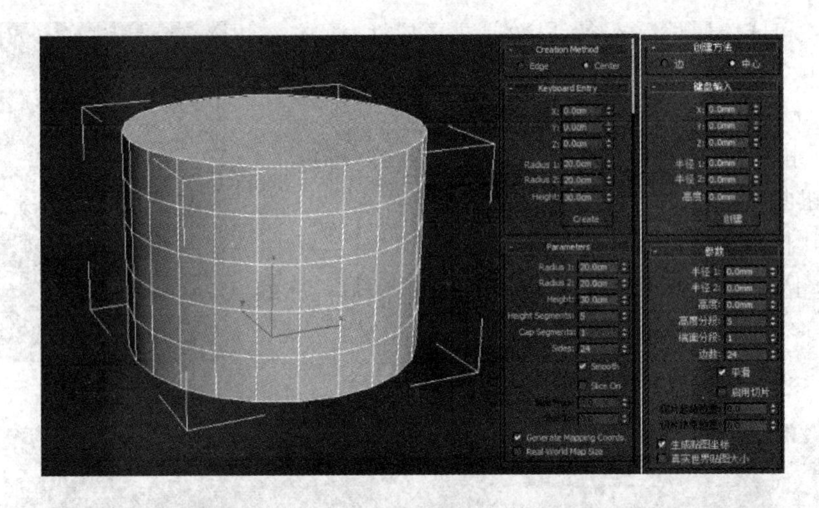

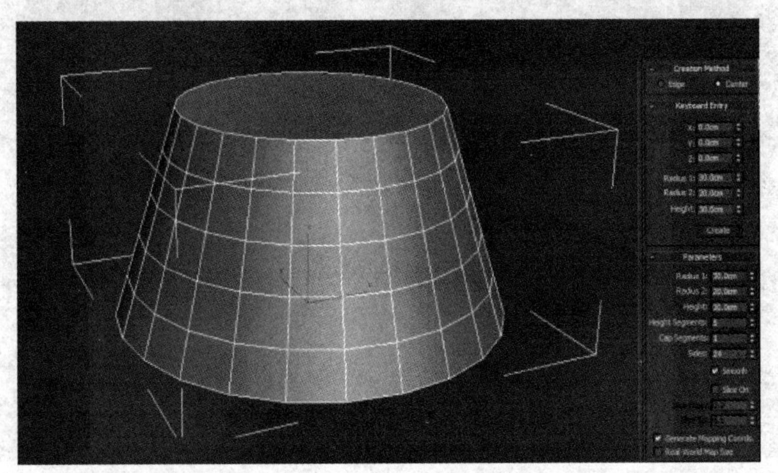

图 2-19

几何球体：几何球体属于特殊模型，可以在 Geodesic Base Type 里选择三种类型：Tetra（四面体）、Octa（八面体）和 Icosa（二十四面体），如图 2-20 所示。

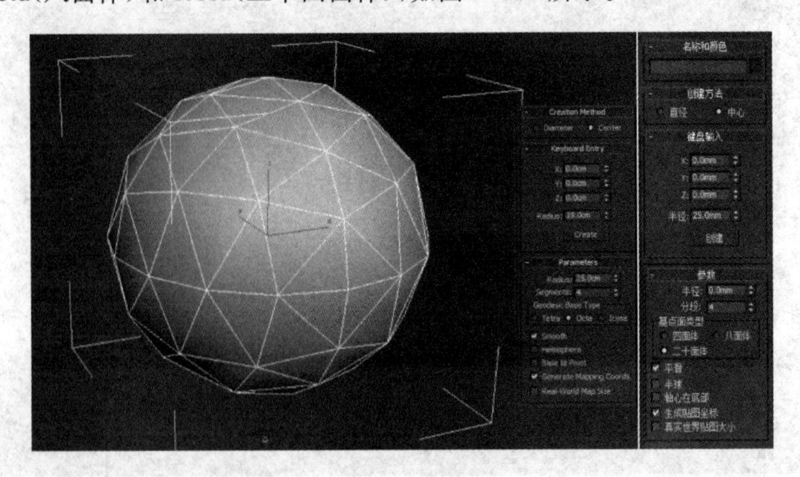

图 2-20

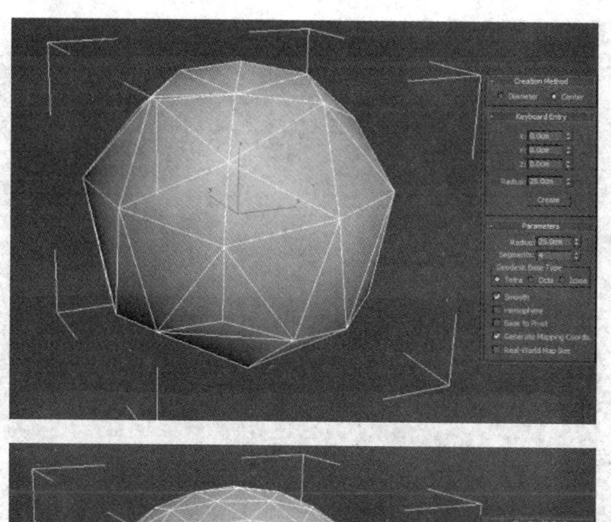

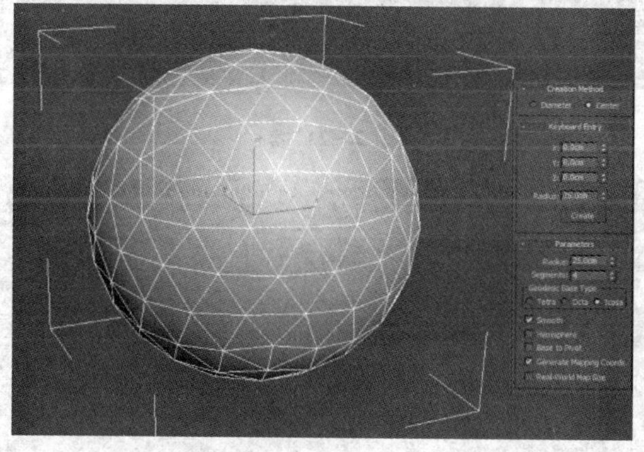

图 2-20(续)

勾选 Hemisphere(半球)选项可以改变模型为半球体,如图 2-21 所示。

管状体:主要参数和圆柱体类似,多了里圈直径的设置,如图 2-22 所示。

四棱锥体:金字塔型的模型体,锥体模型在游戏制作铁钉、兽角特殊模型时比较方便,如图 2-23 所示。

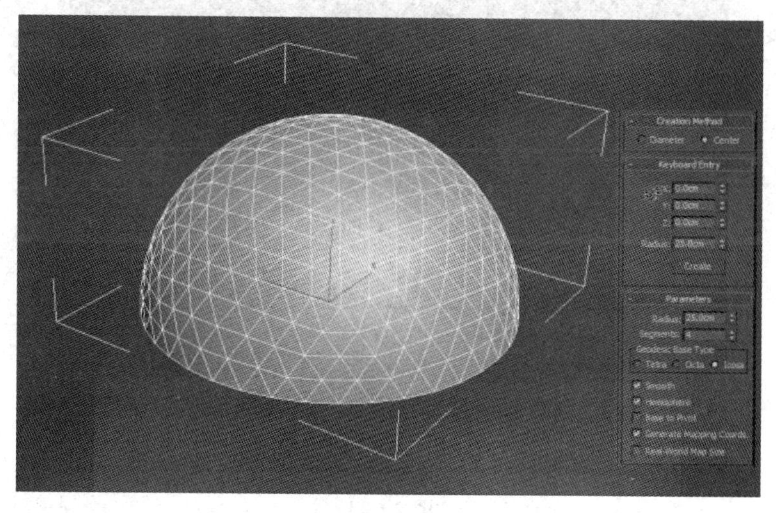

图 2-21

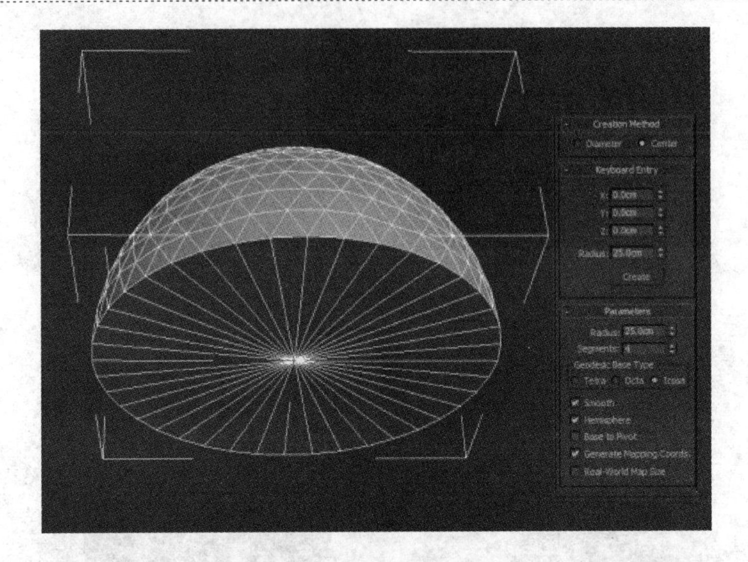

图 2-21(续)

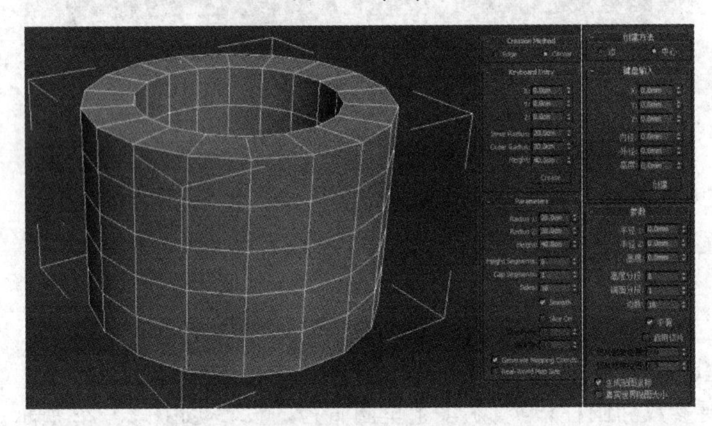

图 2-22

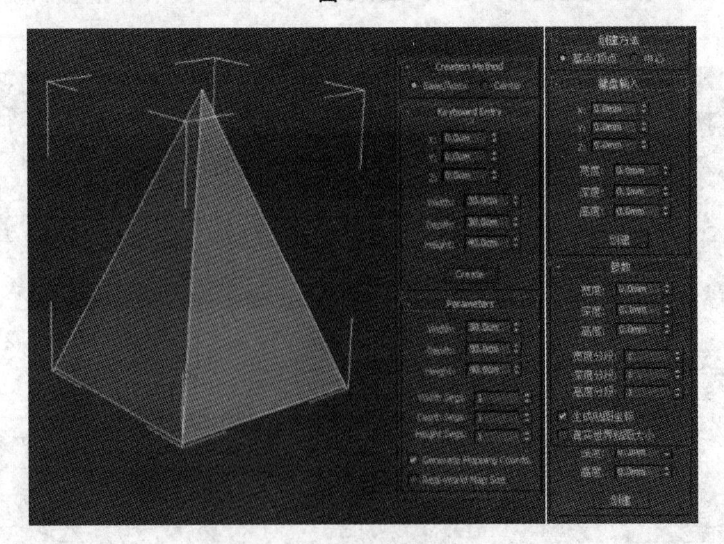

图 2-23

平面：主要模型创建类型，3ds Max2014 的平面没有背面，移动平面可以观察平面背部是空的，如果用户需要双面显示，则需取消物体属性里的 Backface Cull 显示背面选项，如图 2－24 所示。

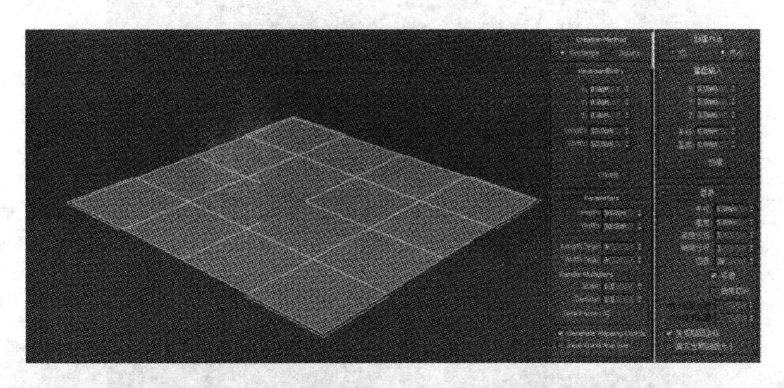

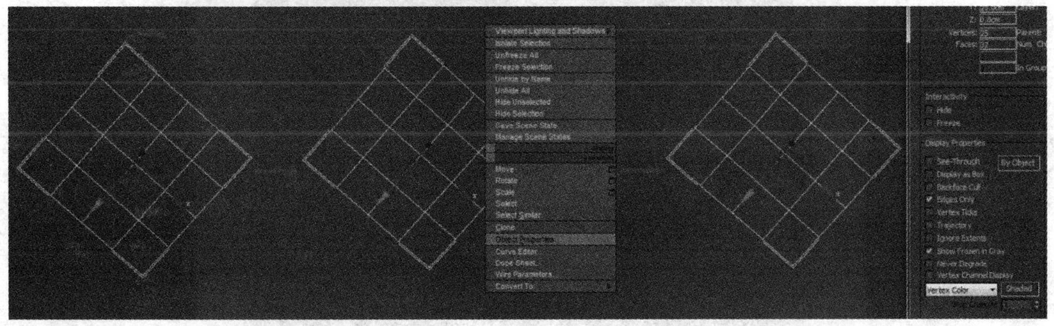

图 2－24

茶壶：3ds Max 每种版本都带有的独特模型。由于使用计算机制作 3D 模型在 20 世纪 90 年代没有现在这么简单，尤其是对于像茶壶这种曲面、带有不规则弧线的物体就显得更加困难。3ds Max 在最初版本中就为用户创建了茶壶这种样本，随着时代的发展欧特克公司保留了茶壶这一模型，作为 3D 软件开发的历史怀旧。

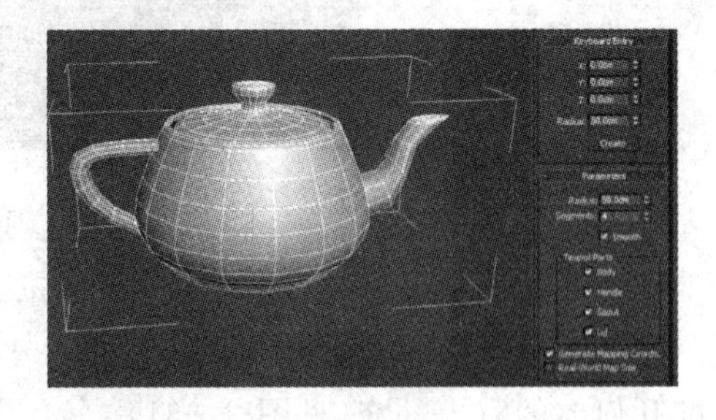

图 2－25

茶壶模型，用户可以通过选项来去掉各个部分的结构(见图 2－25～图 2－29)。

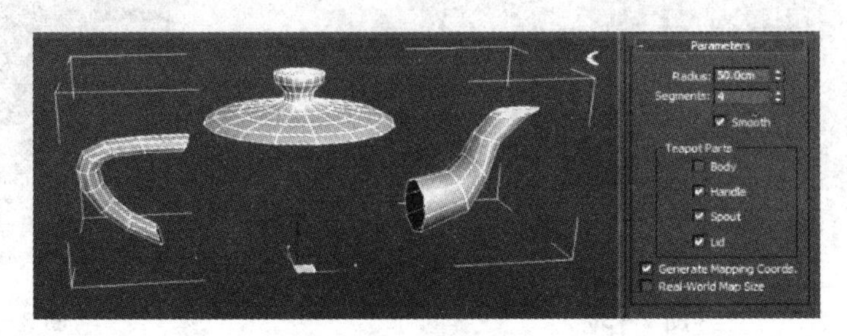

图 2－26

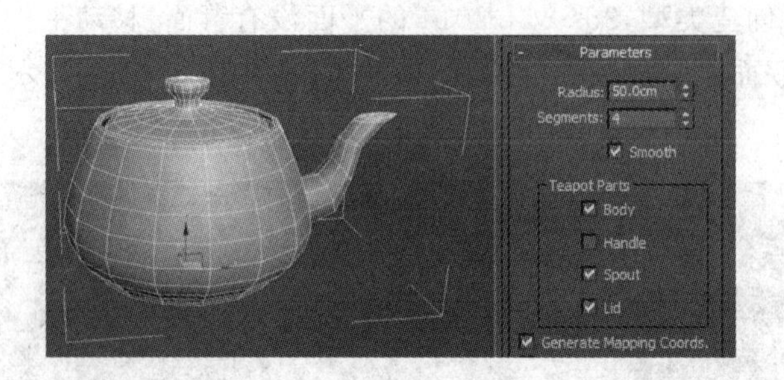

图 2-27

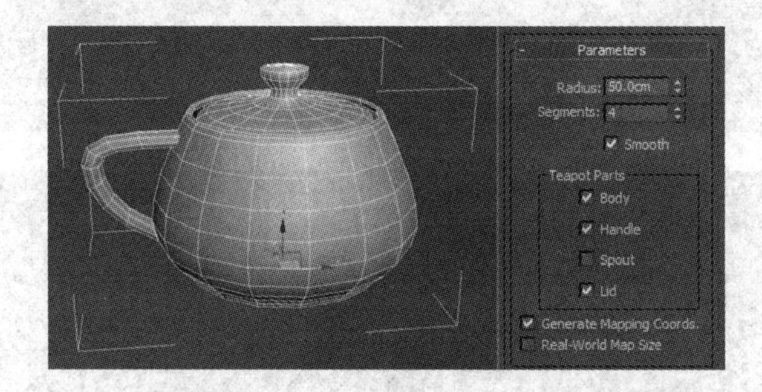

图 2-28

图 2-29

标准几何体组合展示，如图 2-30 所示。

除了上面介绍的标准几何体创建外，3ds Max2014 还包括扩展类几何体，扩展类几何体是标准几何体的有力补充(见图 2-31)。

图 2-30

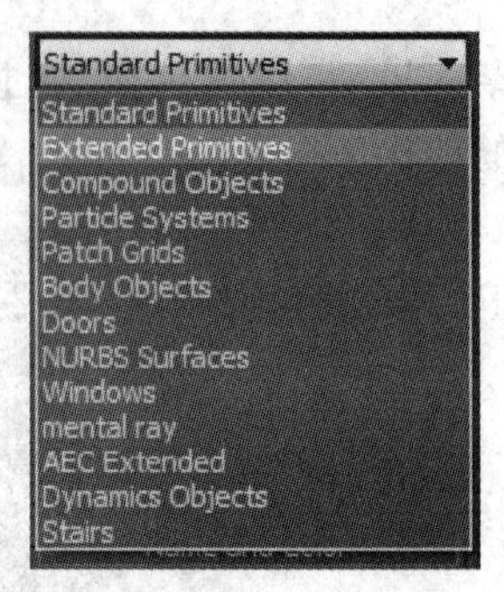

图 2-31

异面体：提供了 5 种不同的异面模型，在制作特殊模型时可以灵活选择使用(见图 2－32～图 2－36)。

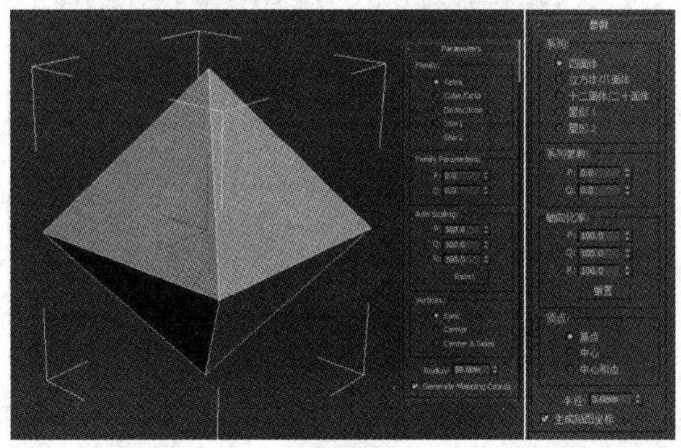

四面体

图 2－32

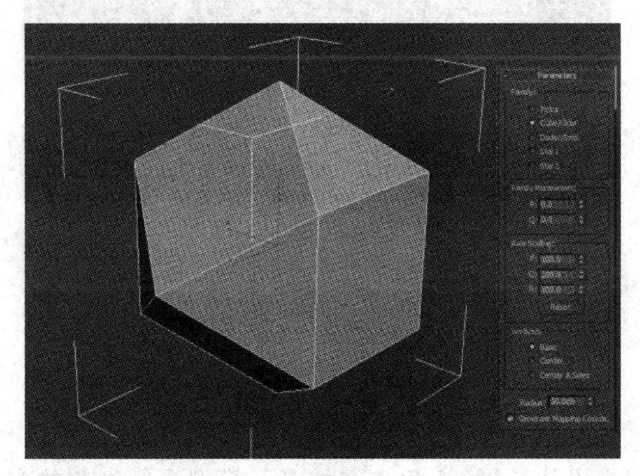

八面体

图 2－33

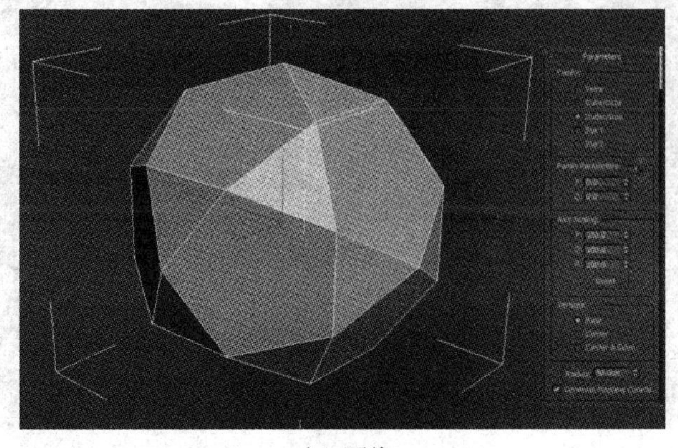

十二面体

图 2－34

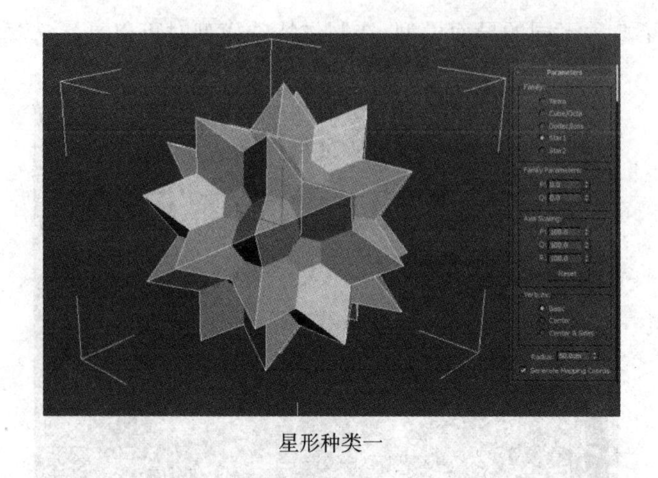

星形种类一

图 2 - 35

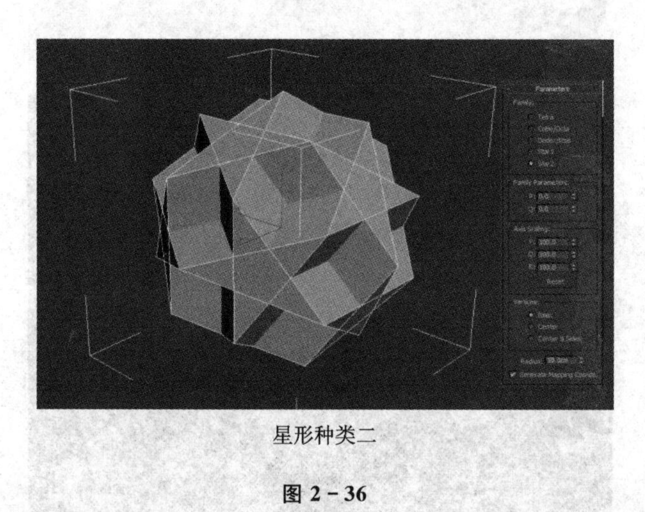

星形种类二

图 2 - 36

切角立方体：与立方体不同，切角立方体多了模型边缘倒角的参数设置，如图 2 - 37 所示。

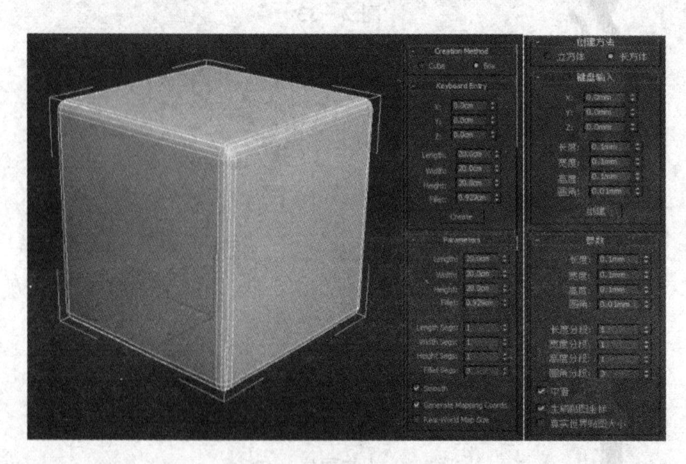

图 2 - 37

油罐：外形像油罐的几何模型，如图 2－38 所示。

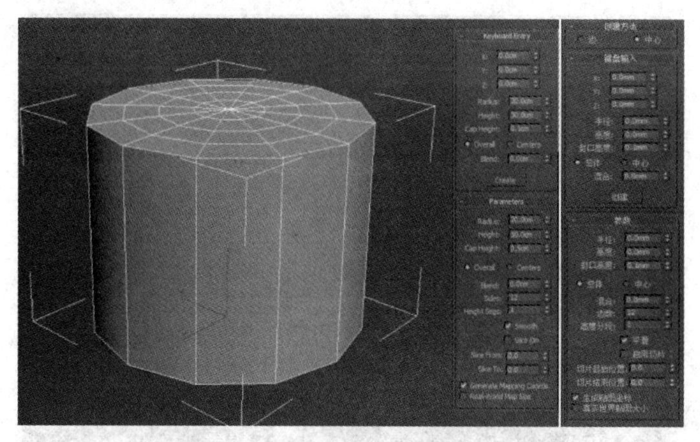

图 2－38

纺锤体：外形像纺锤的几何模型，如图 2－39 所示。

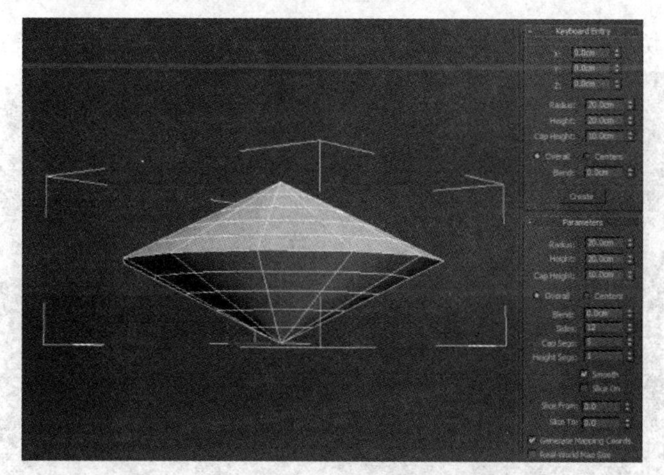

图 2－39

切角圆柱体：比标准圆柱体多了边缘倒角的参数设置，如图 2－40 所示。

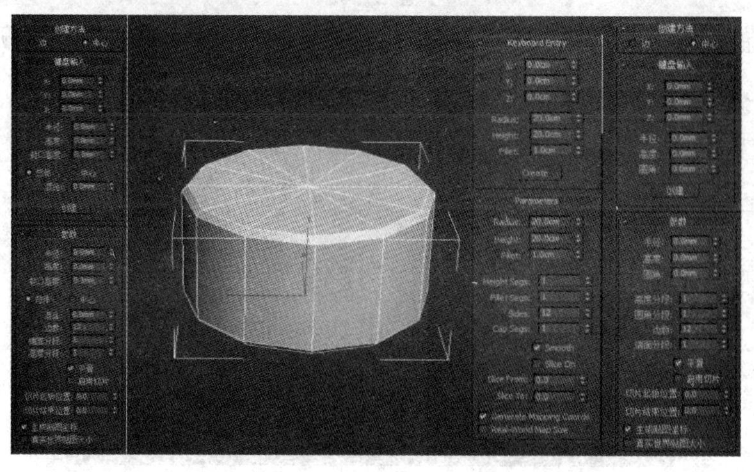

图 2－40

环形波：特殊模型结构，不经常使用，如图 2-41 所示。

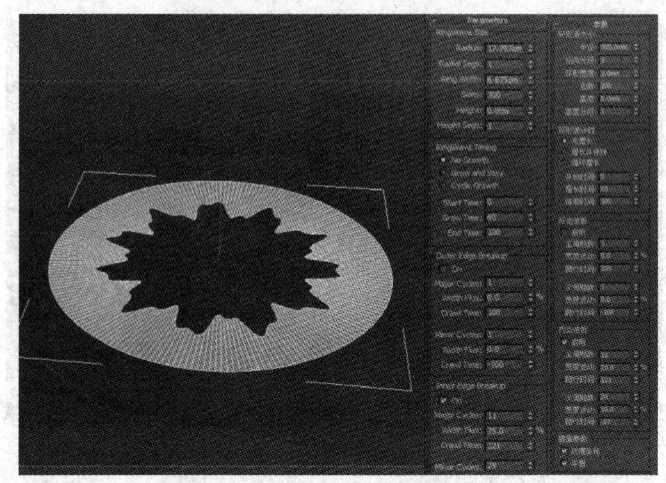

图 2-41

棱柱：外形像切糕的几何模型，如图 2-42 所示。

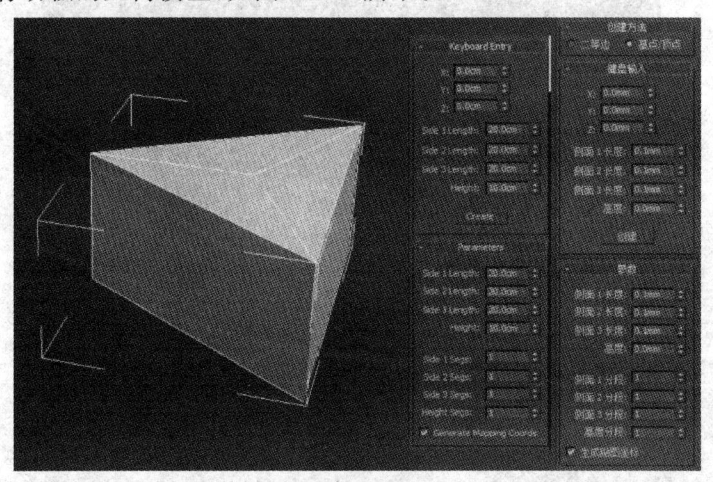

图 2-42

球棱柱：与切角圆柱体不同之处在于倒角在竖直方向上，切角圆柱是横向上倒角，如图 2-43 所示。

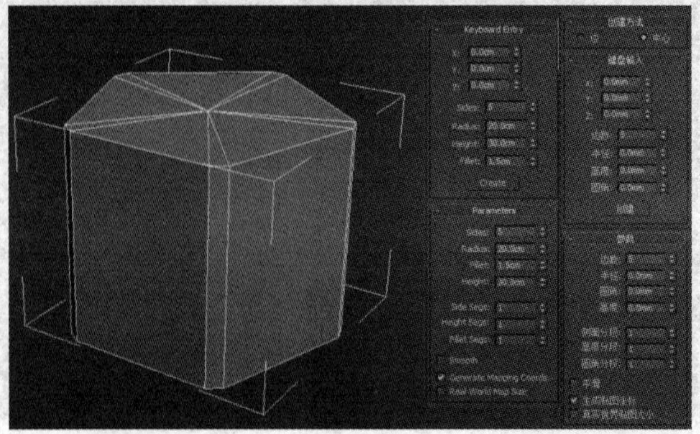

图 2-43

环形结：环状的交织模型，制作游戏模型中的绳结，如图 2－44 所示。

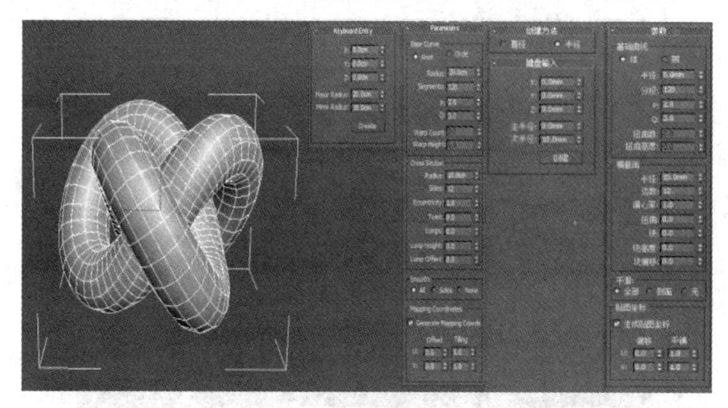

图 2－44

胶囊：顾名思义，外形像胶囊的几何模型，制作子弹类模型比较快捷（见图 2－45 和图 2－46）。

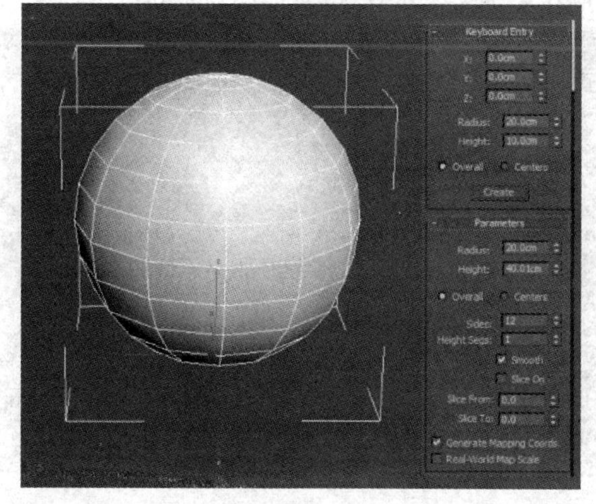

图 2－45

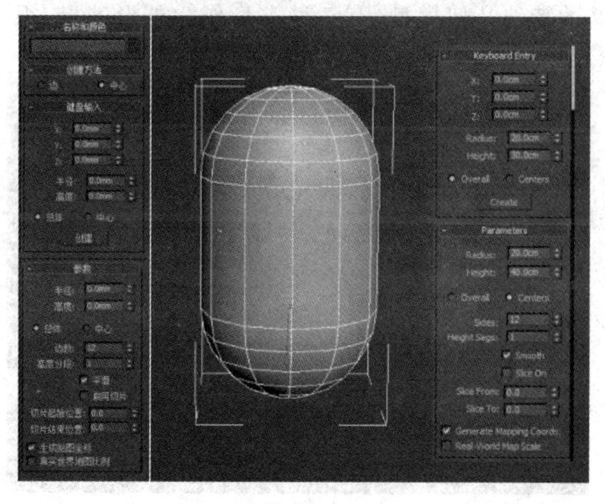

图 2－46

L 形墙：L 形墙与 C 形墙在制作建筑的墙体结构中会使用到，如图 2－47 所示。

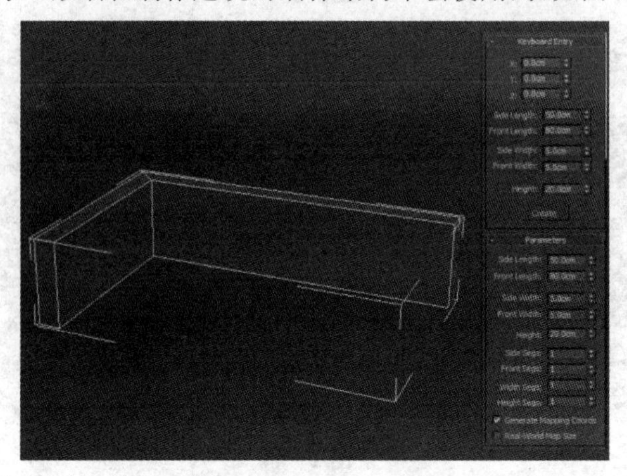

图 2－47

C 形墙：竖直起来制作桌子模型比较快捷，如图 2－48 所示。

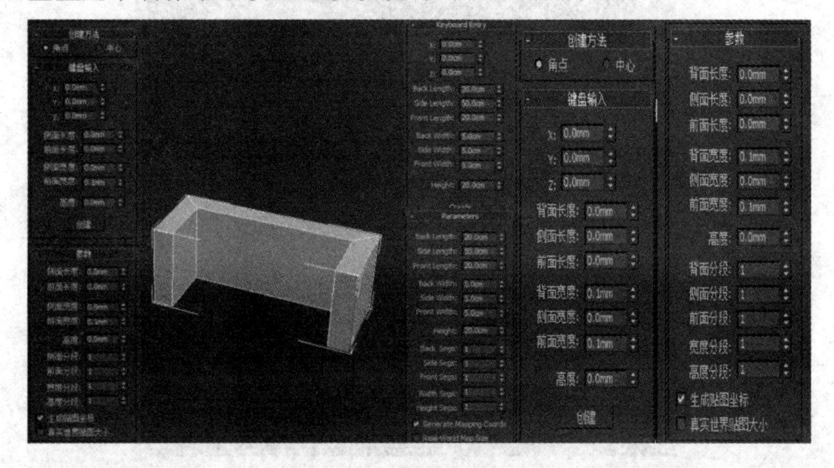

图 2－48

软管：外观像弹簧的特殊几何模型，有 3 种类型作为外形选择，很少使用（见图 2－49 和图 2－50）。

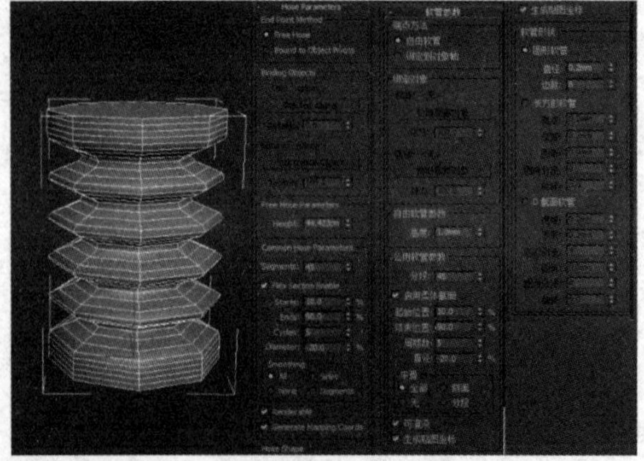

图 2－49

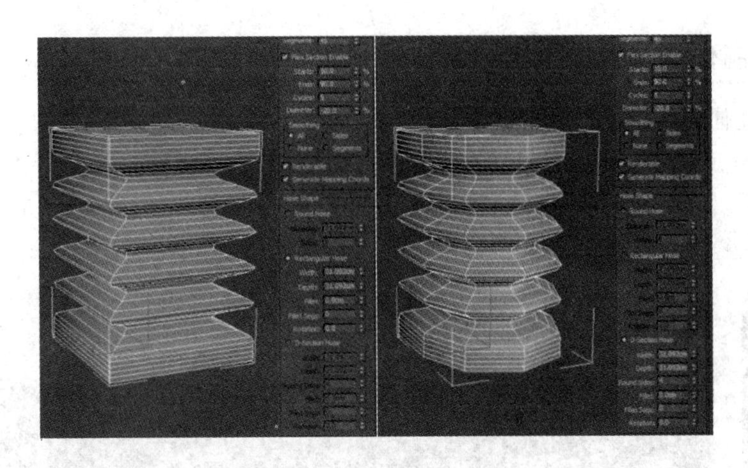

图 2－50

扩展模型集合展示，如图 2－51 所示。

图 2－51

2.1.2　对齐工具的应用

对齐工具是比较常用的工具，下面着重讲解它的使用方法。

对齐工具主要应用在一个物体需要和另一个物体对齐的情况，3ds Max2014 默认了以下几种对齐方式(见图 2－52)：

① 新建一个模型，这里用 BOX 来演示，创建模型 BOX，在 BOX 旁边再创建一个圆球，一方一圆的两个模型外形迥异，方便观察。

② 接下来使用对齐命令，让圆球去对齐立方体。首先选择圆球，单击对齐工具，再单击需要对齐的目标，这里是立方体 BOX。

③ 从弹出的对话框里，可以选择对齐的方式。

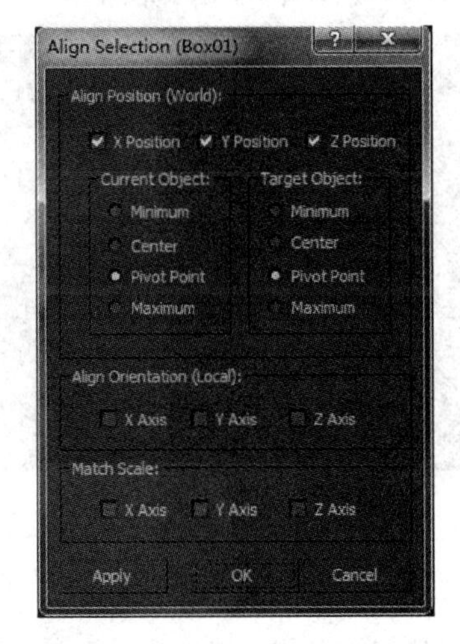

图 2－52

2.1.3 范例制作——计算机桌的制作

用简单的几何体搭建一个类似计算机用的桌子。

① 使用创建面板下的 BOX 立方体样本作为创建计算机桌的面板(见图 2－53)。

② 在 BOX 属性列输入面板的大小,长为 100 cm,宽为 60 cm,厚度为 5 cm,如图 2－54 所示。

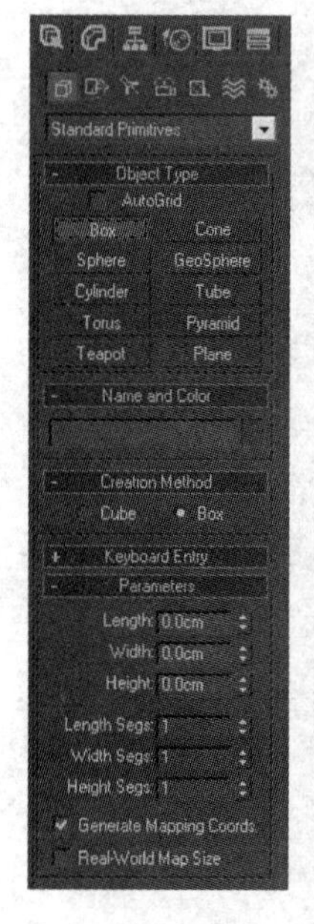

图 2－53

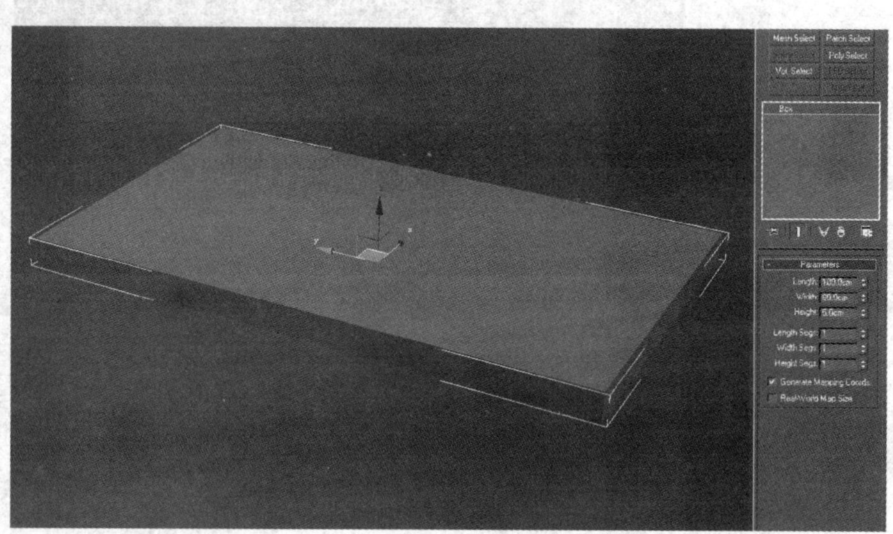

图 2－54

③ 对于创建好的模型,如果需要调整参数,就不能直接在创建面板中调整,而需要切换到修改面板里做调整,把模型的颜色改为灰色,如图 2－55 所示。

④ 接下来要制作桌子的桌脚,圆形的桌脚选择圆柱几何体来创建,创建一个直径为2 cm,高度为 80 cm 的桌脚,如图 2－56 所示。

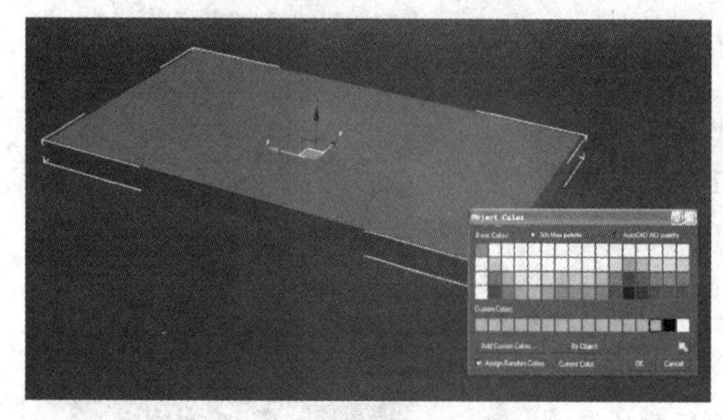

图 2－55

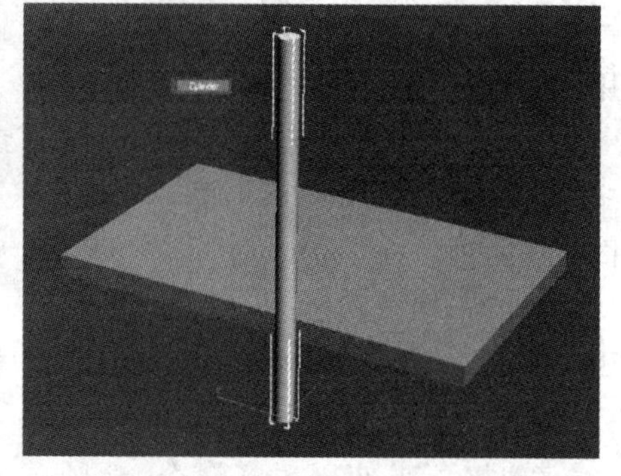

图 2－56

⑤ 选中桌脚模型使用对齐工具,单击桌面模型,在弹出的对齐面板中选择目标物体和当前物体对齐模式为小对小,如图 2－57 所示。

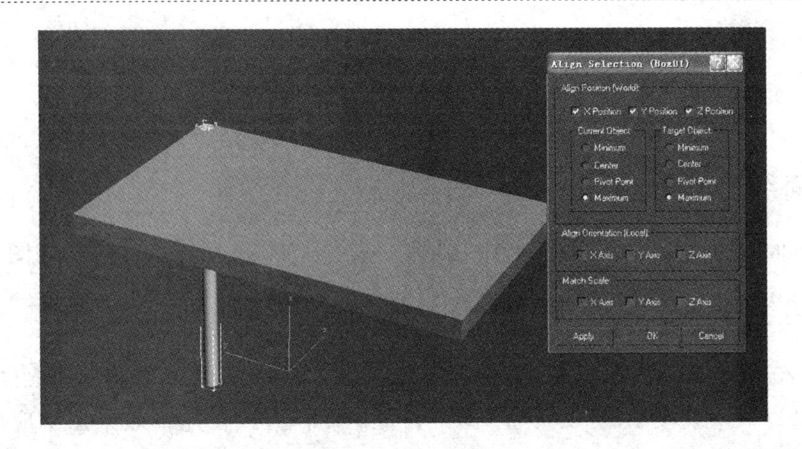

图 2－57

⑥ 移动桌脚到桌面边角，如图 2－58 所示。

⑦ 使用快捷键复制，选择桌脚模型按住 Shift 键，拖动鼠标，如图 2－59 所示。

图 2－58

图 2－59

⑧ 在弹出的对话框里选择关联复制，再选择两个桌脚重复复制一次(见图 2－60)。

得到 4 个桌脚，由于使用了关联复制，只需要调整其中一个桌脚，其他 3 个桌脚随之得到相同变化。

⑨ 再复制一根，使用旋转工具，开启旋转捕捉，旋转 90°，将桌脚的横栏部分做出来。按照同样的方法制作出上面的横栏，简单的桌子便制作完成了(见图 2－61)。

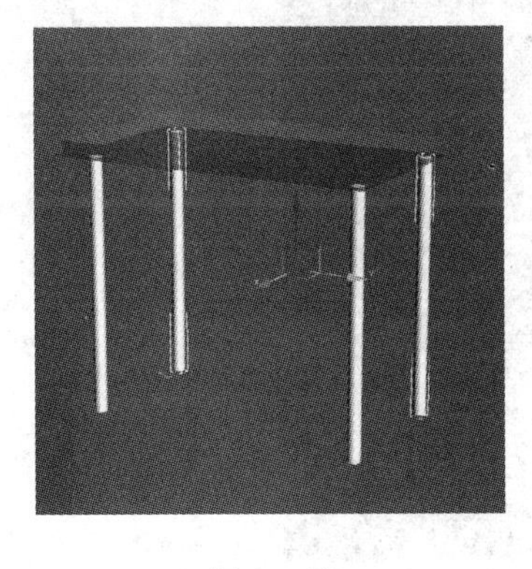

图 2－60

图 2－61

2.2 平面类创建模型

2.2.1 平面线段类型

主要的平面线段有线、矩形、圆、椭圆、弧、圆环、多边形、星形、螺旋线等，如图 2 - 62 所示。

2.2.2 利用线段生成模型

3ds Max2014 可以将任何 2D 平面线段转化为 3D 模型，也可以将 2D 软件比如 CAD、CorlDarw 等 2D 矢量线段生成 3D 模型，这种常见的制作方式在建筑效果图中应用比较普遍，在游戏模型中也是快速获得 3D 模型的常见制作方法之一。

① 制作水管。

选择创建面板中平面类的 Line 工具，在绘制前设置创建线段的操作类型，如图 2 - 63 所示。

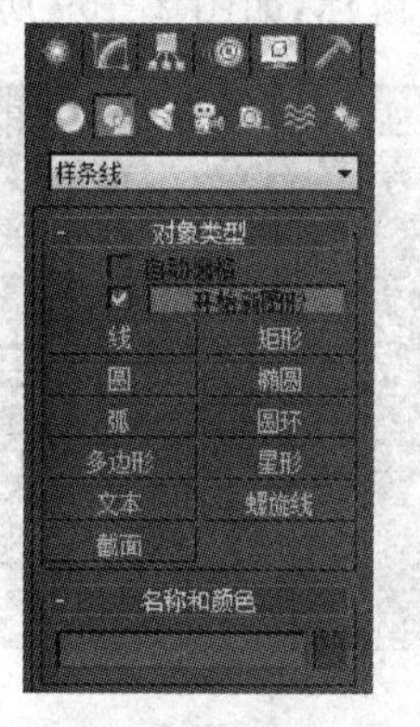

图 2 - 62

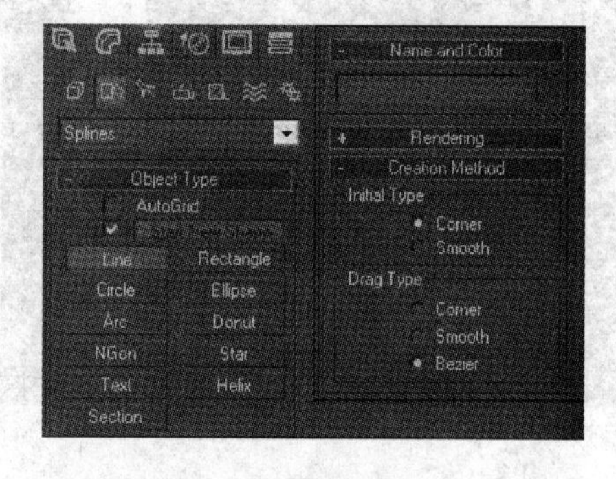

图 2 - 63

② 在左视图中单击出一段转折带圆弧度的线段轨迹，右击，如图 2 - 64 所示。

图 2 - 64

③ 勾选绘制出线段 Rendering 里的 Enable In Viewport，获得 3D 模型，如图 2－65 所示。其中，Thickness 为直径大小；Sides 为模型线段数量；Angle 为角度值。

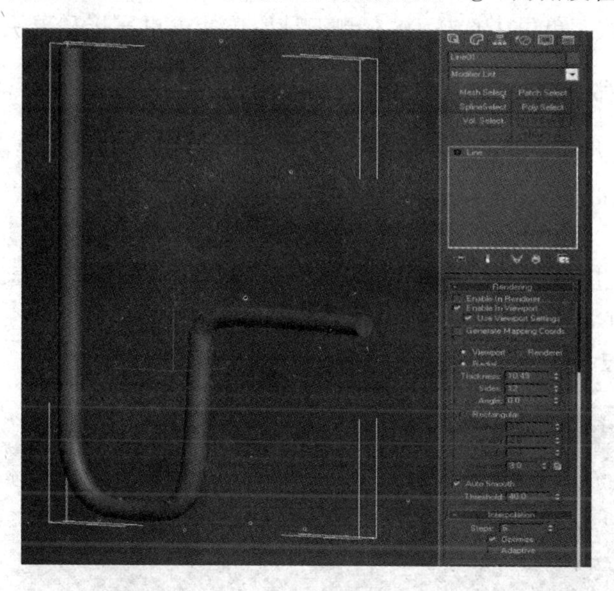

图 2－65

④ 还可以将管状模型设置为立方体，用来制作建筑墙面（见图 2－66）。

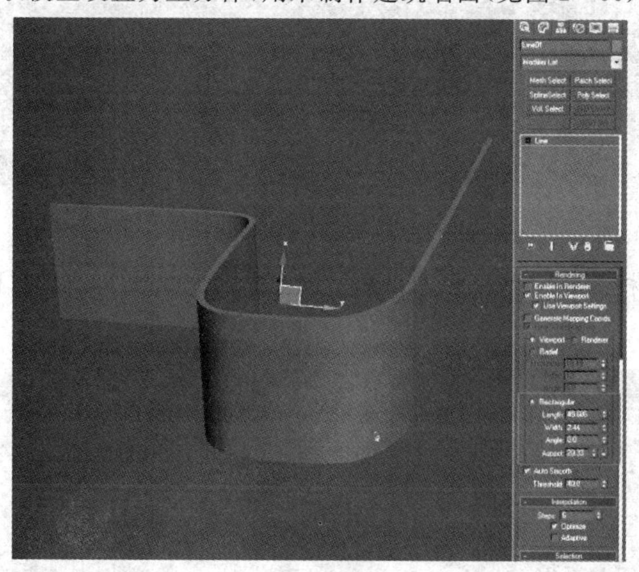

图 2－66

2.3　模型的调整命令

2.3.1　3ds Max2014 软件修改器基本知识

修改器是 3ds Max2014 软件针对编辑模型改变其结构和属性的强大功能集合，用户通过这些修改器的编辑能够快速得到特异的模型结构，如果一点点地进行点线面调节会相当费时费力。修改器有两种方式调取：修改菜单和右侧工具栏。通常都是在工具栏里直接选择需要的修改器，不会在修改菜单里去选择，从右侧工具栏选择可更直接和更快捷。

2.3.2 主要修改命令的使用

这里主要讲解游戏制作中经常用到的修改器命令，分为模型结构修改器、UVW 贴图修改器、光滑模型修改器和绑定骨骼修改器等。

1. 结构修改器

结构修改器：特指能够快速地让模型发生结构上变形的添加型工具。

Bend：弯曲，能够将模型在任意轴方向产生弯曲变形。

① 选择创建面板，创建一个圆柱体（见图 2-67）。

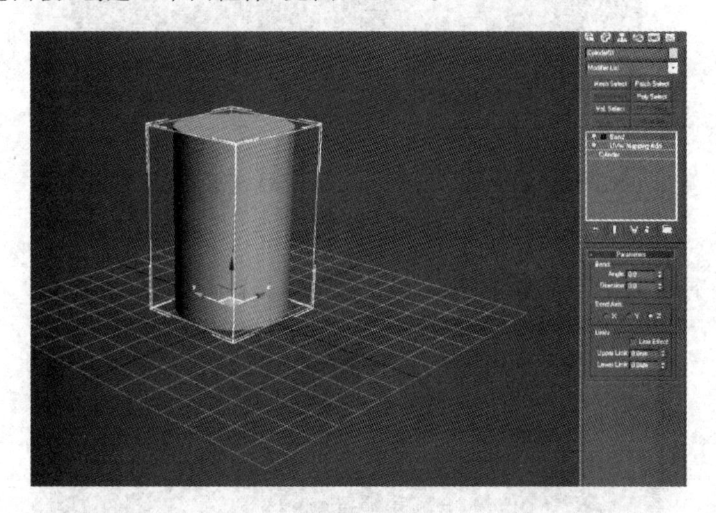

图 2-67

② 给创建的圆柱体添加编辑器，可以从不同轴向上去选择，得到的弯曲变化效果不一样，如图 2-68 所示。

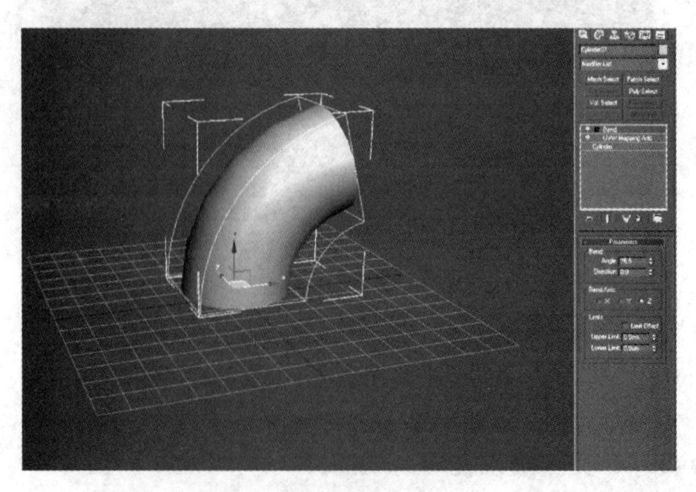

图 2-68

Lattice：晶格化，将模型的边线转化成圆柱形结构，并在顶点上产生关节多面体，如图 2 - 69 所示。

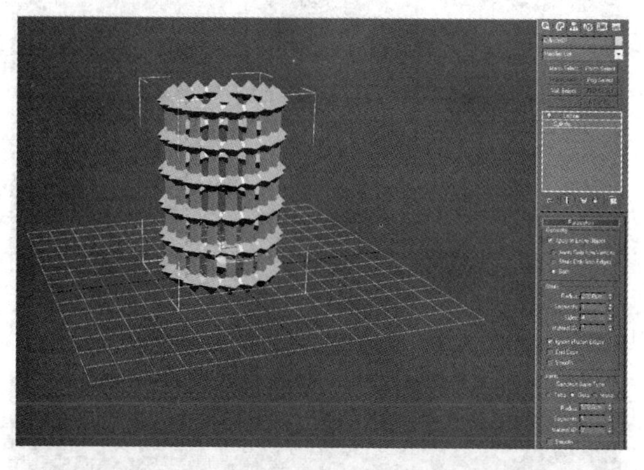

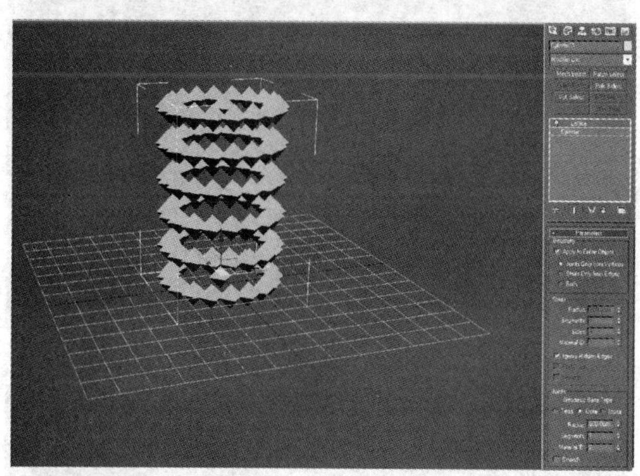

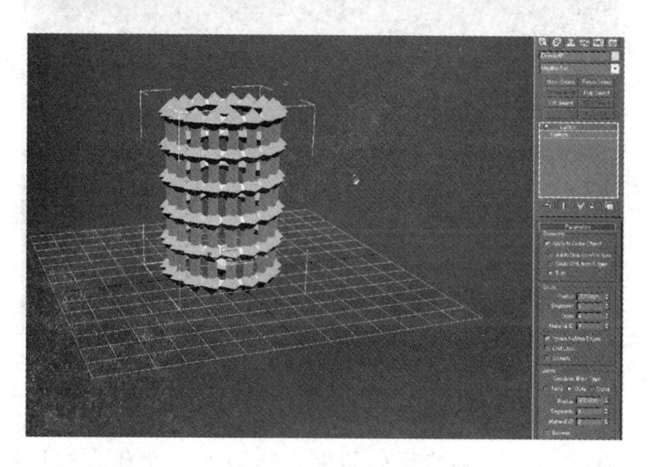

图 2 - 69

Taper：锥化，使模型产生锥体化效果，一边放大另一边缩小，如图 2 - 70 所示。

Twist：扭曲，使模型在任意轴向上发生扭曲化变形，如图 2 - 71 所示。

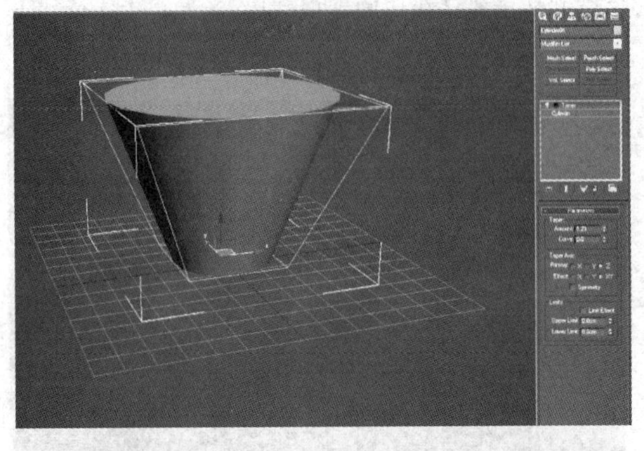

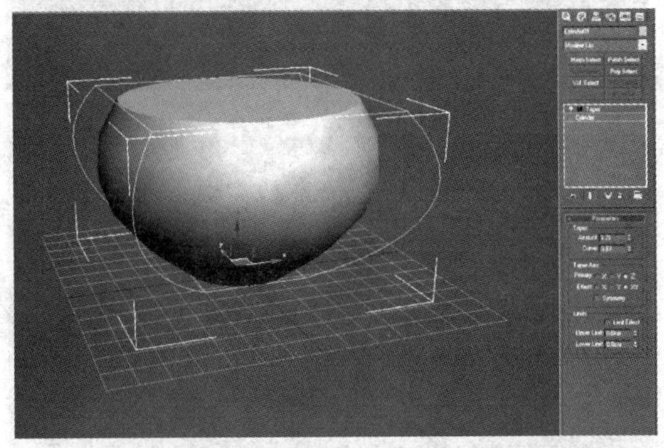

图 2-70

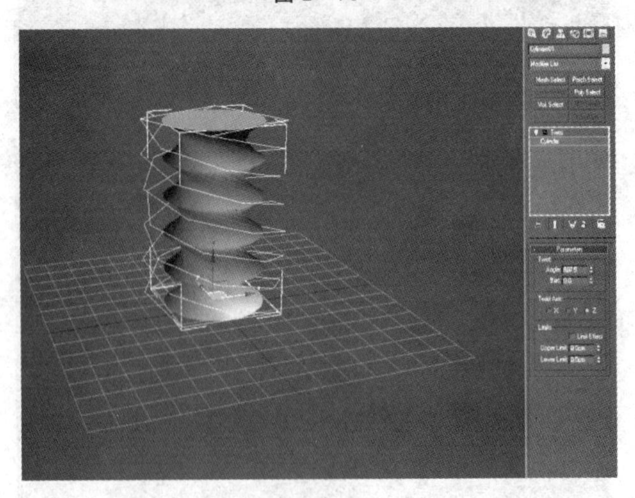

图 2-71

FFD：自由变形，使模型通过调节晶格器发生结构上的变化。软件提供了 5 种设置自由变形类型，FFD 2×2×2、FFD 3×3×3、FFD 4×4×4、FFD 长方体变形、FFD 圆柱体变形。2×2×2表示修改器晶格的线段，3×3×3 就是 3 段，以此类推，晶格的段数可以在 FFD 长方体变形参数设置中自定义数量，如图 2-72 所示。

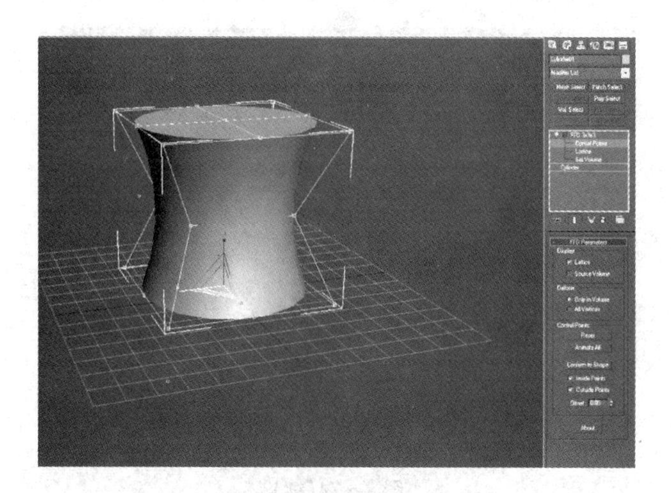

图 2－72

Extrude：挤出，勾画的平面线段，使用此命令可以挤出立方体结构，如图 2－73 所示。

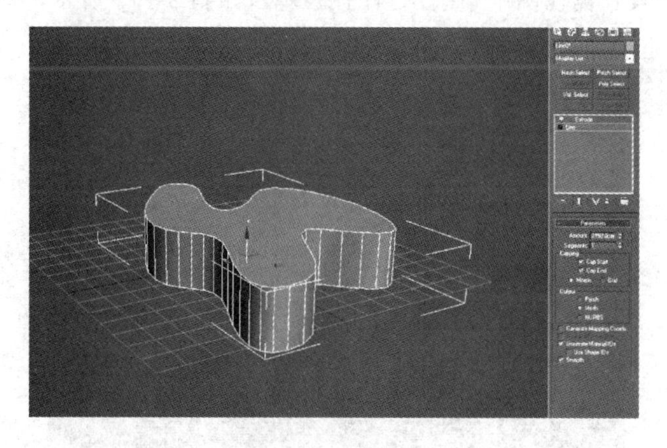

图 2－73

Face Extrude：面挤出，选择面使用面挤出命令挤出体积，需要配合 Edit Poly 使用，如图 2－74 所示。

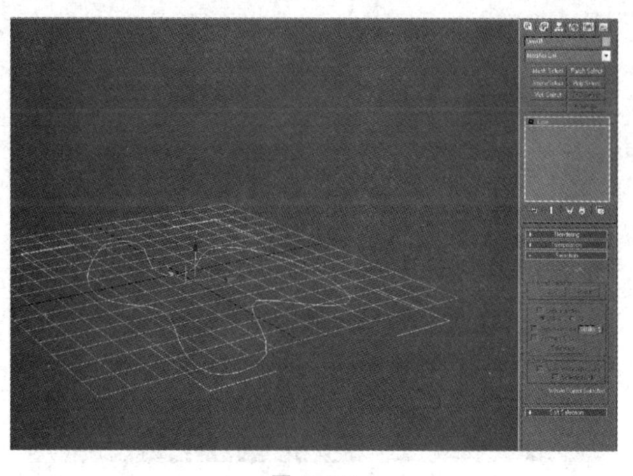

图 2－74

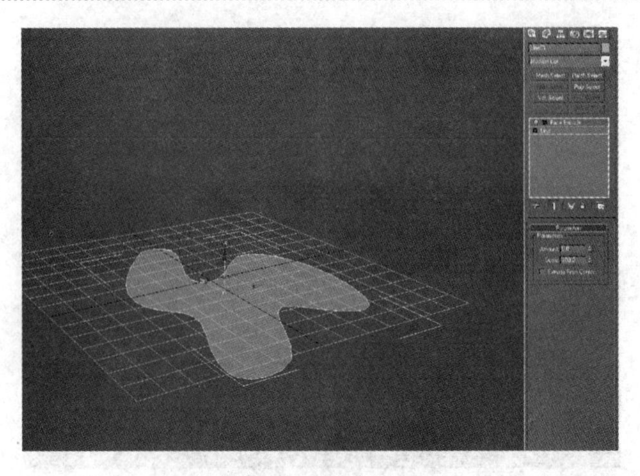

图 2-74(续)

Lathe：车削(工业车床上术语),勾画的平面线段,使用此命令可以绕轴旋转成立方体结构。

① 使用 Line 工具在侧视图中勾画出封闭的线段,如图 2-75 所示。

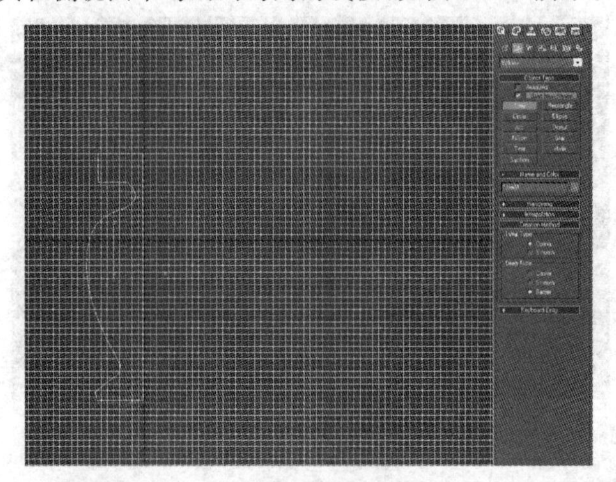

图 2-75

② 添加编辑器得到瓶子形的结构,如图 2-76 所示。

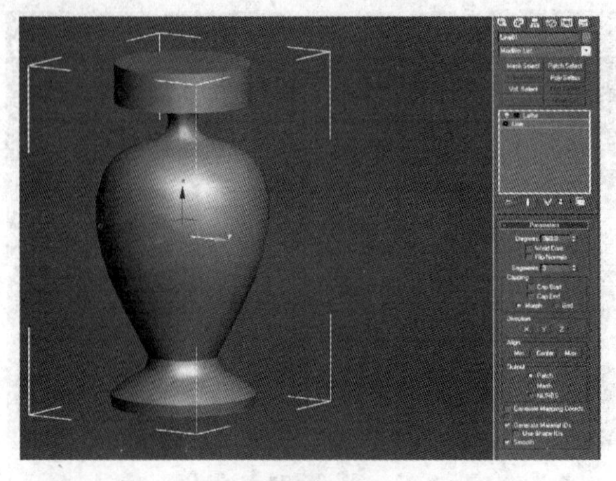

图 2-76

Noise：噪波，此命令使对象表面的顶点进行变动，这种随机式的变动能够使表面变得起伏不规则，能够做出复杂的地面和水面效果。

Wave：波浪，与噪波命令类似，在对象上产生像波浪似的结构（见图 2－77）。

图 2－77

Displace：置换，通过使用位图的方式改变模型的结构。

① 选择创建面板下的平面样本，创建一个平面模型，应设置平面段数数量多一些，如图 2－78 所示。

图 2－78

② 给平面模型添加置换编辑器，通过在置换编辑器下的 Bimap 命令通道上链接图片，图片的颜色以等高线的方式来调节模型变化，如图 2－79 所示。

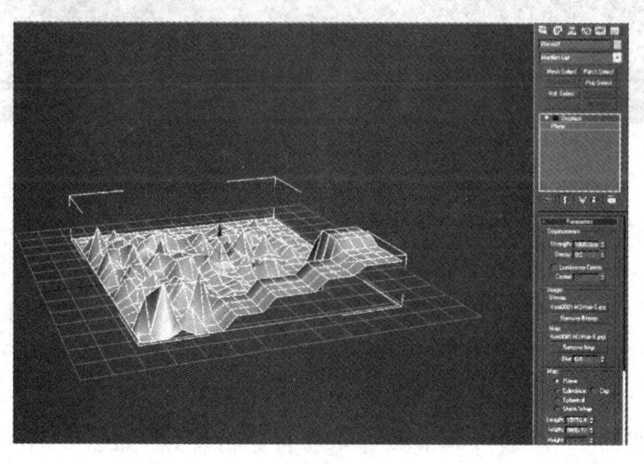

图 2－79

Slice：切片，移动修改器的位置来获取需要切片的模型结构（见图 2-80）。

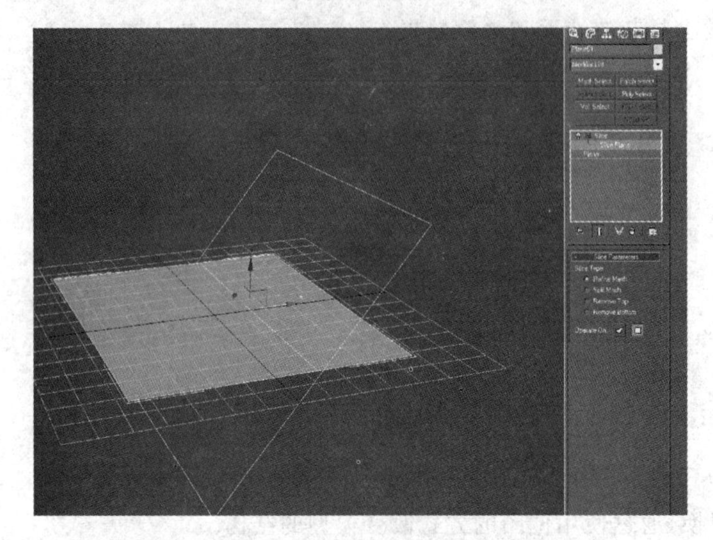

图 2-80

Mirror：镜像，与工具栏上的镜像工具类似。

Symmetry：对称，模型制作中常用的镜像关联修改器，只需调节其中一半模型，另一半模型随之一起即时关联变化。

① 对称修改器主要在多边形建模中应用，选择模型给模型添加修改器，如图 2-81 所示。

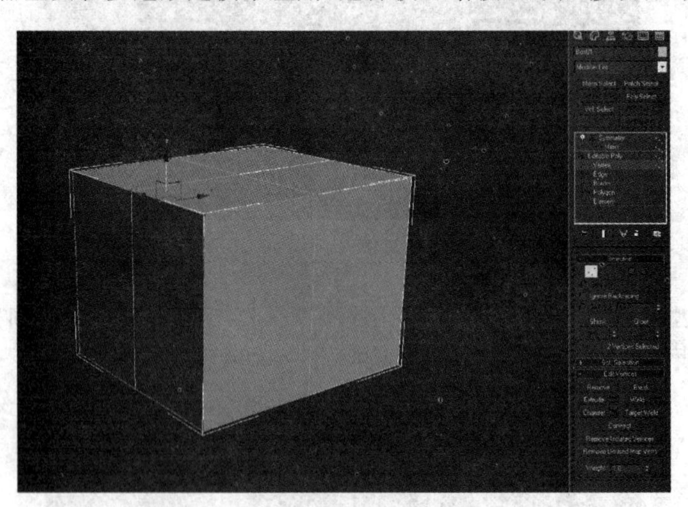

图 2-81

② 调节模型的一半，另一半随之发生同样变化，如图 2-82 所示。

Optimize：优化，可以减少不必要的面和顶点数目，提高机器运行效率。

Subdivide：细分，增加模型网格密度，密度越高模型面数越高，得到的模型精度也越高，但会大大增加机器计算时间并消耗内存。

① 创建一个立方体模型，如图 2-83 所示。

② 添加细分修改器，可以通过调节数值来获得细分需求，如图 2-84 所示。

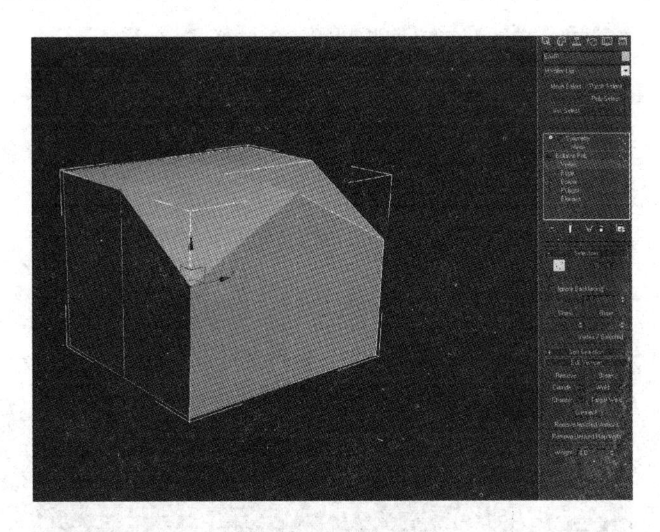

图 2－82

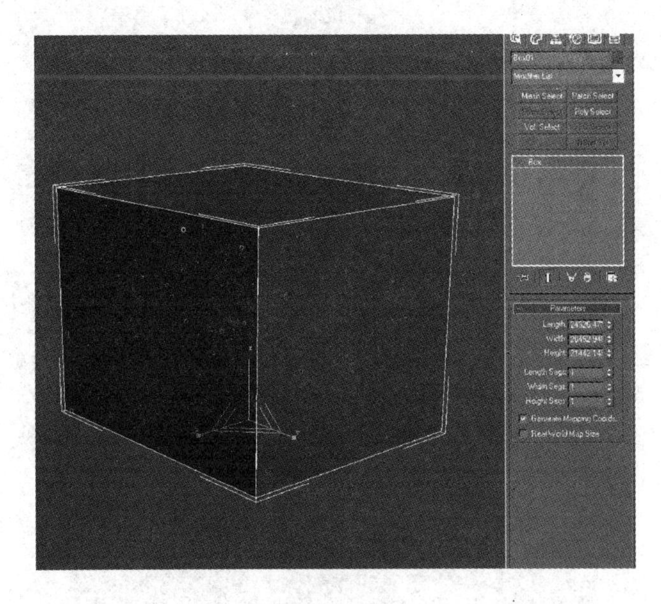

图 2－83

2. 光滑模型修改器

Smooth：平滑模型，普通的平滑模型修改器强度没有下面两种平滑修改器强，如图 2－85 所示。

MeshSmooth：网格平滑，基于网格计算方式的平滑模型，使角和边变得圆滑，如图 2－86 所示。

TurboSmooth：涡轮平滑，如图 2－87 所示。

3. 绑定骨骼修改器

游戏动画中的动作调节，需要用到绑定骨骼修改器，对模型绑定骨骼调节动作。通常使用 Physique 封套修改器和 Skin 蒙皮修改器这两种。

Physique 针对 MAX 的角色动画中模型与骨骼绑定之用，它在添加到模型上之后，能够指

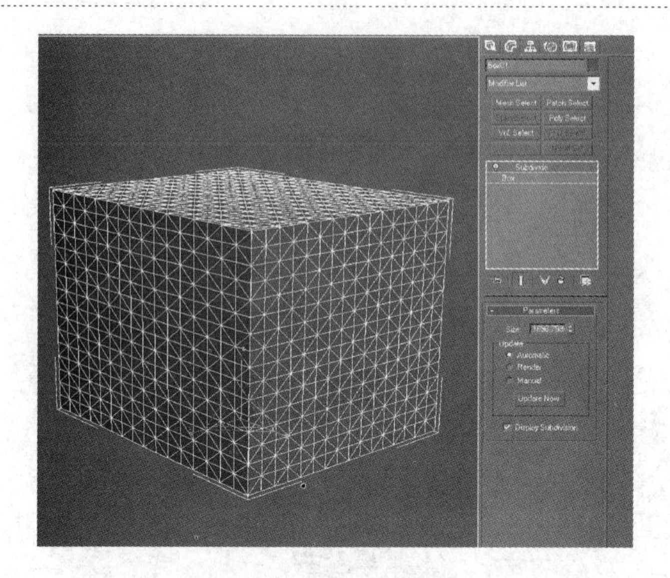

图 2－84

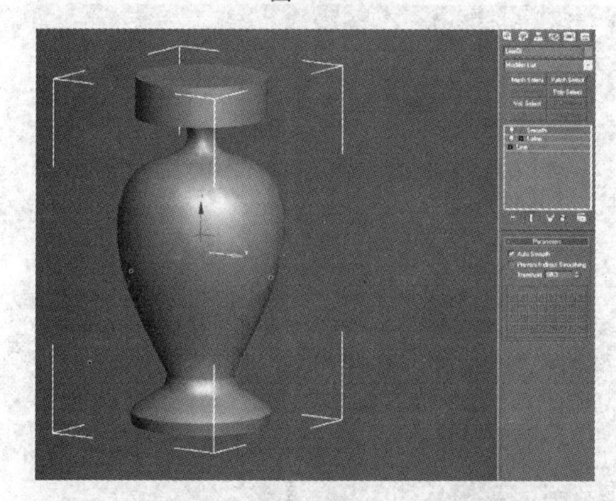

图 2－85

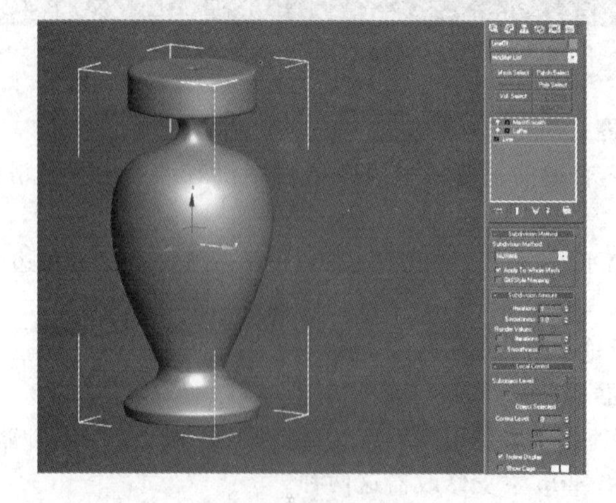

图 2－86

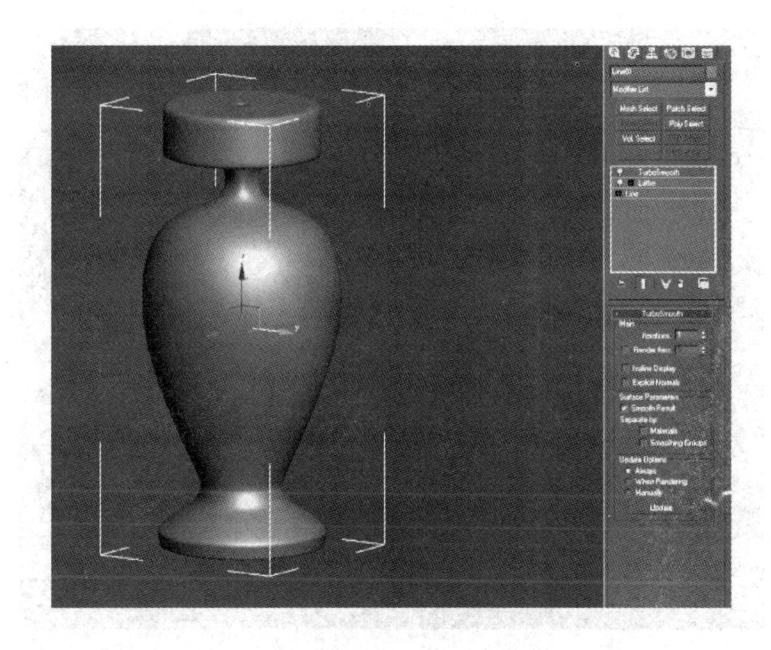

图 2-87

定到骨骼，从而使模型按照指定骨骼的动态运动，相较 Skin 和 Physique 更适合在底模角色动画以及简易动画中使用。

重置修改器见图 2-88。

Reset XForm：将用户模型制作中产生变形参数等信息进行重置初始状态的修改器，也可以在 Utilitiess 实用工具栏中找到这个命令。

4. UVW 贴图修改器

指仅仅关系贴图变化效果的添加型工具（见图 2-89）。

图 2-88

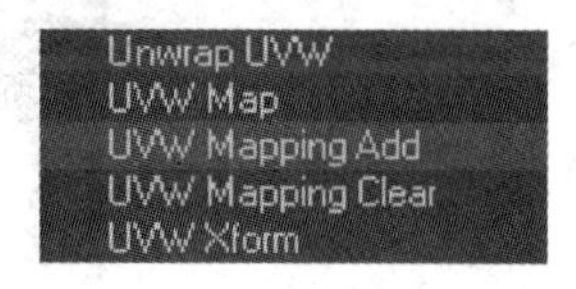

图 2-89

修改器中英文对照如图 2-90 所示。

UVW 贴图坐标修改器是游戏制作中重要的命令，详细的 UVW 讲解请参考第 4 章。

Selection Modifiers（选择修改器）	Mesh Select（网格选择修改器）	Poly Select（多边形选择修改器）
Patch Select（面片选择修改器）	Spline Select（样条选择修改器）	Volume Select（体积选择修改器）
FFD Select（FFD变形选择修改器）	NURBS Surface Select（NURBS表面选择修改器）	Cross Section（截面相交修改器）
Edit Patch（面片修改器）	Edit Spline（样条线修改器）	Patch/Spline Editing（面片/样条线修改器）
Surface（表面生成修改器）	Delete Patch（删除面片修改器）	Delete Spline（删除样条线修改器）
Lathe（车削修改器）	Normalize Spline（规格化样条线修改器）	Fillet/Chamfer（圆切及斜切修改器）
Trim/Extend（修剪及延伸修改器）	Mesh Editing（表面编辑）	Cap Holes（顶端洞口编辑器）
Delete Mesh（编辑网格物体编辑器）	Edit Normals（编辑法线编辑器）	Extrude（挤压编辑器）
Face Extrude（面拉伸编辑器）	Normal（法线编辑器）	Optimize（优化编辑器）
Smooth（平滑编辑器）	STL Check（STL检查编辑器）	Symmetry（对称编辑器）
Tesselate（镶嵌编辑器）	Vertex Paint（顶点着色编辑器）	Vertex Weld（顶点焊接编辑器）
Animation Modifiers（动画编辑器）	Skin（皮肤编辑器）	Morpher（变体编辑器）
Flex（伸缩编辑器）	Melt（熔化编辑器）	Linked XForm（连结参考变换编辑器）
Patch Deform（面片变形编辑器）	Path Deform（路径变形编辑器）	Surf Deform（表面变形编辑器）
Surf Deform（空间变形编辑器）	UV Coordinates（贴图轴坐标系）	UVW Map（UVW贴图编辑器）
UVW Xform（UVW贴图参考变换编辑器）	Unwrap UVW（展开贴图编辑器）	Camera Map（相机贴图编辑器）
Camera Map（环境相机贴图编辑器）	Cache Tools（捕捉工具）	Point Cache（点捕捉编辑器）
Subdivision Surfaces（表面细分）	MeshSmooth（表面平滑编辑器）	HSDS Modifier（分级细分编辑器）
Parametric Deformers（参数变形工具）	Bend（弯曲）	Taper（锥形化）
Twist（扭曲）	Noise（噪声）	Stretch（缩放）
Squeeze（压榨）	Push（推挤）	Relax（松弛）
Ripple（波纹）	Wave（波浪）	Skew（倾斜）
Slice（切片）	Spherify（球形扭曲）	Affect Region（面域影响）
Lattice（栅格）	Mirror（镜像）	Displace（置换）
XForm（参考变换）	Preserve（保持）	Surface（表面编辑）
Material（材质变换）	Material By Element（元素材质变换）	Disp Approx（近似表面替换）
NURBS Editing（NURBS面编辑）	NURBS Surface Select（NURBS表面选择）	Surf Deform（表面变形编辑器）
Disp Approx（近似表面替换）	Radiosity Modifiers（光能传递修改器）	Subdivide（细分） Subdivide（超级细分）

图 2 - 90

2.4 本章小结

本章涉及两个重要的内容：3ds Max2014 软件的基本创建模型与 3ds Max2014 修改器，无论多复杂的模型都是由这些基本几何模型演变而来的。3ds Max2014 的修改器主要协助一些复杂类模型的制作，掌握常用的几种修改器的使用方法能够快速、有效地提高模型工作的效率。

2.5 课后练习

1. 请根据图 2 - 91 练习制作模型。

图 2 - 91

第 3 章　多边形建模操作

章节要点：

本章是游戏制作建模方法的重点内容，多边形编辑模型是游戏模型制作的主要方法，涉及多边形编辑的所有知识点都必须牢固掌握。通过本章的学习，可将制作者正式带入游戏模型制作中。

3.1　多边形编辑的操作方式(Poly 与 Mesh)

多边形建模方式是游戏的主要模型制作方法，游戏制作涉及的多边形建模形式主要有两种，一种是基于四边形面为计算单位的 Poly 类，另一种是基于三边形面为计算单位的 Mesh 类。

小提示：最后在游戏里运行的模型都是按三边形方式计算面的单位，项目中规定一个模型需要多少面数，这个面数指的就是三边形面数而不是四边形面数。

3.1.1　模型的点、线、面的选择与操作

创建立方体模型(BOX)，选中模型，右击选择 Convert To 命令，中文翻译为“塌陷”或者“转换到”。其后，共有四种转换模式：三边形(Mesh)、四边形(Poly)、曲线编辑(Nurbs)、网格编辑(Patch)，选择需要转换的类型后，就可以对模型进行点、线、面的进一步编辑。这里只是对游戏建模类型 Poly 做主要讲解，如图 3－1 所示。

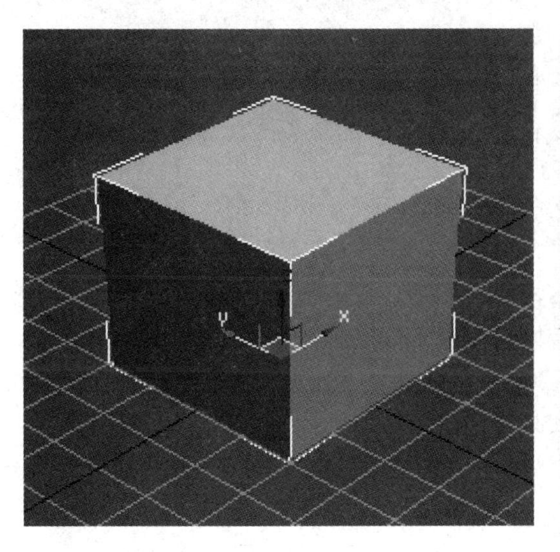

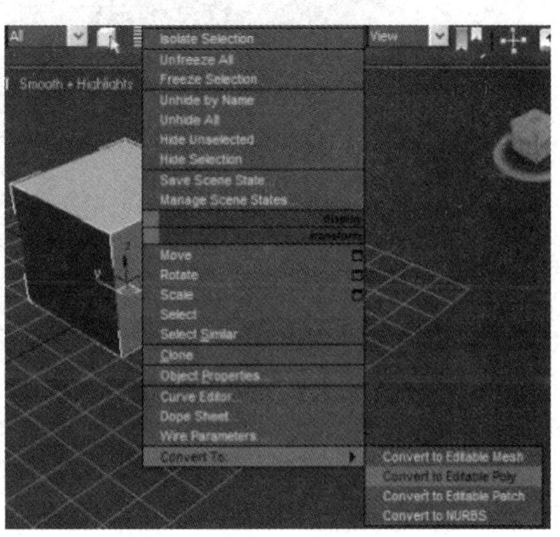

图 3－1

还有一种方法是给模型添加修改器，也可以对模型的点、线、面编辑，使用这种方法还可以返回到下一步对初始模型进行修改，而若直接选择“塌陷”，模型则无法返回(见图 3－2 和图 3－3)。

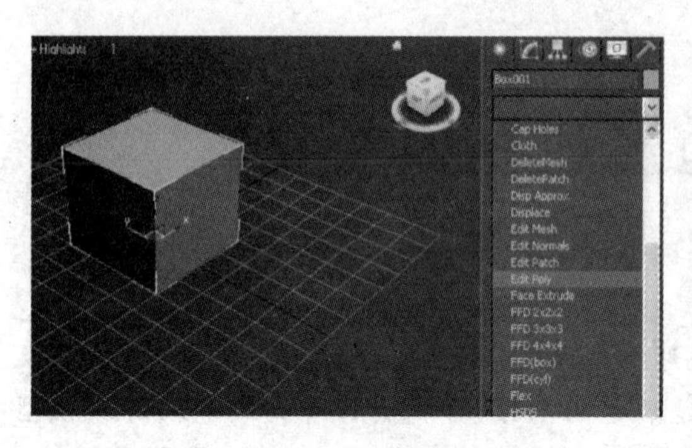

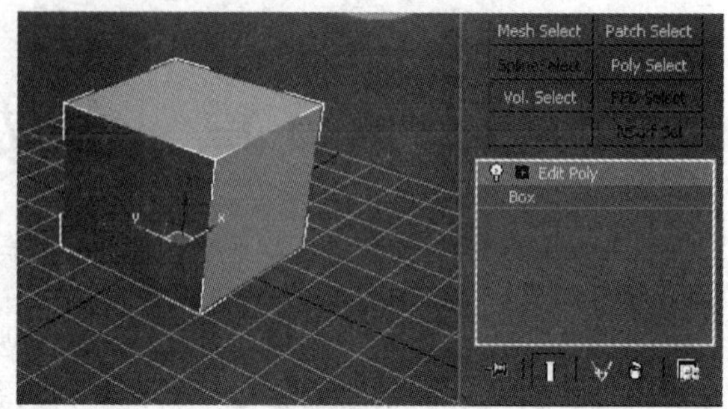

图 3-2

图 3-3 中 Selection 选择，图 3-4 下排的图标从左到右依次是点、边、边界(洞)、面、元素共 5 类编辑。快速切换编辑类型的快捷键是数字 1、2、3、4、5，如图 3-4 所示。

图 3-3

图 3-4

黄色凹图表示当前编辑类型为激活状态。

下面有 3 个勾选类命令和 4 个按钮类命令，都是针对点、线、面等的选择范围。在没有激活选择类型前都是黑色不可操作的状态，激活后以白色显示。

小提示：快捷键 F2 快速切换用户所选择的模型为整体红色显示或者按红色线框显示；快捷键 F3 可以切换模型按照透明线框显示或者实体颜色显示。

By Vertex：表示选中与所选择点相邻的线或面的方式，这个勾选命令在点级别下是无法使用的，其他级别下都能使用。

操作演示：

在边级别下，勾选 By Vertex，只需要在模型点汇集的地方就能快速地选择好与该点相邻的边(见图 3-5)。

同样在面级别下，与点相邻的面一起被选中(见图 3－6)。

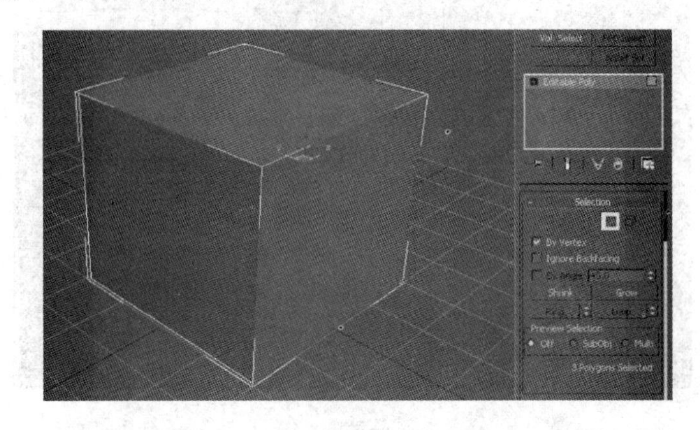

图 3－5

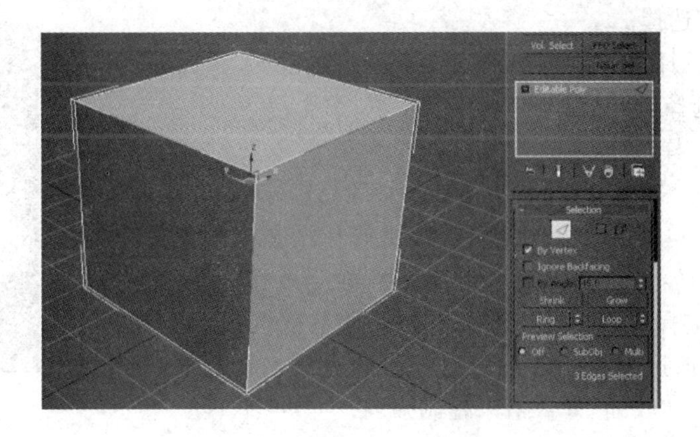

图 3－6

Ignore Backfacing：忽略背部选择，勾选命令后，选择模型时模型背部的点、线、面就不能被选中。

By Angle：角度范围选择，勾选命令后可以通过后面的数字来调节选择范围的大小(见图 3－7 和图 3－8)。

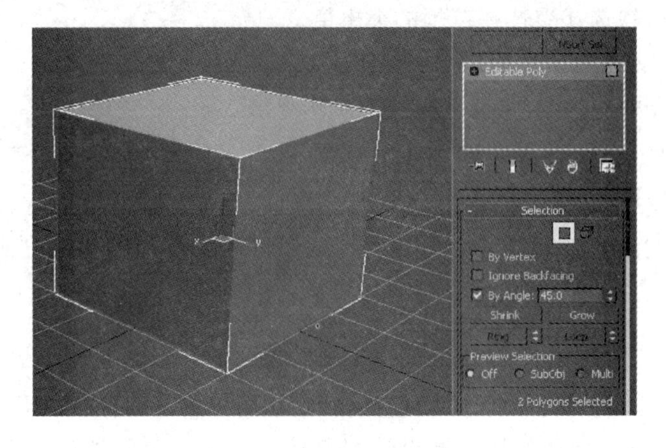

图 3－7

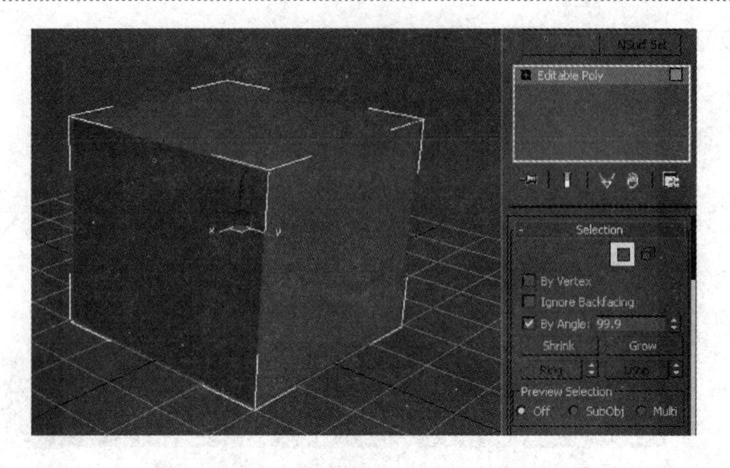

图 3－8

Shrink：收缩选择。

Grow：扩展选择。

Ring：纵向选择。

Loop：横向选择。

Soft Selection：软选择(见图 3－9)。

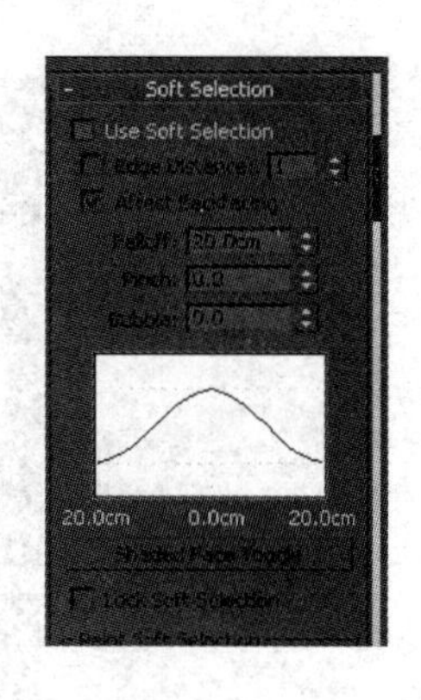

图 3－9

软选择是个概念性称谓，通常将直接用鼠标选择模型上的点、边、面比喻为硬选择，硬选择下对模型点、边、面等做移动、旋转、拖拽等操作没有软选择过渡自然，选择了点就只是该选择点受到操控；软选择可以让该选择点相邻的点以平滑的方式进行过渡，还可以通过控制“衰减”、“收缩”等数值来控制强弱。

小提示：在调节人头模型上软选择会很方便。

勾选 Use Soft Selection 就开启了软选择功能。

Edge Distance：边的距离，使用该命令可以限制软选择指定的面数。

Affect Backfacing：影响到背面，默认为勾选，取消则选择的时候不会选到背面。

Falloff：衰减值，数值越大，软选择影响的范围越广。

Pinch：收缩值，软选择受选择范围的突出值。

Bubble：膨胀值，软选择受选择范围的丰满度，数值越高范围越统一。

调节收缩值和膨胀值可以通过图形画的曲线观察。

Shaded Face Toggle：切换图形化色彩显示。

Lock Soft Selection：勾选后锁定软选择。

小提示：使用软选择操作对象的点、边、面是以红、橙、黄、绿、蓝 5 种颜色来区分的，红色表示完全受控制，橙、黄、绿、蓝颜色为衰减。

3.1.2 建模命令的使用

制作游戏模型就是对模型点、边、面的操作，是从简单的几何体模型开始，通过一系列的建模命令的使用，逐渐从几何体到按照原设计图的转变过程。前面的章节提到了 MAX 编辑多边形模型，主要有点、线、面、洞、元素 5 个级别，下面分别讲解这 5 个级别下的建模编辑命令的使用。

1. ⬚点级别

⬚点级别：选择模型上的点，软选择命令栏下面就切换成编辑点建模工具栏(Edit Vertices)。要说明的是，切换不同的级别就切换到相对应的工具栏。比如：边级别下为编辑边(Edit Edges)，面级别下为编辑面(Edit Polygons)，如图 3 - 10 所示。

图 3 - 10

Remove：移除，此功能可以移除模型选中的点，如图 3 - 11 所示。

小提示：快捷键为 Backspace。

Break：打断，此功能可以将选择的点断开(见图 3 - 12)。

Extrude：挤压，通过此命令，模型挤压出结构，拖动鼠标向上为凸出，拖动鼠标向下为凹进(见图 3 - 13 和图 3 - 14)。

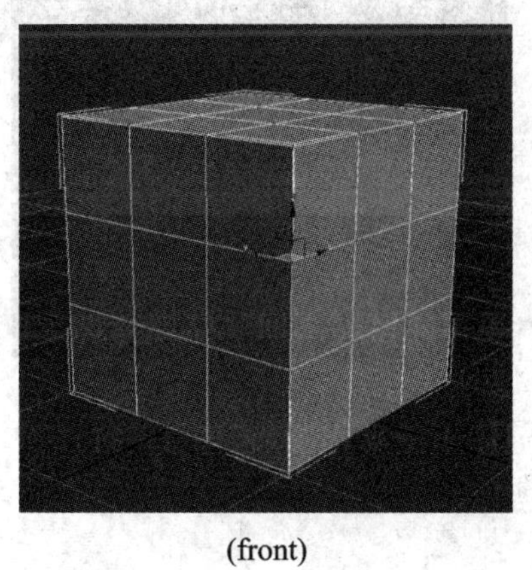

(front)

(bank)

图 3 - 11

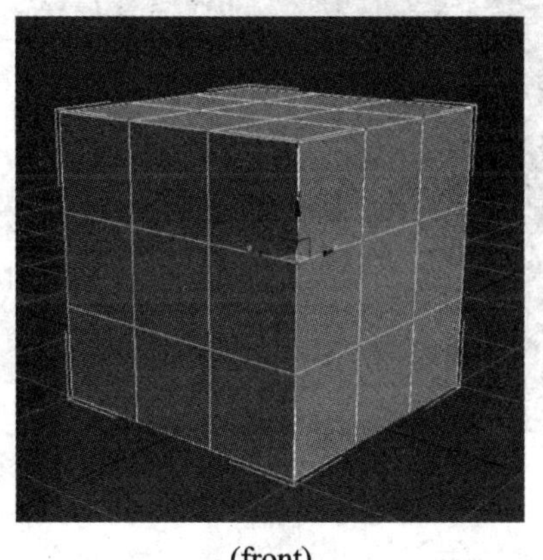

(front)

(bank)

图 3 - 12

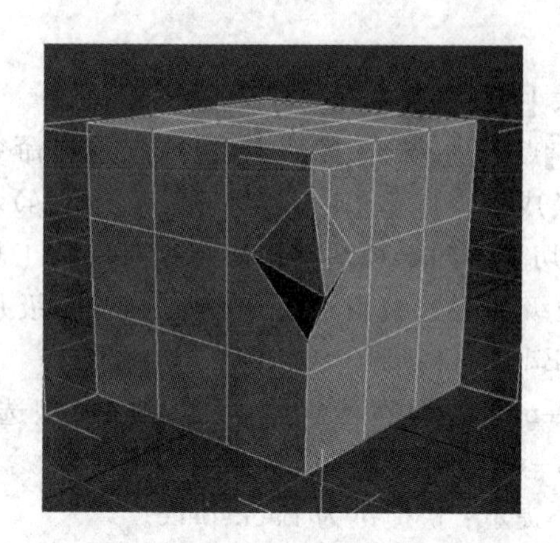

图 3－13

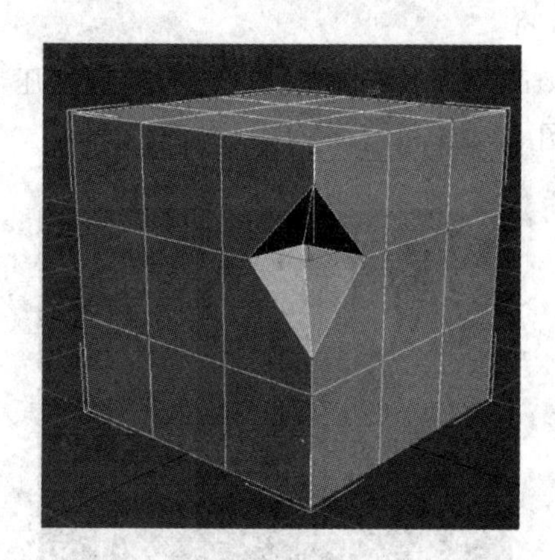

图 3－14

带有□图标的按钮表示该命令可以设置不同的类型变化和详细的数值(见图 3－15 和图 3－16)。

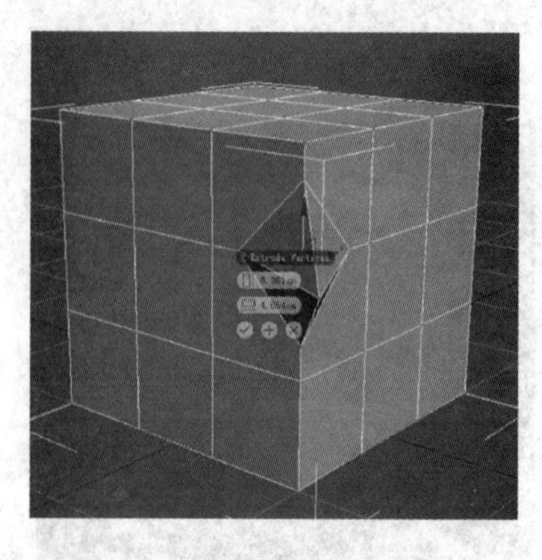

图 3－15

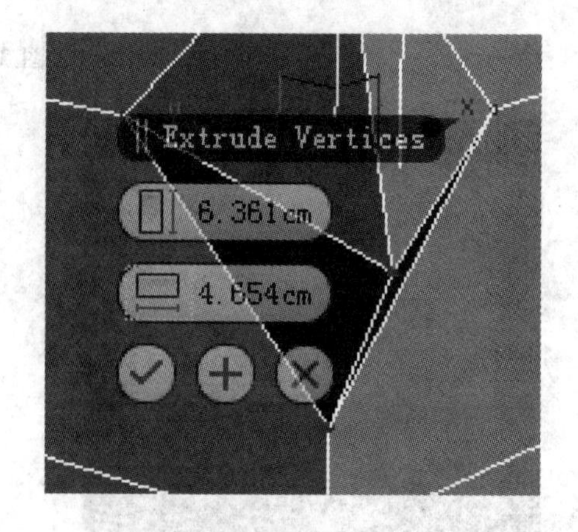

图 3－16

通过图标可以看出挤压结构的长和宽，输入数字可以得到精确的结构，图中的“√”，表示确定，“＋”表示重复使用命令，“×”表示取消。

Weld：合并点，可以将两个或者两个以上的点合并为一个点（见图 3－17）。

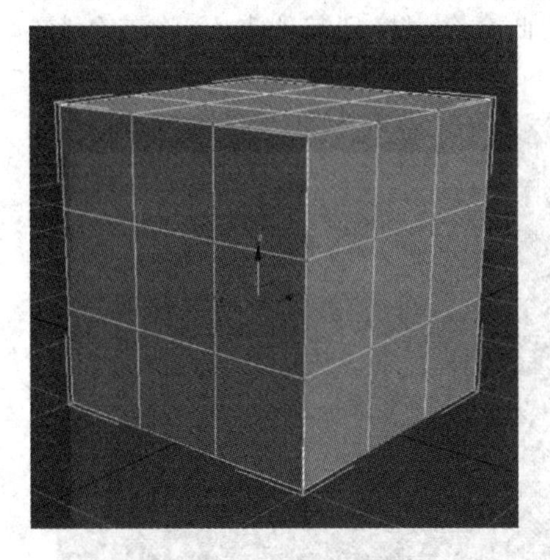
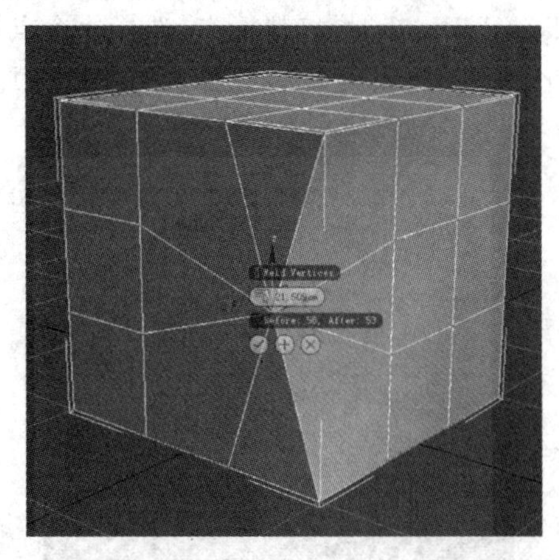

图 3－17

配合 Shift 键加选多个点，使用命令 Weld，若发觉没有变化，可能是由于距离数值太远，单击后面的，在弹出的设置器里调整大小，这样点就合并为一个点。

Chamfer：切角，此命令可以将选择的点进行切角处理，在不同的点位置可以切出不同的结构变化（见图 3－18）。

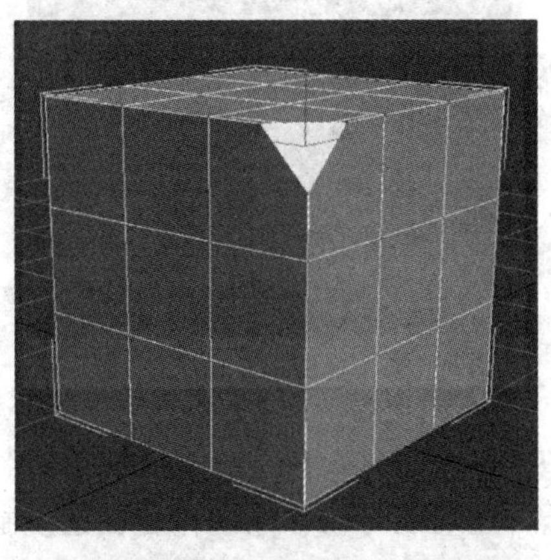
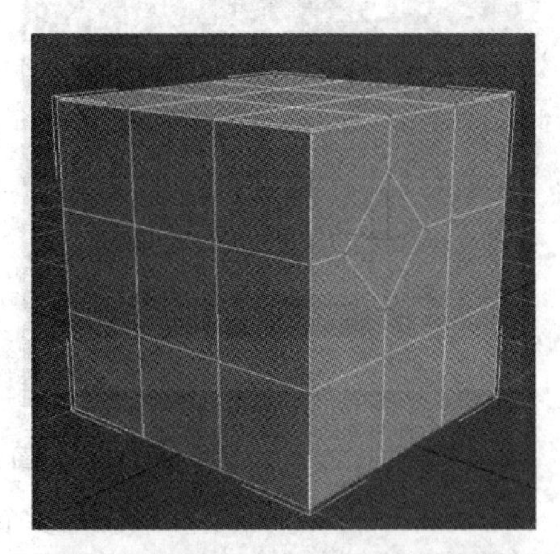
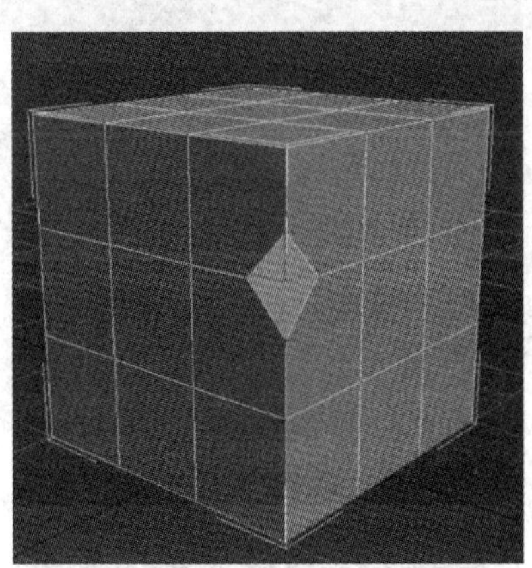
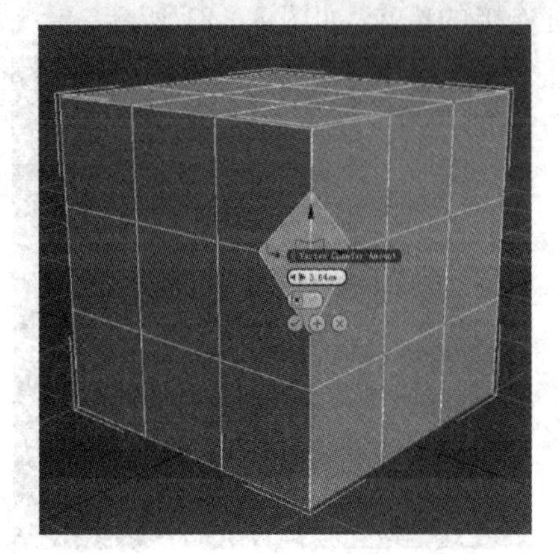

图 3－18

同样此命令也可以精确地调节切角的数值。

Target Weld：焊接目标点，选择一个点可以用此命令焊接到其他点上，将其合为一个点。使用此命令鼠标会用虚线表示（见图 3-19）。

图 3-19

Connect：连接，此命令可以将两个点连接成一条边线，如图 3-20 所示。

图 3-20

Remove Isolated Vertices：移除模型多余的点，此功能可以移除制作者在建模制作中多余的没有连接的废点，如图 3-21 所示。

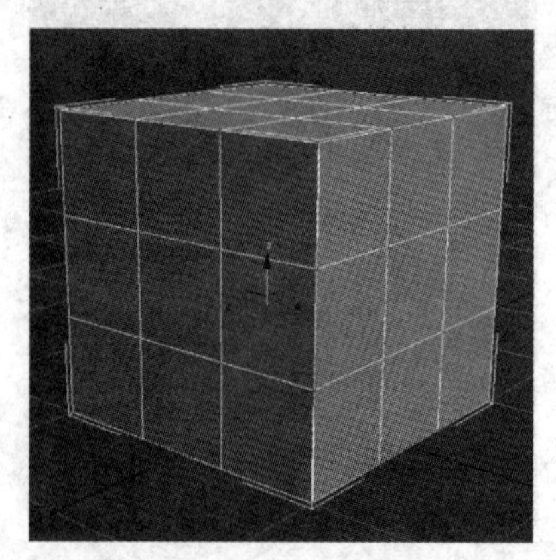

图 3-21

小提示：移除多余点功能常用于模型制作完毕后的模型检查，不需要选择多余的点，实际上有些多余点通常是不易察觉的，直接使用此命令就可以(见图 3-22)。

Remove Unused Map Verts：移除未使用的贴图顶点，在实际制作中 UVW 上会留下多余的点，使用该命令就可以清除多余的顶点。

Weight：权重值。

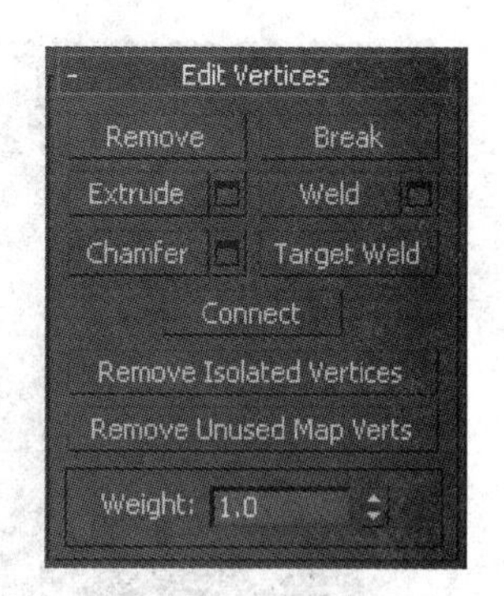

图 3-22

2. 边级别

Insert Vertex：插入点，此命令可以在选择的边上加入新的点，重复单击可以加入无限的点，如图 3-23 所示。

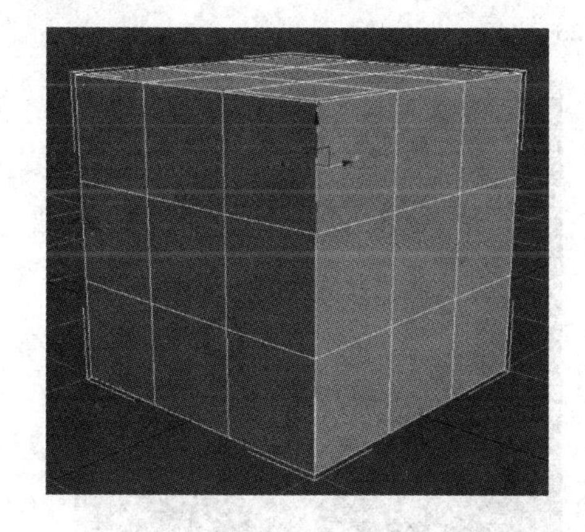
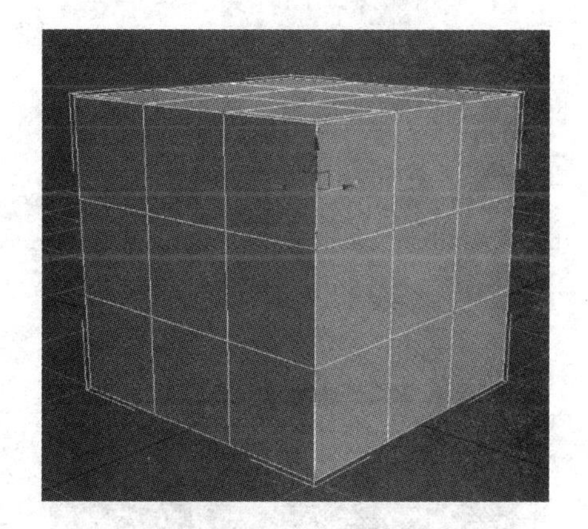

图 3-23

Remove：同点级别下的命令一样，移除选择的边。

Split：分割，此命令可以沿选择的边切割模型，对单边不起作用(见图 3-24)。

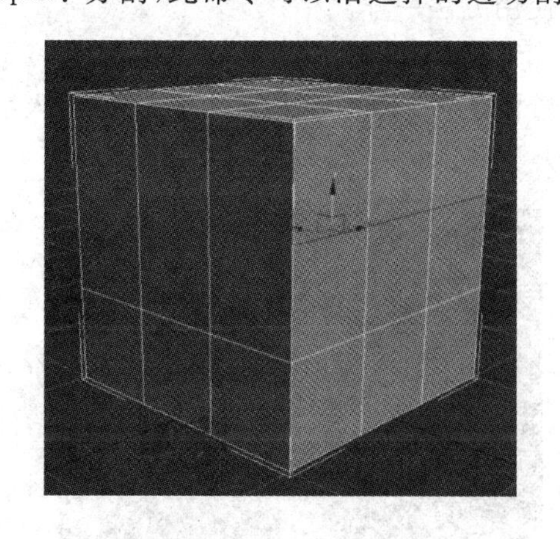

图 3-24

Extrude：挤压边，点级别下通过点挤压结构，边级别下也有挤压命令，使用方法和点级别下一样，如图 3-25 所示。

Weld：合并边，这个命令只会出现在点级别与边级别下，都是合并的作用。

Chamfer：切角(倒角)，此命令常用来制作模型边缘倒角结构，如图 3-26 所示。

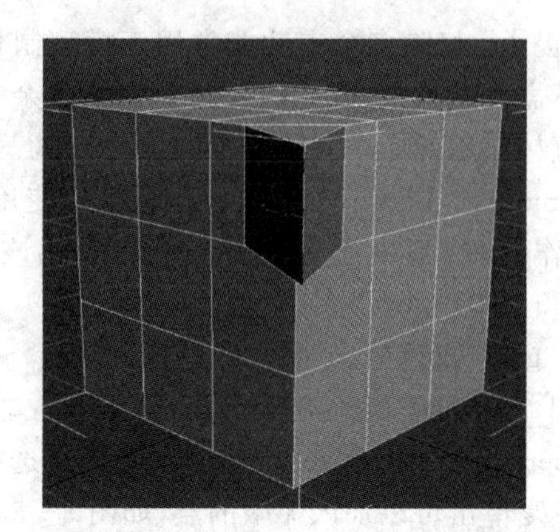

图 3-25

图 3-26

Target Weld：合并目标边，与合并目标点的使用方法一样。

Bridge：桥接。

Connect：连接边，此命令可以给两边中间位置添加边，默认是一条，可以通过输入数值决定添加相应边的数量(见图 3-27 和图 3-28)。

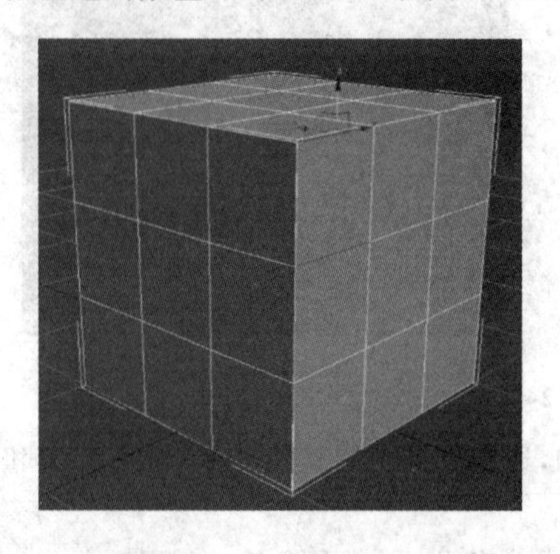
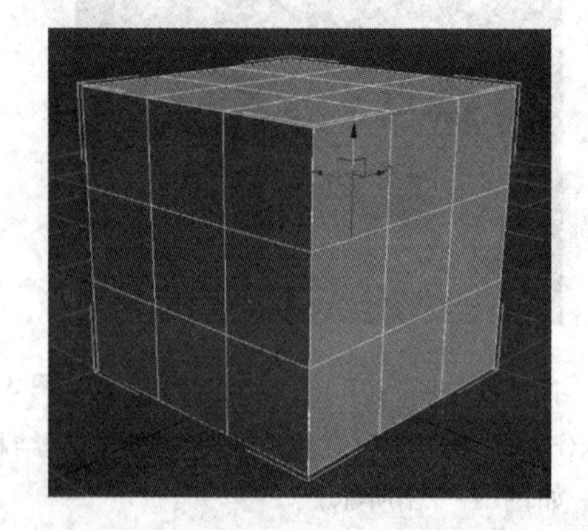

图 3-27

图 3 - 28

Create Shape From Selection：利用所选内容创建图形，选择多条边线，使用这个命令可以产生一条边线，如图 3 - 29 所示。

图 3 - 29

在弹出的对话框中，Curve Name 选项可以给创建物件命名，选择 Smooth 则创建的线段为圆滑曲线，Linear 则为直角线段（见图 3 - 30）。

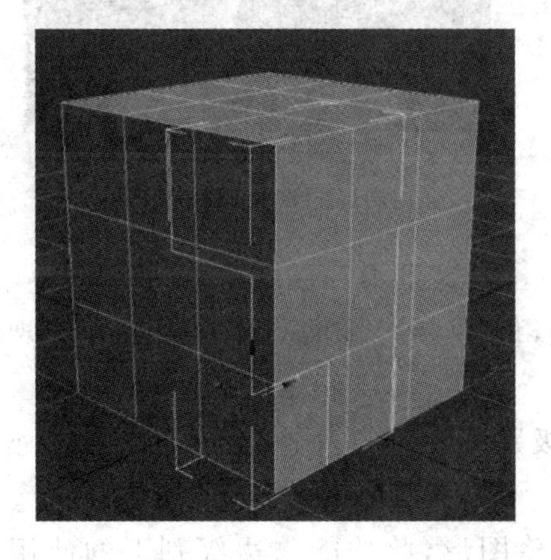

图 3 - 30

Weight：权重值。

Crease：拆缝值。

权重与拆缝是供 NURMS 细分使用的，在游戏制作中不常用到（见图 3－31）。

Edit Tri：编辑线，使用此命令将会显示三角边，显示为虚线。

Turn：旋转，俗称 TURN 线，此命令可以改变三角边线段的走向。改变线的走向，取得更好的光滑效果。

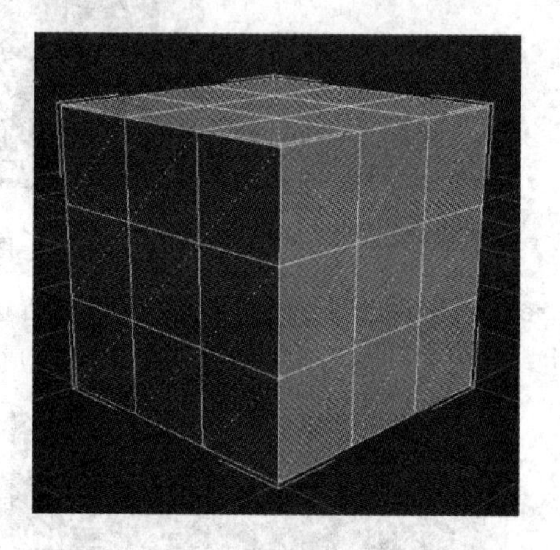

图 3－31

3. 边界级别(洞)

使用边界级别（洞）必须是在没有面的情况下，也就是只有边线（见图 3－32 和图 3－33）。

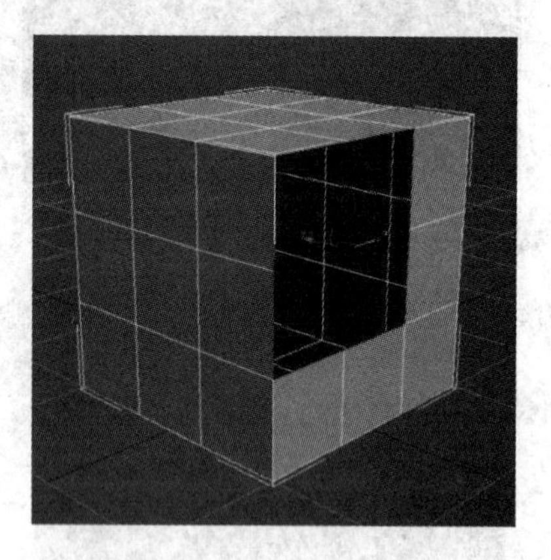

图 3－32

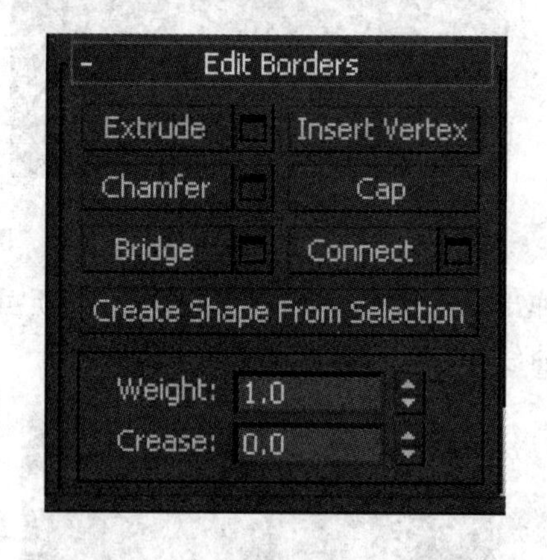

图 3－33

相同的命令与点级别、边级别下的使用方法一样，这里不一一介绍。

Cap：补面，此命令可以将缺省的面补合上，但不会连接两点间的线段，需要使用连接（Connect）命令将其连接好，如图 3－34 所示。

Bridge：桥接，此命令的作用是将两个边界级别的模型自动连接中间的结构（见图 3－35 和图 3－36）。

Create Shape From Selection：根据选择创建图形，此功能与边级别下的使用方法一样（见图 3－37）。

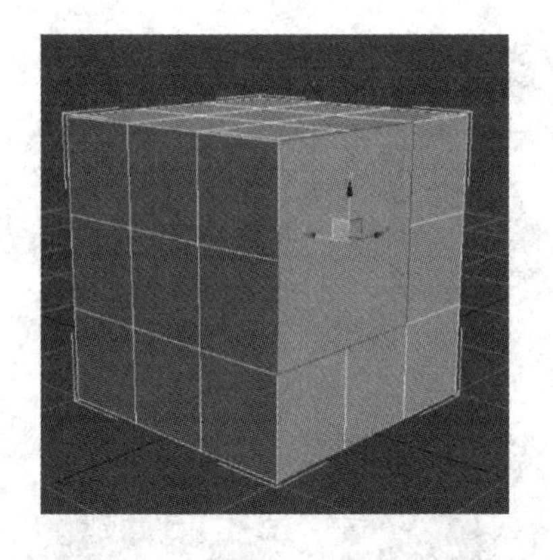

图 3 - 34

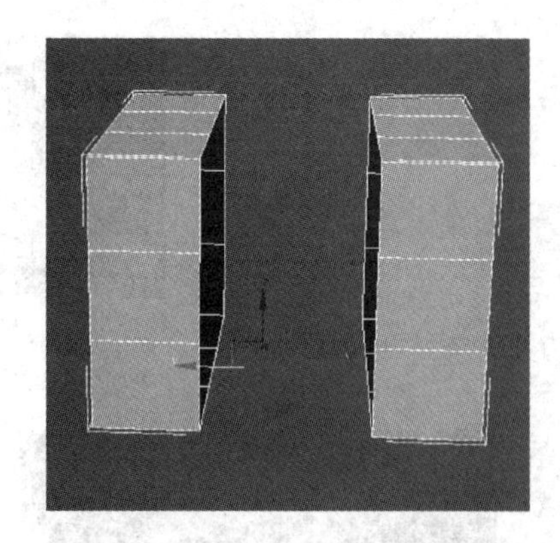

图 3 - 35

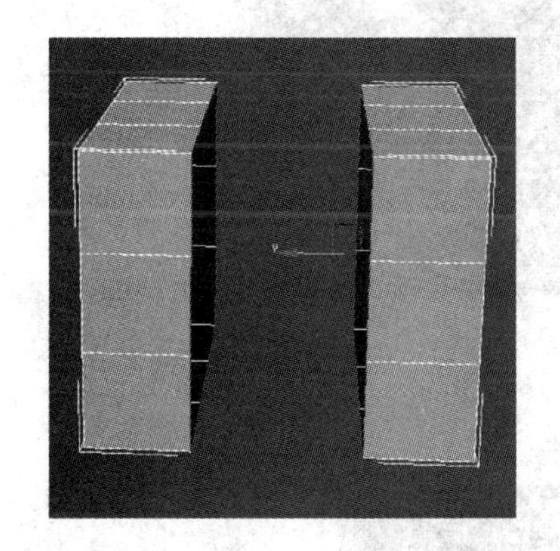

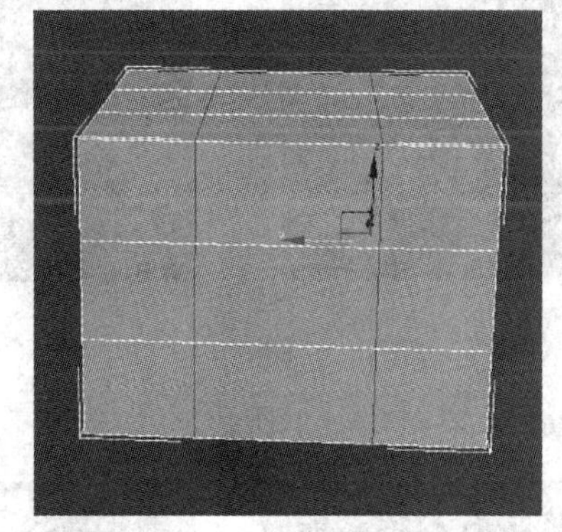

图 3 - 36

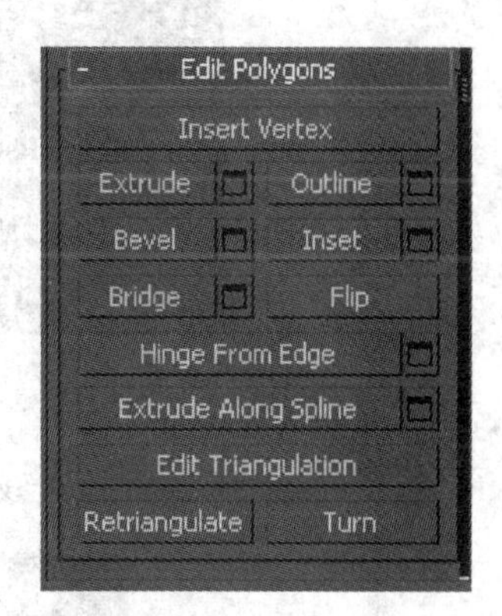

图 3 - 37

4. 面级别

Insert Vertex：加入点，在模型的四边面上使用此命令可以连接一个顶点，如图 3 - 38 所示。

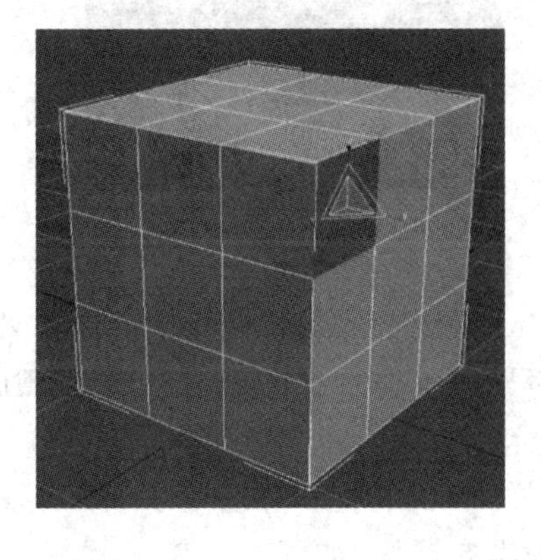

图 3 - 38

Extrude：挤压面，此命令作用与点、边级别下相似，得到的结构效果不一样。在修改栏里有 3 种挤压方式，如图 3 - 39 所示。

① 依据组挤压，如图 3 - 40 所示。

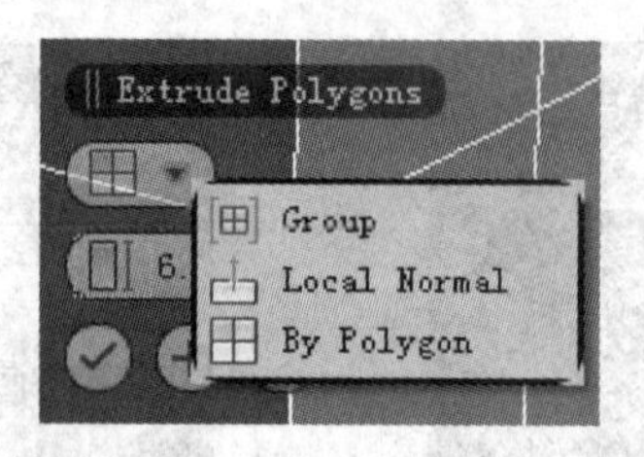

图 3-39

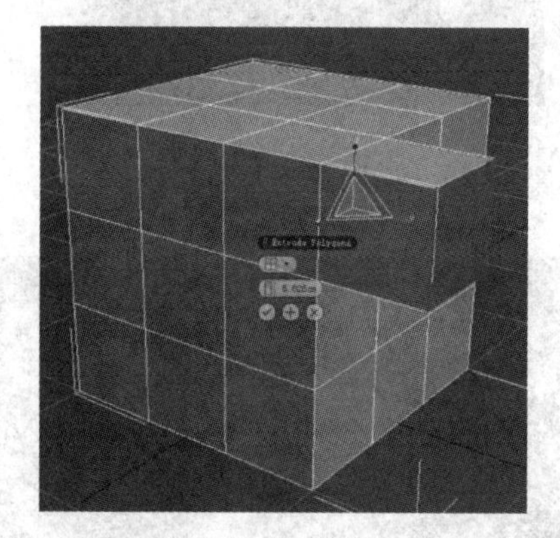

图 3-40

② 依据所选面的法线挤压，如图 3-41 所示。

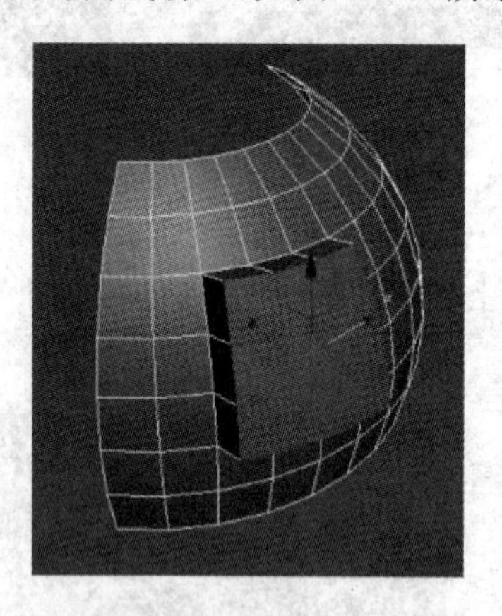
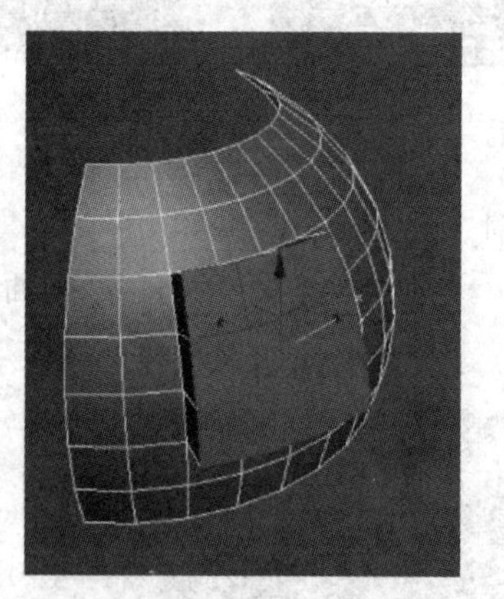

图 3-41

图 3-41 中，左边是组挤压，右边是法线挤压，法线挤压与组挤压的不同之处在于，针对下面的法线垂直于面的方向限制挤压大小，而组挤压时整体按视图坐标去限制挤压大小。

③ 依据四边面挤压，如图 3-42 所示。

选择第 3 种挤压表面上看和其他效果都一样，当我们把面单独移开时，就发现，这种方式的挤压得到的结构都是以各自面为基础的，互相没有连接，如图 3-43 所示。

小提示：挤压面拖动鼠标向上为凸挤压，向下为凹挤压(见图 3-44)。

Outline：轮廓，调节面的线段，此命令可以向内或向外调整面上的线段边，而不会改变面的坐标位置(见图 3-45)。

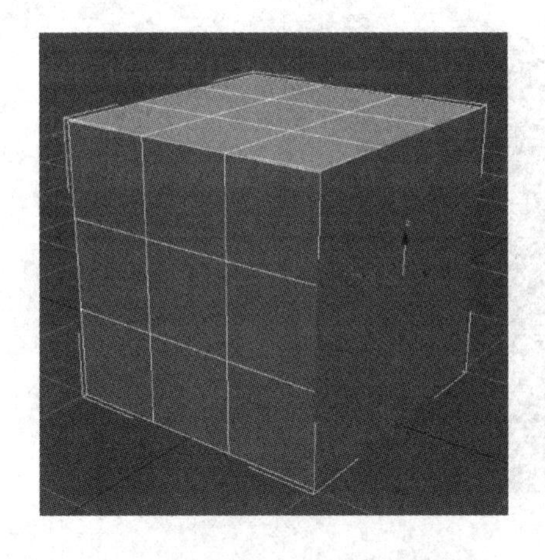

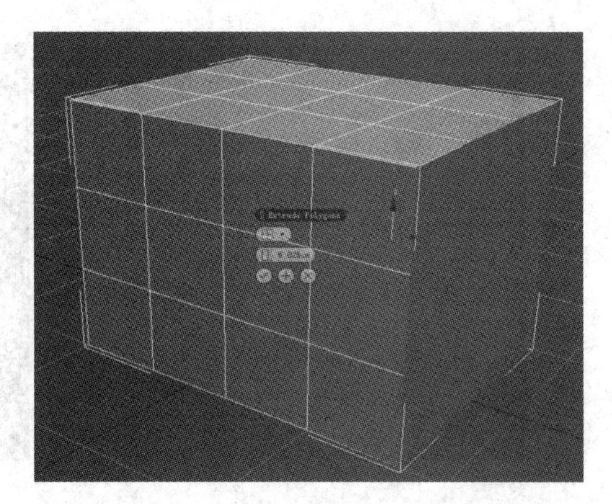

图 3-42

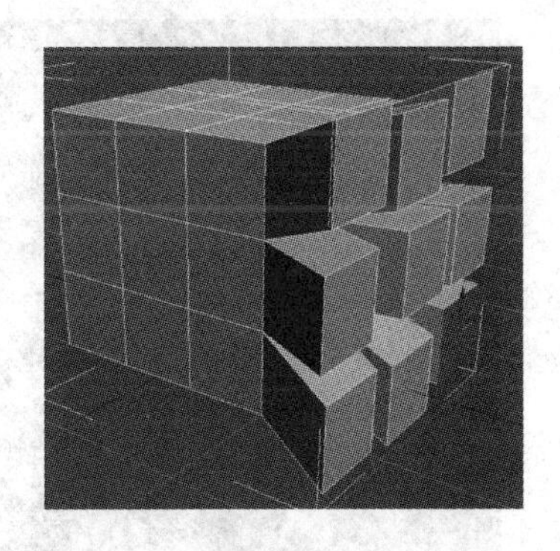

图 3-43

图 3-44

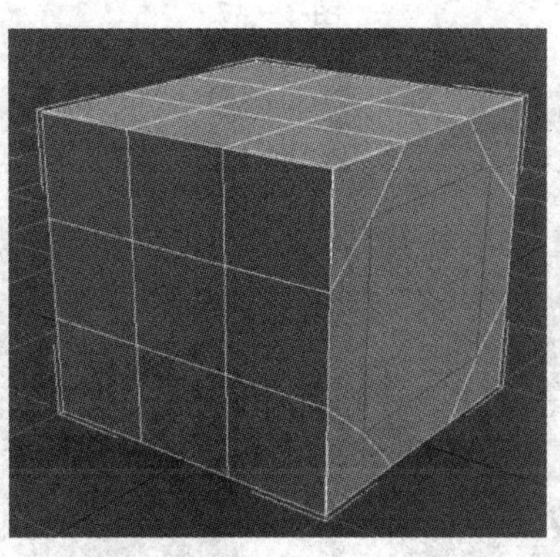

图 3-45

Bevel：倒角，此命令与挤压有所不同，挤压纯粹就是挤压模型的结构，挤压的大小受制于原始面的范围，与挤压命令不一样，倒角不但可以挤压出结构，而且还能调整挤压出结构面的大小（见图 3-46）。

左击选择面挤压结构。

单击之后还能放大或缩小自由调整面的大小（见图 3-47）。

Inset：插入，此命令可以在面上添加一圈线段，如图 3-48 所示。

图 3-46

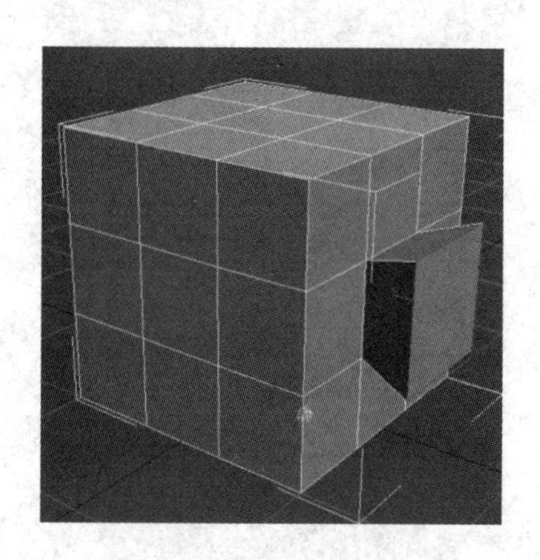

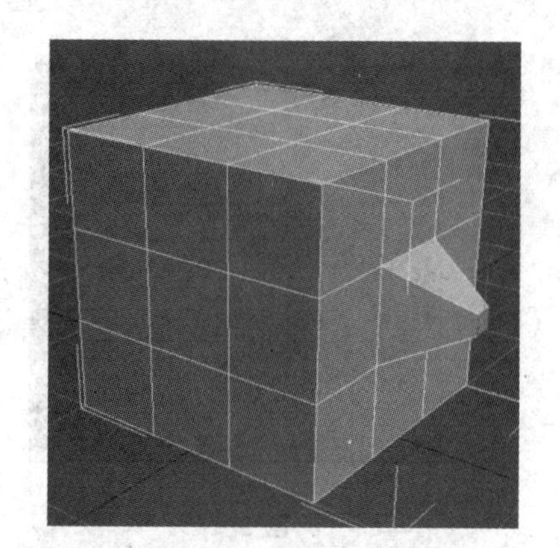

图 3-47

图 3-48

Bridge：桥接，与前面的使用方法和作用相同，如图 3-49 所示。

Flip：翻转，此命令的作用是翻转模型面的法线。

法线：英文 normal line，法线是个数学概念，大致含义是任何平面都有一条垂直于该平面的线段，这条线段就是法线。在 3D 模型中，任何面都有这样的一条法线，当这条法线没有朝向垂直时，相对应的面将无法显示出来，贴在上面的材质也没法显示，这就是常说的法线方向反了，使用 Flip 命令将法线翻转，就可以解决，如图 3－50 所示。

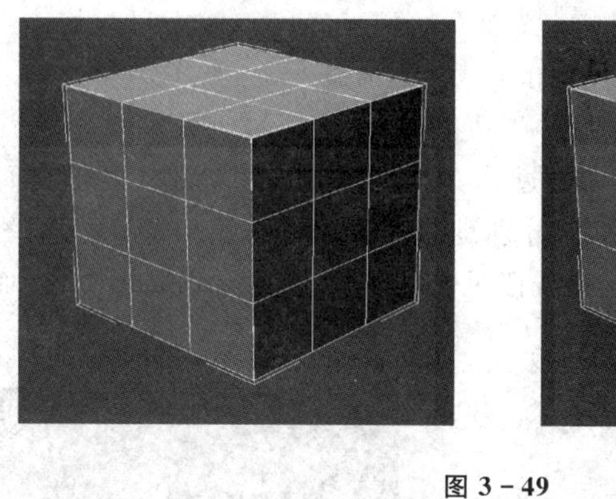
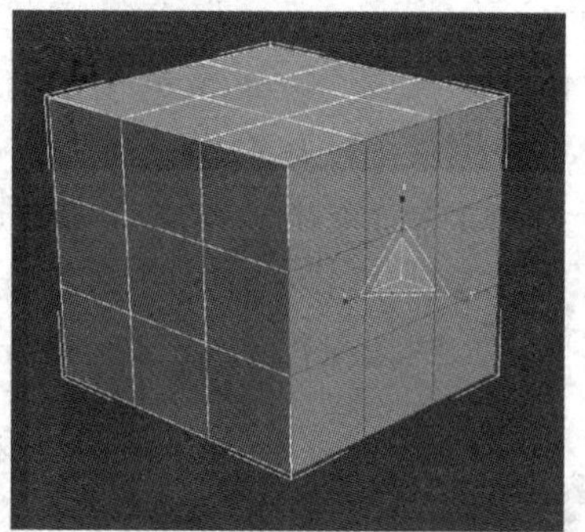

图 3－49

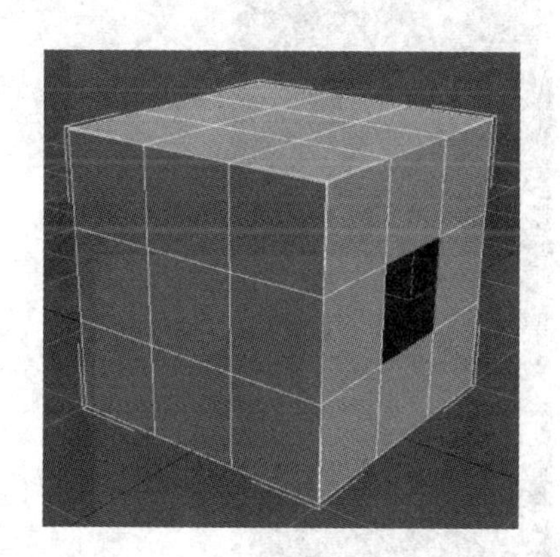

图 3－50

Hinge From Edge：按边旋转，选择面后使用此工具，面可以沿边线旋转，如图 3－51 所示。

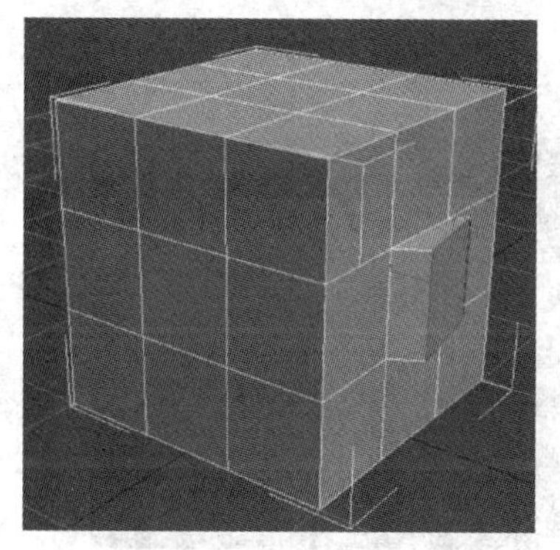

图 3－51

Extrude Along Spline：沿样条挤出，此命令的作用是挤出当前选定的多边形。

Edit Triangulation：编辑三角面，同前面的命令一样。

Retriangulate：重复三角面算法。

Turn：旋转三角边，同前面的命令一样。

3.1.3 模型的挤压与倒角

编辑几何体命令栏(Edit Geometry)如图 3-52 所示。

Repeat Last：重复上一次命令。

Constraints：约束命令栏。约束就是通过选择类型限制某些操作，便于我们处理特殊情况下的建模。软件提供了 4 种不同的约束，分别是约束边、面、法线和 UVW(见图 3-53)。

需要在斜面上加线段见图 3-54；选择线段见图 3-55；使用 Connect 命令，加入一条线段见图 3-56。

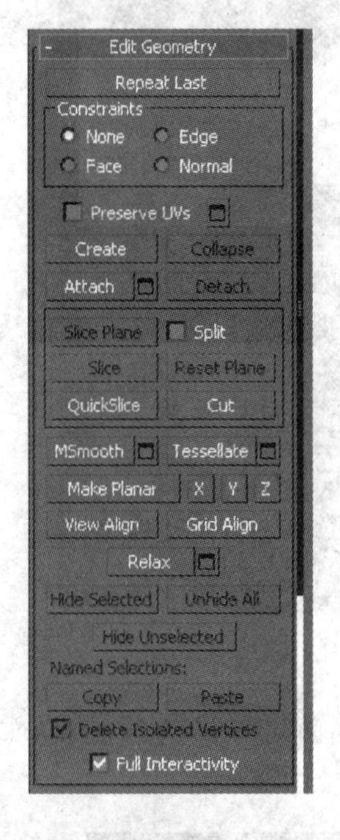

图 3-52

图 3-53

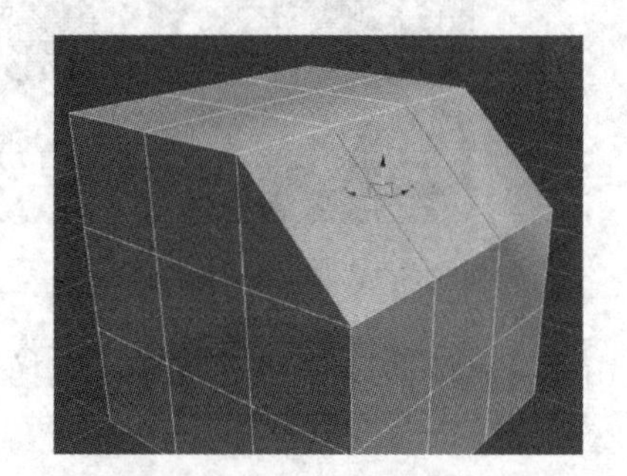

图 3-54

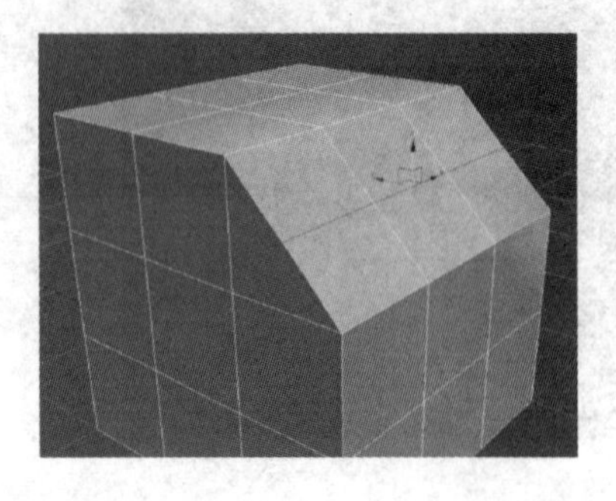

图 3-55

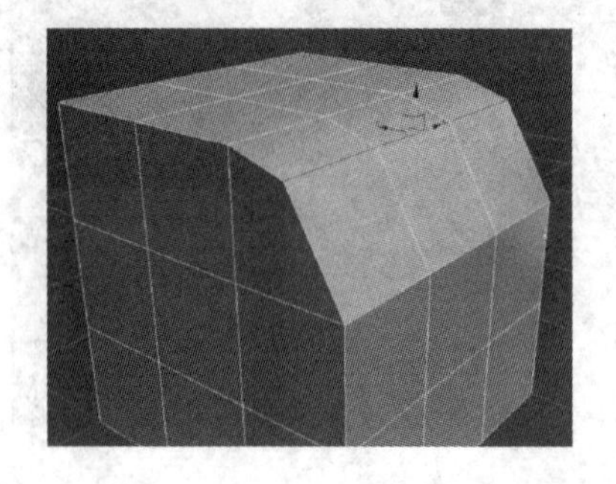

图 3-56

移动线段，发现坐标位置发生了变化，这样的情况就需要使用约束命令，如约束边见图 3-57。

使用约束边所移动的线段将会保持在斜面上(见图 3-58～图 3-60)。

Preserve UVs：约束 UV，这个命令将会在后面实例中详细讲解。

Create：创建，通过勾选的方式创建模型面。

Collapse：塌陷，此命令通常作为合并点、边、面使用。

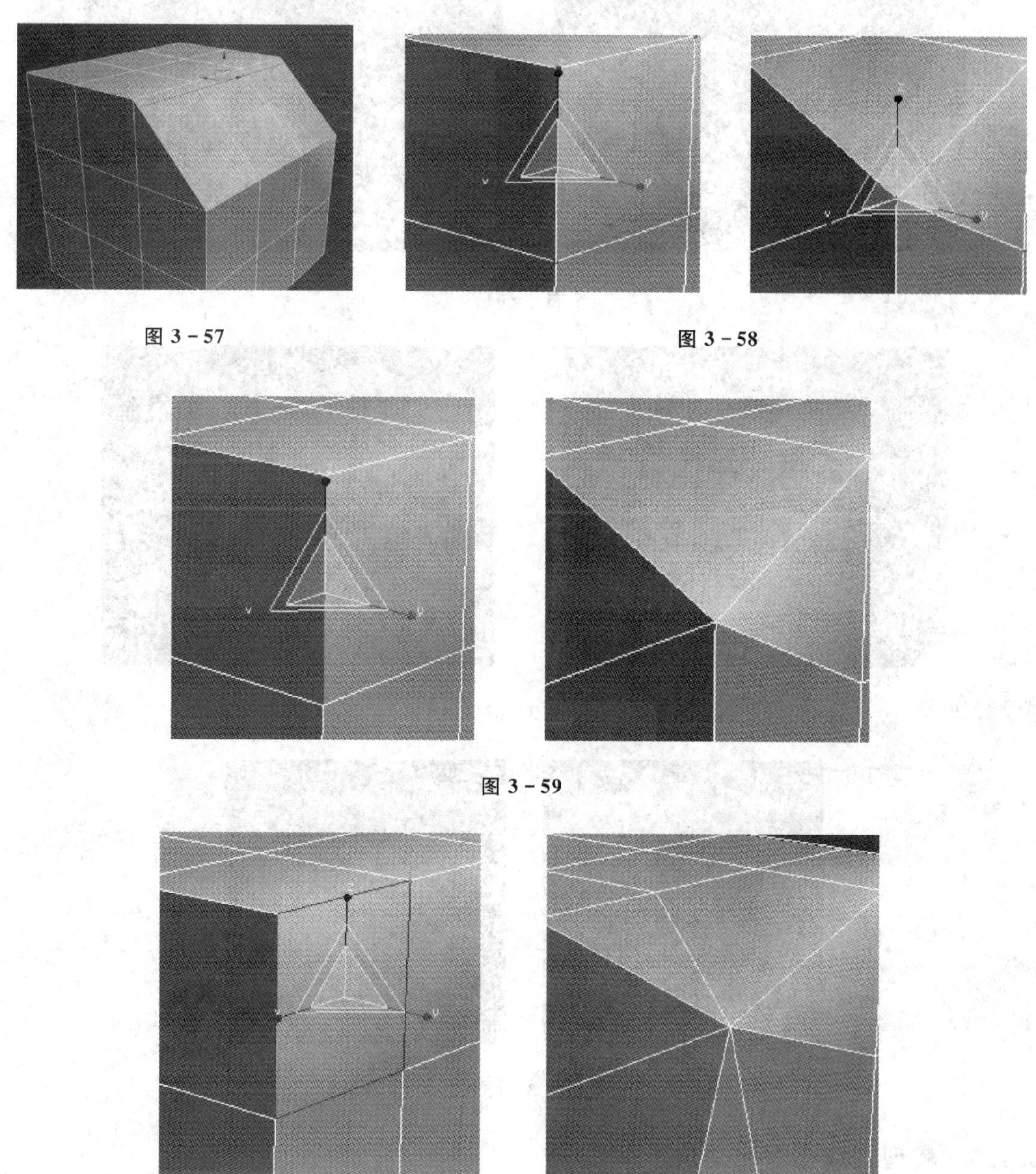

图 3 - 57

图 3 - 58

图 3 - 59

图 3 - 60

3.1.4　模型的结合与分离

Attach：结合，此命令可以使两个或者两个以上的模型合并为一个模型(见图 3 - 61)。

小提示：结合不限于模型与模型，独立的面也可以结合为一个整体(见图 3 - 62)。

Detach：分离，此命令可以分离选中的点、边、面为独立的物体(见图 3 - 63)。

图 3-61

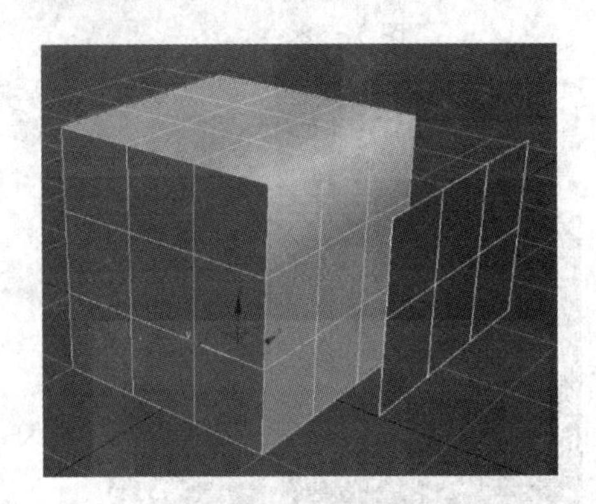

图 3-62

图 3-63

3.1.5 模型切线命令的使用

Slice Plane：切片平面，此命令可以给模型切割出线段(见图 3-64)。

还可以使用旋转命令，获得旋转线段的效果(见图 3-65)。

Slice：切片，运用 Slice Plane 命令调整想要获得线段的效果，单击切片命令确定(见图 3-66)。

Reset Plane：重置，此命令可以将调整切片工具重置到初始状态。

QuickSlice：快速切片，此命令以一点为中心，快速地切割线段(见图 3-67)。

Cut：切割，此命令让制作者自由切割线段(见图 3-68)。

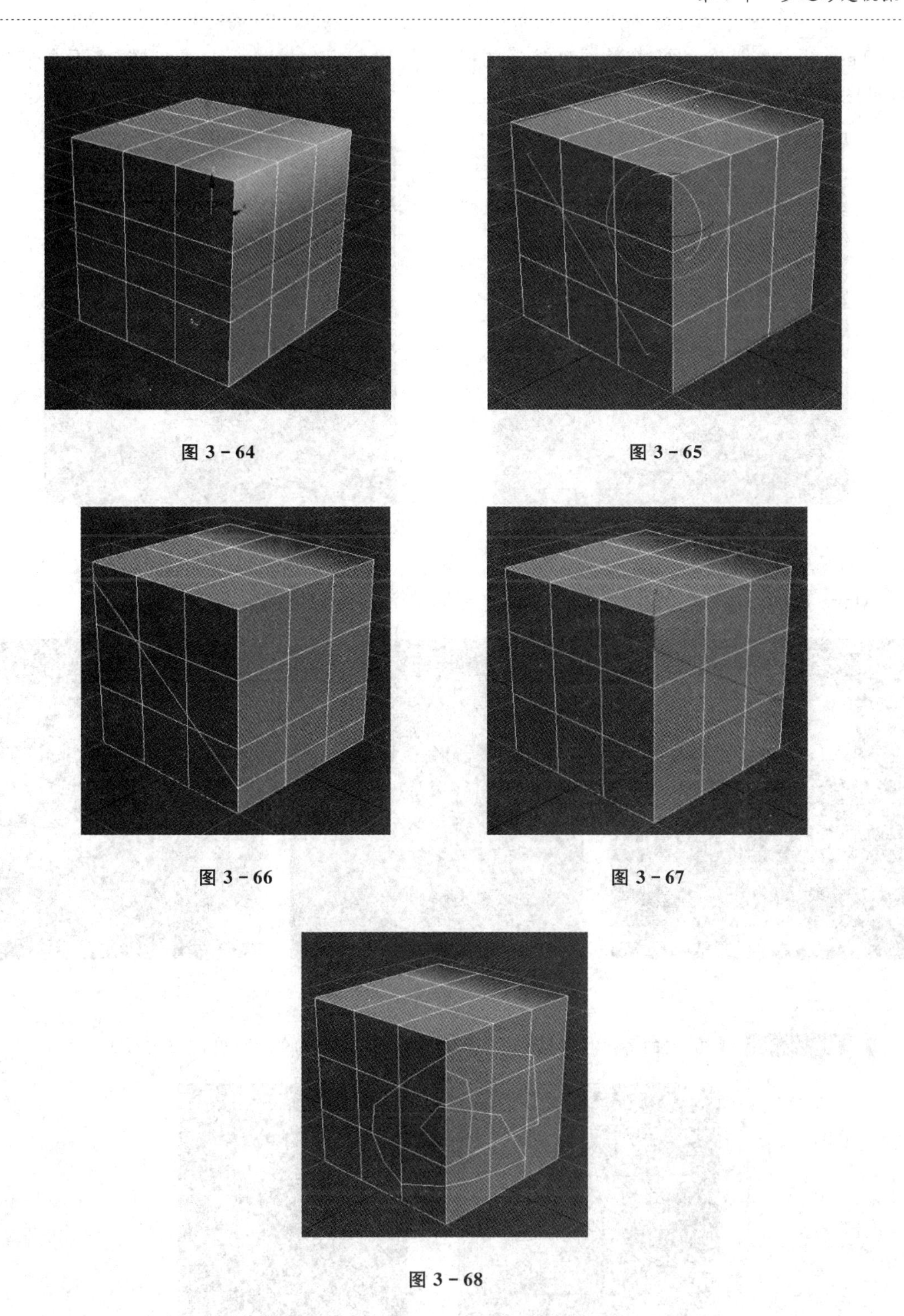

图 3-64

图 3-65

图 3-66

图 3-67

图 3-68

3.1.6　模型细分

MeshSmooth：网格平滑，通过输入的数字获得平滑模型的效果，将会增加模型的线段和面数（见图 3-69）。

Tessellate：细分，此命令将会让选择的模型细分，与 MeshSmooth 不一样，将不会平滑模型(见图 3－70)。

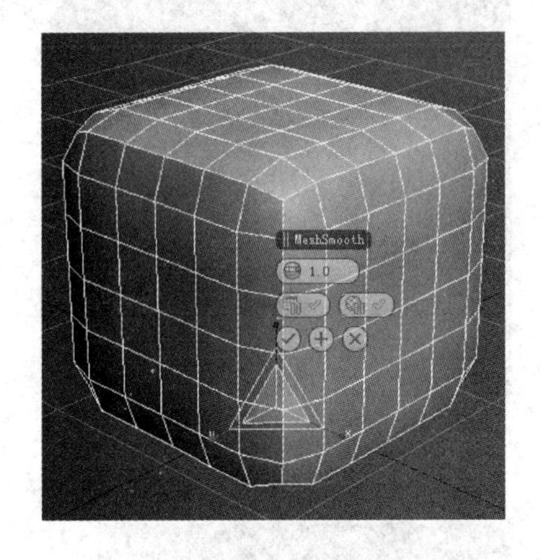

图 3－69

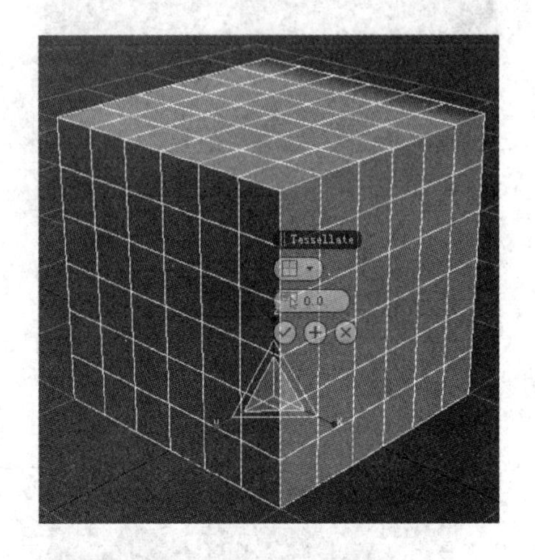

图 3－70

Make Planar：平面化，此命令用于调整不同平面的面为统一平面(见图 3－71)。

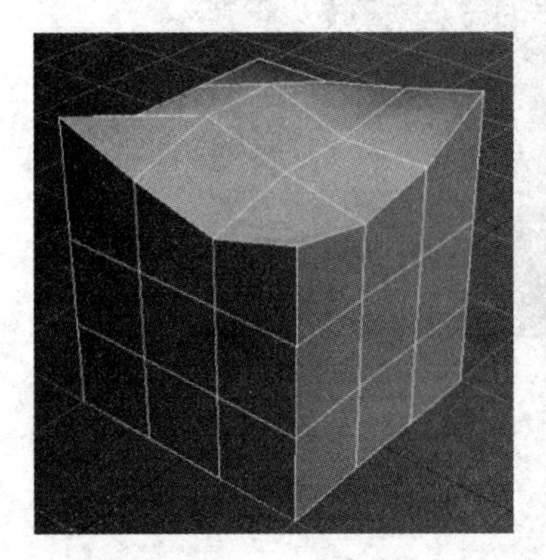

图 3－71

X Y Z：平面化命令，可以按照坐标轴来获得不同的效果(见图 3－72)。

图 3－72

View Align：对齐到视图。

Grid Align：对齐到网格。

Relax：放松(见图 3－73)。

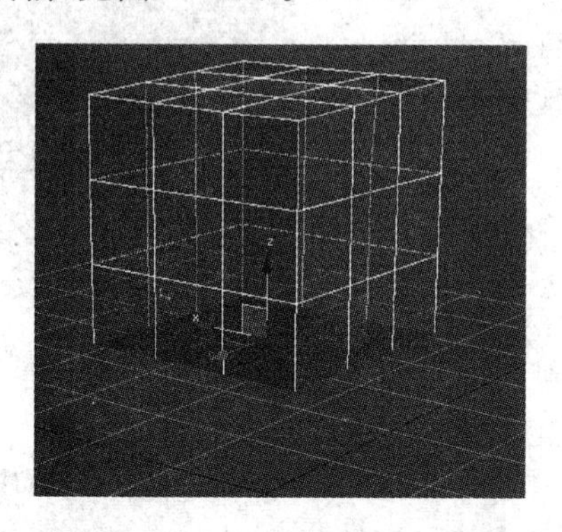

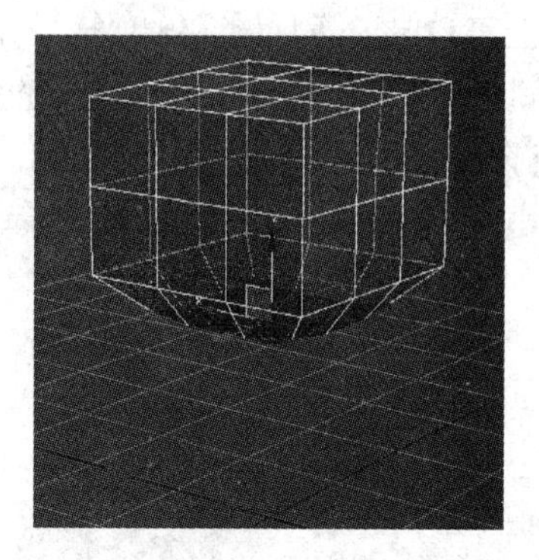

图 3－73

在多边形编辑制作过程中，有些点、面会阻挡制作者的视线，这就需要我们隐藏暂时不需要制作的点、面，涉及到下面几个命令的使用(见图 3－74)。

Hide Selected：隐藏选择的点或面。

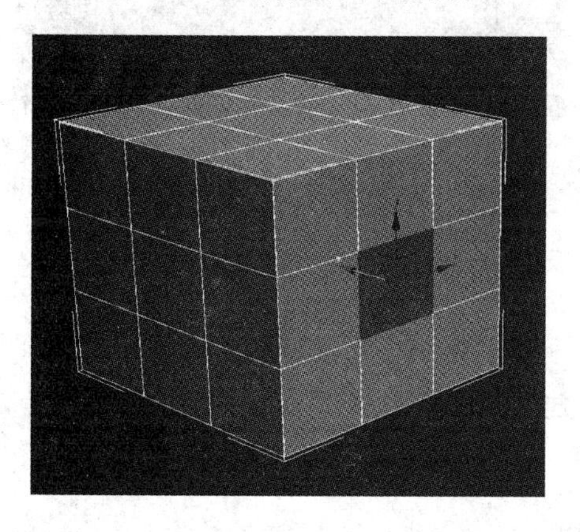

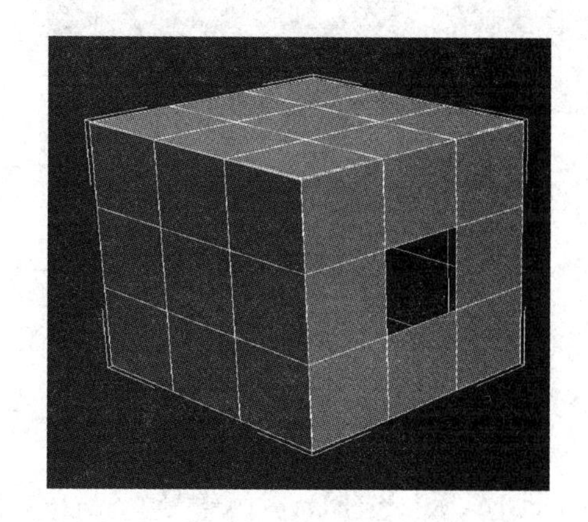

图 3－74

Hide Unselected：反向隐藏选择的点或面(图 3－75)。

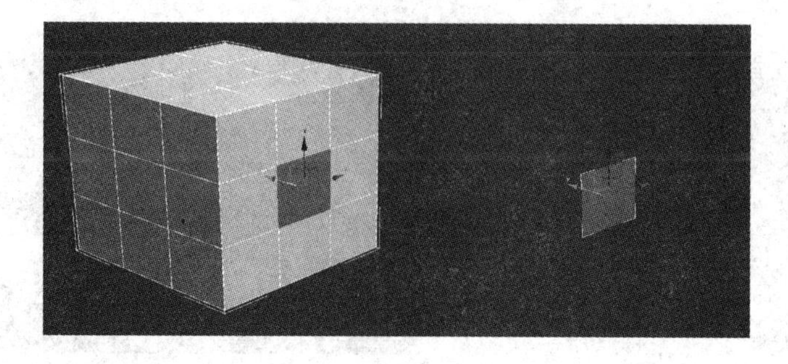

图 3－75

Unhide All：全部显示。

3.1.7 模型的 ID 号

模型的 ID 号是模型每个面的编号，一个模型可以是统一的 ID 号，也可以将不同的面分别给予不同的 ID 号，这样会针对不同的面分别赋予贴图，这种方式常见于场景制作中多维子材质球的使用（见图 3－76 和图 3－77）。

Set ID：指定 ID 号，选择模型的一个面，键入指定的数字编号。

Select ID：选择 ID 号，键入数字，跟数字一样的面将会被一起选中。

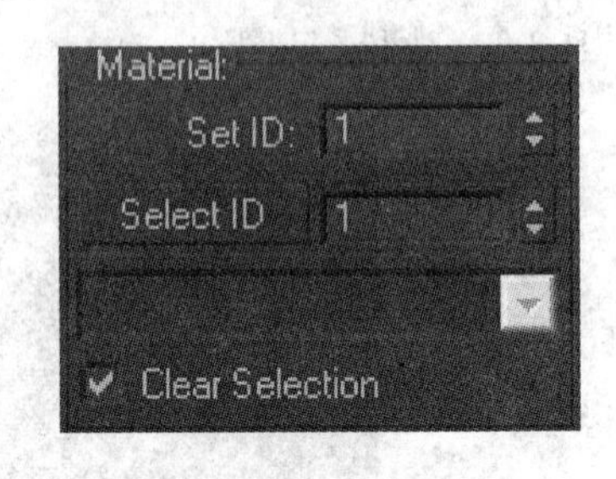

图 3－76

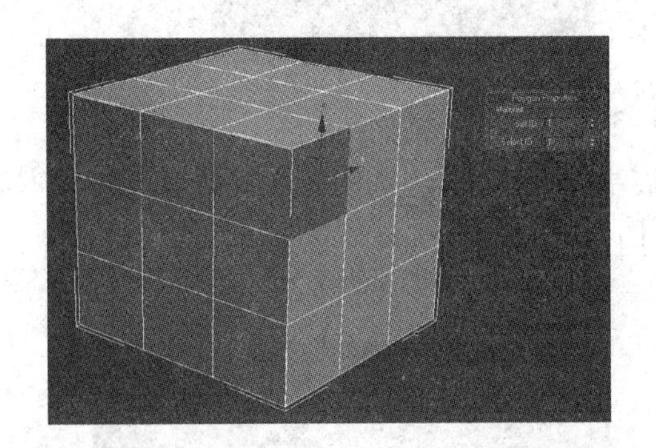

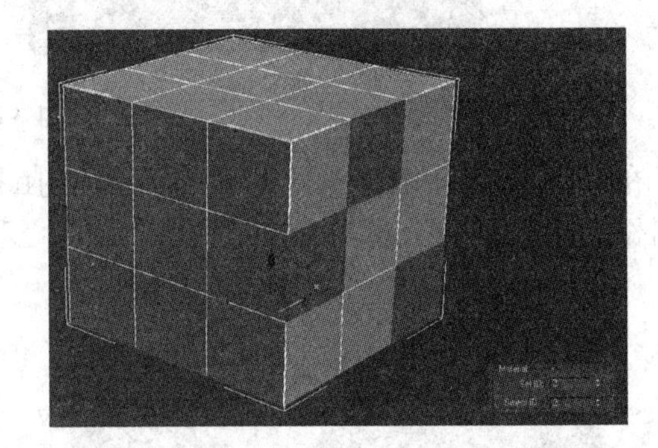

图 3－77

3.1.8 模型光滑组的概念与设置

模型光滑组是指通过软件内部对制作模型面的计算来获得模型光滑效果，通常我们会指定一个光滑数字来统一模型的光滑组。这种光滑方式是按照面与面间的角度数值来运算的，赋给模型光滑组会涉及以下几个命令（见图 3－78）。

Select By SG：选择光滑组编号。

Clear All：清除所有光滑组效果。

Auto Smooth：自动光滑组效果（见图 3－79）。

图 3－78

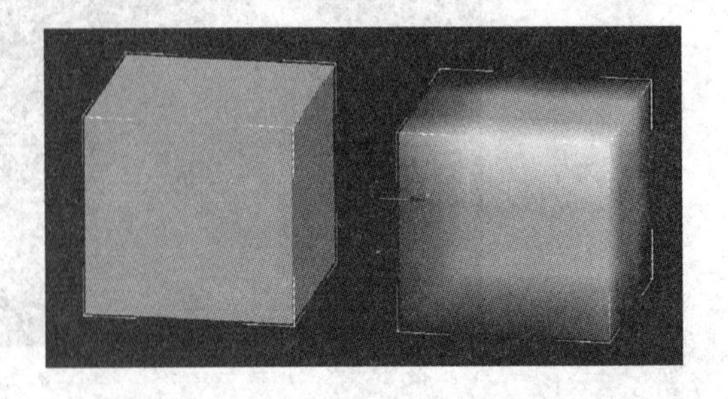

图 3－79

3.2　其他多边形建模方式简介

除多边形 Poly 建模方式外，3ds Max2014 还提供了其他几种多边形模式（见图 3－80）。

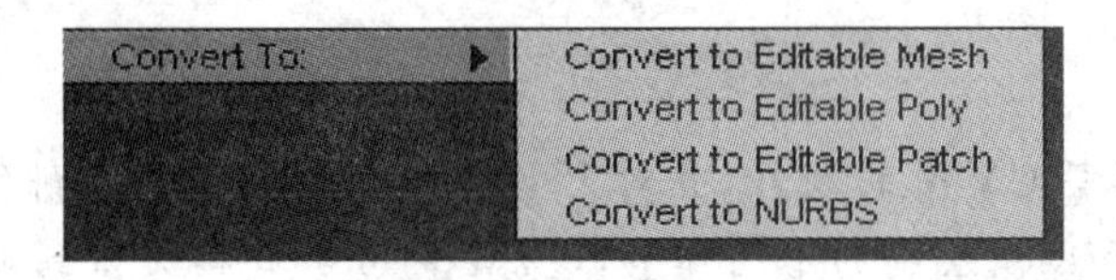

图 3－80

Mesh：这种模式与 Poly 的操作和命令类似，最主要的不同之处是对模型面数的创建原理不同，Poly 是基于四边面来运算的，Mesh 是基于三边面来运算的。

Patch：片面编辑建模。通过编辑较少的顶点就可以制作出光滑的物体表面和表皮的褶皱，使用类似编辑曲线的方法来编辑曲面。

NURBS：曲线编辑建模。NURBS 是专门做曲面物体模型的一种造型方法。NURBS 造型总是由曲线和曲面来定义的，所以要在 NURBS 表面里生成一条有棱角的边是很困难的。正是因为这一特点，可以用它做出各种复杂的曲面造型和表现特殊的效果，如人的皮肤、面貌或流线型的跑车等。

3.3　本章小结

本章讲解了多边形模型的编辑，它是游戏模型制作中的重要实用操作。里面包含的各种工具和命令都需要制作者熟练运用，对这些工具和命令的熟练运用只有在实际模型制作中才能提升得更快。

3.4　课后练习

1. 转换模型为多边形编辑，应用各种点、线、面级别下的工具使用。
2. 按照图 3－81 制作模型，强化练习多边形模型的编辑。

图 3－81

第 4 章　模型的 UVW 拆分

章节要点：

本章将讲解对模型 UVW 的制作，并对 UVW 的分解做了重点讲解。UVW 是游戏制作的必要步骤，是模型和贴图绘制的中间环节，UVW 的分解直接关系到贴图的表现。通过本章的学习可对不同模型的 UVW 选择正确的分解方法。

4.1　UVW 概念

分解模型的 UVW 是游戏制作的重要步骤，为制作完成的模型绘制贴图需要先给模型分解好 UVW，依据分解的 UVW 才能给模型绘制贴图，UVW 的含义也就是模型面在空间上的坐标位置（见图 4-1）。模型每一个面对应一个 UVW。

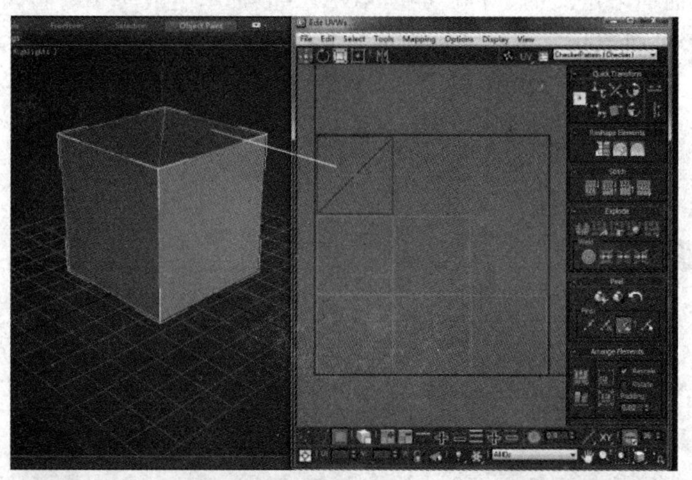

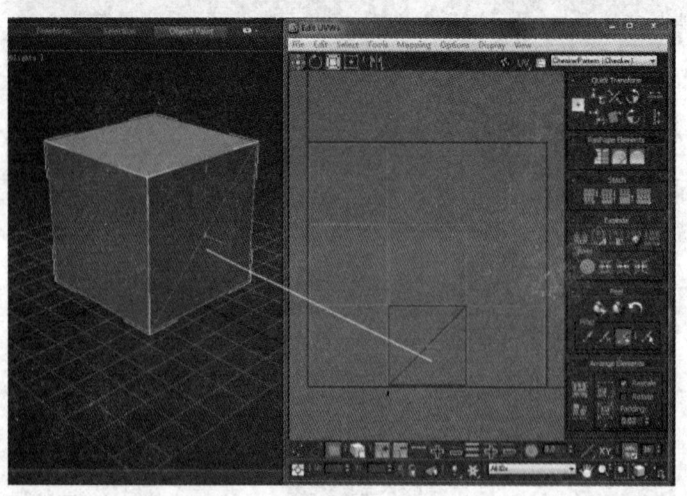

图 4-1

4.2　UVW 编辑器的添加方法

给模型添加 UVW 编辑器有两种方法：

第一种：可以直接在修改器栏里找到。单击修改器栏，在下拉菜单中找到 Unwrap UVW 编辑器，单击命令便可添加编辑器，添加后可以看见在模型修改窗中的模型名字上多了一个 UVW 编辑器（见图 4－2）。

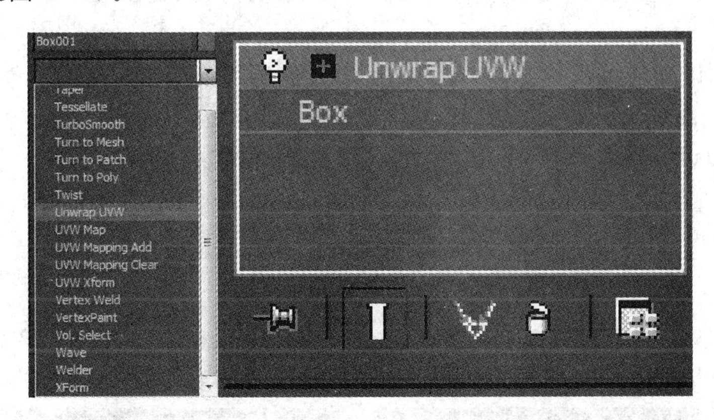

图 4－2

第二种：比较常用的方法，选中 Show Buttons 命令，选中后发现多了几排命令按键，这是 Max 快捷命令设置，选择 UV coordinate Modifiers，与 UVW 有关的命令就出现在上方，需要哪个命令就直接在里面点选即可；同时可以自定义，将常用的命令整理集合放在一起（见图 4－3）。

图 4－3

4.3　其他 UVW 编辑器

① 对游戏制作者来讲，3ds Max2014 版本与以往版本比较，改动最大的就是 UVW 功能，

毫不夸张地说，2014 版本的 UVW 编辑器直接改头换面，整合了一些插件功能，使其越发强大。

② 在 3ds Max2014 软件里跟 UVW 有关的修改器有：UVW Map、Unwrap UVW、UVW Xform 和 MapScaler。

UVW Map：指认模型 UVW 类型编辑器，只能从设定好的几种几何方式去分解 UVW，而不能针对面去分解 UVW，所以在 3D 游戏制作中不常使用。

UVW Xform：对指定的 UVW 的贴图做平铺、位置移动、旋转等操作的使用，在游戏制作中不会使用到。

MapScaler：以面为单位整体调节 UVW 大小，能够保证模型每个面都能独立且正确地显示贴图，但仍然无法单独分解 UVW。

Unwrap UVW：游戏制作中运用最广泛的制作 UVW 的编辑命令。

4.4 Unwrap UVW 编辑器

下面来学习 UVW 编辑器界面。其下拉菜单总共有 7 个组成部分：Selection 选择、Edit UVs 编辑、Chanel 通道、Peel 剥、Projection 投射、Wrap 包裹、Configure 配置(见图 4－4)。

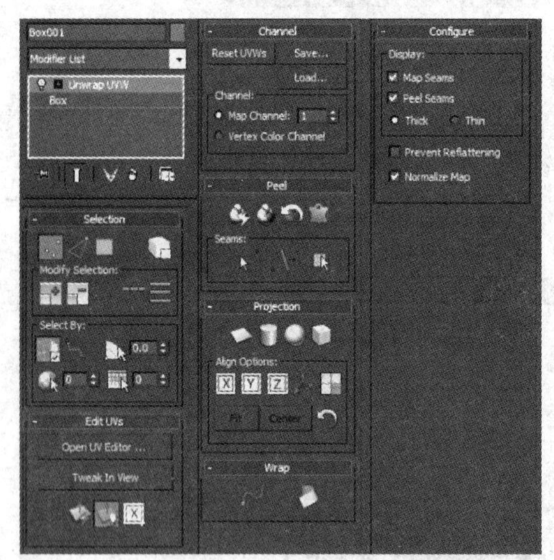

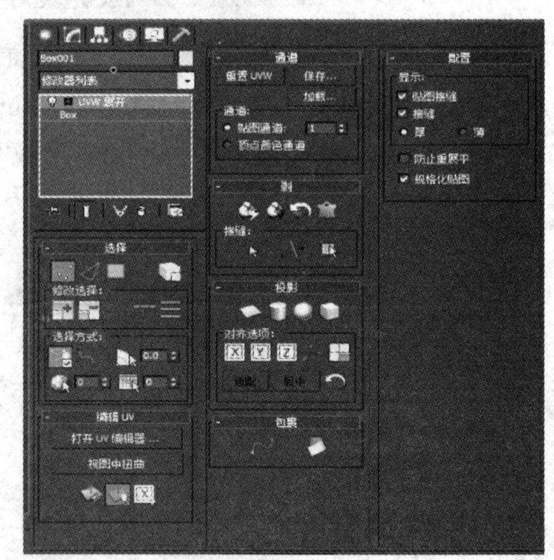

图 4－4

Selection 选择如图 4－5 所示。

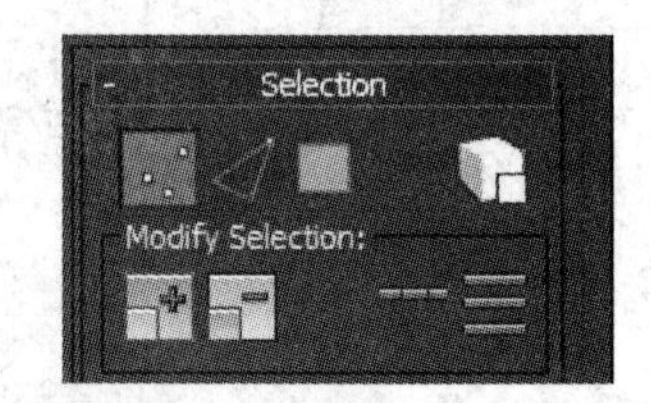

图 4－5

同编辑多边形类似，提供 4 种选择模型的 UVW 选择方式，分别是：点、边、面、元素(整体)，点、线、面还可以配合元素(整体)来使用。

当同时开启时，进行一次任意的选择都将会自动选择模型元素级别下所有的 UVW 点，边与面同样适用。UVW 的颜色为绿色，红色表示被选中的 UVW。

打开 UVW 编辑器来观察 UVW 线框，比如选择点如图 4－6 所示。

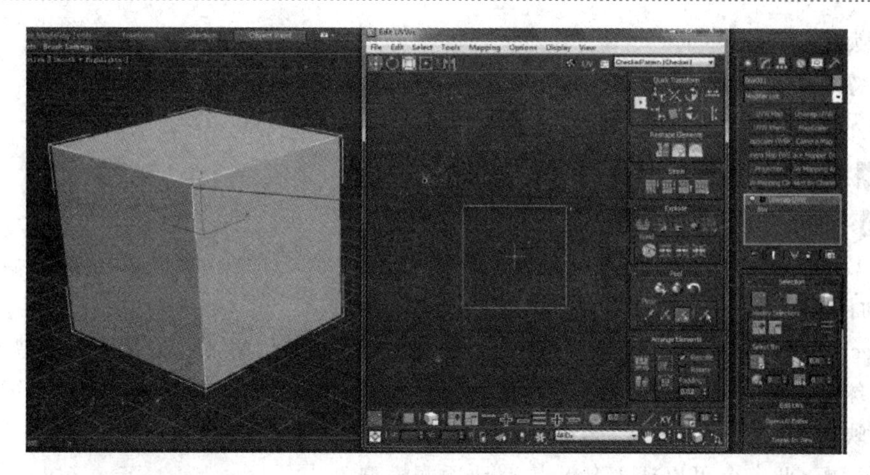

图 4-6

选择面如图 4-7 所示。

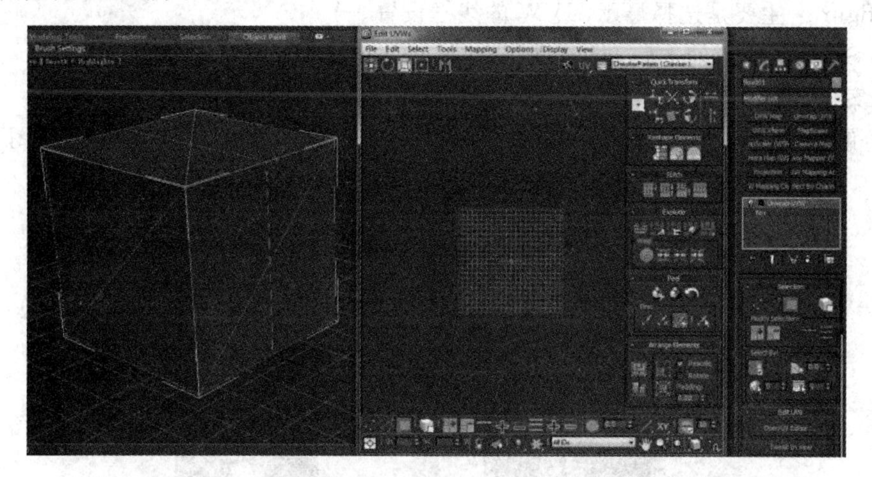

图 4-7

小提示：与模型选择一样，快捷键 F2 切换实体红色与线框红色显示(见图 4-8)。

图 4-8

加选、减选、圈状选择、环状选择的使用方法与选择多边形一样(见图 4-9)。

图 4-9

选择类型：

：忽略模型的背部面选择，勾选后将不会选中视图中模型的背面；

：角度数值选择，键入角度数值来获得模型的多选 UVW；

：通过模型的 ID 号来选择；

：通过光滑组进行选择。

Edit UVs 编辑 UVW：是我们应用 UVW 中最主要的命令，单击后会进入详细的分解 UVW 界面，下节单独讲解（见图 4－10）。

Projection 投射：分解 UVW 需要给模型映射坐标类型，MAX 设置了 4 种映射类型，平面、圆柱、球形、立方体。最常用的是平面映射和圆柱映射。

每种映射都可以调解坐标，选择坐标与模型的坐标相匹配。

Fit：适配，此命令可以让 UVW 快速地适配模型。

Center：中心，此命令可以让 UVW 适配到模型中心。

Configure：主要是选择显示 UVW 的线框设置。

Map Seams：取消勾选后 UVW 则没有绿色线框显示。

操作案例：

① 分解圆柱体，圆柱体通常在游戏制作中以树干、柱子、角色肢体等居多（见图 4－11）。

图 4－10

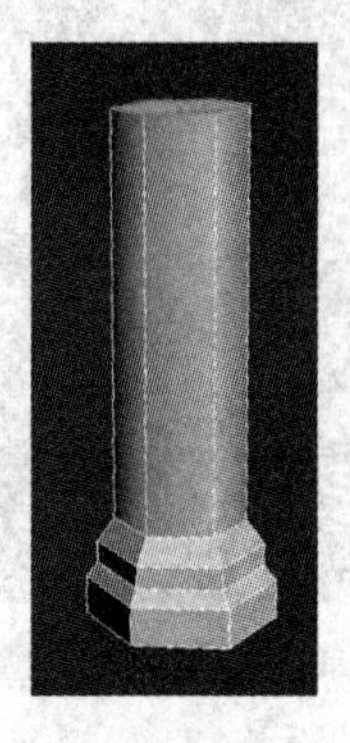

图 4－11

② 默认柱子的 UVW 如图 4－12 所示。

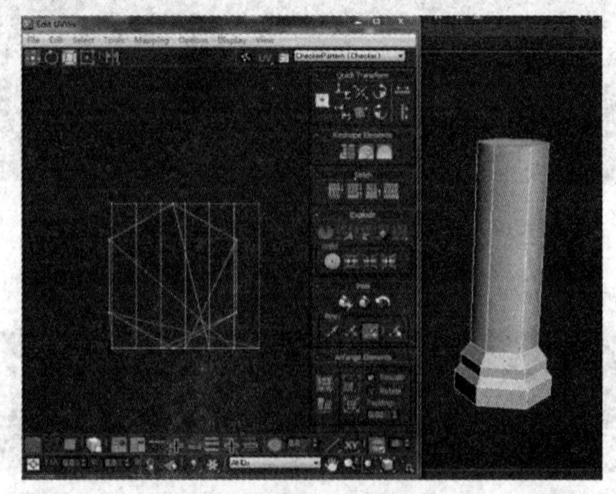

图 4－12

③ 选择所有的面(见图 4－13)。

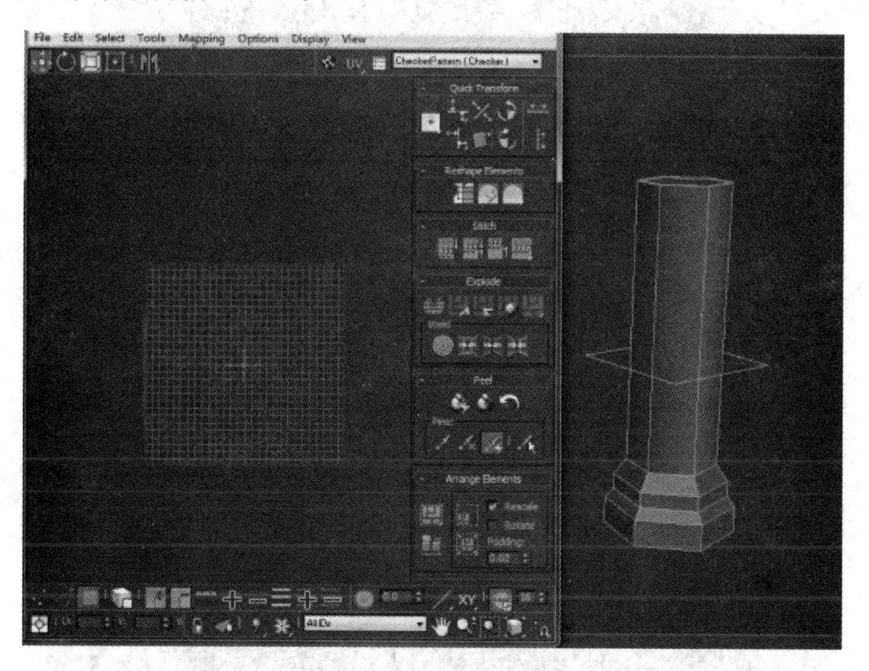

图 4－13

④ 使用圆柱映射,选择坐标将映射线框坐标保持和模型坐标一致(见图 4－14)。

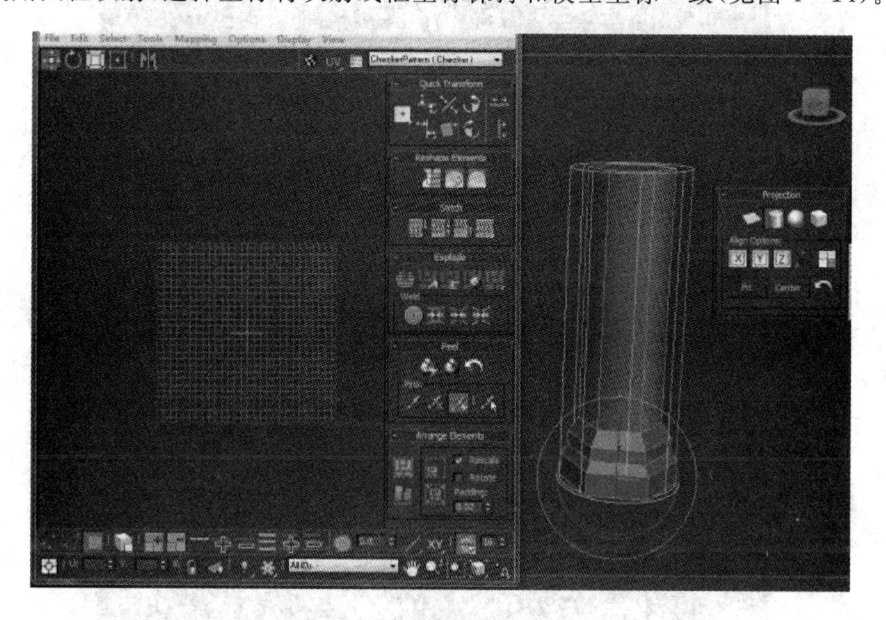

图 4－14

⑤ 分解顶端和底部的面,使用平面映射(见图 4－15)。

⑥ 调整 UVW(见图 4－16)。

Peel 剥落分解(见图 4－17)。剥落分解 UVW,相当于按照模型结构拓扑的方式分解模型的 UVW。

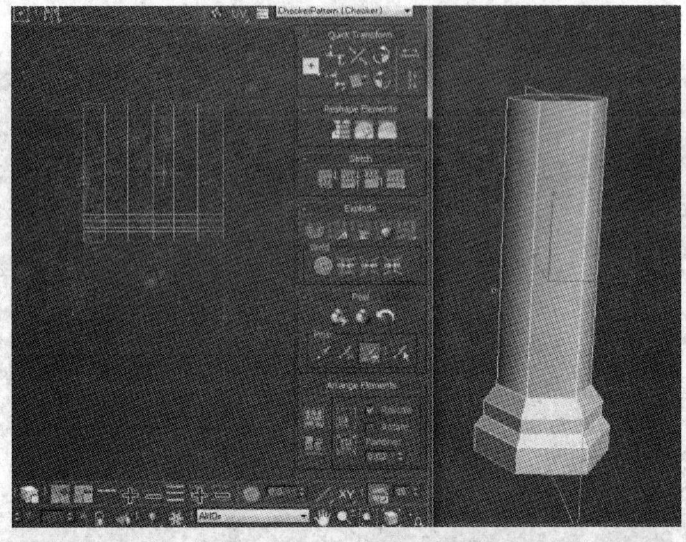
CheckerPattern (Checker)
Quick Transform
Reshape Elements
Stitch
Explode
Weld
Peel
Arrange Elements
Rescale
Rotate
Padding

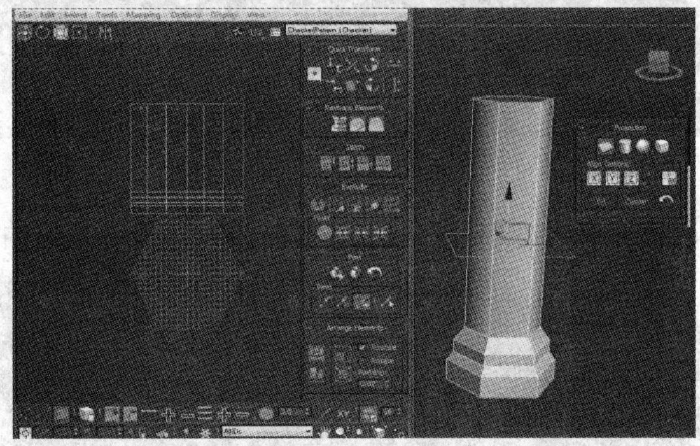

图 4-15

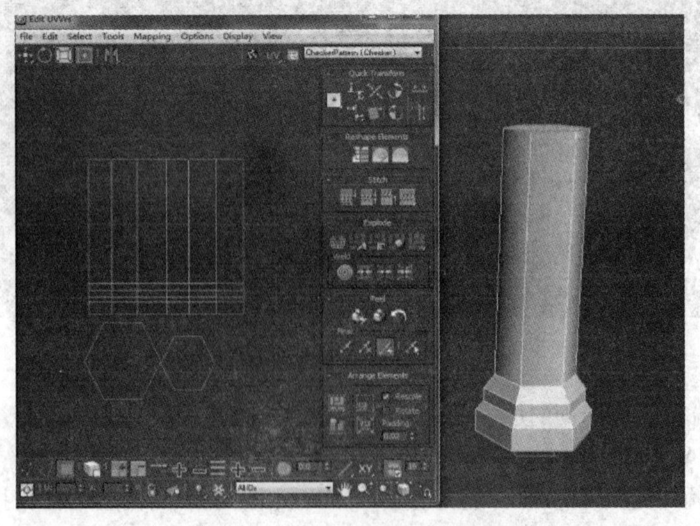
Edit UVWs
File Edit Select Tools Mapping Options Display View

图 4-16

① 分解下面带弧形模型的 UVW，便于观察效果，给模型添加 UVW，初始状态的 UVW 如图 4-18 所示。

② 选择模型的面，使用第一种 Quick Peel 快速剥落命令，得到 UVW 分解效果（见图 4-19）。

③ 返回前一步，初始状 UVW，使用第二种 Peel Mode 得到 UVW 分解效果（见图 4-20）。

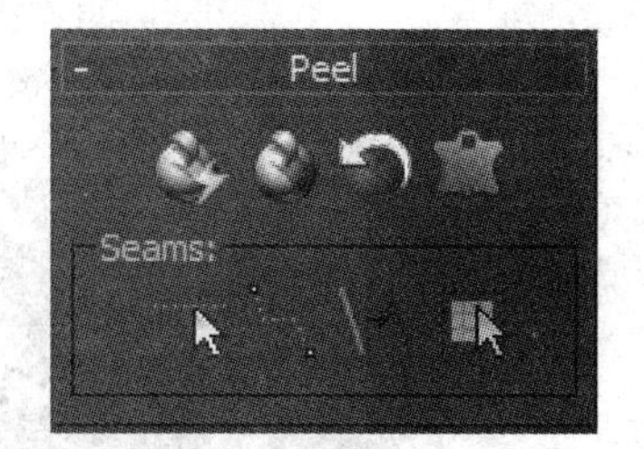

图 4-17

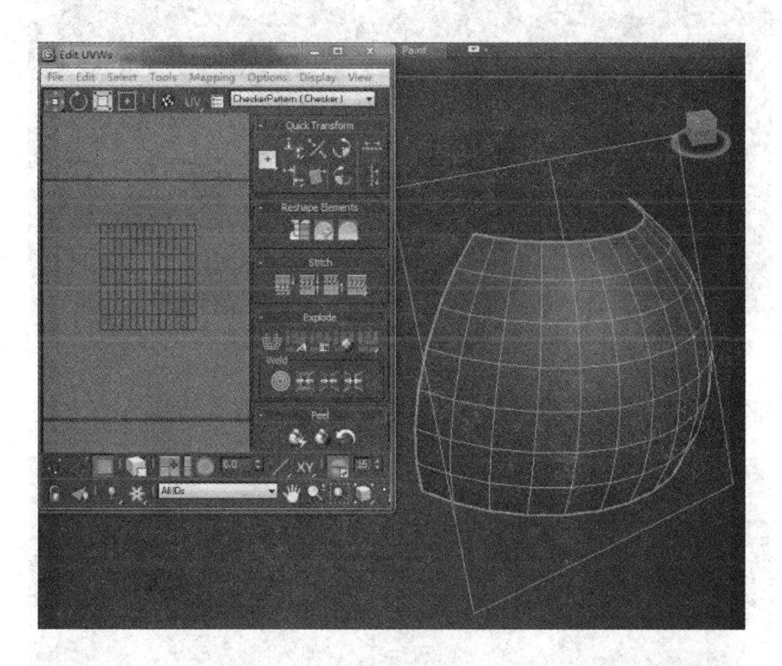

图 4-18

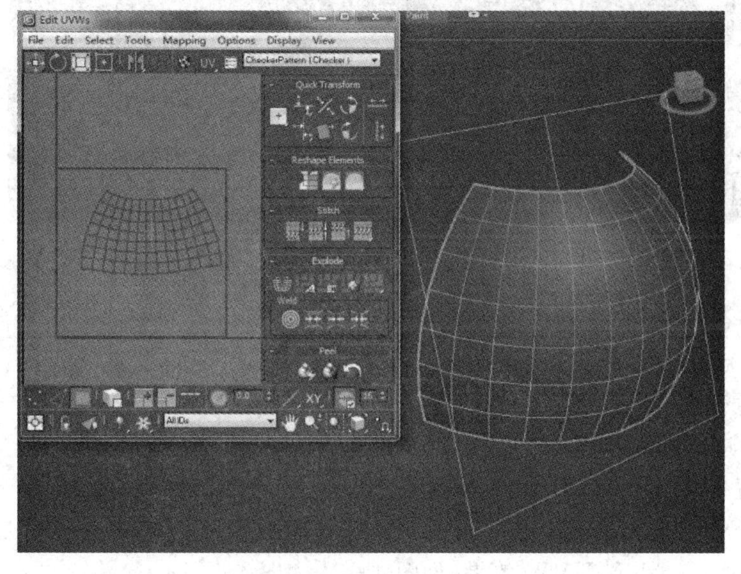

图 4-19

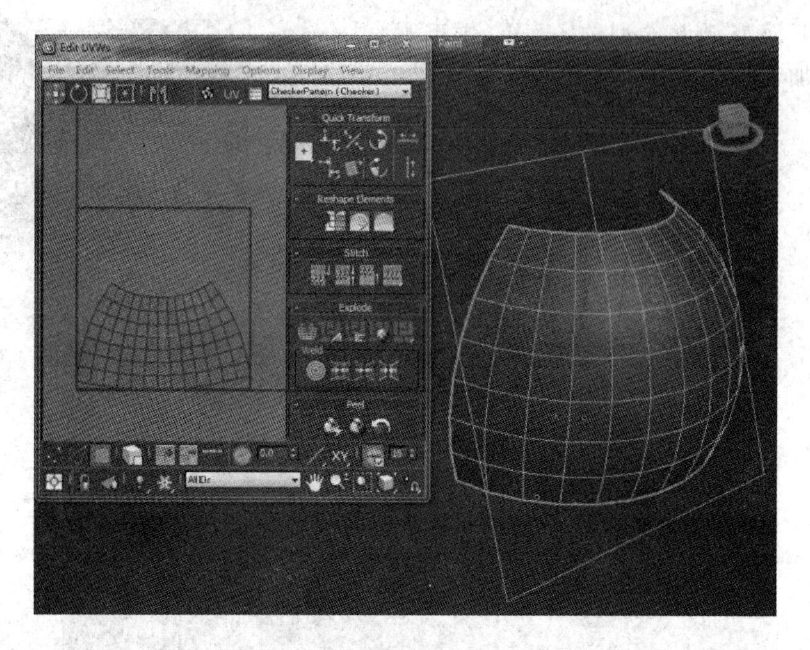

图 4－20

④ 第三个命令使用 Reset Peel，重置剥落效果（见图 4－21）。

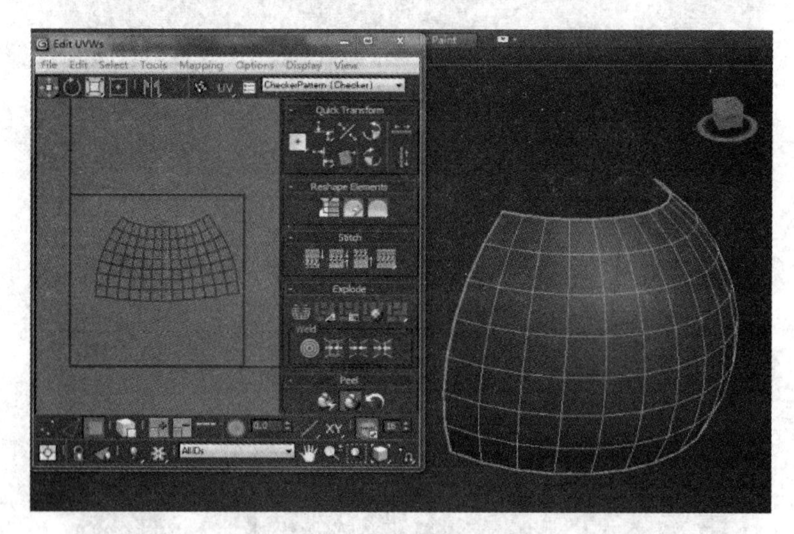

图 4－21

⑤ 第四种 Pelt Map 拓扑剥落 UVW，使用这个命令可以看到有向四周发散的选线，表示可按照这些线来展开 UVW（见图 4－22）。

⑥ 主要命令如图 4－23 所示。

Start Pelt：运行剥落分解。

Reset：重置 UVW，可以初始化 UVW 设定。

Relax：松弛 UVW，将密集状态下的 UVW 线框间距扩大。

⑦ 运行 Start Pelt 得到 UVW 效果（见图 4－24 和图 4－25）。

配置设置（UVW 显示）如图 4－26 所示。

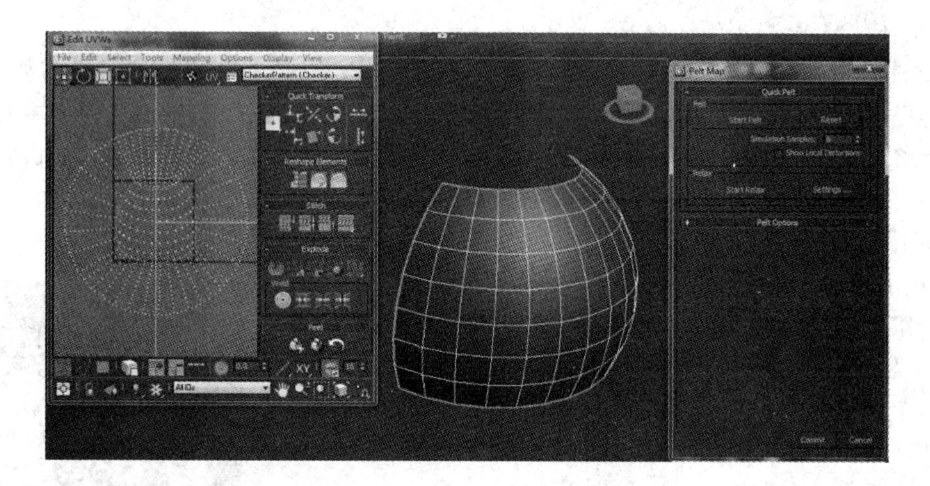

图 4-22

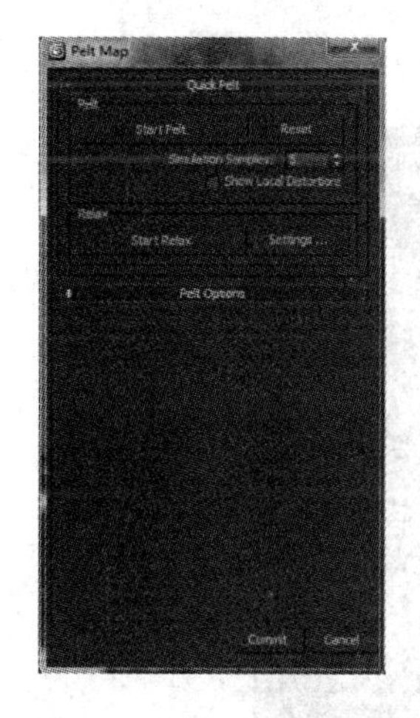

图 4-23

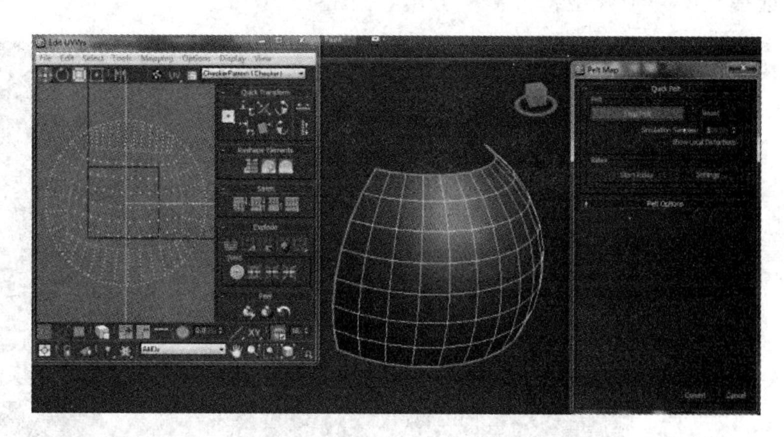

图 4-24

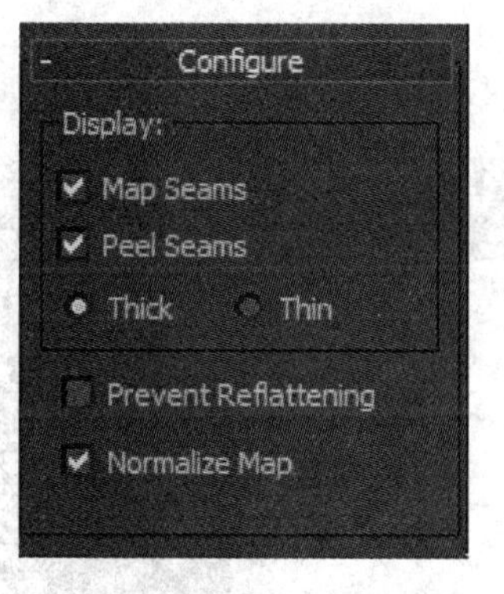

图 4-25

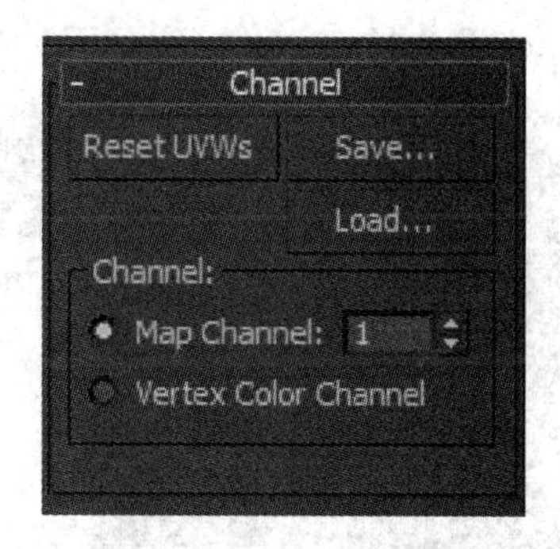

图 4-26

Map Seams：取消勾选无提示绿色线框显示。
Peel Seams：取消模型边界接缝处将不显示。
Thick：使 UVW 呈现粗线框显示。

Thin：使 UVW 呈现细线框显示。

Chanel 频道：通常游戏模型只拥有相对应的一套 UVW，但是有些游戏项目需要应用到灯光颜色贴图，这样就需要给 UVW 设置两套 UVW：一套是正常的颜色贴图，作为主要贴图；另一套是灯光贴图，用来烘焙灯光使用。详细的制作方法将会在游戏场景制作篇中讲解。

Save：保存 UVW。

Load：导入 UVW。

Reset UVWs：重置 UVW。

制作案例：

① 面对很多类似或者相同的模型，使用重复的 UVW，分解其他一个模型的 UVW，然后将分好的 UVW 线框保存并且导入到相同的模型上，这种方法主要应用于场景制作中的栅栏、柱子、木板等模型结构上（见图 4－27）。

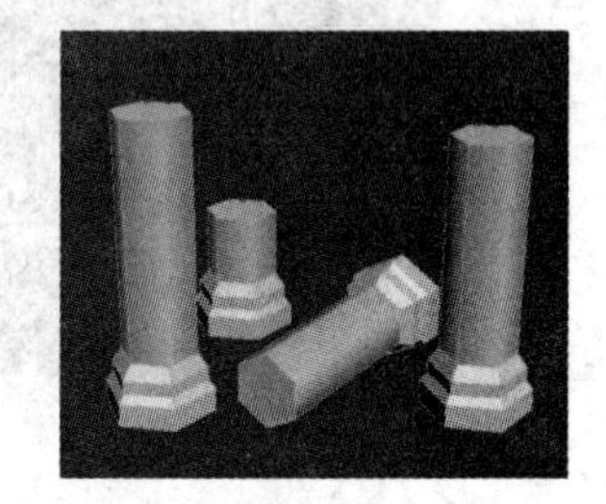

图 4－27

② 比如现在场景中有 4 根柱子模型，都需要分解 UVW，可选择其中一个模型将 UVW 分解（见图 4－28）。

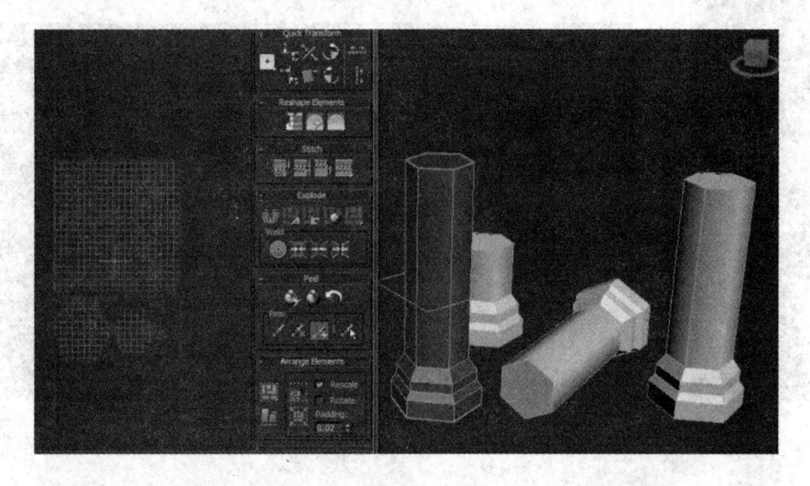

图 4－28

③ 在 Channel 里选择 Save 保存 UVW，用户可以任意命名（见图 4－29）。

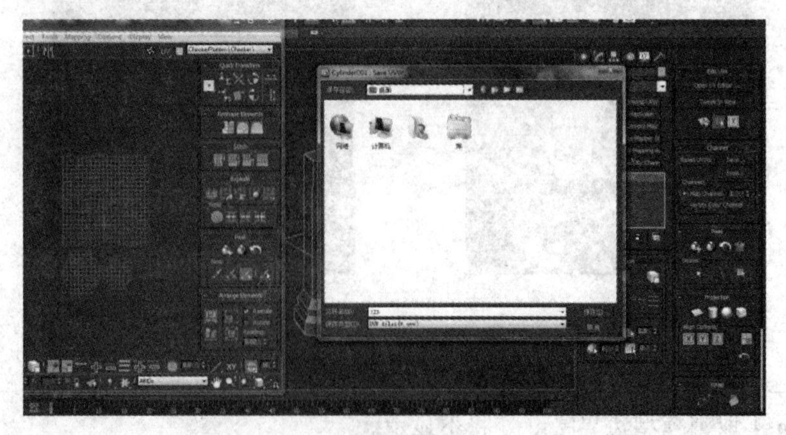

图 4－29

④ 选择其他柱子模型添加 Unwrap UVW，可以观察到 UVW 是十分混乱的(见图 4-30)。

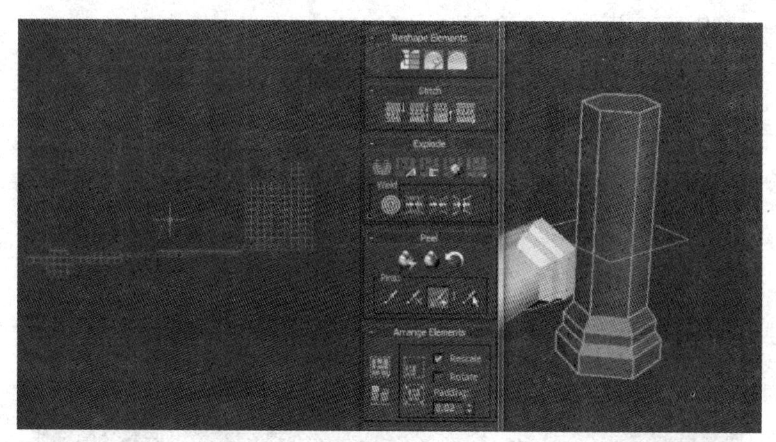

图 4-30

⑤ 选择 Channel 导入保存好的 UVW，这时候会发现这个模型的 UVW 已经替换成我们之前分解好的 UVW。如果不想使用 UVW，选择 Reset UVWs 便可以还原重置之前的初始 UVW(见图 4-31)。

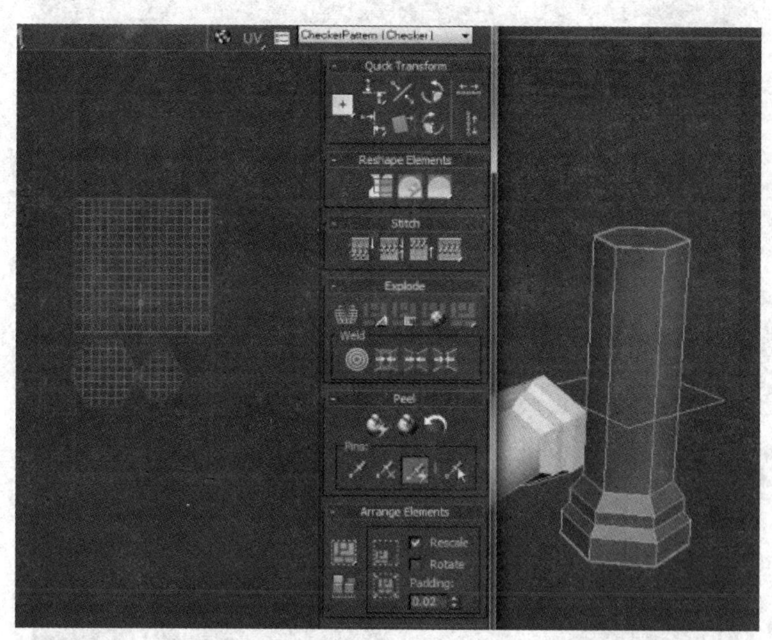

图 4-31

⑥ 重复前面的操作将剩下的柱子 UVW 也分解好。

4.5　编辑 UVW

4.5.1　UVW 菜单栏的认识

Edit UVs：编辑 UV，这是主要的 UVW 分解工具，使用该命令可按用户需要分解 UVW。

单击 Open UV Editor，进入 UVW 编辑视窗，这个窗口由标题栏、菜单栏、工具栏等构成，像一个小型的软件视图（见图 4-32 和图 4-33）。

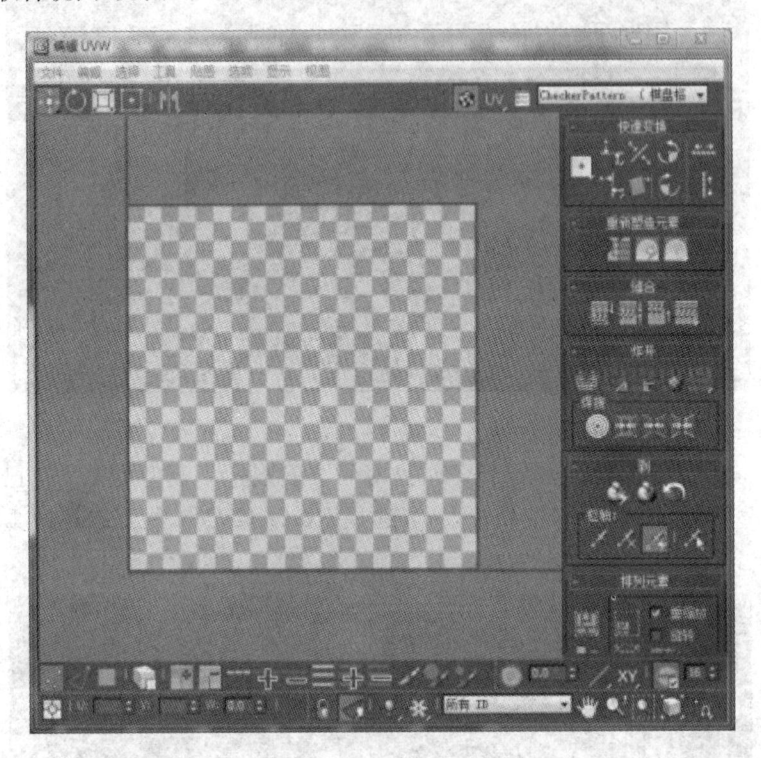

图 4-32

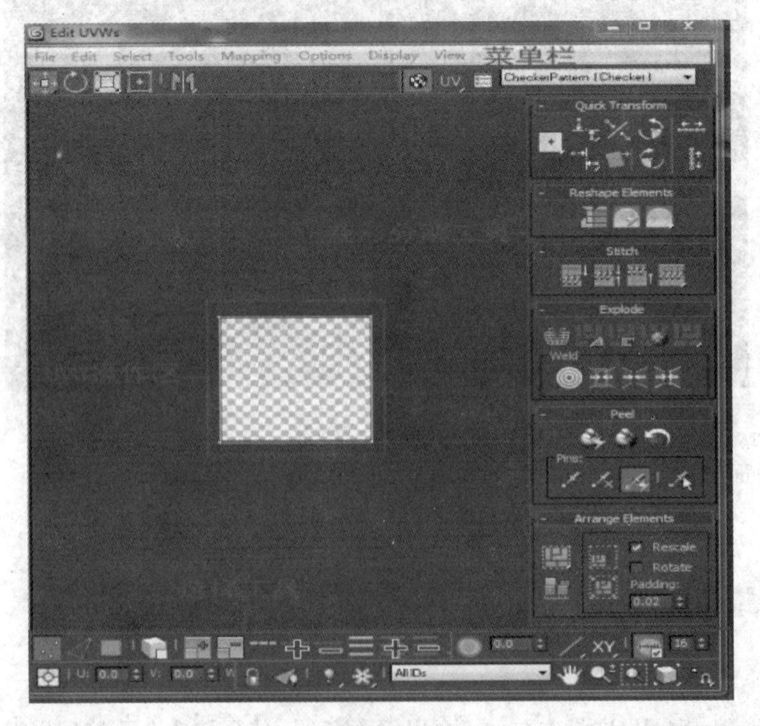

图 4-33

菜单栏：由 8 种菜单构成，分别是文件、编辑、选择、工具、贴图、设置、显示和视图。

文件菜单：这里的 3 个命令和前面所讲的命令使用方法一致(见图 4－34)。

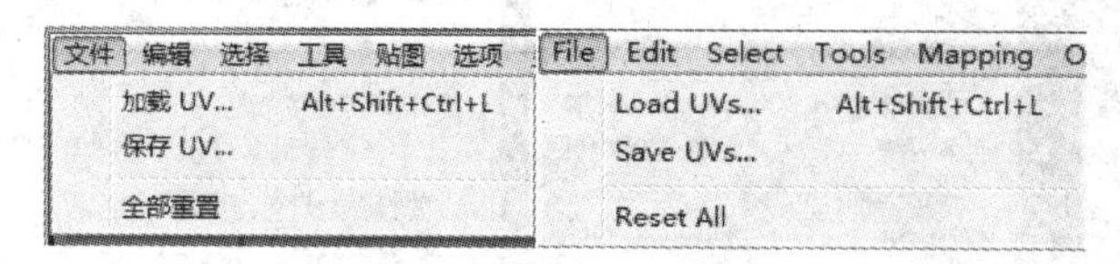

图 4－34

编辑菜单：调整 UVW 主要有 4 种操作模式：移动、旋转、缩放、自由(变形)，这些操作在工具栏里也可以选择到(见图 4－35 和图 4－36)。

图 4－35

图 4－36

选择菜单：选择菜单里集合了几种常用的转换选择命令(见图 4－37)。

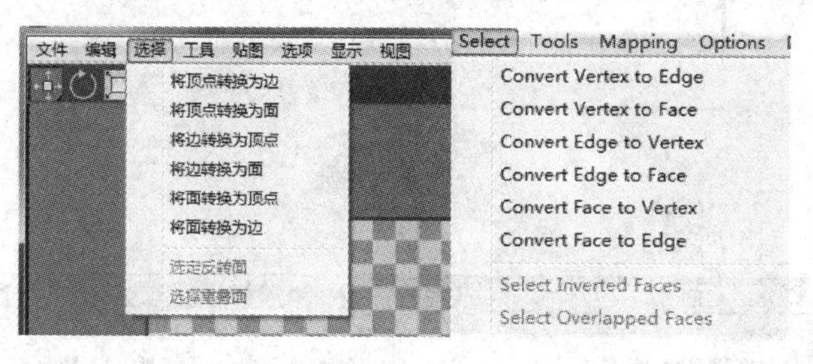

图 4－37

① 选择两个 UVW 点(见图 4－38)。

② 使用 Convert Vertex to Edge 命令(见图 4－39)。

③ 将会转换选择到两点中间的 UVW 边(见图 4－40)。

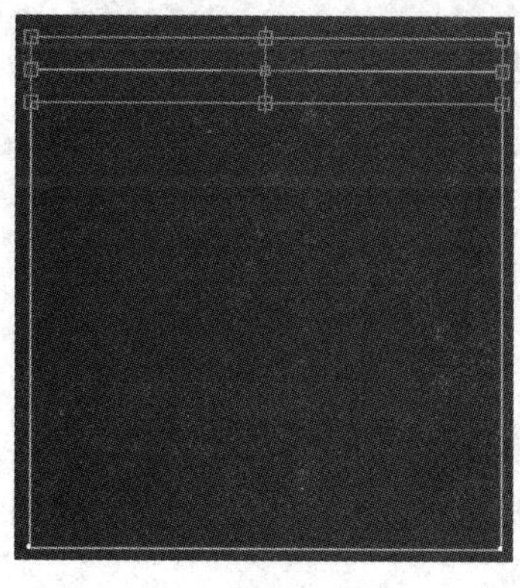

图 4－38

Select Tools Mapping Options
Convert Vertex to Edge
Convert Vertex to Face
Convert Edge to Vertex
Convert Edge to Face
Convert Face to Vertex
Convert Face to Edge
Select Inverted Faces
Select Overlapped Faces

图 4－39

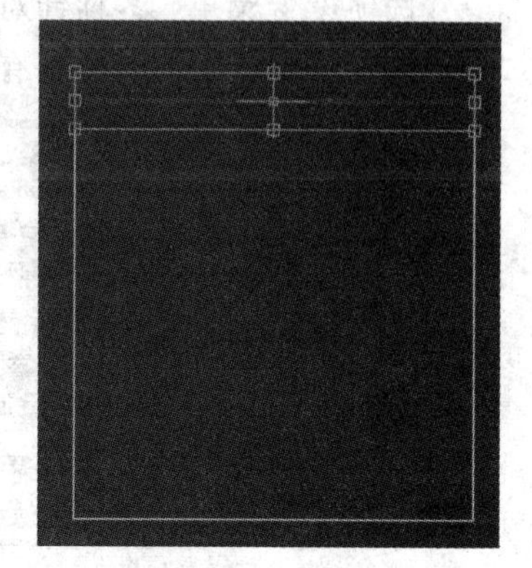

图 4－40

工具菜单如图 4－41 所示。

图 4－41

工具菜单里有重要的 UVW 分解命令，汇集了镜像、焊接点、打断、放松等命令，这些命令的功能将单独分章节讲解。

贴图菜单：贴图菜单汇集了 3 个从方向和法线的坐标位置平展 UVW 的命令（见图 4－42）。

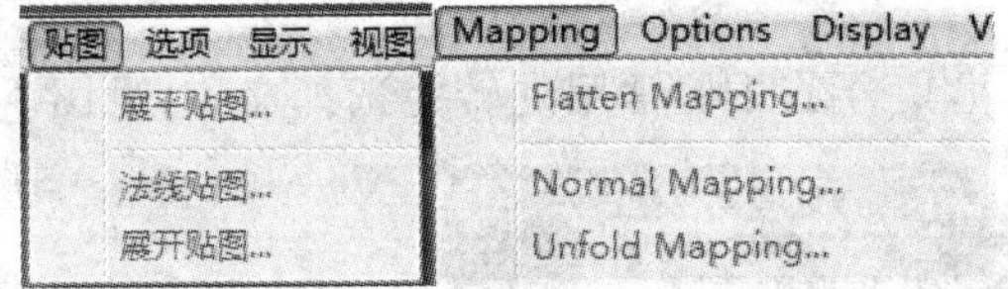

图 4－42

选项菜单如图 4－43 所示。

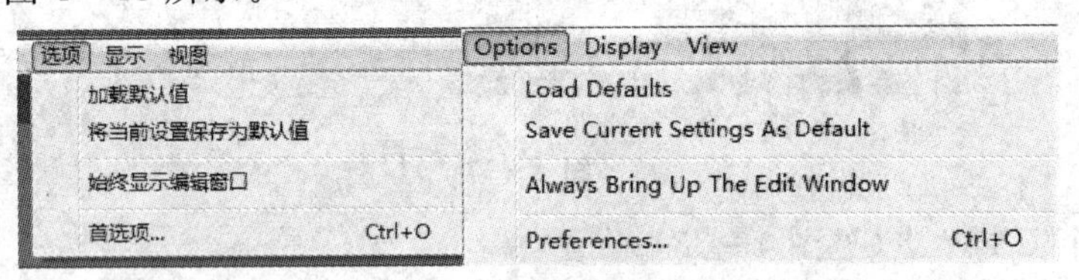

图 4－43

选项设置菜单：各种针对 UVW 的常用属性设置。

显示菜单：显示菜单里有对 UVW 隐藏、冻结的主要命令（见图 4－44）。

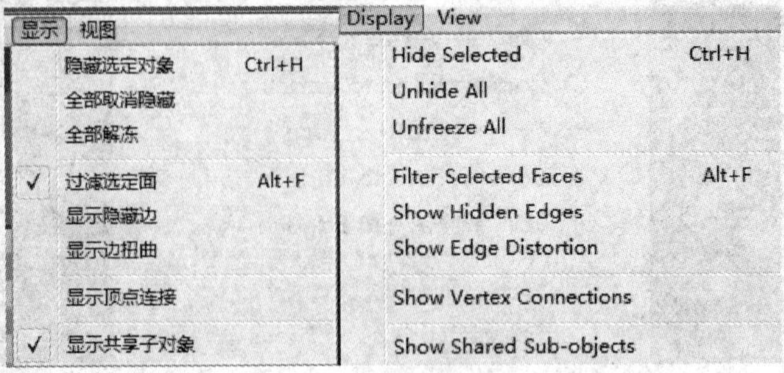

图 4－44

视图菜单：视图菜单包含了对 UVW 的缩放、平移、显示贴图等基本视图操作(见图 4-45)。

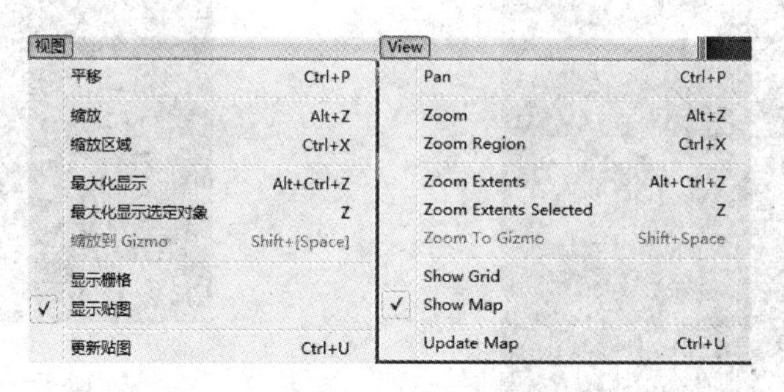

图 4-45

4.5.2 UVW 工具栏的认识

UVW 编辑器包含 3 大块的工具栏(见图 4-46)。

图 4-46

图 4-46 从左到右依次是：移动、旋转、缩放、变形、镜像(单击可弹出下拉菜单，包含左右镜像、垂直镜像两种选择)、白色格子背景显示、UVW 方向、快捷属性设置、选择贴图栏。

图 4-47

图 4-47 右下角的工具栏为选择类与视图操作类的集合，其中的命令需要着重单独讲解。

(锁定 UVW 与只显示选择面的 UVW)：锁定 UVW 用户将不能对 UVW 操作；只显示选择面的 UVW 将会不显示没有选中的 UVW。

(点捕捉与网格捕捉)：这里的点指的是 UVW 的点，开启状态会有磁力捕捉到需要的点上；网格捕捉是指将 UVW 捕捉到网格线上(见图 4-48)。

快速变换：快速对分解 UVW 进行变形处理。

对齐工具的使用如图 4-49 和图 4-50 所示。

重新塑造元素：松弛 UVW，有些 UVW 线段形态过于扭曲或者密集混乱，可以使用松弛命令将 UVW 间距扩展开。

缝合：设置有 4 种缝合 UVW 各个相邻边的命令。

炸开：打断 UVW 的公共点，让相交的点或者边分离开。

焊接：合并分开的 UVW 的点，成为一个公共点。

剥落分解：与前面一样的使用方法。

排列元素：设置有几种供选择的 UVW 在有效框里排列的方式。

元素属性：给选中的 UVW 分组或者解散分组，并且可以按照组号选择 UVW。

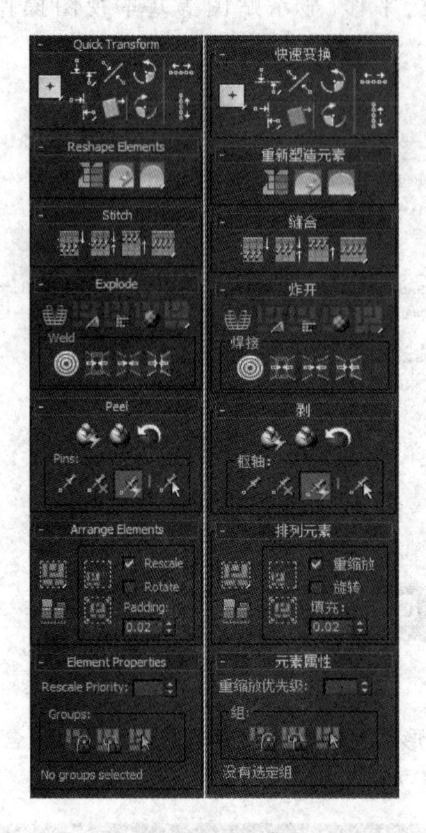

图 4-48

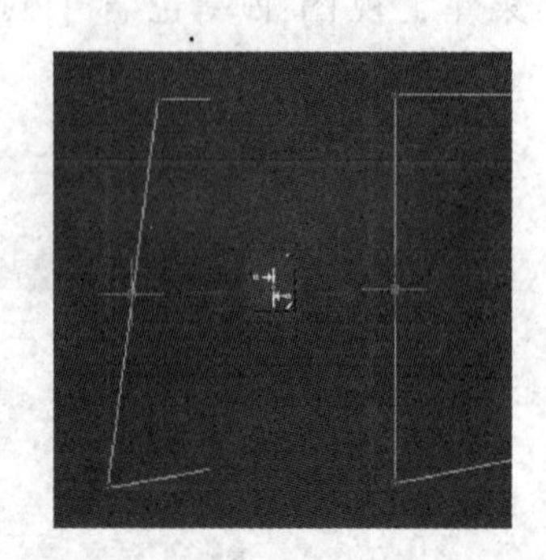

图 4-49

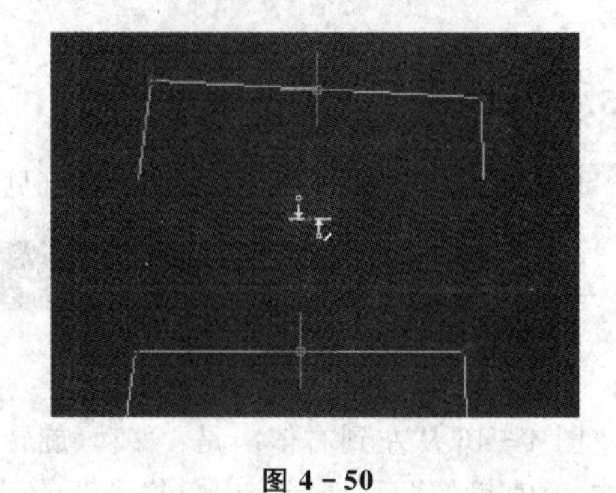

图 4-50

4.6　棋盘格贴图的使用

棋盘格贴图常用来作为观察分解 UVW 中贴图拉伸标准的参照，缘于黑白格子颜色分明，又都是正方形，所以适合用来检查 UVW 贴图的拉伸(见图 4-51)。

图 4-51

使用方法：

① 打开材质编辑器(快捷键为 M)，弹出材质编辑器界面，单击 Diffuse 旁边的小格子，弹出对话框选择 Checker，带有明显的黑白格子缩略图标(见图 4-52)。

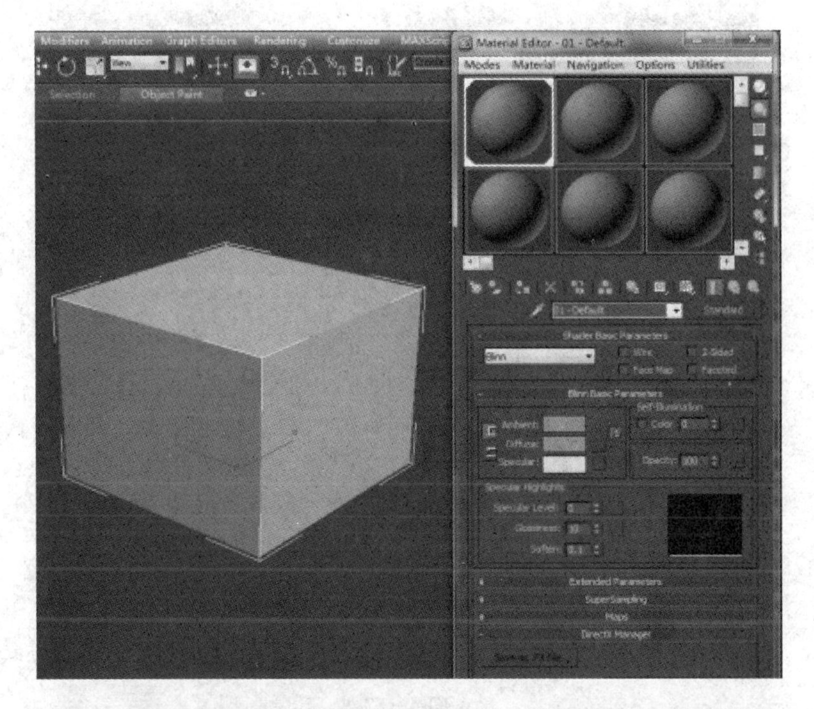

图 4－52

② Max 默认的黑白格子贴图大小比例为 1∶1,这样的贴图过大,需要在 Tiling 下面将 UV 的数值改大一些,比如 10 或者 20。如果觉得黑色和白色对比太强,还可以在 Color 里设置其他颜色(见图 4－53)。

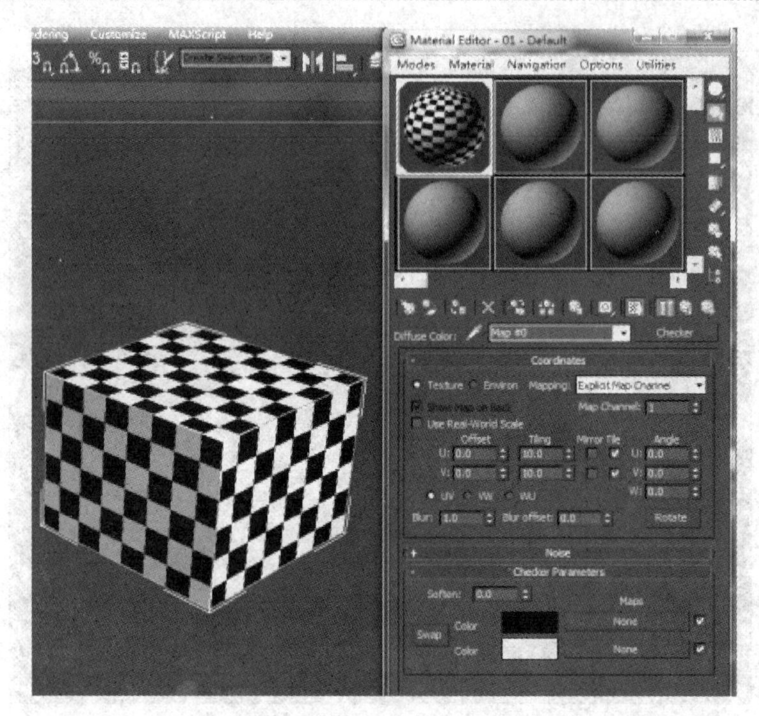

图 4－53

4.7 UVW 映射的具体类型与操作方法

前面讲过 3ds Max2014 软件的 UVW 映射共有 4 种类型：平面、圆柱、球体、立方体，下面针对这 4 种映射来具体讲解如何有效地使用。

平面类：平面类映射是应用最多的种类，在场景制作中大部分建筑模型的 UVW 分解都需要应用到。

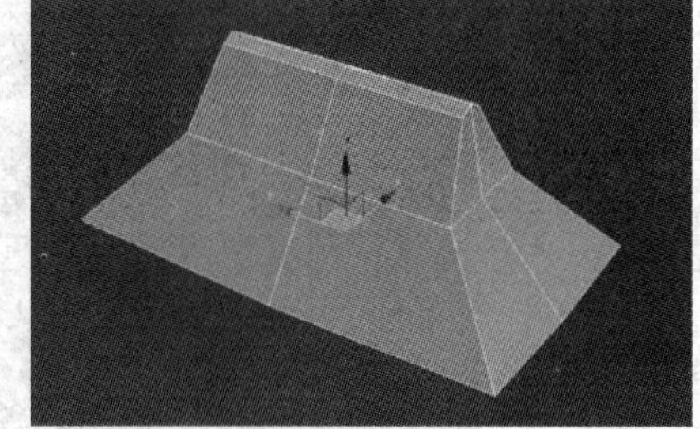

图 4－54

场景屋顶类使用方法(见图 4－54)：

① 面对场景建筑屋顶拆分 UVW，首先选中需要分解的模型面，选择 Projection 映射类型为平面映射(见图 4－55)。

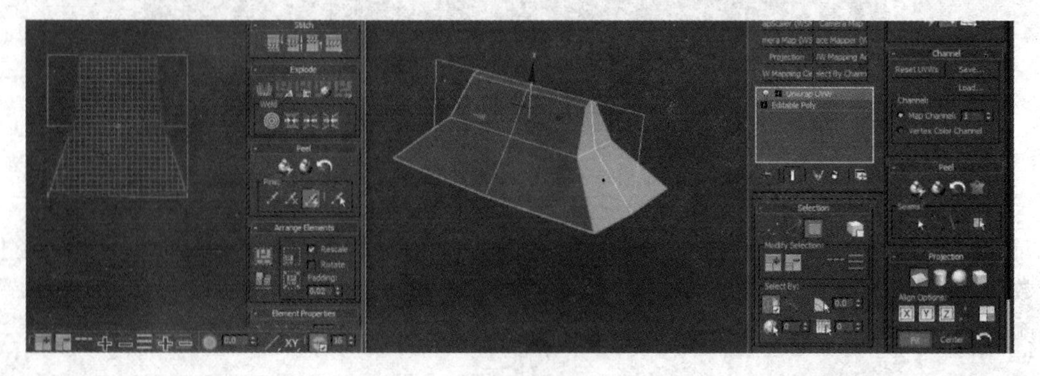

图 4－55

② 在坐标下面选择与之相对应的 X 轴，单击 Fit 命令适配一下（见图 4－56）。

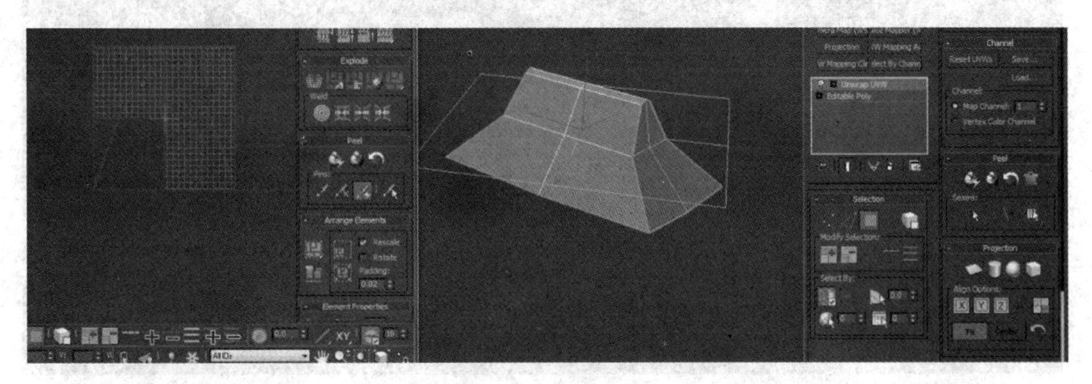

图 4－56

③ 单击打开 Open UV Editor 编辑视窗，得到平面的 UVW 线框（见图 4－57）。

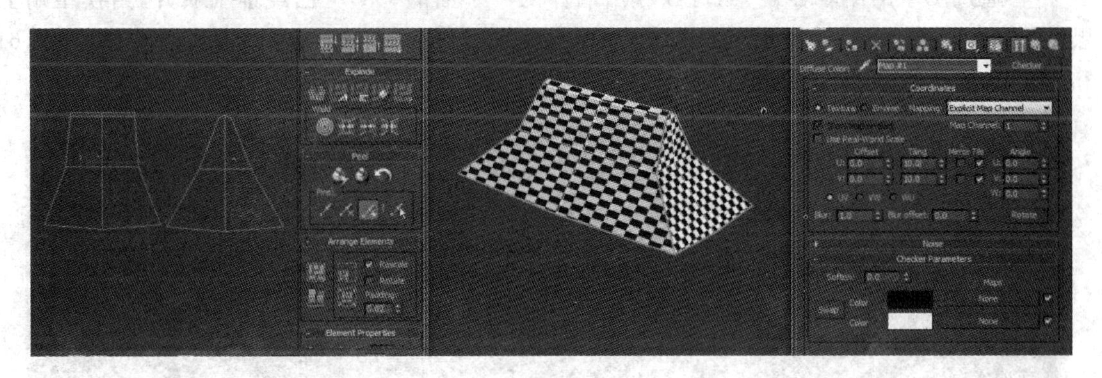

图 4－57

④ 按照之前的方法给模型贴上黑白棋盘格子图，通过观察发现有些贴图拉伸，在 UVW 编辑视窗里使用调整工具，调整拉伸的 UVW 线框，不再出现明显的 UVW 拉伸（见图 4－58）。

建筑墙面的 UVW 分解方法：

① 有四面需要拆分的建筑物体墙壁（见图 4－59）。

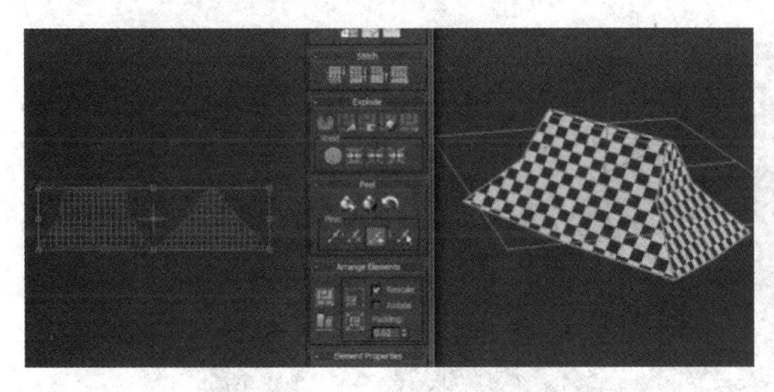

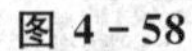

图 4－58

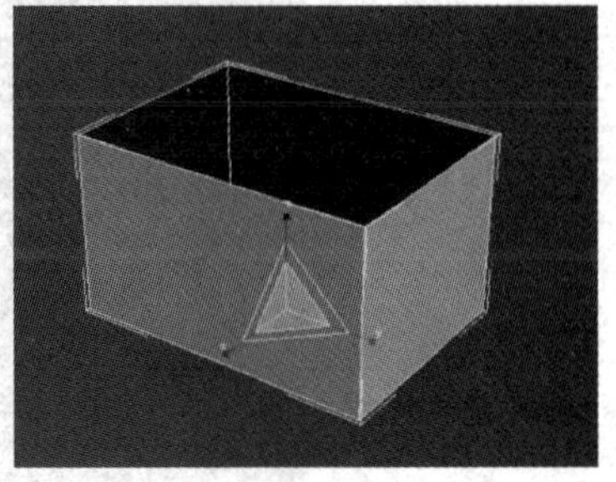

图 4－59

② 在 UVW 编辑器里选择 Projection 映射类型，使用圆柱映射，再选择与墙面模型相同的坐标，此图里模型坐标为 Z 轴，所以 UVW 圆柱映射的坐标也选择为 Z 轴方向（见图 4－60）。

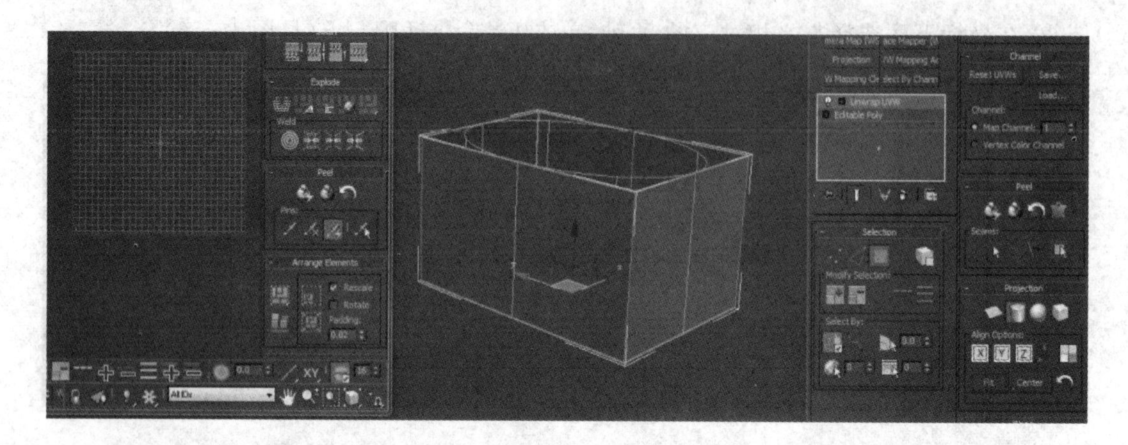

图 4－60

③ 通过 UVW 编辑器观察，可以看出墙体的 4 个面的 UVW 已经铺平展开，给模型贴上黑白棋盘格子图，再使用调整工具调整 UVW 线框长宽比例，避免出现拉伸的贴图（见图 4－61 和图 4－62）。

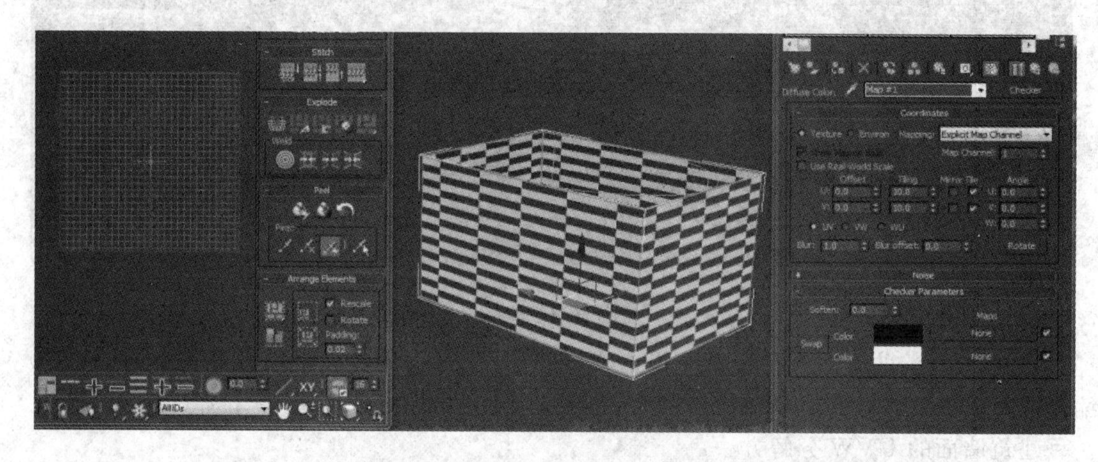

图 4－61

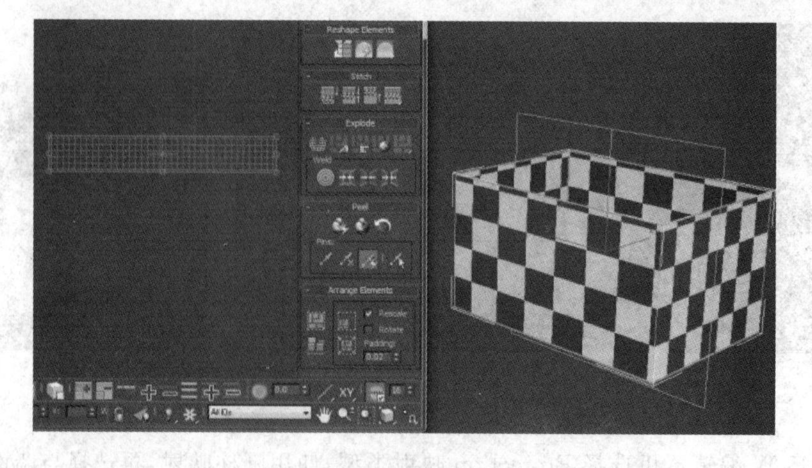

图 4－62

4.8　UVW 常用命令的使用

Mapping：平展模型 UVW。这个菜单下汇集 3 种命令：Flatten Mapping（扁平展开）、Normal Mapping（法线平展）、Unfold Mapping（伸展），各自按照设定自动平均分配 UVW。这 3 种命令的优点是 UVW 分解快速、没有拉伸。缺点是不能按照用户意志分配 UVW。

1. Flatten Mapping 的使用方法

① 选中所有需要平展的面，选择 Mapping→Flatten Mapping 命令（见图 4-63）。

② 在弹出的 Flatten Mapping 对话框里可以设置平展的角度数值（见图 4-64）。

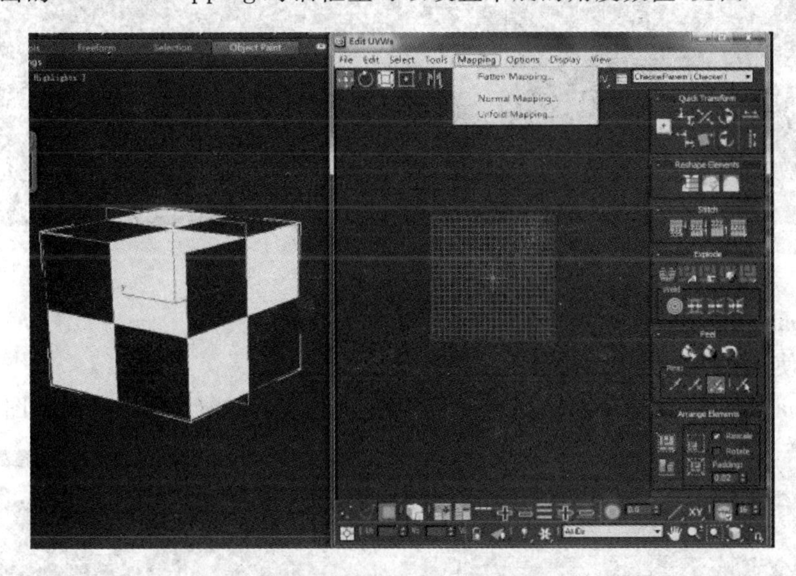

图 4-63

图 4-64

③ 确认之后用户将得到所选择面的 UVW 平展状态(见图 4－65)。

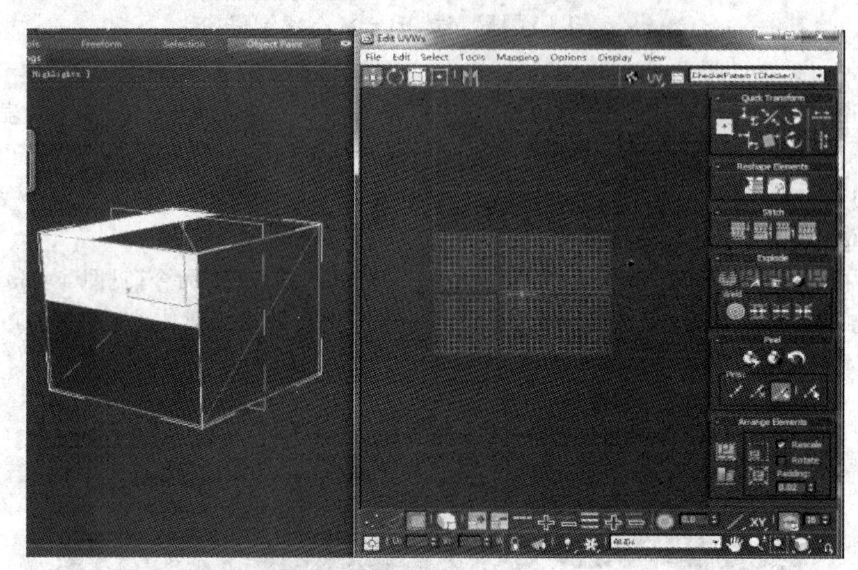

图 4－65

2. Normal Mapping 的使用方法

① 通过使用法线的方向来选择平展 UVW。

② Normal Mapping 命令对话框包含了 6 种方向上的选择(见图 4－66 和图 4－67)。

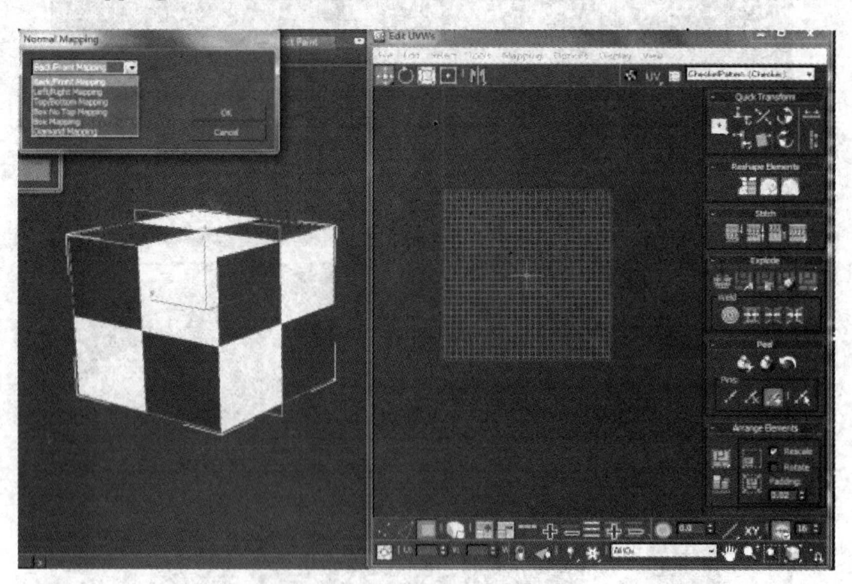

图 4－66

3. Unfold Mapping 的使用方法

① 使用鼠标拖拽,框选所有模型上的面。

② 选择 Mapping→Unfold Mapping 命令。

③ 确定后将得到如包装盒子效果的 UVW(见图 4－68 和图 4－69)。

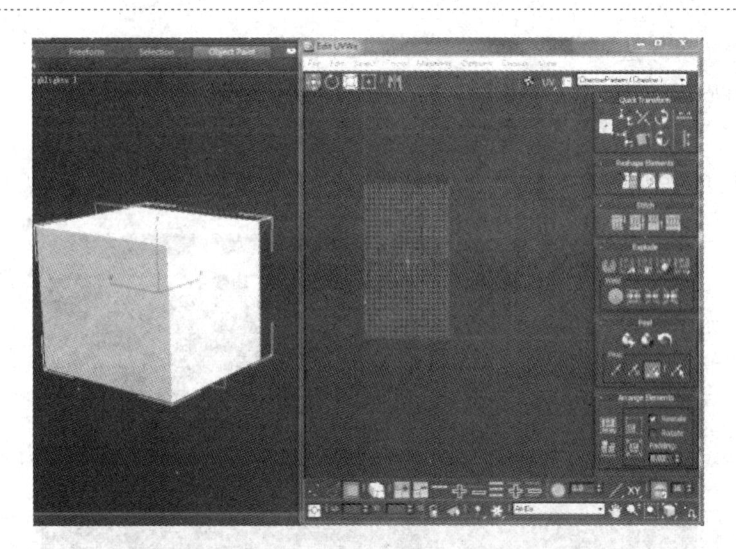

图 4 - 67

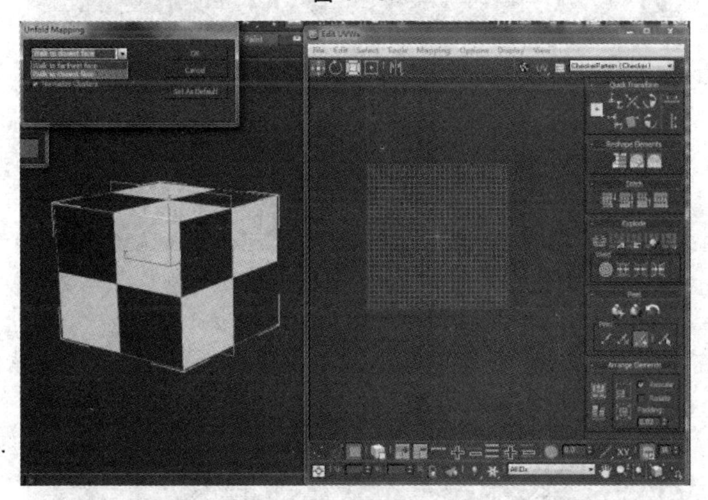

图 4 - 68

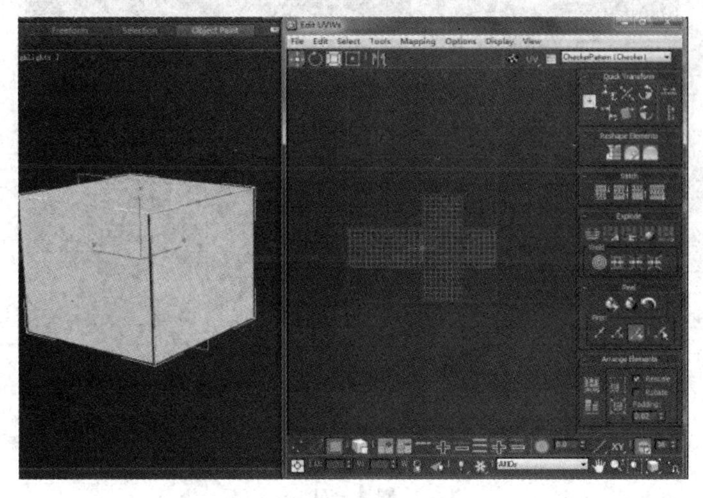

图 4 - 69

4. Break 的使用方法

Break 为打断命令，此命令可将 UVW 交集的点各自分解开。

① 单击选择需要打断的 UVW 点(见图 4 - 70)。

② 右击选择打断命令 Break(见图 4 - 71)。

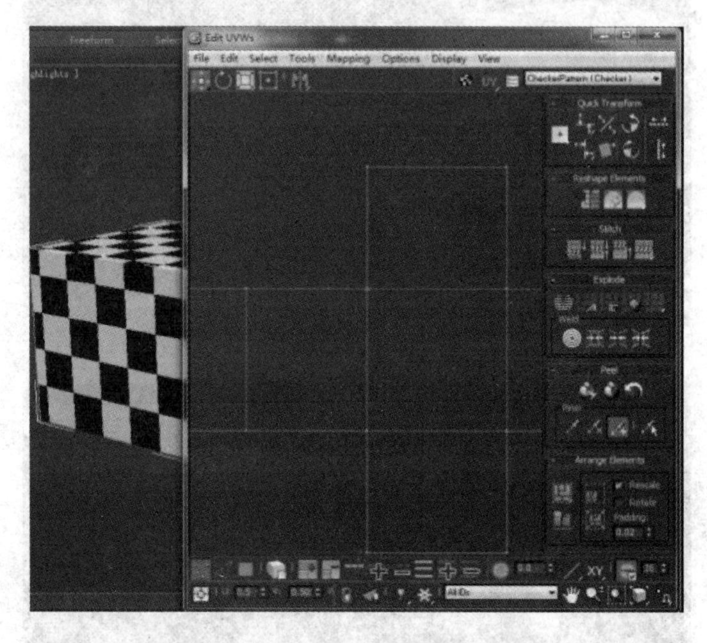

图 4 - 70

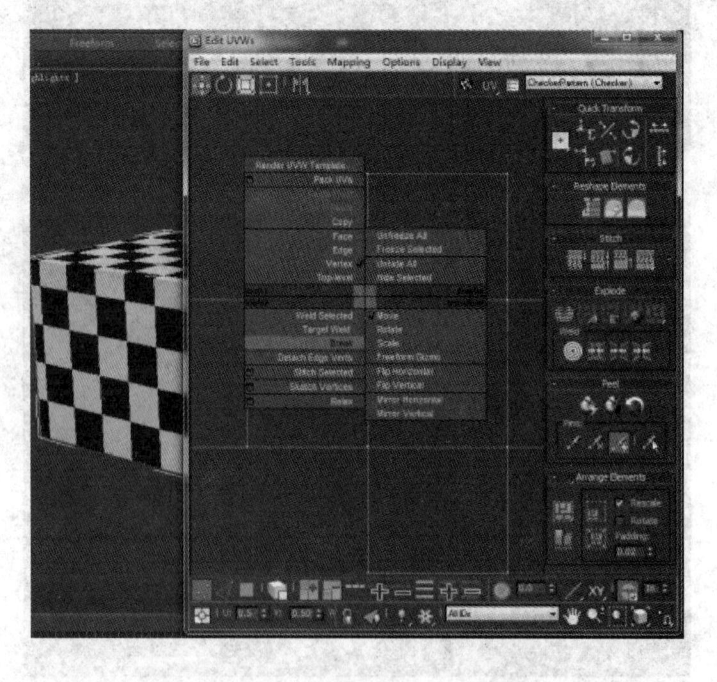

图 4 - 71

③ 可以看出凡与之相交的点都被分离开(见图 4－72)。

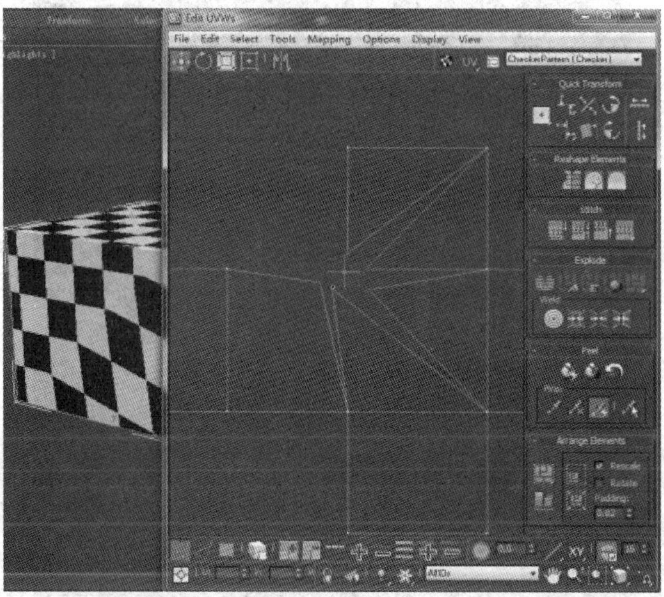

图 4－72

5. Relax 松弛的使用方法

① 用户在模型制作中,由于调整模型点、线、面,会使得模型发生形态变化,这样模型的 UVW 也会随之变形,所以经常会遇到看起来比较凌乱的 UVW(见图 4－73)。

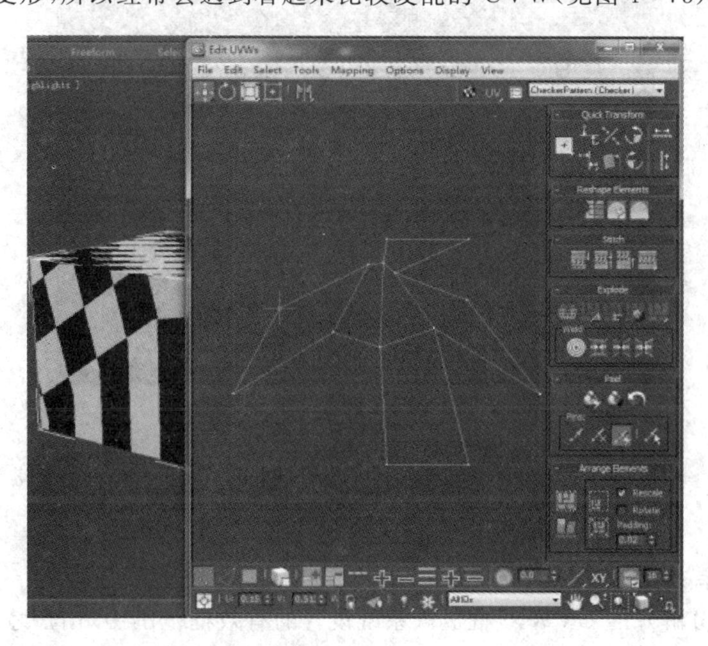

图 4－73

② 右击菜单中松弛命令,可以将凌乱的 UVW 变得工整(见图 4－74)。

③ 用户通过键入数值来观察松弛的规整效果,单击 Apply 按钮来确定应用(图 4－75)。

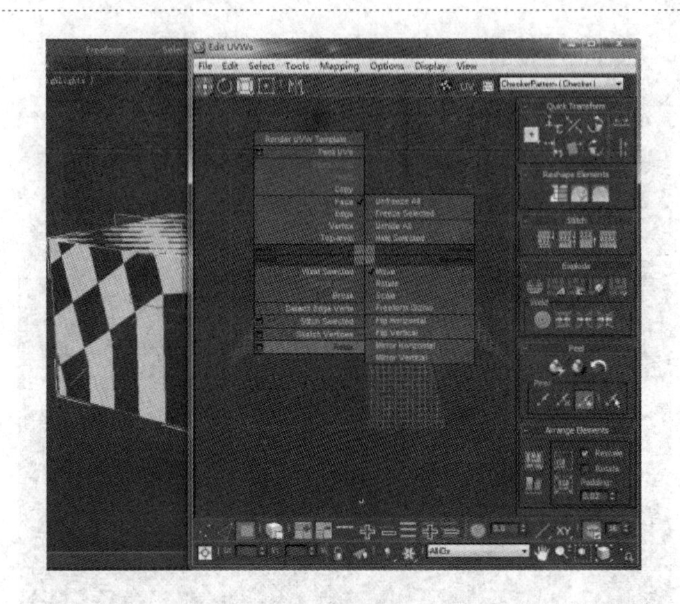

图 4-74

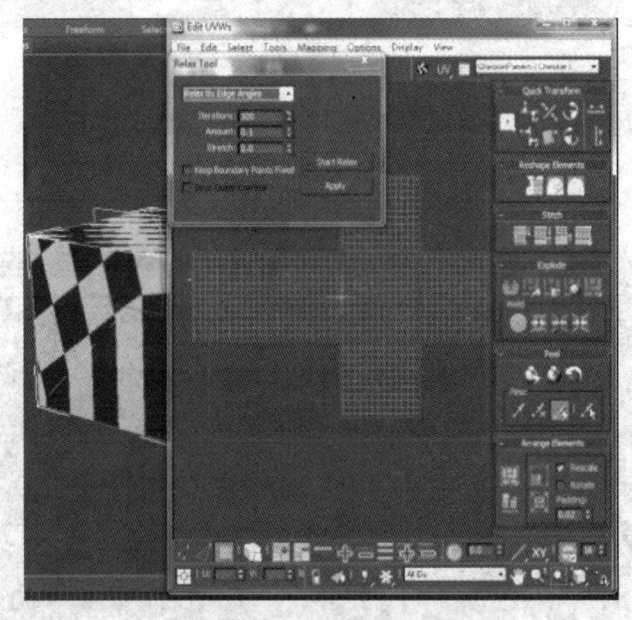

图 4-75

4.9 UVW 拆分整合摆放

1. UVW 的有效框

只有将最后分解好的 UVW 线框放入系统设置的有效框范围中，用户才能最终完整输出到贴图格式里，如图 4-76 中红色框和格子便为系统指定的 UVW 有效框范围。

2. UVW 摆放的通用原则

UVW 的线框摆放，用户应尽量最大化利用有效范围，避免 UVW 浪费，线框越大，得到的模型贴图效果越清晰。

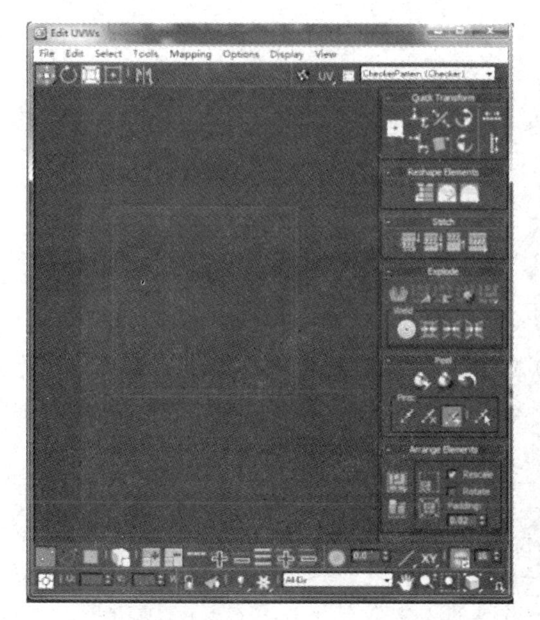

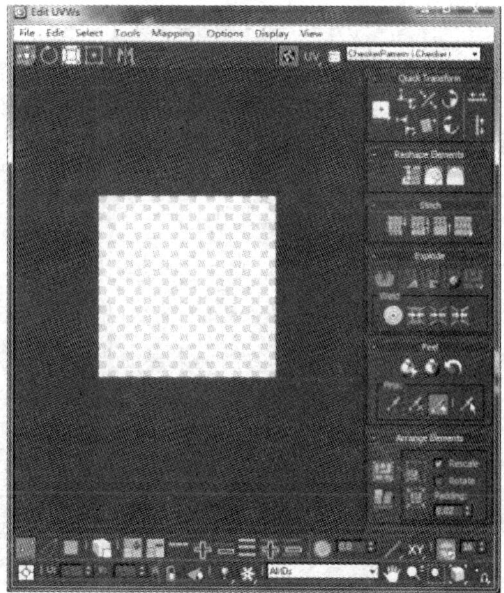

图 4 - 76

UVW 线框之间的空隙不要留白太多，尽量将其填满。

在临近有效范围边界的地方预留 2 个像素的间距，如果 UVW 距离的有效范围临近或者重叠，模型贴图显示将出现渗出白边问题。

4.10　UVW 的输出设置

摆放分解好的 UVW 便可将其输出，选择菜单 Tools→Render UV Template 命令(渲染 UVW)(见图 4 - 77)。

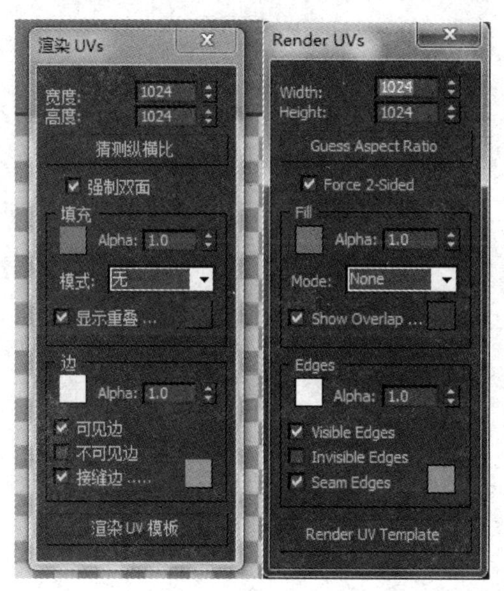

图 4 - 77

渲染 UVW 的宽度与高度通常设置为 256×256，512×512，1 024×1 024 大小的贴图尺寸。

设置好尺寸即可，其他参数保持默认不做变动，左击 Render UVW Template，UVW 的线框便渲染成为 2D 类型贴图，保存的格式通常是 TGA 或者 PNG。

4.11 本章小结

本章讲解了模型 UVW 的分解，游戏贴图与制作影视、动漫贴图不同，游戏贴图在绘制前需要对模型 UVW 进行分解，没有经过分解 UVW 的模型是无法按照游戏原画要求绘制贴图的。3ds Max2014 版本对 UVW 系统进行了较大改进，这些改进使模型的 UVW 分解更加便捷，须掌握的分解命令和工具比之前版本也更多。

4.12 课后练习

1. 熟悉编辑 UVW 的工具和使用方法。
2. 对之前制作的模型进行 UVW 分解。

第 5 章　3ds Max2014 渲染系统

章节要点：

本章讲解 3ds Max2014 灯光部分的知识，重点是灯光贴图的烘焙方法。灯光贴图在游戏制作中普遍使用，通过对本章的学习，可了解灯光概念和主要参数，能够熟练烘焙灯光贴图。

5.1　3ds Max2014 灯光与摄像机模块

游戏里灯光通常都是由游戏引擎提供的，基本上不会使用软件设置灯光，本章也只是进行基本的灯光与摄像机概念的讲解。软件灯光在游戏制作中仅仅是作为辅助贴图在烘焙过程中使用。

5.2　标准灯光的创建

3ds Max2014 灯光创建共分两种类型，一种是 Photometric 光度学，另一种是 Standard 标准灯光，如图 5－1 所示，通过灯光图标下的下拉菜单可以任意切换。

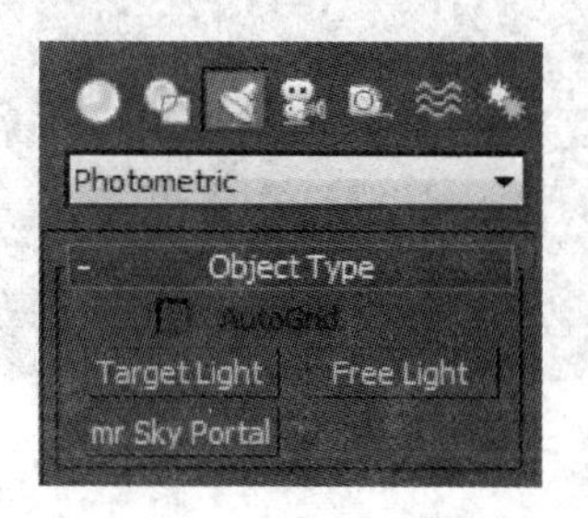

图 5－1

选择 Photometric 光度学灯光，有 3 种可以创建的灯光：

① Target Light：目标灯光用于指向被照明物体，主要用在室内效果图制作中模拟射灯和壁灯。

② Free Light：自由灯光，这种灯光没有目标点，常用来模拟发光球体以及台灯等，与目标灯光的参数是一样的。

③ mr Sky Portal：mr sky 门户灯光，这种灯光是一种 mental ray 灯光，与 VR 光源较类似，通常与天光配合使用。

Standard 标准灯光，包含 8 种创建类型：

① Target Spot：目标聚光灯，这种灯光很像美术画室用的射灯，可以产生一个锥形的照射区域，区域外的不会受到灯光的影响，适用于模拟吊灯与手电发出的灯光，如图 5－2 所示。

② Free Spot：自由聚光灯，相对于目标聚光灯，自由聚光灯无法对发射点和目标点进行调节，适用于模拟舞台上的射灯。

③ Target Direct：目标平行光，这种光可以产生一个照射区域，模拟自然光线的照射效果，如图 5－3 所示。

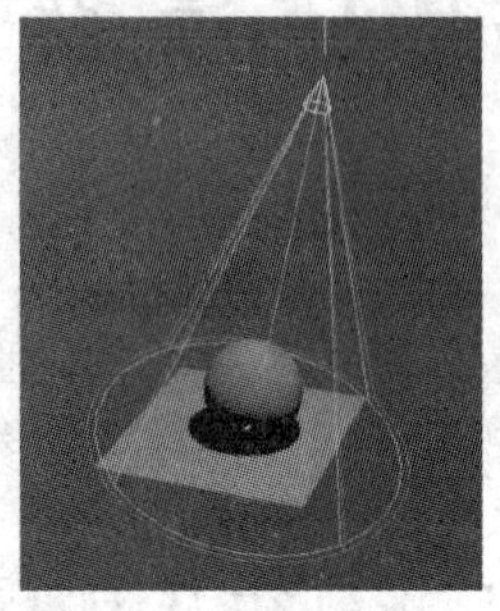

图 5－2

图 5－3

④ Free Direct：自由平行光，顾名思义，产生一个平行的光源照射区域，用来模拟太阳光。

⑤ Omni：泛光灯（点光源），均匀地照射场景，理论上可以达到无限远的地方，通常场景不会只使用一盏泛光灯，而是几盏泛光灯配合使用，如图 5－4 所示。

⑥ Skylight：天光，以穹顶的方式模拟天空光线，通常作为独立的光线使用。游戏制作中常用来烘焙灯光贴图（OCC 贴图），如图 5－5 所示。

图 5－4

图 5－5

⑦ mr Area Omni：mr 区域泛光灯，与泛光灯不同，区域泛光灯可以从球体或圆柱体区域发射光线而不是仅仅从点发射。

⑧ mr Area Spot：mr 区域聚光灯，同样，区域聚光灯与聚光灯不同，前者可以从矩形或蝶形区域发射光线，聚光灯只是从点发射光线。

5.2.1 常用参数的设置

各种灯光效果迥异，但常用的参数设置都是一样的，首先来了解 10 个菜单（卷栏），和前面讲的一样，“－”号表示收起的菜单（卷栏），“＋”号表示伸展的菜单（卷栏）。

① Object Type：灯光类型在这里可以选择需要创建灯光的类型。

② Name and Color：命令和颜色，可以给创建的灯光取名字，这里的颜色指的是创建灯光的虚拟物体颜色，而不是指灯光的颜色，注意两者的区别。

③ General Parameters：常用参数。

④ Intensity/Color/Attenuation：强度/颜色/衰减。

⑤ Spotlight Parameters：聚光灯参数。

⑥ Advanced Effects：高级效果。

⑦ Shadow Parameters：阴影参数。

⑧ Shadow Map Parameters：阴影贴图参数。

⑨ Atmospheres&Effects：大气和效果。

⑩ Mental ray Indirect Illumination：间接照明。

5.2.2　天光的主要应用

天光是游戏制作中最常用的灯光，游戏需要的灯光都是由游戏引擎提供的，不需要在软件里设置灯光，天光在游戏里的应用也是作为烘焙灯光贴的使用。

5.2.3　灯光贴图的烘焙与设置

灯光贴图：LightingMap，烘焙是指将模型受到的灯光效果记录转换成贴图的形式，这样在删掉场景灯光时，由于模型指定了烘焙的灯光贴图，这样模型显示出来就是保持光照的效果。

烘焙灯光贴图的制作方法：

① 首先将模型的 UVW 拆分好，将模型每个面上对应的 UVW 平展开，避免 UVW 重叠使用，以免烘培后得到混乱错误的光影效果（如图 5－6 所示）。

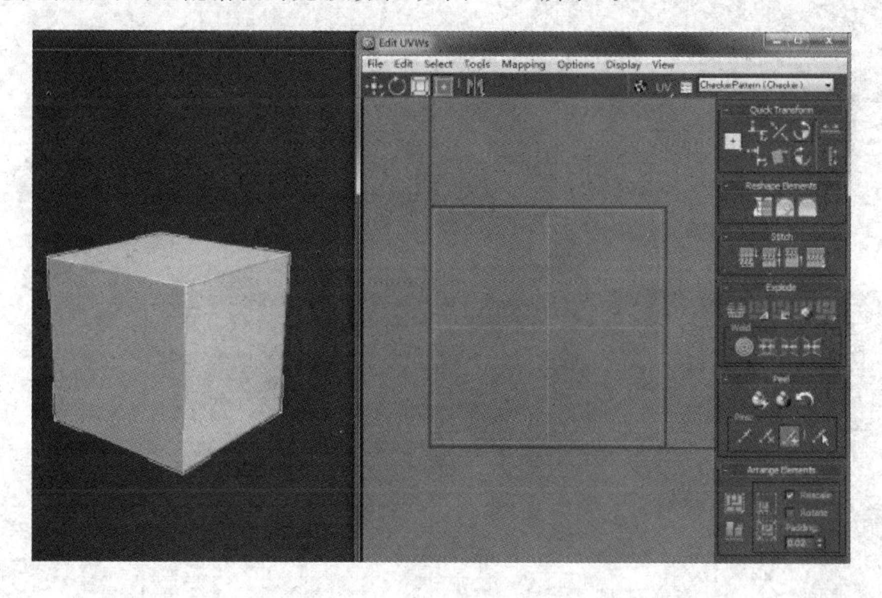

图 5－6

② 分解后的 UVW，检查没有问题后，将模型塌陷（转换成 Poly），然后给模型添加一个材质球（如图 5－7 所示）。

③ 在菜单栏选择 Rendering→Render To Texture（渲染到贴图）命令，快捷键为数字键 0。在打开的对话框里需要设置以下几个地方（如图 5－8 所示）。

- Output Path：保存的路径，默认为 C 盘用户安装目录，路径可以自主设置，方便查找就可以了。

Material Editor - 01 - Default
Shader Basic Parameters
Blinn Basic Parameters
Extended Parameters
SuperSampling
Maps
mental ray Connection

图 5－7

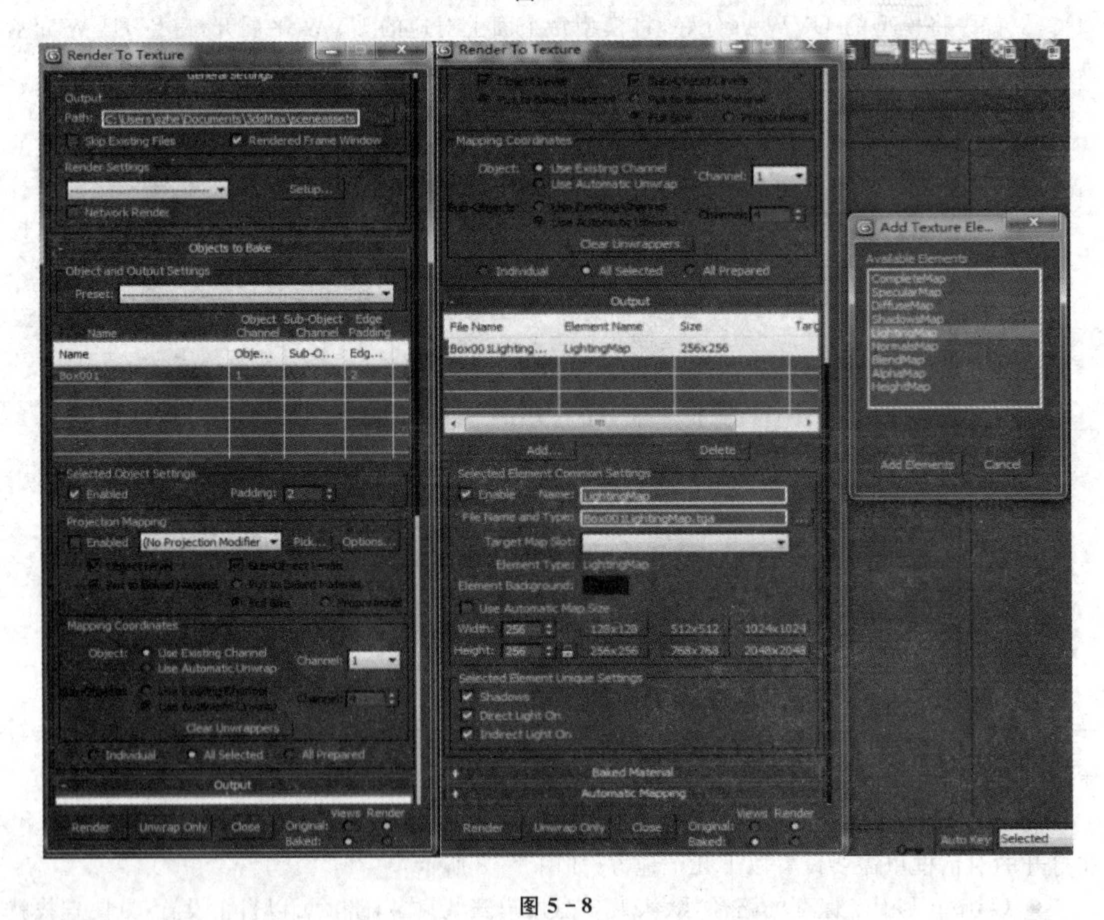
Render To Texture
Output
Path:
Skip Existing Files
Rendered Frame Window
Render Settings
Setup...
Network Render
Objects to Bake
Object and Output Settings
Preset:
Name
Object Channel
Sub-Object Channel
Edge Padding
Box001
Selected Object Settings
Enabled
Padding:
Projection Mapping
(No Projection Modifier
Pick...
Options...
Mapping Coordinates
Object:
Use Existing Channel
Use Automatic Unwrap
Channel:
Clear Unwrappers
Individual
All Selected
All Prepared
Output
Render
Unwrap Only
Close
Original:
Baked:
Views
File Name
Element Name
Size
Box001Lighting...
LightingMap
256x256
Add...
Delete
Selected Element Common Settings
Enable
Name:
File Name and Type:
Box001LightingMap.tga
Target Map Slot:
Element Type:
Element Background:
Use Automatic Map Size
Width:
Height:
128x128
512x512
1024x1024
256x256
768x768
2048x2048
Selected Element Unique Settings
Shadows
Direct Light On
Indirect Light On
Baked Material
Automatic Mapping
Add Texture Ele...
Available Elements
CompleteMap
SpecularMap
DiffuseMap
ShadowsMap
LightingMap
NormalsMap
BlendMap
AlphaMap
HeightMap
Add Elements
Cancel
Auto Key
Selected

图 5－8

- Mapping Coordinates：所选模型的 UVW 选择，这里需要选中 Use Existing Channel 单选按钮。
- Channel：UVW 频道为 1，目的是选择用户自主分解的 UVW，而不是软件系统设定的 UVW。
- Add：加入类型，选择 LightingMap 灯光贴图。
- Name：给烘焙的贴图命名，默认名字为 LightingMap。
- File Name and Type：贴图的保存文件格式，选择 TGA 格式就可以。
- Target Map Slot：渲染贴图类型，不用去设置。
- Use Automatic Map Size：烘焙贴图的尺寸，可以选择设置好的尺寸，也可以自定义参数，键入的数值越大，贴图得到烘培的精度也越高，占用机器 CPU 资源也越多，烘焙贴图时间越长。

整个灯光贴图烘培制作只需要设置以上几个参数就可以，设置好后单击 Render 按钮渲染（烘焙），会弹出 Missing Map Targets 对话框，单击 Continue 按钮继续。

④ 烘焙得到的效果如图 5-9 所示。

⑤ 贴图赋予模型，删掉灯光后依旧保持着受光的效果（如图 5-10 所示）。

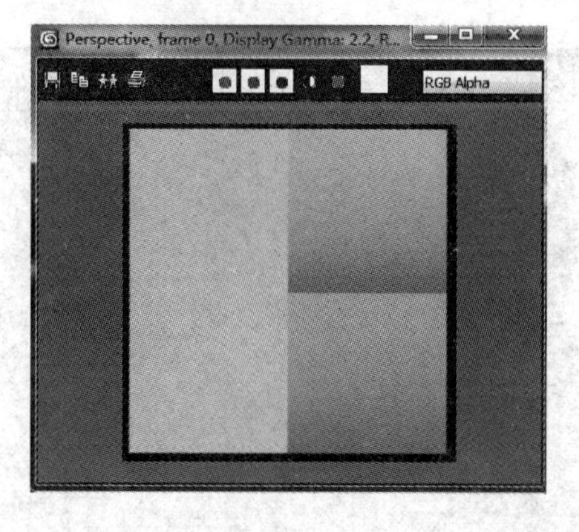

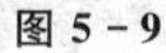
图 5-9

图 5-10

小提示：灯光贴图称谓在 Maya 软件里称作 OCC 贴图，其作用与渲染的效果与上述基本一致。

5.3　摄像机的摆放与调节

摄像机的摆放与调节步骤如下：

① 选择 Max 的摄像机为目标摄像机，在视图中拖拽出摄像机（如图 5-11 所示）。

② 使用快捷键 C，软件切换到摄像机视图（如图 5-12 所示）。

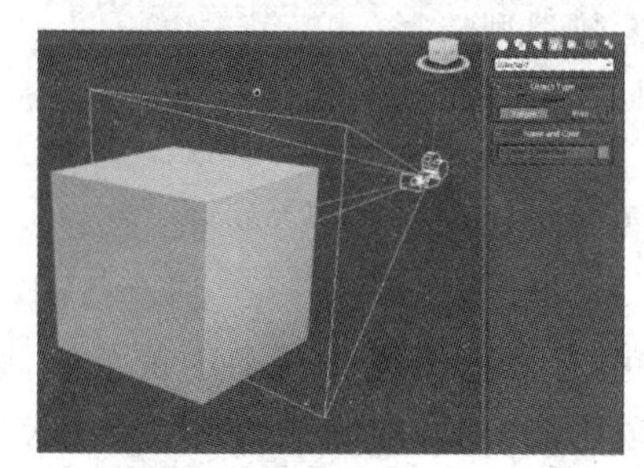

图 5-11

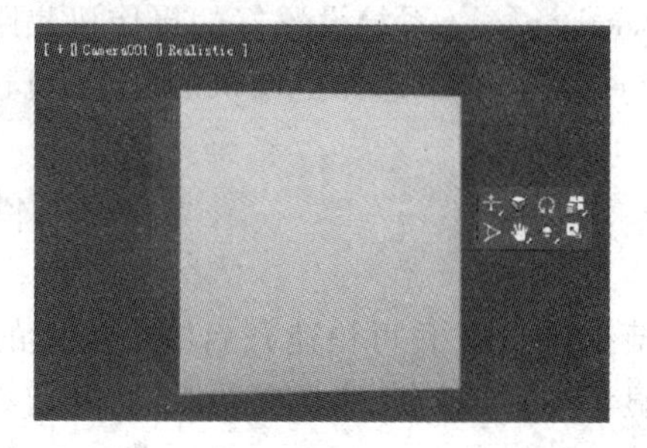

图 5-12

③ 使用右侧的摄像机调整视角工具对其进行调节(如图 5-13 所示)。

图 5-13

5.4 常用摄像机的参数设置

摄像机参数设置如图 5-14 所示。

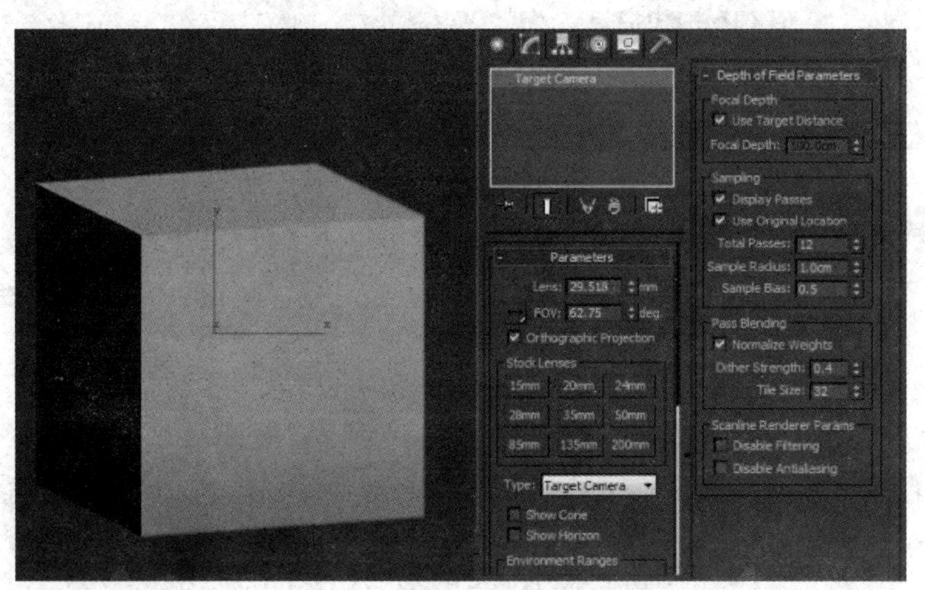

图 5-14

Parameters：摄像机焦距调整。

Orthographic Projection：勾选后启动摄像机为正投影视图和等角视图显示效果。

Stock Lenses：系统设置好的摄像机焦距常用参数类型选择。

Type：用户自由选择摄像机的类型，可选择有目标摄像机与自由摄像机。

5.5 软件渲染有效框

快捷键 Shift+F 可快速开启渲染视图的有效框，有效框由操作视图中黄色线框表示，实际视图显示与渲染的尺寸是有差距的，开启有效框范围能实时、准确地调整渲染的尺寸。

5.6　本章小结

本章讲解了 3ds Max2014 灯光部分的内容，实际游戏项目中，游戏引擎提供了所需要的灯光，软件的灯光对于游戏制作就没有那么重要了，着重要掌握的是灯光贴图的烘焙方法，这种方法是游戏贴图制作中的重要辅助效果。

5.7　课后练习

1. 了解 3ds Max2014 灯光和摄像机的简单应用。
2. 给分解好的 UVW 模型按讲解步骤烘焙灯光贴图。

第 6 章　材质编辑器

章节要点：

本章重点讲解 3ds Max2014 材质编辑器，需要掌握材质编辑器的使用方法，材质正确赋予贴图的步骤，游戏制作中常用的 4 种贴图及高光、颜色、法线、透明的知识。

6.1　材质编辑器界面

材质，简单地说就是物体看起来是什么质地。材质可以看成是材料和质感的结合。在渲染中，它是表面各可视属性的结合，这些可视属性是指表面的色彩、纹理、光滑度、透明度、反射率、折射率、发光度等。正是有了这些属性，才能让我们识别在三维中的模型是什么做成的，也正是有了这些属性，计算机三维的虚拟世界才会和真实世界一样缤纷多彩。对材质进行编辑是三维软件的重要功能。

3ds Max2014 版本的材质编辑器与之前版本有了明显变化，主要是在编辑器架构上，即融合了 Maya 图形化自由材质球连接方式，也保留了之前版本的操作方式，用户可以自由选择。这预示着 Max 以后的版本将越来越与 Maya 相贯通。

打开 3ds Max2014 的材质编辑器，选择 Rendering→Material Editor 命令可以看到两种选择：一种是以前版本的 Compact Material Editor，另一种是基于 Maya 的材质编辑方式 Slate Material Editor。在打开的编辑器界面菜单 Modes 命令下，可以切换两种材质编辑界面。

本书针对第一种，也就是 Compact Material Editor 界面做详细的讲解。

切换到 Compact Material Editor，会发现这个界面是竖长条图，同样由菜单栏、命令栏、工具栏等基本要素构成，见图 6－1。

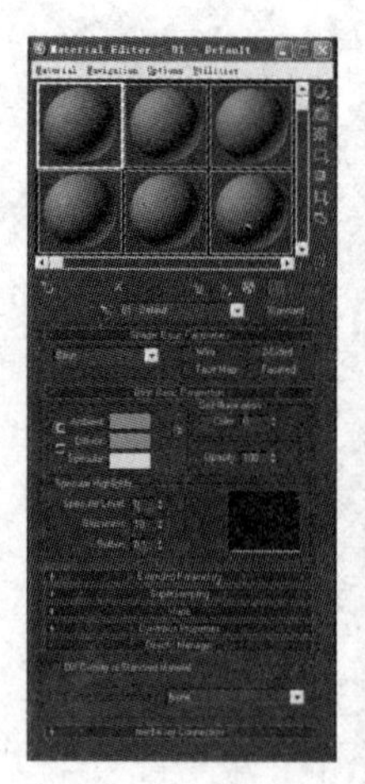

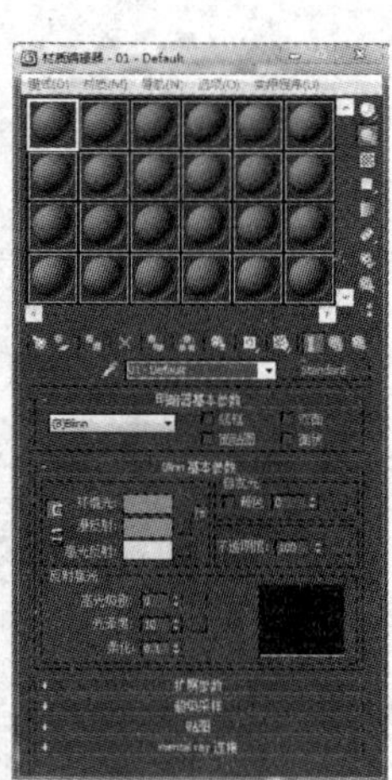

图 6－1

菜单栏中有 5 个组成部分，如下：

- Modes：模式，前面已经讲到，切换材质连接的类型；
- Material：材质，针对材质的连接、赋予、预览等基础操作；
- Navigation：导航，材质子父、平级关系的切换；
- Options：选项，材质球的基本属性设置；
- Utilities：实用程序，材质球的相关程序上的操作，比如清除、还原等操作。

视图：中间的球形图形就是材质球的示例窗，默认情况下一次可以显示 6 个实例窗口，选择任意一个材质球右击即可，可以选择显示的数量，最多为 24 个(见图 6－2 和图 6－3)。

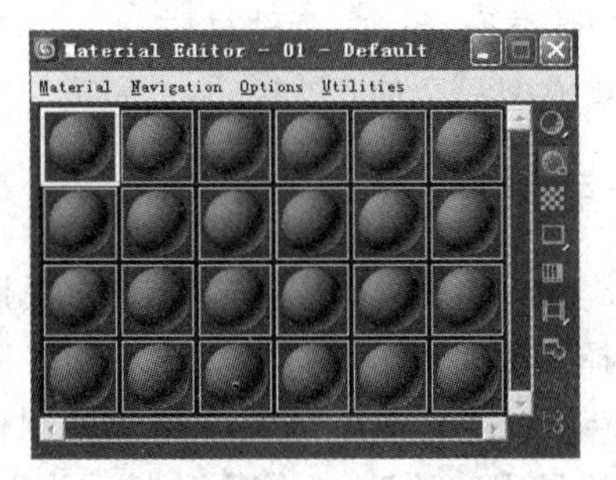

图 6－2

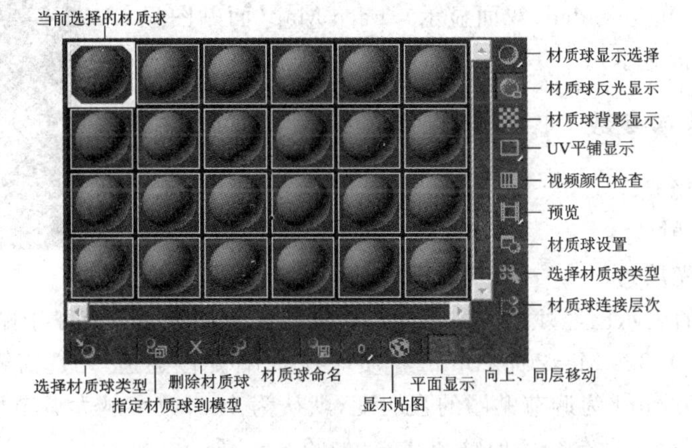

图 6－3

工具栏：工具栏集合了常用的材质球工具，右列主要是关于材质球视图区的显示工具，视图区横列为材质球的处理工具(见图 6－4)。

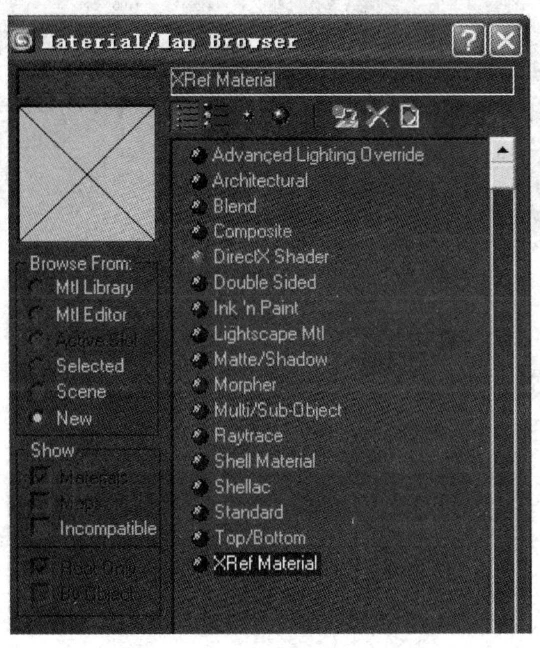

图 6－4

Standard：材质类型，包含 17 种材质。

小提示：游戏模型只会使用 Blend 材质。

6.1.1 常用参数设置

Shader Basic Parameters：明暗基本参数（见图 6－5）。

下拉菜单选择需要使用的材质球类型，3ds Max2014 与之前的版本一样，默认设置了 8 种材质球类型。制作游戏几乎不会使用软件自带的材质球类型，会使用的材质为 Blinn。

除了选择材质球类型外，其他还有 4 个关于显示的勾选类命令：Wire（线显示）、2－Sided（双面显示）、Face Map（面贴图显示）和 Faceted（面状显示）。

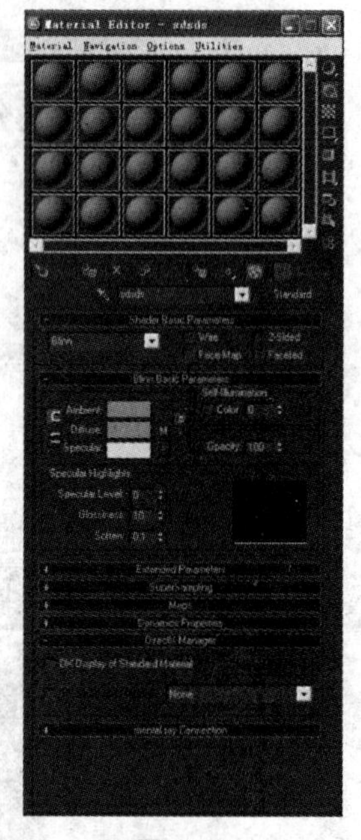

图 6－5

6.1.2 Blinn 基本参数

Ambient：环境光。

Diffuse：漫反射。

Specular：高光反射。

M 带 M 的表示已经赋予了贴图，没有 M 的正方形表示没有赋予贴图。

Maps 栏（贴图），3ds Max2014 Blinn 材质球有 12 种贴图通道，勾选需要贴图的通道，便开启对应的贴图。Amount 为调节贴图的强弱度，默认为 100，数字越大调节度越强。Map 对应贴图选择，None 表示为没有给任何贴图状态（如图 6－6 所示）。

Maps	Amount	Map	贴图	数量	贴图类型
Ambient Color	100	None	环境光颜色	100	None
Diffuse Color	100	None	漫反射颜色	100	None
Specular Color	100	None	高光颜色	100	None
Specular Level	100	None	高光级别	100	None
Glossiness	100	None	光泽度	100	None
Self-Illumination	100	None	自发光	100	None
Opacity	100	None	不透明度	100	None
Filter Color	100	None	过滤色	100	None
Bump	30	None	凹凸	30	None
Reflection	100	None	反射	100	None
Refraction	100	None	折射	100	None
Displacement	100	None	置换	100	None

图 6－6

6.1.3 其他材质参数

材质的高光调节如图 6－7 所示。

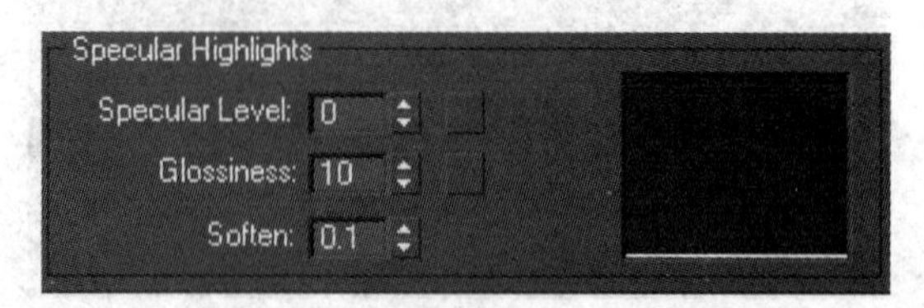

图 6－7

Specular Level：高光层级。

Glossiness：反射。

Soften：衰减值。

调节参数后观察材质球也随之变化，如图 6－8 所示。

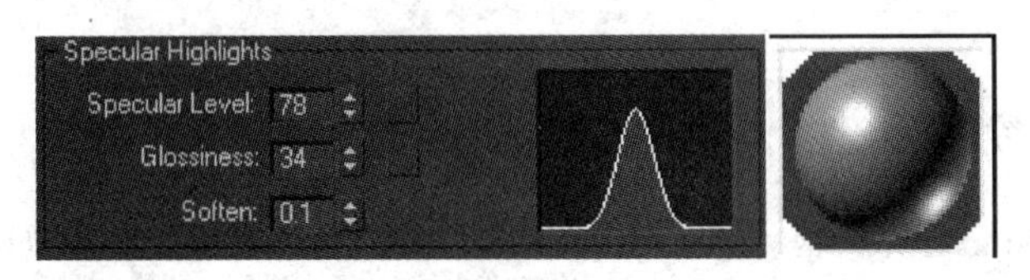

图 6－8

6.2　贴图类型知识

3ds Max2014 共有 12 种材质通道来控制材质的效果(见图 6－9)，可以给这些通道添加贴图，让贴图通过通道反映出材质的效果。游戏需要应用到 4 种贴图的类型：颜色贴图、高光贴图、透明贴图、法线和凹凸贴图。

Maps	Amount	Map
Ambient Color	100	None
Diffuse Color	100	None
Specular Color	100	None
Specular Level	100	None
Glossiness	100	None
Self-Illumination	100	None
Opacity	100	None
Filter Color	100	None
Bump	30	None
Reflection	100	None
Refraction	100	None
Displacement	100	None

图 6－9

6.2.1　基本颜色贴图

颜色贴图，无论什么游戏类型都必须要有，它是直接反映模型的色彩、纹理、材质、明暗的基本贴图，所对应的通道是 Diffuse Color 漫反射通道。

6.2.2　高光贴图

高光贴图是针对某特定的角度范围反光，高光贴图可以反映不同的材质：金属的反光范围较小，反光的强度很高；石头的反光范围较大，但反光的强度很弱。高光贴图对应的通道是 Specular Color。

6.2.3 透明贴图

游戏制作中需要用简单的模型以透明贴方式表达复杂模型的贴图，比如：植物树叶，在游戏中不可能每一片树叶都用模型制作出来，这时候就需要用透明贴图。透明贴图对应的通道是 Opacity。

6.2.4 凹凸与法线贴图

凹凸与法线贴图表达模型材质的立体感和真实感，依靠计算机模拟的方式制作出这样的贴图。早期只是用黑白灰关系的凹凸贴图，这样得到的效果有限，现在由计算机计算模型每个面上的法线信息，得到的法线贴图就比凹凸贴图的立体感强很多。凹凸与法线贴图对应的通道是 Bump。

6.3 本章小结

本章讲解了 3ds Max2014 材质库方面的知识，材质库在游戏制作中比较重要，关系到绘制贴图连接到模型相对应的材质通道上，只有这样才能正确地产生作用。游戏对材质库需要掌握的知识点没有建筑、漫游和动画那么多，漫反射、高光、凹凸、透明这 4 个是游戏制作必须要掌握的知识点。

6.4 课后练习

1. 掌握材质库界面的使用方法。
2. 对游戏制作使用到的 4 种通道知识要理解并能运用。

第二篇 游戏场景制作篇

第7章 Photoshop CS6 基础

章节要点：

本章重点是PS软件的基础操作、工具的使用和图层的应用三个方面。特别讲解了PS软件画笔工具，其在绘制贴图工作中是必不可少的。通过本章的学习，可使制作者掌握绘制贴图的PS软件。

7.1 Photoshop CS6 软件简介

Photoshop CS6 的全称是 Adobe Photoshop CS6 Extended，相当于 Photoshop 13.0 版本，如图 7-1 所示。Adobe Photoshop 是公认的、最好的通用平面美术设计软件之一，由 Adobe 公司开发设计。其用户界面易懂、功能完善、性能稳定，几乎所有的广告、出版、软件公司，都首选 Photoshop 作为其平面工具。

图 7-1

7.1.1 Photoshop 软件的主要应用领域

Photoshop(以下简称PS)，从最早的1.0版本到目前的PS CS6版本，PS软件一直都是图形图像处理的重要应用软件。从PS8.0版本开始就以CS系列作为命名，目前的CS6版本相当于PS13.0版本。

PS软件主要应用如下：

1. 平面设计领域

平面设计领域是PS应用最为广泛的领域，无论是图书封面，还是招贴、海报，基本上都需要PS软件对图像进行处理。

2. 影像创意

影像创意是PS的特长，可通过PS的处理把不同的元素组合在一起，产生千变万化的影像创意。

3. 艺术文字

一旦文字遇到PS处理，就注定已经不再普通。利用PS可以使文字发生各种各样的变化，并利用这些艺术化处理后的文字为图像增加效果。

4. 建筑效果图后期修饰

在制作建筑效果图包括许多三维场景时，人物与配景包括场景的颜色常常需要在PS中增加并调整。

5. 绘　画

由于PS具有良好的绘画与调色功能以及舒适的操作性，基本上插图师和图像概念师都会用PS来进行创作。

6. 绘制三维模型贴图

制作出的模型，需要通过PS来进行贴图的制作，虽然有些软件也能制作（比如：Body painter3D等）但仍然不足以代替PS。

7.1.2　游戏制作的主要应用功能

PS在游戏制作中主要是绘制贴图、游戏原画的设计、游戏的UI图标界面制作等。绘制贴图只需要打开从3D软件输出的UVW线框图，在PS里建好图层，用手绘板就可以开始贴图制作了。

对于使用到的PS软件的功能其实并不太多，主要涉及常用的图层、通道、色彩调节、画笔、选取等几个主要功能模块。通常不会使用到PS软件在其他领域拿手的，诸如滤镜、文字特效处理等功能，从而大大减少了制作者花精力去研究这些功能。好比游戏模型的制作只是应用了3D软件极小的一部分功能，更多的功能领域并没有涉及，一心只是想制作游戏的朋友并不需要将这些软件研究得多么透彻，专精最常用的是成功的捷径。

7.2　Photoshop CS6 软件界面

跟大多数软件一样，PS的界面同样也是由标题栏、菜单栏、工具栏、操作视图和命令栏等模块构成，如图7-2所示。

图7-2

与3D软件不一样，游戏公司在使用PS软件时，通常都使用中文版，这里就不一一讲解各种命令意义，只针对在游戏制作中最常用的PS操作和功能进行说明。

7.2.1　软件的基本设置

在使用 PS 进行贴图工作前，需要设置一些参数来保证最大化利用机器的性能。打开菜单选择“编辑”→“首选项”命令，如图 7－3 所示。

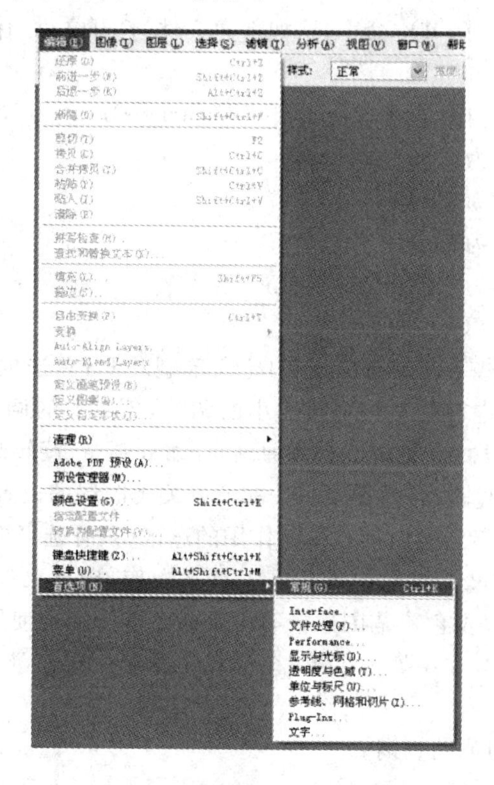

图 7－3

在“首选项”对话框中的 Performance 区域设置里，将 Let Photoshop Use 拖动滑条向右，Scratch Disks 暂存磁盘选择未使用空间比较大的磁盘，这样 PS 不会因为暂存磁盘容量比较小而经常在使用中提醒用户清理空间容量，如图 7－4 所示。将 History States 列表框中的返回历史记录的步骤值调高一点。

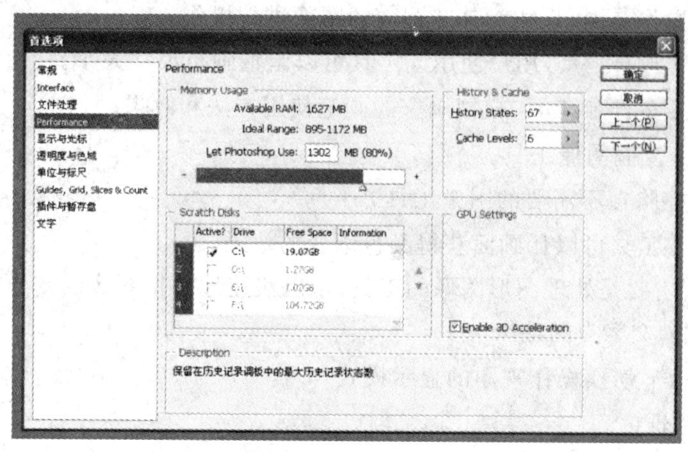

图 7－4

7.2.2 软件主要模块介绍

菜单栏：PS共有10种菜单，基本上保持了不变，分别是文件、编辑、图像、图层、选择、滤镜、分析、视图、窗口和帮助。

文件：包含了处理文档的基本命令，诸如新建文件、打开文件、保存文件、另存文件等。

小提示：

- 打开文件：双击空白界面或者使用快捷键Ctrl＋O；
- 新建文件：快捷键为Ctrl＋N；
- 保存文件：快捷键为Ctrl＋S；
- 另存文件：快捷键为Shift＋Ctrl＋S；
- 关闭文件：快捷键为Ctrl＋W；
- 退出PS：快捷键为Ctrl＋Q。

编辑：针对图层的一些基本编辑命令、自定义笔刷及PS首选项的设置。

图像：主要是对文件进行色彩与画布大小的调整，色彩上的调整有色相、色彩平衡、亮度与对比度、曲线等主要参数。画布调整有修剪画布、缩放画布、旋转画布等主要操作。

图层：PS处理文件的基本构件要素，PS的所有关于图层的设置。

选择：对需要编辑的部分做出具有限制作用的选区（只有选区内的部分才能够被编辑，反之则不能），选择选区是通过工具栏中的选区工具来操作，选择菜单涉及了取消选区、反向选区、全选选区、扩大、相似以及色彩范围选择等主要命令进行配合使用。

滤镜：强大特效图形与文字处理菜单，在游戏贴图绘制中会涉及模糊、锐化、杂色等几个类型的滤镜。

帮助：PS软件自带的帮助查询。

7.3 Photoshop CS6的主要工具

移动：移动画布和移动图层所要编辑的选择区域。

选择类：选择类工具是PS最基本、最常用的工具，作用是在图像文件中创建各种类型的选区，控制图像的操作范围，只能对其范围内的图像进行操作。

裁剪：修理画布工具，用户使用此工具可以调整画布尺寸大小。

画笔：主要的绘制工具，模拟画家的画笔使用方法和效果。

仿制图章：复制图像工具。

橡皮擦：擦除掉不需要的图像工具。

渐变：渐变工具可以让画面获得颜色渐变的效果。

特殊处理类：主要是处理图形图像的工具，可以快速地获得图像的变异效果。

T. 文字工具：文字类的编辑。

视图操作类：切换操作视图的显示模式。

前景色与背景色。

蒙版。

7.3.1 选择工具的使用

选择工具由选框类工具、套索类工具、魔棒类工具、钢笔工具、色彩范围选择等几大类工具组成，如图 7－5 所示。

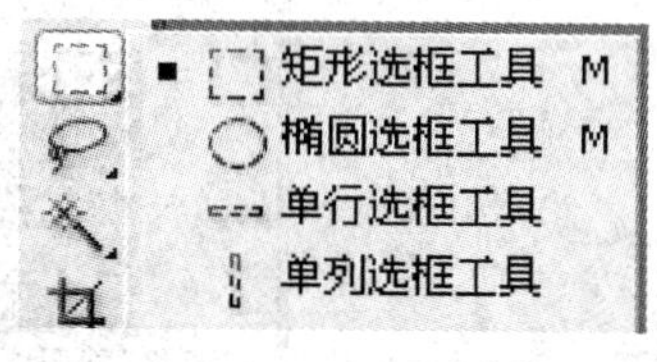

图 7－5

选框类工具：包含 4 种选框工具，矩形选框、椭圆选框、单行选框、单列选框。选框类选择工具的快捷键为“M”，快速切换不同类型的选框工具为 Shift＋M，Shift＋字母键这样的搭配适用于其他工具自身类型的快速切换操作。

在新建的画布上直接使用鼠标左键进行拖拽，便得到需要的选框类选择区域，在常用的方法中需要使用 Shift 或者 Alt、Ctrl 键来配合操作。

- Shift＋左键：从画布的一点出发，拖拽一个正方形的选区，使用圆形选框则为正圆选区。
- Alt＋左键：减选选择区域。
- Ctrl＋左键：加选选择区域。
- Ctrl＋A：全选选择区域，此命令将会替换掉之前的选择区域。
- Shift＋Ctrl＋I：反选选择区域。
- Ctrl＋D：取消任何选择区域。

羽化：与选择“菜单栏”→“选择”→“羽化”命令是相同的作用，可以使选择选区边缘变得平滑，如果是复制图像则会产生图像边缘过渡虚化的效果。数值越大得到的虚化效果越强。

消除锯齿：勾选后边缘不会出现锯齿现象，基本上保持默认勾选。

样式：可以通过样式的选择，固定选择框的尺寸。固定长宽比，是通过数值来固定选区；固定大小，是以像素为单位来固定选区的。

套索类工具：形象化比喻这类选择范围会以绳索样类似操作，包含 3 种类型(套索、多边形套索、磁性套索)，快捷键为 L，如图 7－6 所示。

图 7－6

- 套索：自由地绘制出任意形状的选区。
- 多边形套索：绘制出边是直线形的任意选区。
- 磁性套索：具有磁铁一样的吸附能力，常用来选取对象的颜色差别很大或者边界分明的图像。

魔棒类工具：选择颜色相近的区域选择工具，主要通过调节容差值来决定选择范围的大小，数值越大，选择精度越小，选择的范围也越大，快捷键为 W。

钢笔工具：通过勾选路径来获得选区的工具，钢笔工具绘制的路径保存在路径预览器里。钢笔工具不但作为选区工具，还能按照路径来绘制图像，快捷键为 P。

色彩范围：色彩范围在工具栏里没有，可在菜单栏中选择"选择"→"色彩范围"命令，也是通过调节颜色的容差值来获得选区范围。快捷键为 Alt+S+C，如图 7－7 所示。

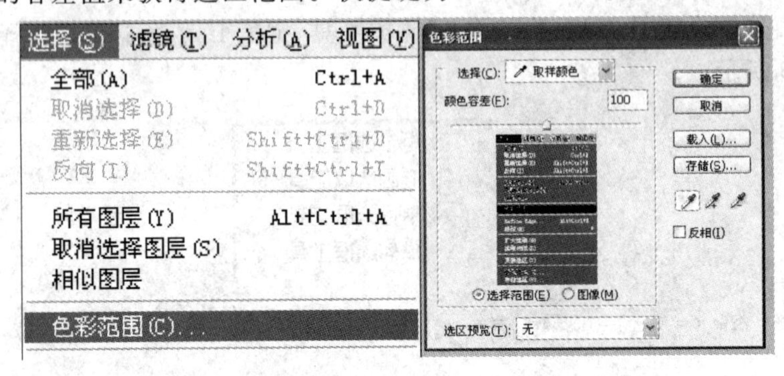

图 7－7

7.3.2　仿制图章的使用

仿制图章是通过已有的图像作为复制的对象，在图像上复制出相同的图像处理效果，可以加快工作速度，提高效率，如图 7－8 所示。

图 7－8

仿制图章类工具有两种：仿制图章工具与图案图章工具，如图 7－9 所示。

图 7－9

① 仿制图章工具：需要用 Alt 键来配合使用，先使用键盘 Alt 键吸取仿制目标点，放开 Alt 键同时使用鼠标左键开始仿制，不断地切换 Alt 键来变换仿制目标点。另外，调节不透明度和流量 2 个参数可以获得仿制边缘虚化过渡范围，如图 7－10 所示。

图 7－10

② 图案图章工具：通过选择图案类型来覆盖图像，选择的图案 PS 自带了 12 种，可以自己载入图案来丰富图案效果。

选择"编辑"→"定义图案"命令，可以创建新的图案，创建好的新图案将会出现在图案选择栏最后位置，如图 7－11 所示。

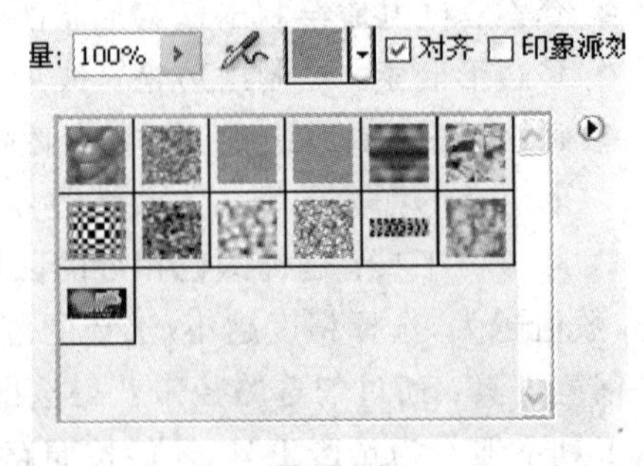

图 7－11

7.3.3 特殊图像处理工具

图 7－12 所示为加深工具、减淡工具、海绵工具，为常用的图像处理类工具，最适合表现贴图绘制金属的效果，快捷键为 O。

① 加深工具：处理图像使其加深颜色，主要控制参数为曝光值，数值越大效果越强。有 3 种加深的模式选择：高光、中间调、阴影。

② 减淡工具：处理图像使其减淡颜色，主要参数与加深工具一样。

减淡工具 O
加深工具 O
海绵工具 O

图 7－12

③ 海绵工具：仿造海绵效果，有去色和加色两种模式。去色，吸取掉图像的颜色；加色，增加图像的色彩饱和度。

图 7－13

图 7－13 所示为模糊、锐化、涂抹工具，可快速改变图形的效果，快捷键为 R。

① 模糊工具：使图像产生模糊的视觉效果，采用强度值来控制模糊的效果强度。

② 锐化工具：增加图像的像素清晰度。

③ 涂抹工具：使图像产生手指绘画涂抹效果。

小提示：特殊图像处理工具共同的参数就是画笔，这是使用这些工具范围的大小，选择不同效果的画笔也能得到特殊的笔刷效果。

7.3.4 前景色和背景色

PS 软件把图像的颜色填充分为一前一后的前景和背景，可以分别选择不同颜色来获得需要填充的前景或背景。

单击前景或者背景进入选择颜色的对话框——Color Picker(拾色器)。

拾色器由两大部分组成，左边为点选颜色区，右边为数值输出区，如图 7－14 所示。

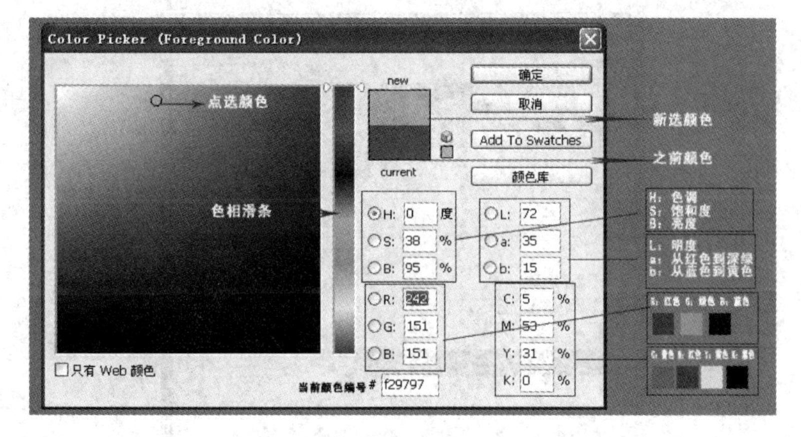

图 7－14

颜色模式：PS 设置了 8 种色彩模式，切换模式在菜单栏中选择“图像”→“模式”命令。

RGB 模式：代表红(R)、绿(G)、蓝(B)，颜色不同比例的组合，即可生成各种颜色，该颜色模式通常用于显示输出，是游戏贴图绘制的主要颜色模式。

CMYK 模式：代表印刷上用的四种颜色：C（青色）、M（洋红）、Y（黄色）、K（黑色）。CMYK 模式是最佳的打印模式。

Lab 模式：不同颜色模式之间转换时使用的内部颜色模式。

灰度模式：使用最多 256 级灰度。灰度图像的每个像素都有一个 0（黑色）～255（白色）之间的亮度值，该模式用于表现黑白图像。

位图模式：PS 使用的位图模式只使用黑白两种颜色中的一种表示图像中的像素。位图模式的图像也叫做黑白图像，它包含的信息最少，因而图像也最小。

索引颜色模式：使用 256 种颜色，如果原图像中的一种颜色没有在 256 色中，程序会选取已有颜色中最相近的颜色或者使用已有颜色模拟该种颜色，该模式多用于媒体动画的应用或网页制作，图像文件较小。

多通道模式：在多通道模式中，每个颜色通道都合用 256 灰度级存放着图像中颜色元素的信息。该模式多用于特定的打印或输出。

双色调模式：该模式可用于增加灰度图像的色调范围或用来打印高光颜色，在 PS 中双色调被当作单通道、8 位的灰度图像处理。

填充前景色与背景色：选择“工具栏”→“渐变工具”→“油漆桶”，快捷键为：填充前景色 Alt＋退格键（←）或者 Alt＋Delete 键；填充背景色 Ctrl＋退格键（←）或者 Ctrl＋Delete。

快速切换前景色与背景色：快捷键为 X，恢复到默认的黑白色为 Q。

7.3.5 色彩渐变工具的使用

渐变工具有 5 种类型：线性渐变、径向渐变、角度渐变、对称渐变、菱形渐变。可以自由定义设置不同的颜色变化效果，如图 7－15 所示。默认是选择变化前景色和背景色。

图 7－15

渐变编辑器自带了一些效果设置，同时也可以自主调节节点来配置效果，如图 7－16 所示。

图 7－16

7.3.6 变换工具

变换工具是处理文字和图形图像的常用工具，可获得变形的效果。

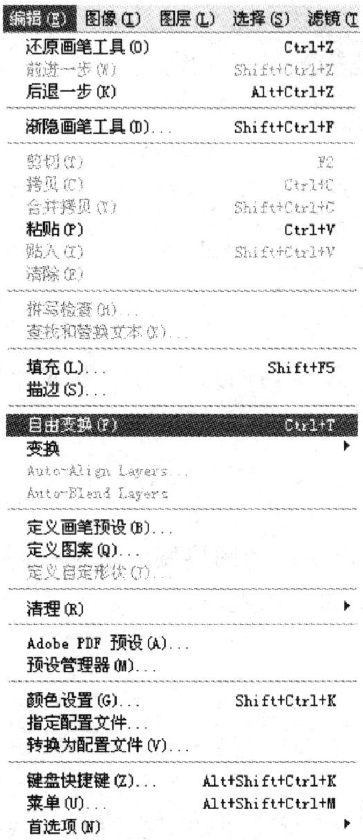

工具位置如图 7－17 所示。

变换工具有两个类别：自由变换和变换。

① 自由变换通常只是用来作为缩放和调整比例使用，快捷键为 Ctrl＋T。

② 变换则调整的效果复杂些，包含了：缩放、旋转、斜切、扭曲、透视、变形等使用方式，还能对编辑对象进行水平或者垂直方向上的镜像。单击“变换”进入变换工具模式选择(见图 7－18)。

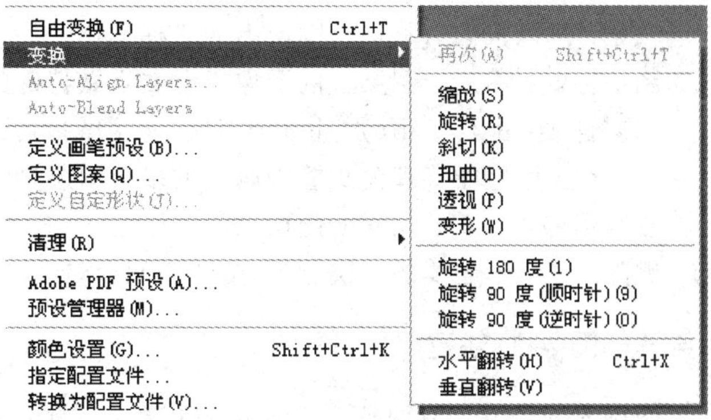

图 7－17

图 7－18

7.4 Photoshop CS6 图层应用

图层是 PS 工作的基本要素，是利用 PS 进行图形绘制和图像处理的重要组成工具，使用 PS 软件就离不开图层的应用，PS 的图层不仅提供了强大的图形与文字的编辑，同时也是对工作文档的有效管理。在游戏贴图制作中，通过对图层的管理来方便得到客户反馈意见的及时修改。

快捷键 F7，打开 PS 图层导航器，随着图层一起调入的还有通道和路径导航器。初始状态的图层只有名为背景的基本层，蓝色表示当前选中操作层也叫做工作层，PS 操作只能对工作层起作用。

PS 图层面板由 11 种功能组成：混合模式、不透明度、填充、锁定、图层链接、图层特效、蒙版、色彩处理、图层组、复制图层、删除图层(见图 7－19)。

不透明度：和其他工具里的不透明度一样，图层的不透明度是控制图像的透明值，100％则是全部显示，无透明效果，0％则为全透明。多个图层可以调节透明度的数值来获得混合效果。

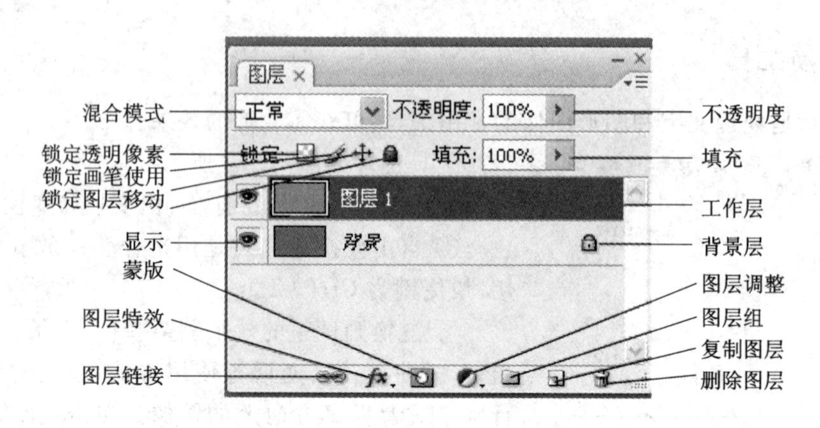

图 7-19

填充：填充的作用类似不透明度，但与不透明度不同，只影响图层中的图像或绘制的形状。

锁定：可以根据需求锁定图层上的 4 种操作。

图层特效：用来给图层里的图像或者文字做特殊的效果。

图层链接：配合 Shift 加选多个图层，使用链接可以同时对选择的图层做处理。

图层组：用组的管理模式管理旗下的多个图层，便于图层的选择操作。

复制图层：COPY 相同的图层。

删除图层：不需要的图层删掉，节约空间容量。

7.4.1 图层的创建

图层的创建方式有两种：一种是选择菜单栏“图层菜单”→“新建”→“图层”命令，快捷键为 Shift+Ctrl+N；另一种是直接使用功能键 F7 调入图层导航器，选图层下方的图标单击创建新图层。

7.4.2 图层的混合模式

图层的混合模式是 PS 软件处理图像混合，取得特殊效果的主要方法。

包括正常模式在内，PS 共有 25 种混合模式。

混合模式的核心是当前工作层与其下层的图像进行混合，得到特殊的效果。尤其是在绘制处理贴图等的图像中效果明显。常用模式为：叠加、正片叠底、柔光、颜色等模式。

混合模式的使用通常也是伴随着对不透明度和填充这两个数值的调节。

7.4.3 子父图层的使用

顾名思义就是子图层受控于父级图层，PS 学名叫创建剪贴蒙版。

使用方法：在图层上绘制一个选区并进行图像填充，在其上面新建图层，使用 Alt+Ctrl+G 快捷键，上面的图层操作范围就受制于下面图层的范围，随意地绘制都不会超出下面图层的范围边界，这便是子父图层的应用。使用这种图层可提高工作效率，方便图层绘制上的图层管理。

小提示：子父图层的使用不局限于绘制图像，在处理材质混合上和处理色彩蒙版中同样应用得很普遍。

7.5 画笔工具

画笔工具是游戏制作中重要的工具，用来绘制贴图必不可少，PS 软件提供了强大的画笔工具，自带丰富的画笔类型还可以自定义画笔形态，加上 PS 软件很舒适的操作性使得 PS 在贴图制作上有着其他同类二维软件无可比拟的优势。从 PS CS4 版本开始又加入了直接在 3D 模型上绘制贴图的功能。

7.5.1 画笔工具类型

画笔工具对应的快捷键为 B，共有三种：画笔、铅笔、颜色替换工具（见图 7-20），常用为画笔，铅笔与颜色替换工具基本不会使用到。

画笔，选择画笔工具的画笔类，菜单栏下方将会自动切换到与画笔设置相关的功能参数设置。

图 7-20

7.5.2 画笔工具参数设置

画笔：当前所选择笔刷的类型和型号，单击图标可以获得更多的笔刷选择项目（见图 7-21）。

图 7-21

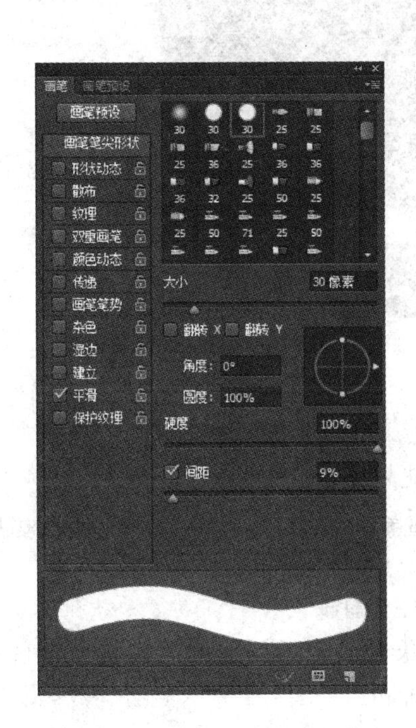

图 7-22

模式：PS 特色功能，包含了 27 种模式，模式是软件通过混合的方式创造出各种特殊效果。

不透明度：表示颜色用量的浓淡。

流量：表示颜色用量的多少。

喷枪：仿制画家使用的喷枪效果，边缘过渡自然柔和。

功能键 F5 打开画笔预设器（见图 7-22），左边为画笔的笔尖效果设置工具列，包含了 12 种设置，这些设置可以自主选择使用，可以单独使用也可以搭配多项设置混合使用。每一项笔刷模式都带有不同的参数设置。

形状动态：主要调节笔头的外形动态设置，涉及了渐隐、钢笔压力、钢笔斜度、钢笔轮选择项。

散布：随机产生一些效果变化。

纹理：能够让笔刷效果带有纹理质感，可以自定义添加材质图片作为笔刷使用。

双重画笔：两种笔刷重叠产生的特殊效果。

颜色动态：控制颜色来进行颜色变化。

传递：手绘板(压感笔)控制选项，勾选了传递就开启了手绘板感应设置。将不透明度与流量抖动分别选择为钢笔压力，这样绘制贴图的时候笔刷便可模拟手绘压力产生压感效果(见图 7－23)。

小提示：如果用户的手绘板没有安装相对应的驱动程序，那么这里会显示⚠图标，出现这样的问题请用户重新安装驱动程序。

杂色：笔刷带有杂点般效果。

湿边：仿制水彩的笔刷效果。

喷枪：仿制喷枪的笔刷效果。

平滑：避免笔刷的边缘过于生硬。

保护纹理：使用了纹理笔刷不会被新的纹理所替换或者覆盖掉。

直径：画笔笔头的大小，最小为 1 个像素，最大为 2 500 像素。

笔头设置：笔头的设置包含了笔头的角度与圆度值，角度调节笔尖的倾斜角度，圆度控制着笔头的圆度，百分比数值越小则笔尖越扁(见图 7－24)。

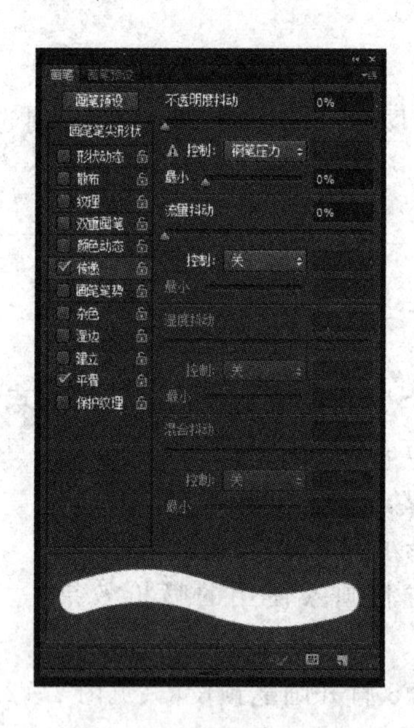

图 7－23

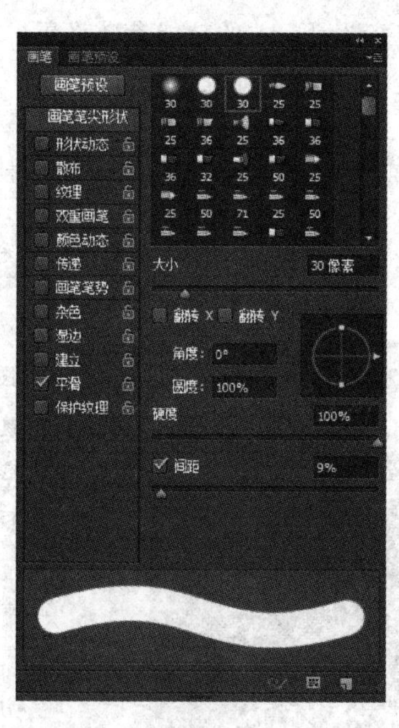

图 7－24

硬度：主要控制着笔头的边缘。

间距：笔头之间的间隔距离，数值越小多个笔头之间就越紧密。

在下方的预览器可以预览观察设置的效果。右边为画笔的笔刷选择库，笔刷库所列出的是 PS 自带的笔刷。

主直径：画笔笔刷的直径大小，数字越大则绘制的笔刷范围越大。

新建笔刷：用户可以通过上面参数设置自定义笔刷，单击确定后新建的笔刷将会出现在笔刷库的最后面。如果想要删除，则直接单击垃圾箱图标即可。

间距：通过滑条的拖动可以从预览器观察，百分比越高画笔间的距离越大，在画布上绘制会产生特殊的排列效果。

小提示：笔刷的直径大小可以通过快捷键“{”和“}”来进行缩放。

键盘的数字键“1”～“0”以 10％的比例控制笔刷流量的大小。

如果关闭喷枪，“1”～“0”以 10％的比例控制不透明度的大小。

Shift 键配合“{”和“}”控制硬度参数值的大小。

Shift 键配合“－”和“＋”依次切换笔刷的模式。

Shift 键配合“，”和“。”快速切换首尾笔刷。

按住 Shift 键绘制笔直的横线或者竖线，画笔先单击画布再按住 Shift 键则 45°绘制对角线。

7.5.3　画笔自定义与载入

用户可以在笔刷模式下右击，在弹出的笔刷选择对话框的右上角选择载入笔刷，导入从网上下载的其他笔刷，导入时 PS 对话框询问是否追加或者替换现有笔刷，追加则默认自带笔刷仍然保留，载入的笔刷会在后面添加进去。选择替换则不保留默认笔刷，完全替换成载入的新笔刷。如果想要恢复设置，选择复位画笔命令就可以了(见图 7－25)。

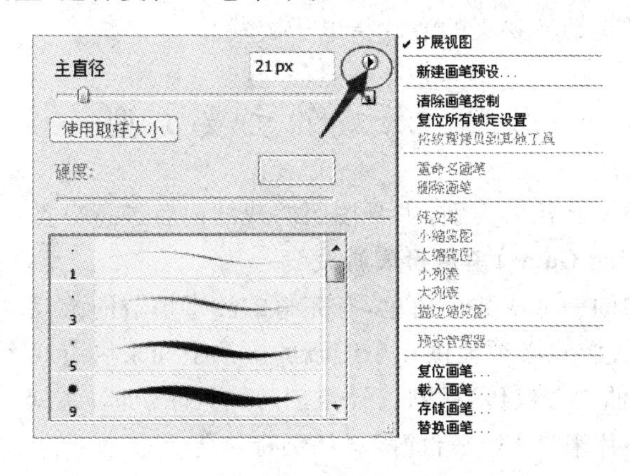

图 7－25

设置自定义笔刷：右击右上方小图标，在弹出的快捷菜单里选择新建画笔预设，自己取一个名字，确定后试用笔刷的类型、笔尖的形态、笔刷的大小进行自主设置，设置好的新笔刷将会出现在画笔选择栏的最后。还可将设置好的笔刷保存下来，复制后在另一台计算机上载入笔刷继续使用。

7.6　本章小结

本章从游戏美术制作的角度讲解了 PS 软件的构成与常用工具的使用。PS 作为一款绘制贴图的必要软件，应该能够熟练运用，尤其是 PS 的笔刷、图层、通道这些基本要素更为重要。

7.7　课后练习

1. 掌握 PS 软件的基本视图操作。
2. 理解 PS 图层概念。
3. 灵活使用常用工具。
4. 练习 PS 画笔各种笔刷的使用。

第8章 游戏制作流程

章节要点：

本章的教学内容涉及电子游戏的各种类型、电子游戏制作流程和各种工作的分工介绍，通过学习可让制作者了解游戏的概念和游戏类型，掌握游戏制作的一些相关知识。

8.1 游戏的概念

游戏有广义与狭义两种概念，广义的游戏通常指以直接获得快感为主要目的，且必须有主体参与互动的活动。广义的游戏有智力游戏和活动性游戏之分，智力游戏有各种棋牌类游戏，活动性游戏有各种球类运动。狭义的游戏指电子游戏。

8.2 游戏的主要类型

电子游戏的主要类型有几大类别，主要按照游戏的内容进行分类：

1. RPG(Role-playing Game)角色扮演游戏

由玩家扮演游戏中的一个或数个角色，有完整的故事情节的游戏。描述人物成长过程、表现事件始末，角色扮演类游戏必须提供一个广阔的虚拟空间来供游戏者旅行、冒险和生活。

RPG代表作为：《仙剑奇侠传》系列、《轩辕剑》系列和《伊苏》系列。

如图8-1所示，图片来自PC平台游戏《仙剑奇侠传1》。

图8-1

ARPG(Action Role-playing Game)动作角色扮演类游戏。

ARPG与RPG的最大区别在于战斗时的操作，ARPG需要玩家手动控制角色的(走位、出招等)全部动作；RPG会出现命令窗口，只需要玩家单击(出击、防御、魔法等)命令控制角色即可。ARPG更具操作性，战斗时节奏更为紧凑。

ARPG代表作为：《暗黑破坏神》系列、《龙与地下城》系列等。

如图 8－2 所示，图片来自 PC 平台游戏《暗黑破坏神 3》。

图 8－2

MMORPG(Massively Multiplayer Online Role Playing Game)大型多人在线角色扮演游戏，在线角色扮演起源很早，早在互联网尚未普及的年代，玩家便有使用类似 BBS 的方式进行游戏，主要都是以文字叙述的方式进行，而现在的在线角色扮演游戏，除了文字传递方式之外，更有华丽的游戏画面，且可以容纳更多玩家，也可以四处收集装备、宝物，强化虚拟世界中的自我，但也因此沦落为练级、打怪的鼠标单击游戏，反而失去角色扮演的特点。

MMORPG 代表作为：《魔兽世界》、《天堂》、《时空裂痕》、《奇迹》、《剑灵》等。

如图 8－3 所示，图片来自 PC 平台游戏《魔兽世界》。

图 8－3

2. ACT(Action Game)动作游戏

玩家控制游戏人物，用各种方式消灭敌人或保存自己来过关的游戏，不刻意追求故事情节。计算机上的动作游戏大多脱胎于早期的街机游戏如《魂斗罗》、《吞食天地》等，设计主旨是面向普通玩家，以纯粹的娱乐休闲为目的，一般有少部分简单的解谜成分，操作简单，易于上手，紧张刺激，属于“大众化”游戏。

ACT 游戏讲究打击的爽快感和流畅的游戏感觉，其中日本 CAPCOM 公司推出的动作游戏最具代表性。对于 2D 系统，应该是在卷动(横向，纵向)的背景上，根据代表玩家的活动块与代表敌人的活动块以攻击判定和被攻击判定进行碰撞计算，加入各种视觉、听觉效果而形成的游戏，其中经典作有《恶魔城》、《快打旋风》。到3D游戏发展迅速的今天，ACT类游戏获得了进一步的发展，具有逼真的形体动作、火爆的打斗效果、良好的操作手感及复杂的攻击组合。

ACT代表作为：《鬼泣》系列、《忍者龙剑传》系列、《战神》系列。

如图8-4所示，图片来自PS3平台游戏《战神3》。

图8-4

3. AVG (Adventure Game)冒险游戏

由玩家控制游戏人物进行虚拟冒险的游戏。与RPG不同的是，AVG的特色是故事情节往往是以完成一个任务或解开某些谜题的形式来展开的，而且在游戏过程中着意强调谜题的重要性。AVG也可再细分为动作类和解谜类两种，解谜类AVG则纯粹依靠解谜拉动剧情的发展，难度系数较大。

AVG代表作为：《神秘岛》系列、《寂静岭》系列；而动作类（A·AVG）可以包含一些ACT、FGT、FPS或RCG要素如《生化危机》系列、《古墓丽影》系列、《恐龙危机》系列等。

如图8-5所示，图片来自PS2平台游戏《寂静岭3》。

图8-5

4. FPS(First Personal Shooting Game)第一人称射击游戏

FPS游戏在诞生的时候，因3D技术还不成熟，无法展现出它的独特魅力，就是给予玩家及其强烈的代入感。《毁灭战士》的诞生带来了FPS类游戏的崛起，却也给现代医学带来了一个新的名词——DOOM症候群(即3D游戏眩晕症)。随着3D技术的不断发展，FPS也向着更逼真的画面效果不断发展。可以这么说，FPS游戏是完全为表现3D技术而诞生的游戏类型。

FPS代表作为：《虚幻》系列、《半条命》系列、《彩虹六号》系列、《使命召唤》系列、《雷神之锤》系列、《反恐精英》。

如图8-6所示，图片来自XBOX360平台游戏《使命召唤9》。

图8-6

5. TPS(Third Personal Shooting Game)第三人称射击类游戏

第三人称射击类游戏指游戏者可以通过游戏画面观察到自己操作的人物，进行射击对战的游戏。

与第一人称射击游戏的区别在于第一人称射击游戏里屏幕上显示的只有主角的视野，而第三人称射击游戏中主角在游戏屏幕上是可见的。这样可以更直观地看到角色的动作、服装等第一人称类游戏中表现不出来的部分，更有利于观察角色的受伤情况和周围事物，以及弹道。

第三人称游戏比第一人称游戏增加了更多的动作元素，比如翻滚、攀爬、疾跑、格斗等，在使用各种技能的同时，玩家还能观察到自己角色流畅的动作，增加了游戏整体的流畅感与爽快感。

第一人称游戏摄像机的角度是以自身为基准，视野覆盖比较小，虽然带入了真实的感觉，但是在战斗中，由于视野狭窄，经常无法看见处于自身视野死角的敌人，如果是第三人称射击类游戏，可以在视野上提供更多的选择——能看见来自后方的弹道，当自己身处掩体后面时，还能从更广阔的角度观察处于第一人称死角的敌人等。

代表作为：《死亡空间》、《战争机器》、《GTA》、《细胞分裂》、《马克思佩恩》。

如图8-7所示，图片来自XBOX360平台游戏《战争机器1》。

6. FTG(Fighting Game)格斗游戏

由玩家操纵各种角色与计算机或另一玩家所控制的角色进行格斗的游戏，游戏节奏很快，耐玩度非常高。按呈现画面的技术可再分为2D和3D两种。此类游戏谈不上什么剧情，最多有个简单的场景设定或背景展示。场景布置、人物造型、操控方式等也比较单一，但操作难度较大，对技巧要求很高，主要依靠玩家迅速的判断和微操作取胜。

图 8-7

FTG 代表作为:《VF 格斗》系列、《街头霸王》系列、《拳皇》系列、《铁拳》、《生与死》等。

如图 8-8 所示,图片来自 PS2 平台游戏《生与死》。

图 8-8

7. SPT(Sports Game)体育类游戏

在计算机上模拟各类竞技体育运动的游戏,模拟度高,广受欢迎。

SPT 代表作为:《实况足球》系列、《NBA Live》系列、《FIFA》系列、《2K》系列、《ESPN 体育》系列等。

如图 8-9 所示,图片来自 PS2 平台游戏《实况足球》。

8. RAC(Racing Game)竞速游戏

在计算机上模拟各类赛车运动的游戏,通常是在比赛场景下进行,非常讲究图像音效技术,往往是代表计算机游戏的尖端技术。惊险刺激,真实感强。

RAC 代表作为:《GT》系列、《极品飞车》系列、《山脊赛车》等。

如图 8-10 所示,图片来自 PS2 平台游戏《GT》。

9. RTS (Real-Time Strategy Game)即时战略游戏

RTS 一般包含采集、建造、发展等战略元素,同时其战斗以及各种战略元素的进行都采用

图 8-9

图 8-10

即时制。

RTS 代表作为：《星际争霸》系列、《魔兽争霸》系列、《帝国时代》、《红色警戒》、《英雄联盟》等。

如图 8-11 所示，图片来自 PC 平台游戏《星际争霸 2》。

图 8-11

10. STG(Shoting Game)射击类游戏

一般由玩家控制各种飞行物(主要是飞机)完成任务或过关的游戏。此类游戏分为两种:一种叫科幻飞行模拟游戏SSG(Science - Simulation Game),非现实的,以想象空间为内容;另一种叫真实飞行模拟游戏RSG(Real - Simulation Game),以现实世界为基础,以真实性取胜,追求逼真,达到身临其境的感觉。如《皇牌空战》系列、《苏-27》等。

STG代表作为:《自由空间》、《星球大战》系列等。

如图8-12所示,图片来自PC平台游戏《皇牌空战》。

图8-12

11. MSC(Music Game)音乐游戏

培养玩家音乐敏感性,增强音乐感知的游戏。伴随美妙的音乐,有的要求玩家翩翩起舞,有的要求玩家手指体操,例如大家都熟悉的跳舞机,就是个典型的例子。

MUG游戏的诞生以日本KONAMI公司的《复员热舞革命》为标志,诞生便受到业界及玩家的广泛好评。其系统说起来相对简单,就是玩家在准确的时间内做出指定的输入,结束后给出玩家对节奏把握程度的量化评分。这类游戏的主要卖点在于各种音乐的流行程度。

MSC代表作为:《复员热舞革命》系列,《太鼓达人》系列,《DJ》系列、《劲舞团》。

如图8-13所示,图片来自PC平台游戏《劲舞团》。

图8-13

12. SIM (Simulation Game)生活模拟游戏

此类游戏高度模拟现实，能自由构建游戏中人与人之间的关系，并如现实中一样进行人际交往，且还可联网与众多玩家一起游戏。

SIM 代表作为《模拟人生》系列。

如图 8－14 所示，图片来自 PC 平台游戏《模拟人生》。

图 8－14

13. EDU 养成游戏

就是玩家模拟培养的游戏。

EDU 代表作为：《美少女梦工厂》、《明星志愿》、《零波丽育成计划》等。

14. CAG(Card Game)卡片游戏

玩家操纵角色通过卡片战斗模式来进行的游戏。丰富的卡片种类使得游戏富于多变性，给玩家无限的乐趣。

CAG 代表作为：《信长的野望》系列、《游戏王》系列，包括卡片网游《武侠 Online》等，如图 8－15 所示。

图 8－15

如图 8－16 所示，图片来自 PC 平台游戏《信长的野望》。

图 8－16

15. WAG(Wap Game)手机游戏

手机上的游戏。也包括平板电脑游戏，由于此类游戏随处可玩，广受欢迎，越来越多的游戏厂商将手机游戏作为游戏发展的重点和未来。

WAG 代表作为：《水果忍者》、《植物大战僵尸》、《愤怒的小鸟》等。

如图 8－17 所示，图片来自手机平台游戏《愤怒的小鸟》。

图 8－17

按照游戏的主机硬件(游戏运行的平台)可以分为：家用机游戏、手机游戏、计算机游戏、掌机游戏、大型游戏机(街机)等。

家用机 3 家核心厂商分别为任天堂(日文：にんてんどう，英文：Nintendo)、微软、SONY。

任天堂：公司成立于 1889 年，原为生产纸牌的手工作坊，现为游戏制作公司，其制作的电子游戏及主机、掌机系列在全球范围内深受欢迎。从最早的游戏机 FC 主机到目前的 WILL 主机，任天堂一直都是日本最著名的游戏制造厂商。

① FC：又名红白机(见图 8－18)，风靡于 20 世纪 80 年代的家用游戏机。国内的小霸王游戏机就是从 FC 仿制而来的。FC 上出了不少经典的游戏，如《魂斗罗》、《坦克大战》、《超级玛丽》等。

② GB：Game Boy 是任天堂 20 世纪 90 年代推出了便携式掌机(见图 8-19)。

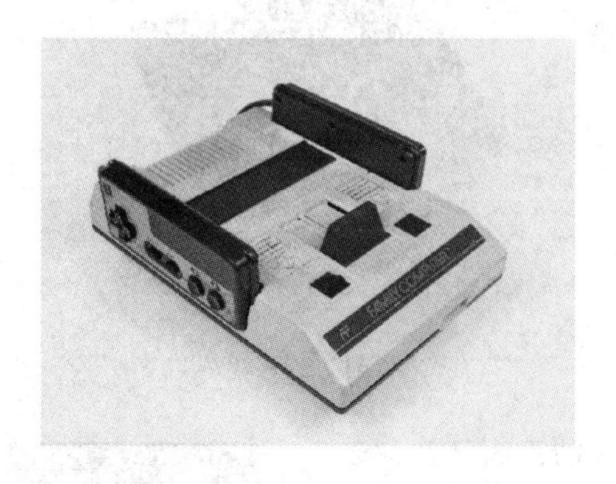

图 8-18

图 8-19

③ NDS：任天堂用以取代 Game Boy(GB)系列的新一代掌机(见图 8-20)。

④ WILL：2006 年任天堂推出的体感式家用游戏机(见图 8-21)。

图 8-20

图 8-21

⑤ WII U：2012 年任天堂推出的搭配触控屏手柄的新一代 WII U 游戏机，采用最新技术，全面兼容 WII 周边，可向下兼容 WII 游戏(见图 8-22)。

SONY：索尼公司(ソニー株式会社，Sony Corporation)，是一家全球知名的综合性跨国企业集团，是世界最大的电子产品制造商之一。1994 年推出了革命性的家用游戏主机 PlayStation(PS)，随着 2000 年推出 PlayStation 2(PS2)，逐渐成为了游戏界的霸主。

① PS：索尼公司涉足游戏界首款家用游戏机(见图 8-23)。

图 8-22

图 8-23

② PS2：PS 系列第 2 代产品，2000 年推出了 128 位游戏主机(见图 8-24)。

③ PS3：2006 年索尼公司开发的次世代家用游戏主机(见图 8-25)。

图 8－24

图 8－25

④ PS4：PS 系列产品第 4 代，拥有强大的画面且具备云技术，玩家可以通过该平台实现远程协助、体感操作、多媒体访问功能，同时索尼云平台还允许玩家在 PS4 上运行部分 PS1/2/3 的游戏作品，可以与智能手机、平板电脑和 PS VITA 实现联动，见图 8－26。

⑤ PSP：全称 PlayStation Portable，是一种由索尼公司开发的新型掌上游戏机（见图 8－27）。

图 8－26

⑥ PSP VITA：2012 年索尼公司推出的新一代 PSP 系列掌机（见图 8－28）。

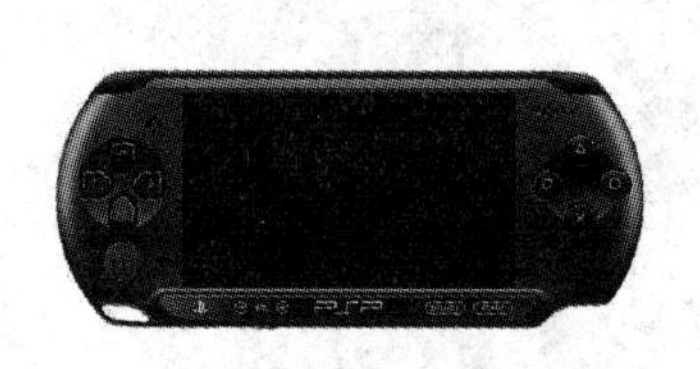

图 8－27

图 8－28

微软：Microsoft，由比尔·盖茨与保罗·艾伦创始于 1975 年，是目前全球最大的计算机软件提供商。2001 年推出 XBOX 游戏机，参与游戏机市场竞争。打破了由任天堂和索尼两家公司对游戏制作界的垄断地位，形成三足鼎立的局面。

① XBOX：微软公司推出的第一款家用游戏机（见图 8－29）。

② XBOX360：XBOX 替代次世代游戏的主机（见图 8－30）。

图 8－29

图 8－30

8.3　游戏的美术制作生产流程

① 策划：对游戏从游戏制作开始到结束，从游戏中的原画到2D上色再到3D建模，从画面到程序设计的一个整体把握和控制。主要是设计出游戏制作中每一步的具体实施步骤和方法。对整个游戏制作的步骤以及内容进行统筹安排。

② 原画：将策划文字稿转换为图形的设计稿，为三维美术师提供参考。

③ 3D美术：将原画的设计稿从二维图形到三维带贴图的模型，展现游戏的主要美术风格。

④ 游戏动作：调节游戏角色的行走、奔跑、战斗等动作与角色的表情动画。

⑤ 地图编辑：整合角色与场景模型、贴图、动作等资源，按照策划故事背景设定与地理环境对这些资源进行地图编辑。

⑥ 游戏特效：设计并制作出游戏设定里的特殊效果。特效一般包括声音特效和视觉特效。

⑦ 关卡设计：关卡设计的工作，就是把一个虚幻的关卡梗概和游戏剧情变成具体的游戏内容。

⑧ 界面UI：制作游戏的人机交互、操作逻辑、界面美观的整体设计。

⑨ 游戏程序：编写游戏的代码，设计游戏的平衡性，解决游戏BUG，编写游戏的客户端。

8.4　游戏的引擎

游戏引擎是指一些已编写好的可编辑计算机游戏系统或者一些交互式实时图像应用程序的核心组件。这些系统为游戏设计者提供各种编写游戏所需的各种工具，其目的在于让游戏设计者能容易和快速地做出游戏程序而不用由零开始。大部分都支持多种操作平台，如Linux、Mac OSX、微软Windows。游戏引擎包含以下系统：渲染引擎(即“渲染器”，含二维图像引擎和三维图像引擎)、物理引擎、碰撞检测系统、音效、脚本引擎、计算机动画、人工智能、网络引擎以及场景管理。

通俗地讲如果把汽车的引擎比做是汽车心脏，那游戏引擎就是整个游戏的心脏，在游戏里玩家所体验到的剧情、关卡、美工、音乐、操作等内容都是由游戏的引擎直接控制的，它扮演着中场发动机的角色，把游戏中的所有元素捆绑在一起，在后台指挥它们同时、有序地工作。哪怕很小容量的游戏都有一段控制作用的计算机代码，这就是引擎。

目前游戏引擎已经发展为一套由多个子系统共同构成的复杂系统，从建模、动画到光影、粒子特效，从物理系统、碰撞检测到文件管理、网络特性，还有专业的编辑工具和插件，几乎涵盖了开发过程中的所有重要环节。

目前市场上应用最广的几种主流游戏引擎：Unreal Engine 3、Gamebryo Lightspeed、CryENGINE 3、Unity 3D。高端游戏引擎为游戏研发者提供了一个优秀的平台，但一款游戏的成功、是否好玩广受欢迎与游戏引擎没有多少直接关系，更多的是靠游戏的策划设计的游戏点，能否激发玩家的吸引力，持续、耐玩性是游戏生命力的延续。

Unity 3D引擎界面，如图8-31所示。

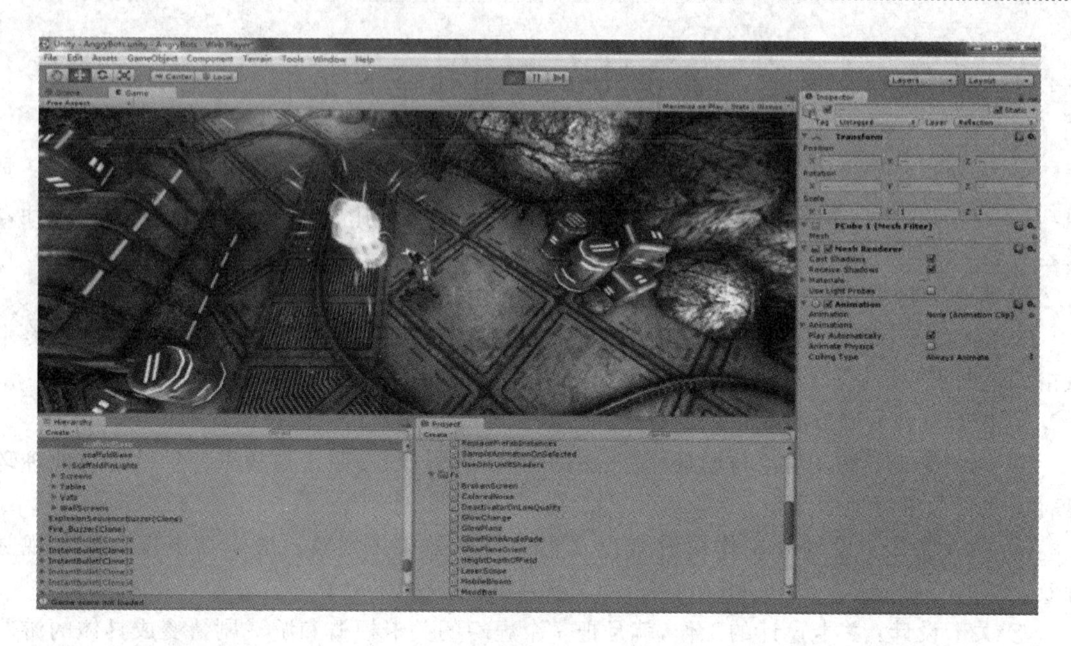

图 8-31

8.5 本章小结

本章讲解了游戏的概念、游戏的类型、游戏的各种平台、游戏的美术制作流程和简单的游戏引擎知识，这些知识对于一个从事或者即将从事游戏制作的读者是必须具备的。游戏制作者不仅需要制作模型、绘制贴图的工作，还需要扩展游戏的其他方面的综合知识。

第9章　游戏物件制作

章节要点：

本章的重点是游戏模型木箱制作的整个流程，知识点涉及模型制作、UVW的分解、贴图的美术表现制作等方面。通过学习，制作者能够制作出简单的游戏模型，并具有一定的美术贴图能力。

9.1　范例详解——场景木箱的制作

木箱原画分析：

木箱是游戏里最常用的物件，尤其是在3D网络游戏中，随处可见，是场景中重要的组成物件。

如图9-1所示，这张原画整体偏向手绘卡通类风格，模型从整体上由立方体（BOX）构成，上面有锁扣、铁质脚垫与铁钉。

图9-1

9.2　模型的制作

① 首先在3ds Max2014尺寸单位设置菜单里，将制作模型的单位设定为cm（见图9-2）。

② 工具栏里选择立方体（BOX）建模工具，在透视图中心按住鼠标左键拖拽（见图9-3）。

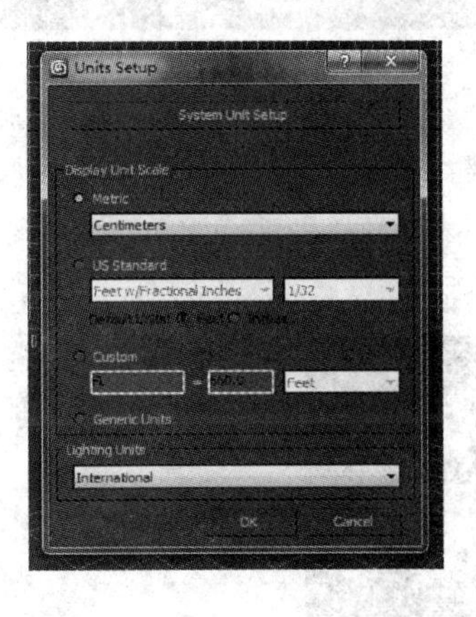

图9-2

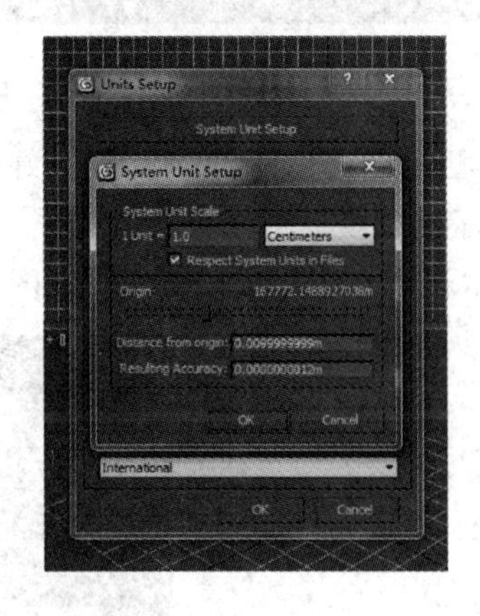

图9-3

③ 拖拽出一个立方体，单击修改编辑器，调整所建模型的大小，将立方体模型的体积调整为80 cm×80 cm×60 cm（长、宽、高）（见图9-4和图9-5）。

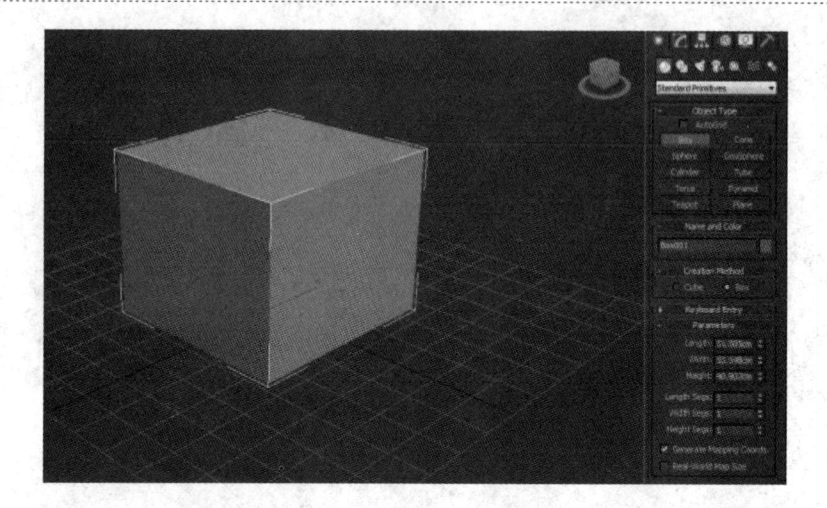

图 9－4

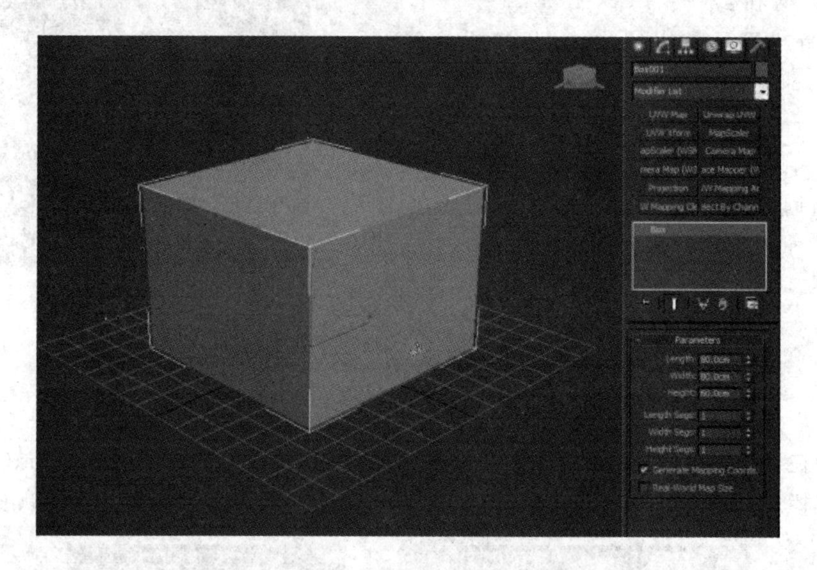

图 9－5

小提示：模型大小可以一开始就设置好，在键盘创建里输出长、宽、高的尺寸，单击 Create 按钮，自动创建好无需鼠标拖拽。

④ 简单的木箱模型就制作完成了（见图 9－6）。

图 9－6

9.3　木箱UVW分析与拆分

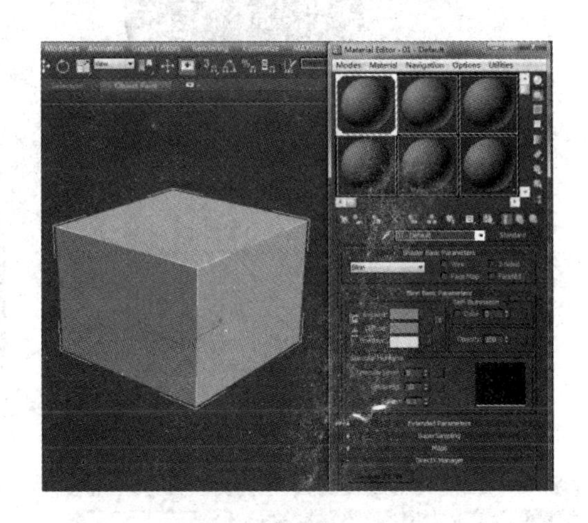

图9-7

① 木箱总共有6个四边面，底面在游戏制作中通常与其他面共用贴图或者直接删除，顶面是需要单独绘制贴图，两个左右侧面可以使用同样的贴图，剩下的前后两个面需要单独绘制贴图，如果木箱上没有锁扣，可以前后也共用相同的贴图。

② 总共需要绘制顶面、侧面、前后两面共四块贴图，UVW也就需要拆分这四个部分。

③ 选择中模型，在开始拆分UVW前，需要给模型添加黑白棋盘格，这样方便拆分的时候观察UVW有没有拉伸（见图9-7和图9-8）。

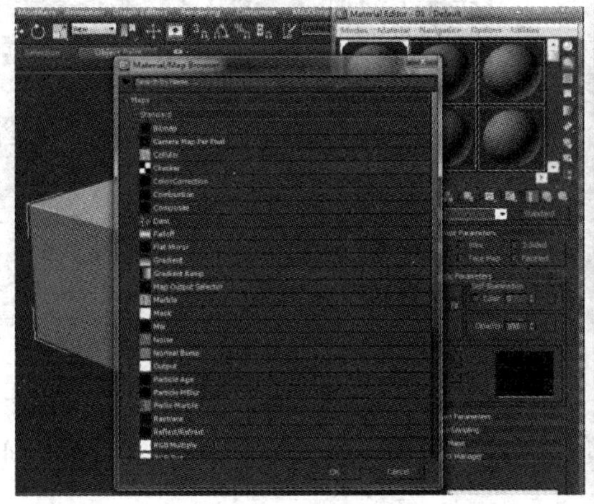

图9-8

小提示：黑白棋盘格的添加方法在第4章4.6节“棋盘格贴图的使用”中有详细介绍。

④ 棋盘格添加好以后，选中模型，在下拉菜单Modifier List下面找到Unwrap UVW编辑器（见图9-9）。

⑤ 单击Edit UVs下面的Open UV Editor按钮进入到编辑界面（见图9-10）。

⑥ 这时候可以看到视图中，绿色的线框就是模型的UVW，在没有拆分之前，UVW是根据模型的软件默认状态，需要按我们的意愿将其拆分开（见图9-11）。

⑦ 选择所有面使用菜单Mapping里Flatten Mapping工具平展开，将箱子的所有面的UVW全部拆分开（见图9-12）。

按照拆分前的思路，需要拆分4个部分的UVW，将木箱的顶面拖出有效框，顶面的UVW不需要调整，用平展开的UVW就可以。

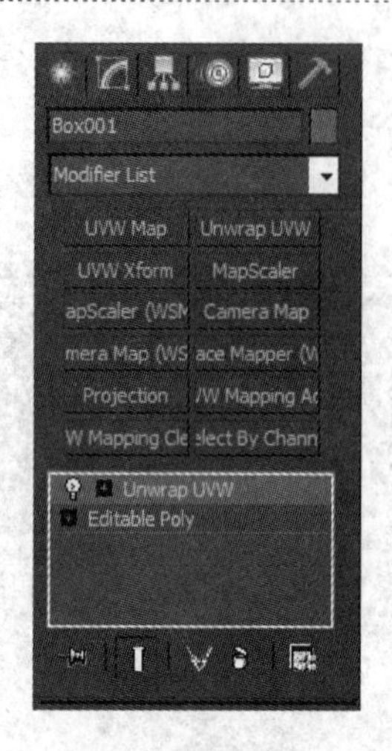

图 9－9

图 9－10

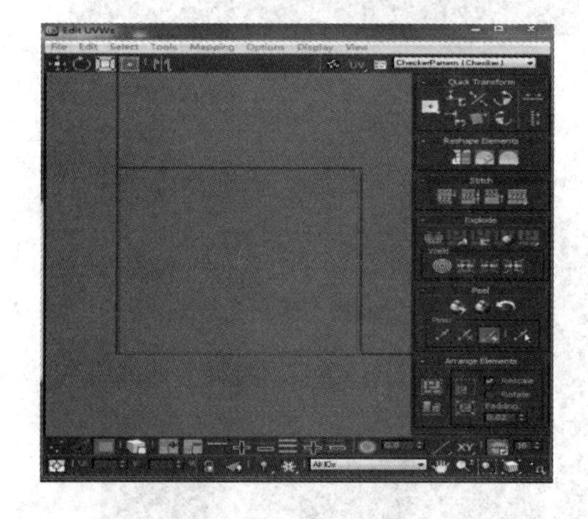

图 9－11

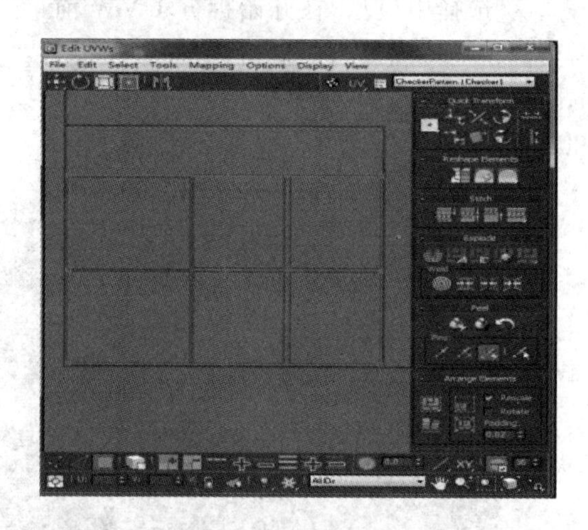

图 9－12

⑧ 选择左右两个面，将其重叠。可以使用 Arrange Elements 里面的命令将其展到最大，两者相重叠(见图 9－13)。

⑨ 左右展好放出 UVW 有效框外，前后两个面由于原画上表现为一样的结构，这里 UVW 不能重复使用(见图 9－14)。

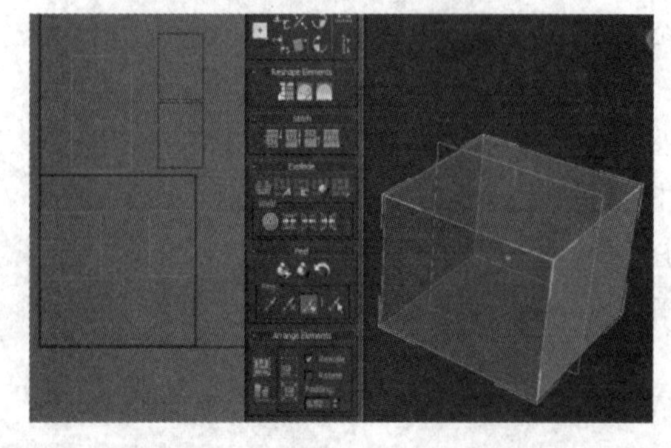

图 9－13

图 9－14

小提示：前后两个面如果没有锁扣的结构，仍然可以叠加贴图使用。

选中模型上的底面，底面由于放在地面，通常是删掉或者直接用其他贴图重复使用。

9.4 UVW 的输出与导入

① 木箱所需要绘制的 UVW 已经拆分完，得到了需要绘制的顶面、前面、后面与左右重叠面，4 个部分的 UVW 如图 9-15 所示。

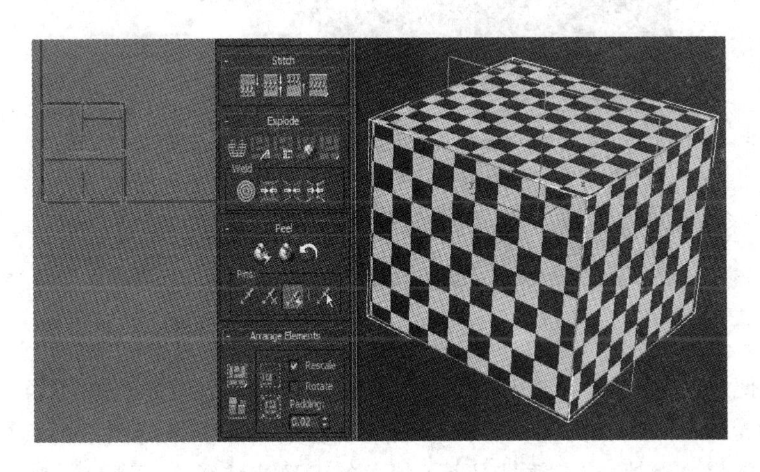

图 9-15

② 摆放 UVW，尽量让线框最大化利用 UVW 的有效范围，保留 1～2 个像素大小的出血（见图 9-16）。

③ 框选全部的 UVW 线框，在 UVW 菜单栏里选择 Tools 下面的 Render，在 Render UVS 面板调节输出尺寸大小，这里选择 512×512，单击绿色图标可以更改输出线框的颜色，设置好后单击 Render UV Template 按钮，选择保存，保存格式选择为 TGA，Bits-Per-Pixel 为 24 位就可以了（见图 9-17）。

图 9-16

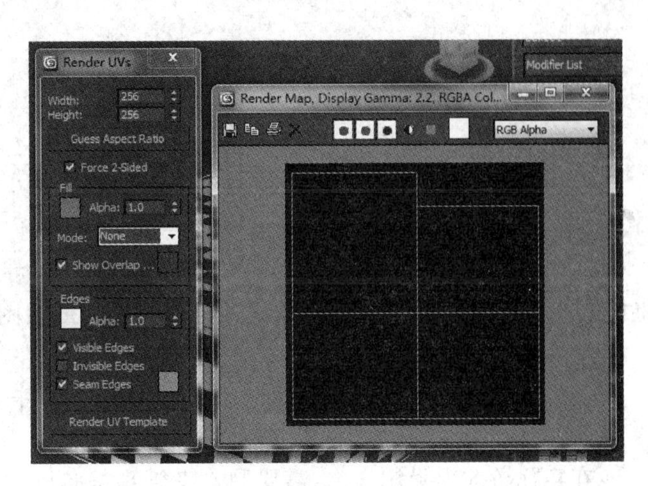

图 9-17

9.5 Photoshop CS6 提取 UVW 线框

① 运行 Photoshop CS6 软件，双击或者使用快捷键 Ctrl＋O，打开木箱的 UVW 线框图(见图 9－18)。

图 9－18

② 为了方便绘制贴图，需要把 UVW 的线框图单独作为图层提取出来，在 PS 菜单栏选择“选择”→“色彩范围”命令，在弹出的界面框里用吸管吸取一下预览图里的黑色，按键盘上的 Delete 删除键，将黑色删掉，这样就只留下了绿色的 UVW 纯线框(见图 9－19)。

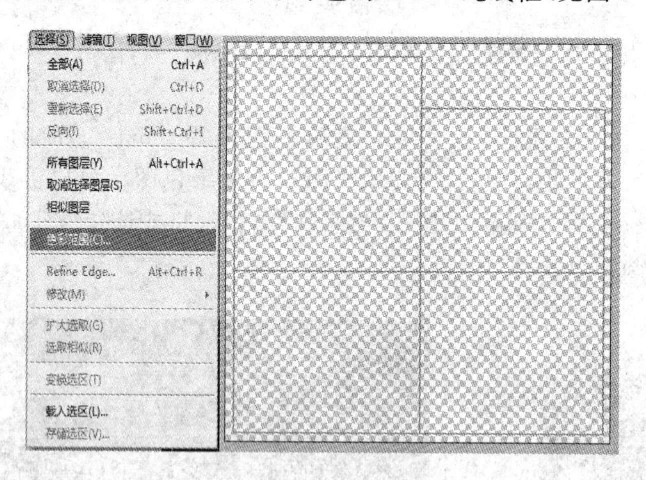

图 9－19

小提示：如果在保存 UVW 里选择 PNG 的格式，就可以直接保存为线框，但是需要在 PS 里将格式改变为 PSD，因为 PNG 格式不能作为游戏的贴图格式使用。

9.6 建立规范的文件图层组

① 在实际游戏项目制作中，需要制作者管理好自己的贴图图层文件，这样方便得到反馈意见便于有效、快速地修改。有经验的制作者总是善于管理制作的文档，一开始就养成良好的规范习惯，进入生产状态。

② 通常对游戏制作的贴图 PSD 文件,以组的方式去管理。

③ 创建新的图层,命名为背景层,作为最底下的背景层使用,填充图层颜色,不能使用纯黑色或纯白色,最好使用所绘制贴图的同类深色。

④ 将 UVW 线框层锁定,以免绘制过程中不小心绘制到图层。

小提示:在实际生产项目中,图层命名不要使用中文、数字、拼音,可以使用简单的英文来代替。

9.7　蒙版层的运用方法

利用蒙版图层来管理图层是 PS 在绘制游戏贴图时常见的方法,运用此方法可以快捷、方便地处理贴图。

选取矩形,框选工具,把木箱的顶面选择下来,得到顶面的选择范围,单击创建新图层,创建后给图层填充木箱的基本色,比较深的土黄色,然后新建空白图层,使用图层命令创建剪切蒙版,快捷键为 Alt+Ctrl+G,使用命令后发现刚刚创建的新图层便关联到下个图层,这样做的好处是在上面绘制的贴图范围受到下面图层的控制,颜色、滤镜等特效也会只作用于下面的图层。重复使用该命令则取消两个图层的关联。

小提示:在需要关联的图层边缘,按住 Alt+左键,也能创建剪切蒙版,同样再单击一次命令则取消创建好的蒙版。

9.8　笔刷的选择与设置

绘制贴图必须使用手绘板(也叫压感笔),鼠标不适合用于绘制贴图。

关于手绘板,因个人习惯不同,大型号面板方便绘制,小型号面板便于携带。主流的手绘板有 WACOM 公司针对普通工作者使用的 Bamboo 系列,面对原画师、插画师使用的影拓系列,最低配置的 512 压感足以满足绘制贴图,不必一味追求高端配置。

装好手绘板的驱动,打开 PS 软件,进行画笔设置(快捷键为 F5),绘制贴图常用的画笔为第 19 号画笔,勾选其他动态选项,单击其他动态在不透明度抖动设置,将控制改为钢笔压力。下面的流量抖动控制也设置为钢笔压力。抖动百分比保持 0%不变。

返回到笔刷栏,不透明度和流量两个设置不需要去改变,保持全开状态,也就是 100%,全用压感笔的压感也就是用手腕的力量去控制。除了极个别的特殊贴图,绘制时才去调整不透明度和流量两个的参数。

9.9　木箱贴图的绘制

9.9.1　选择原画的颜色

现在开始绘制木箱的贴图,原画已经给制作者交代了颜色与纹理类型,以及结构。首先将原画在 PS 软件里打开,用于我们参考,吸取原画上木箱的基本颜色,在吸取颜色时,选择画面上范围最广的中间色,不要去吸暗部或者亮部色彩,吸取颜色的快捷键是在使用画笔的情况下配合 Alt 键来切换的，加上移动画布（空格）。画笔（B 键）、吸色（Alt 键）、移动（空格键）这三个键是常用的绘制贴图的操作方式。

9.9.2 木箱贴图的绘制

① 将木箱的 UVW 图层上新建一层作为背景层，使用填充工具给背景层填充深黄色（见图 9－20）。

② 选择画笔工具，使用第 19 号笔刷绘制贴图，先将木箱各个面的受光明暗区别开（见图 9－21）。

图 9－20

图 9－21

③ 压感笔勾画出木箱的结构（见图 9－22）。

④ 在木箱的纹理绘制时，让木块接头的地方破损强一些（见图 9－23）。

⑤ 给绘制木纹添加一些线条转折，起伏方式用笔绘制细节，丰富贴图（见图 9－24）。

图 9－22

图 9－23

图 9－24

⑥ 调整降低一些明度，增加饱和度（见图 9－25）。

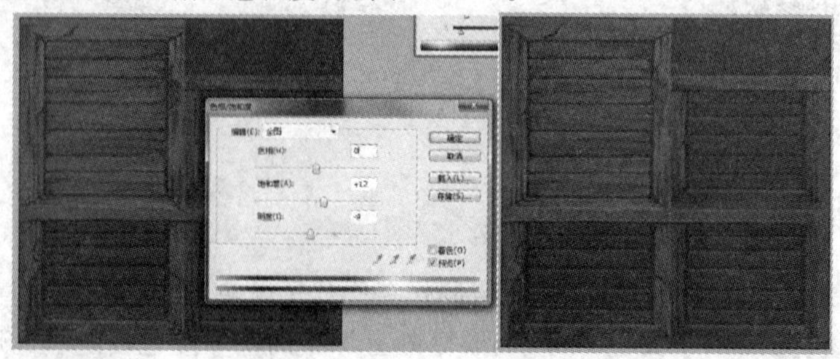

图 9－25

⑦ 绘制金属的铁扣，这里选择加深工具绘制暗部，减淡工具绘制亮部（见图 9－26）。

⑧ 将螺帽和后面的合页结构绘制好（见图 9－27）。

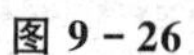

图 9－26

图 9－27

⑨ 新建图层，勾选木箱底部的选区，羽化 2 个像素选区，将其填充绿色（见图 9－28）。

⑩ 将图层混合模式改为柔光模式，并降低一些不透明度，避免绿色的环境效果太过（见图 9－29）。

图 9－28

图 9－29

⑪ 选择一张木质的照片纹理（见图 9－30）。

⑫ 拖拽进入木箱贴图中（见图 9－31）。

图 9－30

图 9－31

⑬ 调整照片木纹的方向，并缩小图片获得更多的纹理细节（见图 9－32）。

⑭ 复制图片，将其铺满整个贴图（见图 9－33）。

⑮ 将照片图层的模式改为叠加模式（见图 9－34）。

⑯ 发觉效果太艳丽，使用去色命令将照片的色彩转换成黑白灰色调（见图 9－35）。

图 9-32

图 9-33

图 9-34

图 9-35

⑰ 贴图绘制完毕(见图 9－36)。

图 9－36

9.10　赋予模型贴图

9.10.1　贴图的格式

将绘制好的贴图另存为 TGA 格式,保存时 PS 软件会提示选择贴图位数,32 位的格式是透明贴图使用的格式,一般的贴图选择 24 位。

9.10.2　3ds Max2014 中 3D 效果的显示

① 选中木箱模型,给模型赋予一个材质球(见图 9－37)。

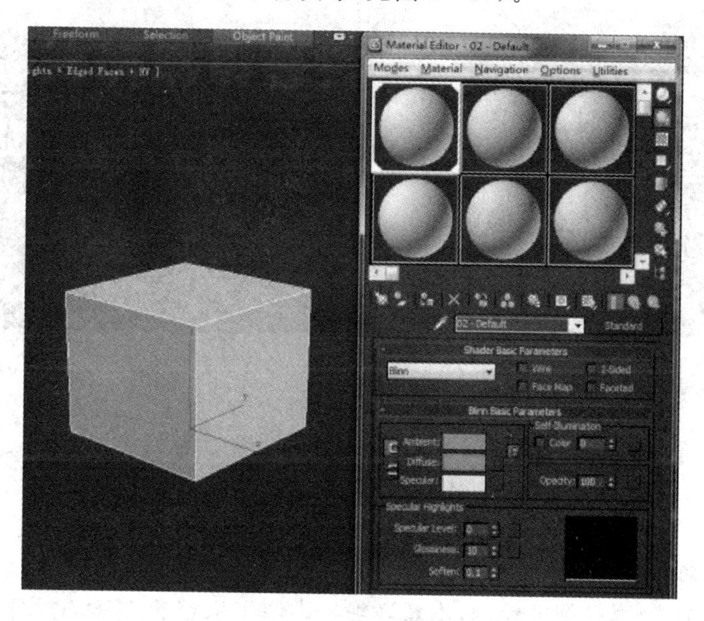

图 9－37

② 在材质器下 Diffuse(漫反射)通道里,单击旁边正方形图标,在弹出的对话框里选择 Bitmap 命令(见图 9－38)。

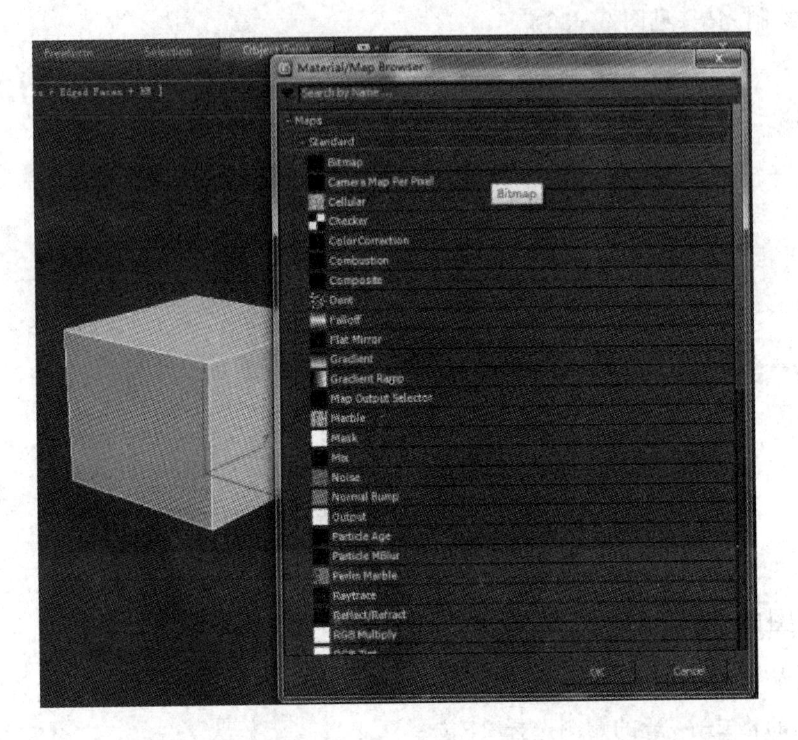

图 9-38

③ 选择木箱贴图路径，确定木箱贴图文件，这时模型就会显示出赋予贴图的效果(见图 9-39)，快捷键 F3 去掉线框，模型最终形态如图 9-40 所示。

图 9-39

图 9-40

9.11 本章小结

从本章开始，通过实际制作案例来讲解游戏美术制作。物件木箱在游戏场景中的应用比较广泛，模型很简单，全靠贴图的绘制，本章详细地讲解了木箱的 UVW 拆分和贴图的详细绘制方法和流程。木箱的木纹是游戏制作中三种主要材质之一(木纹、石质、金属)。掌握木箱的制作可为以后的复杂场景制作打好基础。

9.12　课后练习

1. 选择一个木箱来进行模型、UVW、贴图的制作，如图 9 - 41 所示。

图 9 - 41

第10章 游戏场景植物的制作

章节要点：

本章的重点是游戏场景树木的制作流程学习，通过实例从简单的模型到最终树木效果的表现，涉及的知识点是树木模型特殊的搭建方式，UVW合理分解，后期贴图的绘制方法。通过学习，制作者可掌握树木的制作方法，能够举一反三地制作不同类型的树木。

游戏植物是场景里数量最多的物体，游戏画面中出现的花、草、树木都属于游戏场景植物制作范畴。

游戏里植物是大范围使用的，可以存在于游戏场景中的各个角落，这样就赋予了植物特殊的制作方式。早期游戏植物在制作上就是使用一个面片的方法，如图10-1所示，再配上摄像机动画，保持面向游戏玩家的视角，随着玩家的移动植物面片也随之移动，这样的植物表现方式现在看上去就有些假。随着玩家机器配置的提高和审美要求的提高，目前游戏植物的制作就复杂些，单株植物800～1 000三角面是常见的要求范围，植物制作上面片加实体立方体模型。这样的植物看上去就饱满很多。

图10-1

在早期的游戏中植物就一个面片，贴图也是直接使用照片材质修改，或者使用两个面片做十字交叉，这样可以得到比一个面片更好的效果(见图10-2)。

图10-2

现在树的模型面数比以前大大增加，树的模型更加复杂，得到的效果也更好。

10.1　游戏植物的种类

游戏植物的种类基于现实世界植物的夸张处理，包括有：草本类、棕榈类、针叶类、灌木类、藤木类（见图 10-3 和图 10-4）。

图 10-3

图 10-4

10.2　游戏植物的表现方式

10.2.1　植物的面片搭建种类

利用面片的组合搭建表现树叶的疏密关系，是目前制作树木的主流制作方式。这样的制作方式由树干为立方体模型制作，配上面片模型作为树叶两者相结合，并且有一些藤蔓和树枝也用面片利用贴图通道表现出来。

树叶面片的搭建方式如下：

① 平面交叉搭建：这种方式多表现外形为三角形的树木。大小各异的面片交错穿插在一起，通常树干下面的面片要大些，越到顶端面片就越小，如图 10-5 所示。

图 10-5

② 平面十字搭建：这种搭建主要由两个面片做十字交叉的方式成组应用在树干上。制作上比较快捷，只需做好一组就可以随意复制摆放，如图 10-6 所示。

③ 曲面团抱搭建：这种方式主要是单独做成带弧形的面片，这样带有弧形的面片能保证三维空间上的视角需求，这种方式搭建比较浪费模型面数。

④ 重叠面片搭建：适合针叶林的搭建，这种方式是面片层层向上摆放，越到顶端面片越小，不需要特别制作出树干（见图 10-7）。

图 10－6

图 10－7

10.2.2 植物的表现效果

植物的贴图表现通常有两种制作方式：照片素材的修改制作和用点彩式的描绘方式手绘制作。

这两种表现效果的方式广泛应用于树木制作当中。树干常用照片素材来修改，树叶两种方法都会使用到。初学者往往将精力花在树叶的纹理上，由于树叶的大规模的重复使用，这样得到的效果并不好，与其将时间浪费在每片树叶的绘制上，不如更多地用色相上的邻近色的变化来丰富树叶的效果。

10.3 植物的模型制作

① 在创建几何体里选择 Cylinder(圆柱体)来创建树木的树干部分(见图 10－8)。

② 树干取六边形或者八边形就可以了，不需要太多以节约面数，线段也设置为 2 段，较少的段数方便我们制作大型模型(见图 10－9)。

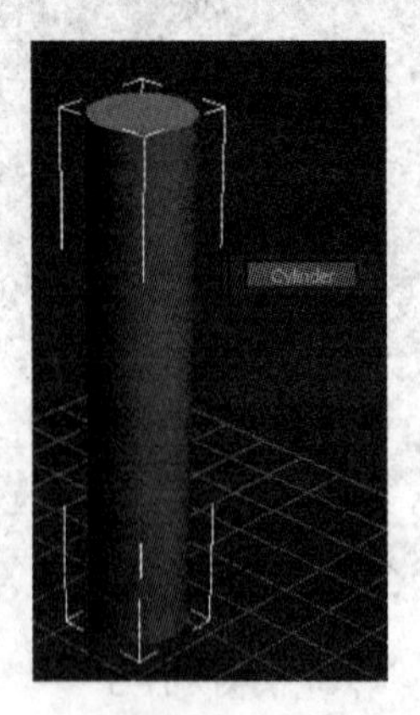

图 10－8

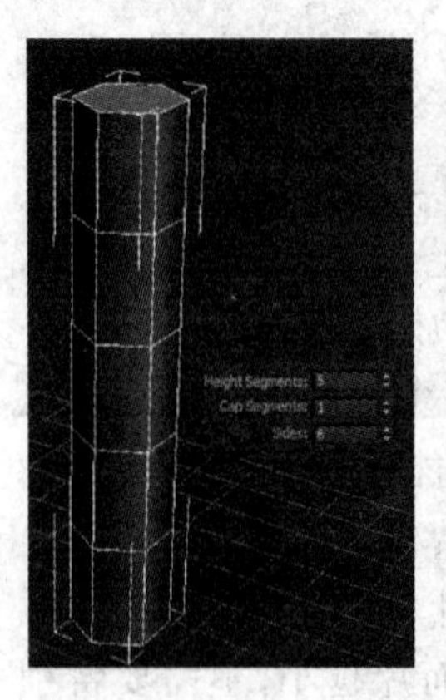

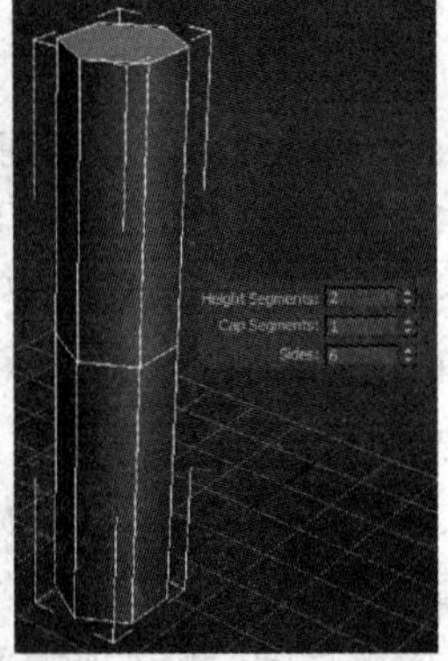

图 10－9

③ 将模型塌陷为 Poly 进行多边形编辑(见图 10－10)。

④ 选择模型的面级别,删掉模型的底面,树木这种物件在场景中通常看不到底面,所以将其删掉,但如果树木在场景中需要倒在地面上,这样底面便显露出来,这种情况就不能删掉底面(见图 10－11)。

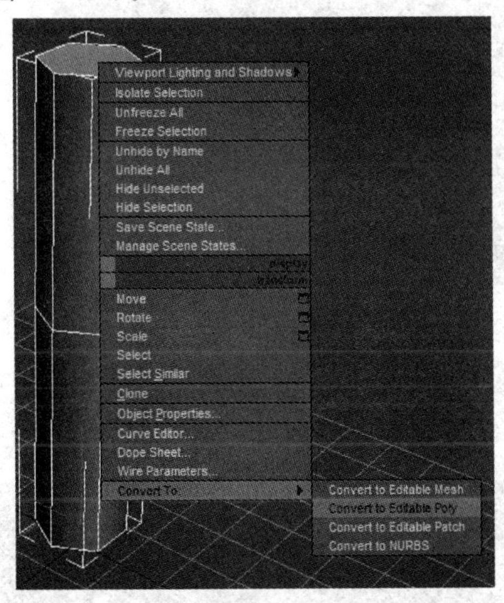

图 10－10

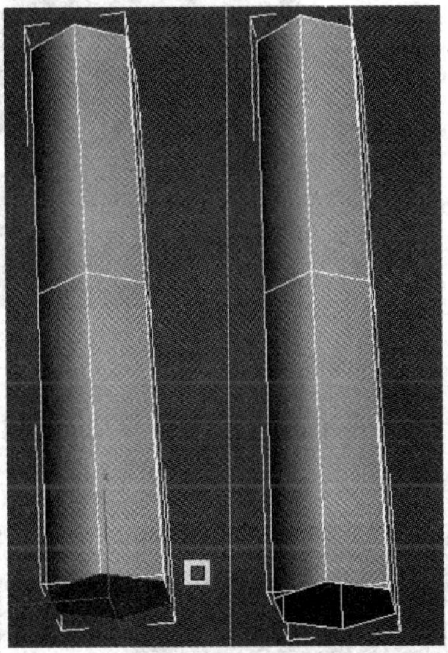

图 10－11

⑤ 选择模型顶面,使用 Collapse 命令将其合并掉,作为树干的树尖。右击出现 Collapse 命令快捷选择(见图 10－12)。

⑥ 选择点级别,左键移动调节模型的结构。下面作为树的基座要大一些(见图 10－13)。

⑦ 使用 Connect(加线)命令给模型增加线段(见图 10－14)。

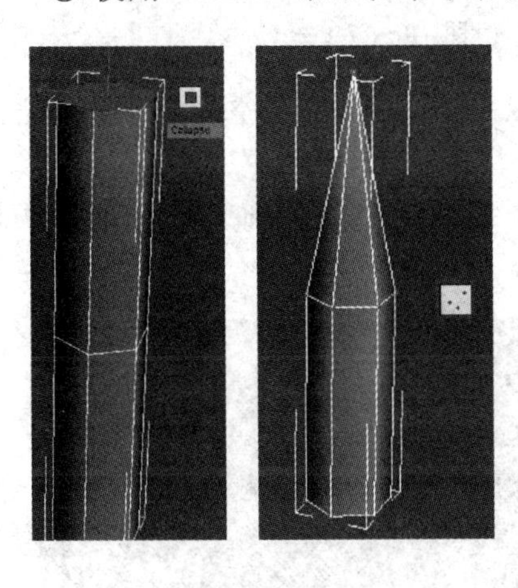

图 10－12

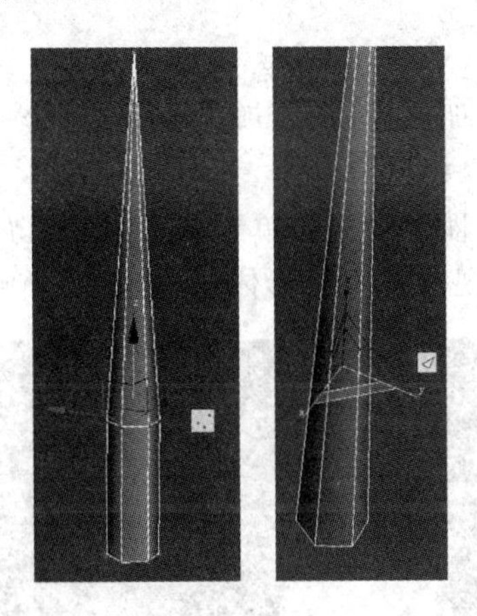

图 10－13

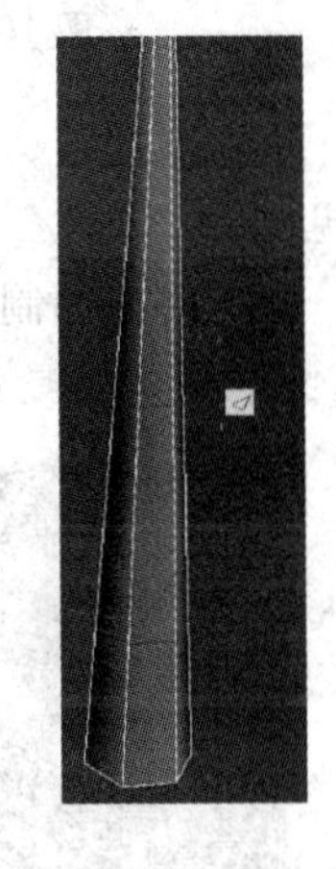

图 10－14

⑧ 在边级别下,对模型进行树木的弯曲结构处理。移动、旋转、缩放是主要的调整结构的工具。线段不够用的继续添加(见图 10－15)。

⑨ 在面级别上选择一段树干,鼠标左键配合 Shift 键,拖拽复制作为树干的树枝模型(见图 10－16)。

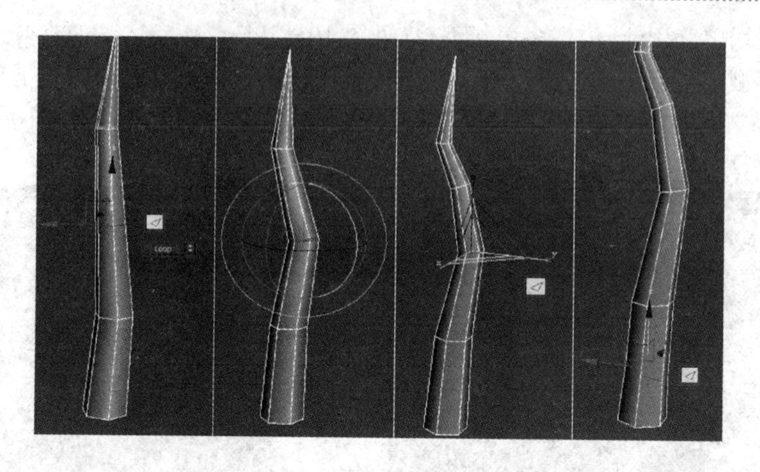

图 10－15

⑩ 有一些小的树枝不需要太多的面，使用三角形来替代。仍然附着前面的树枝，Collapse合并点，转变成三角形(图 10－17)。

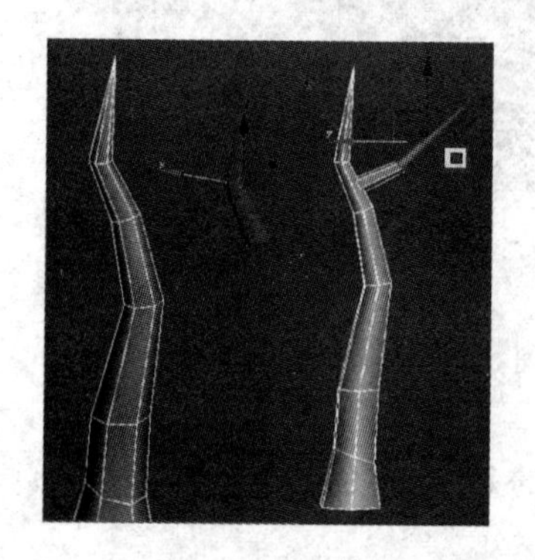

图 10－16

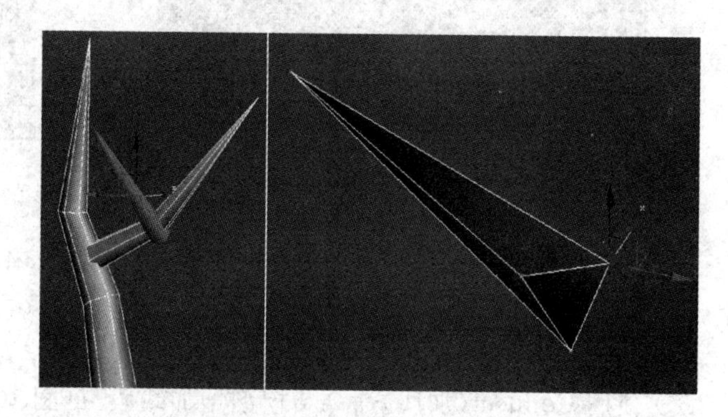

图 10－17

⑪ 继续给树干添加树枝，在添加过程中需要多视角去观察，避免一些空间位置上的错误(见图 10－18)。

⑫ 模型的制作过程就是从简单到复杂，先做物体的大型部分，再深入细节制作，游戏场景里面的树木便具备了现实树木的形体结构(见图 10－19)。

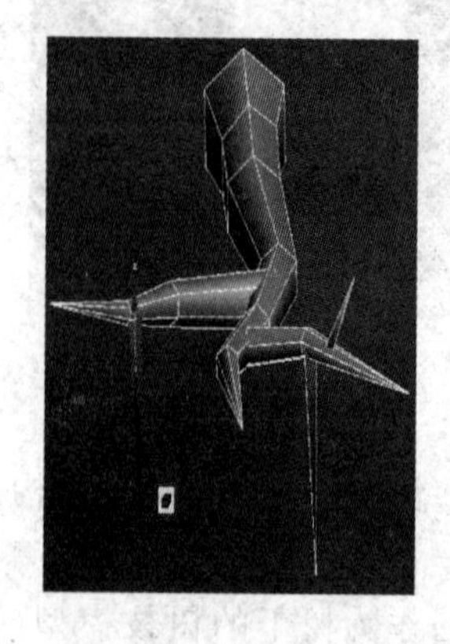

图 10－18

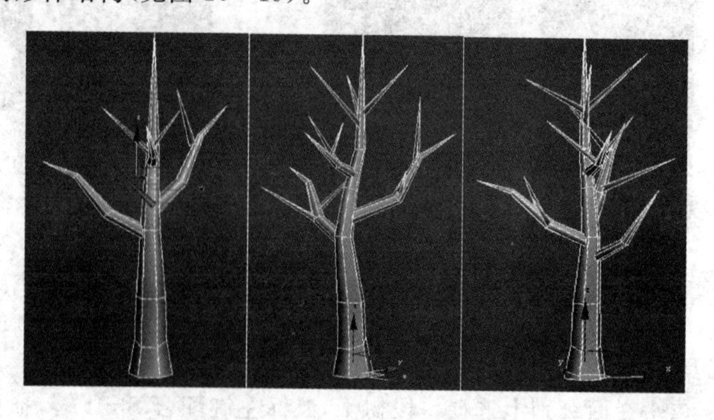

图 10－19

⑬ 着手制作树木的根部结构，这里在模型边界级别下，选中底面的所有的边，将其向外伸展（见图 10－20）。

⑭ 选择树干的一个侧面，使用 Extrude（挤压）命令做出结构。同时删掉挤压出的底面（见图 10－21 和图 10－22）。

⑮ 用同样的方法给另一面挤压出结构（见图 10－23）。

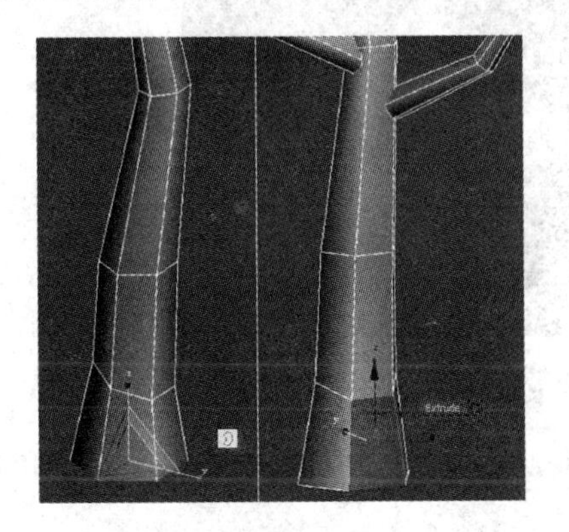

图 10－20

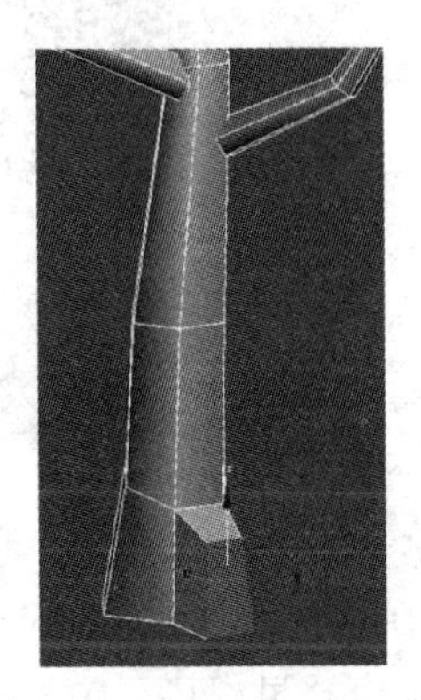

图 10－21

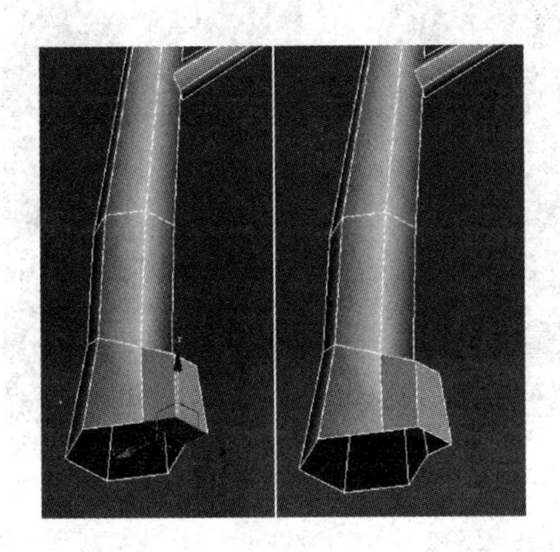

图 10－22

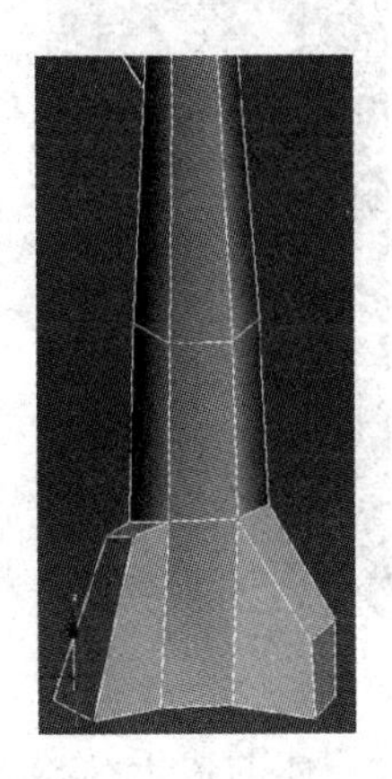

图 10－23

⑯ 进一步调节树干的底部结构（见图 10－24）。

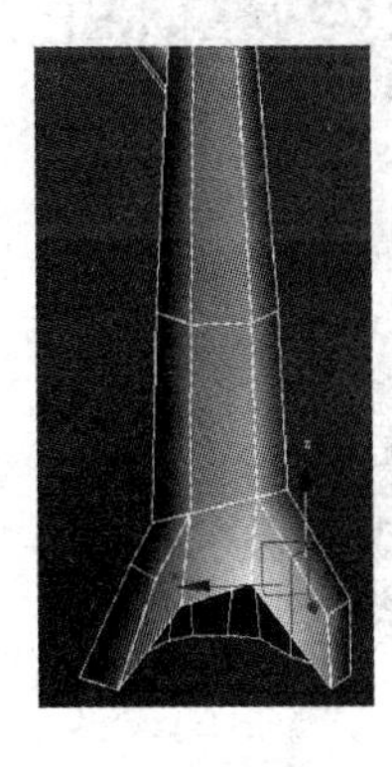

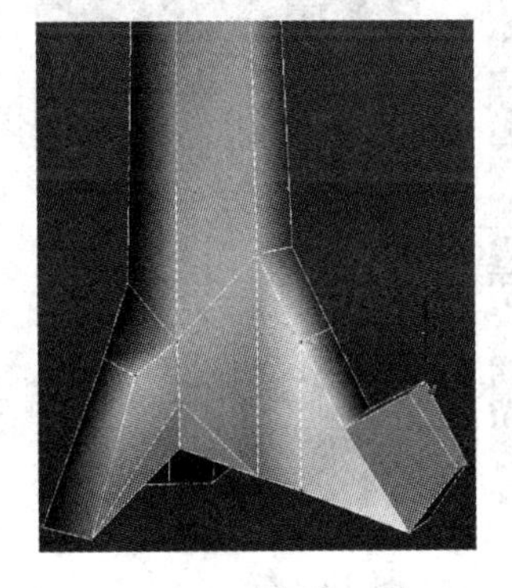

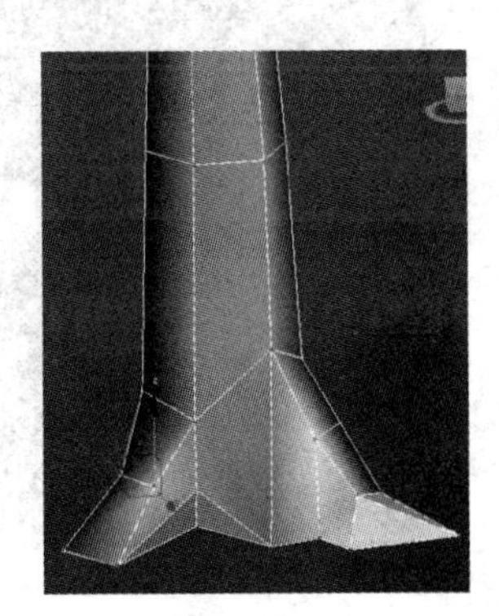

图 10－24

⑰ 制作树干中部的特殊结构，表现被粗大的树根包裹树干的效果。使用 Cut（自由切线）工具切出大致的线段，再细致调节点（见图 10－25）。

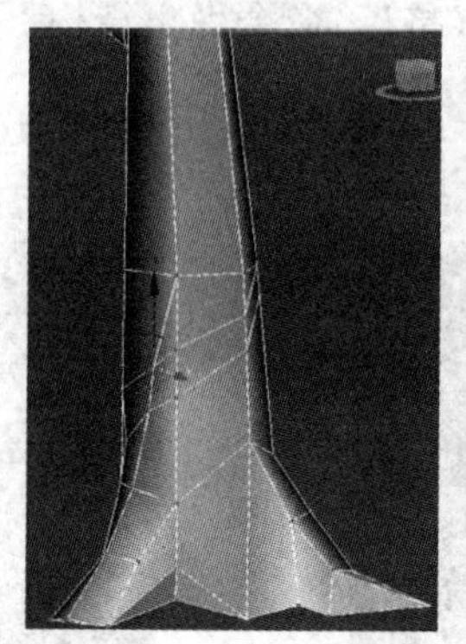
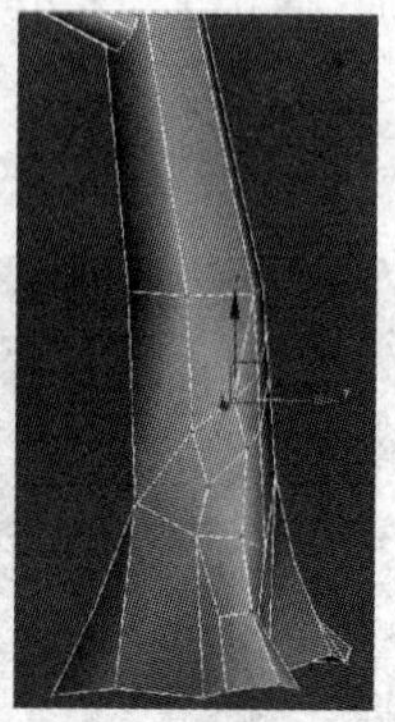

图 10－25

⑱ 选择中间的边线，使用 Connect（加线）工具添加一条中间线段。再将添的加中间线段向外拉出，产生体积效果（见图 10－26）。

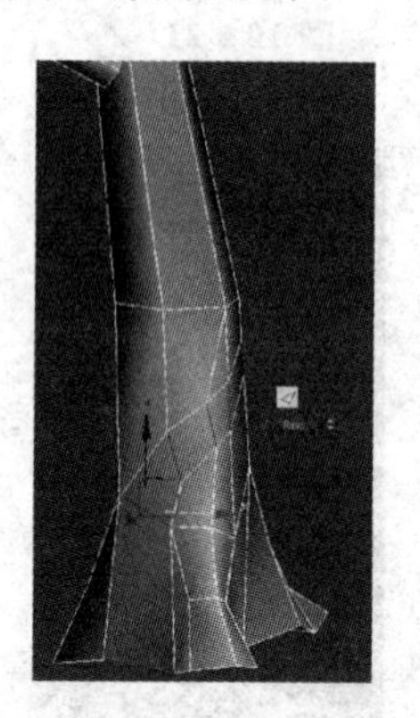
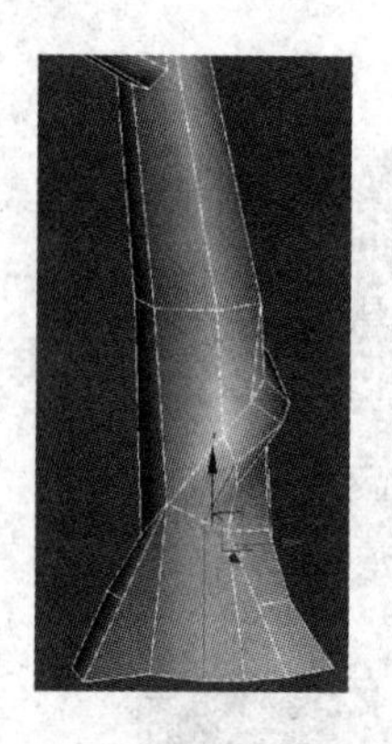
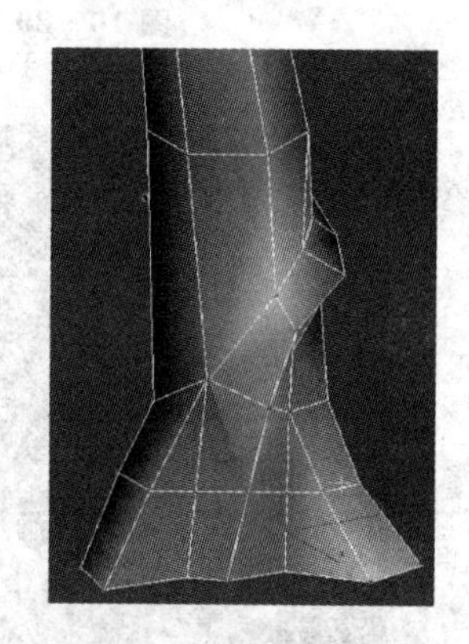

图 10－26

⑲ 继续完善整体的树干结构（见图 10－27）。

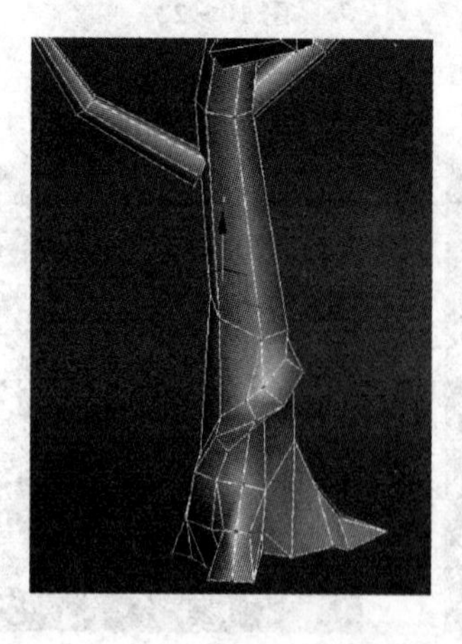

图 10－27

⑳ 开始制作树叶模型。树叶的模型使用面片，创建为十字交叉的段数作为基础树叶结构（见图 10－28）。

图 10－28

㉑ 塌陷成 Poly 多边形编辑（见图 10－29）。

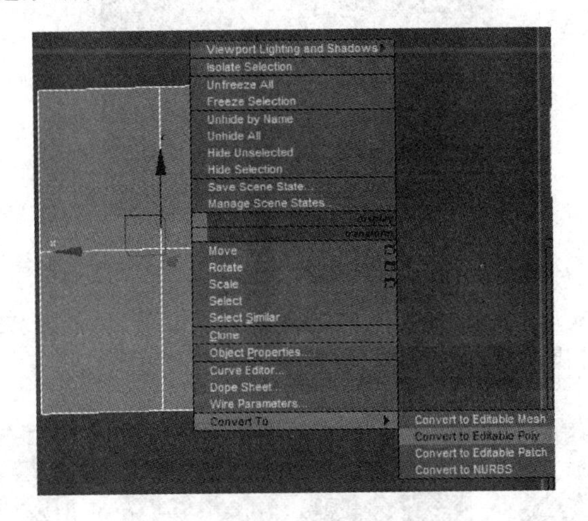

图 10－29

㉒ 调节移动点的位置，中线向外弧形凸出做出结构变化。保留一个作为树叶模型备份（见图 10－30）。

图 10－30

㉓ 复制树叶模型，交叉搭建，将树叶做成成组模型（见图 10－31 和图 10－32）。

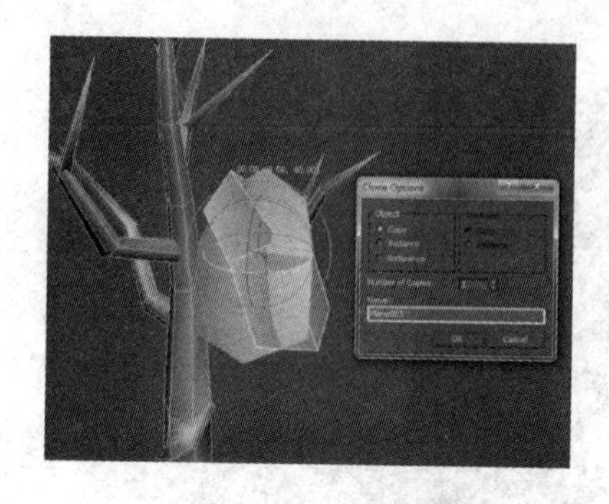

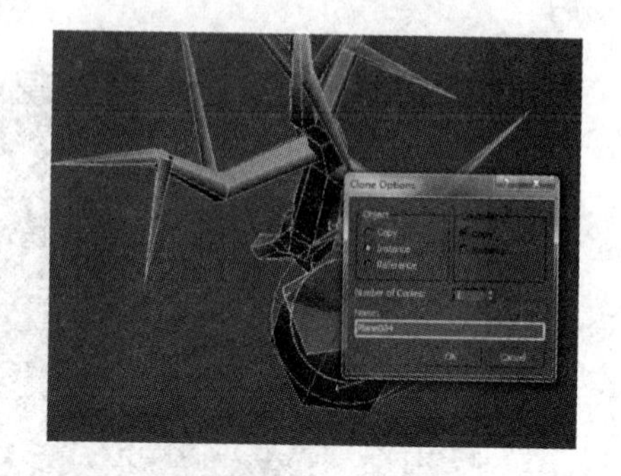

图 10－31

图 10－32

㉔ 搭建树叶在树干的树枝上，移动、旋转、缩放命令的配合使用，将使模型的树叶组有大有小，多视角旋转观察搭建，丰富整个树冠的效果（见图 10－33）。

图 10－33

㉕ 复制一些单独的面片穿插使用。不能搭建得太过密集，要考虑到疏密关系，露出一些树枝让整体模型结构透气（见图 10－34 和图 10－35）。

㉖ 完成整个树叶的搭建后，使用 Attach（结合）命令将所有的树叶结合成一个模型组。Attach List 使用列表的方式选择合并的物体，这样可提高工作效率（见图 10－36）。

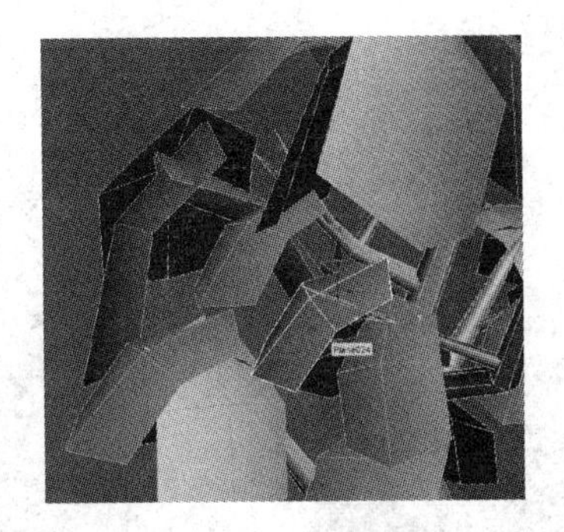

图 10－34

图 10－35

图 10－36

10.4　植物的 UVW 拆分

10.4.1　树叶的 UVW 拆分

① 树叶的 UVW 分解比较简单，一开始我们使用了平面模型，只调整了点的位置，并没有对模型做很大的结构变化调节，所以树叶的 UVW 仍然保持着最初始的 UVW 形态（见图 10－37）。

图 10－37

② 只需要将 4 个边点调整为树叶现在的形体状态就可以了(见图 10－38)。

③ 输出为 512×512 的树叶 UVW 线框图,保存格式为 TGA(见图 10－39)。

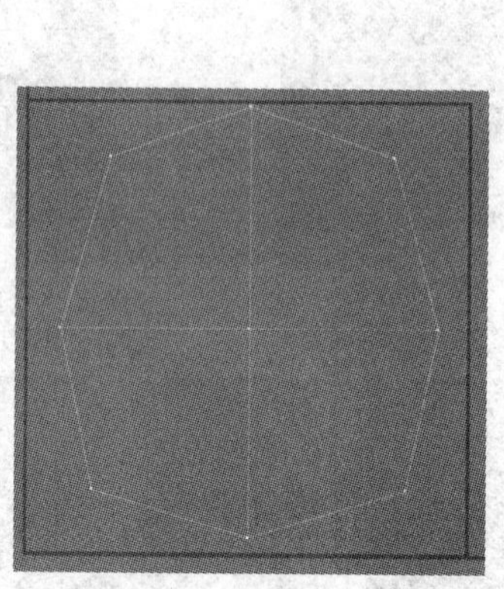

图 10－38

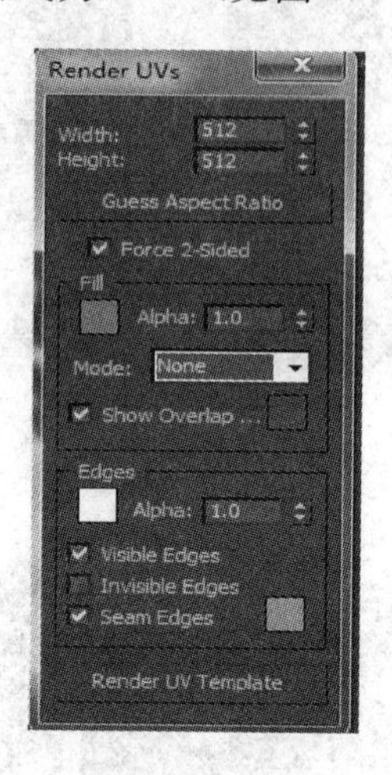

图 10－39

10.4.2 树干的 UVW 拆分

① 给树干模型添加棋盘格材质贴图,方便校对 UVW 的拉伸情况(见图 10－40)。

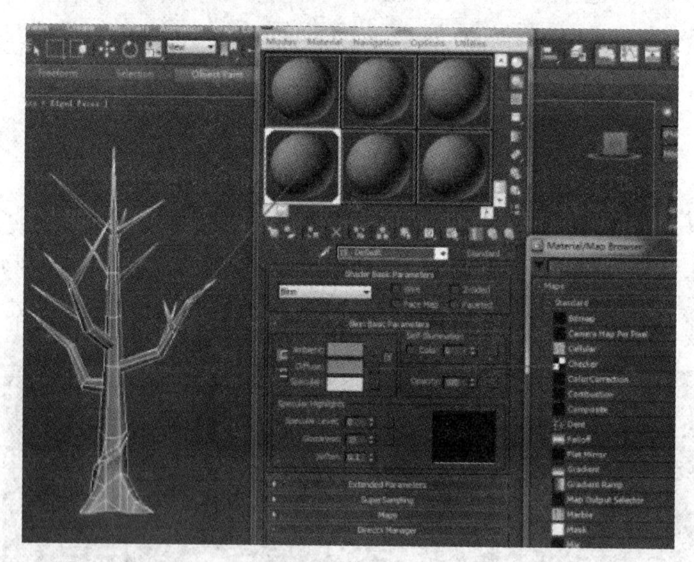

图 10－40

② 将黑白贴图的平铺次数数值改大,以方便观察,黑白格子的颜色也可以自主设置(见图 10－41)。

③ 分析树干的结构,树枝基本上都是圆柱形结构,但也有一些树枝是三角形结构。需要将 UVW 全部平展开来,给树干模型添加 Unwrap UVW(编辑 UVW)(见图 10－42)。

④ 选择 Unwrap UVW 面级别,使用整体选择选中树干的主体。将其与其他树枝的 UVW 分离开(见图 10－43)。

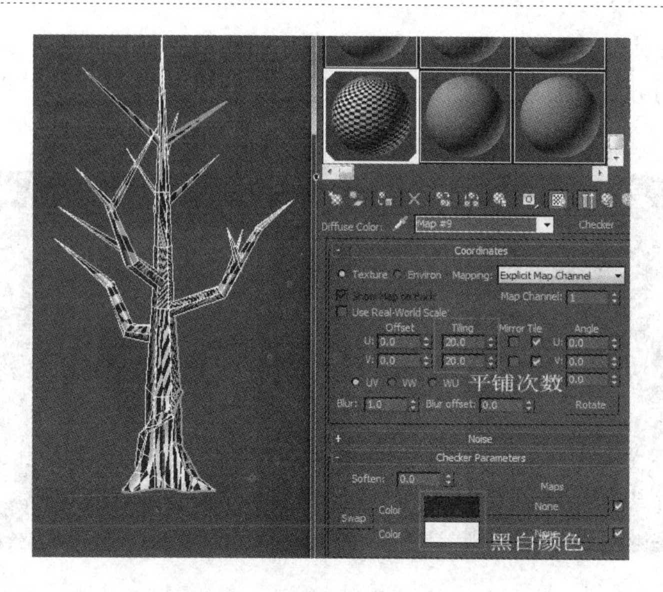

图 10－41

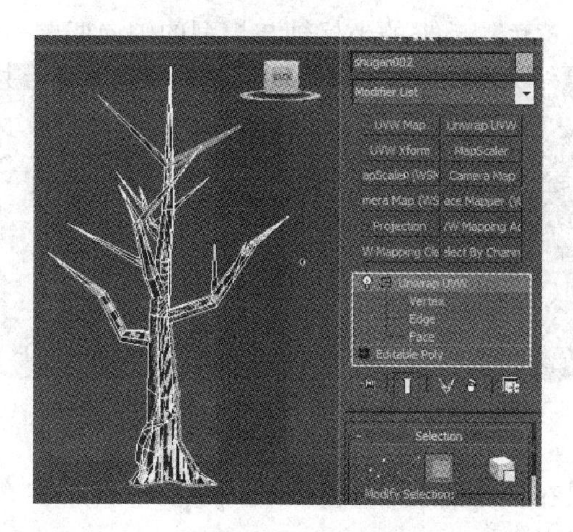

图 10－42

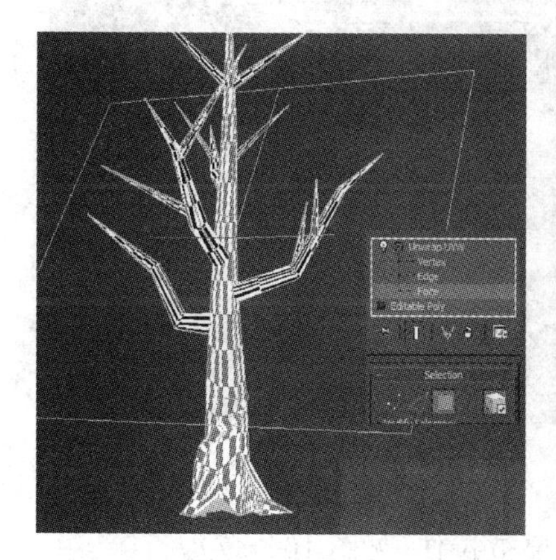

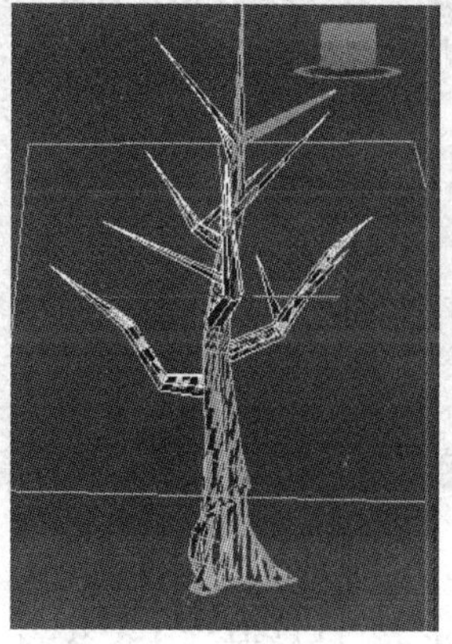

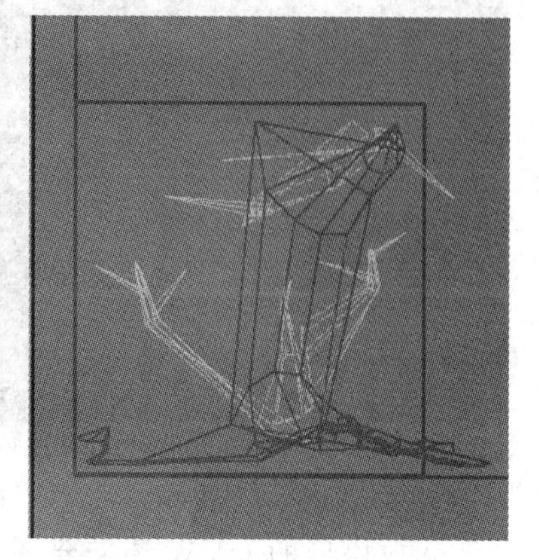

图 10－43

⑤ 在 UVW 映射类型里选择圆柱形映射。我们制作的这棵树干有一定的扭曲，如果直接使用整体圆柱映射，得到的 UVW 不理想，需要做局部的圆柱映射，再拼合到一起（见图 10－44）。

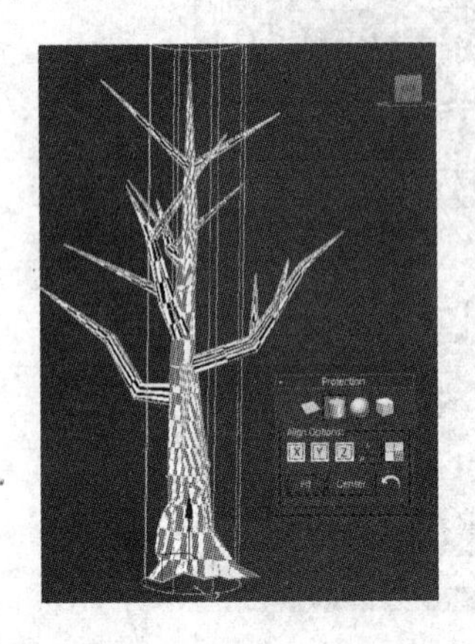
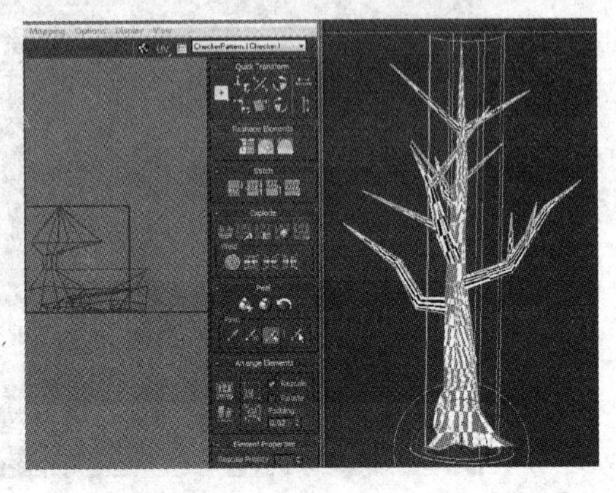

图 10－44

⑥ 确保圆柱的 UVW 黄色调整框的坐标轴与模型的轴向匹配一致（见图 10－45）。

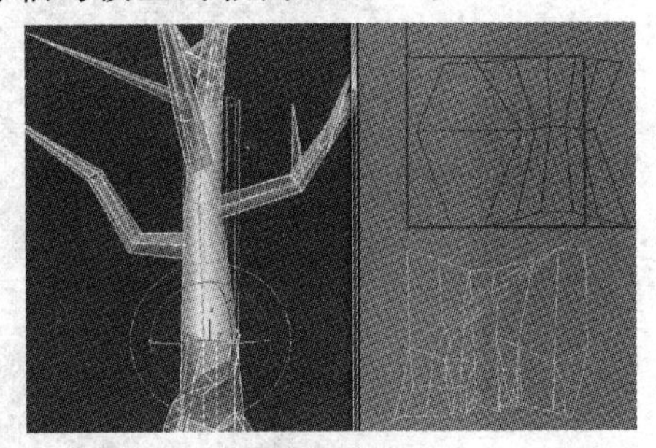

图 10－45

⑦ 得到的 UVW 需要在局部使用 Relax 放松命令将一些扭曲在一起的 UVW 松弛开来（见图 10－46）。

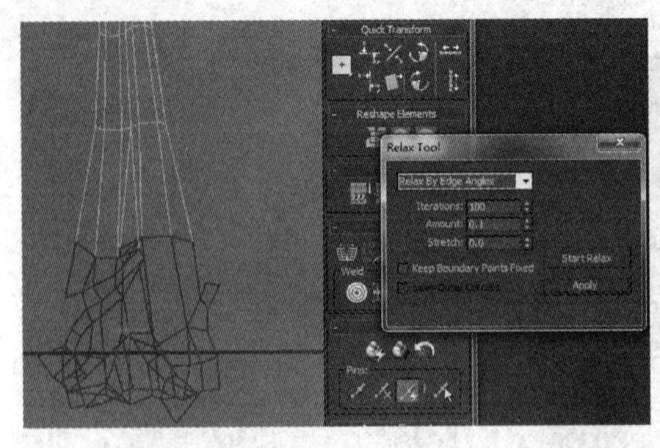

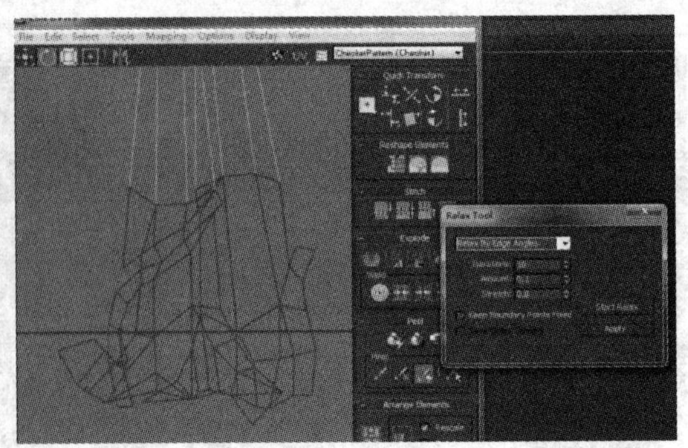

图 10－46

⑧ 放松后的 UVW 还需要调节点，尽量保证 UVW 不要被拉伸（见图 10－47）。

⑨ 使用 UVW 选择 Weld Selected（合并点）命令，将分开的 UVW 点合在一起（见图 10－48）。

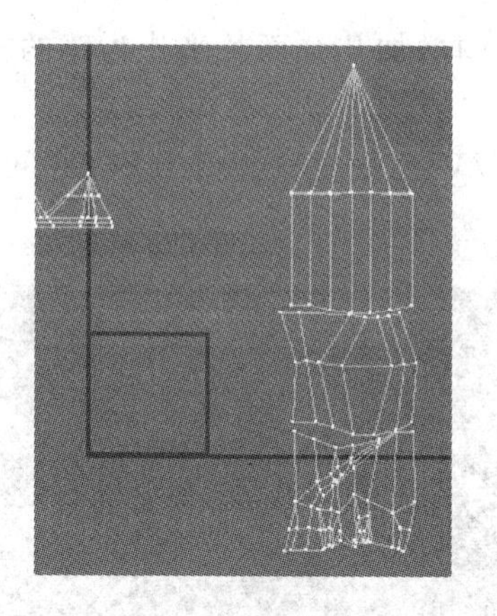

图 10 - 47

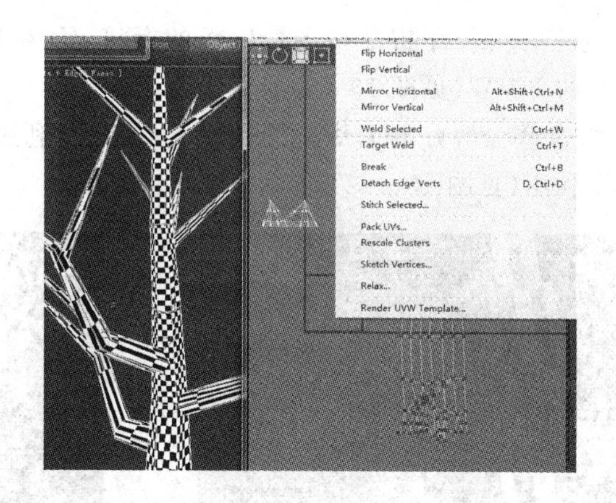

图 10 - 48

⑩ 在 UVW 设置选项里，将 UVW 框设置按图改为长方形(见图 10 - 49)。

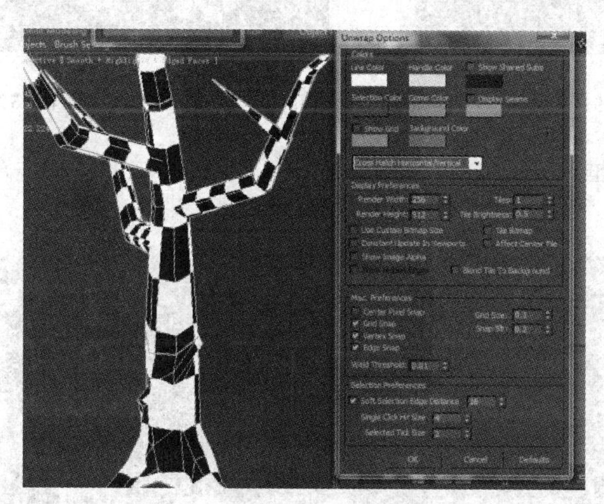

图 10 - 49

⑪ 其他树枝也这样分解开(见图 10 - 50)。

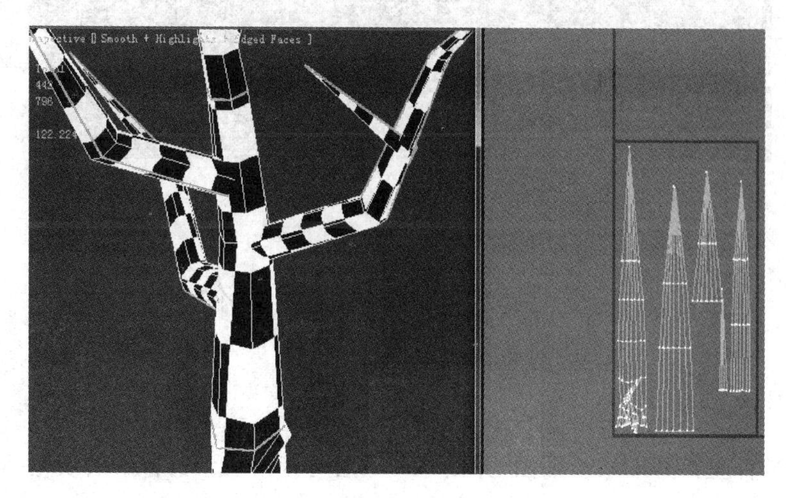

图 10 - 50

⑫ 为了做好树干根部与场景地面的衔接，给树干外围增加几个面片来作为草的模型，并分解好草的 UVW(见图 10－51)。

⑬ 将这些分解好的 UVW 摆放好，尽量充分利用 UVW 有效框。主树干 UVW 可以折叠方式重复利用(见图 10－52)。

图 10－51

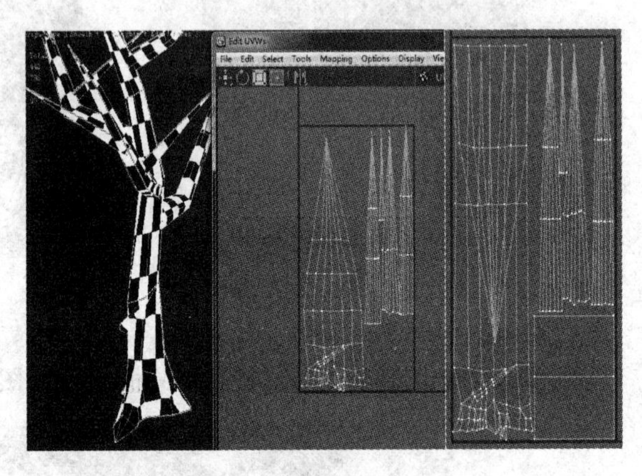

图 10－52

⑭ 输出 UVW 线框为 TGA 格式贴图，大小为 256×512，保存软件默认设置就可以了(见图 10－53)。

图 10－53

10.5　植物的贴图制作

10.5.1　树叶的绘制

① 在 PS 软件里打开 UVW 贴图，并做好 UV 层与背景层。给背景层填充一个深绿色(见图 10－54)。

② 建立好树叶层与树枝层，分开创建方便以后对绘制选区的选择(见图 10－55)。

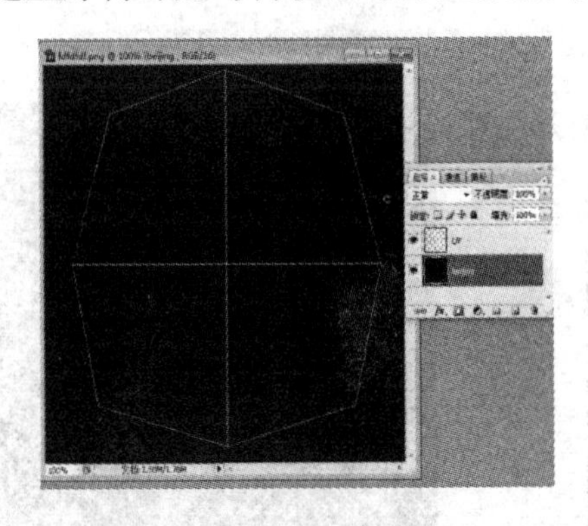
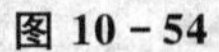

图 10－54

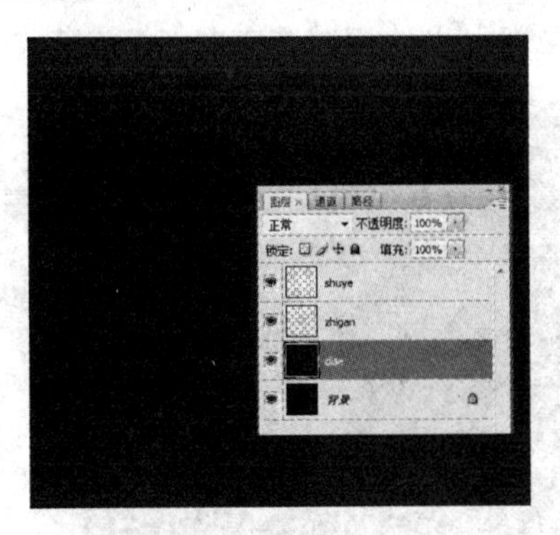

图 10－55

③ 使用画笔工具绘制树枝的走向，这里选择的是第 19 号画笔笔刷，在透明度和流量上不做改动保持数值为 100(见图 10－56)。

④ 在画笔绘制的同时，使用橡皮擦工具对树枝形态修剪，让树枝的形态更自然、好看(见图 10－57)。

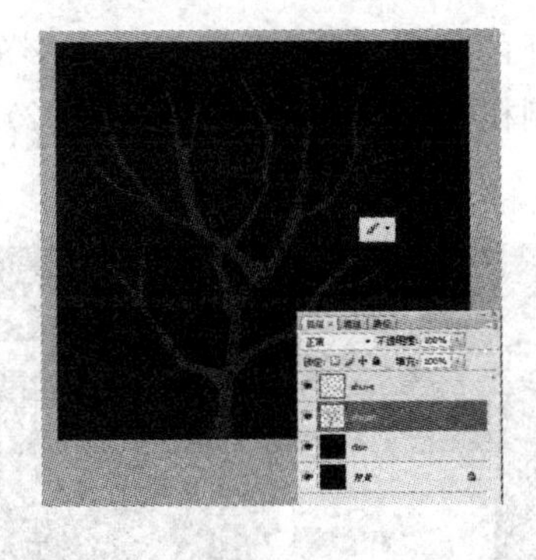

图 10－56

图 10－57

⑤ 按住 Ctrl 键同时左击选择树枝图层，绘制的树枝便作为选区被选中(见图 10－58)。

⑥ 按 Ctrl＋H 键，隐藏选区，只是无法显示但选区的效果还保留。在这种情况下绘制，不会画出树枝的边缘。给树枝绘制深色表现出树枝的立体感(见图 10－59)。

图 10－58

图 10－59

⑦ 选择亮点颜色在树枝上绘制出高光部分(见图 10-60)。

⑧ 局部可以使用减淡工具、高光模式,完成树枝的绘制(见图 10-61)。

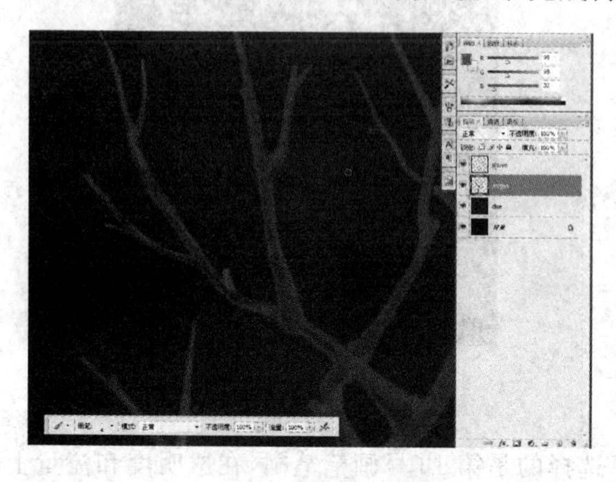

图 10-60

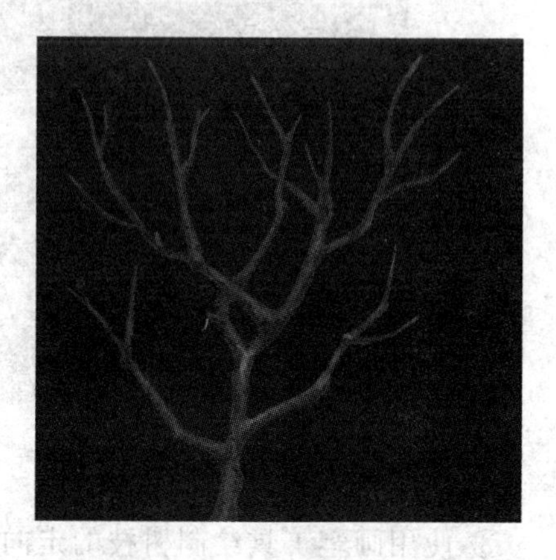

图 10-61

10.5.2 树叶叶形的绘制

① 使用画笔工具在树叶图层里绘制一片树叶的外形,树叶是重复性很多的物体,在绘制上多使用色相上的区分表现,不要把时间用在绘制树叶的纹理上(见图 10-62)。

② 使用加深工具把树叶的尾部加深(见图 10-63)。

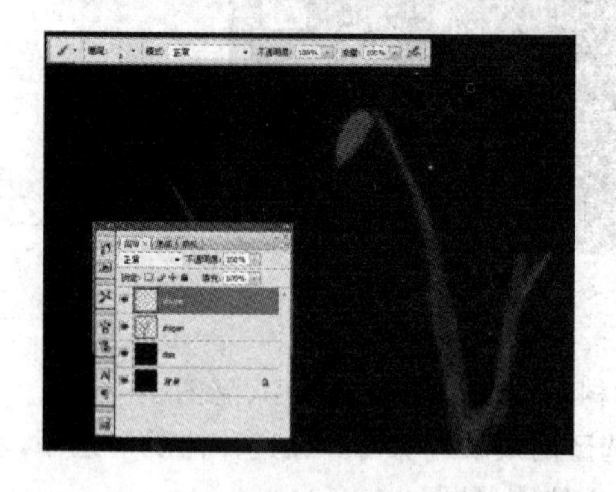

图 10-62

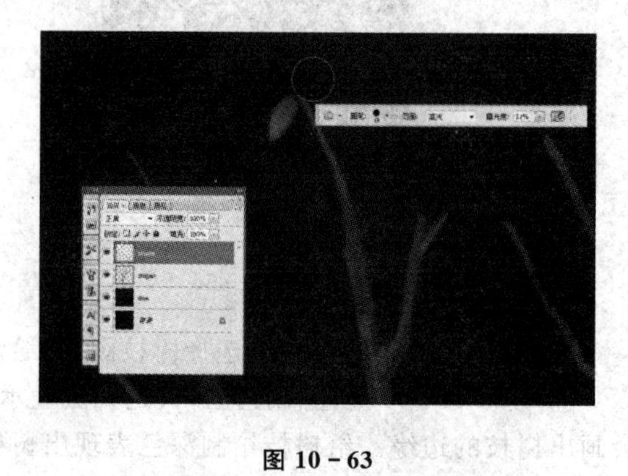

图 10-63

③ 减淡工具绘制出树叶尖端的嫩绿色(见图 10-64)。

④ 绘制出相应的树叶侧面、底面。树叶的朝向向四方伸展,成组地表现(见图 10-65)。

图 10-64

图 10-65

⑤ 使用 Ctrl＋Alt＋鼠标左键，复制出树叶组，使用变换命令做一些形态变化，避免由于重复使用图像而呈现重复性和单一性的效果(见图 10－66)。

图 10－66

⑥ 还可以在复制树叶组的同时调整一下色相参数，以求更丰富的树叶表现(见图 10－67)。

图 10－67

⑦ 再复制使用，需要做些变化，比较下面的树叶用加深工具将明度降暗(见图 10－68～图 10－70)。

图 10－68

图 10-69

图 10-70

⑧ 打破图像重复太过频繁的效果，在其他地方用画笔绘制添加一些新的树叶（见图 10-71）。

⑨ 贴图的绘制过程注意图形的疏密关系，过多的树叶重叠密集在一起不美观，让有些树叶间隙刻意绘制显露出来。还可以复制树叶图层将图层放在树枝的下面，产生树枝另一面树叶的效果（见图 10-72）。

图 10-71

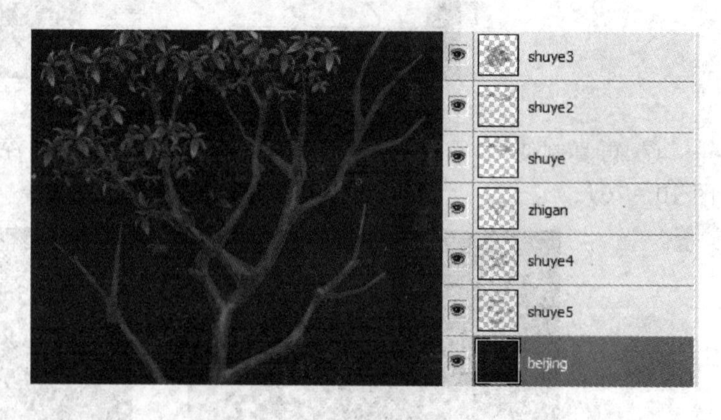

图 10-72

⑩ 使用橡皮擦工具擦除掉不必要的树枝，使树叶外形呈弧形（图 10-73）。

⑪ 继续添加到足够的数量（见图 10-74）。

图 10－73

图 10－74

10.5.3　树叶颜色的调整

① 丰富树叶的色彩变化，让树叶整体的层次效果更好。可使用色彩平衡命令（快捷键：Ctrl＋B），分别对树叶的阴影、中间调、高光进行调整（见图 10－75）。

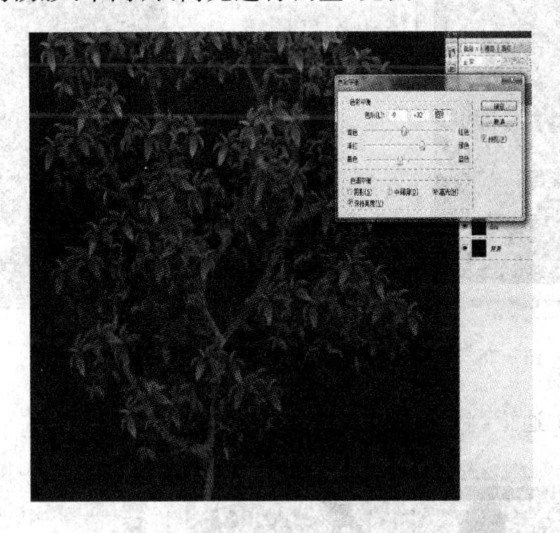

图 10－75

② 现在制作的树叶色彩上偏灰调，使用色相饱和度命令（快捷键：Ctrl＋U），给树叶图像增加数值高一些的饱和度（见图 10－76）。

③ 在使用色彩平衡或色相饱和度命令调整贴图颜色时，最好使用蒙版添加命令，蒙版会将这些命令作为控制图层方式，好处是可以随时方便地对这些命令参数重新修改（见图 10－77）。

图 10－76

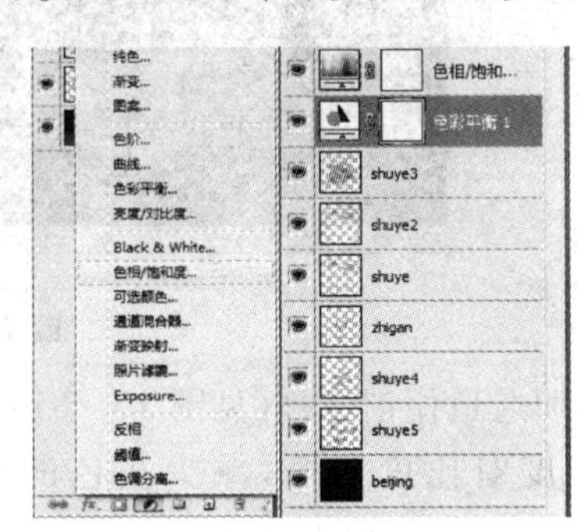

图 10－77

10.5.4 树叶透明贴图的制作

① 制作透明贴图需要知道在游戏引擎里，黑色表示透明，白色表示不透明，灰色表示半透明效果。

② 在PS软件通道器里单击下方创建新的通道及Alpha 1，游戏中一个模型只能对应一个Alpha通道(见图10-78)。

③ 使用Shift+Ctrl键配合鼠标左键选择图层，把所有树叶和树枝的图层选中，做出选区(见图10-79)。

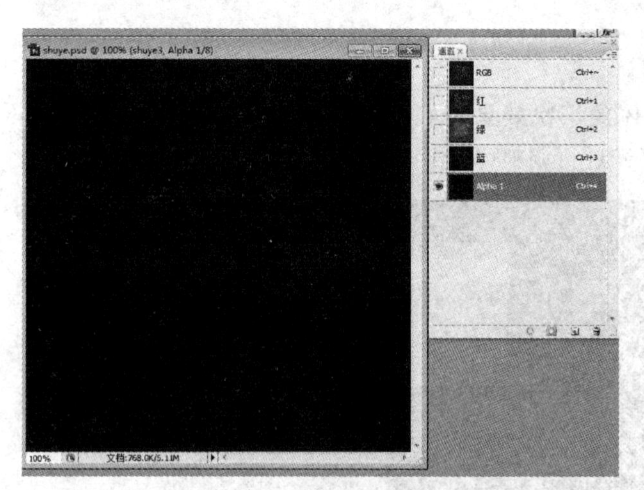

图10-78

图10-79

④ 切换到Alpha 1通道，将选区填充为白色(见图10-80)。

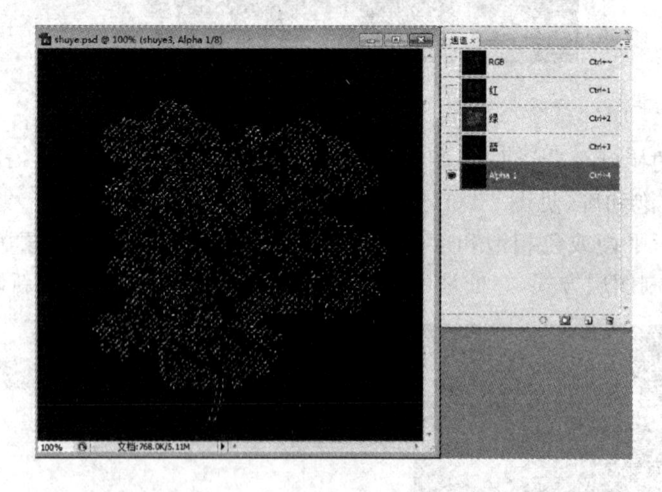

图10-80

⑤ 这样透明通道便创建好(见图10-81)。

⑥ 使用亮度对比度命令，减少灰色的色调，只留下纯白色和纯黑色的Alpha 1(见图10-82)。

⑦ 选择保存为TGA32位格式的贴图(见图10-83)。

图 10－81

图 10－82

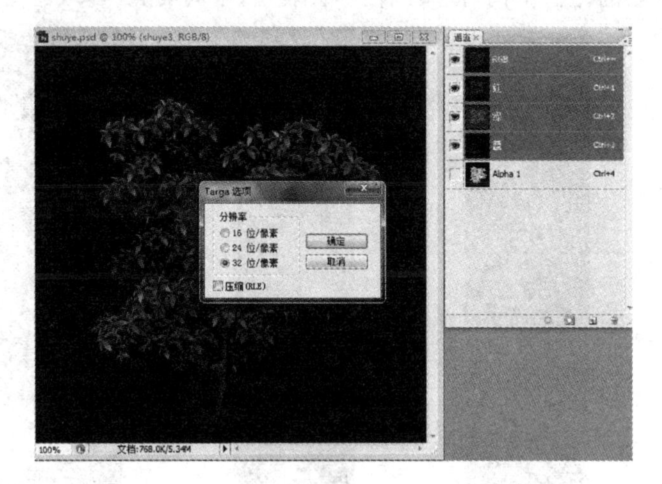

图 10－83

10.5.5 树干的绘制

① 在 PS 软件里打开树干的 UVW 贴图，和绘制树叶初始时一样，先将 UVW 单独建层，然后给背景图层填充深黄色（见图 10－84）。

② 使用画笔工具绘制树皮的结构，一开始不需要把绘制图形的纹理画得太细，而应从整体出发，利用一些随意绘制的笔触产生树皮的肌理感（见图 10－85）。

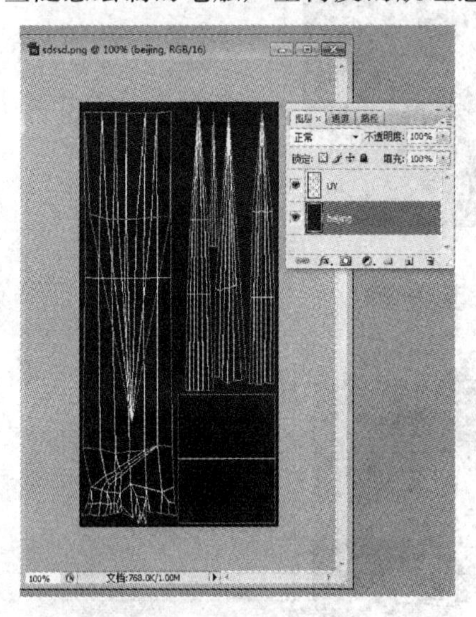

图 10－84

图 10－85

③ 给树干绘制一些自然形态结构，比如树枝被断开的效果，同时还有模型上制作出来的树根缠绕效果，在树的根部绘制一些绿颜色笔触作为自然环境对树干的影响（见图 10－86）。

④ 绘制树皮间隙的深颜色线，这条线是必要的结构线（见图 10－87）。

⑤ 树皮被刮开里面会露出下面的亮色光滑的树干（见图 10－88）。

⑥ 强调一下树根的体积结构，按照圆柱形去表现，中间要亮一些（见图 10－89）。

图 10－86

图 10－87

图 10－88

图 10－89

⑦ 绘制到这里使用亮度、对比度命令调整一下整体的对比关系(见图 10-90)。

⑧ 不用把树皮绘制得太满,留一些空间。绘制图形太满看上去很死板(见图 10-91)。

⑨ 使用仿制图章工具仿制一些局部,提高工作效率(见图 10-92)。

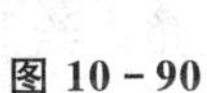

图 10-90

图 10-91

图 10-92

⑩ 使用滤镜菜单下的锐化工具添加细节像素,这样贴图看上去会更清晰(见图 10-93)。

⑪ 每片树皮边缘绘制转角的高光边结构,强化立体结构感。注意用色不要太亮,这样绘制让贴图看上去对比度很强(图 10-94)。

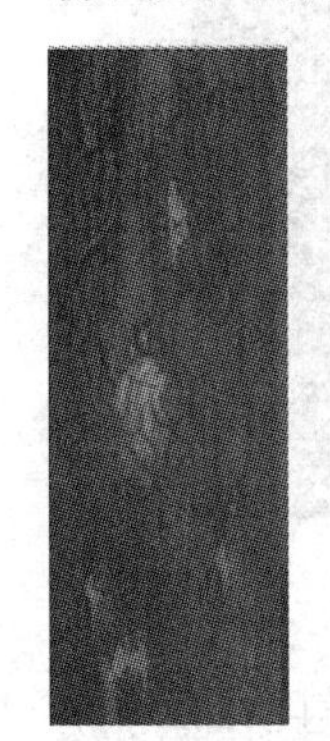

图 10-93

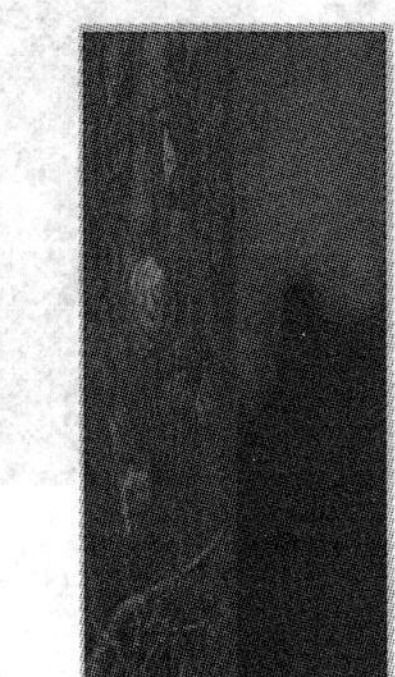
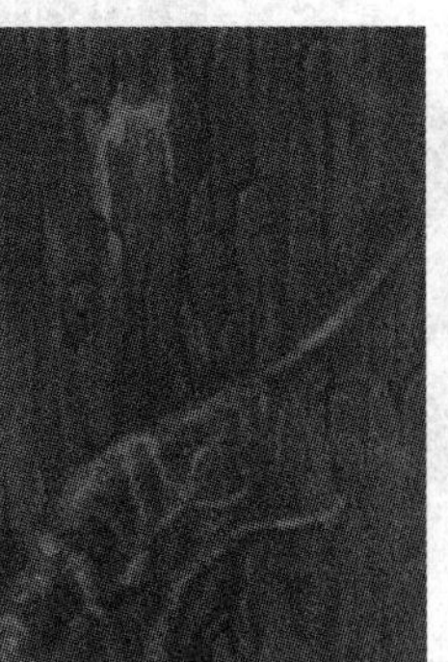

图 10-94

⑫ 提升画面的饱和度和对比度,避免过于偏灰调(见图 10-95)。

图 10-95

⑬ 复制绘制好的树皮作为其他树枝贴图使用,复制后需要修改贴图免得重复使用贴图太过明显(见图 10-96)。

⑭ 绘制树干底部的环境色,贴图绘制完成,贴到模型上观察效果(见图 10-97)。

图 10-96

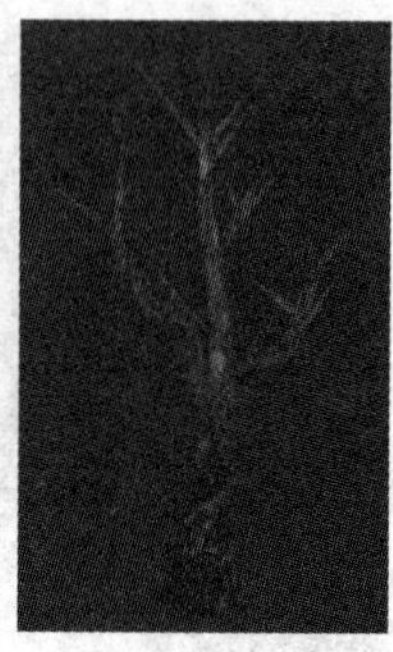

图 10-97

⑮ 绘制右下角草的贴图,为了便于用画笔,可以将画布旋转到正视角。绘制完毕后再旋转回去(见图 10-98)。

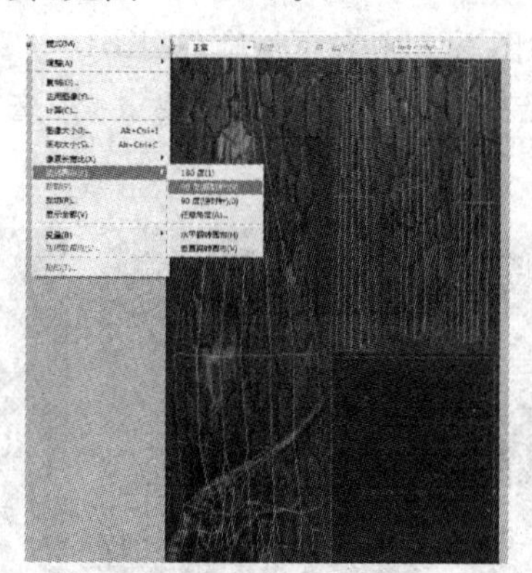

图 10-98

⑯ 杂草的透明通道制作与树叶有所不同,这里只需要考虑做草的透贴,而树干不需要透明。在 PS 通道里创建一个 Alpha 1,将草的 UVW 选区填充为白色(见图 10-99)。

⑰ 使用 Ctrl+I 反向命令,将黑白色对调(见图 10-100)。

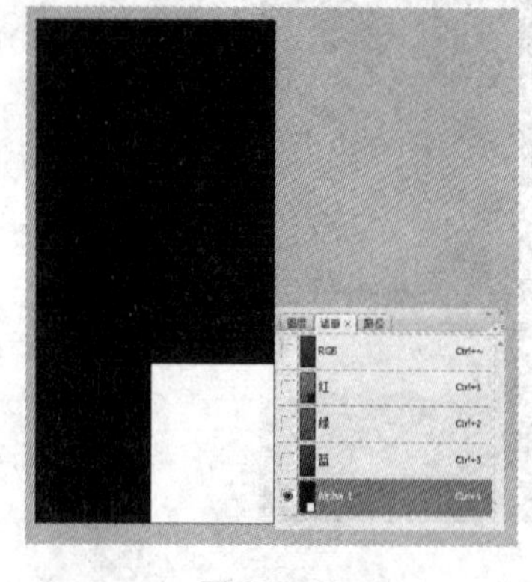

图 10-99

图 10-100

⑱ 在图层里左击绘制草的图层，选中草的图形选区，返回通道在选区中填充白色（见图 10－101）。

⑲ 使用亮度、对比度命令，将亮度数值向右调到最大值，目的是消除灰色阶效果，使画面黑白分明（见图 10－102）。

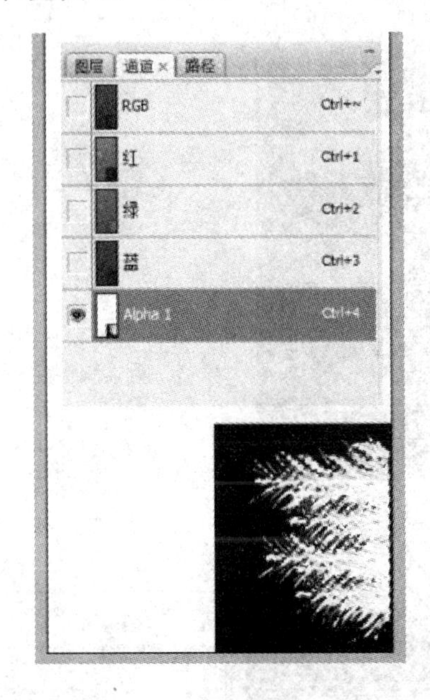

图 10－101

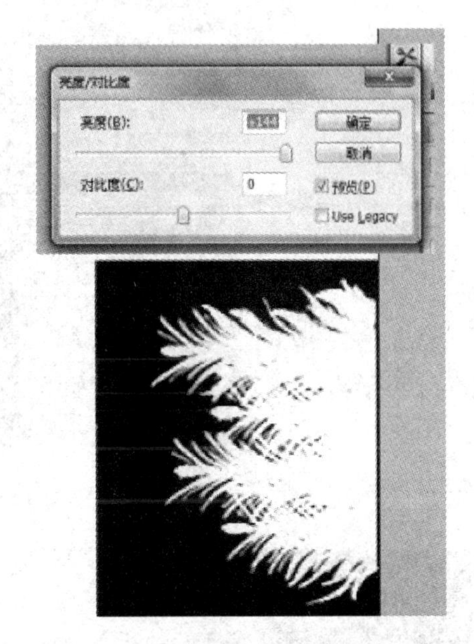

图 10－102

⑳ 绘制完成的贴图保存为 32 位 TGA 格式，透明贴图制作完毕（见图 10－103）。

㉑ 接着制作树干上树叶的投影，打开树叶的贴图拖动一个树叶的选区到树干贴图里（见图 10－104）。

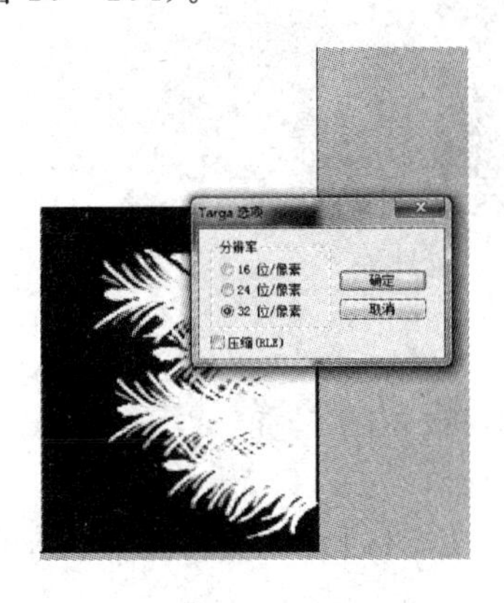

图 10－103

图 10－104

㉒ 如果发现树叶选区位置不太合适，使用移动工具移动选区将会连贴图也移走，这里需要使用到选择菜单里的变换选区命令。这个命令只会调整选区框，对绘制的贴图不会产生变形作用（见图 10－105）。

㉓ 将选区移动到合适的位置后，添加一个色相饱和度的蒙版，把明度数值滑条向左移动降低，获得树叶的投影效果。到这里树叶和树干的贴图都制作完成了（见图 10－106）。

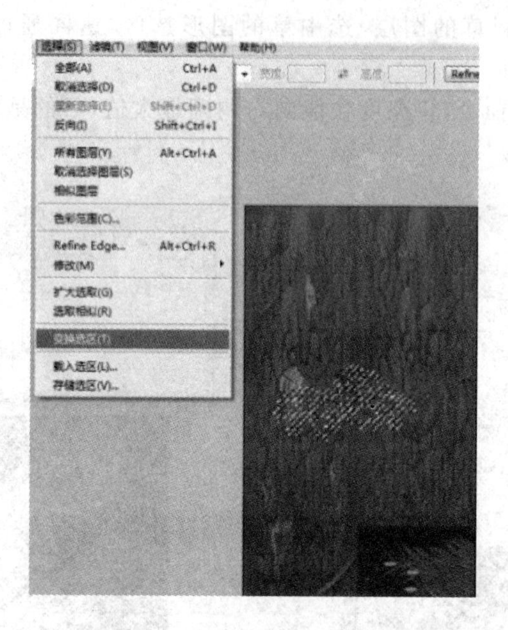

图 10－105

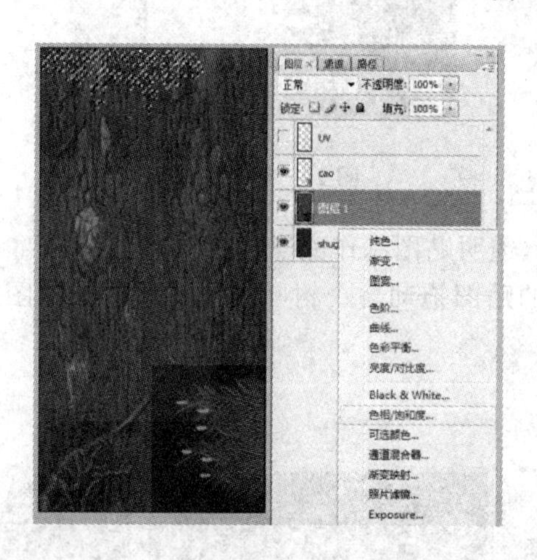

图 10－106

10.6　3ds Max2014 显示透明效果的设置

① 绘制完了树叶和树干两张贴图，并做好了相应的 Alpha 透明通道制作，下一步将在 Max 软件里显示出带透明贴图的效果(见图 10－107)。

② 在 3ds Max2014 软件里分别给树叶和树干赋予材质球，并在材质编辑器 Diffuse Color (漫反射)通道上贴上 TGA 格式的贴图。树干和树叶使用同样的方法和步骤(见图 10－108)。

③ 树木显示出了贴图但没有透明效果，在材质球 Maps 栏里，将 Diffuse Color 的贴图拖拽到下面的 Opacity(透明)通道里，在弹出的对话框里选择 Copy 命令(见图 10－109)。

④ 单击进入到 Opacity(透明)通道设置里，在 Mono Channel Output(通道输出)复选框中选择 Alpha(通道)，在 Alpha Source 复选框中选择 Image Alpha(见图 10－110)。

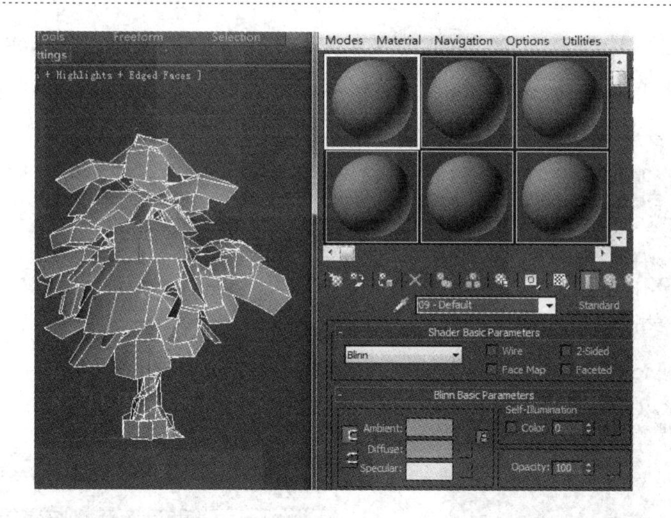

图 10－107

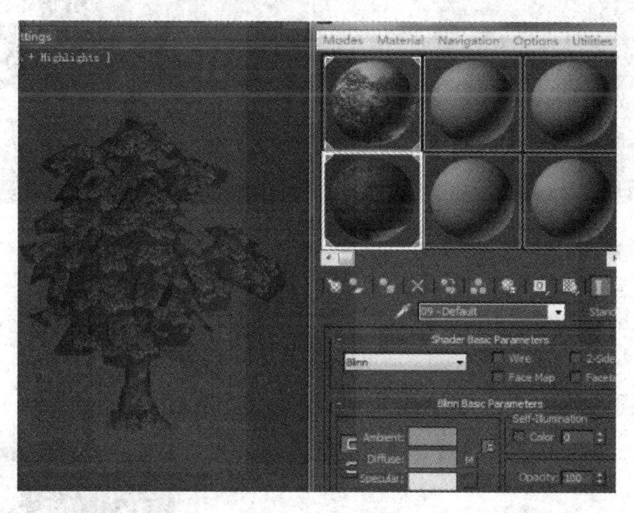

图 10－108

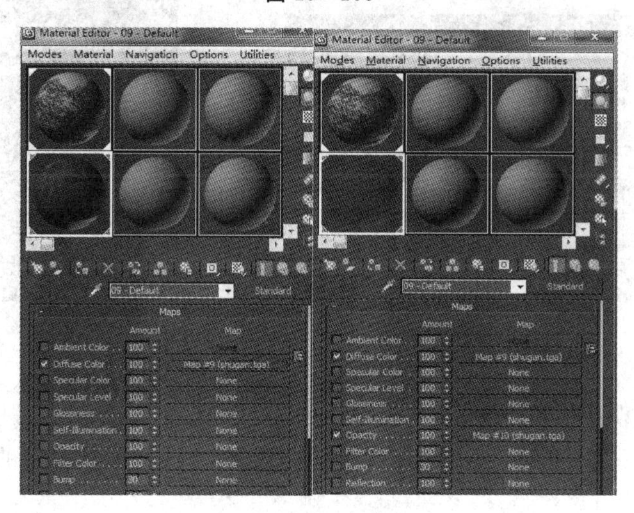

图 10－109

⑤ 在材质编辑器选择材质球，再单击显示贴图选项，按键图标为，单击图标返回到上一级菜单，同样需要单击显示贴图按键。用户可以通过材质球看出图像变化（见图 10－111）。

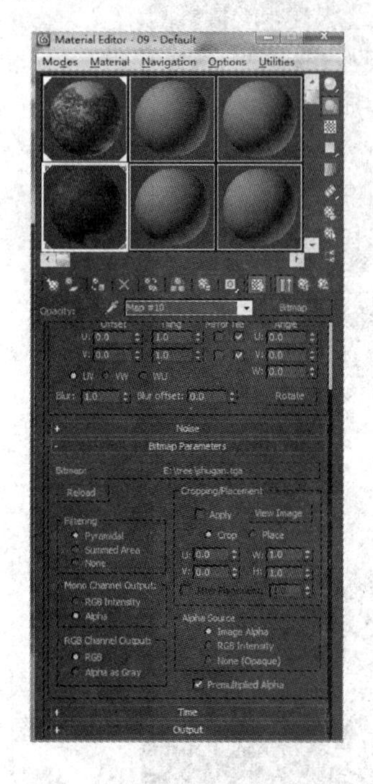

图 10－110

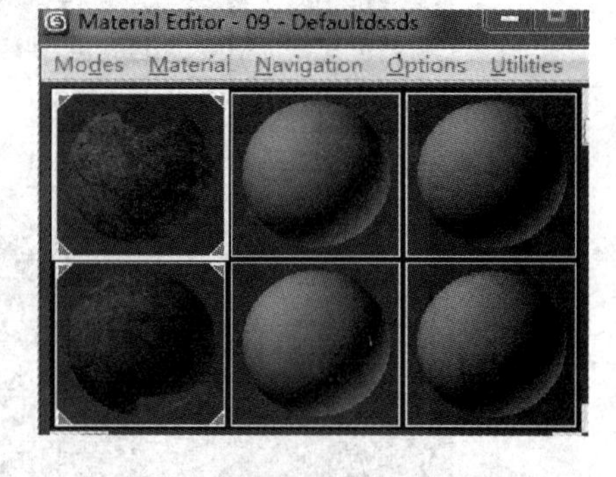

图 10－111

⑥ 在视图上右击 Highlights，选择 Transparency→Best 命令，将显示效果设置为最好效果（见图 10－112）。

⑦ 树木模型的透明效果已经显示出来（见图 10－113）。

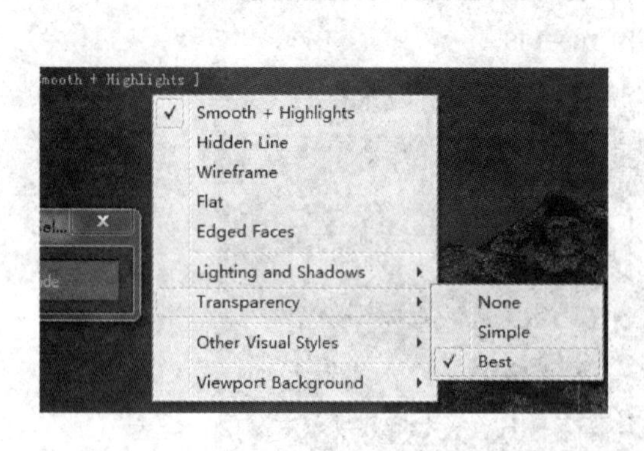

图 10－112

图 10－113

⑧ 取消勾选模型属性里的 Backface Cull，让树木双面显示出来。快捷键为数字键 8，Environment and Effects 里的 Ambient（自发光）为白色。这样模型显示的效果才是贴图固有的颜色明度（见图 10－114）。

⑨ 完成树木的制作（见图 10－115）。

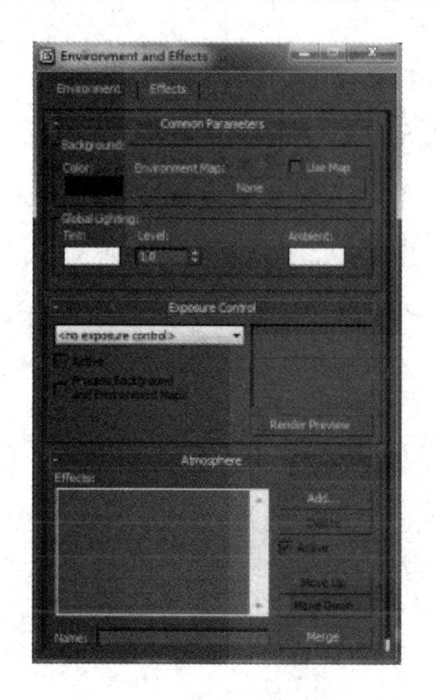

图 10 - 114

图 10 - 115

10.7　本章小结

本章讲解了游戏中树木的制作流程，看似简单的树木制作，其实包含了很多技巧和经验。树叶片面的搭建是树木制作中的重点，怎样合理使用为数不多的面片搭建出满意的树木 3D 效果，需要制作者仔细去推敲。

10.8　课后练习

1. 按照课程讲解的方法制作一种树木。

第 11 章　游戏武器的制作

章节要点：

本章的重点是游戏模型武器的制作学习，制作重点是模型和绘制贴图，通过武器制作流程的学习，可使读者具备复杂类型游戏项目的制作能力。

11.1　游戏武器的主要样式与种类

游戏的武器制作偏向于游戏角色的制作范畴，游戏武器是一款以武器吸引玩家的游戏，通常外形特殊、制作华丽的武器价值高，相应玩家花在游戏上的时间也越长，它关系到一款游戏的生命力。游戏武器的样式与种类很多，在样式上分西式与中式，但也并没有很严格的区分，现在的游戏武器更多是大杂烩，并没有遵从现实世界武器的范畴，原画师天马行空地想象设计出多种多样的武器。

游戏武器种类按照游戏角色职业可划分为：.

近战类：匕首、剑、刀、锤、斧、棍、矛等。

远程类：弓、弩、枪、镖等。

魔法类：法杖、法器、魔杖等。

防具类：盾。

11.2　游戏武器常用模型与贴图表现

考虑到游戏武器会大量地出现在实际游戏运行中，为优化机器，游戏武器在模型制作上不会使用过多的面数来表现，都是靠贴图表现出武器设计上的细节，复杂的设计也不会超过1 000 面。带有特效的武器也是用面片的透明通道去表现。

游戏武器的贴图表现从风格上有半写实与卡通类，半写实在制作中会利用一些真实照片材质来辅助贴图的质感，卡通类的贴图全靠手绘的方式去制作。

11.3　制作范例——武器刀的制作

原画如图 11－1 所示。

原画分析：需要制作的武器属于中式的样式，整个武器的材质都为铁制。模型的面数控制在 500 三角面以内，贴图的尺寸为 256×512 一张，贴图绘制风格为半写实。

图 11－1

11.4　武器模型的制作

导入原画作为背景参考

① 在模型制作前将原画在 PS 软件中打开，选择画布大小命令（快捷键：Ctrl＋Alt＋C），从对话框中取得这张武器原画尺寸的数值（见图 11－2）。

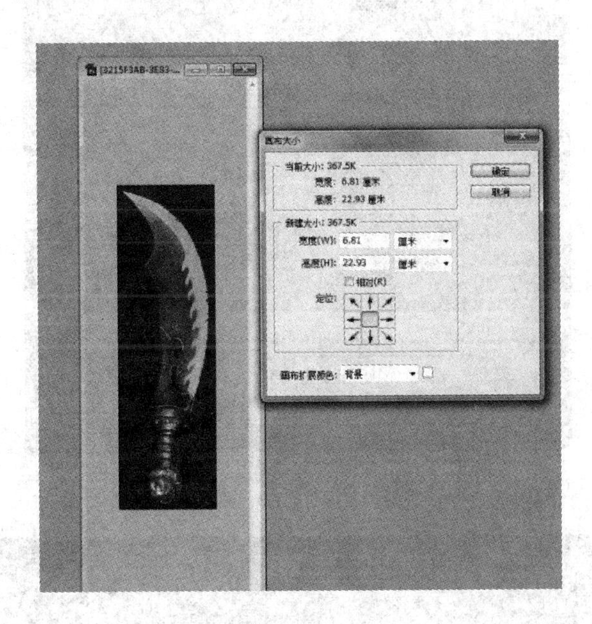

图 11－2

② 在得到原画尺寸数据后，运行 3ds Max2014 软件，将要制作模型的尺寸单位统一成 cm（见图 11－3）。

③ 使用平面类（Plane）建模工具，在操作视图中拖拽出一个平面模型（见图 11－4）。

④ 将平面的尺寸设置为图片一样的长、宽数值，并将段数设置为 1（见图 11－5）。

⑤ 打开材质编辑器（快捷键 M）选择一个材质球，给平面添加原画的图片（见图 11－6）。

⑥ 这种导入原画的制作方式，适合原画的设计为正式图，也就是原画不是透视图效果的情况，选择平面右击，打开模型属性设置（见图 11－7）。

⑦ 右击，在属性设置里将选项 Show Frozen in Gray 勾选取消，这个命令是强制模型显示贴图，因为在制作中难免会不小心移动到平面，所以需要冻结掉模型，冻结的模型包括贴图也会不显示出来，取消这个勾选，将强制贴图显示（见图 11－8）。

⑧ 取消勾选后，使用冻结命令 Freeze Selection，冻结模型（见图 11－9）。

小提示：取消冻结模型命令为 Unfreeze ALL。

⑨ 创建命令里选择平面样本（Plane）用于制作刀面（见图 11－10）。

⑩ 在修改栏里设置平面的线段数为 2 段，使用快捷键 Ctrl＋X 让模型透明化显示，方便用户参照原画制作（见图 11－11）。

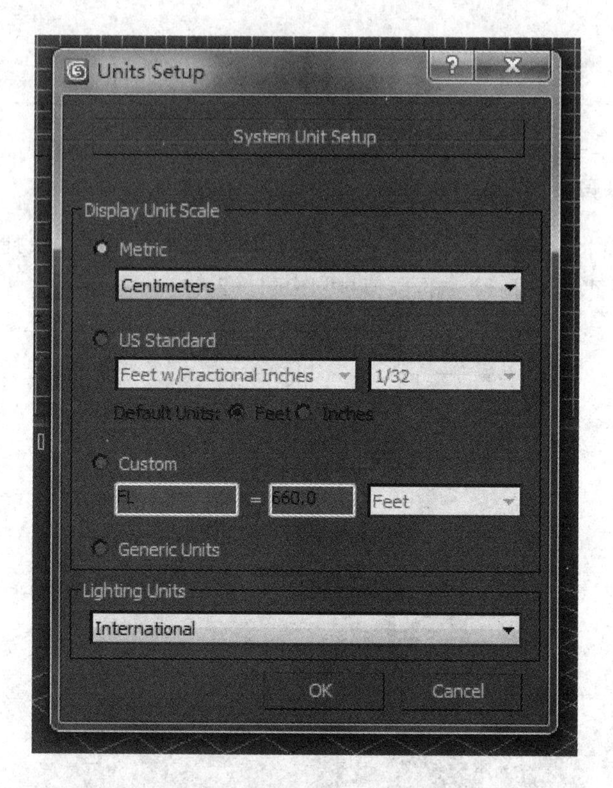
Units Setup
System Unit Setup
Display Unit Scale
Metric
Centimeters
US Standard
Feet w/Fractional Inches
1/32
Default Units: Feet Inches
Custom
FL
660.0
Feet
Generic Units
Lighting Units
International
OK
Cancel

图 11－3

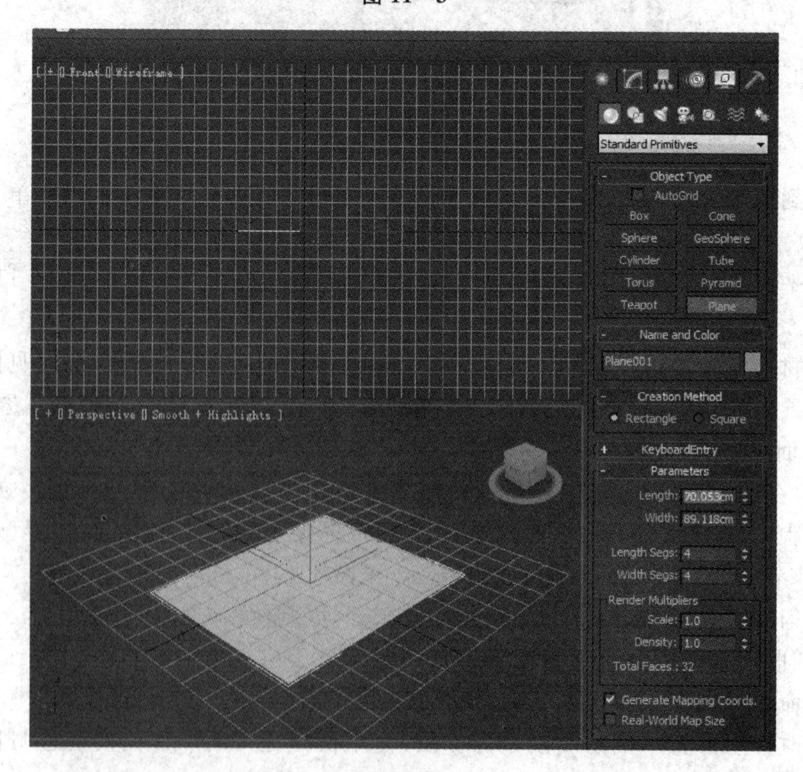
Standard Primitives
Object Type
AutoGrid
Box
Cone
Sphere
GeoSphere
Cylinder
Tube
Torus
Pyramid
Teapot
Plane
Name and Color
Plane001
Creation Method
Rectangle
Square
Keyboard Entry
Parameters
Length: 70.053cm
Width: 89.118cm
Length Segs: 4
Width Segs: 4
Render Multipliers
Scale: 1.0
Density: 1.0
Total Faces : 32
Generate Mapping Coords.
Real-World Map Size

图 11－4

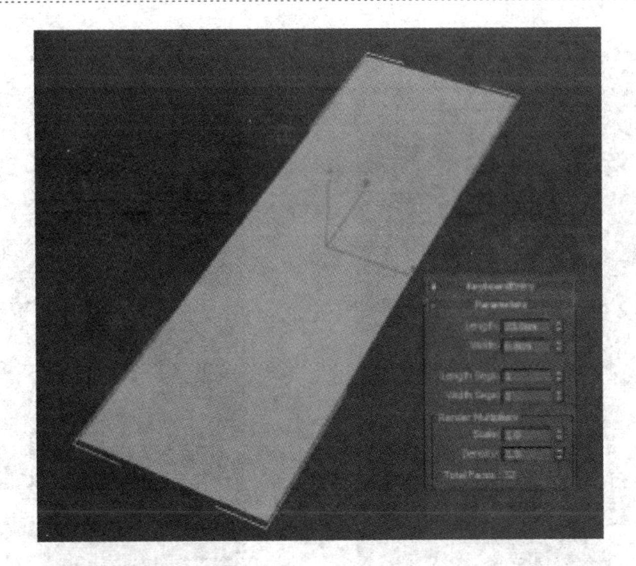

图 11 - 5

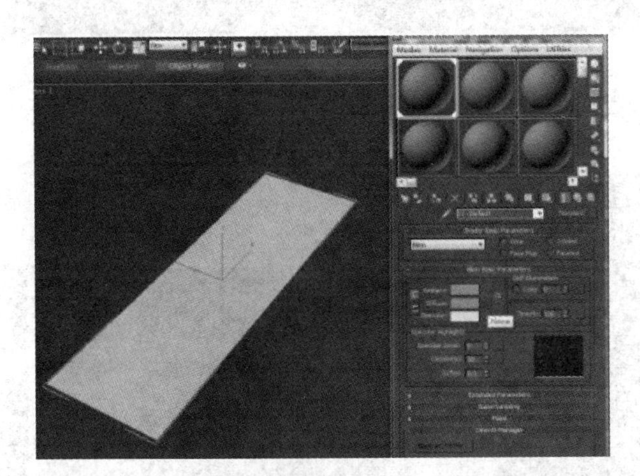

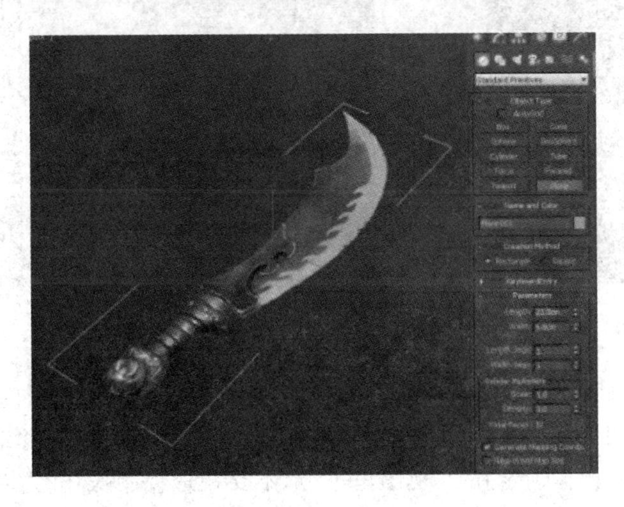

图 11 - 6

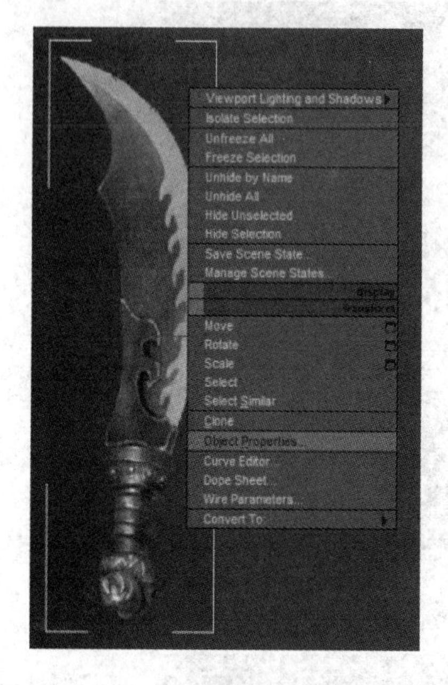

图 11-7

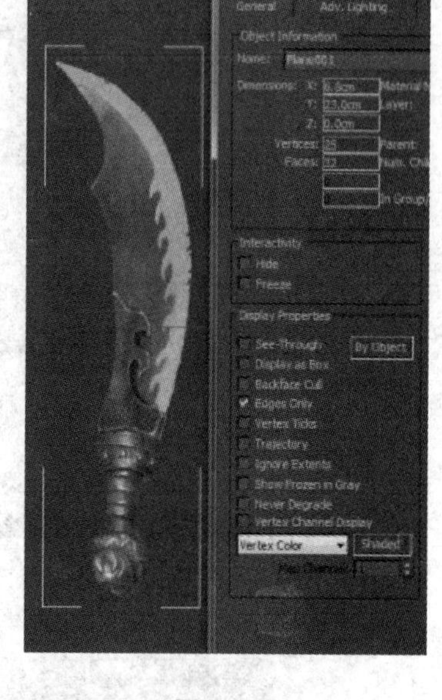

图 11-8

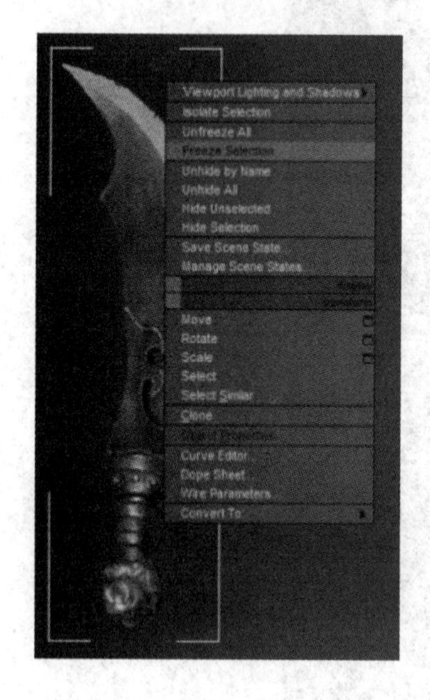

图 11-9

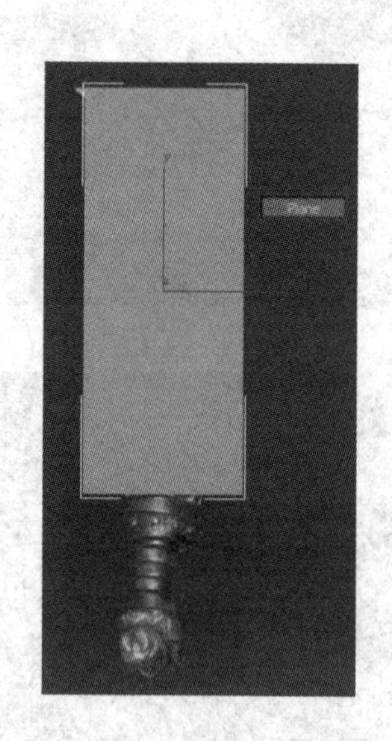

图 11-10

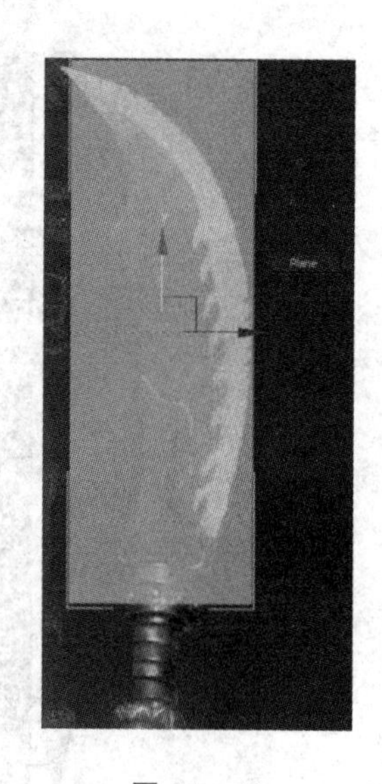

图 11-11

⑪ 选择平面模型单击，将模型塌陷为 Ploy（转换为多边形编辑）（见图 11-12）。

⑫ 模型转换成 Ploy 后，在右面修改栏里选择模型的点层级，左键移动点的位置拉出刀面的大型，需要注意的是操作锁定在 T 视图里进行，不要在透视图操作，避免点的位置发生错误（见图 11-13）。

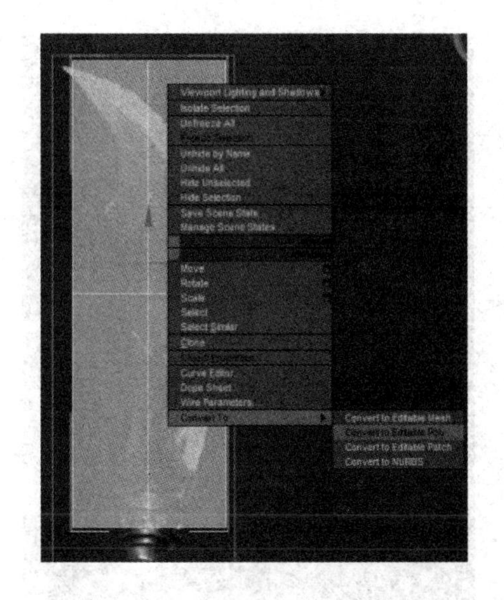

图 11-12

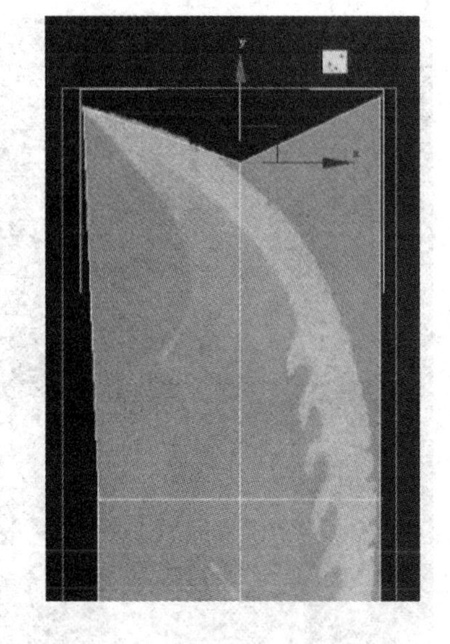

图 11-13

⑬ 模型的线段不够使用时，使用连线工具给模型增加线段数，不要一次添加得过多(见图 11-14)。

⑭ 使用切线工具 Cut 给模型自由加线(见图 11-15)。

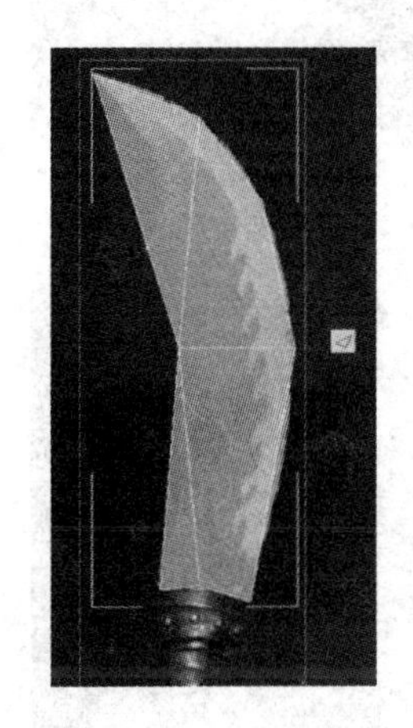

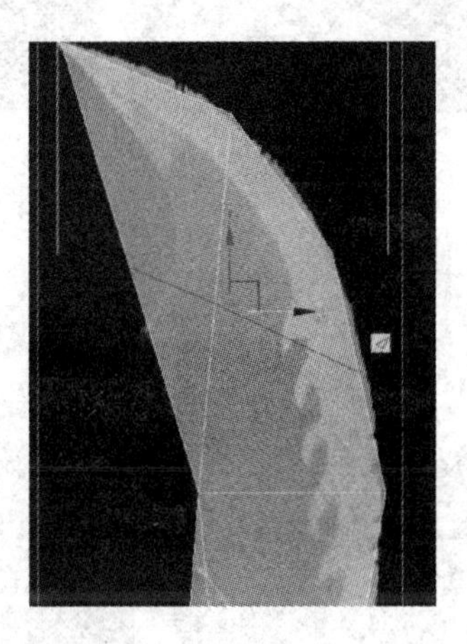

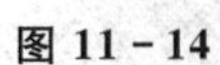

图 11-14

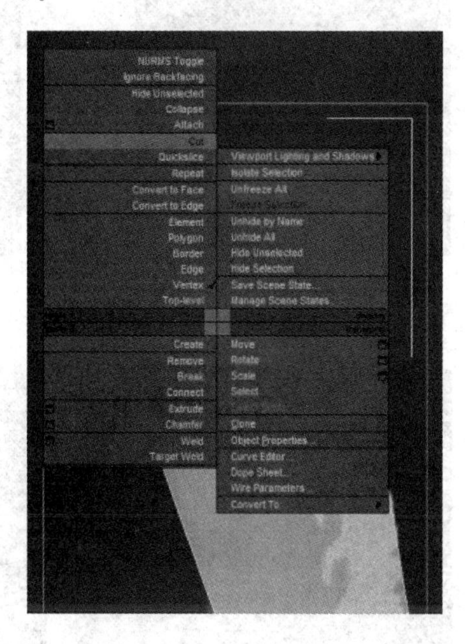

图 11-15

⑮ 刀外边制作的同时将多余的点合并掉(见图 11-16)。

⑯ 按照原画调节点的位置(见图 11-17)。

⑰ 选择点，使用 Chamfer 命令将点撑开，快速获得两个点，移动点到原画设计的位置(见图 11-18)。

⑱ 继续使用 Chamfer，多余点用连接目标点命令合并掉(见图 11-19)。

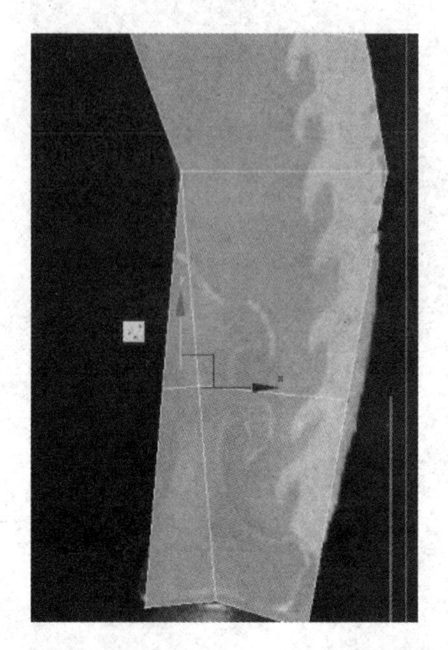

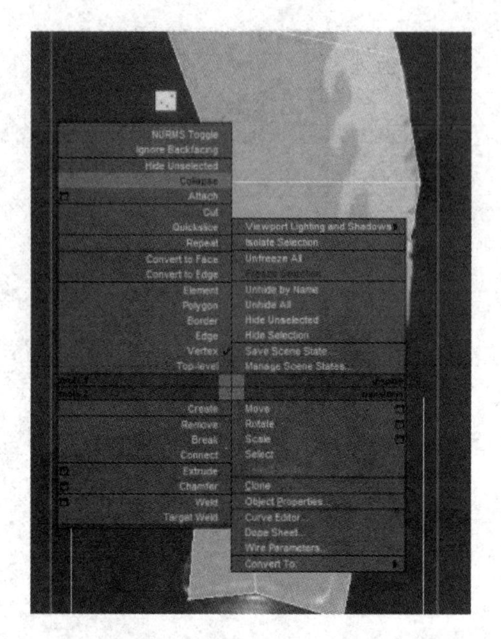

图 11-16

图 11-17

图 11-18

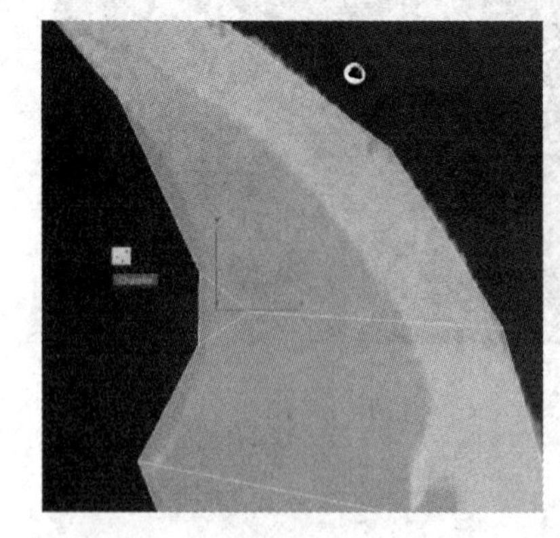

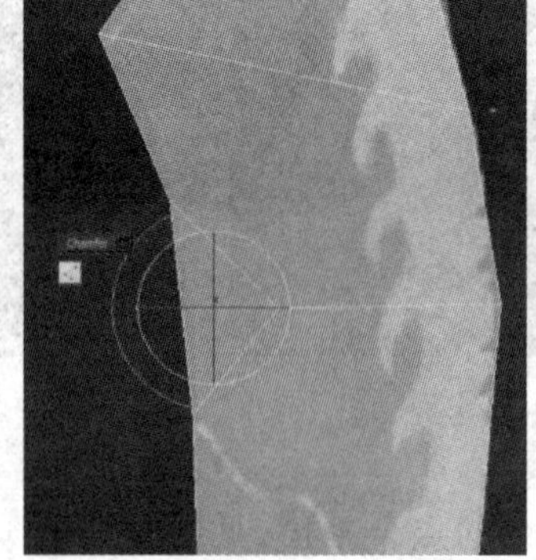

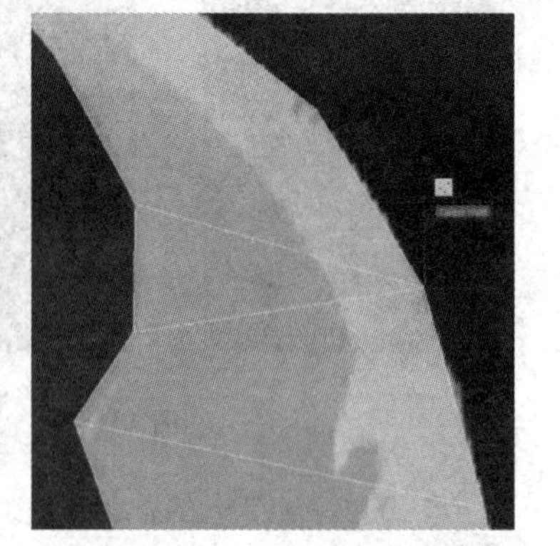

图 11-19

⑲ 点的移动要匹配下面原画的位置，这样整个刀面的模型就制作好了(见图 11-20)。

⑳ 配合使用切线命令按照原画的设计切出刀吞的线段(见图 11-21)。

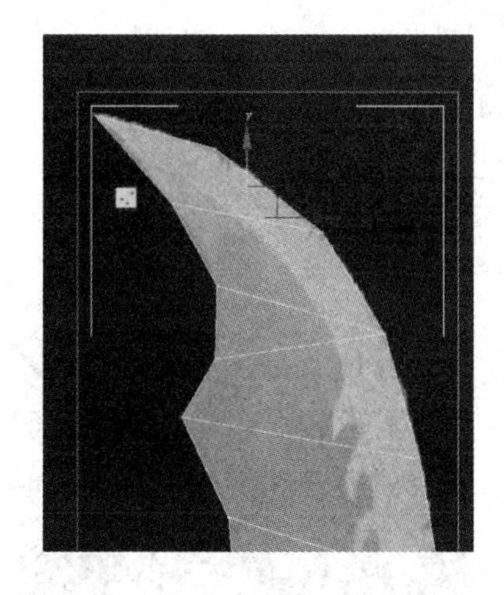

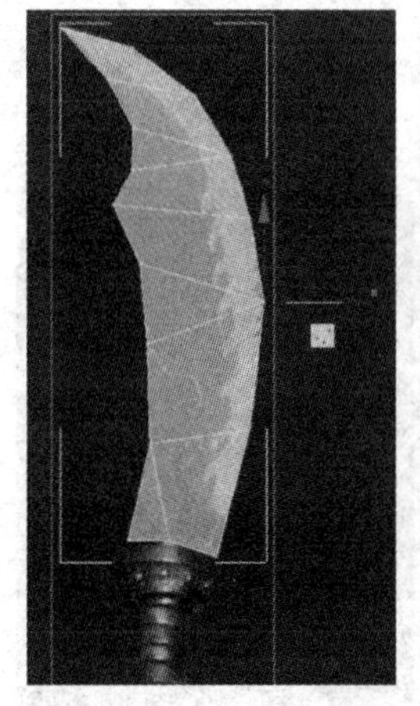

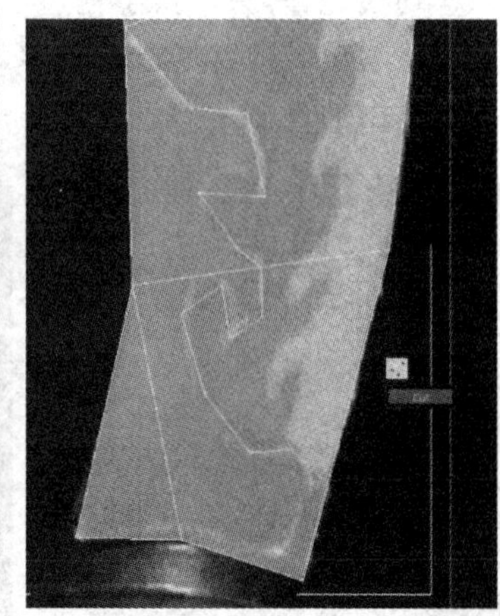

图 11 - 20　　　　图 11 - 21

㉑ 依然保持在同一水平面上(见图 11 - 22)。

㉒ 切线只能保证大型,局部需要移动点来匹配原画(见图 11 - 23)。

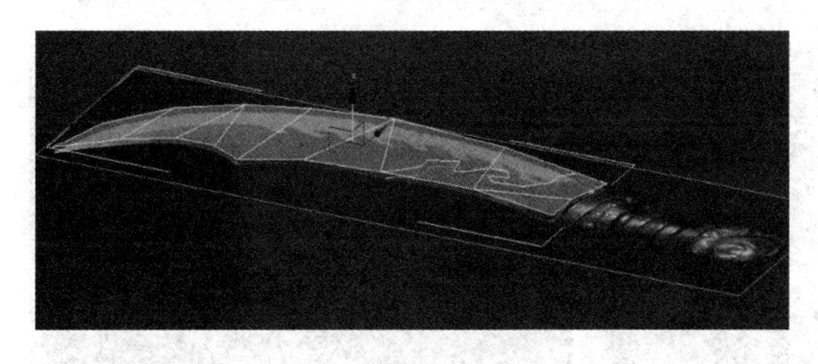

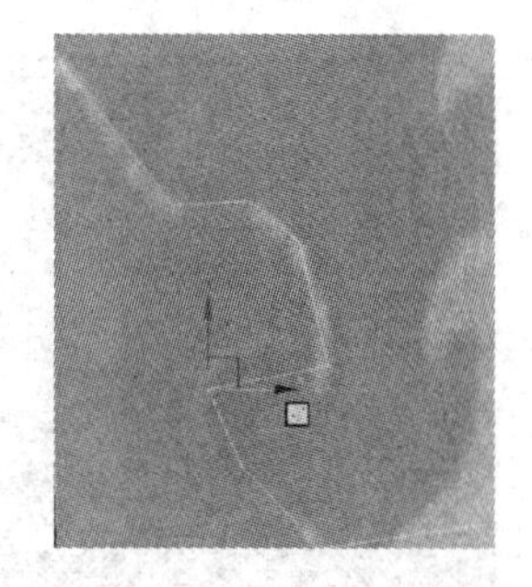

图 11 - 22　　　　图 11 - 23

㉓ 模型上点不够用就使用 Chamfer 命令来增加点(见图 11 - 24)。

㉔ 使用点捕捉工具配合切线工具连接边线,游戏模型不允许超过四边形,超过四边形需要用增加线段来打破(见图 11 - 25)。

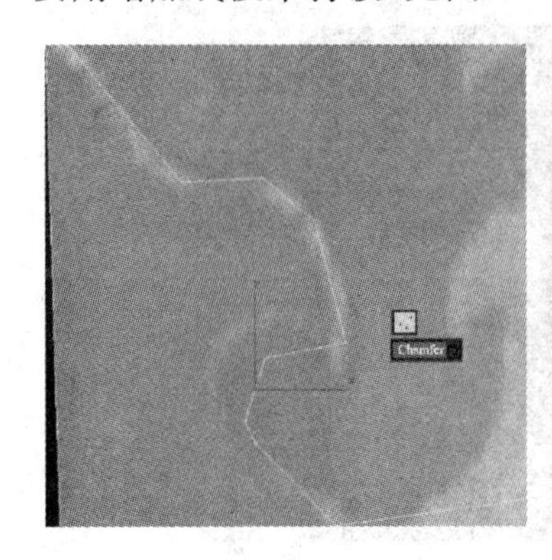

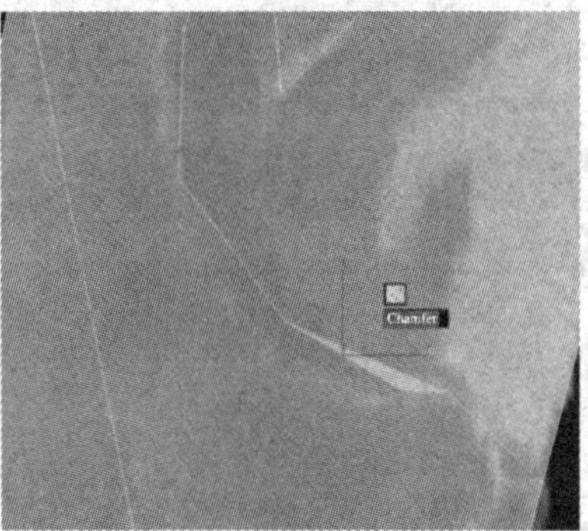

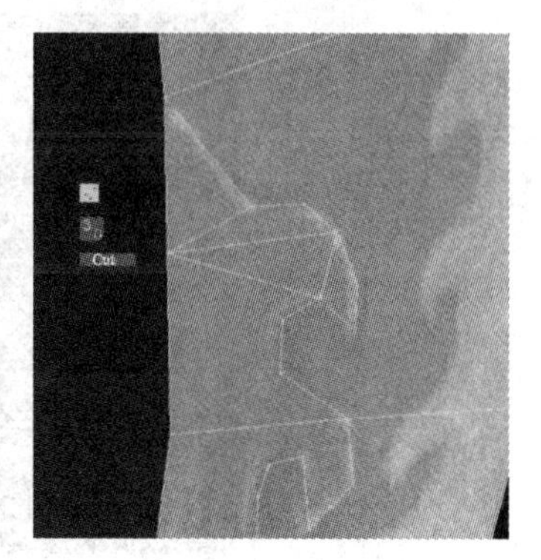

图 11 - 24　　　　图 11 - 25

㉕ 切线完毕,只保留了三边形和四边形(见图 11－26)。

㉖ 将切出的刀吞所有面选中(见图 11－27)。

㉗ 选中的面使用挤压工具,挤出刀吞立体结构,厚度以包裹住刀面为适合(见图 11－28)。

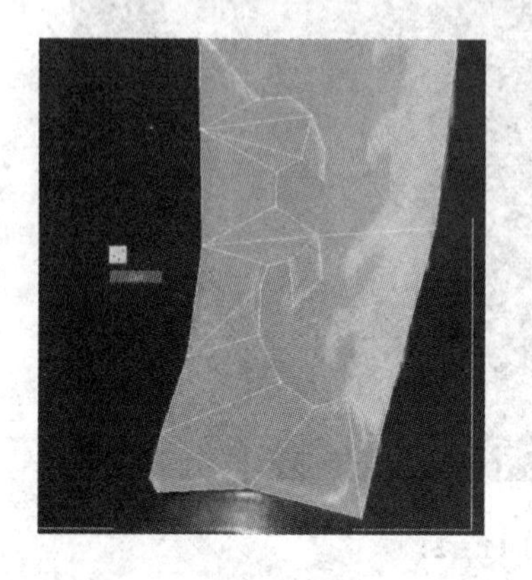

图 11－26

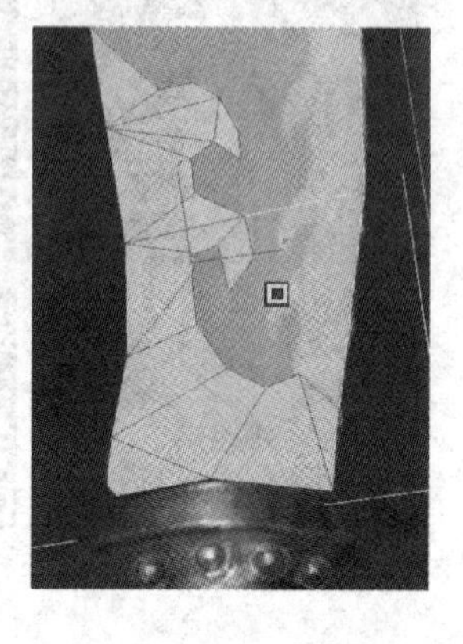

图 11－27

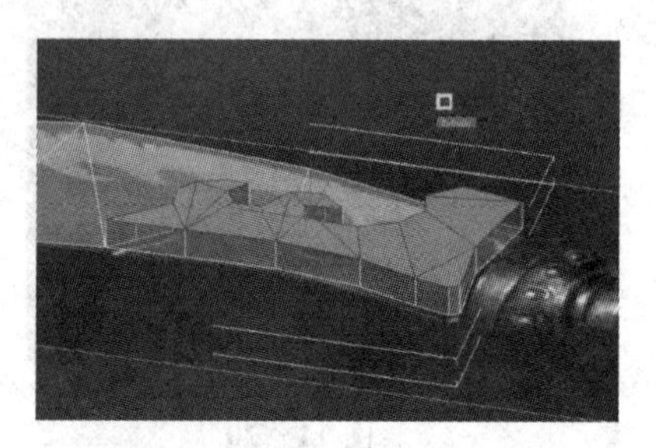

图 11－28

㉘ 平面挤压会造成另一面的空缺(见图 11－29)。

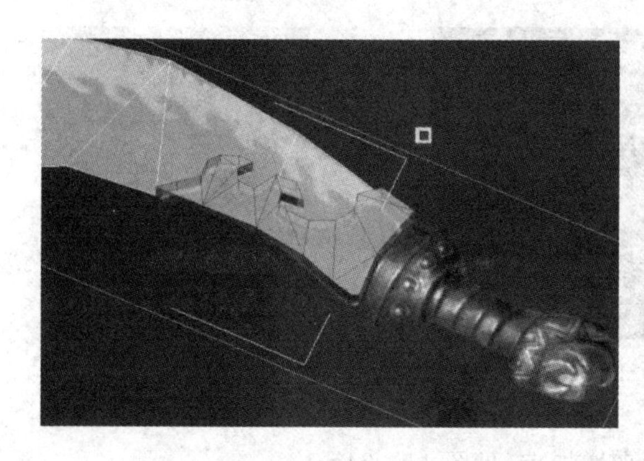

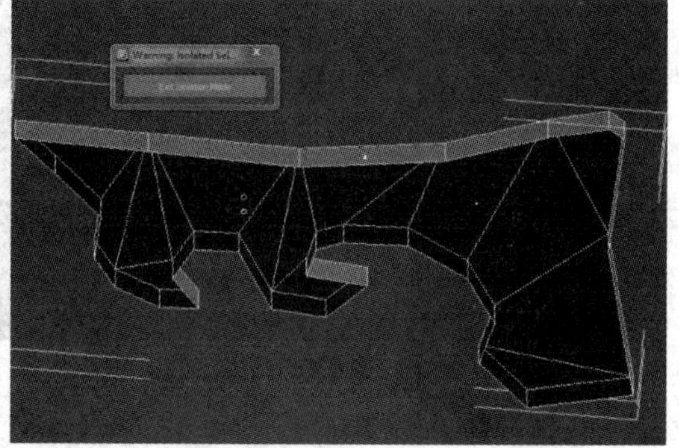

图 11－29

㉙ 使用 45°角选择,快速选择刀吞顶端的面(见图 11－30)。

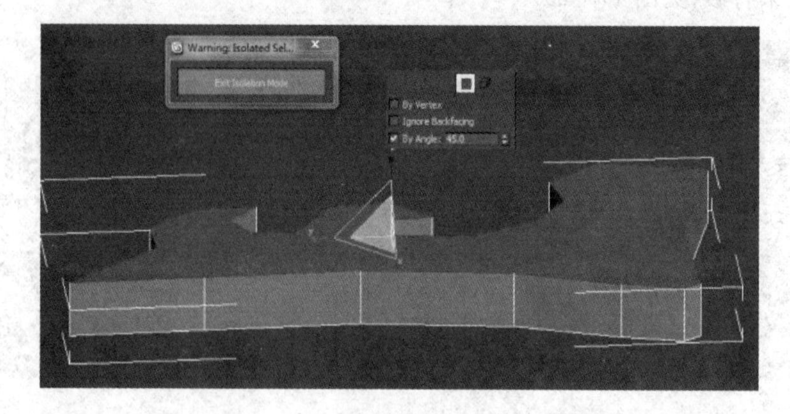

图 11－30

㉚ 使用快捷键 Shift＋W 拖拽复制出选择面(见图 11－31)。

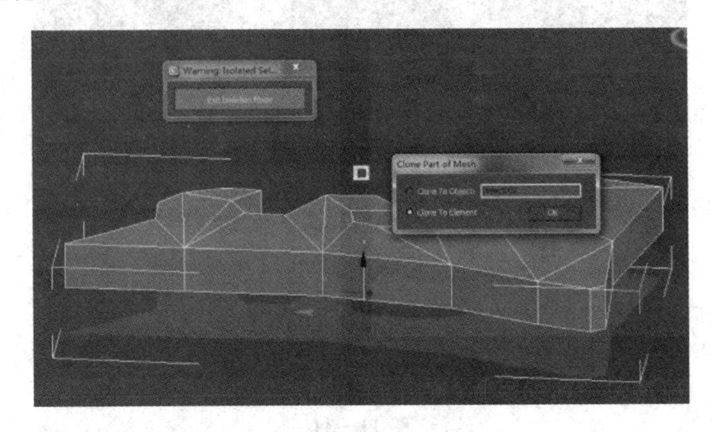

图 11－31

㉛ 这时候会发现复制出的面,法线是反的(见图 11－32)。

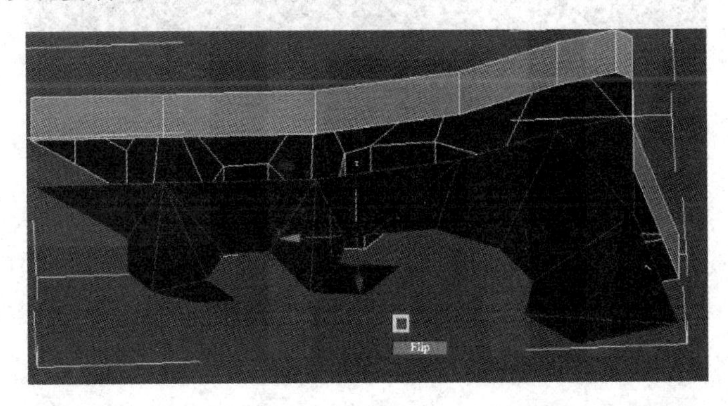

图 11－32

㉜ 在模型面层级栏下使用 Flip 翻转法线命令,让复制面的法线朝向正确坐标才能显示出来(见图 11－33)。

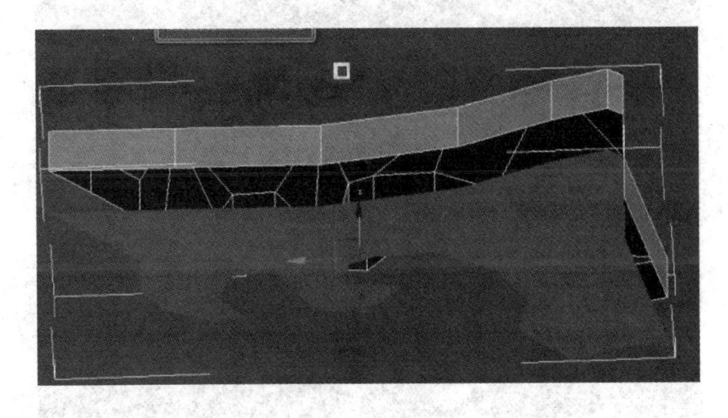

图 11－33

㉝ 将复制的面使用捕捉工具到模型与边界合拢(见图 11－34)。

㉞ Weld(合点)命令将模型的点合并在一起(见图 11－35)。

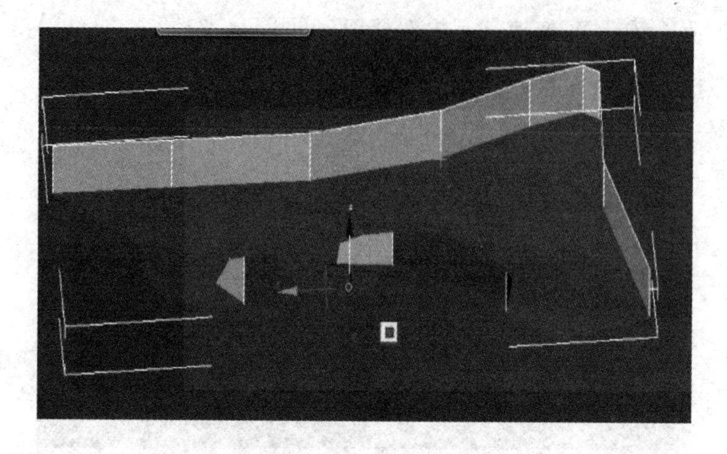

图 11 - 34

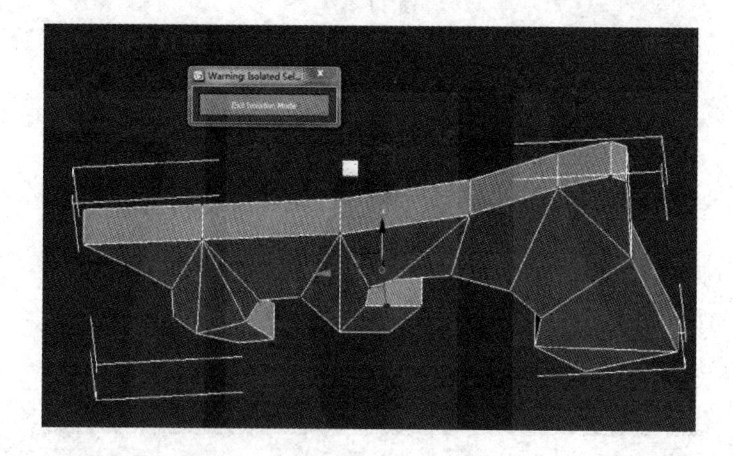

图 11 - 35

㉟ 透视图观察模型是否正确(见图 11 - 36)。

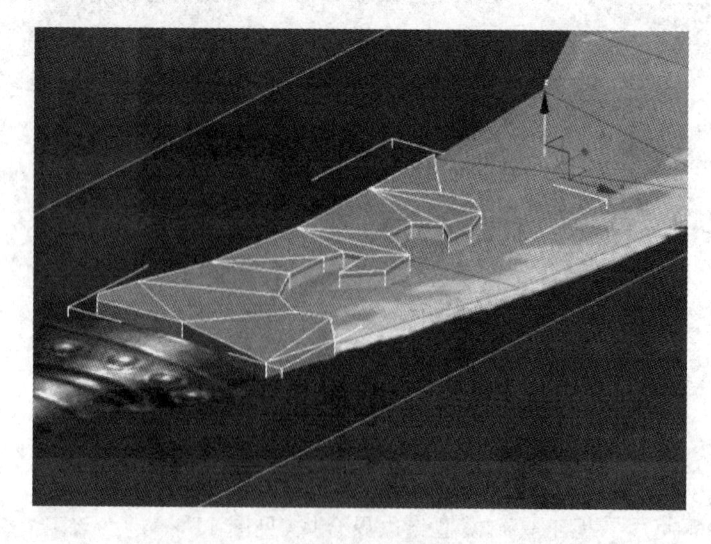

图 11 - 36

㊱ 制作的刀面挤压出了厚度，但刀刃的一面不需要厚度，所以把刀刃一面的点合并（见图 11－37～图 11－39）。

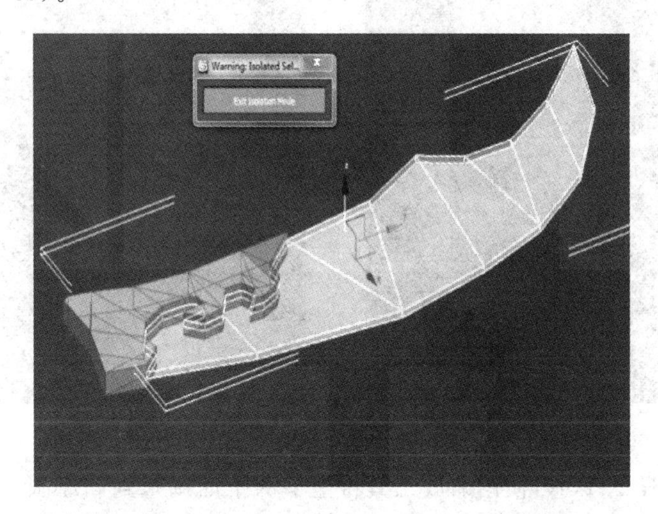

图 11－37

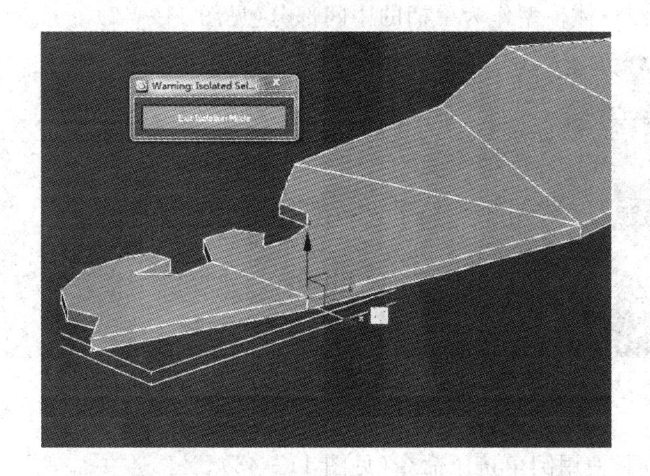

图 11－38

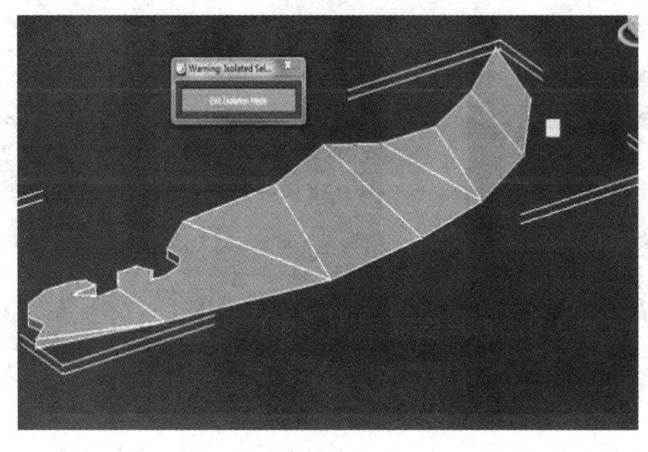

图 11－39

㊲ 制作刀柄，使用圆柱模型将段数设置为八边形和 2 段线段数(见图 11 - 40)。

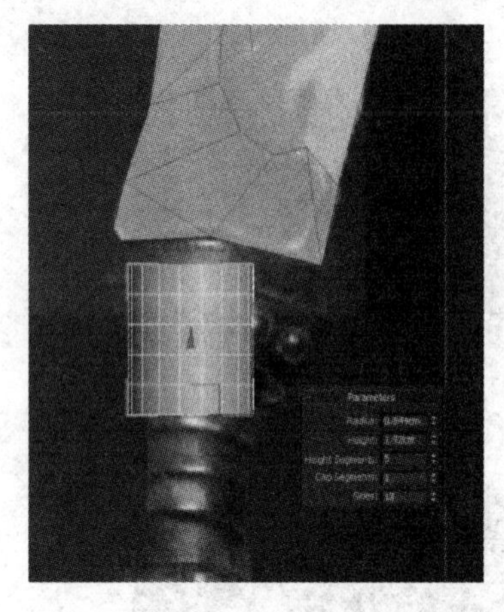

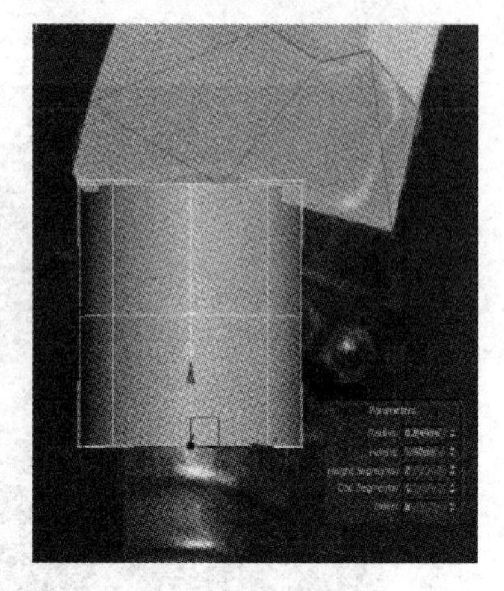

图 11 - 40

㊳ 将圆柱体塌陷为 Poly，使用缩放工具将上下两个面调整到和原画一样的大小，原画角度有些倾斜，先不要调整保持垂直(见图 11 - 41)。

㊴ 再创建一个圆柱体模型作为手柄的中间部分(见图 11 - 42)。

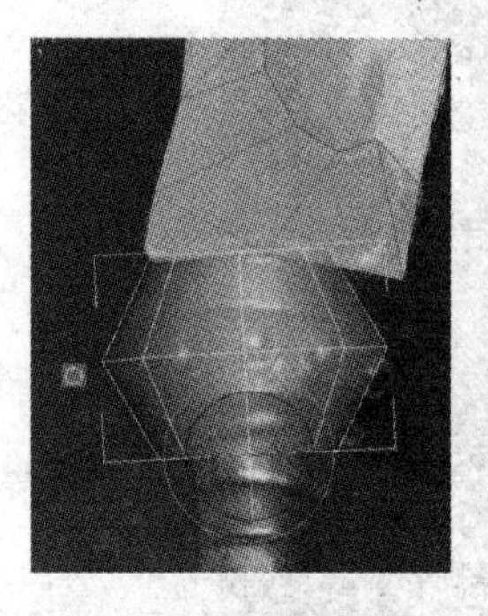

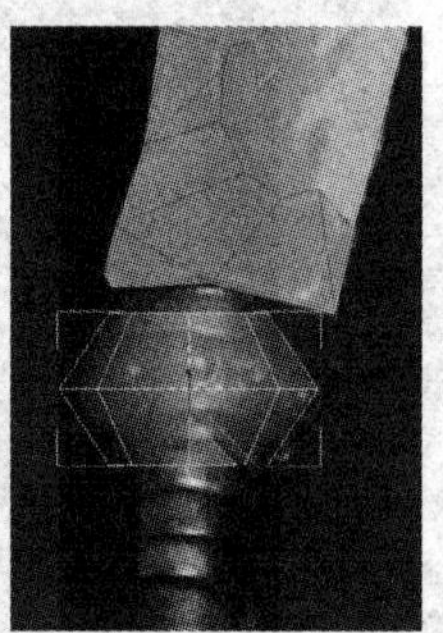

图 11 - 41

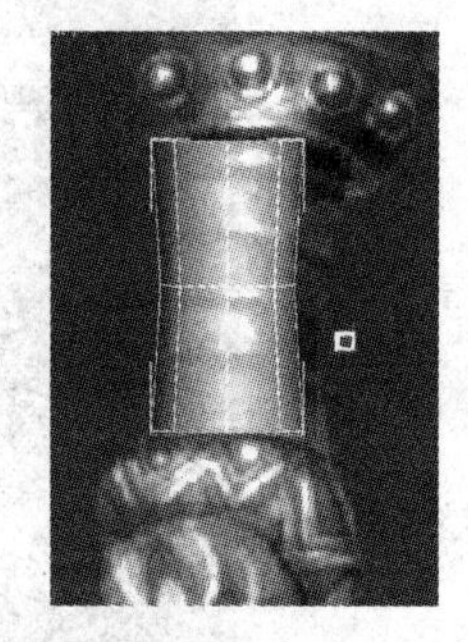

图 11 - 42

㊵ 选择下端的面，使用倒角挤压命令(见图 11 - 43)。

㊶ 重复使用，制作出下面的结构(见图 11 - 44)。

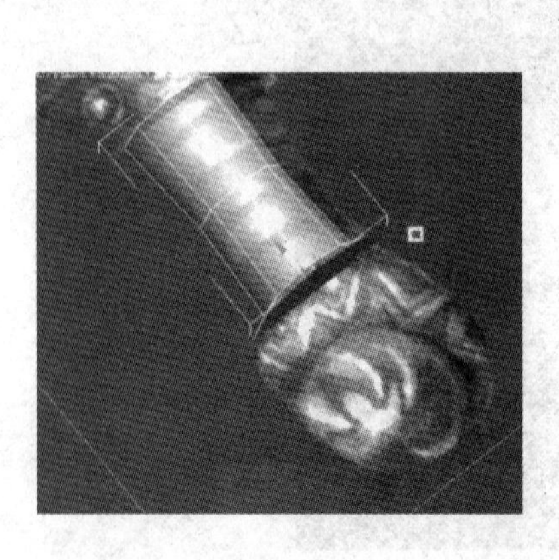

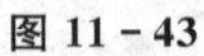

图 11 - 43

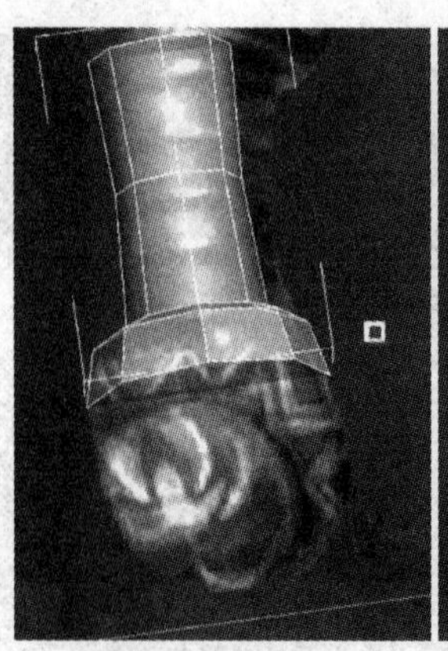

图 11 - 44

㊷ 创建球体模型，移动到原画的位置，并将段数修改为 8(见图 11－45)。

㊸ 选择刀柄模型给面切一条中线(见图 11－46)。

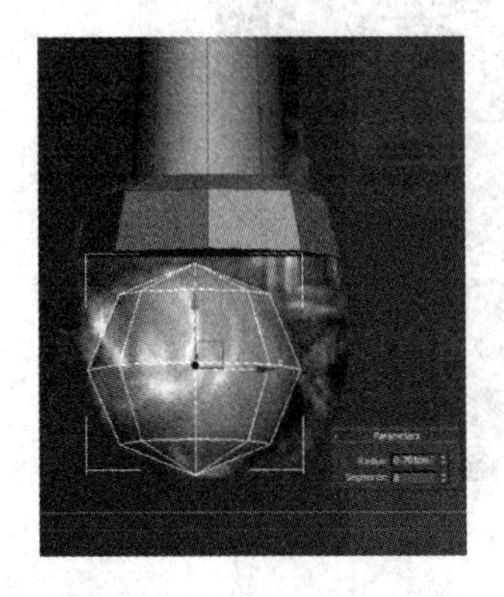

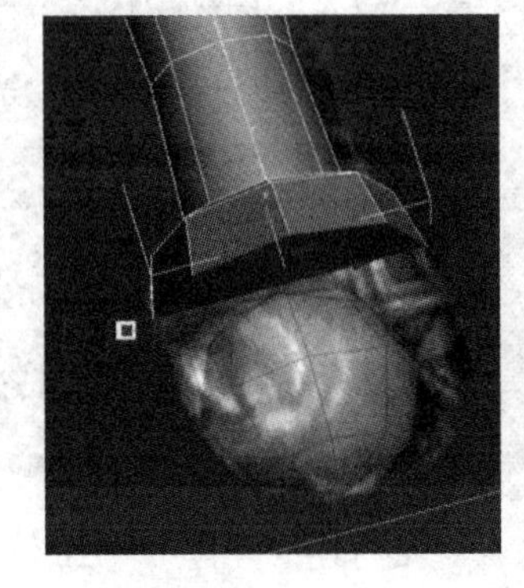

图 11－45

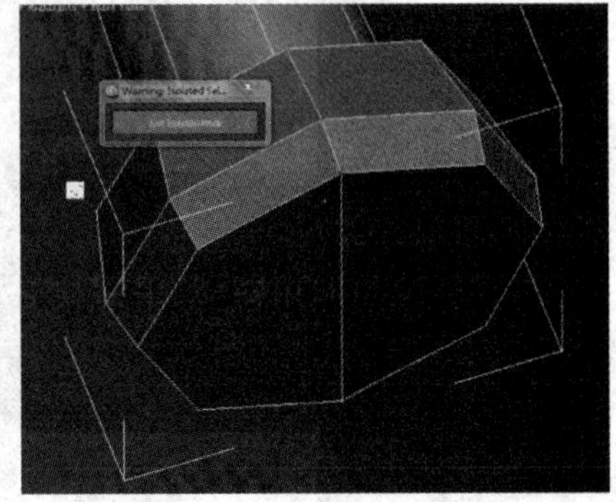

图 11－46

㊹ 选择右边的一面，倒角挤压出刀柄末端的结构(见图 11－47)。

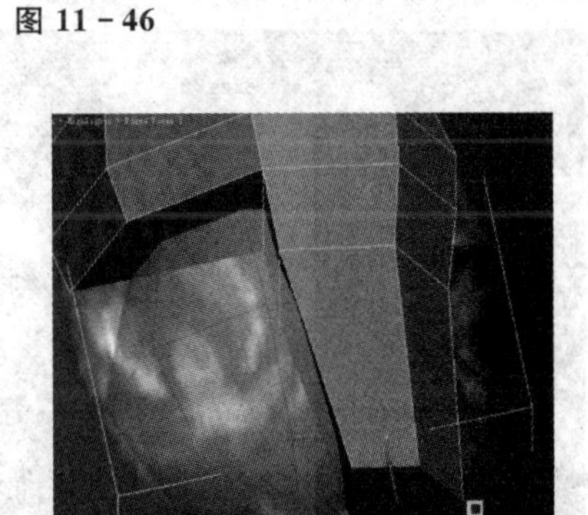

图 11－47

㊺ 将末端合并，制作出爪尖模型结构(见图 11－48)。

㊻ 移动点的位置(见图 11－49)。

㊼ 增加中间的段数，让结构更加贴近原画表现的圆弧形(见图 11－50)。

㊽ 进一步制作模型(见图 11－51 和图 11－52)。

㊾ 必要的结构形体，一定不要节省面数，面的使用要合理，过于节省反而效果不好(见图 11－53)。

㊿ 另一边的爪尖模型形态比较小，用切线命令切除大小(见图 11－54)。

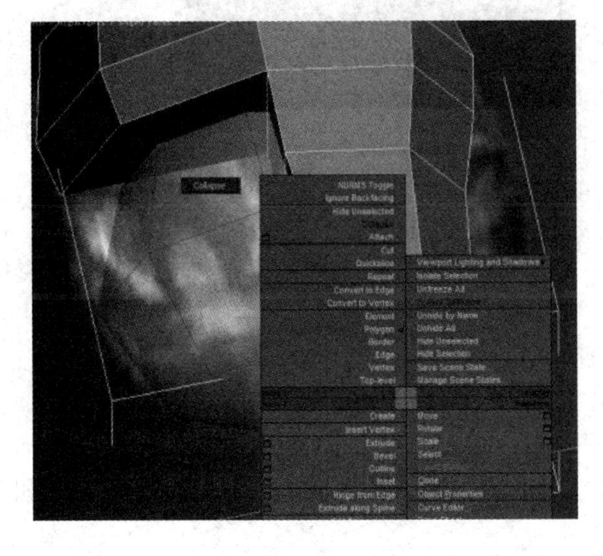

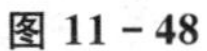

图 11－48

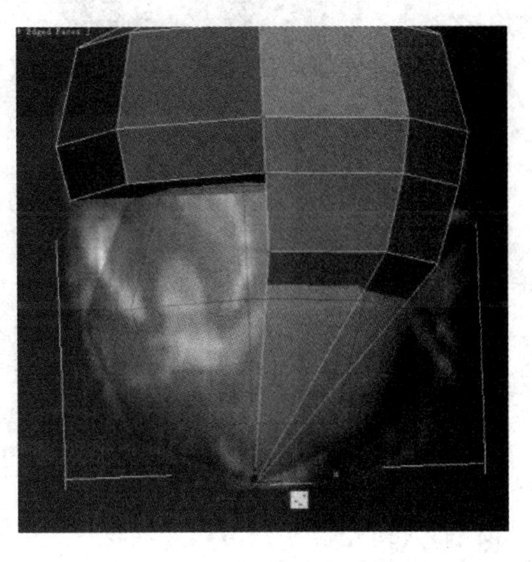

图 11－49

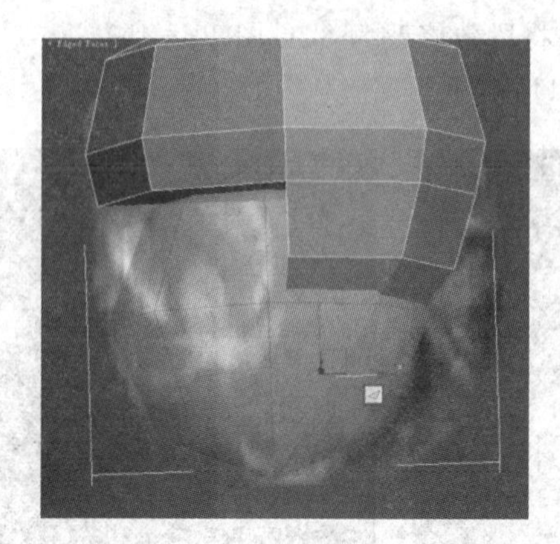
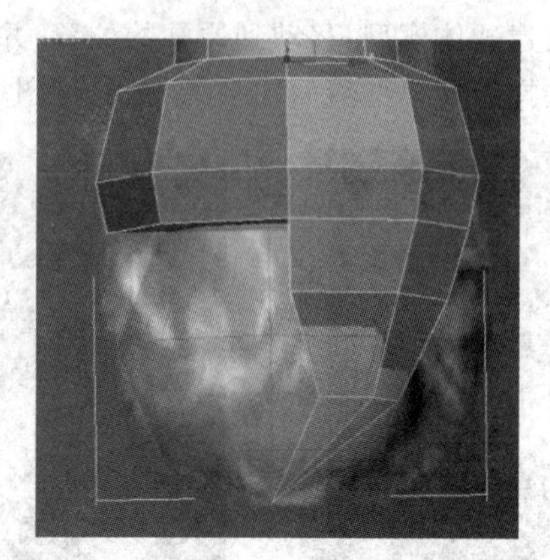

图 11-50

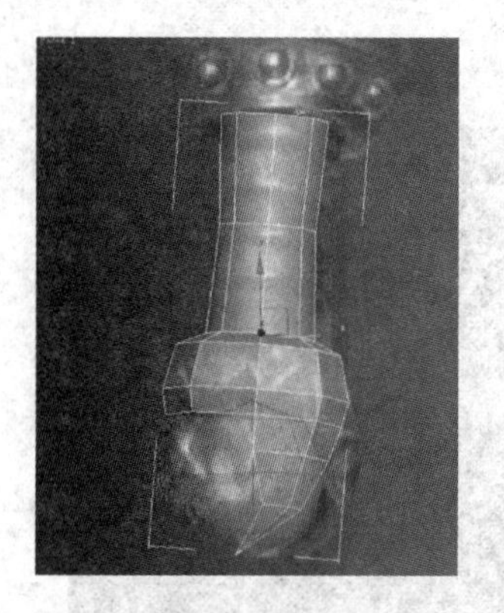

图 11-51

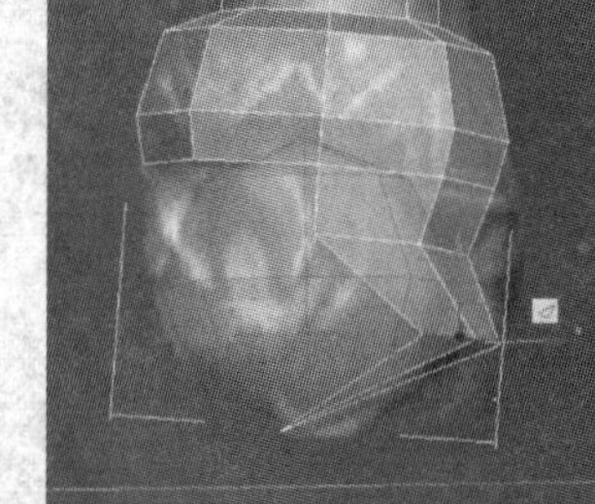
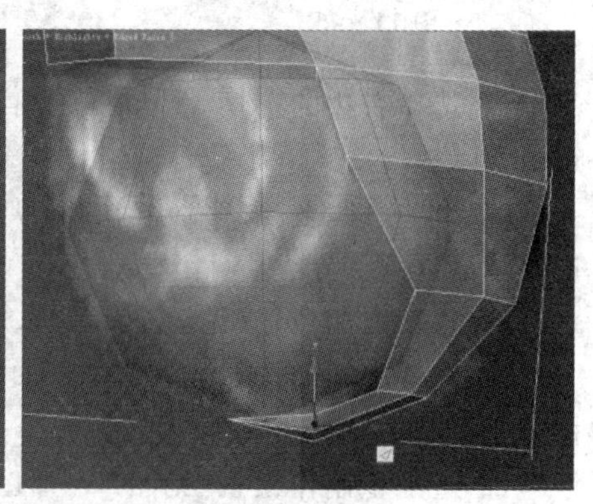

图 11-52

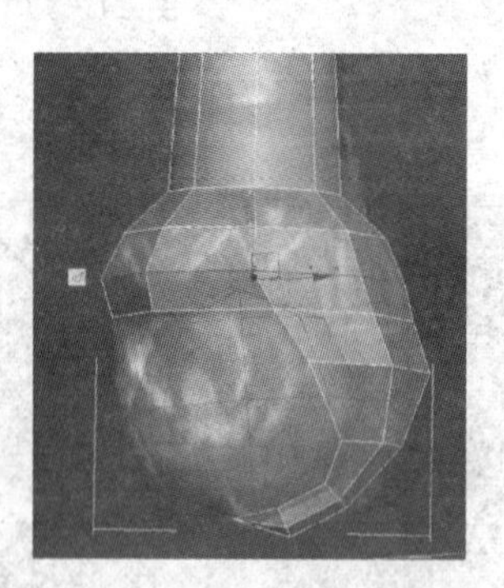

图 11-53

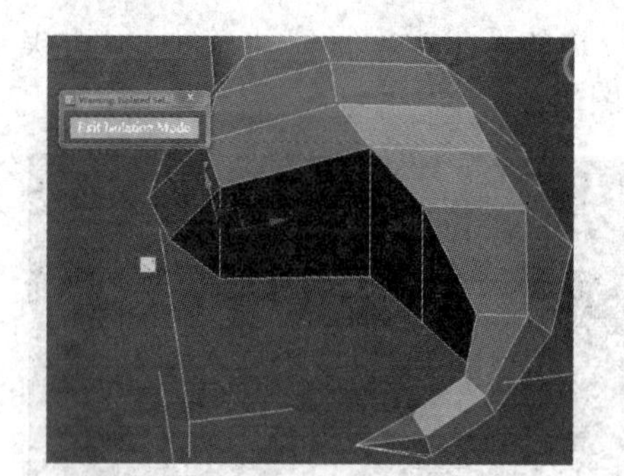

图 11-54

㊿ 仍然使用倒角挤压命令,挤压过后再将点合并(见图 11-55)。

52 全选模型面统一光滑组(见图 11-56)。

53 旋转模型,让模型与原画角度匹配(见图 11-57)。

54 对模型进行微调,调整爪抓住宝石的结构,让两者结合得更加紧密(见图 11-58 和图 11-59)。

55 完成刀的模型制作(见图 11-60)。

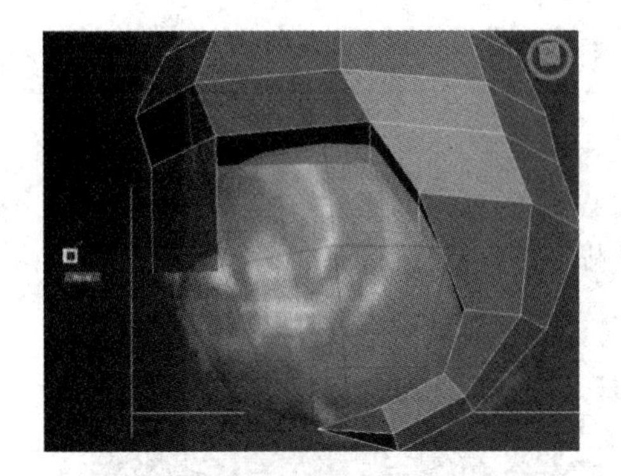

图 11－55

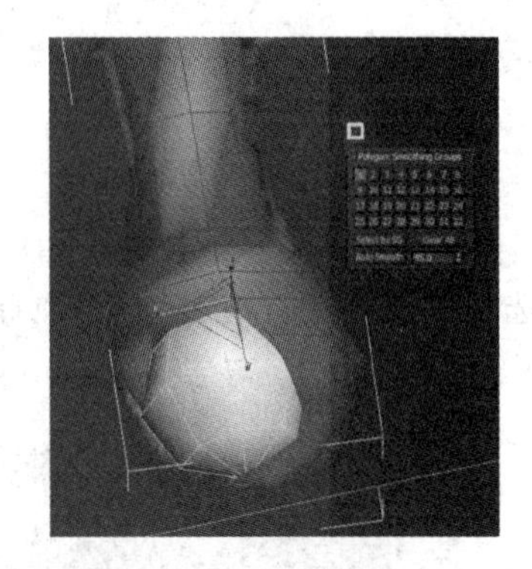

图 11－56

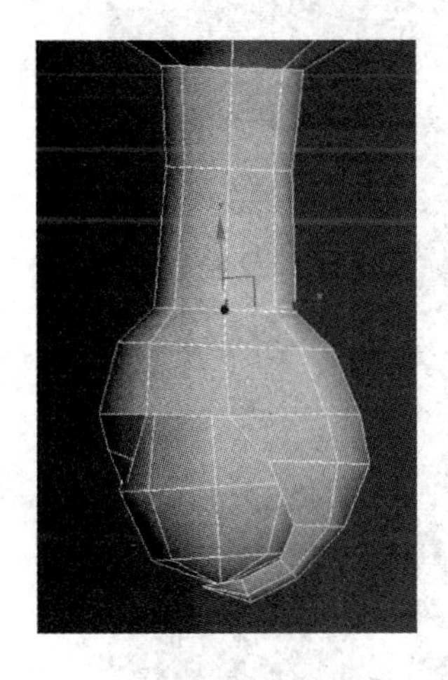

图 11－57

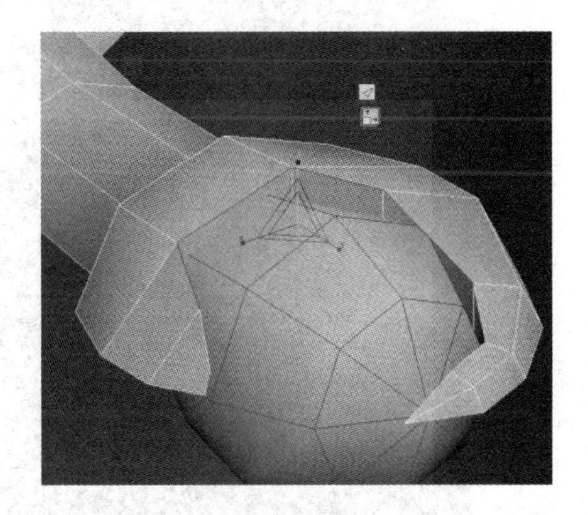

图 11－58

图 11－59

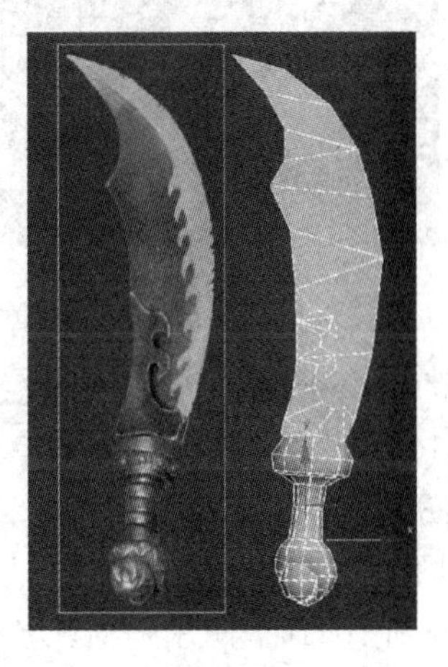

图 11－60

11.5　武器模型的UVW拆分

11.5.1　拆分UVW坐标

① 选择武器模型,添加一个材质球,并贴上棋盘格贴图(见图11-61)。

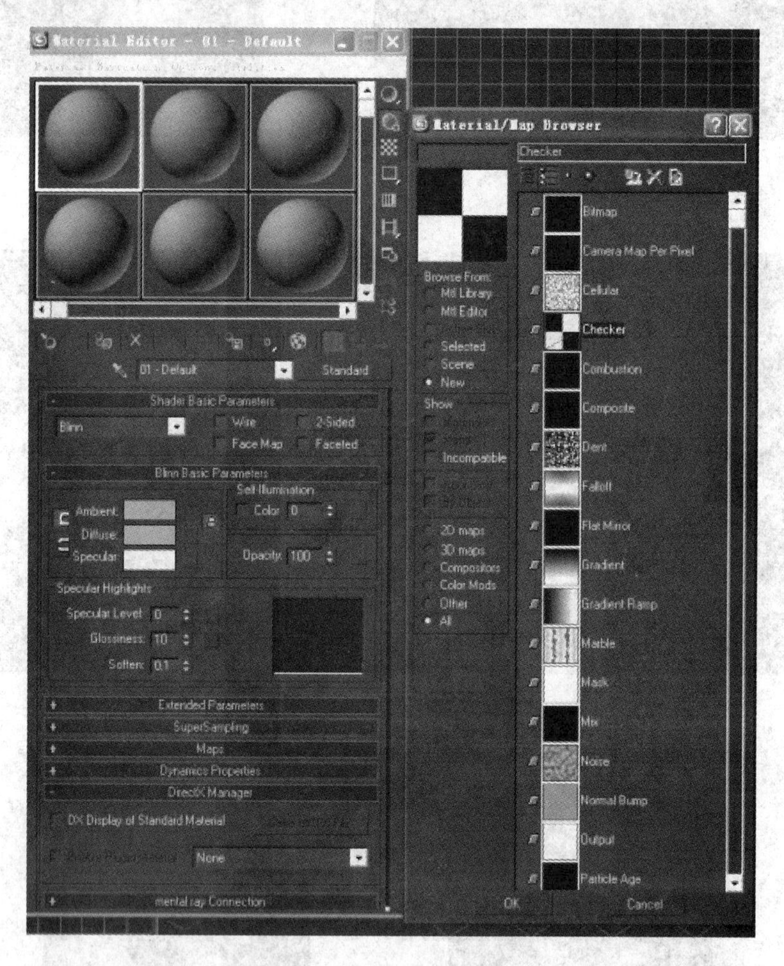

图11-61

② 将UV的黑白格子平铺次数改成各为10(见图11-62)。

③ 设置为10的黑白格子更容易观察到拉伸情况(见图11-63)。

④ 给武器模型添加Unwrap UVW编辑器,进入编辑器后可以看到没有拆分的UVW是非常凌乱的(见图11-64)。

⑤ 选中模型所有的面,使用平面映射给武器模型的UVW一个参考坐标(见图11-65)。

⑥ 在使用平面映射时选择与模型正对的坐标,这样才能得到正确的UVW(见图11-66)。

⑦ 调整UVW的宽度,让黑白格子长宽布局贴近正方形,为没有拉伸(见图11-67)。

⑧ 改变一下UVW有效框的长宽比例,在UVW编辑界面Options设置里选择Preferences,将长宽改成256×512(见图11-68)。

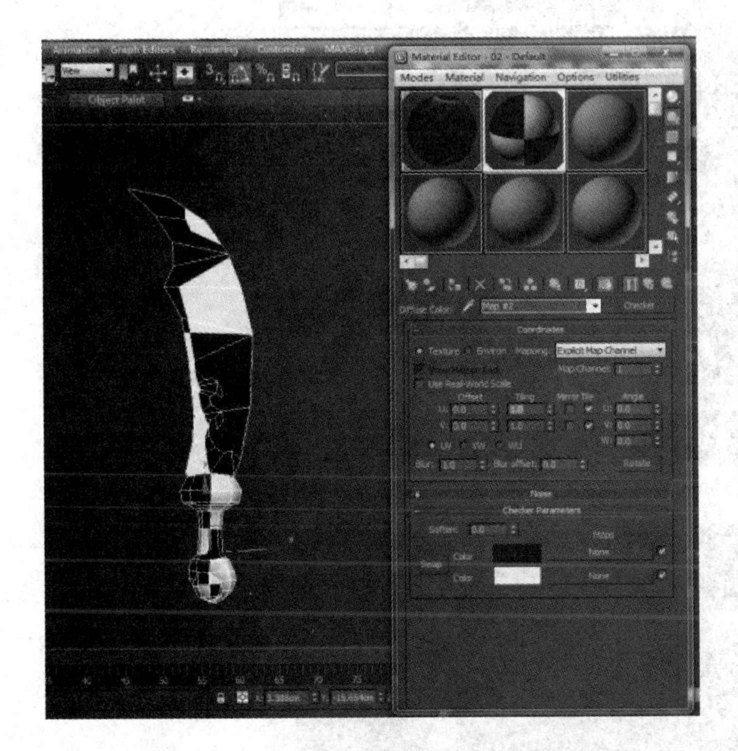

图 11－62

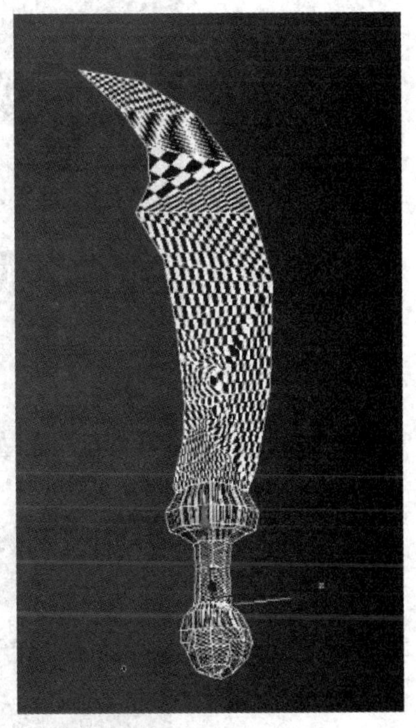

图 11－63

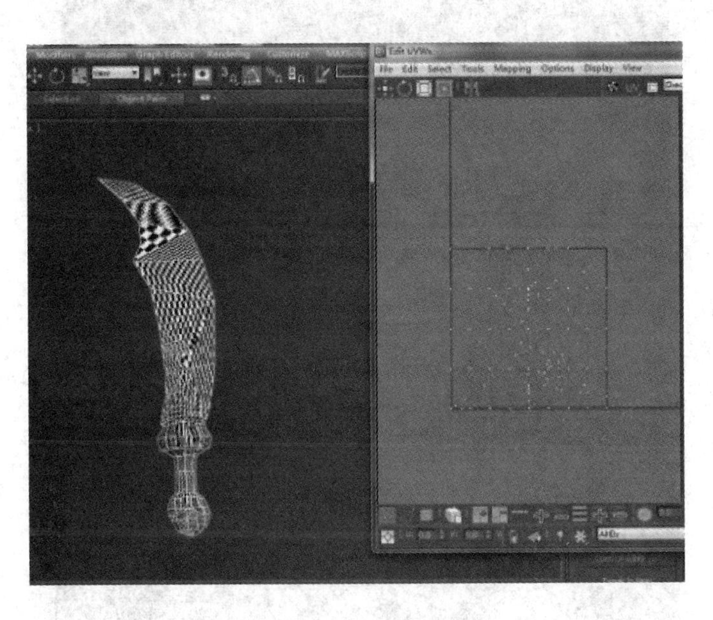

图 11－64

⑨ 单击 OK 按钮确定后，会发现 UVW 有效框改变成了长方形，这样更适合制作 UVW 贴图(见图 11－69)。

⑩ 选择模型所有的面，右击选择 Break(打断)命令，将刀面模型的 UVW 分离开，以方便下一步分解刀柄的 UVW(见图 11－70)。

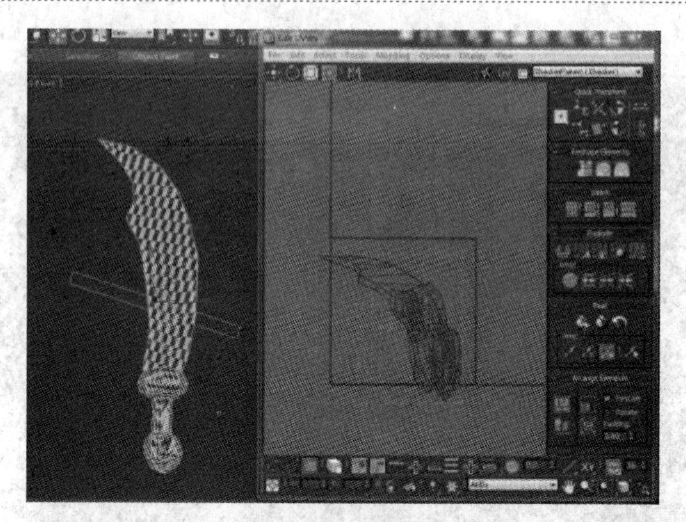

图 11－65

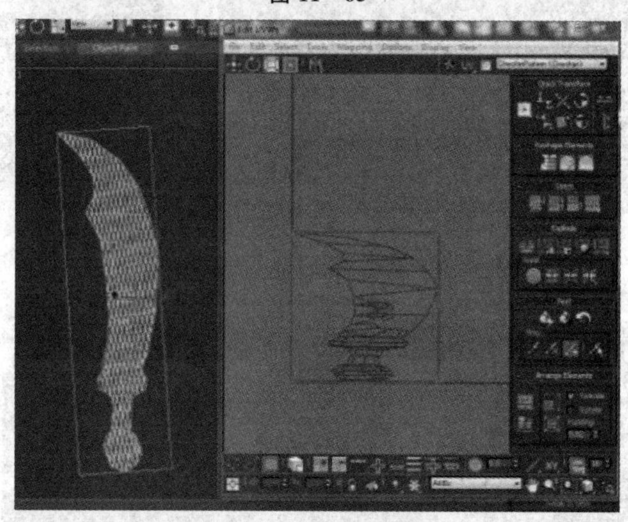

图 11－66

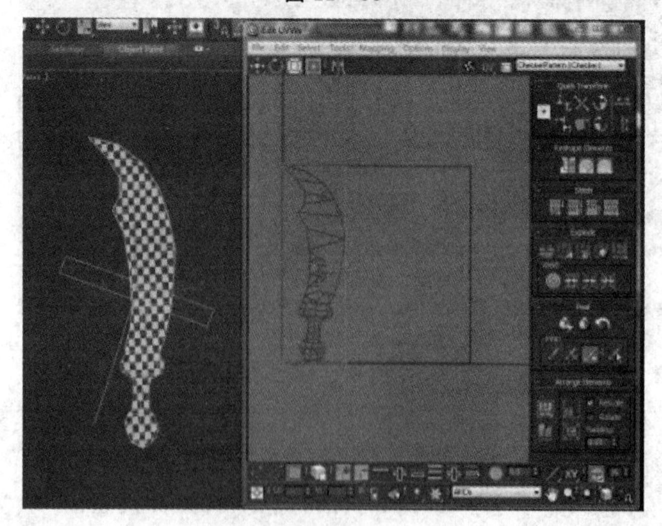

图 11－67

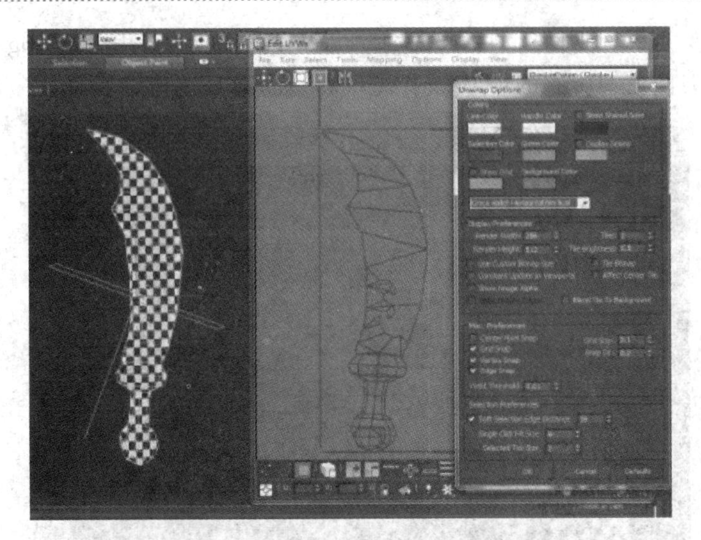

图 11-68

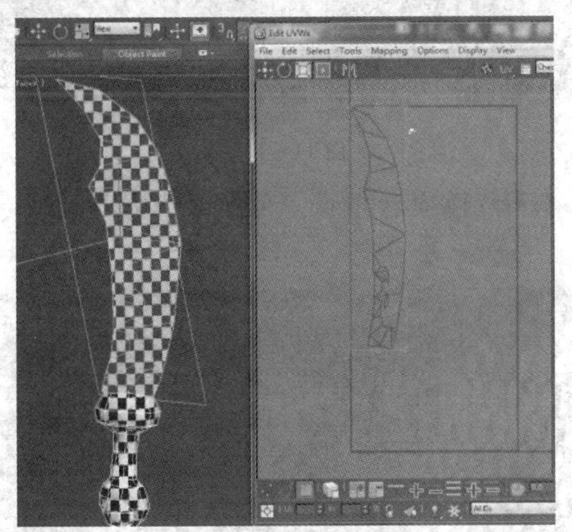

图 11-69

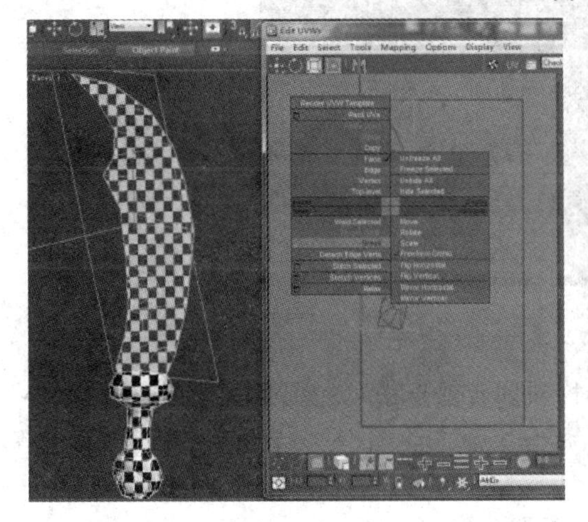

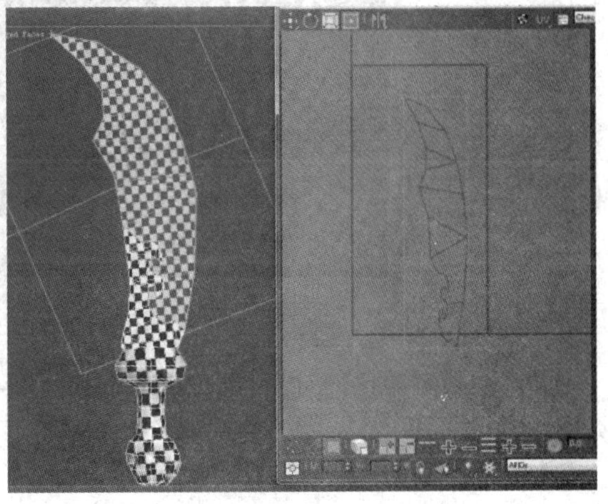

图 11-70

⑪ 刀面的厚度 UVW 被收到了一起，选择 UVW 的面级别，使用 Mapping 菜单中的 Flatten Mapping 命令，将刀面模型所有的 UVW 平展开来(见图 11－71)。

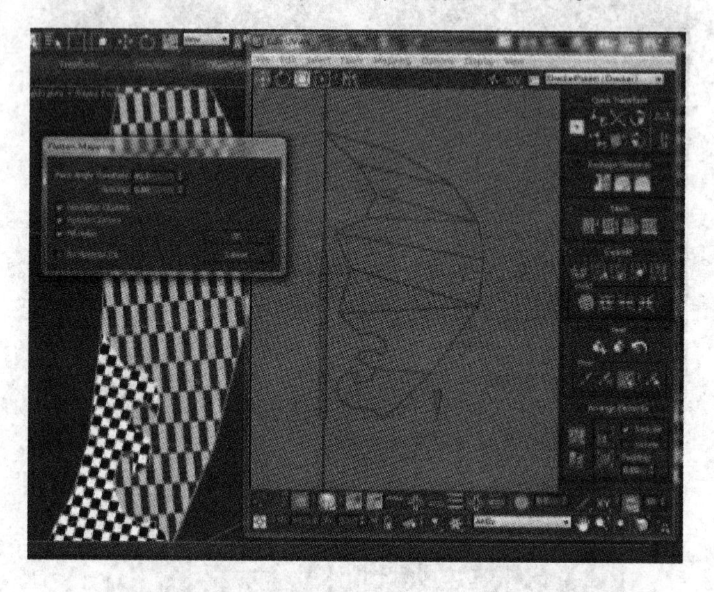

图 11－71

⑫ 选择刀刃的边线，右击选择 Stitch Selected 命令将刀刃和刀刃厚度两块 UVW 焊接到一起(见图 11－72)。

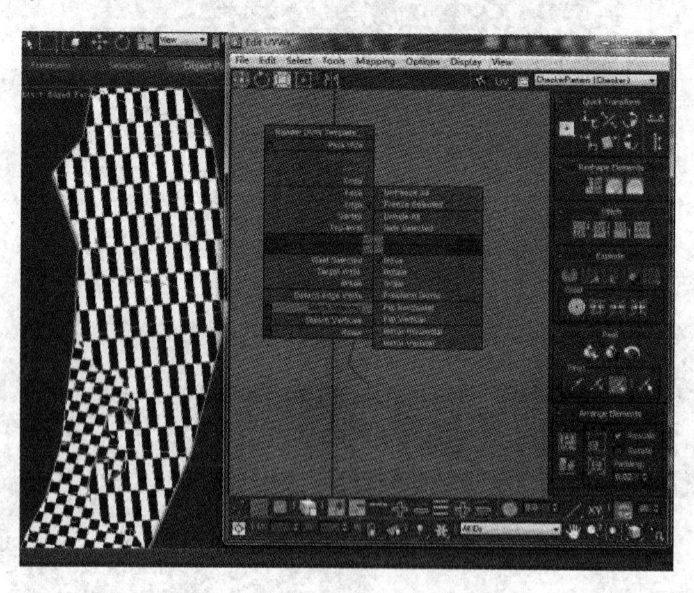

图 11－72

⑬ 调整长宽的比例，得到没有拉伸的 UVW，移动到有效框里，尽量利用满有效框的大小(见图 11－73)。

⑭ 分解刀吞的 UVW(见图 11－74)。

⑮ 剥落分解 UVW 方法(见图 11－75～图 11－77)。

⑯ 分解好的三部分 UVW 摆放到 UVW 有效框内合适的位置(见图 11－78)。

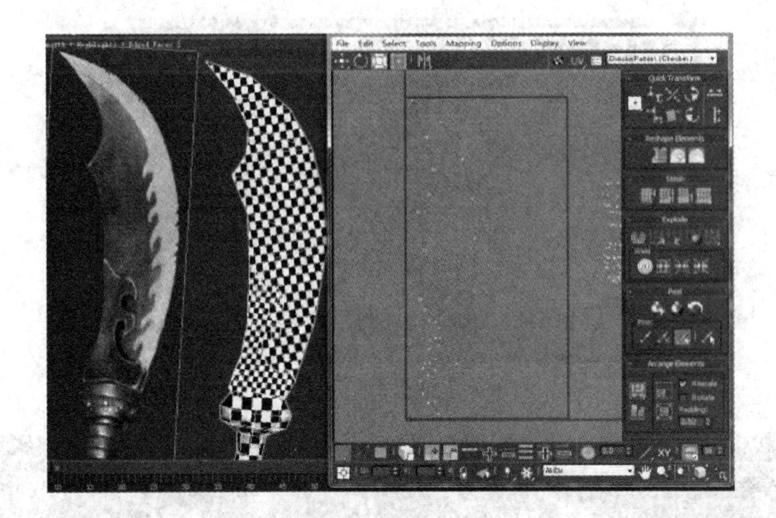

图 11－73

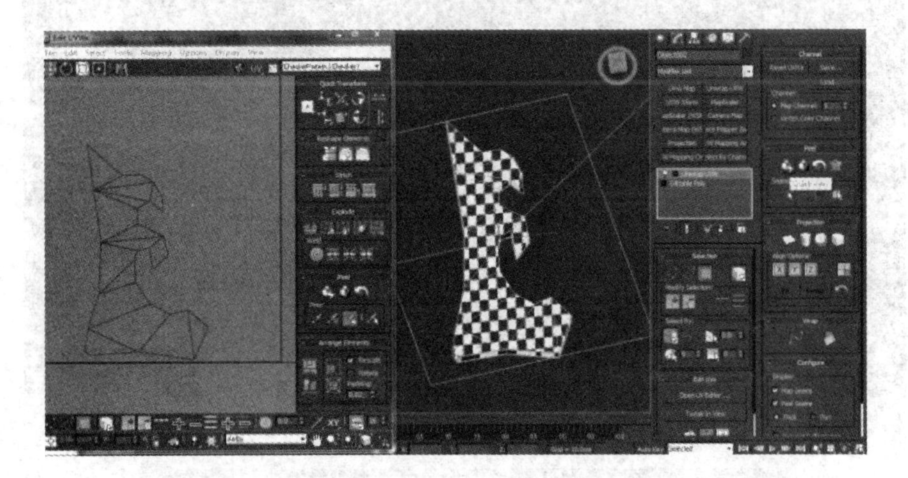

图 11－74

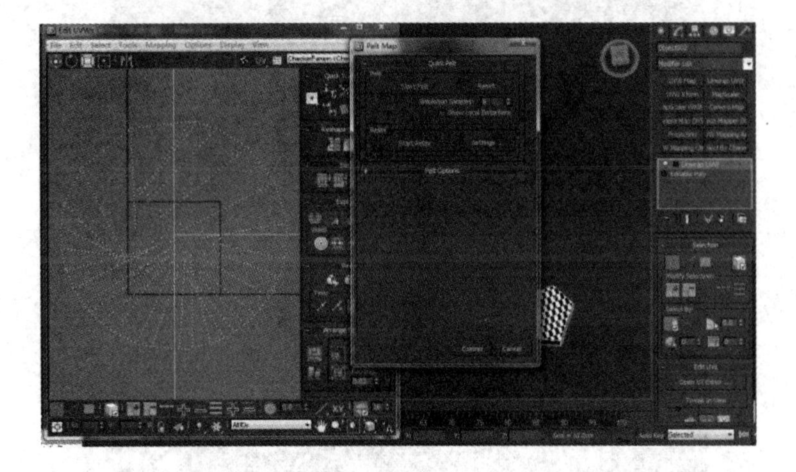

图 11－75

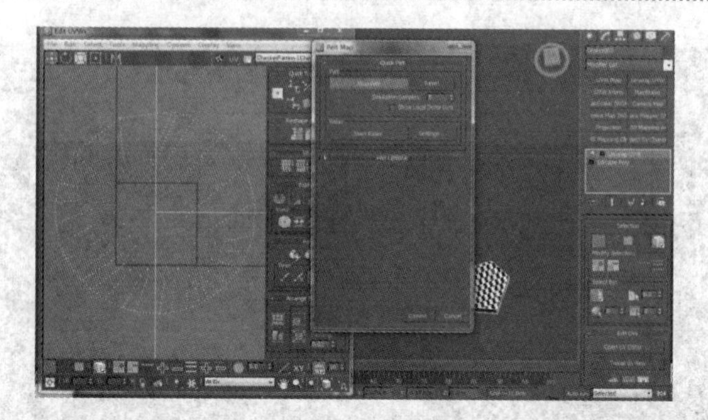

图 11－76

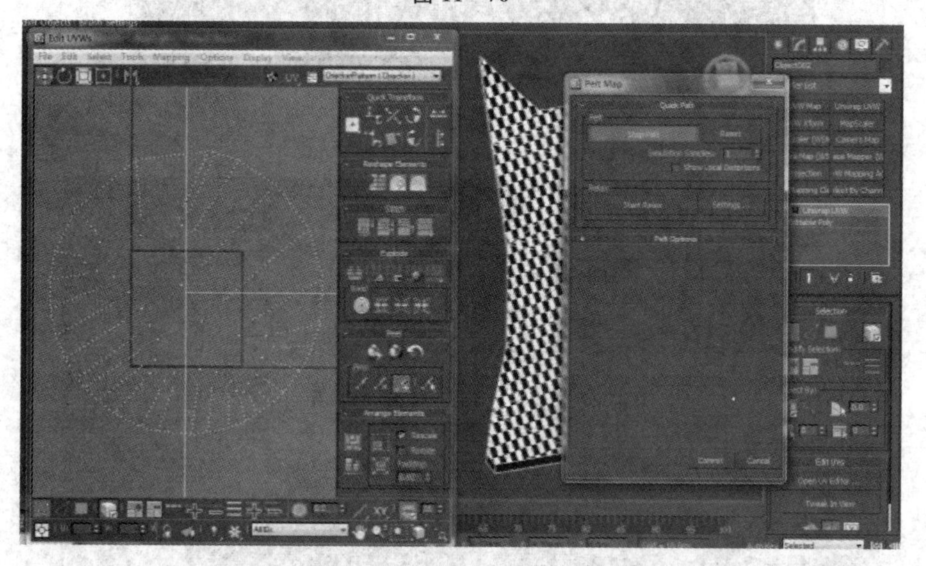

图 11－77

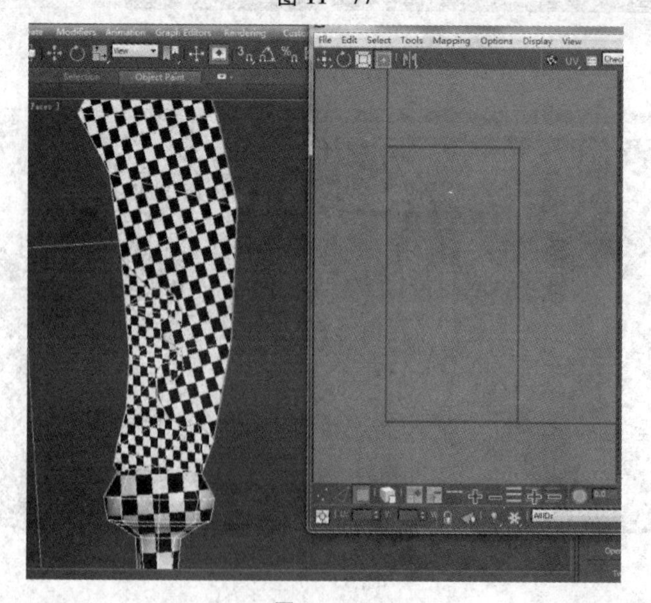

图 11－78

11.5.2　UVW 输出线框贴图

① 将摆放在 UV 框内的所有 UVW 全部选中(见图 11－79)。

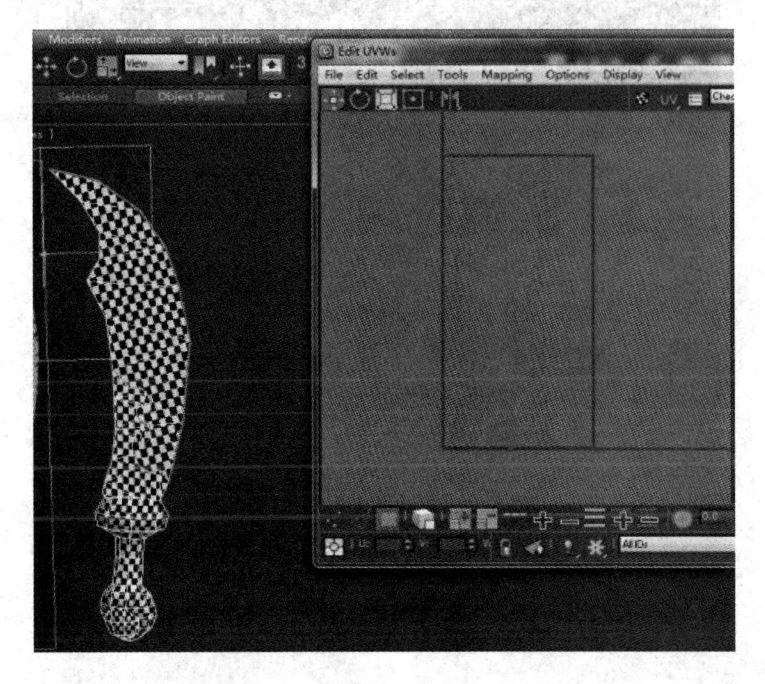

图 11－79

② 在工具 Tools 菜单里选择 Render UVW Template 命令(见图 11－80)。

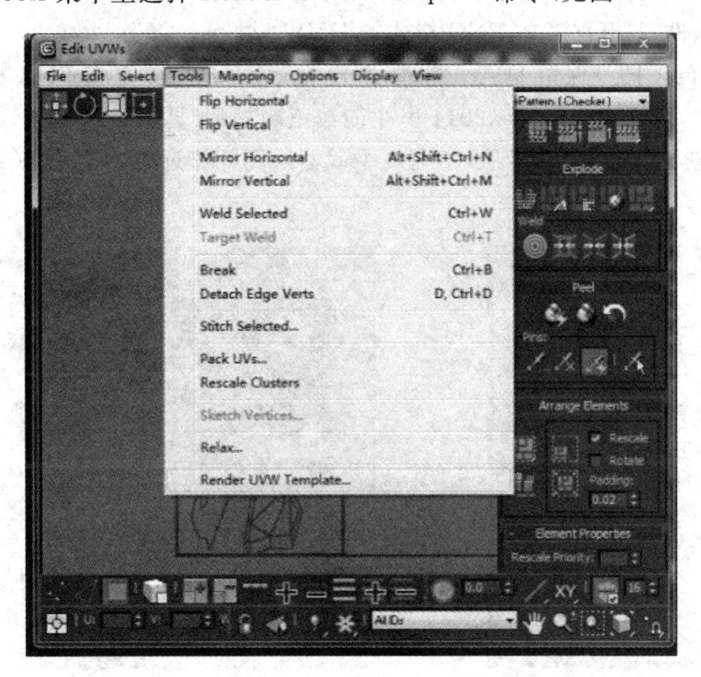

图 11－80

③ 将输出尺寸设置为 256×512 大小的贴图，保存的格式为 PNG(见图 11－81)。

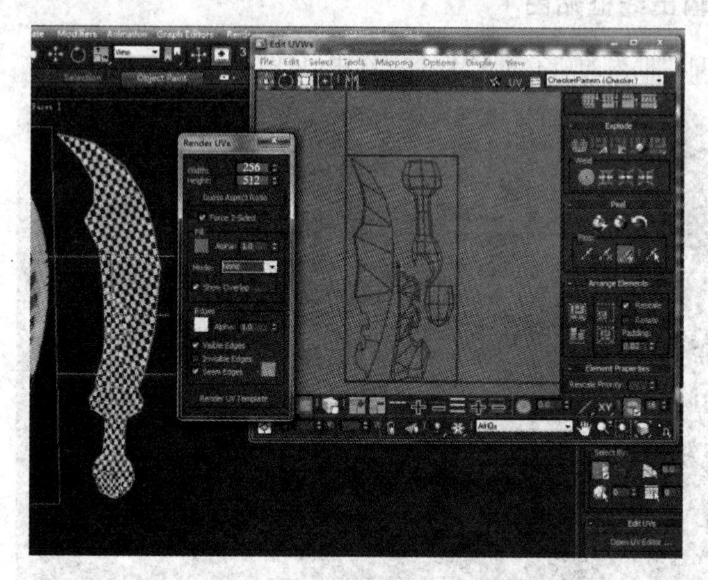

图 11－81

11.6 武器贴图的绘制

11.6.1 导入 UVW 线框贴图

① 运行 PS 软件，打开保存的 PNG 格式的 UVW 贴图。

② PNG 格式的贴图只保留 UVW 线框，并没有背景图层，先要将 PNG 格式的贴图模型改为 8 位通道模式，这样在 3ds Max2014 里才能被正确显示(见图 11－82)。

③ 建立一个新图层，作为背景层，填充一个武器贴图的邻近色，将 UVW 线框图层取名为 UV(见图 11－83)。

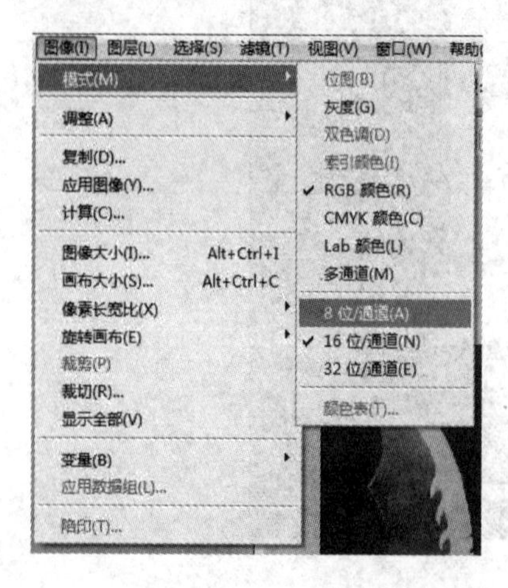

图 11－82

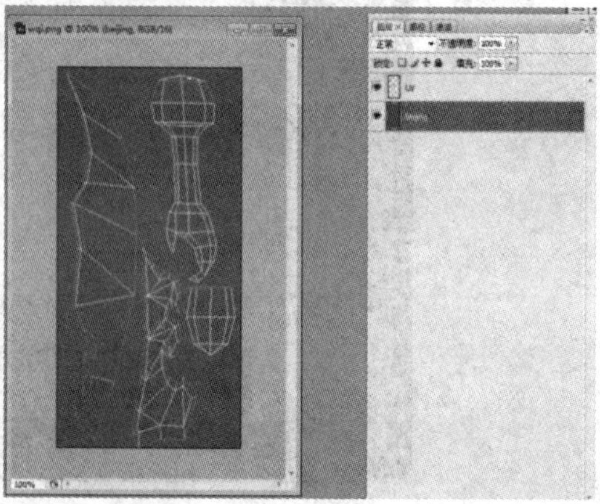

图 11－83

11.6.2　基本颜色贴图的制作

① 创建好需要绘制的各部位的图层，使用第 19 号笔刷勾选其他动态，开始绘制刀面的贴图，吸取原画的颜色从顶端向下绘制颜色过渡(见图 11－84)。

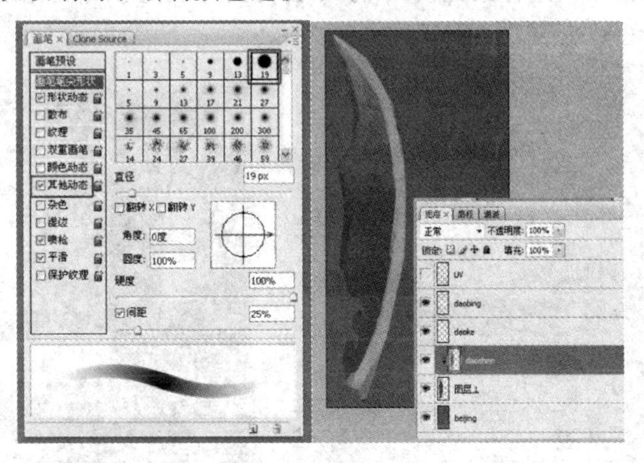

图 11－84

② 绘制的同时注意颜色的自然过渡，不要留下明显的笔触效果，多吸取邻近的颜色来绘制过渡颜色(见图 11－85)。

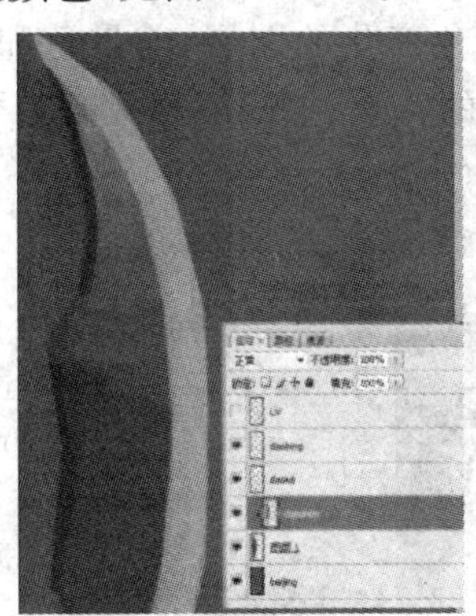
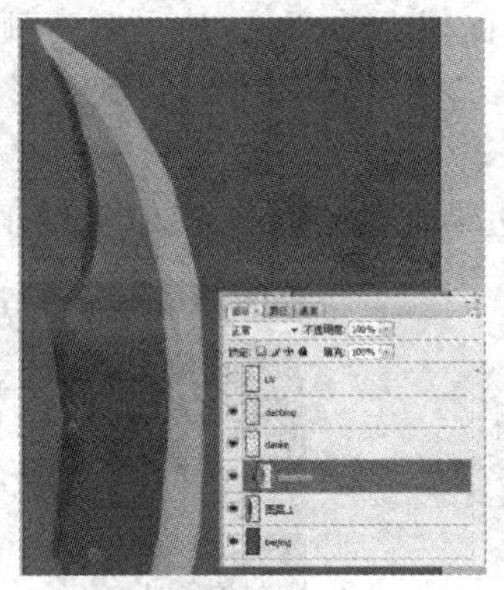
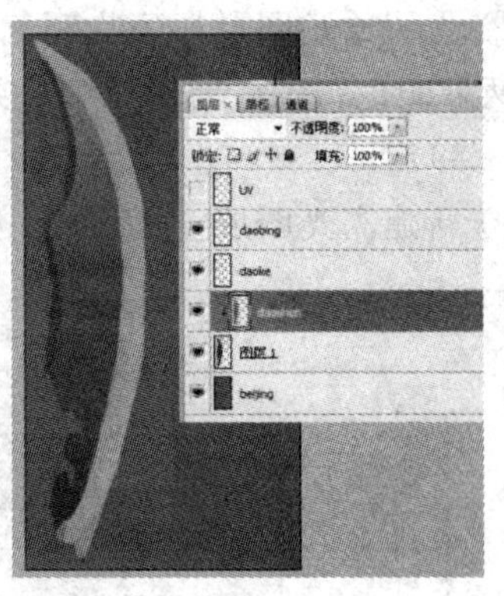

图 11－85

③ 绘制出刀面上刀刃的边缘图形(见图 11－86)。

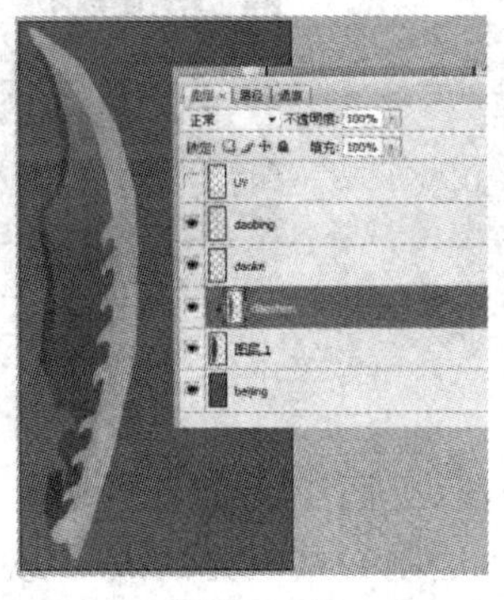

图 11－86

11.6.3 深入细节的绘制

① 新建图层，使用黑白色渐变工具，将图层制作出渐变效果（见图 11－87）。

② 对渐变的图层模式选择柔光模式，这样会得到一层光影的变化效果；同时使用减淡工具对整体色彩绘亮色一点（见图 11－88）。

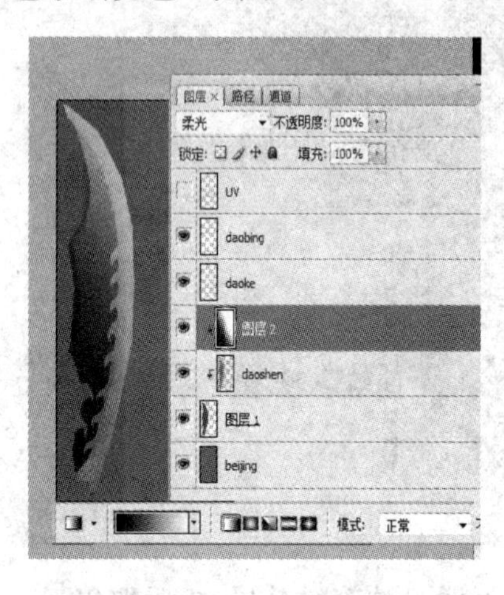

图 11－87

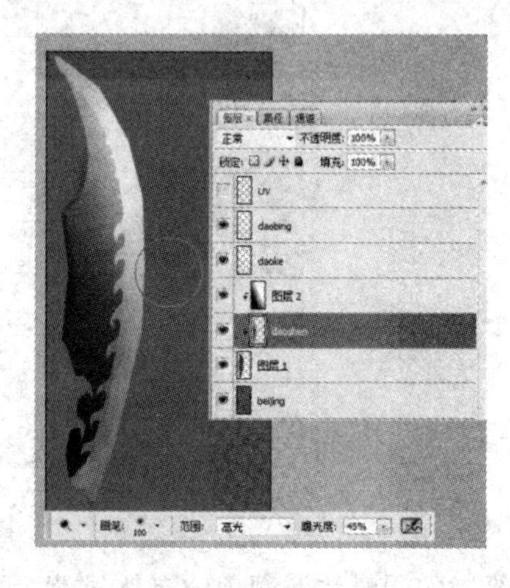

图 11－88

③ 为了给贴图增加一些颜色色相上的变化，建立名为颜色变化的图层，前景色和背景色选择两种颜色，选择“滤镜”→“渲染”→“云彩”命令，得到云彩的特效，把图层模式改为柔光（见图 11－89）。

④ 新建高光图层，对刀身的边缘结构绘制高光边（见图 11－90）。

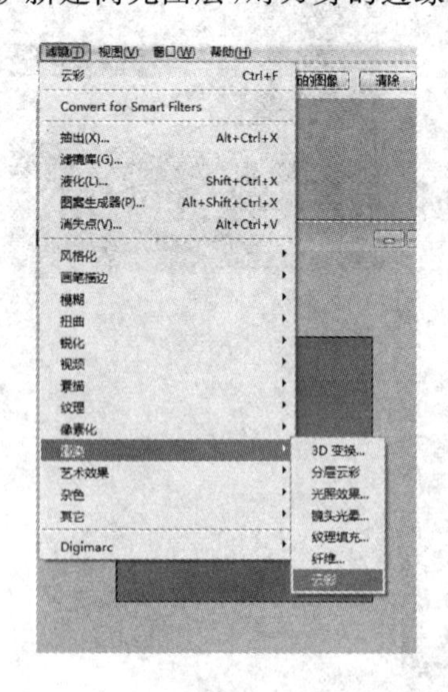

图 11－89

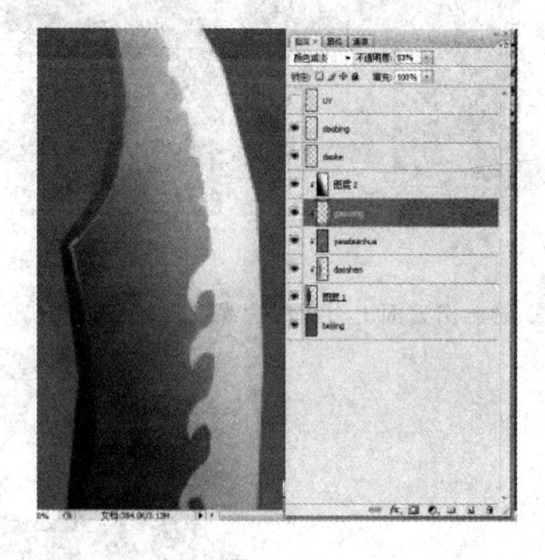

图 11－90

⑤ 将图层模式设置为颜色减淡（见图 11－91）。

⑥ 对刀刃使用颜色减淡工具，绘制一些反光的效果（见图 11－92）。

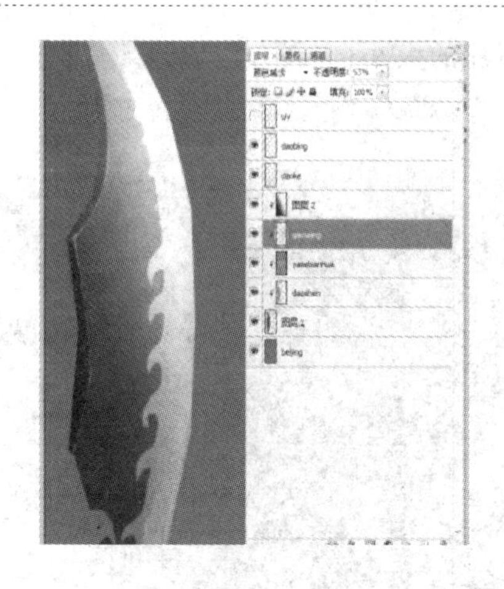

图 11－91

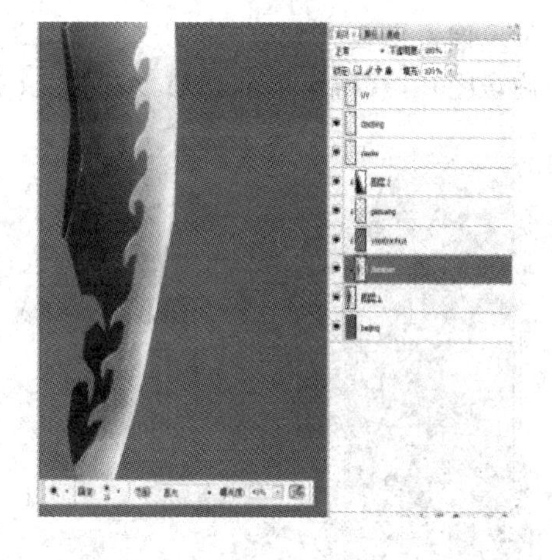

图 11－92

⑦ 再对刀身中间部位提高一些亮度，强化金属的效果(见图 11－93)。

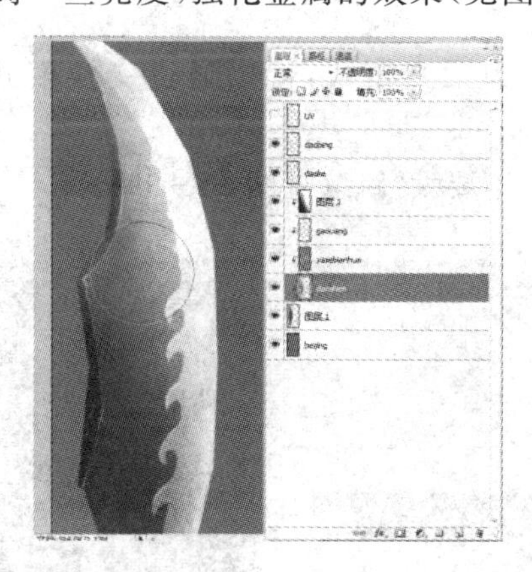

图 11－93

11.6.4　给贴图添加材质的应用

① 为了强化贴图的金属效果，选择一张金属质感的图片(见图 11－94)。

② 直接把图片拖拽进贴图中(见图 11－95)。

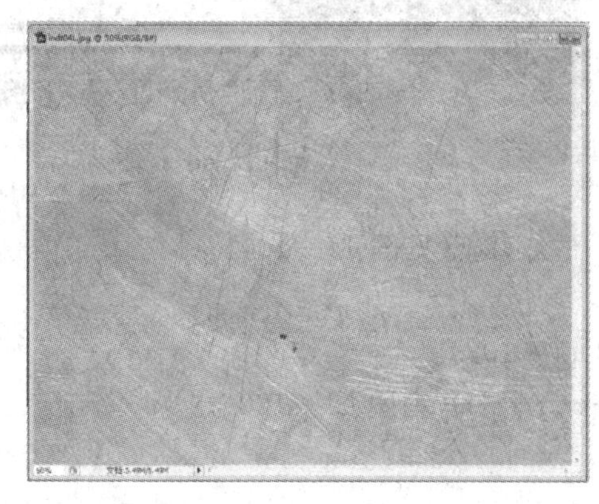

图 11－94

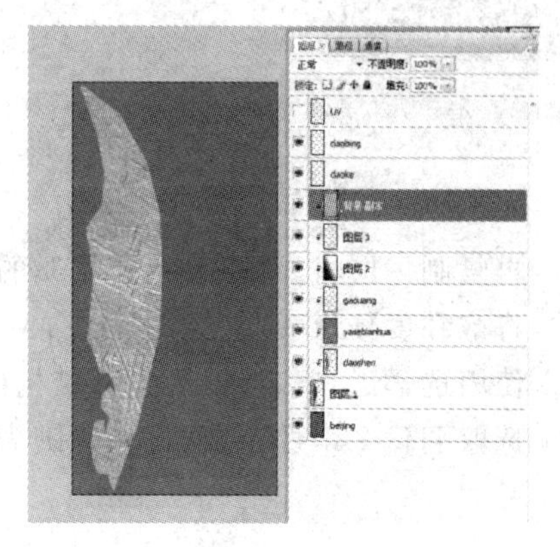

图 11－95

③ 发现像素颗粒感太重,使用变换工具调节图片的大小(见图 11-96)。

④ 旋转图片,获得更好的材质纹理效果(见图 11-97)。

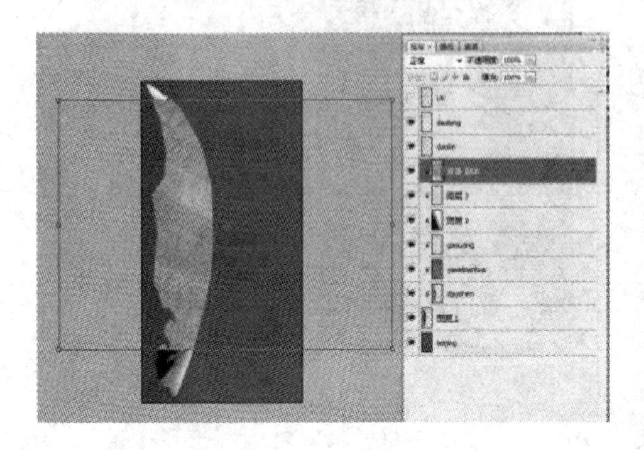

图 11-96

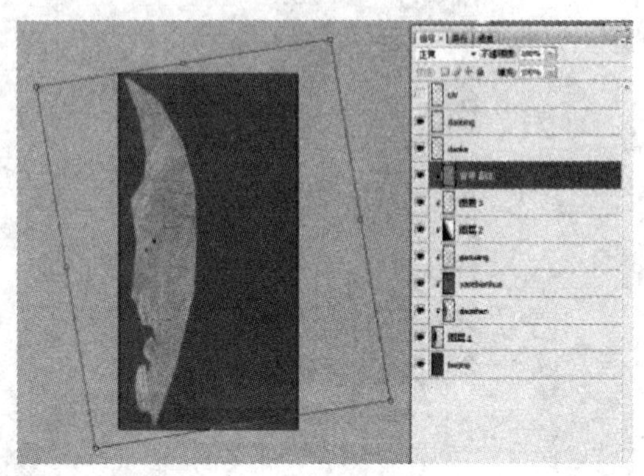

图 11-97

⑤ 将图片的图层格式改为柔光模式,可以通过变换模式来获得多种不同的效果(见图 11-98)。

⑥ 调整一下明度,让颜色不要太“跳”(见图 11-99)。

图 11-98

图 11-99

⑦ 再复制一层材质图片层,让材质的效果更加明显(见图 11-100)。

⑧ 将饱和度降低一些(见图 11-101)。

⑨ 使用选择工具勾选刀刃尖部结构(见图 11-102)。

⑩ 选取羽化 2 个像素,羽化快捷键为 Alt+Ctrl+D(见图 11-103)。

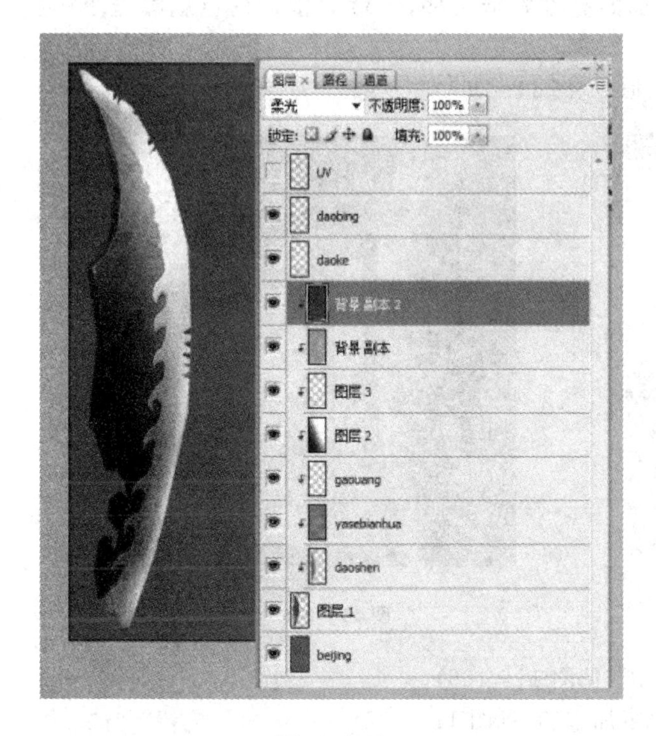

图 11－100

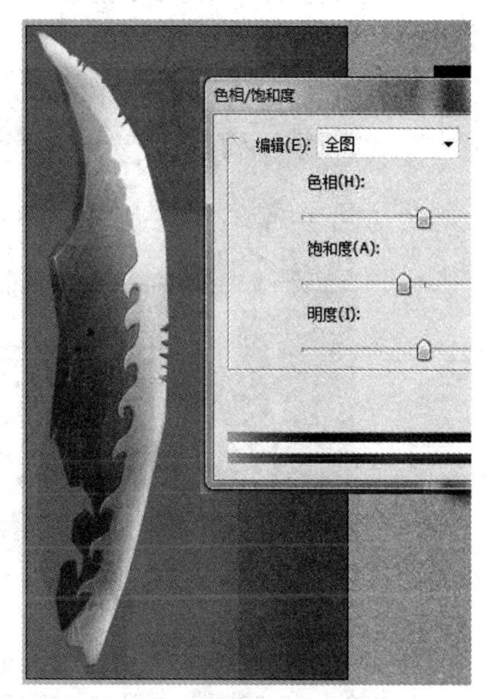

图 11－101

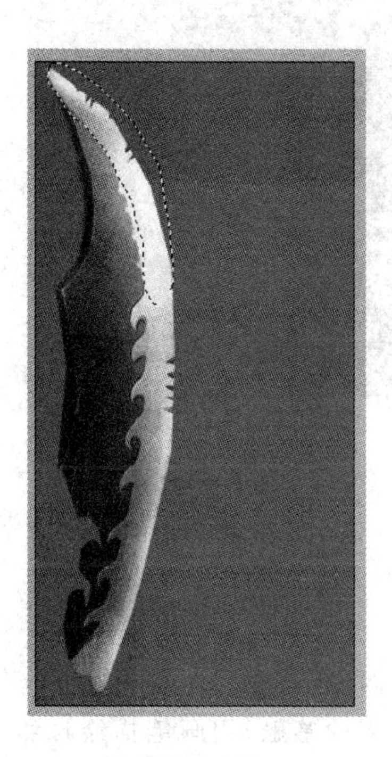

图 11－102

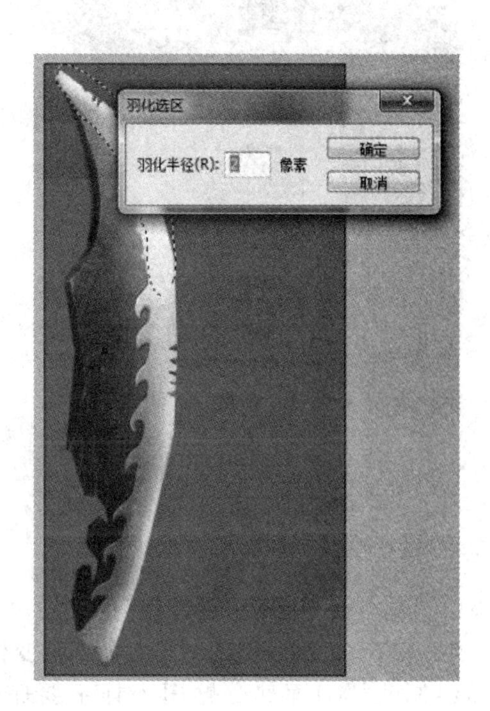

图 11－103

⑪ 使用色相、饱和度命令把刀刃尖部的亮度降低一些，不然太接近白色就曝光了（见图 11－104）。

⑫ 创建新建图层，画笔绘制金属的划痕（见图 11－105）。

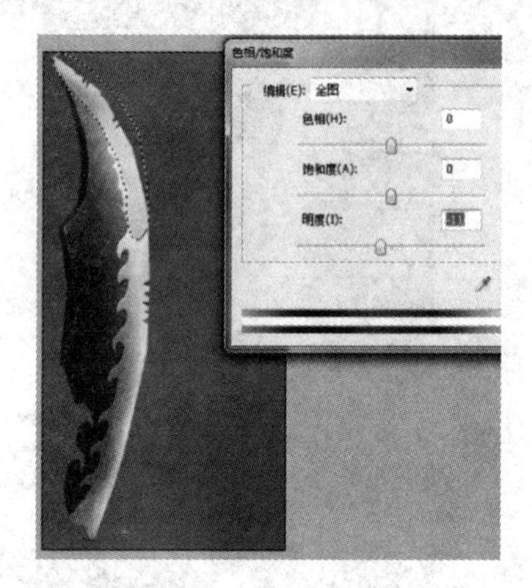

图 11－104

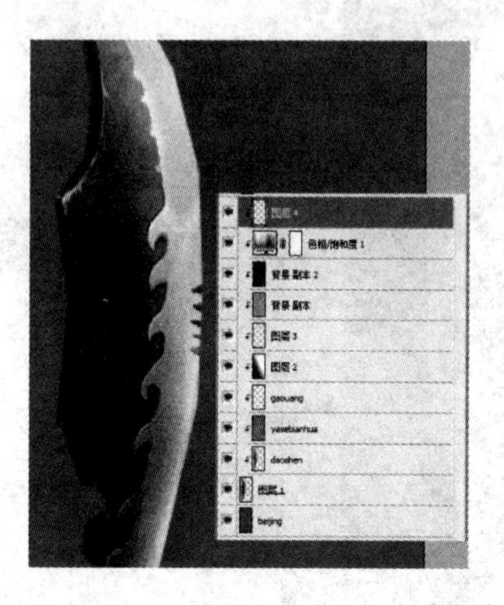

图 11－105

⑬ 划痕的绘制效果要自然，不要太生硬（见图 11－106）。

⑭ 对整体的刀身做一些处理，绘制得更加饱满（见图 11－107）。

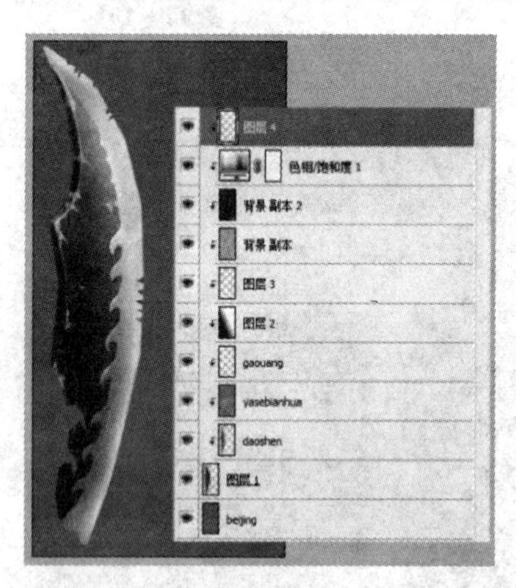

图 11－106

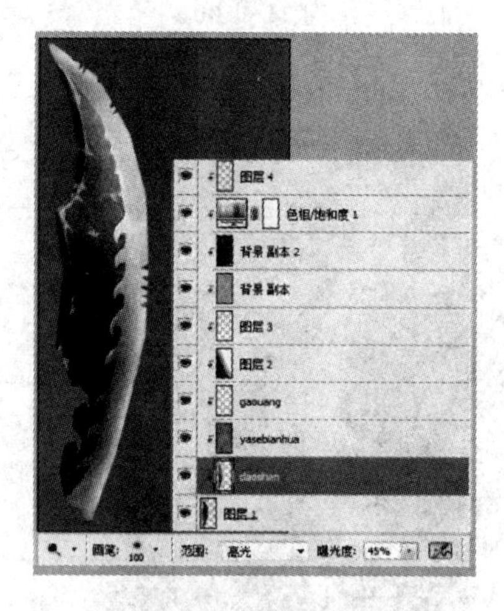

图 11－107

11.6.5 刀吞贴图的制作

① 吸取颜色绘制刀吞部分的贴图（见图 11－108）。

② 按照 UVW 的受光面，绘制刀吞的颜色变化（见图 11－109）。

③ 和绘制武器刀面部分贴图一样不要保留太多的笔触，用画笔描绘自然一些（见图 11－110）。

④ 使用亮一点颜色绘制转折部位的高光边（见图 11－111）。

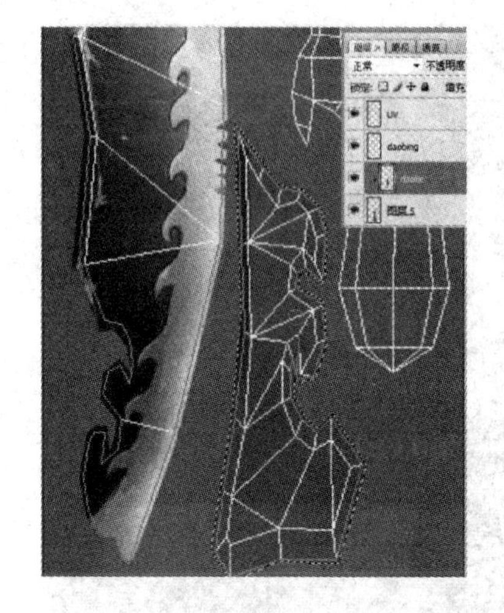

图 11-108

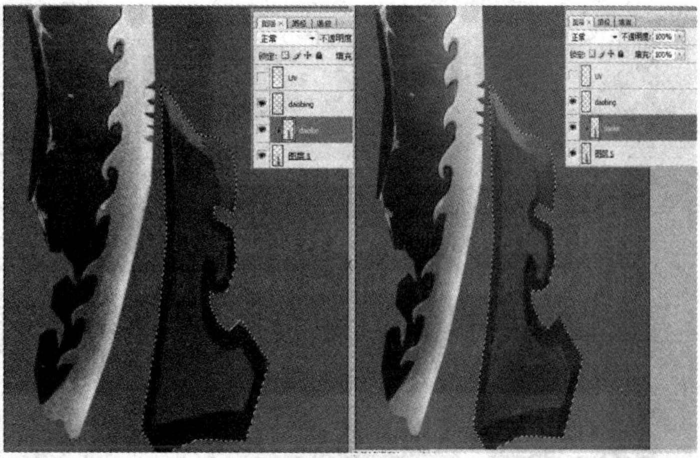

图 11-109

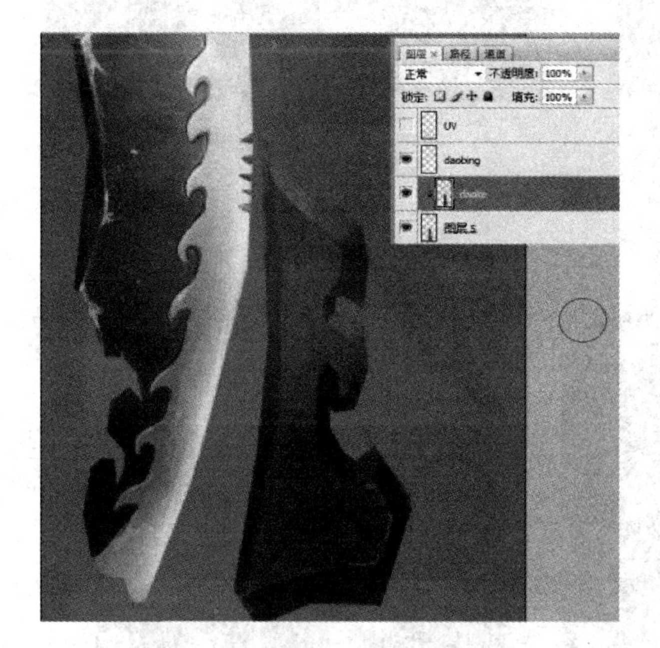

图 11-110

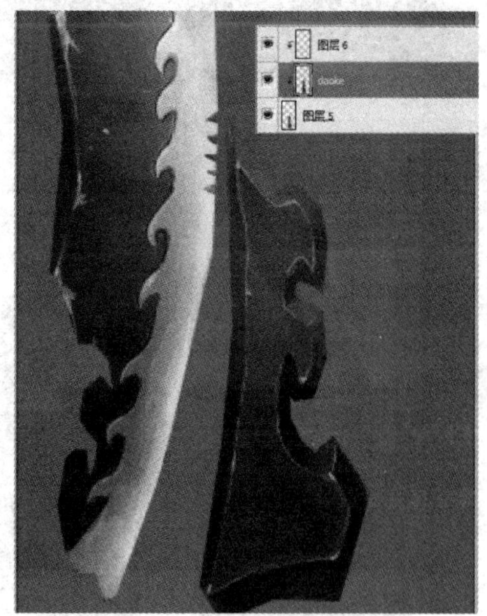

图 11-111

11.6.6　刀柄贴图的制作

① 刀柄的第一步绘制仍然先绘制基本的结构(见图 11-112)。

② 刀柄的绘制要按照圆柱的受光变化去绘制,亮部在中间部位(见图 11-113)。

③ 将原画上设计的图案和铆钉等结构绘制出来(见图 11-114)。

④ 制作这些结构的立体感(见图 11-115)。

⑤ 将受光的面加强光的效果(见图 11-116)。

⑥ 颜色减淡工具绘制金属的效果特别明显,将反光也一并绘制(见图 11-117)。

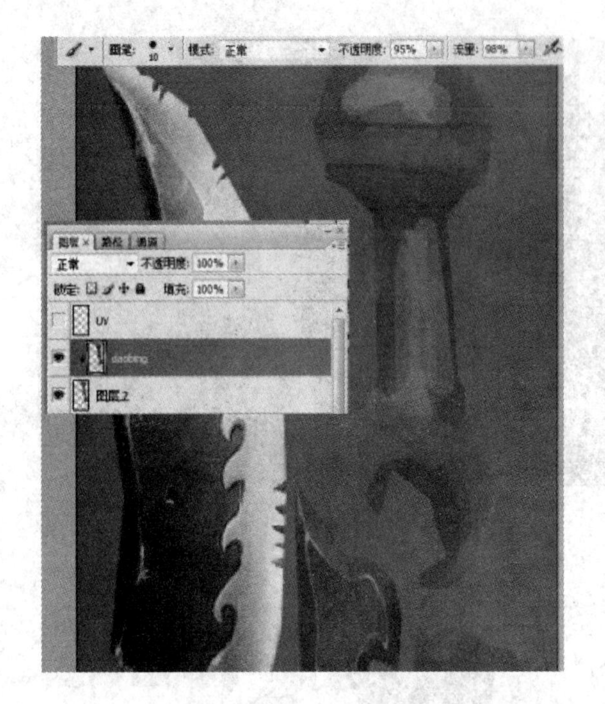

图 11－112

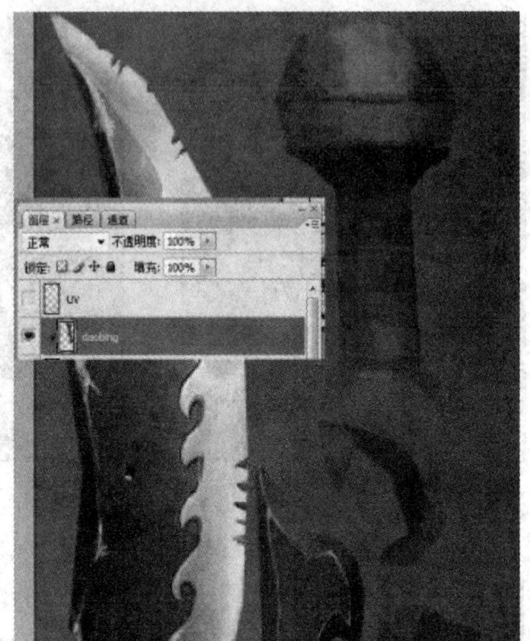

图 11－113

图 11－114

图 11－115

图 11－116

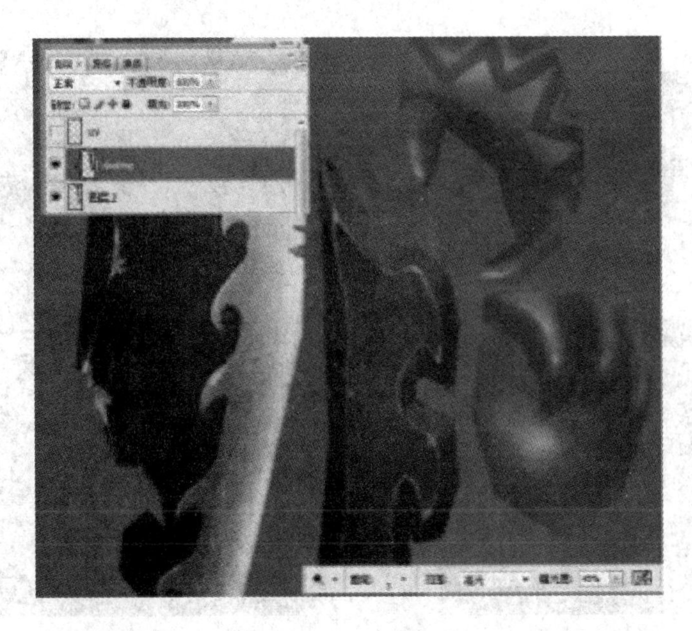

图 11 - 117

⑦ 强化金属的质感(见图 11 - 118)。

⑧ 局部的细节结构需要加强效果,注意不要曝光过度,使用减淡工具一定要反复推敲(见图 11 - 119)。

图 11 - 118

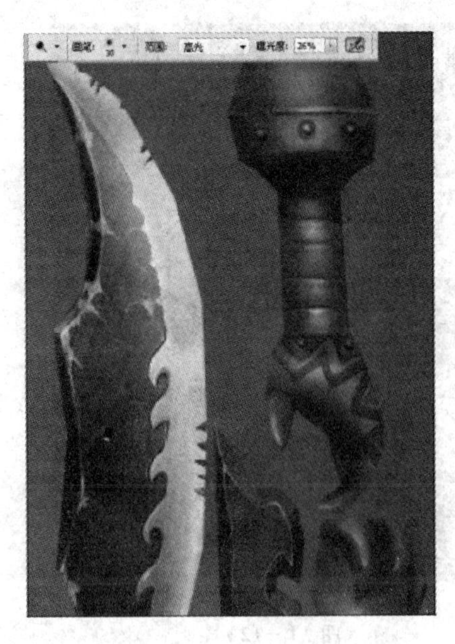

图 11 - 119

⑨ 绘制一些磨损的效果(见图 11 - 120)。

⑩ 新建图层,在颜色工具里选择绿颜色,选取颜色后选择“滤镜”→“渲染”→“云彩”命令,填充云彩特效图层,将图层模式改为柔光(见图 11 - 121)。

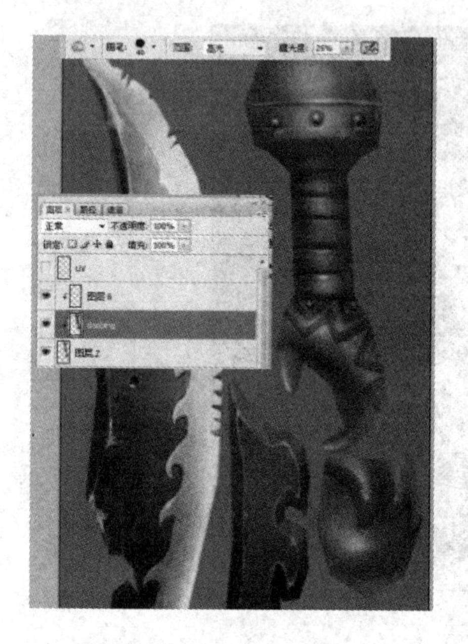

图 11-120

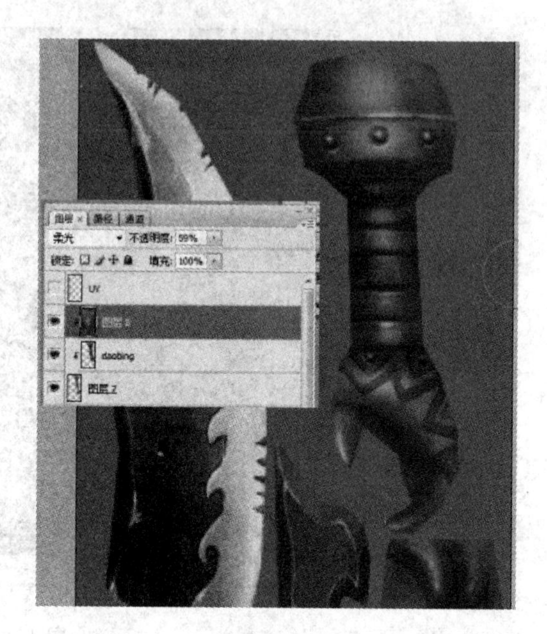

图 11-121

⑪ 使用橡皮擦工具擦出一些绿色云彩效果(见图 11-122)。

⑫ 给刀柄贴图添加上金属材质(见图 11-123)。

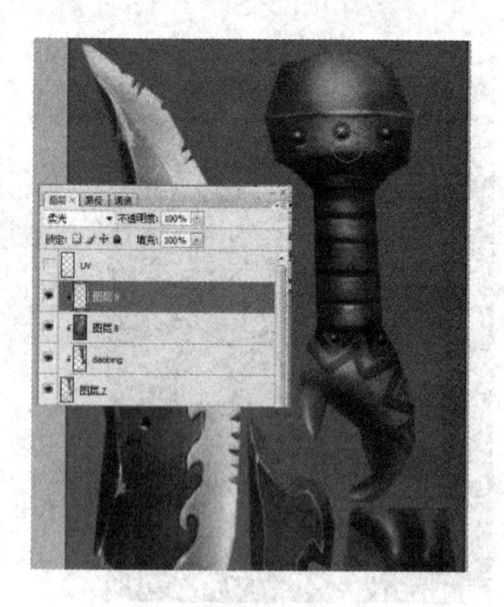

图 11-122

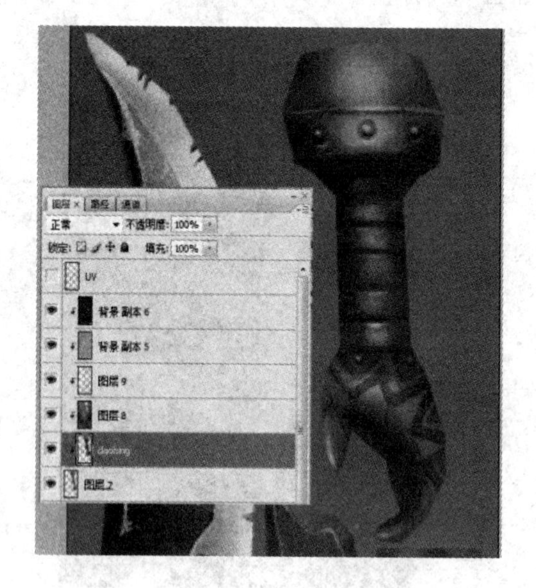

图 11-123

11.6.7 贴图的整合

① 金属材质的图层多复制几个,让叠加的材质效果明显些(见图 11-124)。

② 不需要太多的绿色效果,用橡皮擦工具擦涂掉(见图 11-125)。

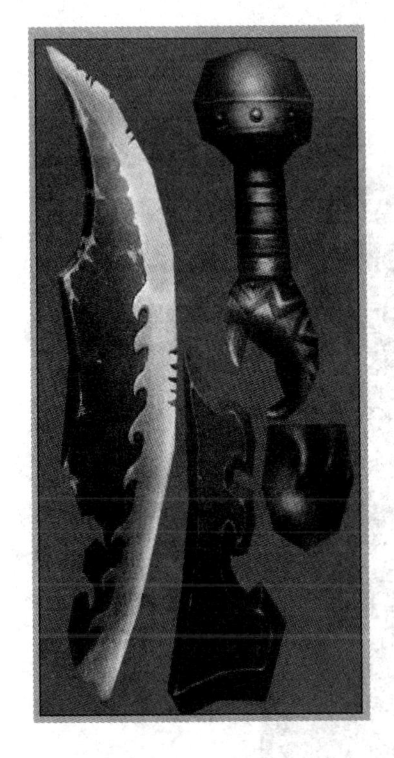

图 11－124

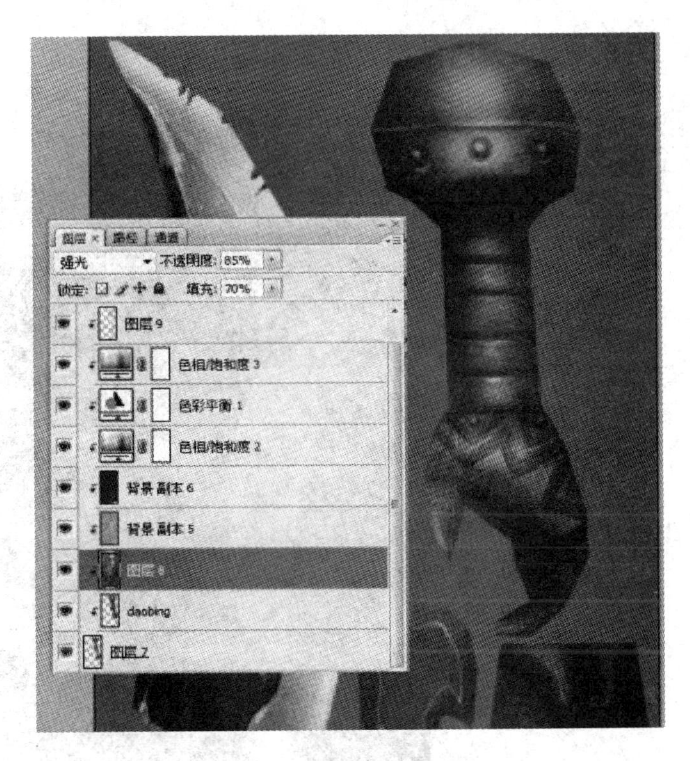

图 11－125

③ 给刀面和刀的吞口部位做一些绿色变化，让贴图颜色统一，最终完成武器的贴图绘制（见图 11－126）。

图 11－126

11.6.8 模型的贴图效果显示

① 选择模型,给模型选择一个材质球(见图 11－127)。

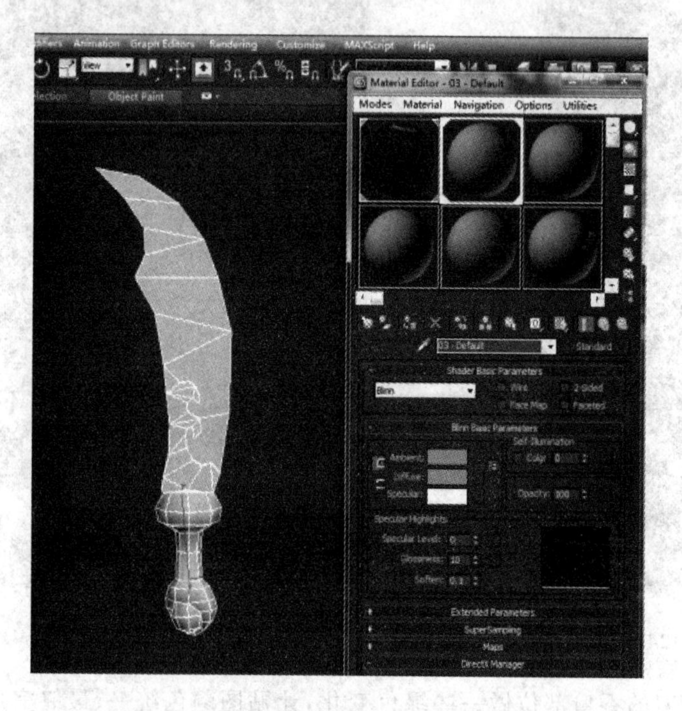

图 11－127

② 在 Diffuse(漫反射)通道里,赋给模型 Bitmap(位图)绘制好的贴图(见图 11－128)。

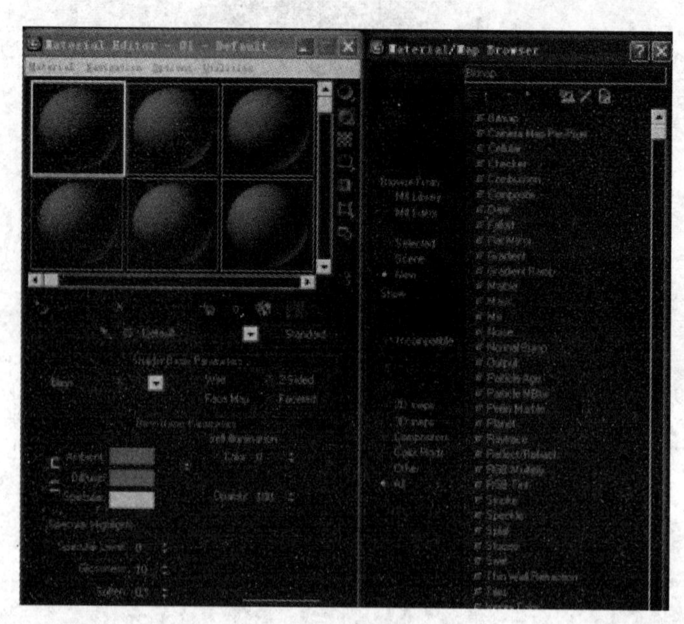

图 11－128

③ 按快捷键 8,将 Ambient(自发光)设置为白色,这样才能显示贴图的正确颜色和明度(见图 11 - 129)。

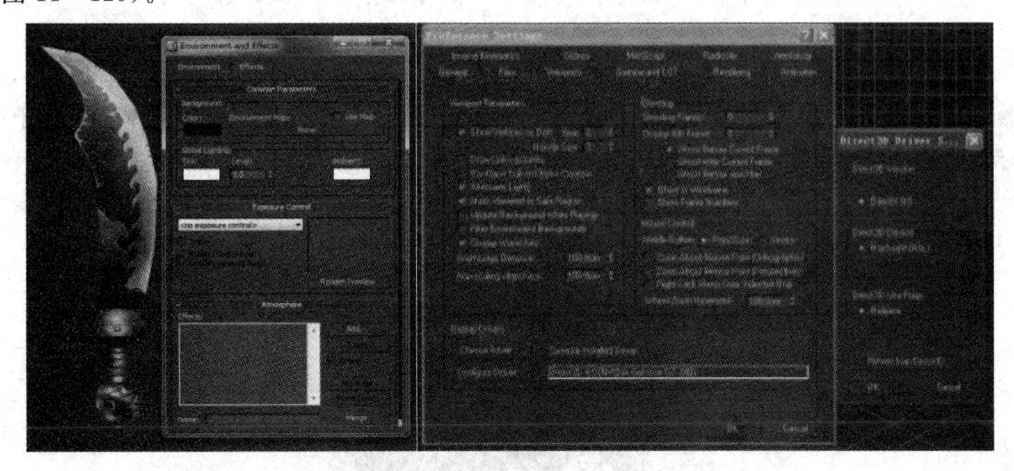

图 11 - 129

④ 将贴图的显示设置为最佳(见图 11 - 130)。

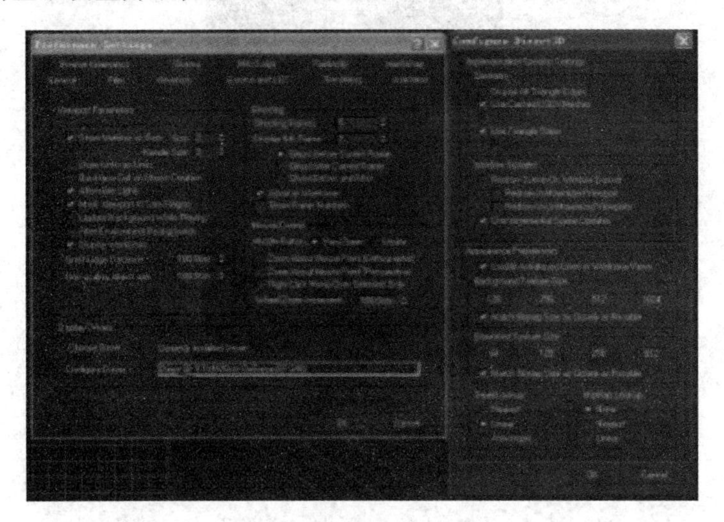

图 11 - 130

⑤ 最终效果如图 11 - 131 所示。

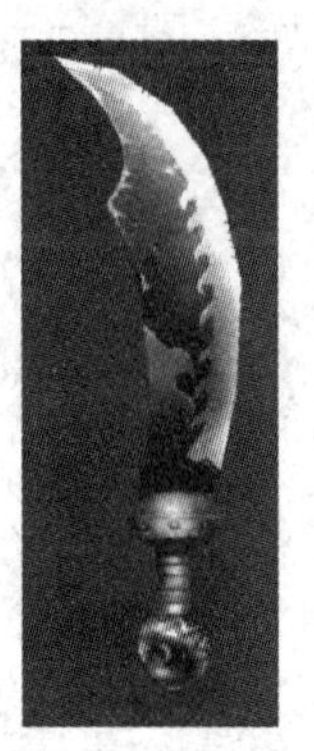

图 11 - 131

11.7　本章小结

本章讲解了游戏武器的模型、UVW 和贴图的制作。相比较前面学习的木箱和树木，游戏武器在模型上更复杂，贴图上也难一些。武器的模型虽小，但材质和模型形体变化却十分丰富，初学者要在游戏武器制作上多下功夫练习，打好制作更复杂的场景建筑的基础。

11.8　课后练习

1. 按照图 11 - 132 所示的武器原画进行模型和贴图的制作。

图 11 - 132

第12章　游戏场景建筑的制作

章节要点：

本章的重点是游戏建筑房屋的制作流程，讲解中式建筑模型结构制作要点和结构特征表现方法、多张UVW的分配方法，重点是三张贴图的绘制。通过案例的学习可让制作者掌握中式建筑房屋的制作，能够独立完成场景建筑的制作。

12.1　游戏场景建筑概论

游戏场景是游戏项目中重要的制作工种，与游戏角色共同担负整个游戏美术制作的核心。游戏场景在游戏中必不可少，相对于游戏角色，游戏场景无论是在制作数量上还是在工时上都比角色要多得多，游戏场景包括游戏场景建筑、游戏植物、游戏物件等。

游戏场景建筑可分为：功能性建筑、配景性建筑、特殊性建筑。

功能性建筑：这类建筑物主要是玩家实现相应的游戏功能场所，比如：杂货铺、铁匠铺、马厩、武器铺、药品店等。

配景性建筑：这类建筑没有实际功能，主要作为点缀和搭配游戏场景，起到烘托游戏氛围的作用，比如桥梁、野外废墟等。

特殊性建筑：反映游戏设定所处的历史年代，烘托游戏文案背景，往往是整个场景建筑物的标志和中心，比如，纪念碑、巨型雕像等。

12.2　游戏场景中、西建筑风格

中西方建筑主要区别是在建筑材料上的运用，西式的建筑多见于石头材质，复杂的建筑如大教堂会较多使用玻璃材质。木质是中式建筑最主要的表现材质，高等级建筑会使用到琉璃这一独特的中式材质。

在纹理风格上，西式建筑的纹理多为简单的几何纹理；中式建筑的纹理有具象和抽象的区别，具象类有各种兽纹、龙纹、花纹，抽象类有雷纹、云纹等。

建筑外形上，西式建筑比较大气、厚重、结实，外观以直线居多；中式建筑小巧精致，建筑屋顶多有飞檐式的流线结构。

12.3　制作范例——建筑山神庙的制作

原画分析：

本制作案例为一个中式传统风格的建筑体，按照古代建筑的结构标准来分析，此原画中的建筑结构分析如图12-1所示，设计所处的环境为野外，较为荒凉和破败。

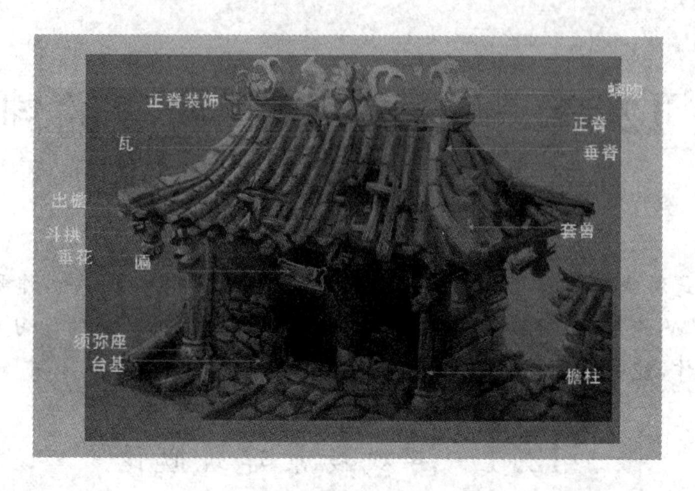

图 12-1

模型面数上控制在 2 500 面以内，游戏计算的模型面数量是按照三角形来统计的。

12.4　模型的制作

12.4.1　导入原画参考图

为了方便参照原画制作模型，需要原画与模型视图并行出现，在 3ds Max2014 软件里可选择 View Image File(打开预览文件)命令帮助完成。

小提示：一般的看图软件如 ACDsee 属性设置里有“总是显示在最前”功能也可以做到，但打开一个软件会增加机器内存，不如 View Image File 方便。

① View Image File 命令能导入计算机图片，以预览窗口的方式显示在视图前面，(见图 12-2)。

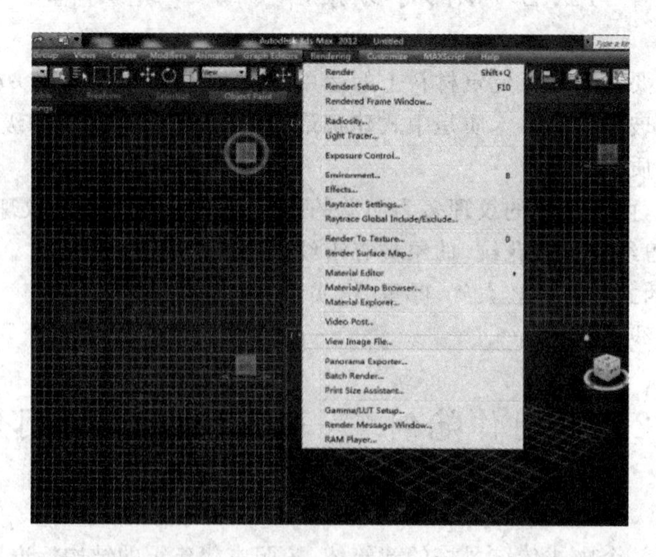

图 12-2

② 选择图片所在的位置(见图 12－3)。

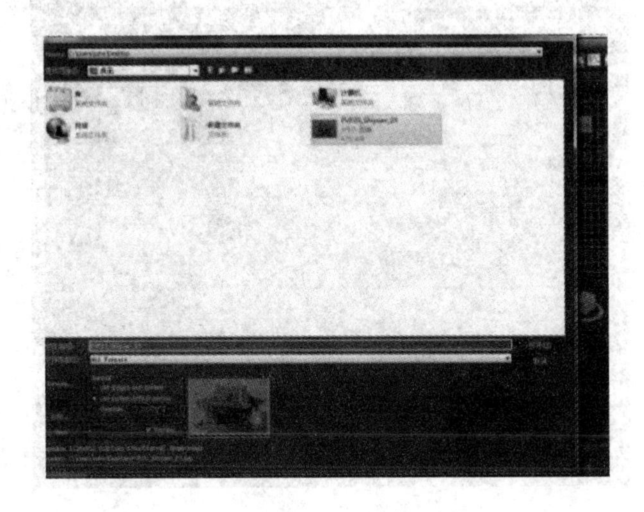

图 12－3

③ 确定后新增图片预览窗口。

操作：鼠标中间滚轮缩放图片,按住鼠标中间位移图片(见图 12－4)。

图 12－4

④ 用鼠标左键来调整参考图的大小(见图 12－5)。

12.4.2　设置模型的单位

在模型开始制作前,须将模型的单位统一设置好。

① 选择 Customize 菜单下的 Units Setup 命令(见图 12－6)。

② 选择 Metric 为 Centimeters(厘米)或者 Meters(米),实际生产项目中会强制选择一种单位,这里我们选择 cm。单击 System Unit Setup 按钮和外面的设置单位统一(见图 12－7)。

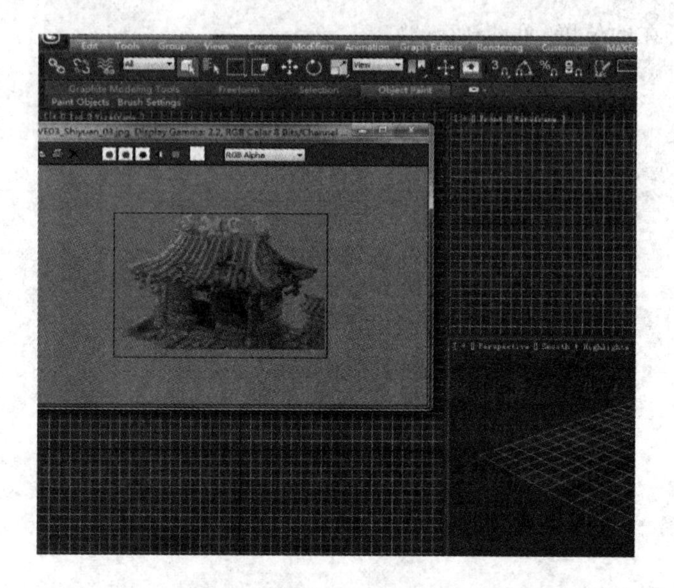

图 12－5

图 12－6

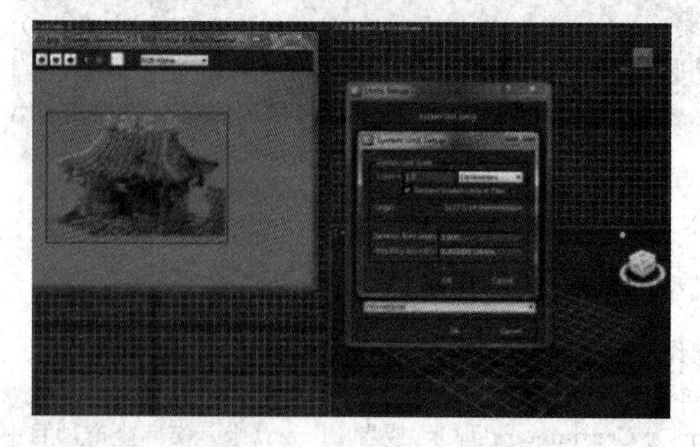

图 12－7

12.4.3　搭建 3D 粗模

正式制作模型的粗模。粗模通常是指满足原画比例和大型轮廓的简单块状模型。

建筑模型的制作遵循从粗模到细模、从大型到局部的原则，一开始只是对模型的比例及外观制作，严格依据原画所提供的物体设计比例进行，比例最重要的制作之处是建筑物屋顶与墙体、各建筑梁柱所在位置与高度。

① 使用建模工具 BOX(立方体)，将 BOX 的长、宽、高按图 12－8 所示设置。

② 粗模的线段数不要设置太多，模型的点、线、面太多，不方便制作，设置为 2 段就可以(见图 12－9)。

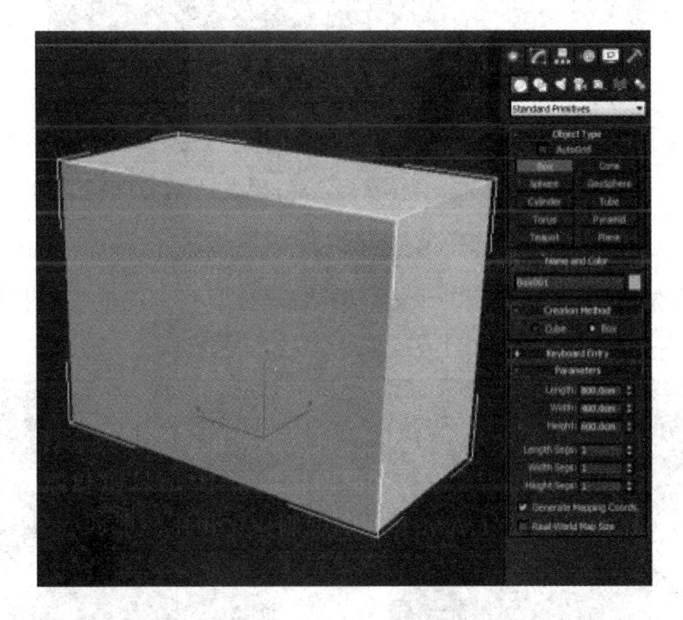

图 12－8

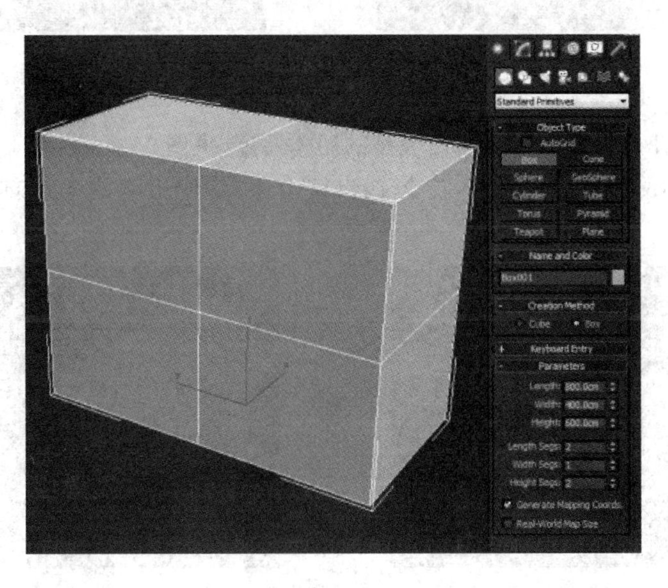

图 12－9

③ 立方体建好后，将其塌陷(转换)成可编辑的多边形(见图 12－10)。

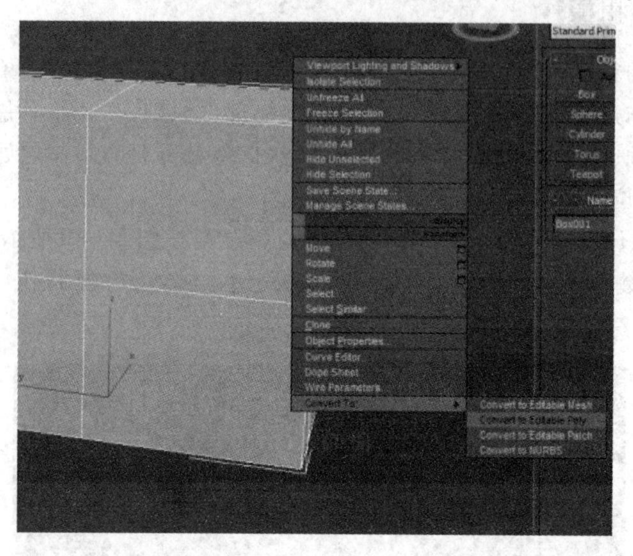

图 12－10

④ 在多边形面级别下，选择模型的顶面，使用缩放工具将顶面向外面扩展，转换到点级别做一定的调整(见图 12－11 和图 12－12)。

图 12－11

图 12－12

⑤ 选择顶面，使用挤压命令制作出模型的屋檐厚度(见图 12－13)。

⑥ 将挤压出的面向上(Y 轴)移动，拖拽出整个屋顶，使用缩放工具向里(Z 轴)收缩(见图 12－14)。

图 12－13

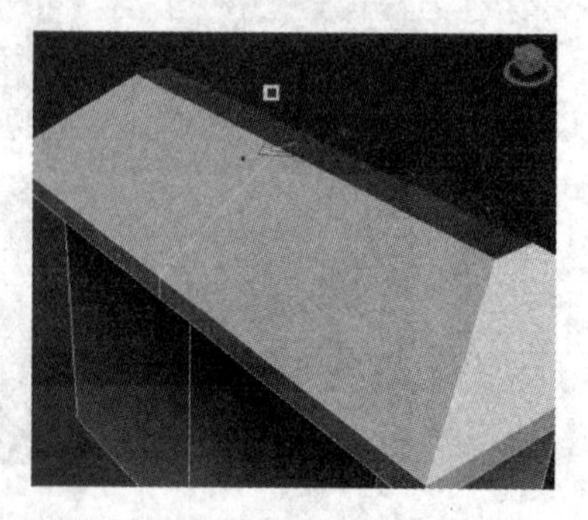

图 12－14

⑦ 观察原画,对屋顶的点进行比例上的调整(见图 12 - 15 和图 12 - 16)。

图 12 - 15　　　　图 12 - 16

⑧ 选择模型面的一半,将其删掉(见图 12 - 17 和图 12 - 18)。

图 12 - 17　　　　图 12 - 18

⑨ 选择模型,使用镜像工具,选择关联复制命令,关联复制出另一半,这样调节模型的另一面同时作用,提高制作效率(见图 12 - 19)。

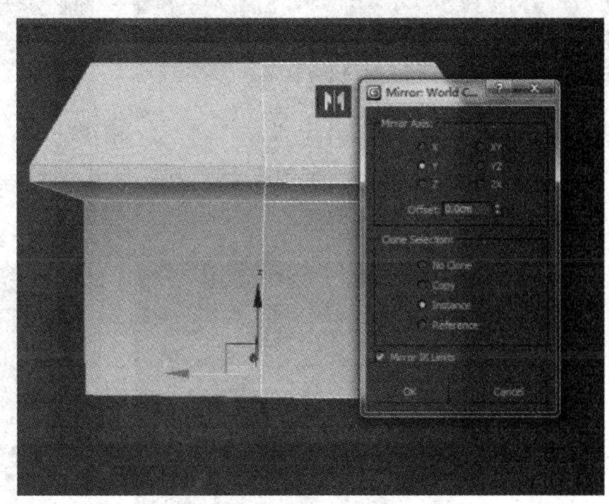

图 12 - 19

⑩ 不断地调整整体的比例关系(见图 12 - 20)。

⑪ 选择屋顶一条边线,使用 Ring 命令将一圈的边线都选中(见图 12 - 21 和图 12 - 22)。

图 12 - 20

图 12 - 21

图 12 - 22

⑫ 使用加线命令 Connect 给屋顶横向加一条线段，在菜单 Views 下勾选 Shade Selected（显示选择）。这样选择的模型将实体显示，未选择则以线框模式显示，便于制作中观察模型结构（见图 12 - 23）。

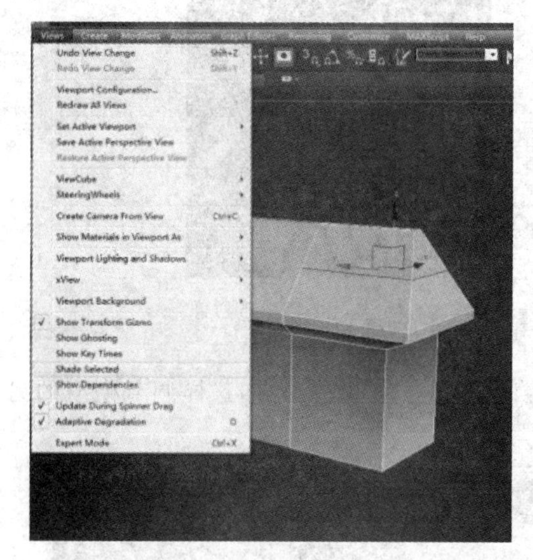

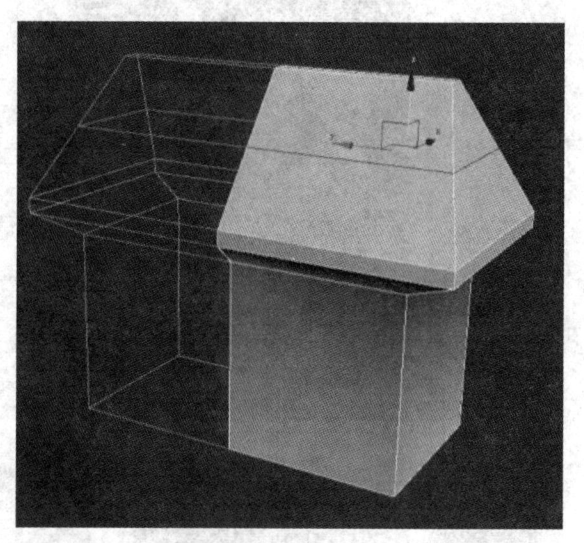

图 12 - 23

⑬ 将添加的线段移动到合适位置，使用缩放工具向内收缩，做出屋顶的转折结构（见图 12 - 24 和图 12 - 25）。

图 12 - 24

图 12 - 25

⑭ 游戏中建筑物底面是不需要的，将其删除掉(见图 12－26)。

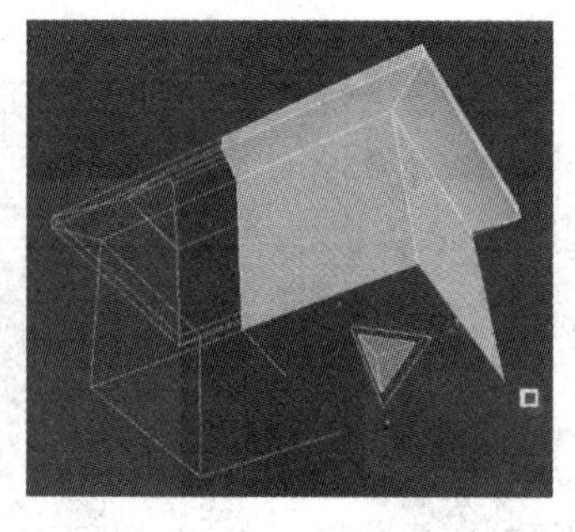
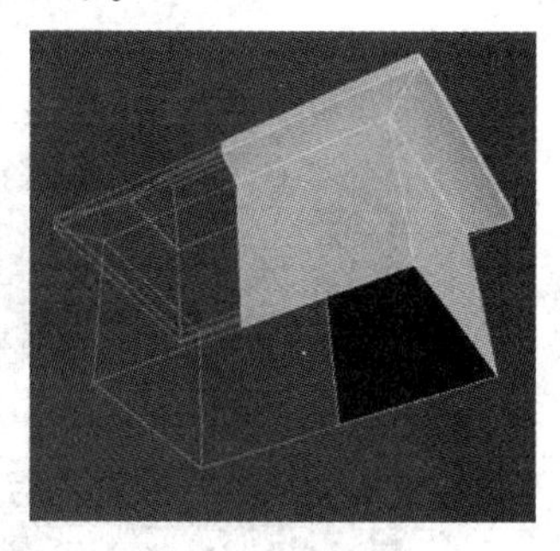

图 12－26

⑮ 制作建筑物的基座墙体，使用 Ring 工具选择墙体的边线，加线工具添加出横线，调整好原画表现的位置(见图 12－27)。

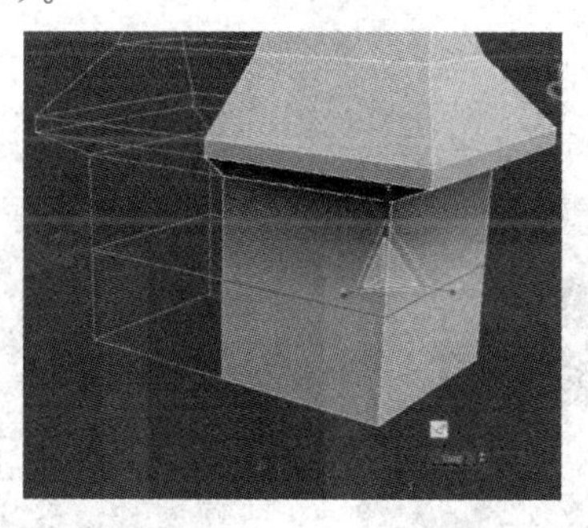

图 12－27

⑯ 左击模型，选中所有基座的面，旋转视图观察，确保所有面都被选中，使用挤压命令将模型挤出体积结构(见图 12－28 和图 12－29)。

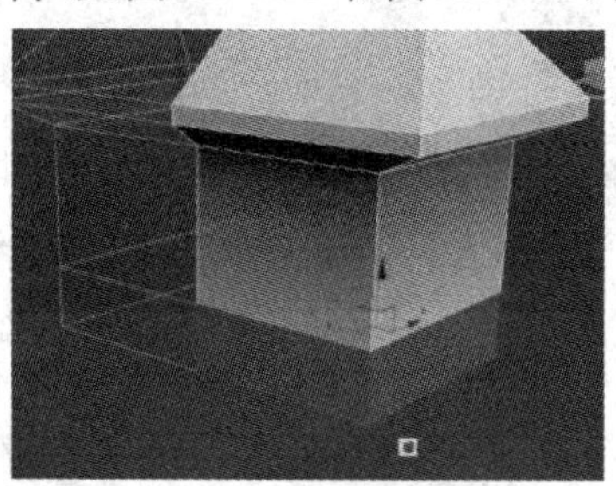

图 12－28

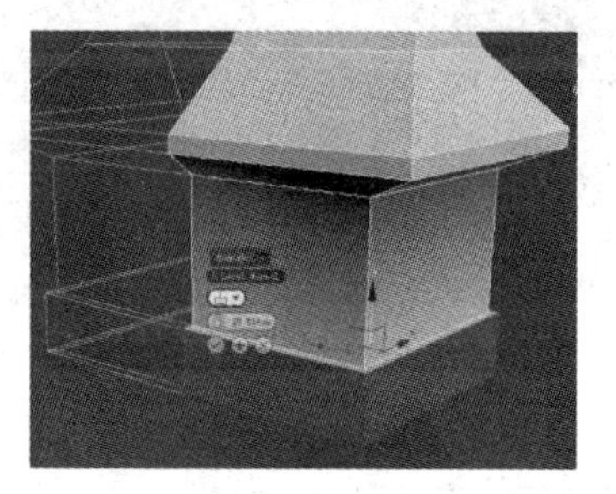

图 12－29

⑰ 使用键盘 Delete 键删除模型夹层与底面多余的面(见图 12－30 和图 12－31)。

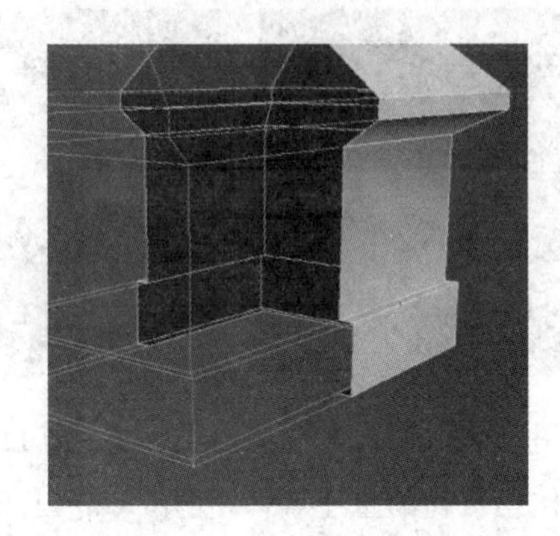

图 12－30

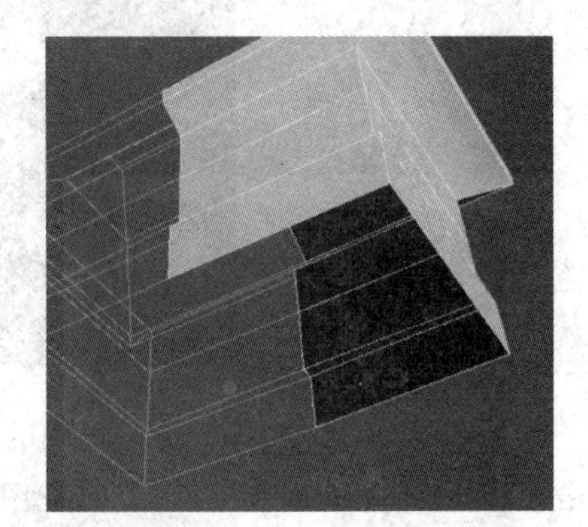

图 12－31

⑱ 制作寺庙的大门,给墙体再添加一条线段(见图 12－32)。

⑲ 选择前面横线的墙体加基座的线段,竖直方向上加线(见图 12－33 和图 12－34)。

图 12－32

图 12－33

⑳ 使用缩放工具把添加的竖线 X 轴向拉直(见图 12－35 和图 12－36)。

㉑ 删掉前面的面,给大门开个口(见图 12－37)。

图 12 - 34

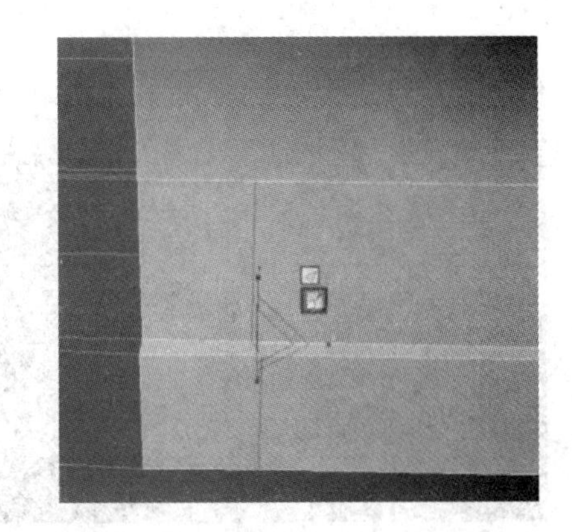

图 12 - 35

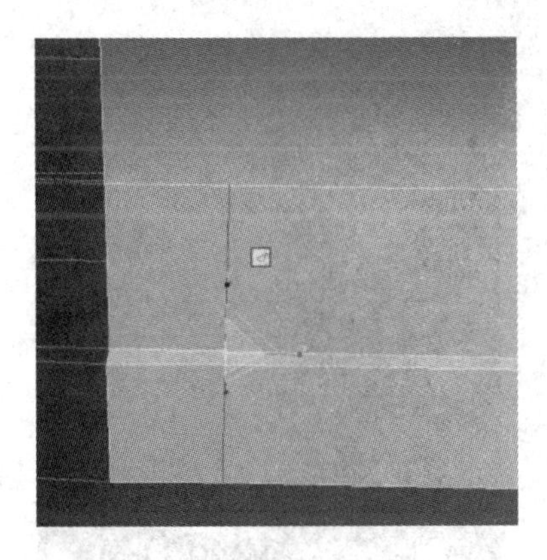

图 12 - 36

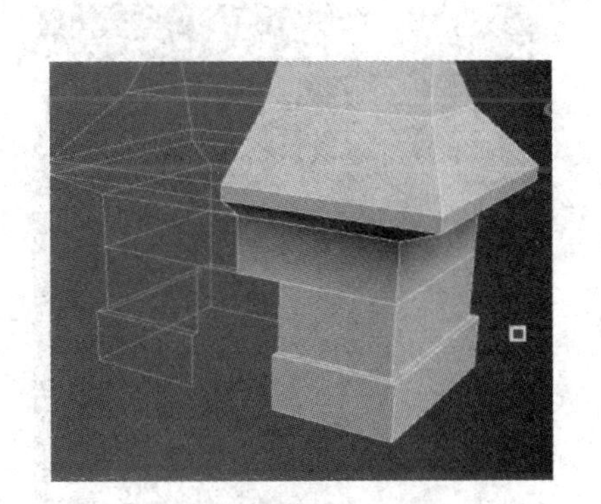

图 12 - 37

㉒ 选择门口的边线，使用 Shift＋W，向内复制拖拽出墙体厚度结构；再使用一次，横向复制出大门的面（见图 12 - 38～图 12 - 40）。

图 12 - 38

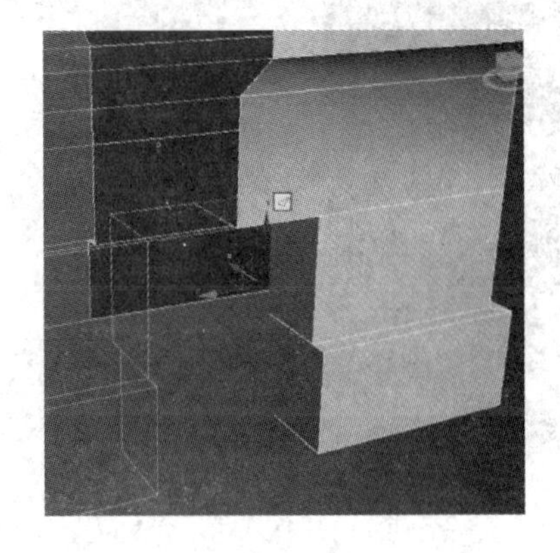

图 12 - 39

㉓ 将多余点使用 Target Weld（目标点焊接），让其连接成一个点（见图 12 - 41 和图 12 - 42）。

㉔ 将大门上的点也焊接掉，并使用捕捉工具把点对齐（见图 12 - 43～图 12 - 45）。

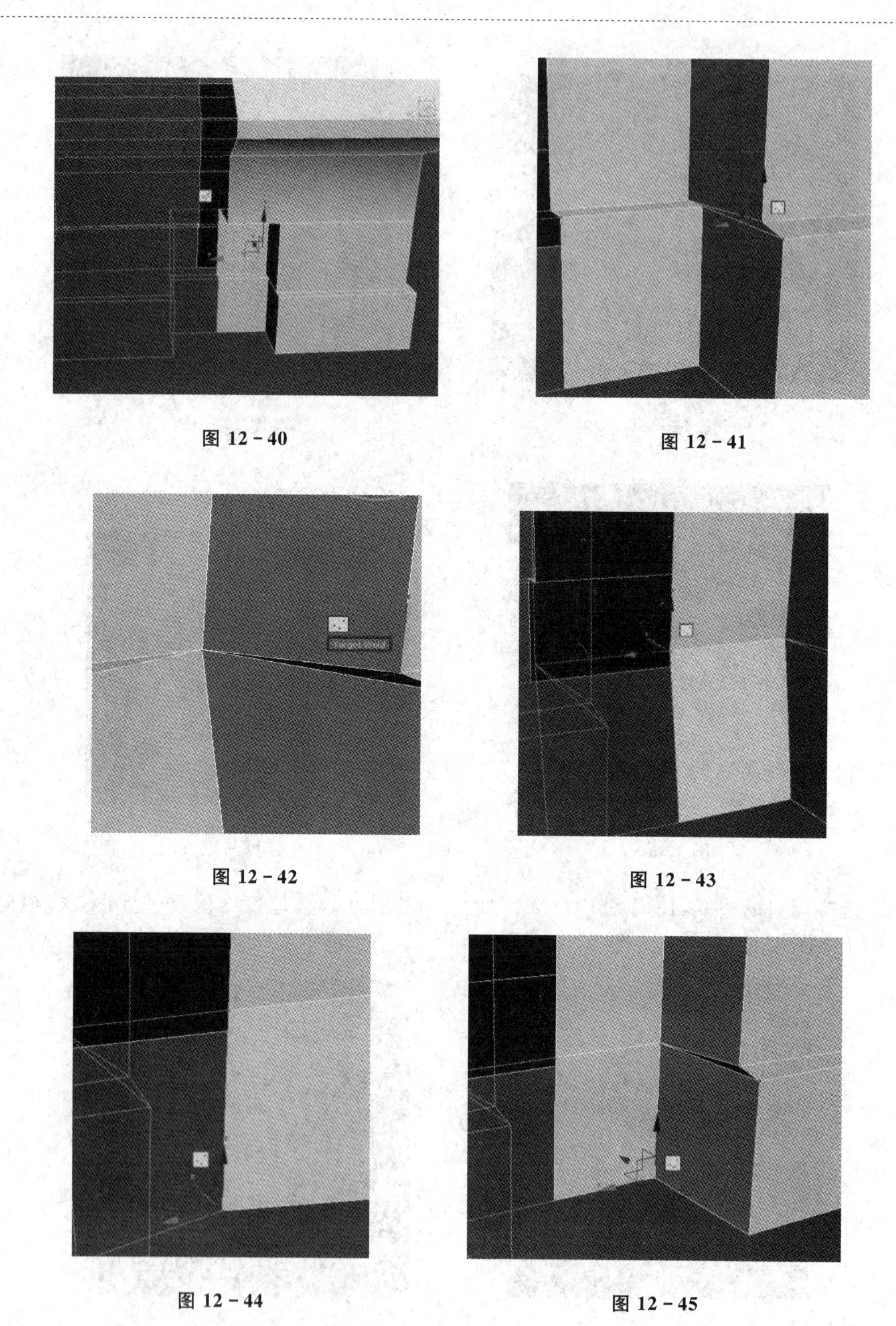

图 12－40

图 12－41

图 12－42

图 12－43

图 12－44

图 12－45

㉕ 制作出基座转角处的结构，删除挤压产生的空间错面，用 Cap（补面）工具填平（见图 12－46 和图 12－47）。

㉖ 使用 Cut（切线）工具给模型切出线段，将点合并（见图 12－48 和图 12－49）。

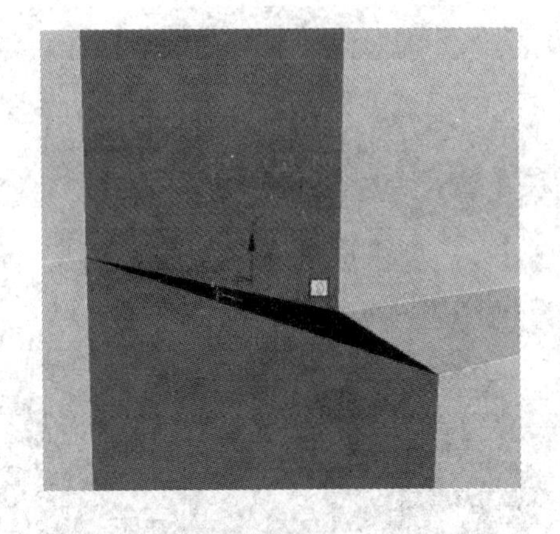

图 12－46

图 12－47

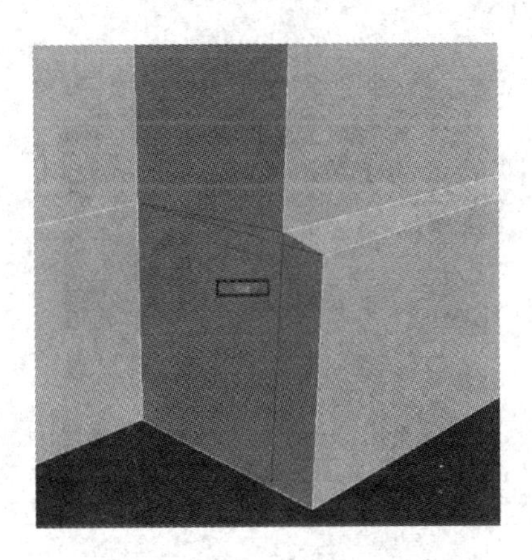

图 12－48

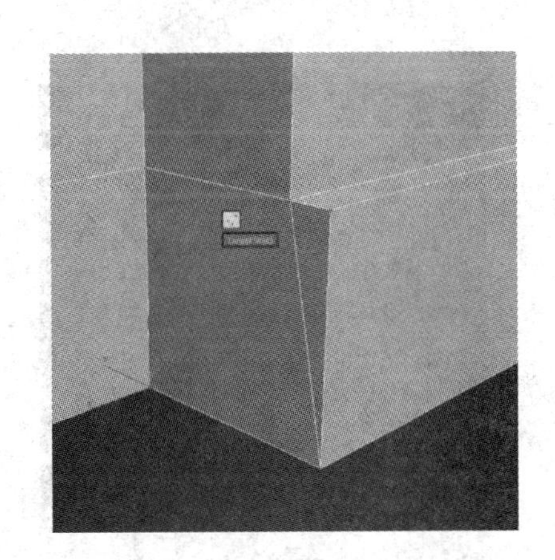

图 12－49

㉗ 选择门角的线段，使用 Chamfer 撑开，将门外形结构整理圆滑（见图 12－50）。

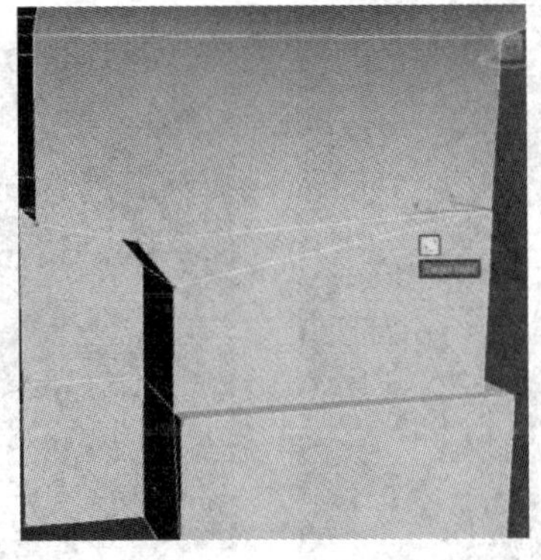

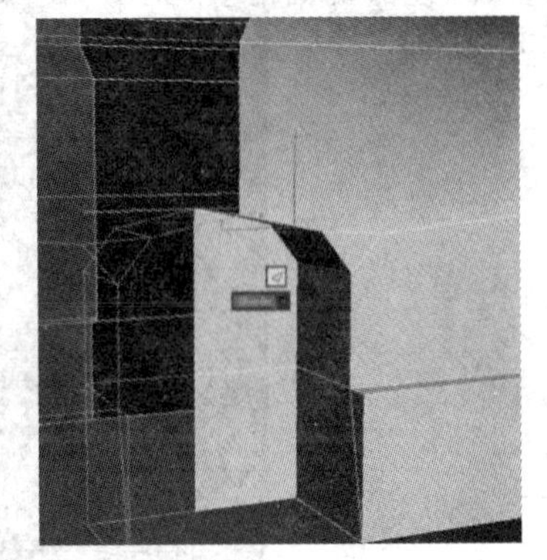

图 12－50

㉘ 调整比例关系，使其接近原画的比例关系（见图 12－51）。

㉙ 制作房屋的柱子，使用建模工具 Cylinder（圆柱体），移动到原画上的位置（见图 12－52）。

㉚ 将模型的参数设置为六面体，不需要段数，直径大小与原画一致（见图 12－53）。

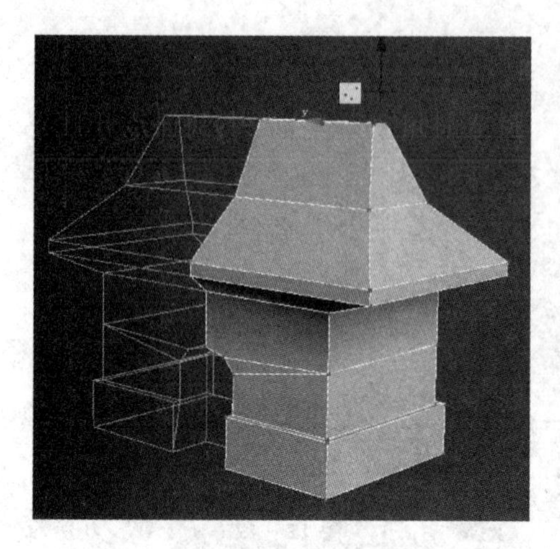

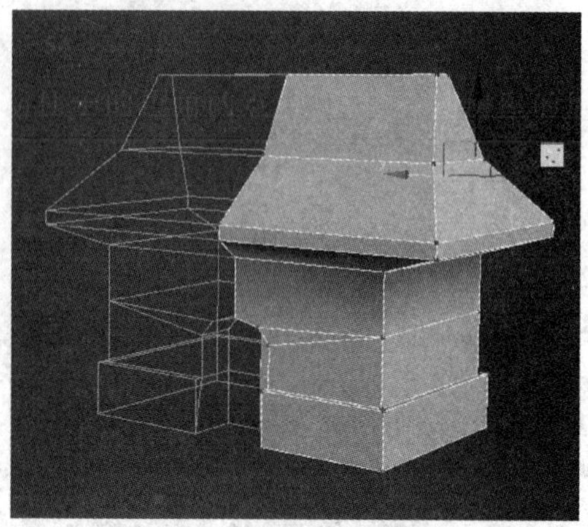

图 12－51

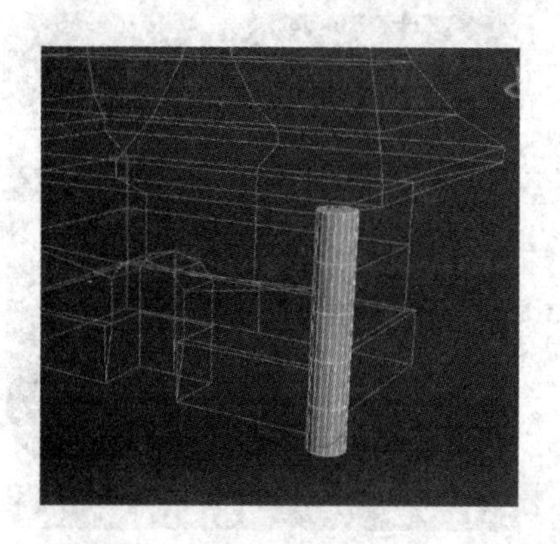

图 12－52

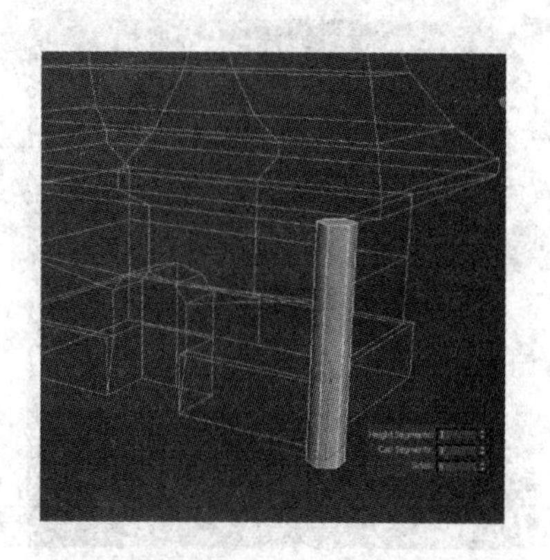

图 12－53

㉛ 使用旋转工具开启角度捕捉工具，将柱子的圆弧边朝向外面，这样无论从哪个 3D 角度看，圆柱都要圆滑些(见图 12－54)。

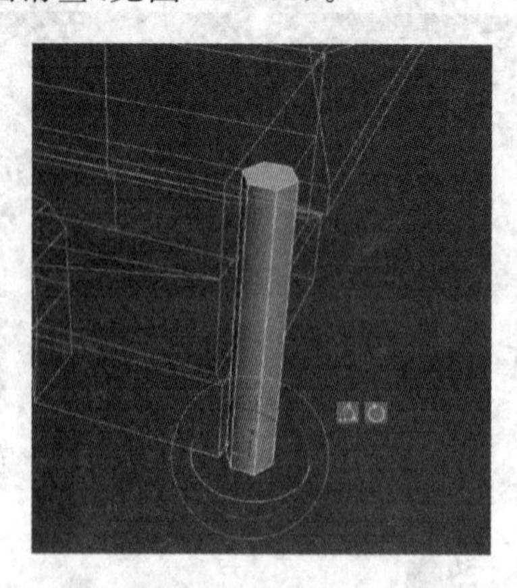

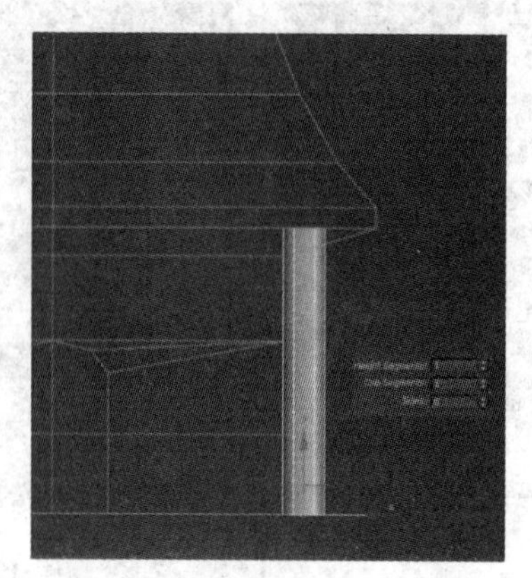

图 12－54

㉜ 打开点捕捉(快捷键：S)，鼠标左键拖动柱子的边角的点，使其对齐到房屋的墙角点(见图 12－55)。

图 12－55

㉝ 通常这一步操作在顶视图(T 视图)里比较容易完成(见图 12－56 和图 12－57)。

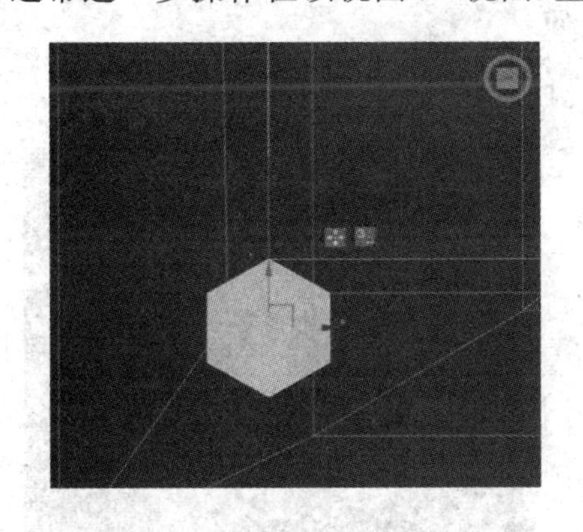

图 12－56

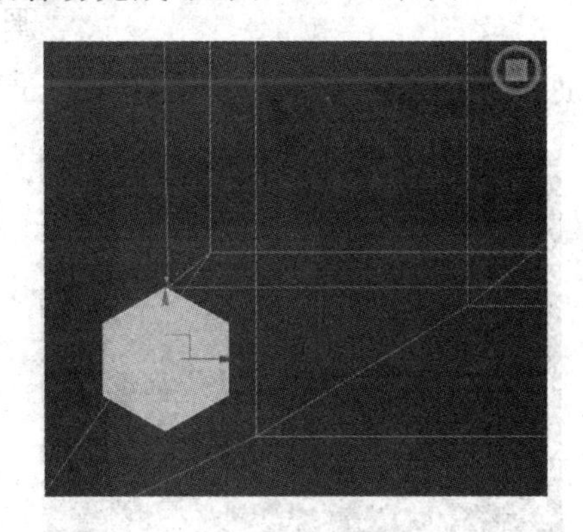

图 12－57

㉞ 将模型塌陷(转换成多边形编辑),选择顶面和底面,删除掉。需要注意的是原画中有根柱子倒在地上,这样顶面和底面就不能删掉,这根柱子要单独处理,其他可以都删掉(见图 12－58 和图 12－59)。

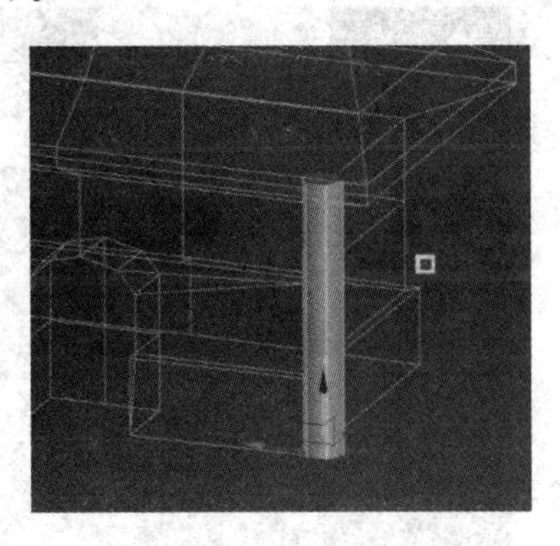

图 12－58

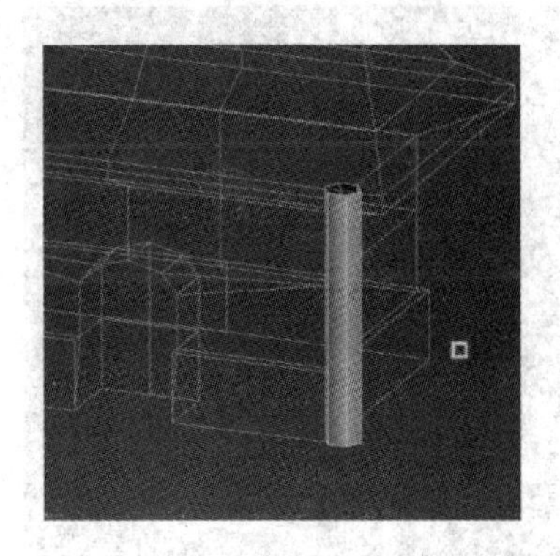

图 12－59

㉟ 复制出其余的柱子(见图 12－60)。

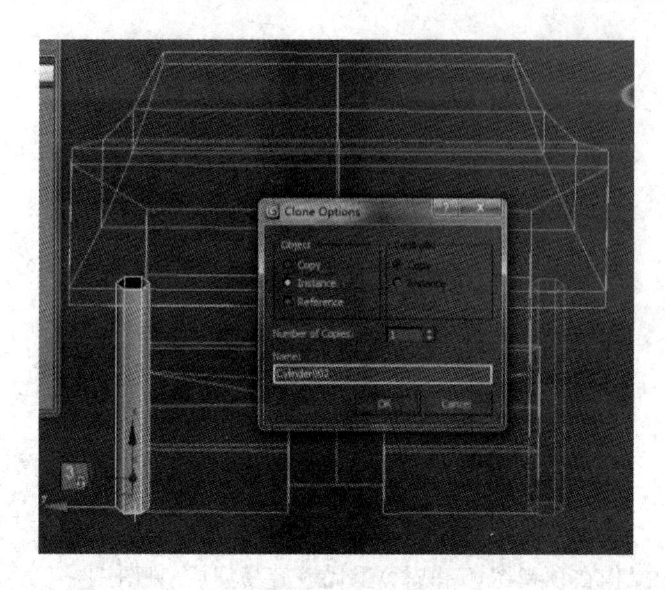

图 12-60

㊱ 进一步调整模型的结构(见图 12-61～图 12-64)。

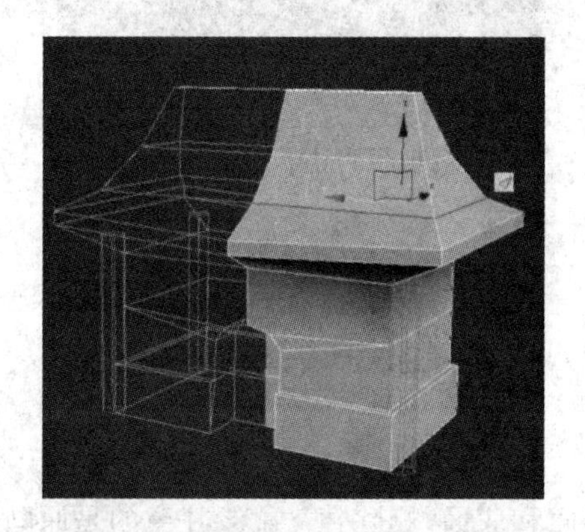

图 12-61

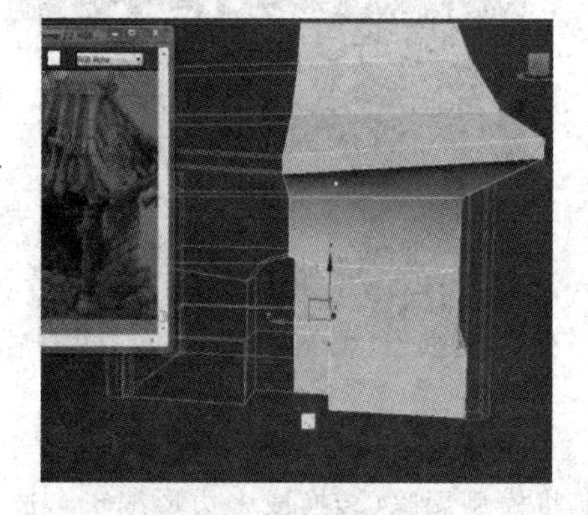

图 12-62

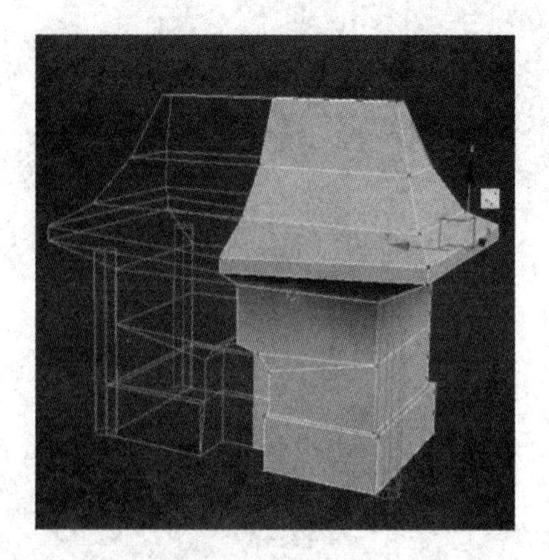

图 12-63

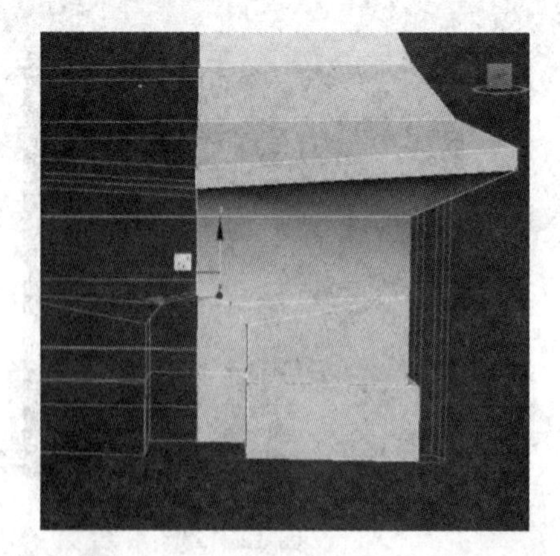

图 12-64

㊲ 制作房屋的垂脊，选择屋顶所有面，使用 Shift 键＋缩放工具，复制出屋顶(见图 12－65 和图 12－66)。

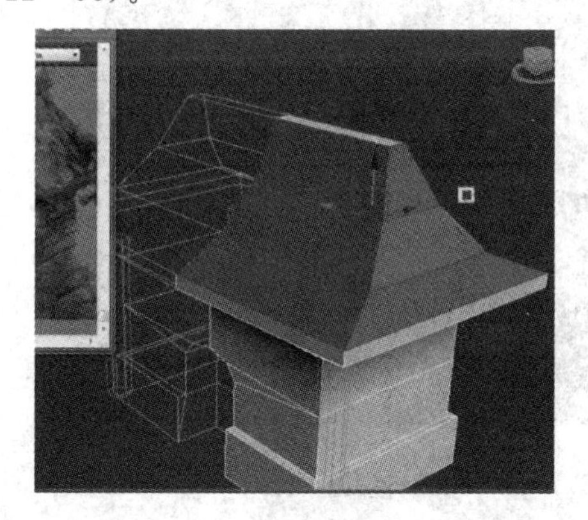

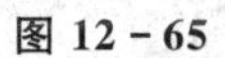

图 12－65

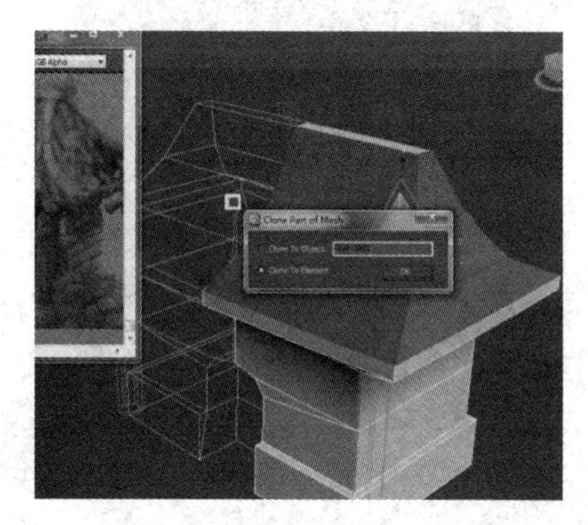

图 12－66

㊳ 将复制的面用 Detach 命令分离掉(见图 12－67)。

㊴ 选择边线，使用 Chamfer 工具将边线扩展开，距离以原画表现的脊的宽度为合适(见图 12－68)。

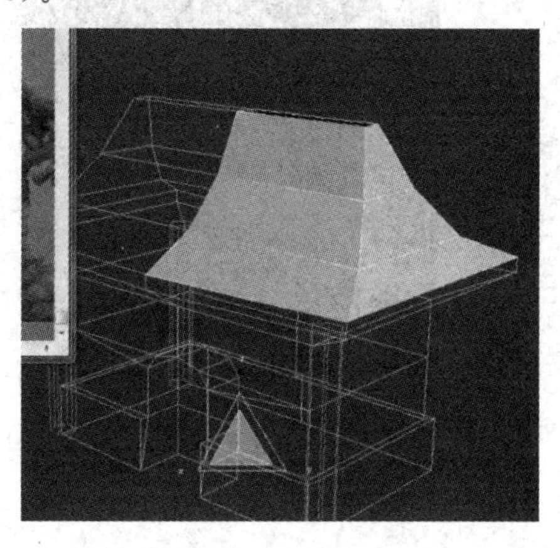

图 12－67

图 12－68

㊵ 选择除垂脊之外的面，将它们删除掉(见图 12－69 和图 12－70)。

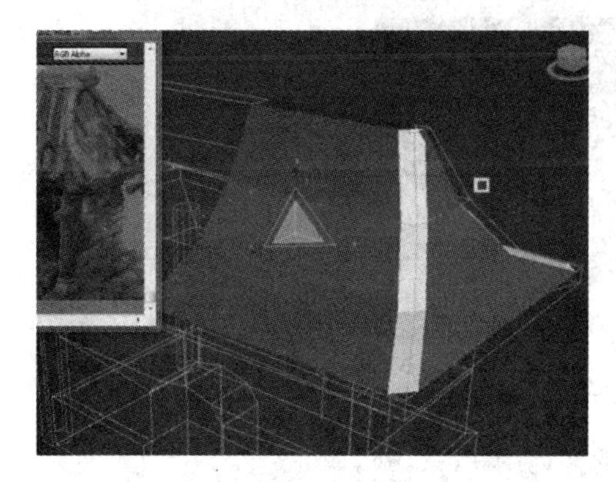

图 12－69

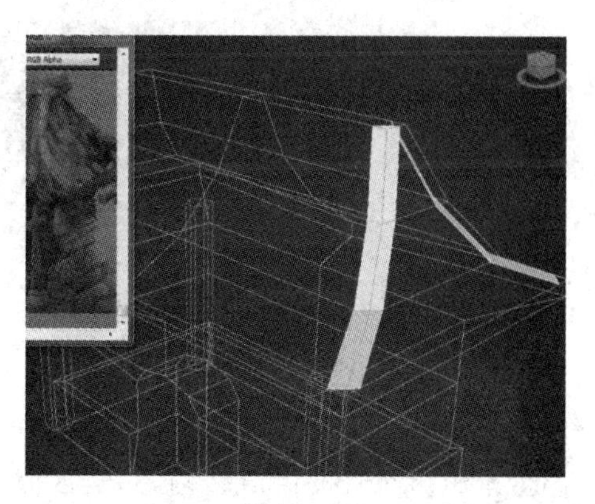

图 12－70

㊶ 挤压出垂脊的立体结构(见图 12－71 和图 12－72)。

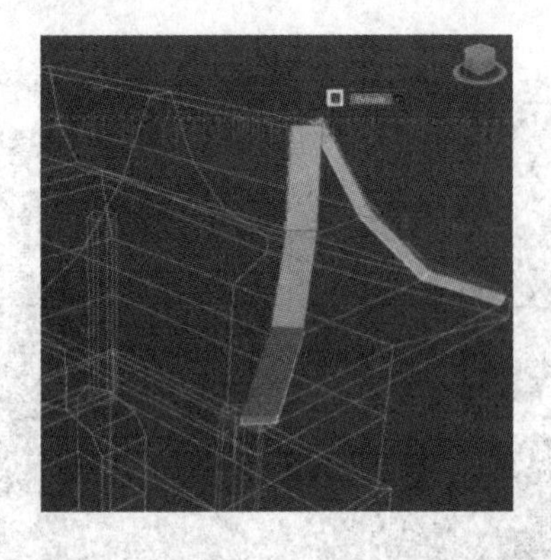

图 12－71

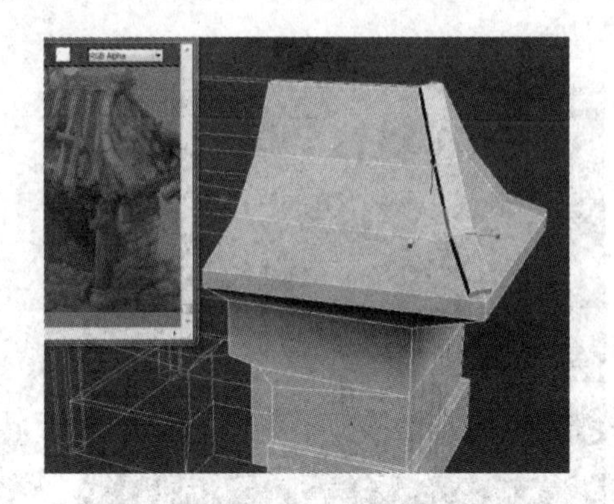

图 12－72

㊷ 复制出其他 3 条垂脊(见图 12－73)。

㊸ 使用工具点中心,调整垂脊的长度(见图 12－74)。

图 12－73

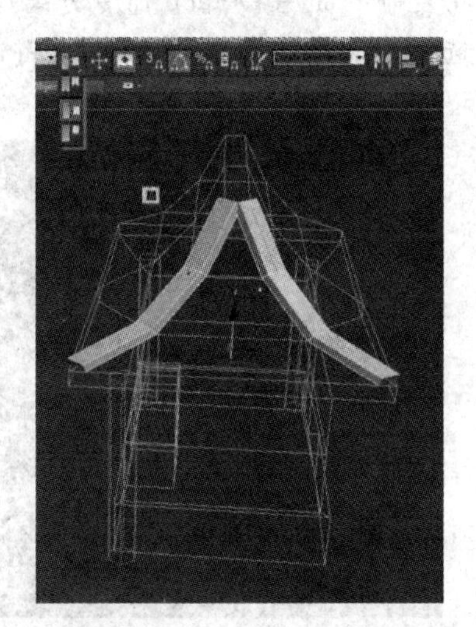

图 12－74

㊹ 制作正脊,选择模型屋顶的顶面,挤压出正脊结构(见图 12－75)。

图 12－75

㊺ 挤压出正脊的侧面结构,并焊接掉多余的点(见图 12－76)。

 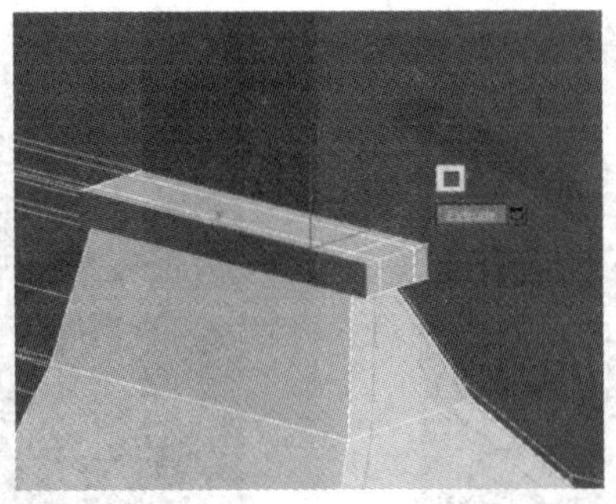 

图 12-76

㊻ 制作模型的横梁，选择模型屋檐的面(见图 12-77)。

㊼ 使用 Shift 键+缩放工具 R 键，复制出选择的面(见图 12-78)。

图 12-77

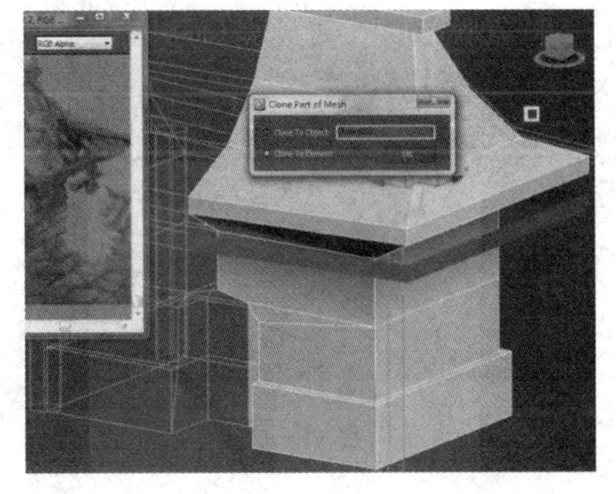

图 12-78

㊽ 调整横梁的位置(见图 12-79 和图 12-80)。

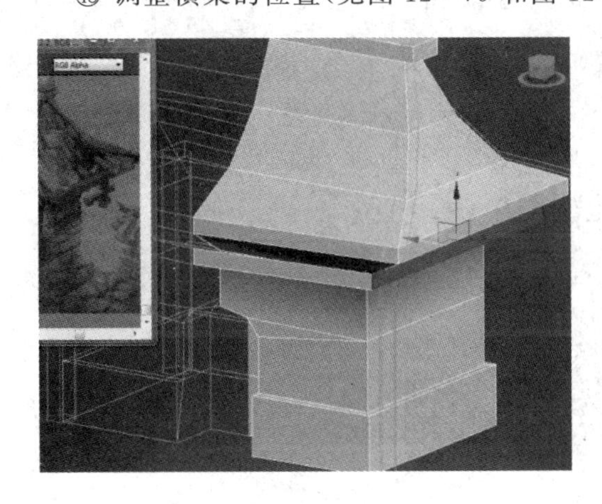

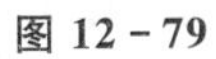

图 12-79

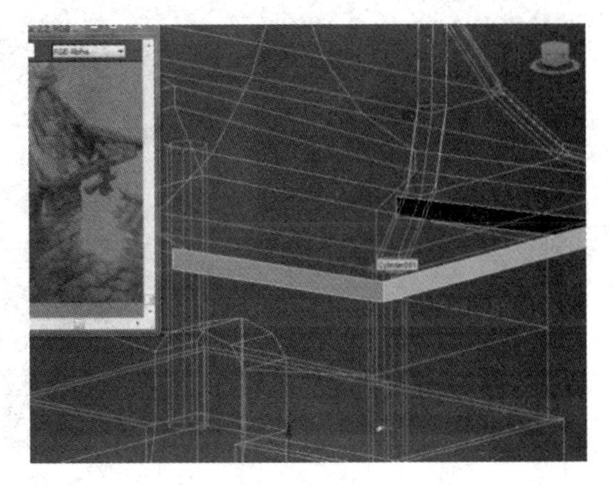

图 12-80

㊾ 选择边线，配合 Shift 键拖拽复制出里面的结构面，最后将点对齐(见图 12-81～图 12-84)。

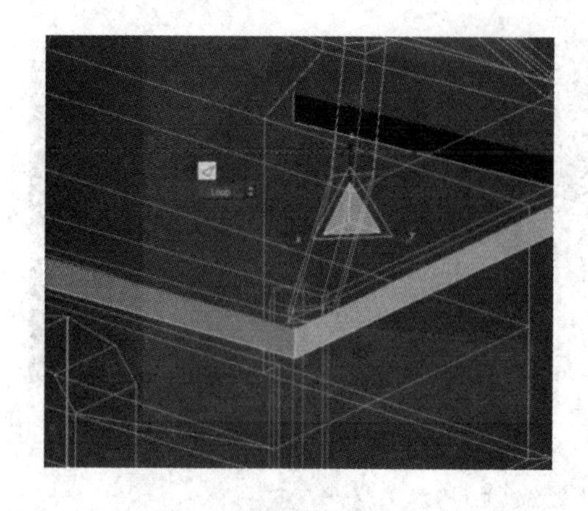

图 12-81

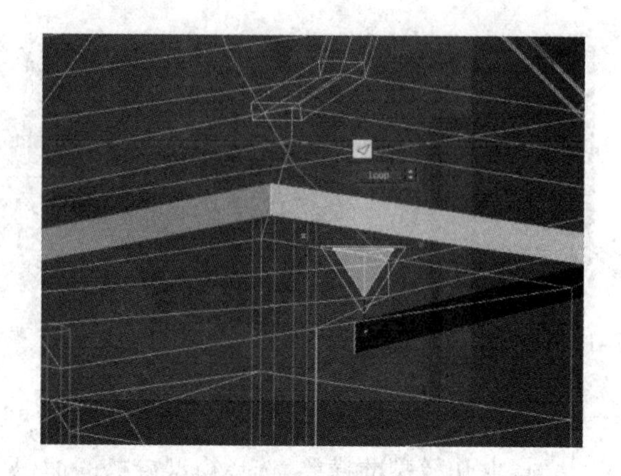

图 12-82

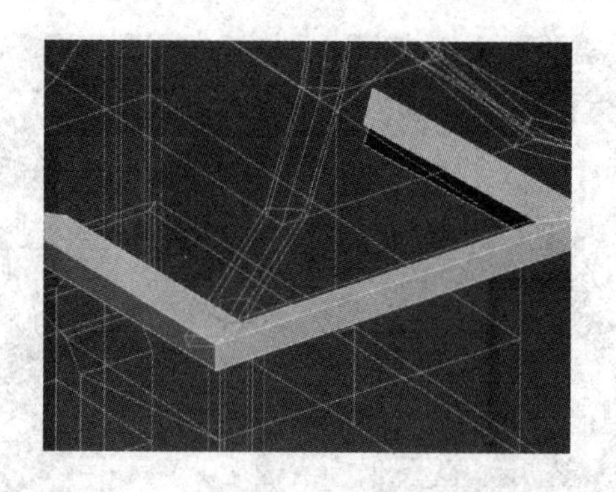

图 12-83

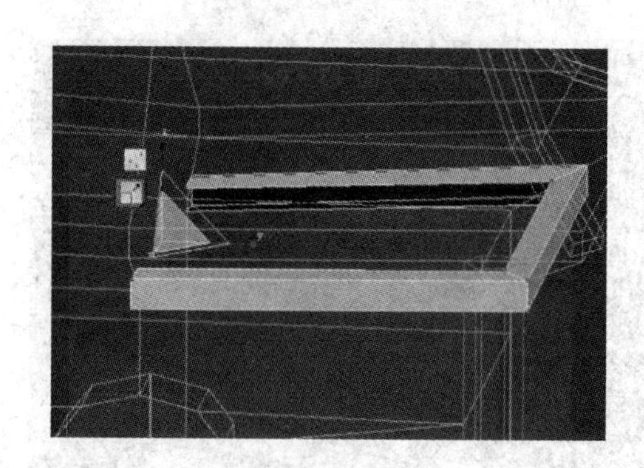

图 12-84

12.4.4 模型的细节制作

① 利用墙基座模型上的一块面，制作出门匾的结构(见图 12-85)。

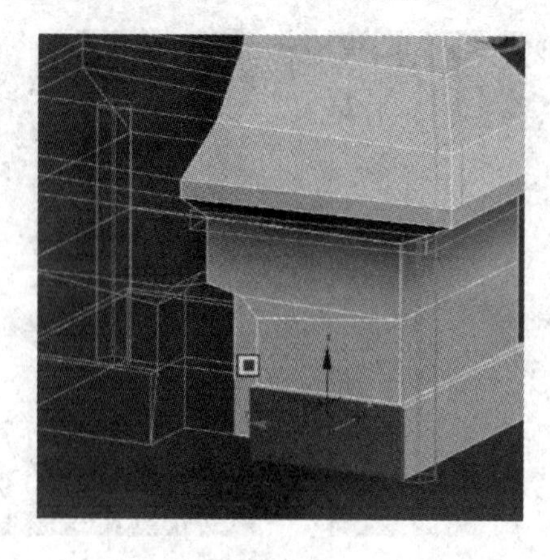

图 12-85

② 使用分离命令(Detach)分离开刚才复制出的门匾模型，并将其坐标移动到物体的中心(见图 12-86 和图 12-87)。

图 12-86

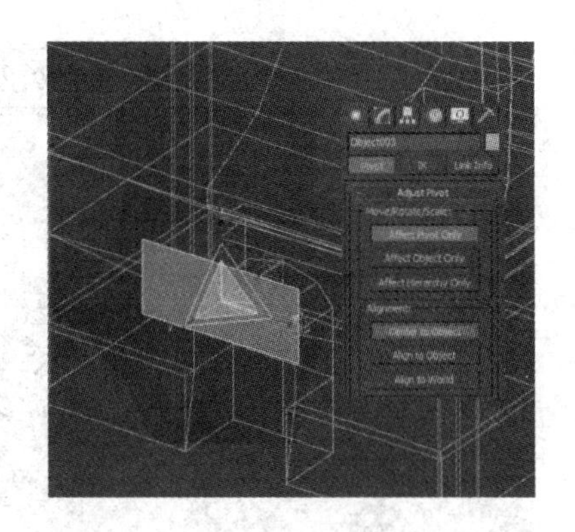

图 12-87

③ 使用面级别下的挤压命令(Extrude),鼠标左键拉动挤压出体积,将前面的面收缩一些(见图 12-88 和图 12-89)。

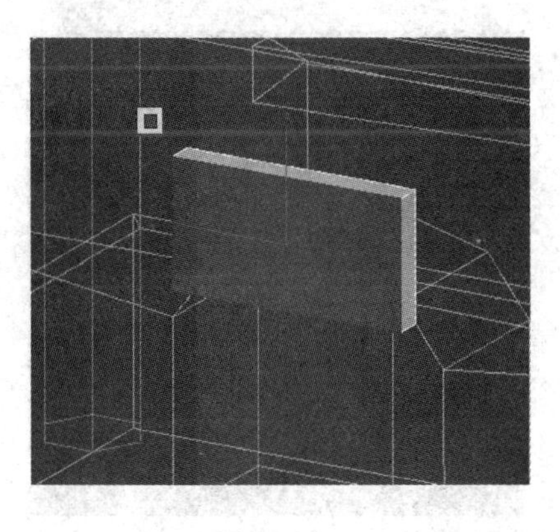

图 12-88

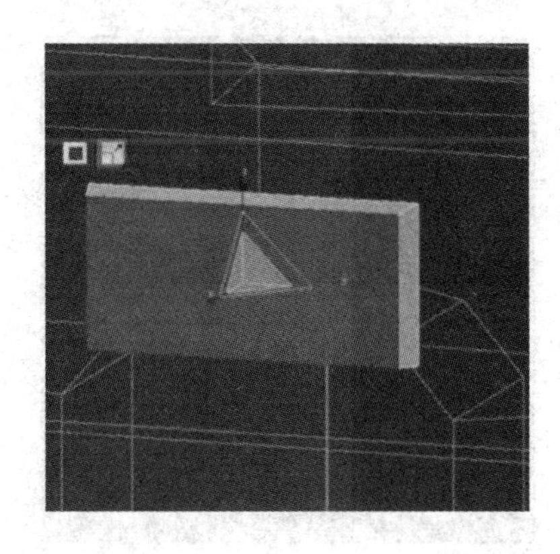

图 12-89

④ 给模型添加一条竖直的线段,在点级别下对模型进行一些调整,做出变化,这样的目的在于避免模型过于生硬(见图 12-90 和图 12-91)。

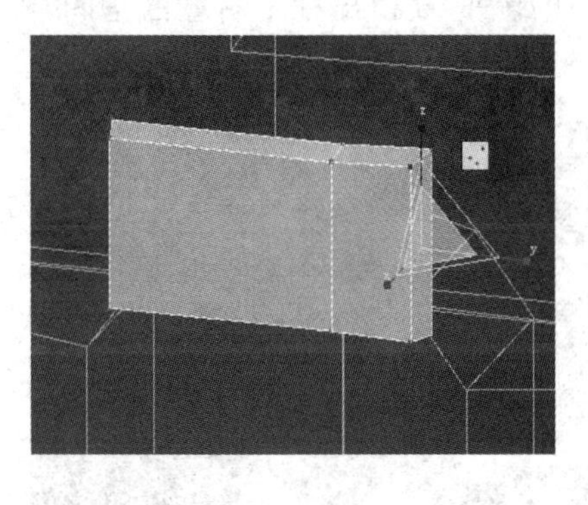

图 12-90

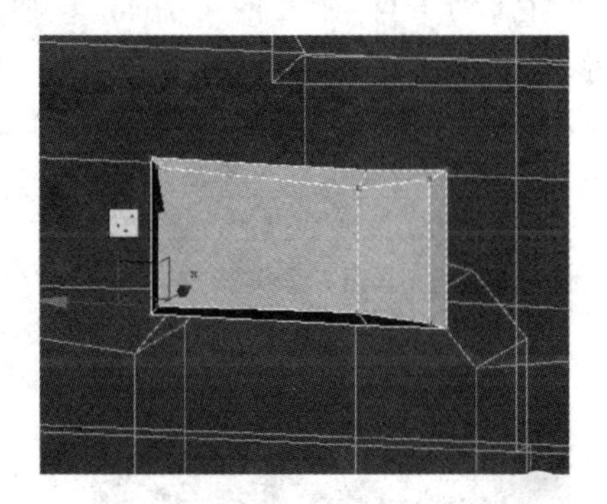

图 12-91

⑤ 选择创建立方体面板下的 BOX(立方体),用来制作出匾额下边的支架(见图 12-92)。

⑥ 开启角度捕捉,将匾额旋转合适角度,让其倾斜一些(见图 12-93)。

⑦ 复制出另一个支架,将两个支架插进墙体里(见图 12-94)。

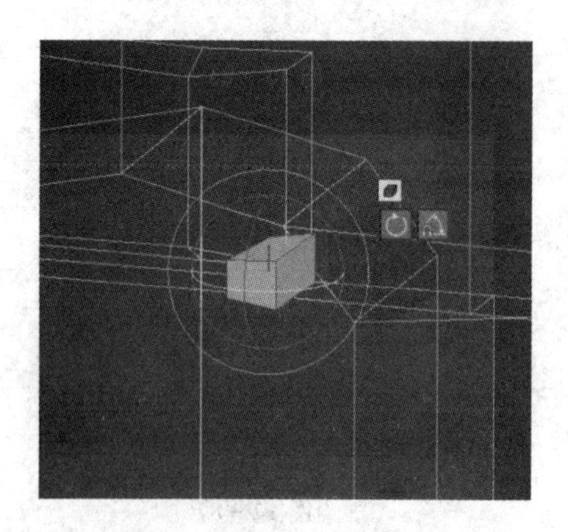

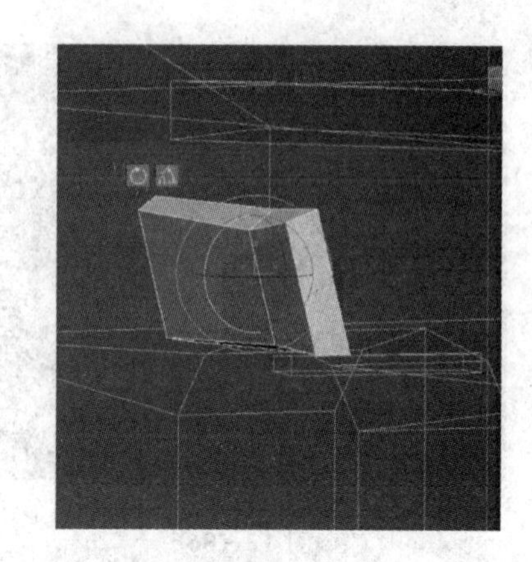

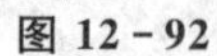

图 12 - 92　　　　图 12 - 93

⑧ 利用做好的模型，复制出横梁下的支架(见图 12 - 95)。

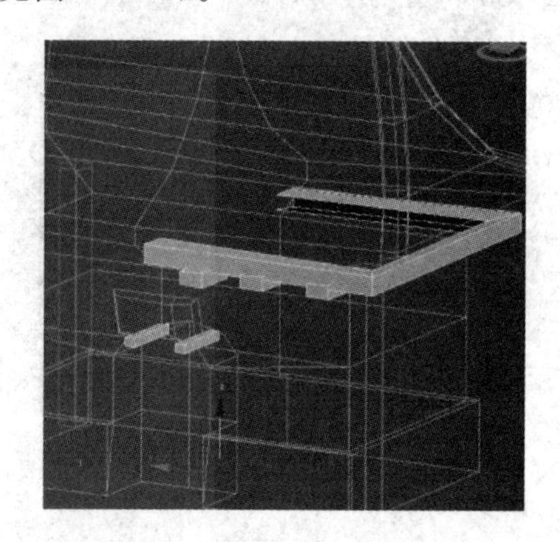

图 12 - 94　　　　图 12 - 95

⑨ 对柱子进行细节制作，使用边界选择方式，选中柱子底部的边(见图 12 - 96)。

⑩ 使用移动工具 W 键向上方向(Y 轴)拉一定距离，预留出柱子石墩的空间，配合 Shift 键＋鼠标左键拖拽出石墩的顶面(见图 12 - 97)。

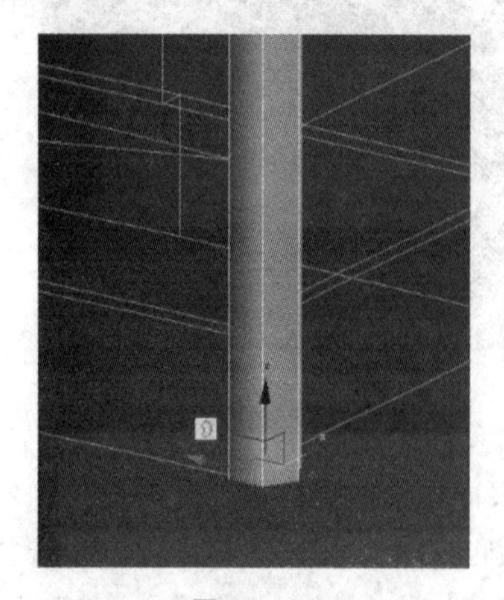

图 12 - 96　　　　图 12 - 97

⑪ 继续同样的操作，将柱子石墩的结构拖拽制作出来(见图 12－98 和图 12－99)。

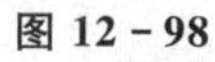

图 12－98

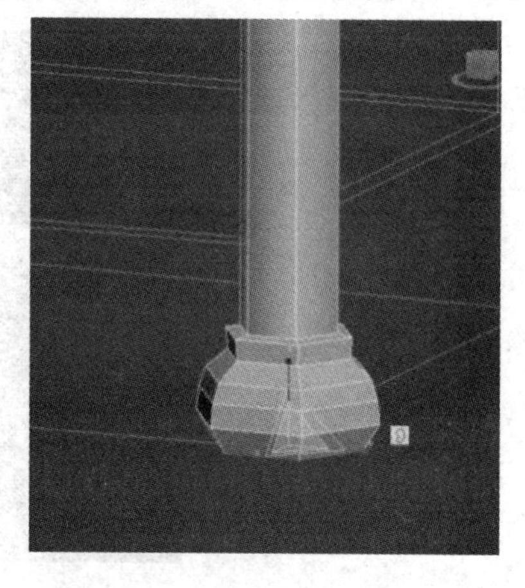

图 12－99

⑫ 选择制作好模型上所有的面，单击光滑组数字选项栏，将光滑组设定为 1(见图 12－100 和图 12－101)。

图 12－100

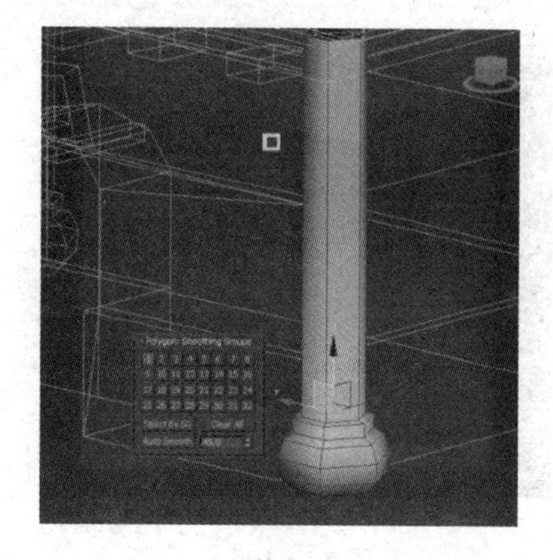

图 12－101

⑬ 制作穿插的木梁结构，可以复制上面做好的模型然后对其进行修改(见图 12－102 和图 12－103)。

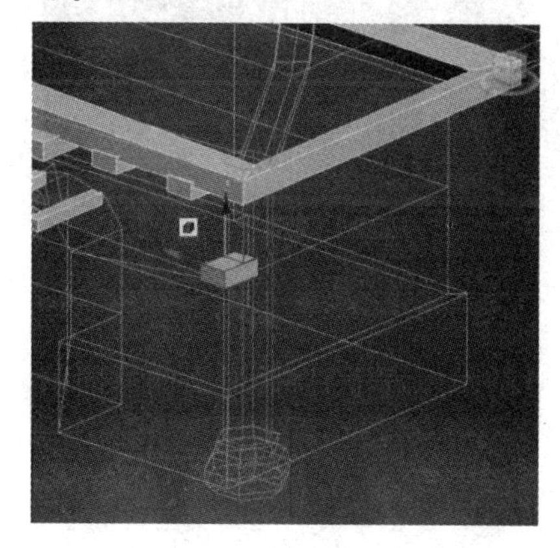

图 12－102

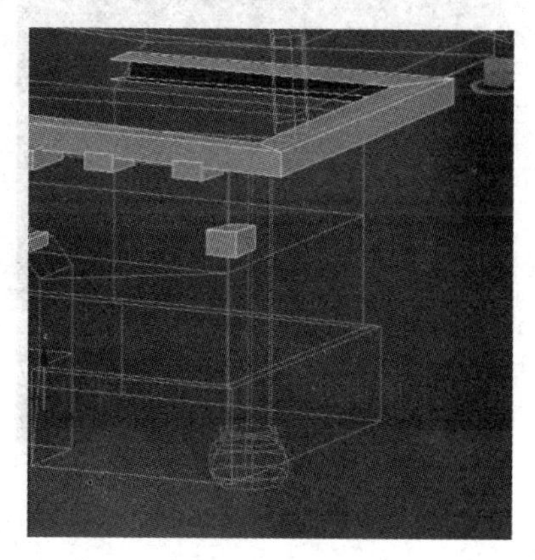

图 12－103

⑭ 原画表现为破损,使用多个模型调节点的位置来表现(见图 12-104)。

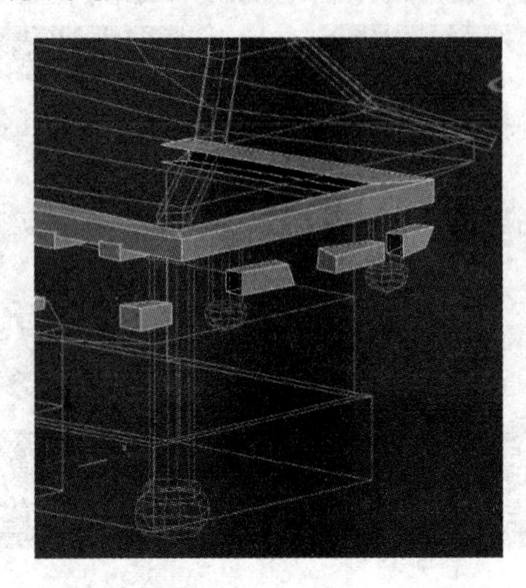

图 12-104

⑮ 墙体制作不要单一工整,可通过移动一些点来表现破败和倾斜感觉(见图 12-105 和图 12-106)。

图 12-105

图 12-106

⑯ 选择门最下面的边线,拖拽出一个平面,作为门前石梯的面积(见图 12-107 和图 12-108)。

图 12-107

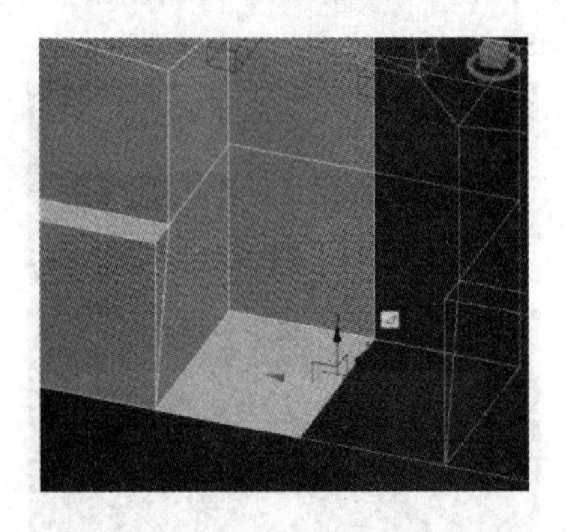

图 12-108

⑰ 将平面模型分离独立，并将坐标设置为物体的中心，其中后边向上拉起(见图 12－109 和图 12－110)。

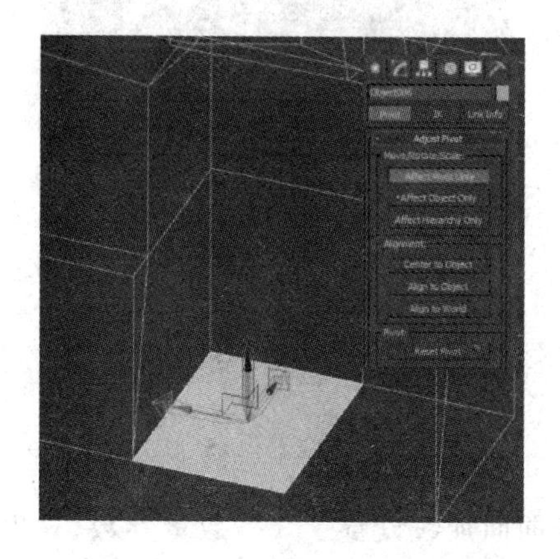

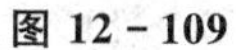

图 12－109

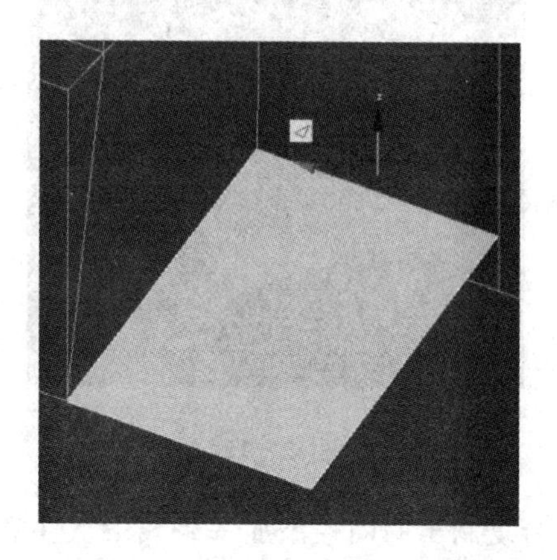

图 12－110

⑱ 选择 Z 轴两条边线，使用连线工具，单击“设置”按钮，选择连接 3 条线段(见图 12－111 和图 12－112)。

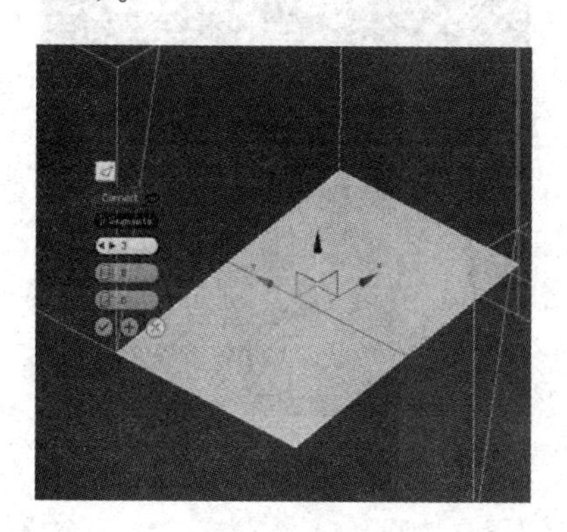

图 12－111

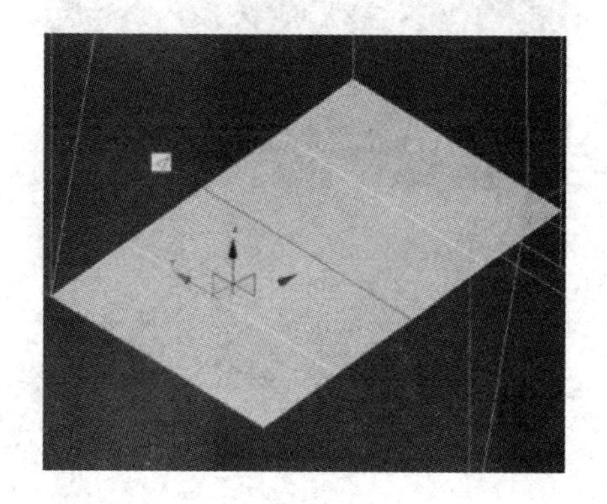

图 12－112

⑲ 选择间隙的 2 条线段，向上拉起，做出石梯的起伏结构(见图 12－113)。

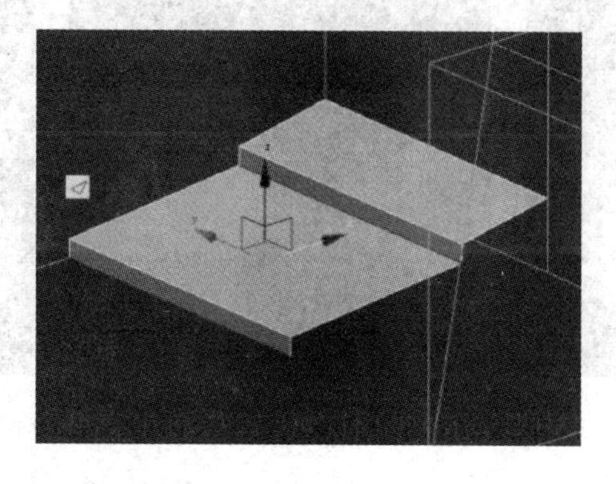

图 12－113

⑳ 将后面的边线使用 Shift 键向上拖拽复制出门槛(见图 12－114 和图 12－115)。

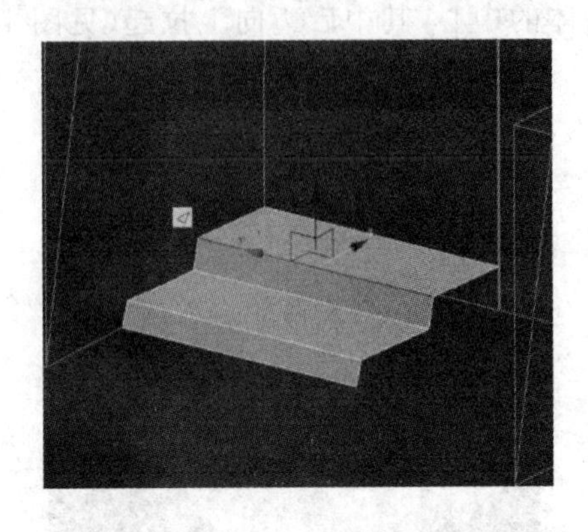

图 12-114

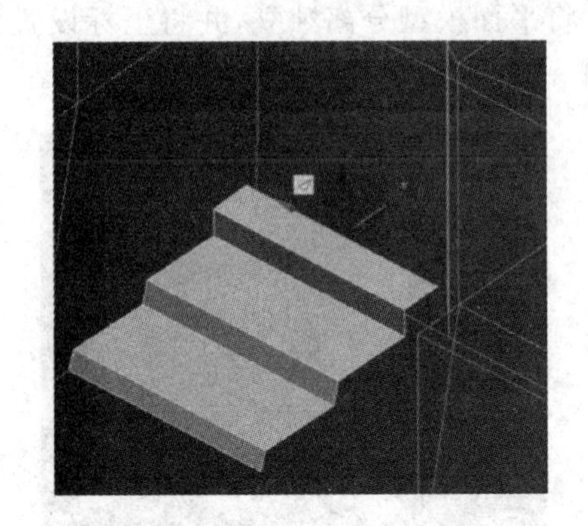

图 12-115

㉑ 给复制出的门槛添加一条线段。注意由于前面加线设置了 3 条数量参数，这里要改回加线为 1 条，调整一下大小，石梯制作完毕（见图 12-116 和图 12-117）。

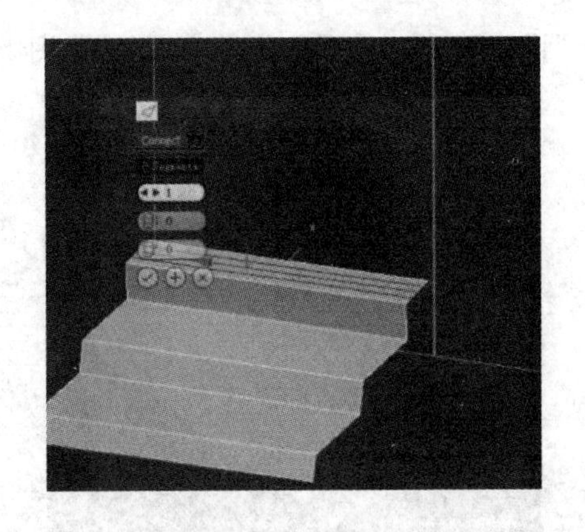

图 12-116

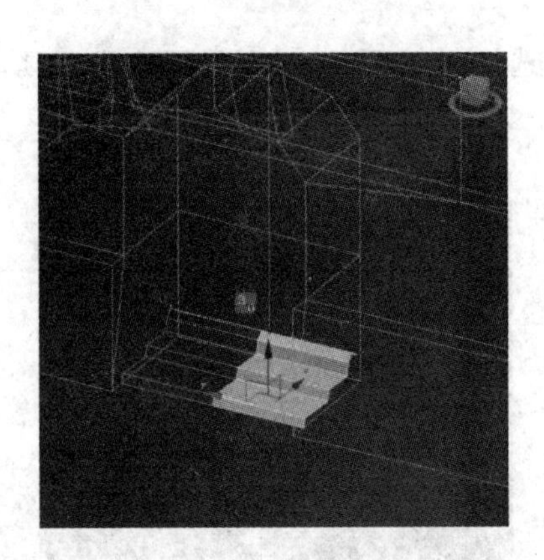

图 12-117

㉒ 将正脊里面多余的面删除（见图 12-118～图 12-120）。

图 12-118

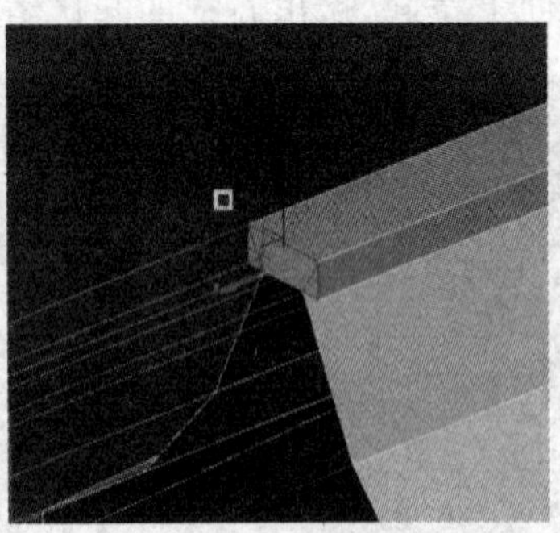

图 12-119

图 12-120

㉓ 先建立两个平面模型，将正脊中间装饰物位置定好，位置定好后制作佛像前的莲花瓣结构，通过移动点的位置调出大型（见图 12-121 和图 12-122）。

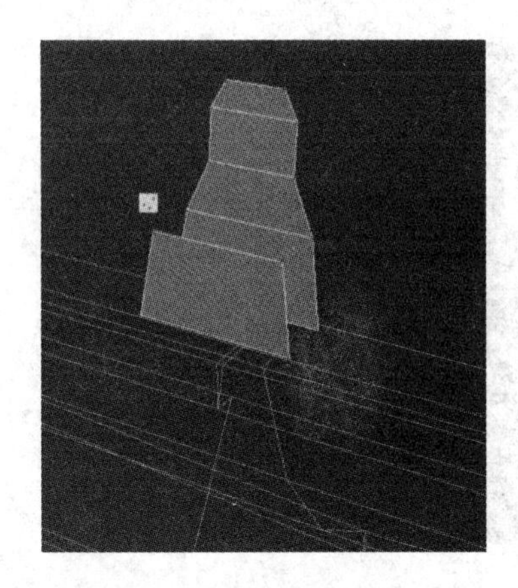

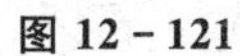

图 12－121

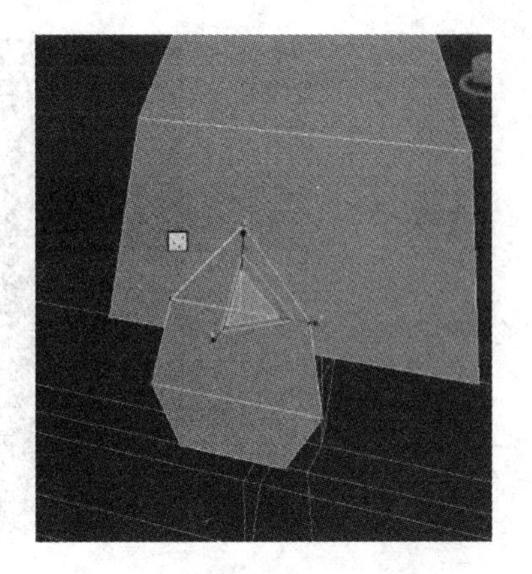

图 12－122

㉔ 切线工具给花瓣加中线，将中线向外拉凸起(见图 12－123 和图 12－124)。

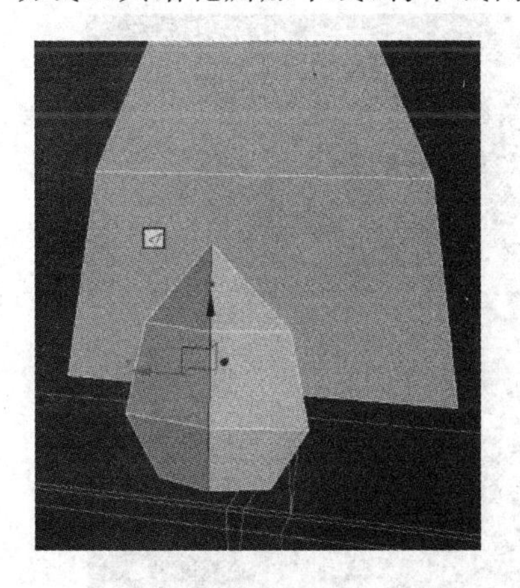

图 12－123

图 12－124

㉕ 为了方便对里面的结构进行制作，可以选择佛像的面，使用 Hide Selected 先将其隐藏，使用 Unhide All 可以再将其全部显示出来(见图 12－125)。

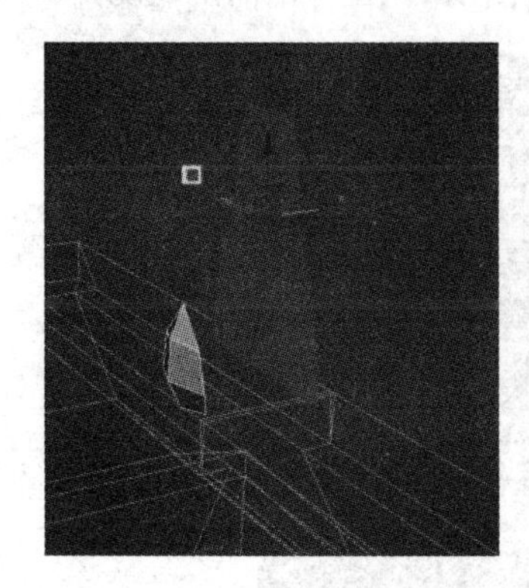

图 12－125

㉖ 选择边线，向里拉出花瓣里面的结构(见图 12－126)。

图 12-126

㉗ 将制作好的花瓣,旋转复制(见图 12-127 和图 12-128)。

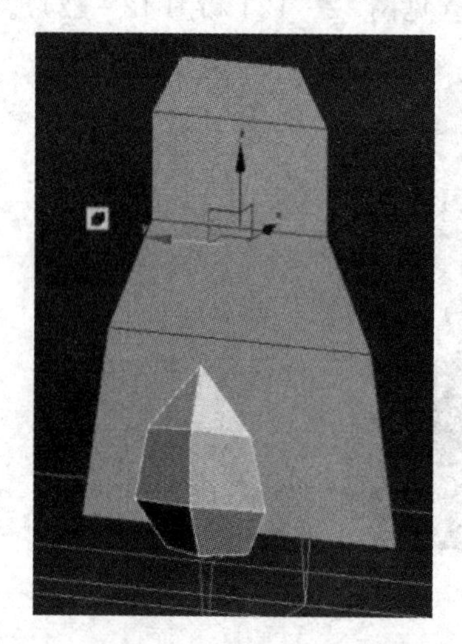

图 12-127

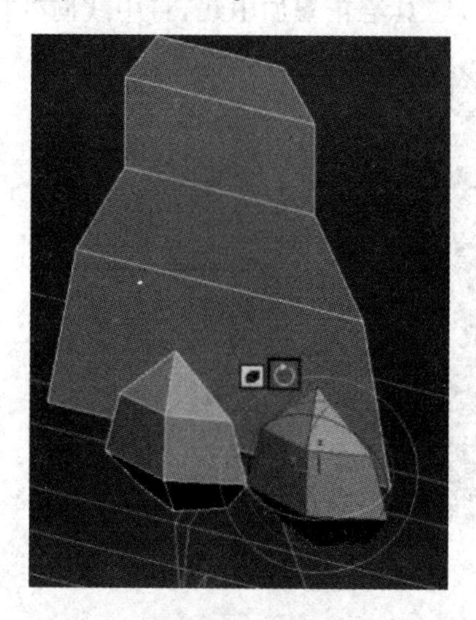

图 12-128

㉘ 移动点把佛像调整出大型,选择佛像的面挤压出体积结构(见图 12-129 和图 12-130)。

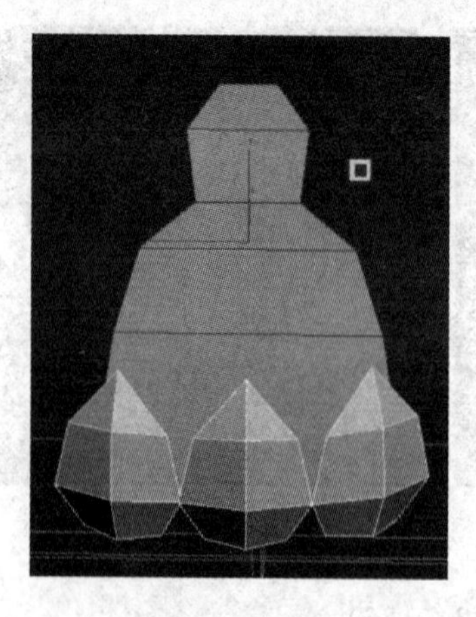

图 12-129

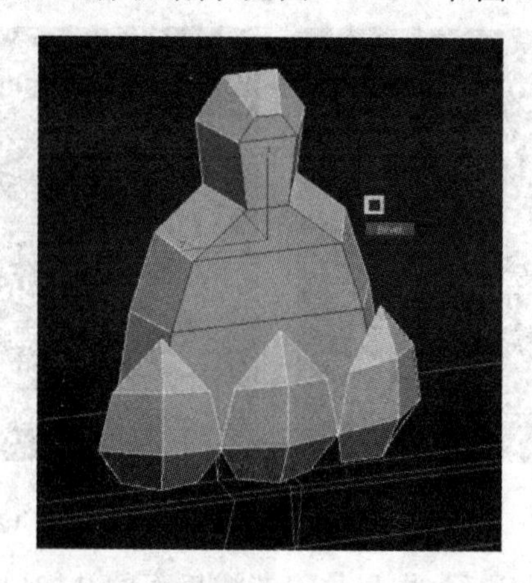

图 12-130

㉙ 添加一条中线，拉出凸起的身体结构（见图 12－131 和图 12－132）。

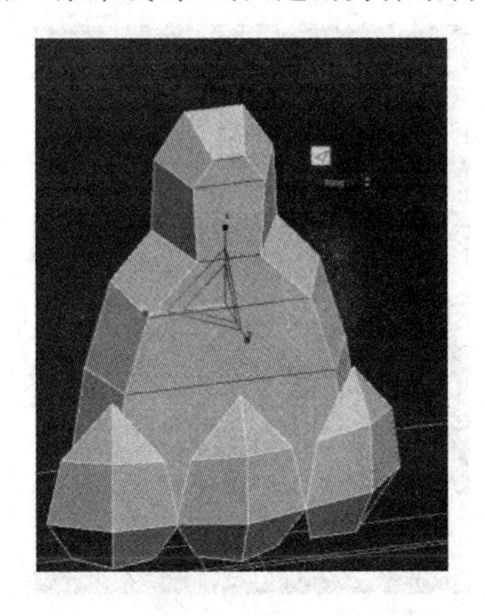

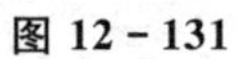

图 12－131

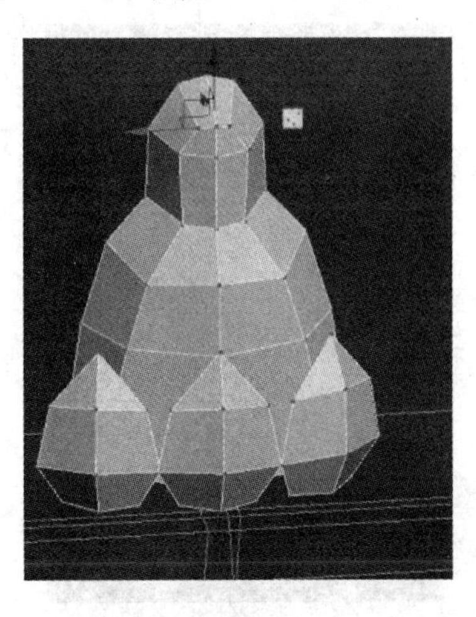

图 12－132

㉚ 使用 Cut 切线工具给佛像的身体切出 3 条线段，制作破裂位置（见图 12－133 和图 12－134）。

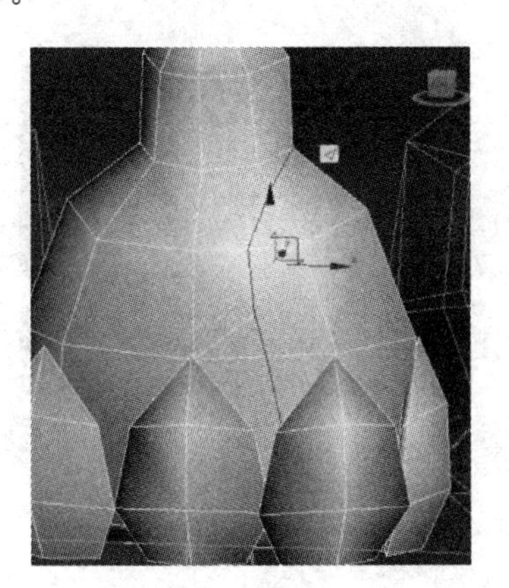

图 12－133

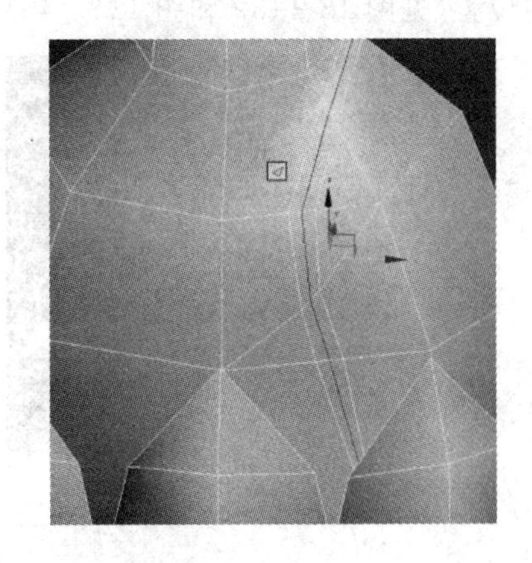

图 12－134

㉛ 将中间线向里面拉进去，调整破损的结构线（见图 12－135 和图 12－136）。

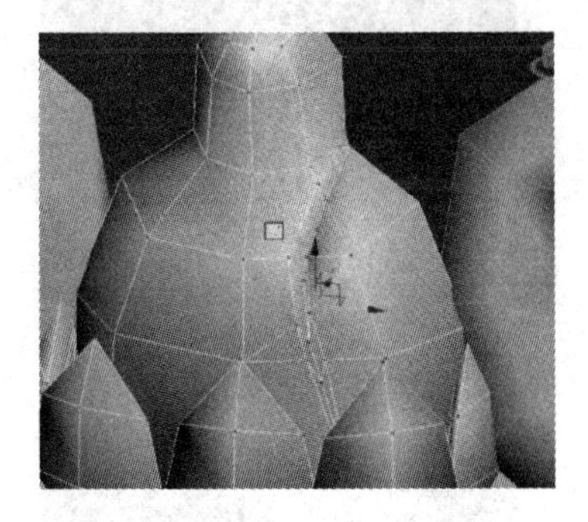

图 12－135

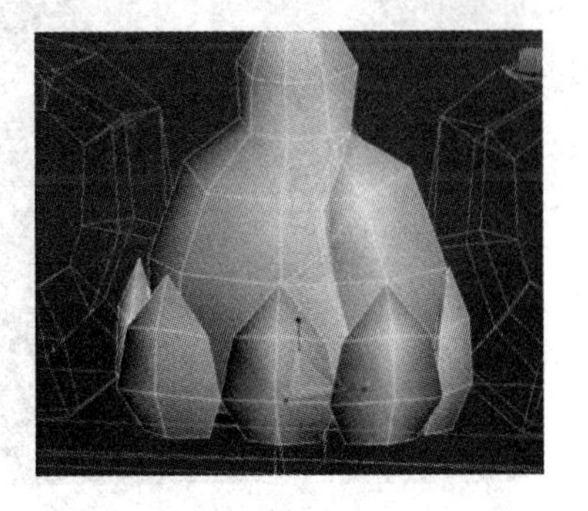

图 12－136

㉜ 在顶视图里面，复制出佛像的另外一半对称的身体结构（见图 12－137 和图 12－138）。

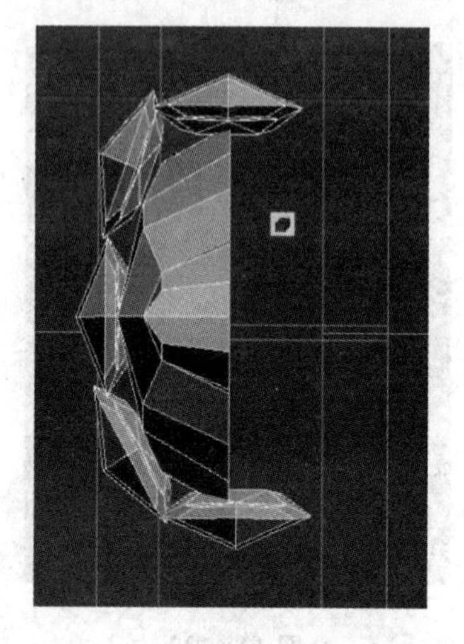

图 12－137

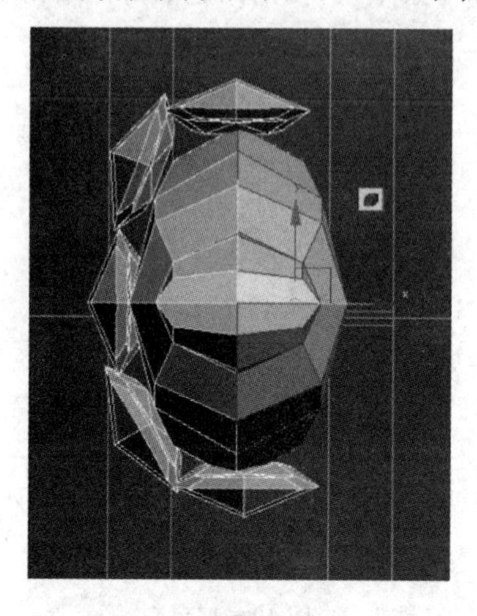

图 12－138

㉝ 制作佛像两边的吻兽，还是使用平面模型，在平面中间部位加出一条线段，调节这条线段两端点的位置（见图 12－139 和图 12－140）。

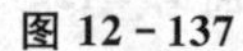

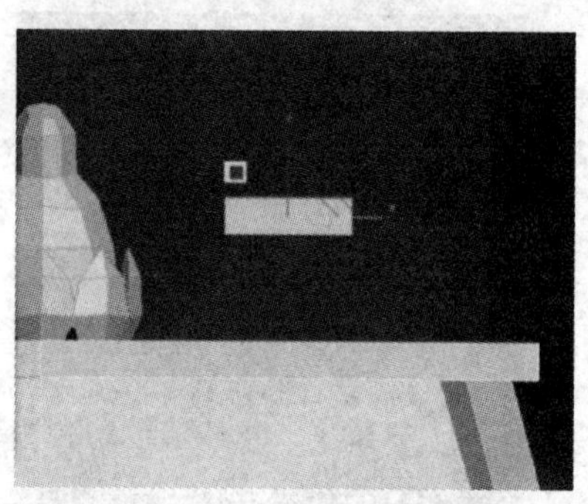

图 12－139

图 12－140

㉞ 重复使用这些制作方法，制作出吻兽的外形（见图 12－141 和图 12－142）。

图 12－141

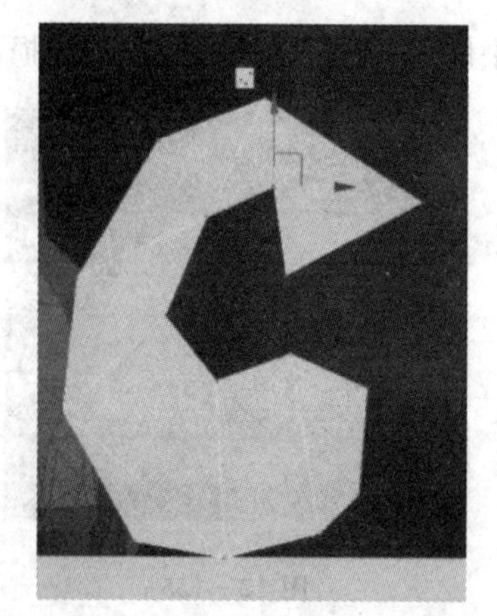

图 12－142

㉟ 在尾巴的制作上，将其制作的圆弧度大一些，这样的尾巴比较形象生动(见图 12－143 和图 12－144)。

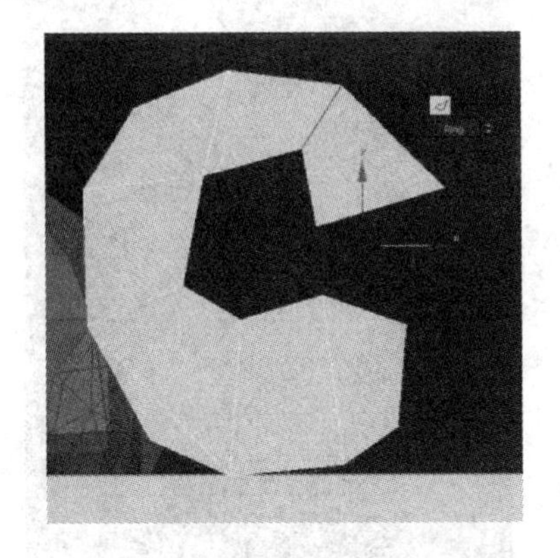

图 12－143

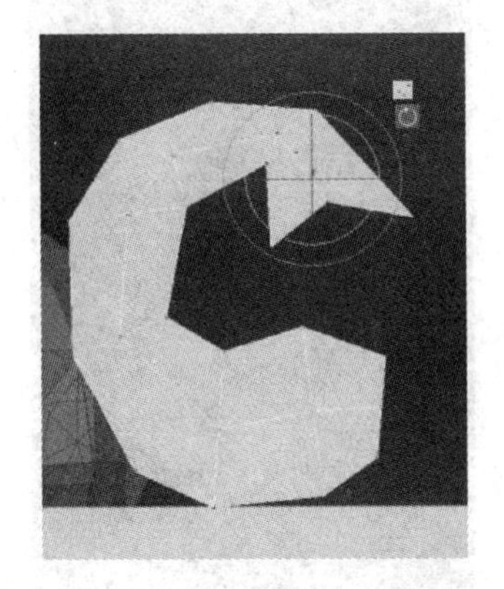

图 12－144

㊱ 给吻兽模型侧面加一条中线，向外拉出凸形结构(见图 12－145～图 12－147)。

㊲ 复制出另一半的结构，使用 Attach 命令将两半模型结合在一起(见图 12－148)。

图 12－145

图 12－146

图 12－147

图 12－148

㊳ 使用 Weld 命令焊接上两半模型的中间点(见图 12-149 和图 12-150)。

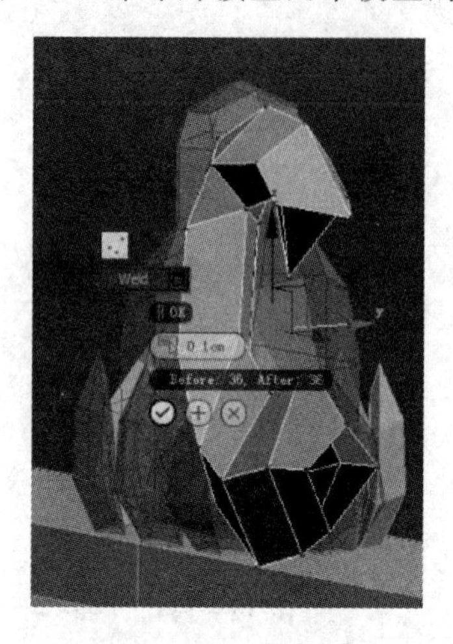

图 12-149

图 12-150

㊴ 从顶视图上调整一下吻兽的侧面外形,制作出头部到尾部模型的衰减变化结构(见图 12-151)。

㊵ 选择头部前面的面,挤压出嘴巴的结构(见图 12-152 和图 12-153)。

㊶ 选择模型下边的边,使用 Chamfer 工具制作出模型下面的宽度(见图 12-154)。

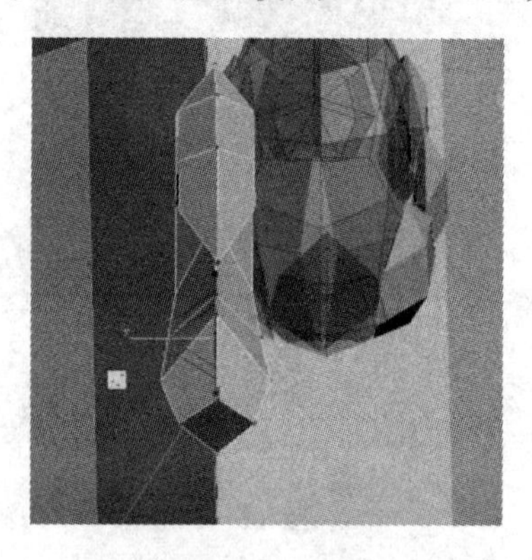

图 12-151

图 12-152

图 12-153

图 12-154

㊷ 头部也使用同样的方法制作出头的宽度(见图 12-155)。

㊸ 选择模型所有的面,统一模型的光滑组(见图 12-156 和图 12-157)。

㊹ 复制出另一边的吻兽模型,将佛像的光滑组也统一(见图 12-158~图 12-160)。

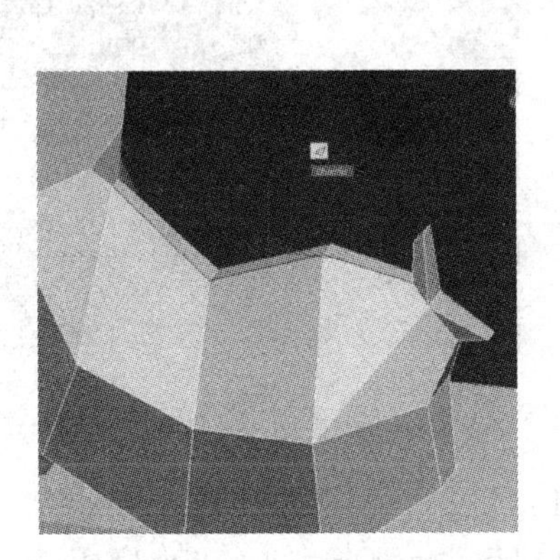

图 12-155

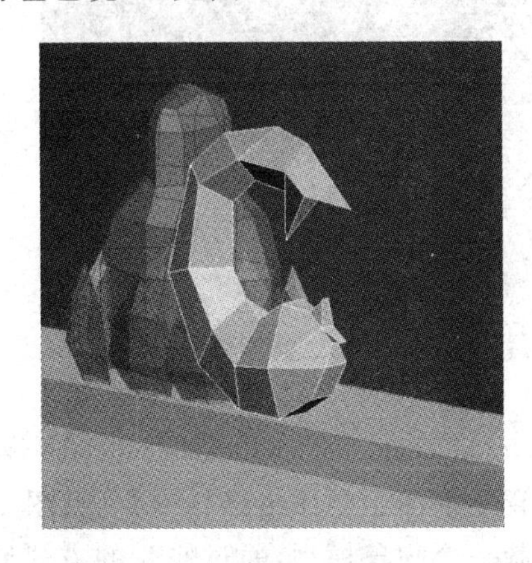

图 12-156

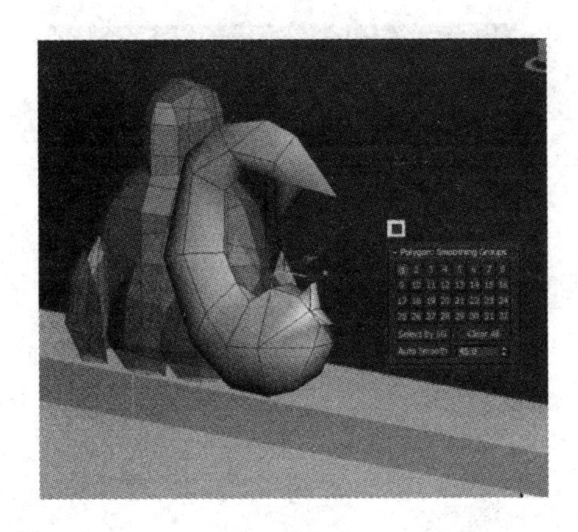

图 12-157

图 12-158

图 12-159

图 12-160

㊺ 使用挤压命令给正脊制作出变化结构，合并掉多余的点（见图 12－161 和图 12－162）。

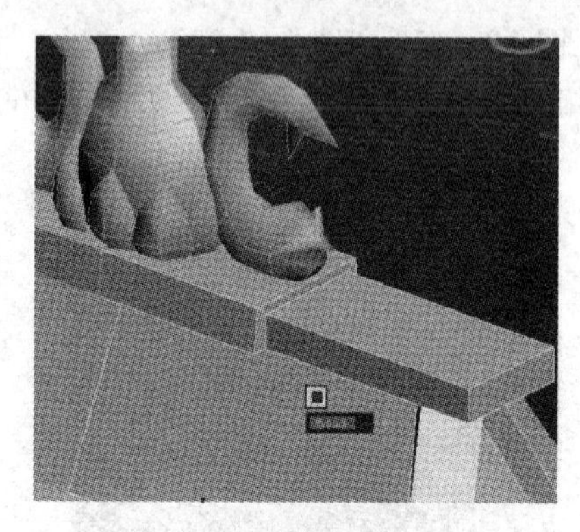

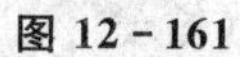
图 12－161

图 12－162

㊻ 正脊的前面也制作出结构变化（见图 12－163）。

㊼ 复制一个吻兽模型，通过修改的方式制作出另一种吻兽模型，因地制宜合理提高工作效率（见图 12－164）。

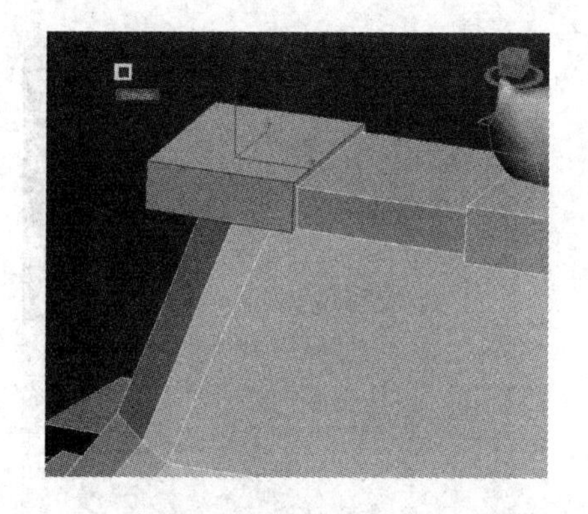

图 12－163

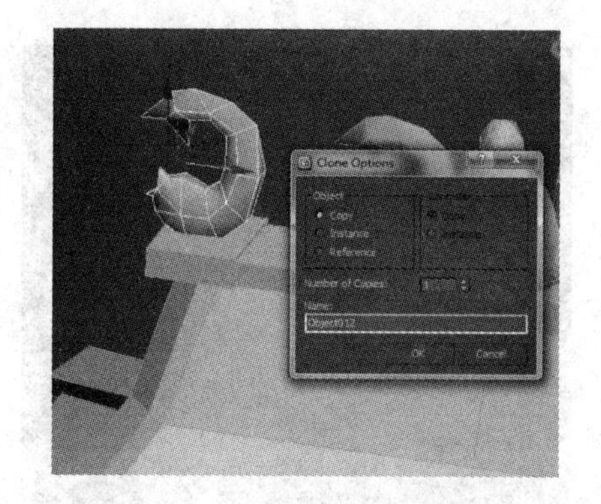

图 12－164

㊽ 调节点的位置，将大型制作出来（见图 12－165）。

㊾ 观察原画尾巴部分的结构，需要修改（见图 12－166 和图 12－167）。

图 12－165

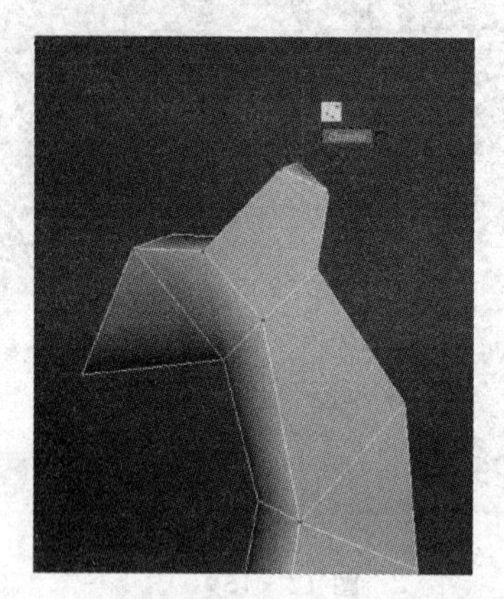

图 12－166

㊿ 头的结构更偏向鸟类，用挤压的方式制作出眼睛的部分（见图 12－168 和图 12－169）。

㉛ 将嘴巴的结构从鱼嘴到鸟嘴按序制作（见图 12－170～图 12－172）。

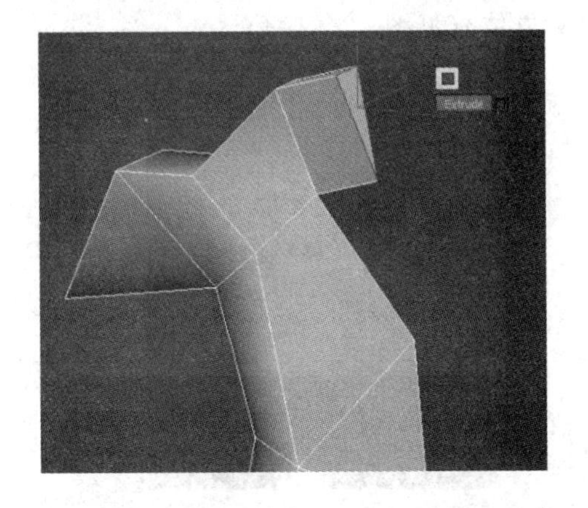

图 12－167

图 12－168

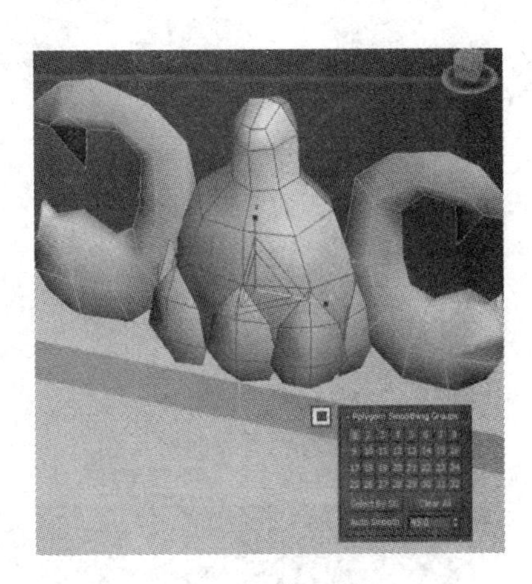

图 12－169

图 12－170

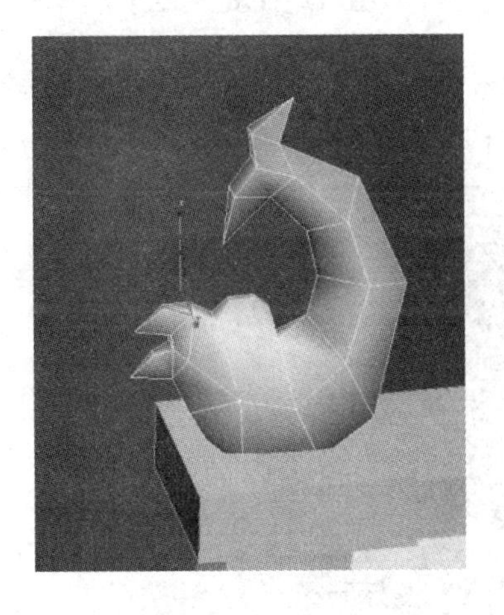

图 12－171

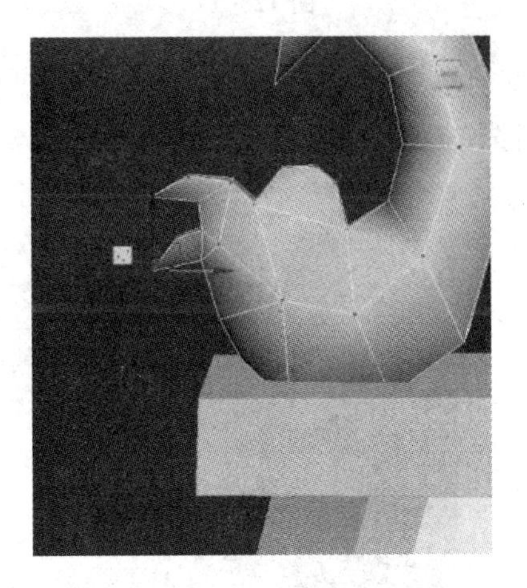

图 12－172

㊾ 按照原画的设计将模型尾巴结构向下调低，原画设计里尾巴部分离头部比较近（见图 12－173）。

㊿ 制作衔接部分的灯笼模型，使用 BOX（立方体）（见图 12－174）。

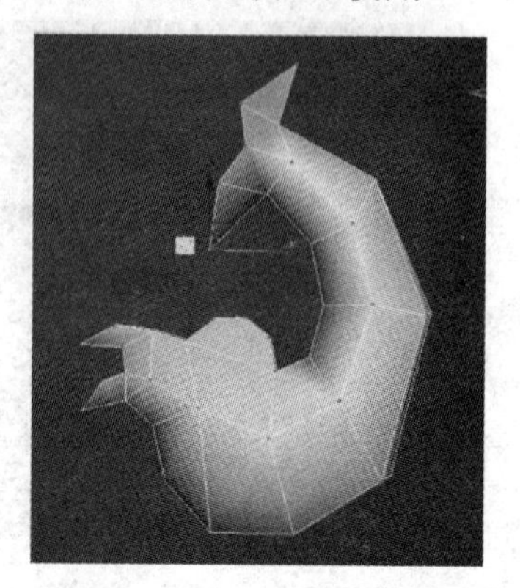

图 12－173

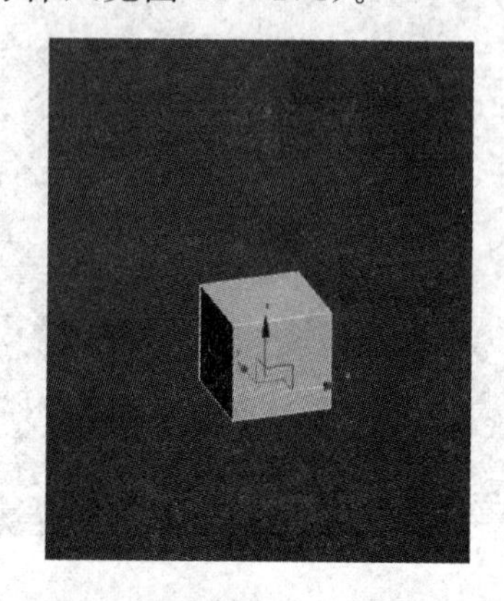

图 12－174

54 选择对齐工具，对齐物体（见图 12－175）。

55 将 BOX 移动到合适的位置（见图 12－176）。

图 12－175

图 12－176

56 旋转 45°，让 BOX 的边朝向制作者（见图 12－177）。

57 塌陷掉模型，缩放工具制作出灯笼的整体结构（见图 12－178）。

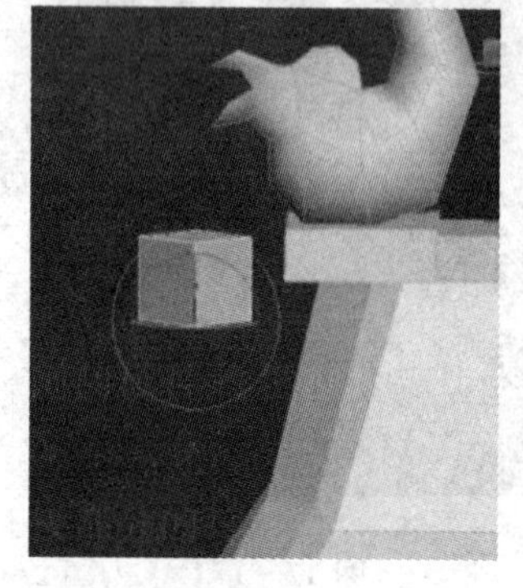

图 12－177

图 12－178

㊳ 使用 Bevel 倒角挤压命令制作出灯笼下面的结构(见图 12－179)。

㊴ 将灯笼 4 个角的点向上拉起,制作飞檐的感觉(见图 12－180)。

图 12－179

图 12－180

㊵ 使用平面模型,制作衔接的铁链,最后在贴图中需要表现透明通道效果(见图 12－181)。

㊶ 选择一半的房屋,将其塌陷掉,目的是打破两个物体的关联关系(见图 12－182)。

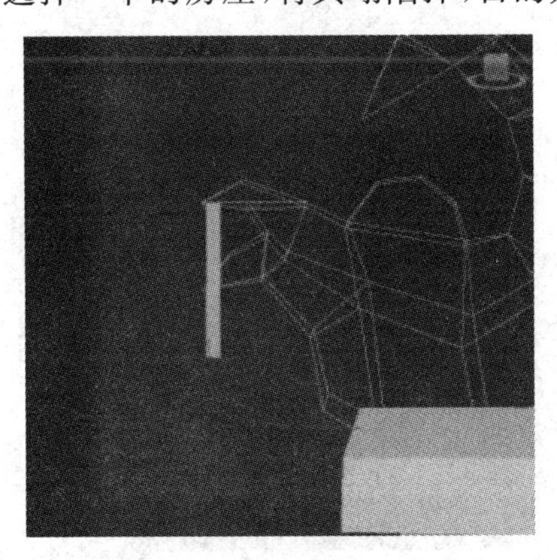

图 12－181

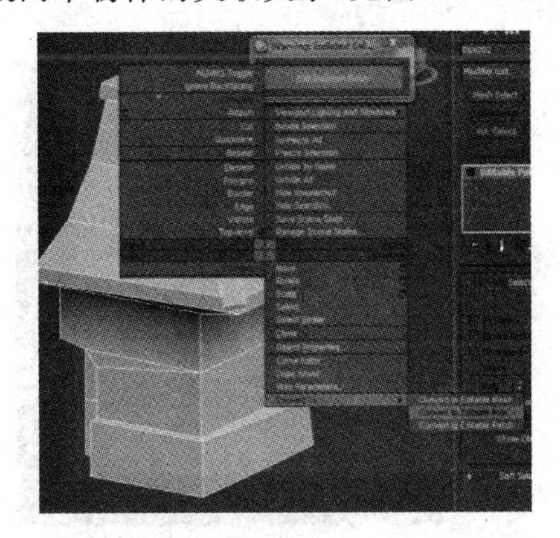

图 12－182

㊷ 使用切线工具 Cut,切出屋顶大面积的破损位置(见图 12－183)。

㊸ 调整切出的破损外形(见图 12－184)。

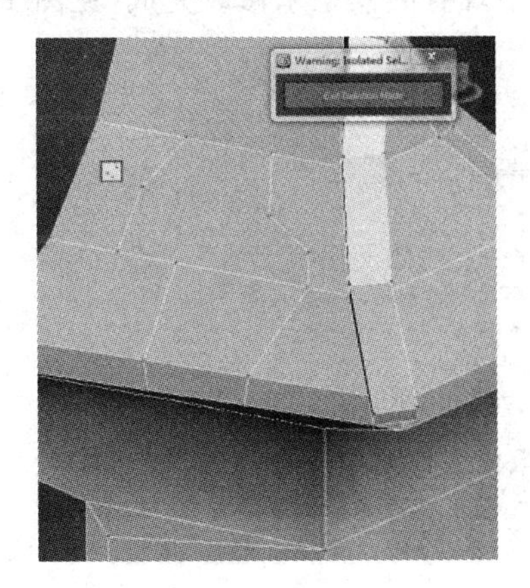

图 12－183

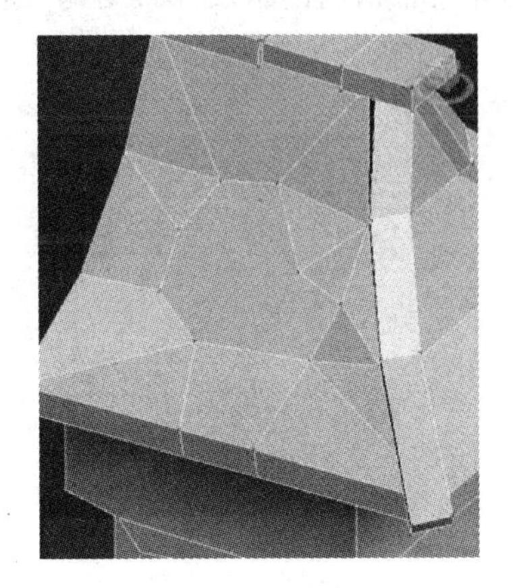

图 12－184

㊹ 选中破损的面，使用倒角挤压命令向里凹进去(见图 12－185 和图 12－186)。

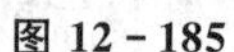

图 12－185

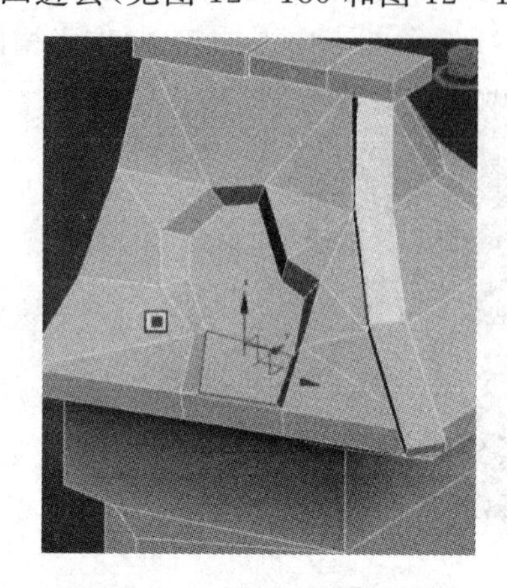

图 12－186

㊺ 利用前面制作好的横梁，完成屋顶露出垂直横梁的设计(见图 12－187)，旋转移动到合适的位置(见图 12－188)。

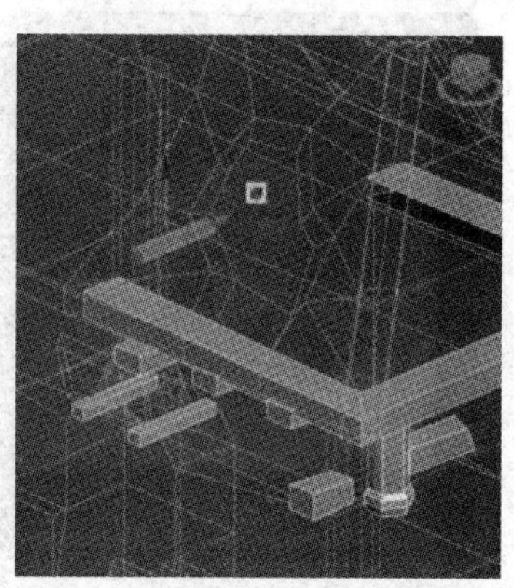

图 12－187

图 12－188

㊻ 选中顶端的面，拉到超出屋顶的距离，另一段的面可以删掉(见图 12－189)。

㊼ 再制作一根横向的木质横梁结构，还是使用现有的模型来修改完成(见图 12－190)。

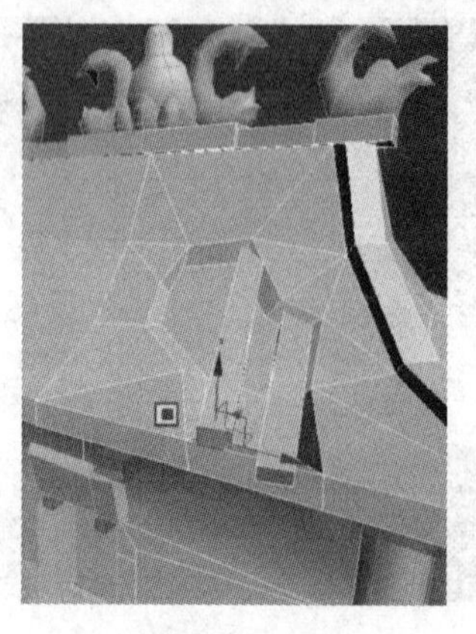

图 12－189

图 12－190

⑱ 其他的部件按同样方法完成(见图 12－191 和图 12－192)。

图 12－191

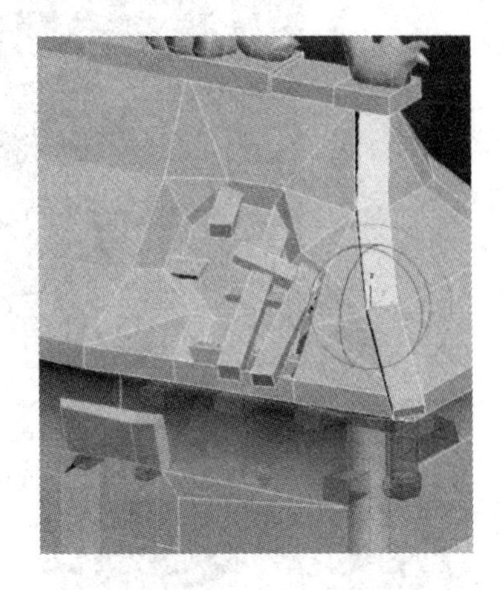

图 12－192

⑲ 使用一个面的平面来表示蜘蛛网的模型(见图 12－193)。

⑳ 观察模型寻找还有没有漏掉的结构(见图 12－194)。

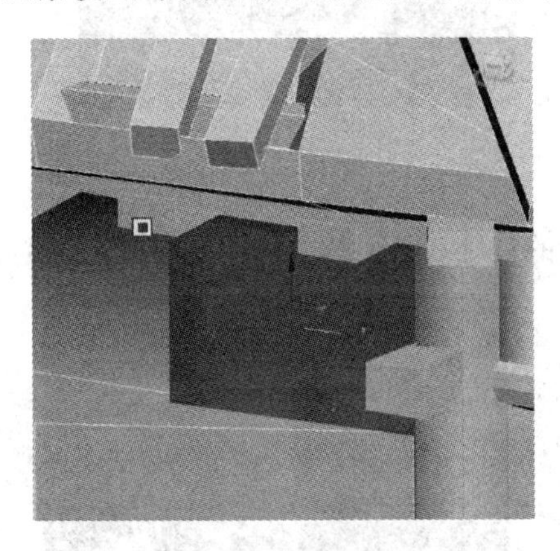

图 12－193

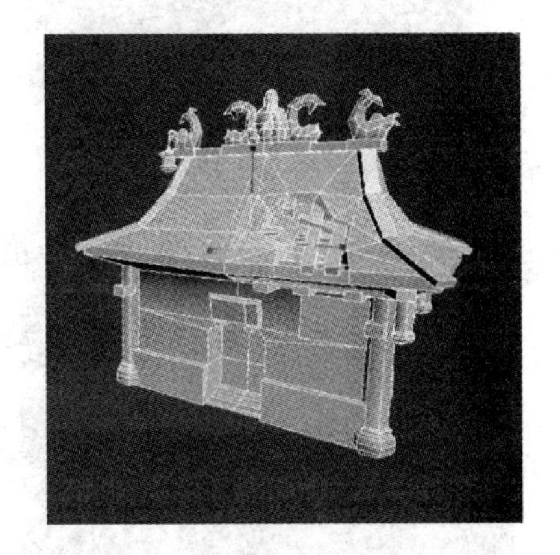

图 12－194

㉑ 复制出另一半的结构,调节点的位置做出模型变化效果(见图 12－195 和图 12－196)。

㉒ 复制出的面用来制作出悬挂门匾的铁链模型(见图 12－197 和图 12－198)。

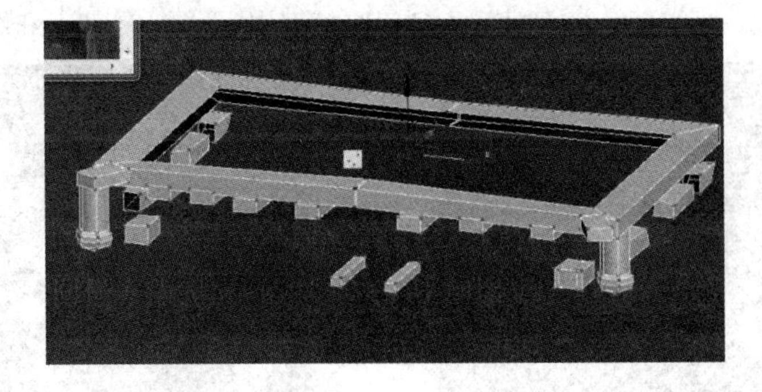

图 12－195

图 12-196

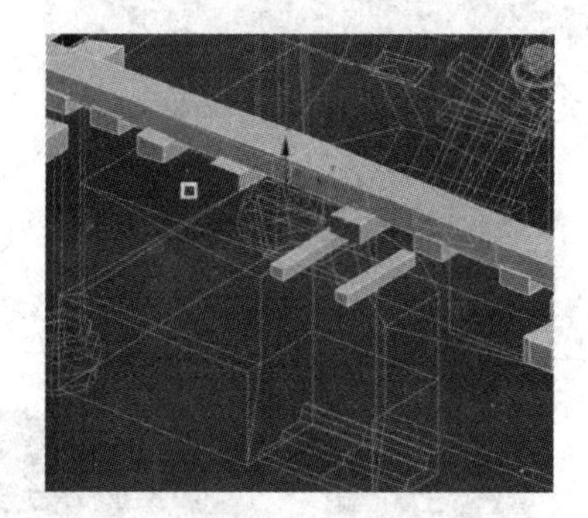

图 12-197

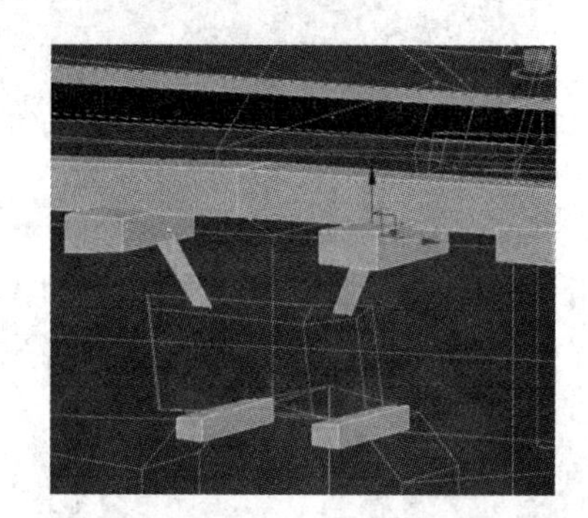

图 12-198

⑬ 建立圆环模型，改变段数来制作连接铁链的铁环（见图 12-199 和图 12-200）。

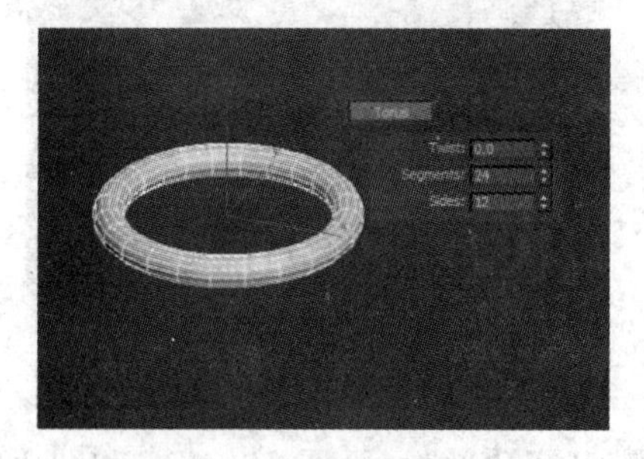

图 12-199

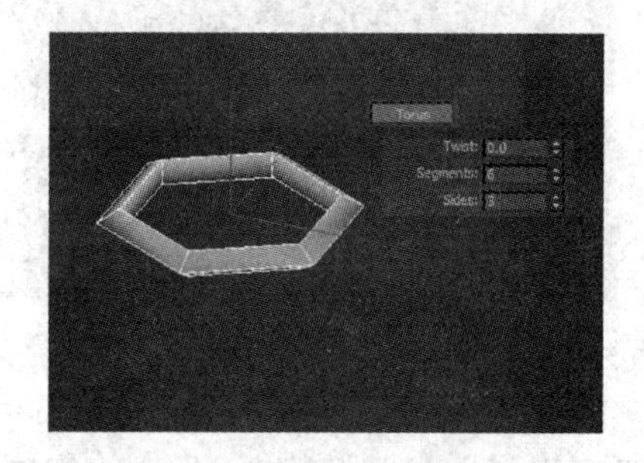

图 12-200

⑭ 塌陷掉模型，删除底面，底面已深入到门匾模型中（见图 12-201 和图 12-202）。

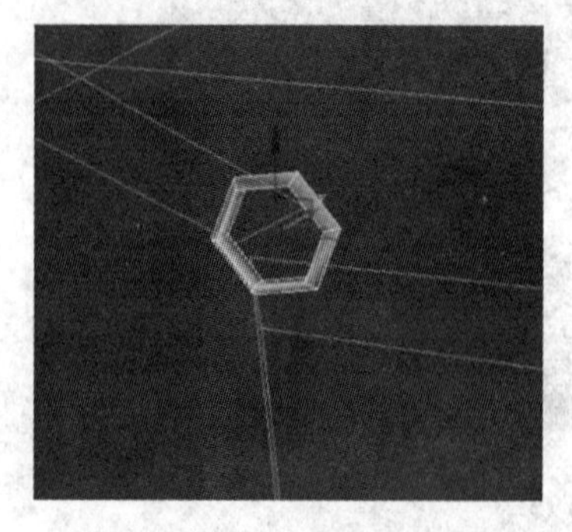

图 12-201

图 12-202

⑮ 完成整个破庙的模型制作(见图 12-203 和图 12-204)。

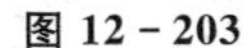
图 12-203

图 12-204

12.5　建筑模型的 UVW 拆分

12.5.1　贴图数量分配

在场景建筑的 UVW 拆分上,按照三同原则:同类材质同张贴图,同位置材质同张贴图,配件物体同张贴图。

同类材质同张贴图:一个建筑物的木材质放在一起,石头材质放在一起,这样方便制作者节省重复绘制的时间。

同位置材质同张贴图:针对建筑物的空间位置,屋顶包括屋脊、屋檐、斗拱物体都该分配在一张贴图上,建筑物的墙体、门、窗等分配在另一张贴图上。由于游戏模型在导入到游戏运行中,计算机会对此进行运算,如果同一空间位置上的物件在同一张贴图上,计算机在刷新时会完成得更快。

配件物体同张贴图:建筑物的附属物件,如装饰物、门匾等放在一张贴图上,这些物件可能不局限在一栋建筑物上使用,会重复使用到其他建筑上,所以单独分张贴图,可以更好地重复使用。

制作的建筑物按照上面的原则,把屋顶和正脊、垂脊、屋檐、斗拱分配到一张贴图上,屋顶上的吻兽、佛像、门匾、蜘蛛网、灯笼和铁链等附件分配在一张贴图上,整体墙体、门、柱子分配在一张贴图上,一共需要分解 3 张 UVW。

12.5.2　拆分模型屋顶

① 拆分 UVW 前给模型赋予一个材质球,在 Diffuse(漫反射)通道里贴上棋盘格贴图(见图 12-205)。

② 默认的黑白棋盘格 Tiling 平铺次数为 1,这样显示在模型上黑白格子太大,无法观察到 UVW 拉伸情况(见图 12-206)。

③ 将 Tiling 下的 U、V 都设置为 20,模型显示的黑白格子大小合适(见图 12-207)。

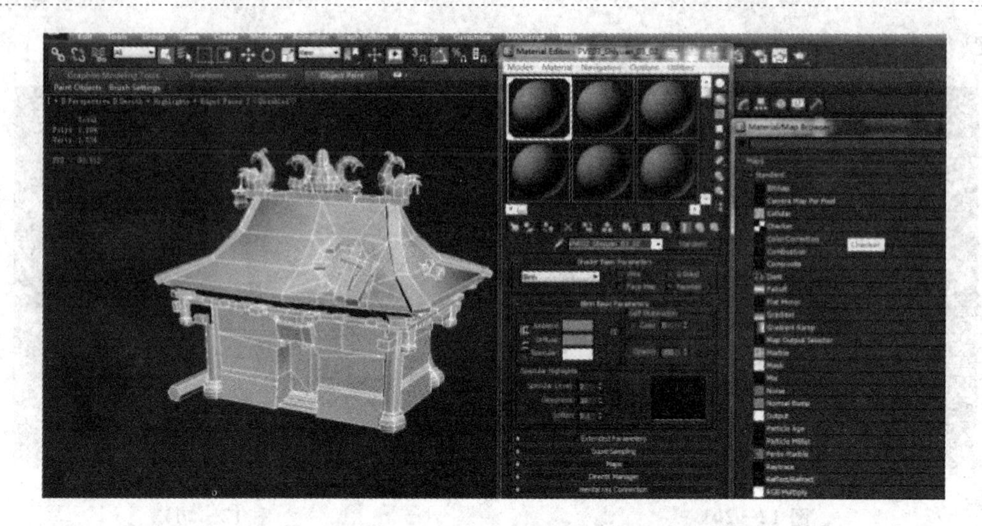

图 12－205

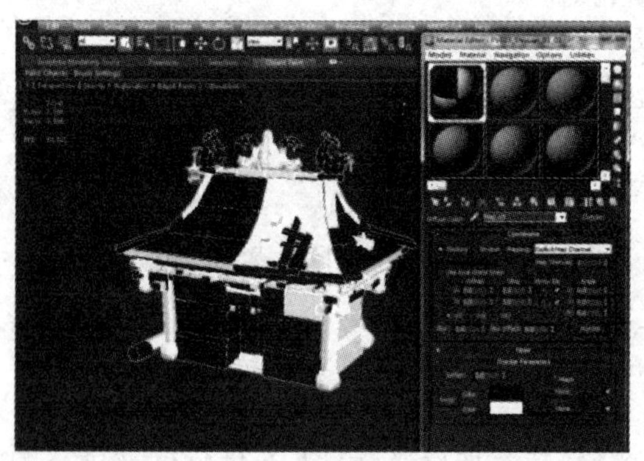

图 12－206　　图 12－207

④ 选中模型添加 UVW 拆分器(Unwrap UVW)(见图 12－208)。

⑤ 拆分屋顶,选择面级别下前后屋顶的面,这里可以使用角度选择器,设置角度为 45°,这样可以快速选择多个面,使用完毕后记得关闭(见图 12－209)。

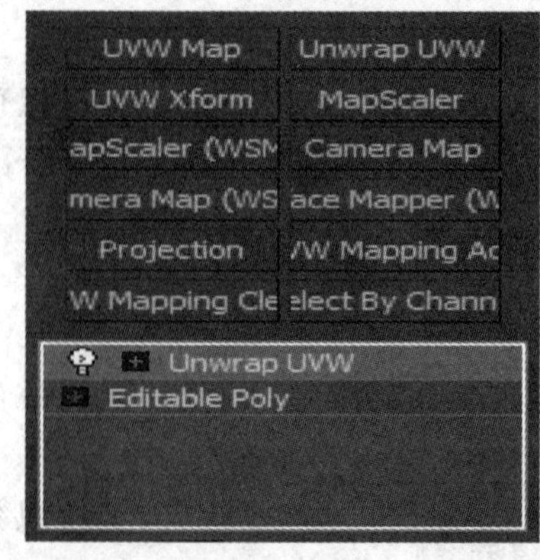

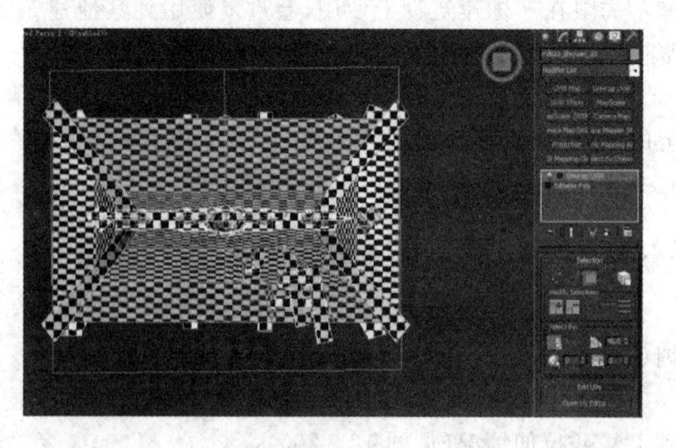

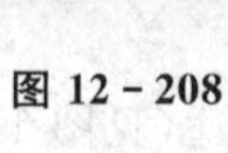

图 12－208　　图 12－209

⑥ 给选择的面映射平面映射，并选择 Y 轴方向，可以看出 UVW 正确分解在 UVW 有效框里(见图 12 - 210)。

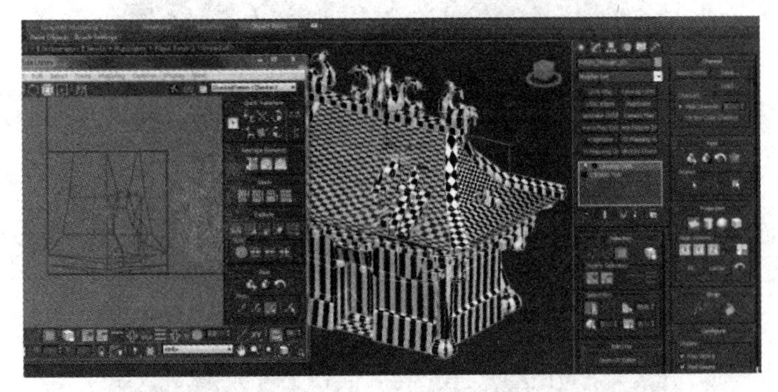

图 12 - 210

⑦ 由于原画设计的前面屋顶大面积破损，因此无法和后面屋顶重叠使用，将前后面的 UVW 距离分开(见图 12 - 211)。

小提示：在没有特殊设计的情况下，前后左右的屋顶都可以共用一张 UVW 贴图，以节约资源。

图 12 - 211

⑧ 选择左右的屋顶面，使用平面映射 X 轴方向将 UVW 分解开(见图 12 - 212 和图 12 - 213)。

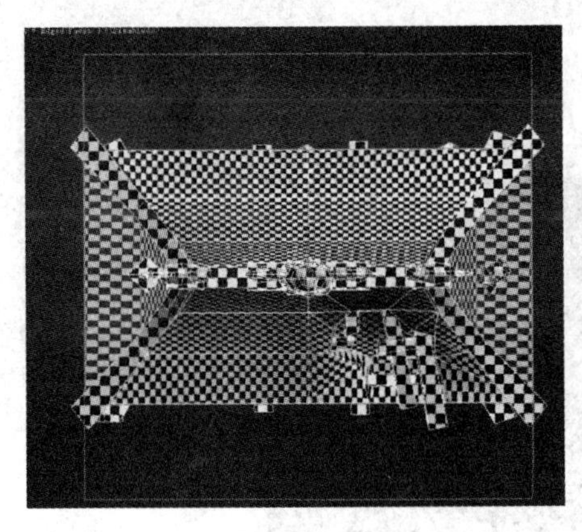

图 12 - 212

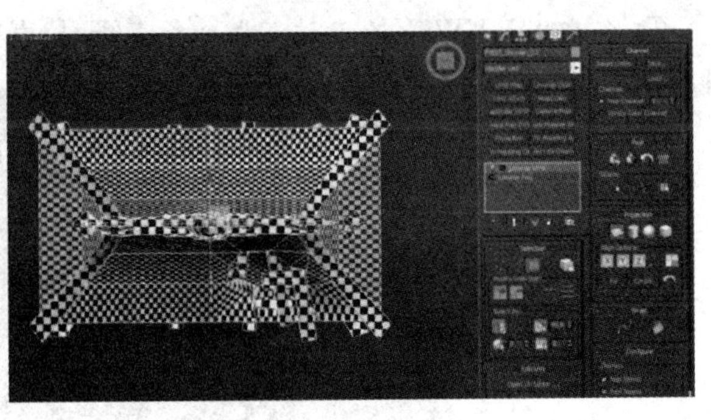

图 12 - 213

⑨ 得到整个屋顶的UVW(见图12-214)。

图 12-214

⑩ 选择后面屋顶UVW的一半,使用Break打断命令分离(见图12-215)。

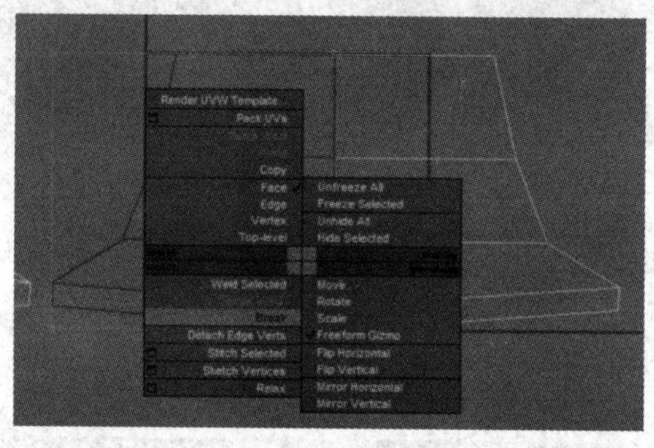

图 12-215

⑪ 使用镜像工具翻转,将两部分重叠(见图12-216)。

⑫ 移动到前面左侧的UVW上,让三部分UVW重叠,这样既保证了破损处的贴图又利用了其他UVW(见图12-217)。

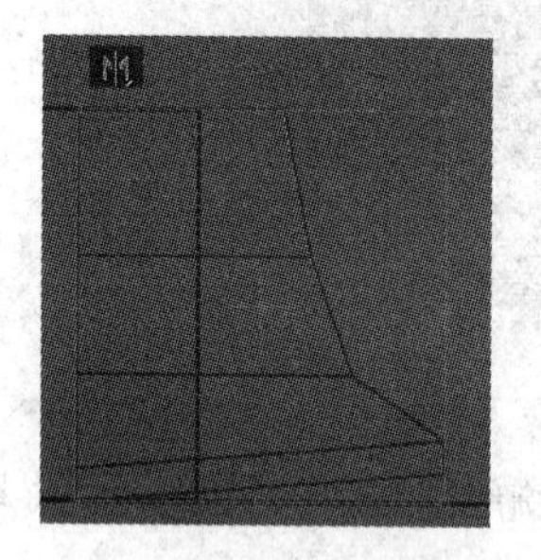

图 12-216

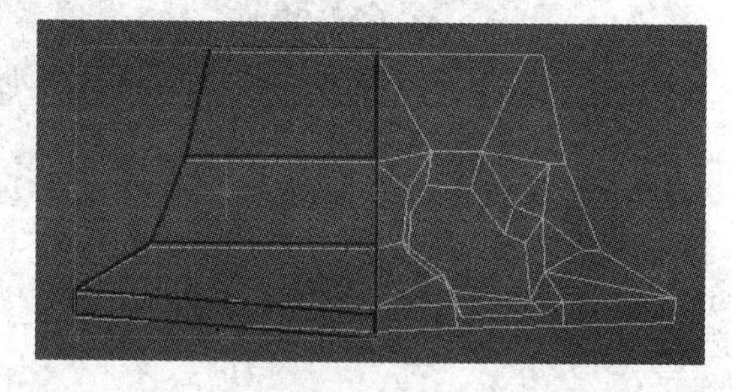

图 12-217

⑬ 将这些UVW上的点对齐为一条直线,拉直以便于贴图的绘制,稍微拉伸没有关系(见图12-218)。

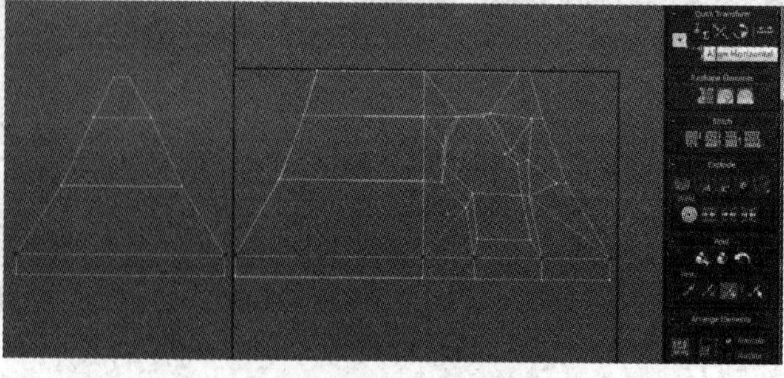

图 12-218

⑭ 选择正脊部分的模型面，使用平面映射将 UVW 分解开，正脊的 UVW 左右可以重叠使用，只需要绘制一半就可以(见图 12－219)。

图 12－219

⑮ 屋檐下方的结构，使用平面 Z 轴方向映射，将屋檐下面的面分解开(见图 12－220)。

图 12－220

⑯ 将 4 个方向上的 UVW 打断，重叠为一个方向上的 UVW(见图 12－221)。

图 12－221

⑰ 依照同样方法，把垂脊 UVW 也拆分开，并且让 4 根垂脊都使用一个 UVW(见图 12－222)。

图 12－222

12.5.3 拆分模型木梁

① 拆分木梁结构，选择所有木梁的面，拆分前的 UVW 都很乱(见图 12－223)。

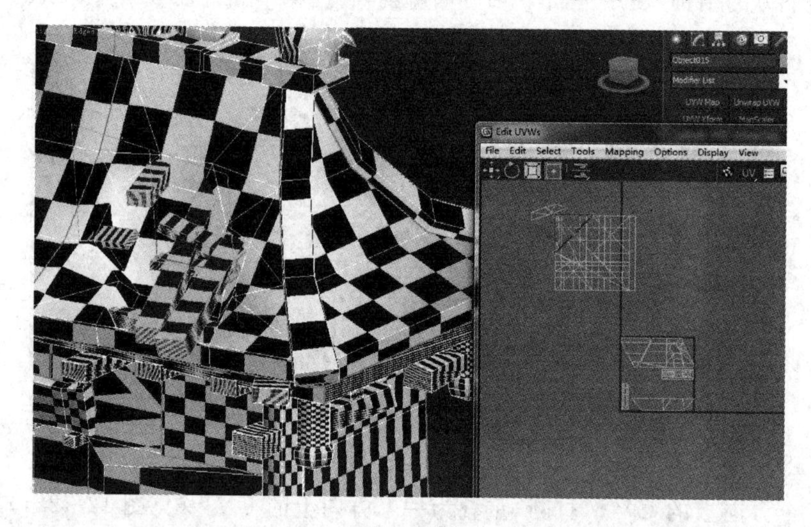

图 12－223

② 选择 Mapping→Flatten Mapping 命令将所有的面平展开来(见图 12－224)。

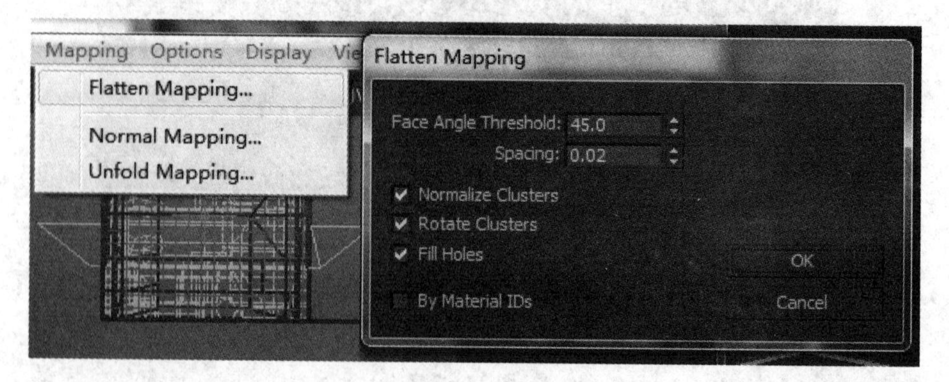

图 12－224

③ 得到屋顶木梁所有的 UVW(见图 12 - 225)。

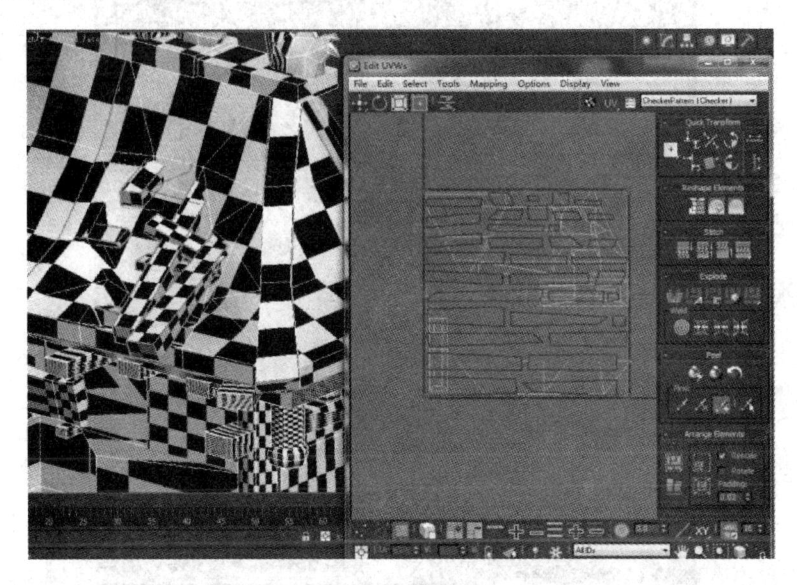

图 12 - 225

④ 选择视图中每一根木梁顶端面的 UVW(见图 12 - 226)。

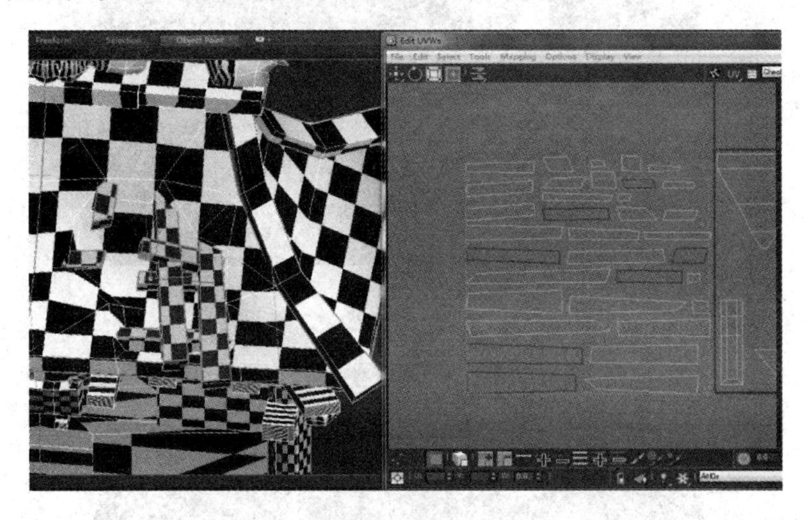

图 12 - 226

⑤ 将选中的 UVW 使用调整工具整体缩小一些,移动到开阔的地方(见图 12 - 227)。

⑥ 选择其中一个 UVW 的边(见图 12 - 228)。

⑦ 右击选择 Stitch Selected(连接相邻的边)命令(见图 12 - 229)。

⑧ 重复上面的操作,将木梁模型的 UVW 连接起来(见图 12 - 230)。

⑨ 将横侧面也连接起来,一根木梁的 UVW 就拆分好了(见图 12 - 231)。

⑩ 其他木梁按此方法分解好(见图 12 - 232)。

⑪ 不需要绘制这么多的木梁 UVW,分解 2 个不一样的 UVW 做贴图变化就可以,其他重叠使用(见图 12 - 233)。

图 12－227

图 12－228

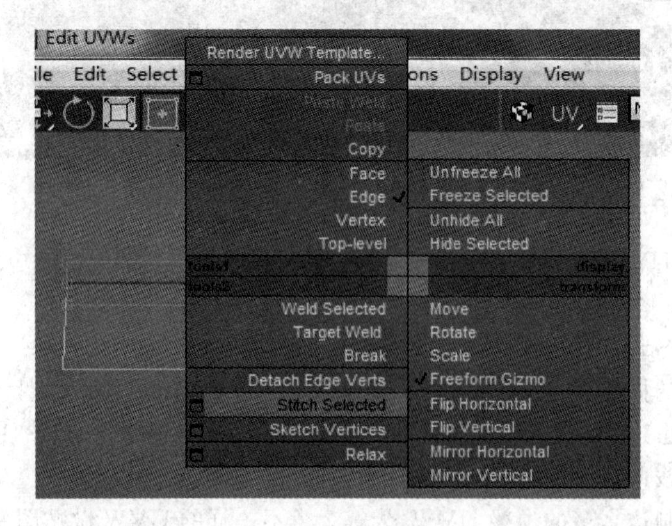

图 12－229

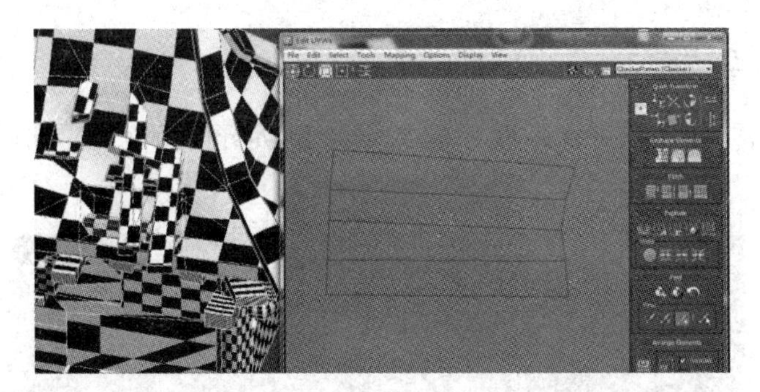

图 12－230

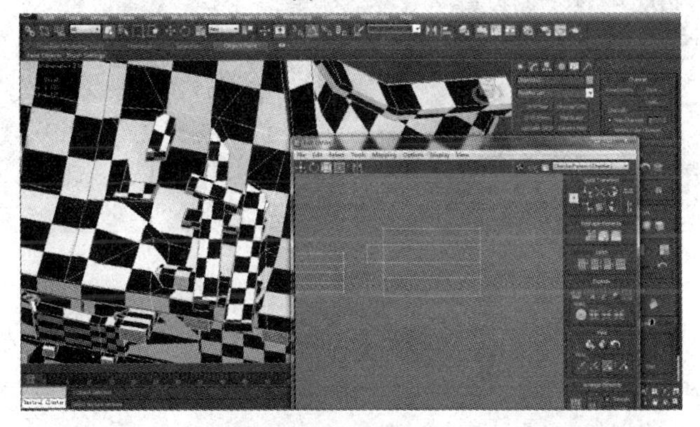

图 12－231

图 12－232

图 12－233

12.5.4 拆分模型吻兽

① 屋顶的吻兽与佛像只需要各拆分 1 个，选择要拆分的所有面，Y 轴方向平面映射给模型(见图 12－234)。

图 12－234

② 从正面的角度去映射模型，能够保证正面的 UVW 完全分解，但模型侧面的 UVW 仍然重叠在模型里(见图 12－235)。

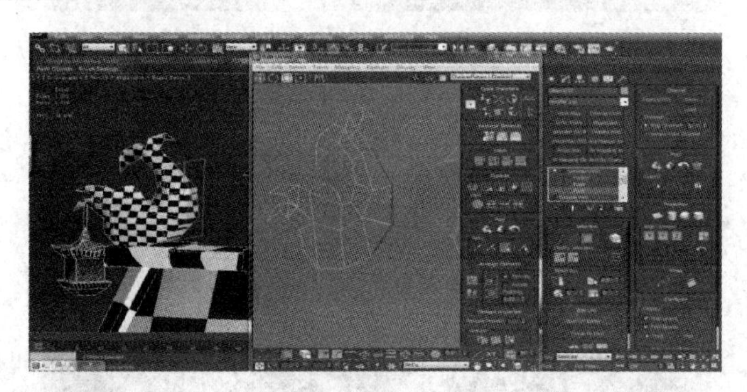

图 12－235

③ 选择模型侧面的 UVW 面，单独使用平面映射将其分解开(见图 12－236)。

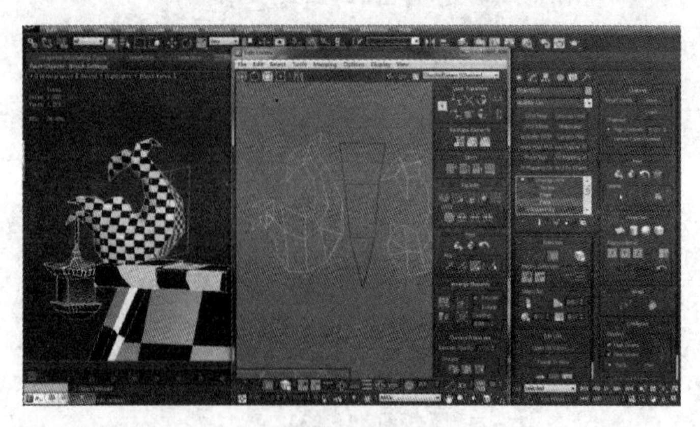

图 12－236

④ 选择正面 UVW 的边线(见图 12-237)。

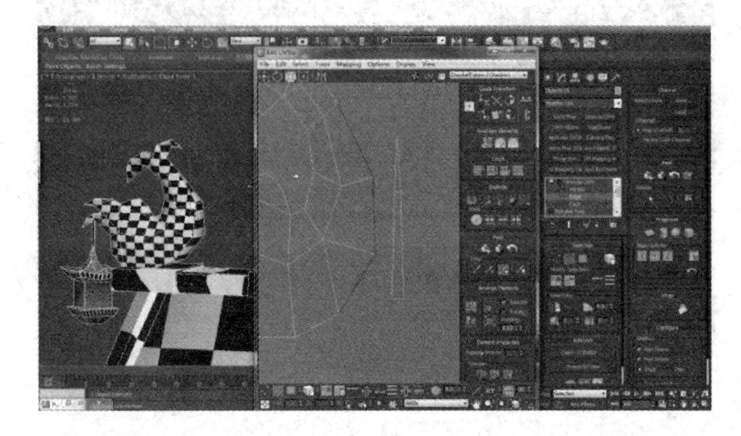

图 12-237

⑤ 选择 Stitch Selected 命令将正面与侧面连接起来(见图 12-238)。

图 12-238

⑥ 这样侧面就拆分好了(见图 12-239)。

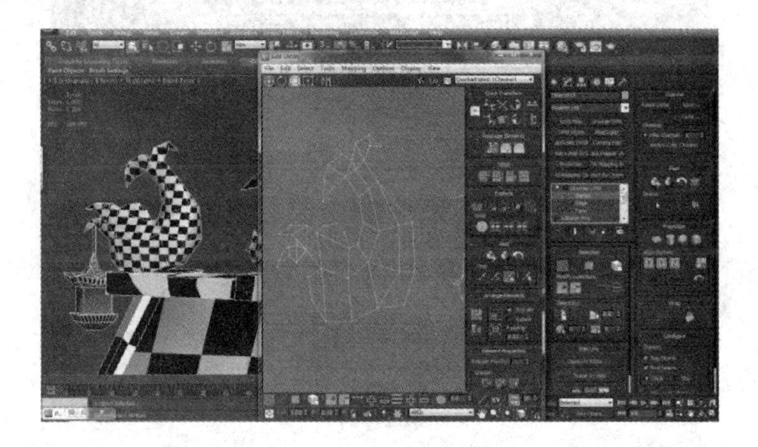

图 12-239

⑦ 顶端的侧面采用同样的方法拆分(见图 12-240)。

图 12-240

⑧ 选择 UVW 调整一下黑白格子的拉伸(见图 12-241)。

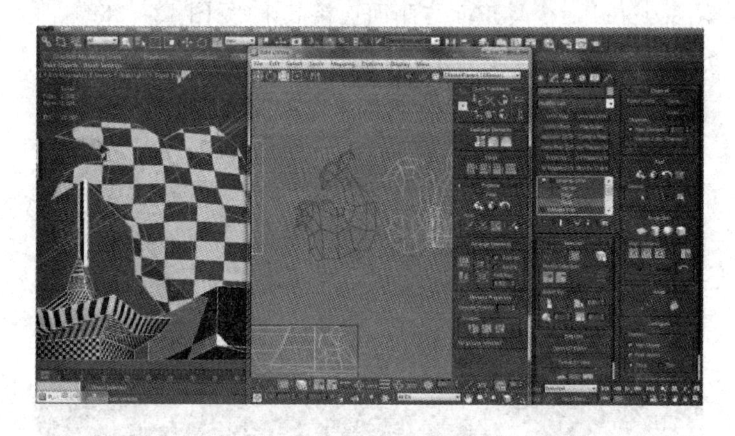

图 12-241

⑨ 同样的分解步骤将另一只吻兽也分解好(见图 12-242)。

图 12-242

⑩ 对于佛像的莲花瓣,采用正面给平面映射分解开,由于远离观察视角和太向里,不用考虑莲花里面的 UVW,莲花瓣里外都是用同一 UVW(见图 12-243)。

图 12-243

⑪ 分解灯笼的UVW，选择顶端的面从顶视角方向给平面映射(见图12-244)。

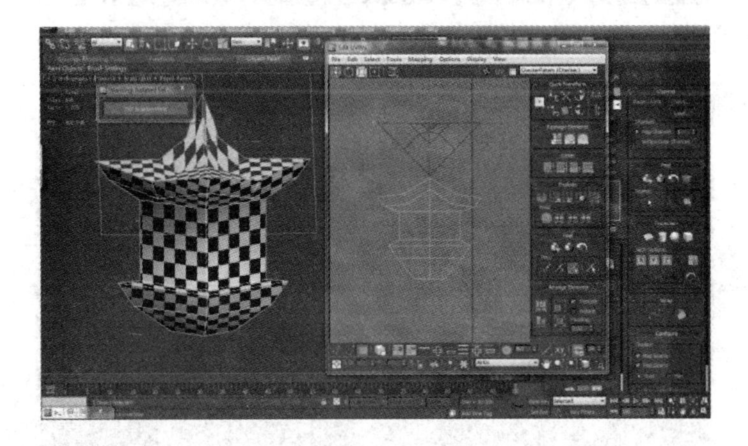

图 12-244

⑫ 下面的结构使用 Y 轴方向的平面映射，调整一下点的位置，注意拉伸，分解好(见图12-245)。

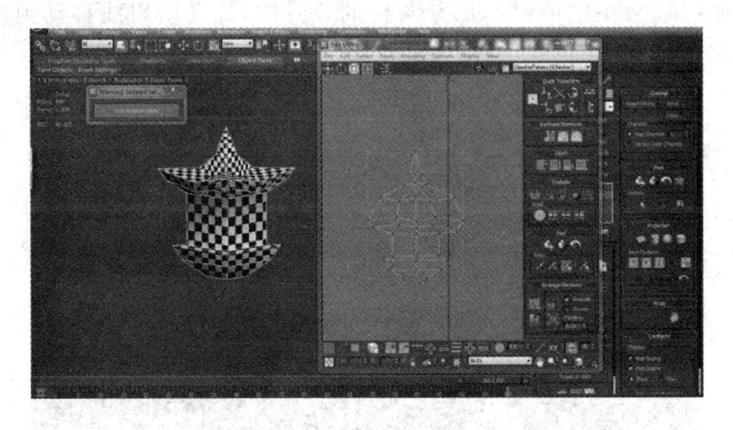

图 12-245

12.5.5 拆分模型墙体

① 拆分墙体的 UVW,选择墙体部分的 UVW 面,在没有拆分前 UVW 是比较混乱的(见图 12-246)。

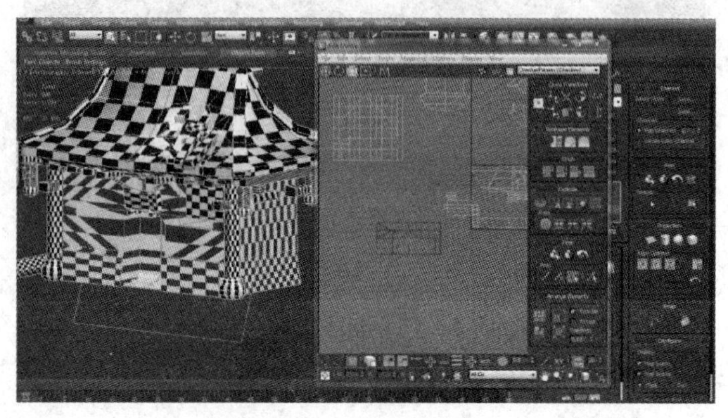

图 12-246

② 选择圆柱映射,保持圆柱映射与墙体的坐标一致(见图 12-247)。

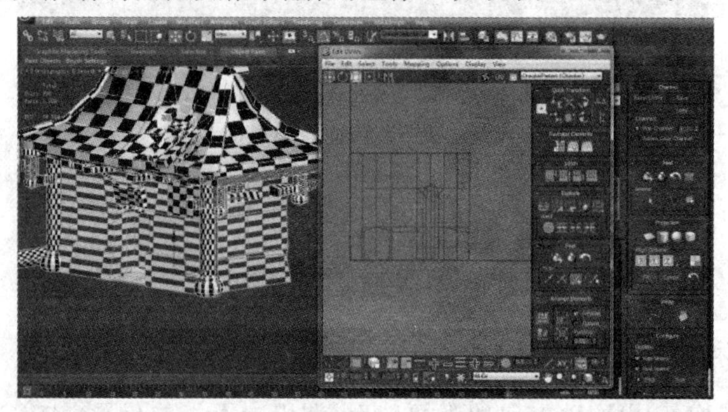

图 12-247

③ 圆柱映射上有条绿色的线段,那是圆柱的分界线,旋转映射线移动到模型的中间线段上(见图 12-248)。

图 12-248

④ 将两边的墙体沿中线折叠重合(见图 12－249)。

图 12－249

⑤ 将门的 UVW 平展开，放到墙体空缺处(见图 12－250)。

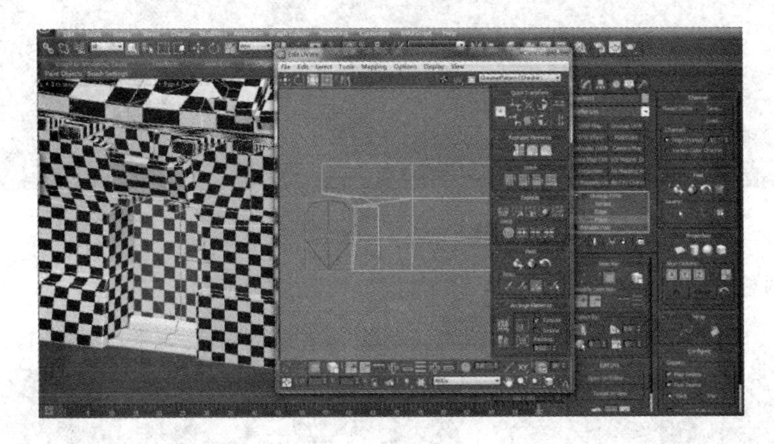

图 12－250

⑥ 调整棋盘格子的大小，确保不要有贴图的拉伸(见图 12－251)。

图 12－251

12.5.6　拆分模型柱子

① 需要拆分总共 4 根柱子的 UVW，只需要分解一根来重复使用，选择其中一根柱子模型上所有的 UVW 面(见图 12－252)。

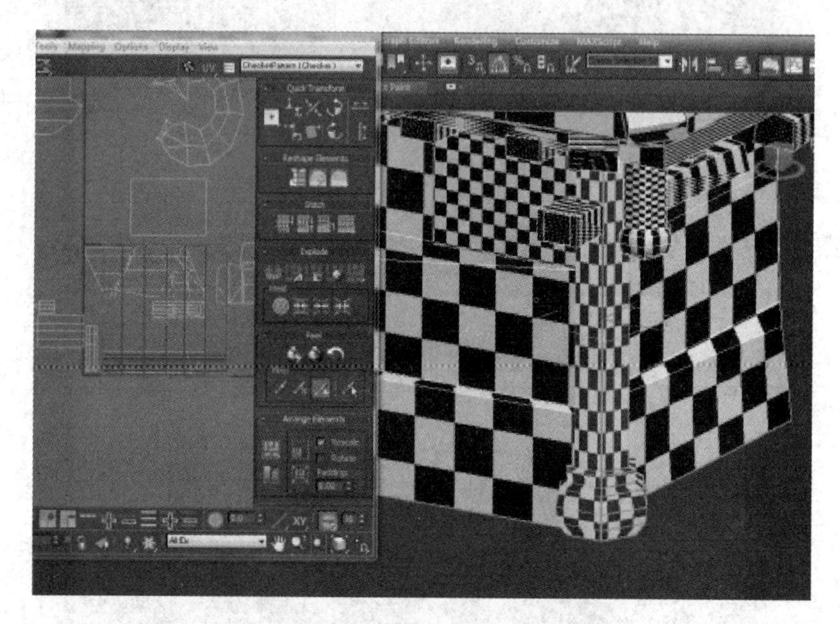

图 12－252

② 使用圆柱映射，将柱子的 UVW 分解开来(见图 12－253)。

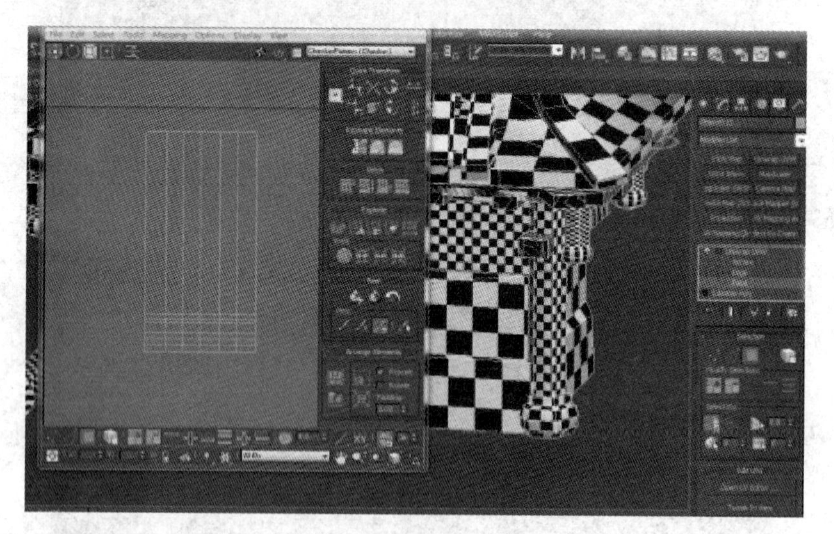

图 12－253

③ 调整一下 UVW 的大小，并将这根柱子的模型从主模型上分离开(见图 12－254)。

④ 将分解好的柱子的 UVW 保存(见图 12－255)。

⑤ 保存的名字选择程序默认或者自定义都可以(见图 12－256)。

⑥ 将其他 3 根柱子也从主模型上分离掉(见图 12－257)。

图 12 - 254

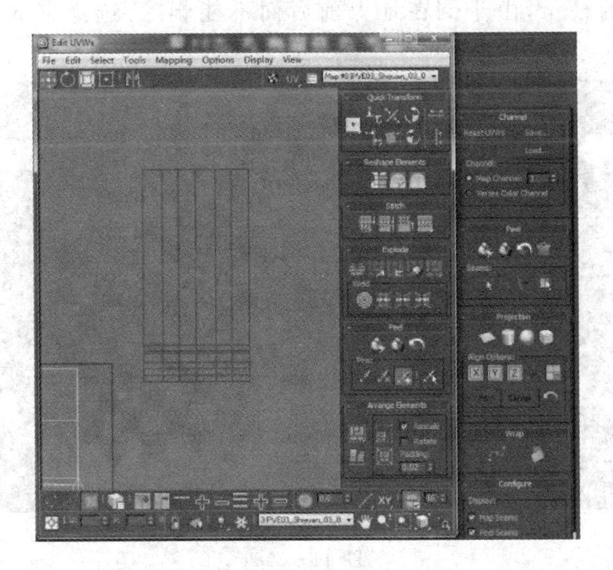

图 12 - 255

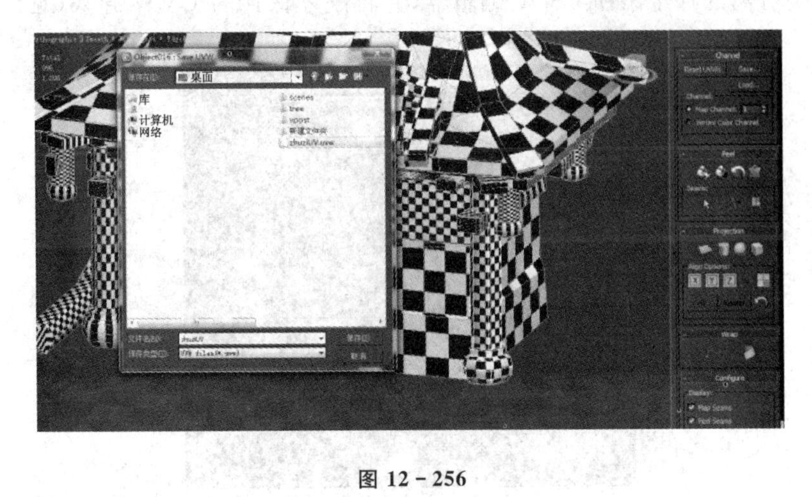

图 12 - 256

图 12-257

⑦ 有一根特殊的柱子,由于倒在地上前后面不能删除,选择它的前后两面再分离(见图 12-258)。

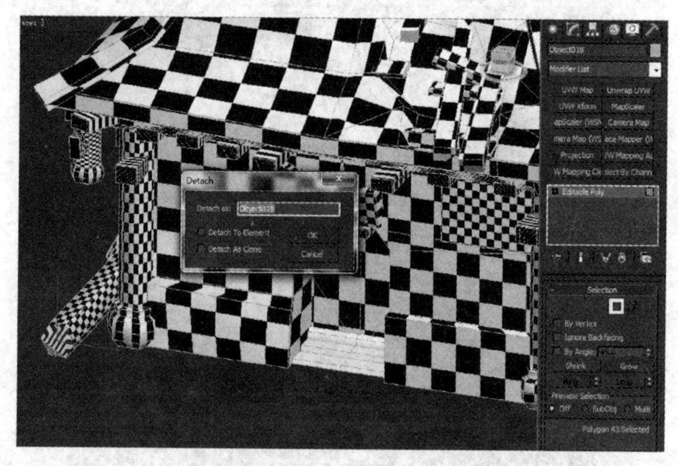

图 12-258

⑧ 给其他分离的柱子添加 UVW 编辑器,并将刚才保存的 UVW 导入(见图 12-259 和图 12-260)。

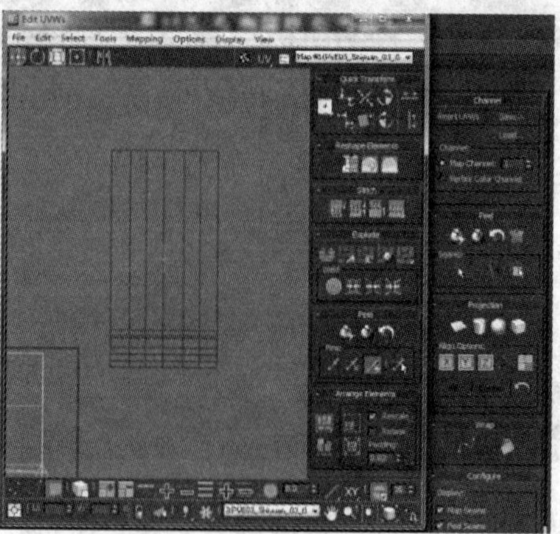

图 12-259

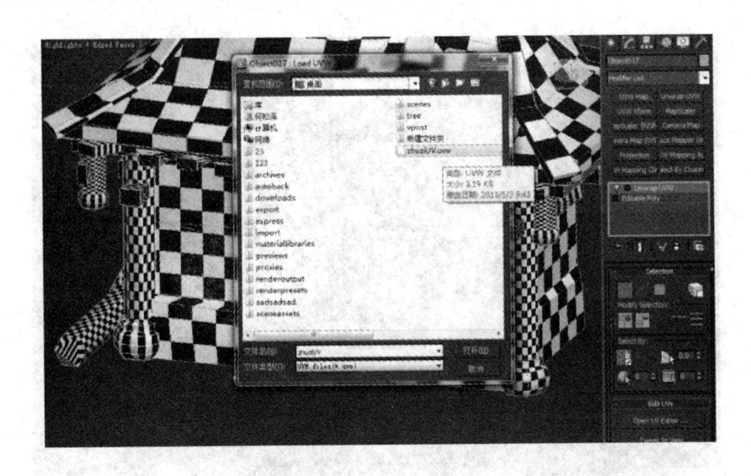

图 12 - 260

⑨ 观察 UVW，已经成功地改成分解好的 UVW(见图 12 - 261)。

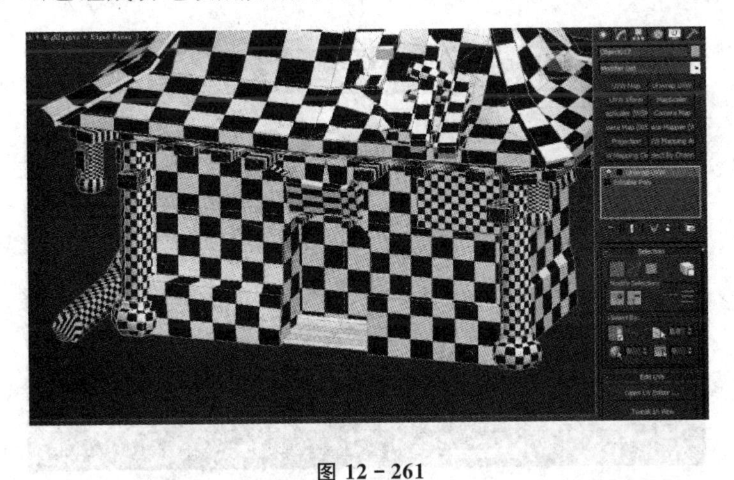

图 12 - 261

⑩ 其他柱子分别添加 UVW 编辑命令，制作好 UVW(见图 12 - 262)。

图 12 - 262

⑪ 单独分解倒地柱子的前后面 UVW，分解好后将模型结合到原模型上(见图 12 - 263)。

⑫ 前后面的 UVW 不能使用重复，它们是不同的材质(见图 12 - 264)。

图 12-263

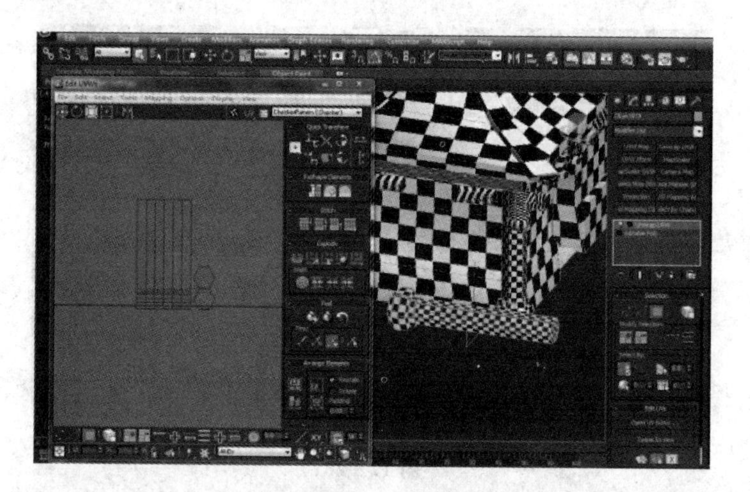

图 12-264

⑬ 将所有的柱子 Attach 重新结合到主模型上(见图 12-265)。

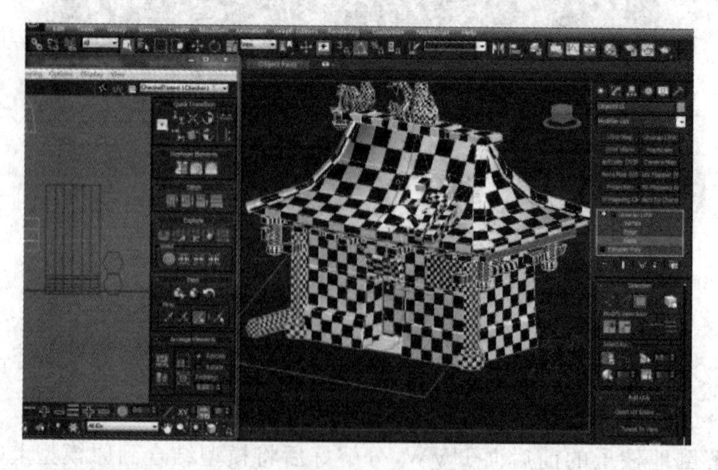

图 12-265

⑭ 分解垂花的 UVW，垂花的结构与柱子差不多，它的分解方法还是使用圆柱映射（见图 12－266）。

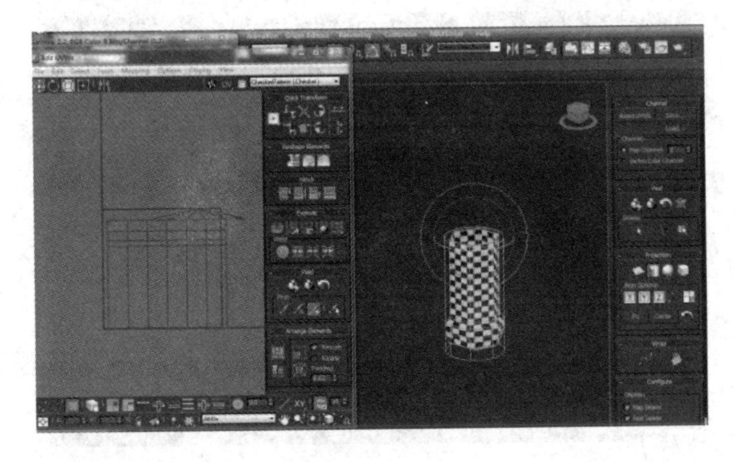

图 12－266

⑮ 旋转映射的绿线，使 UVW 面的分配正确（见图 12－267）。

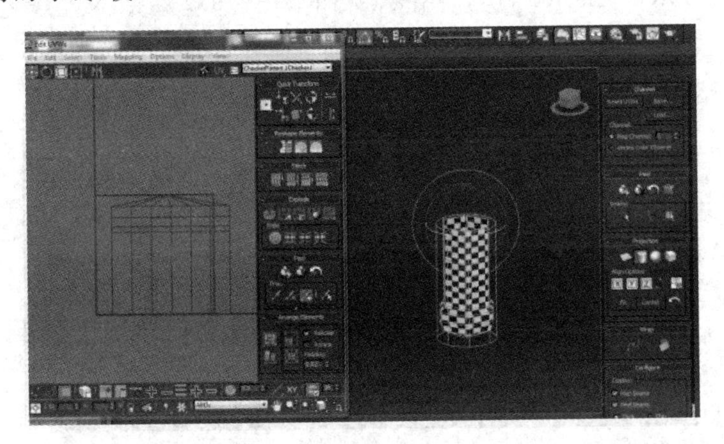

图 12－267

⑯ 调整拉伸，垂花 UVW 都重复叠加使用（见图 12－268）。

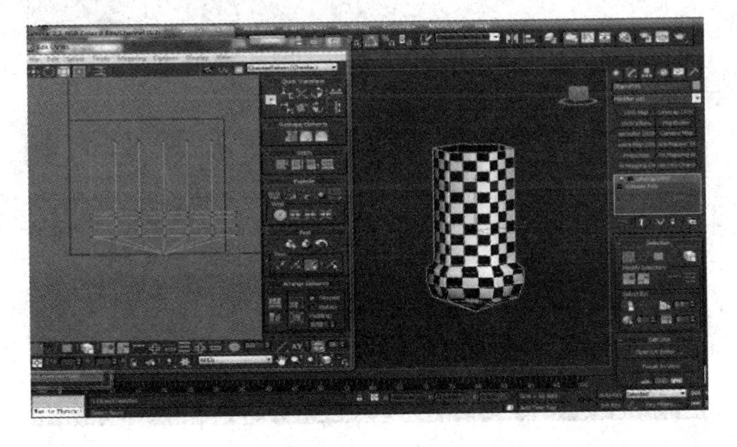

图 12－268

⑰ 分解建筑主梁的 UVW，所有面选择 Mapping→Flatten Mapping 命令平展开（见图 12－269）。

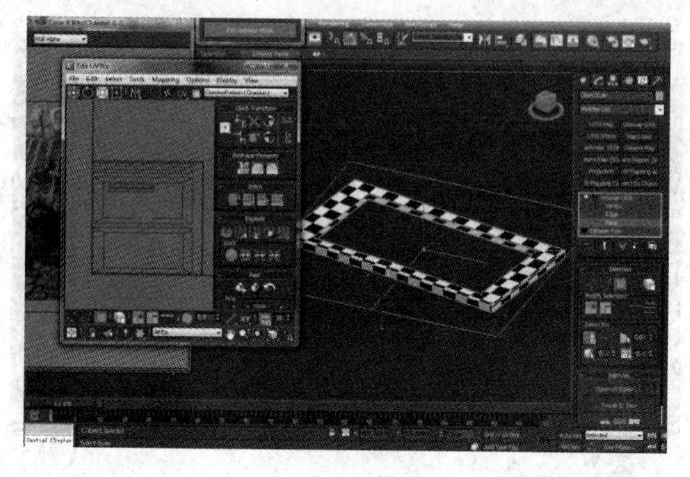

图 12－269

⑱ 选择边线 Stitch Selected 将侧面结合（见图 12－270）。

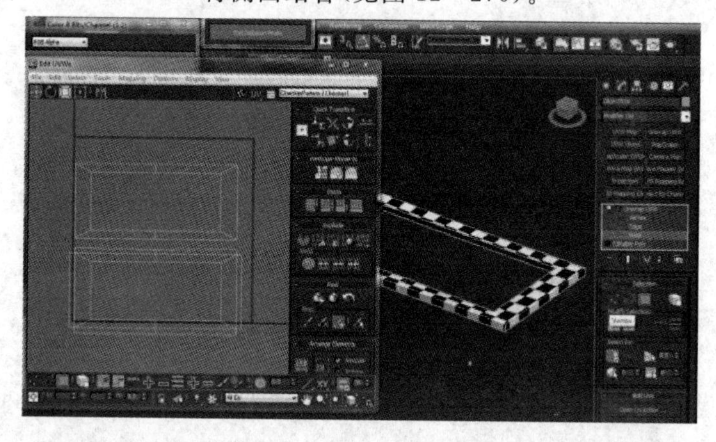

图 12－270

⑲ 重叠上下两面的 UVW，再将另一半折叠翻转过来，重复使用（见图 12－271 和图 12－272）。

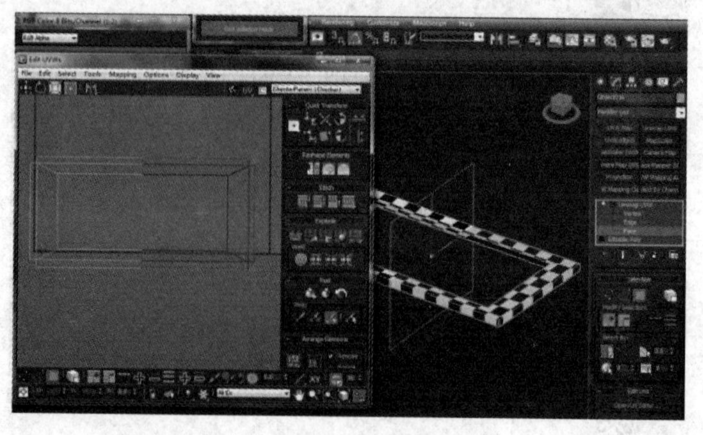

图 12－271

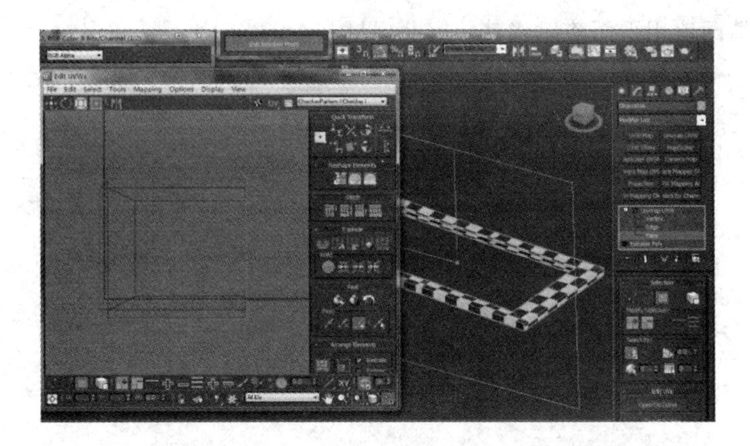

图 12-272

⑳ 还可以再翻转叠加一次(见图 12-273)。

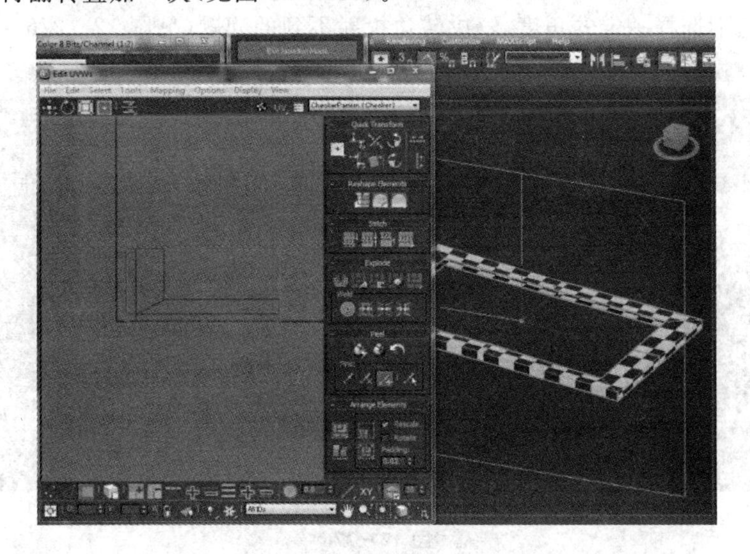

图 12-273

㉑ 屋檐下的木梁按照前面的方法分解(见图 12-274)。

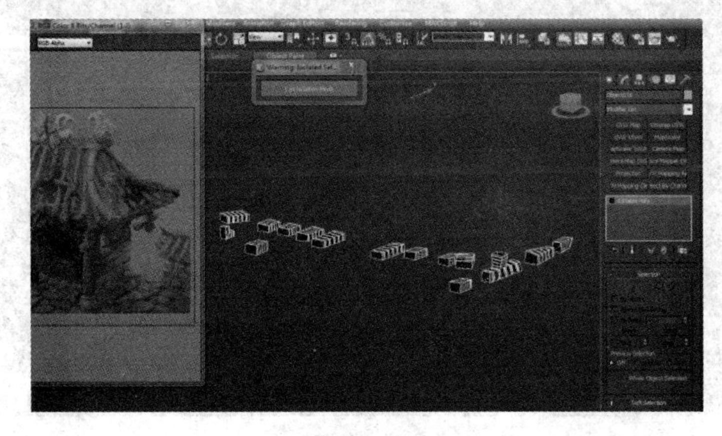

图 12-274

㉒ 门匾与蛛网使用平面映射将其分解开(见图 12 - 275)。

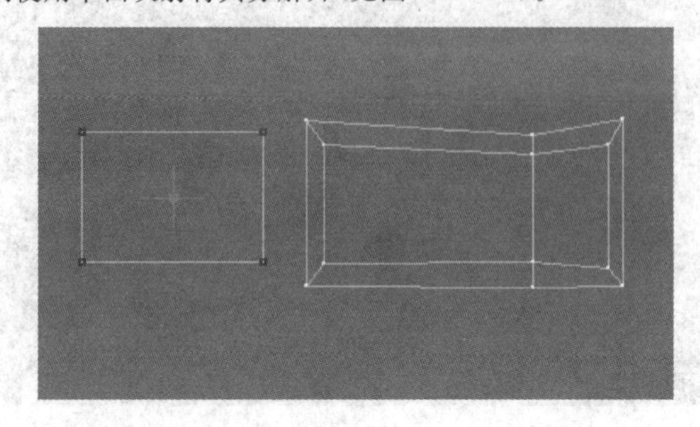

图 12 - 275

㉓ 分解石梯的 UVW,选择石梯的面,使用平面映射,由于石梯转角的结构映射不到,所以将平面映射范围选择一定的角度,解决转角投射不到的问题(见图 12 - 276)。

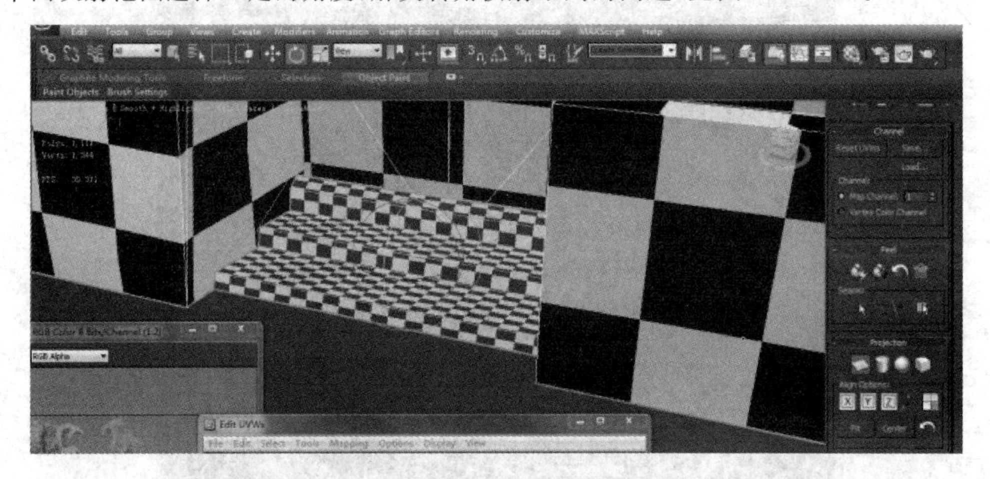

图 12 - 276

㉔ 调整一下石梯的 UVW 拉伸,至此所有的 UVW 都分解好了(见图 12 - 277)。

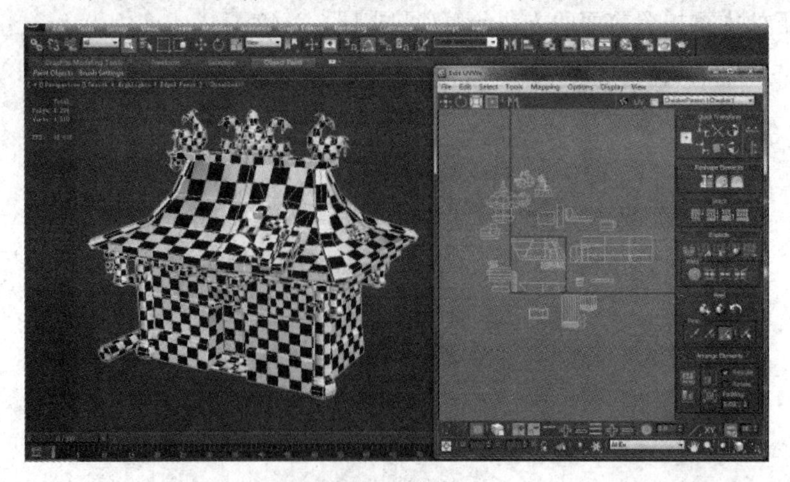

图 12 - 277

12.5.7　分配 UVW 的 ID 号

① 模型的 UVW 已分解好，显然一张贴图是无法摆放下这么多 UVW 的，依据制作前的思路，将使用 3 张贴图来容纳。第一张贴图摆放屋顶、屋檐与垂脊等的 UVW（见图 12－278）。

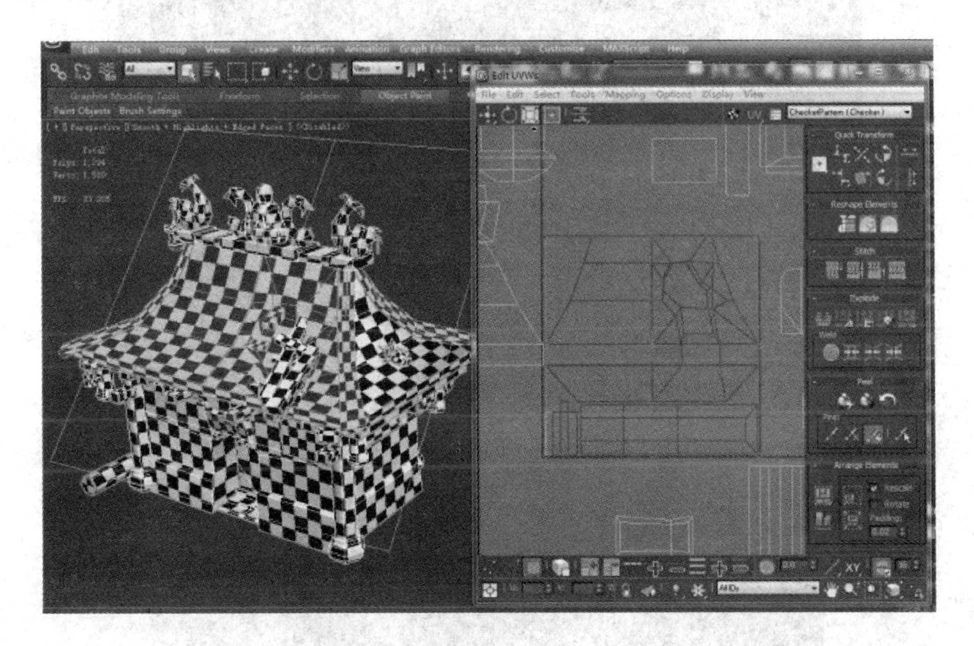

图 12－278

② 第二张贴图摆放吻兽、佛像、门匾、蛛网等的 UVW（见图 12－279）。

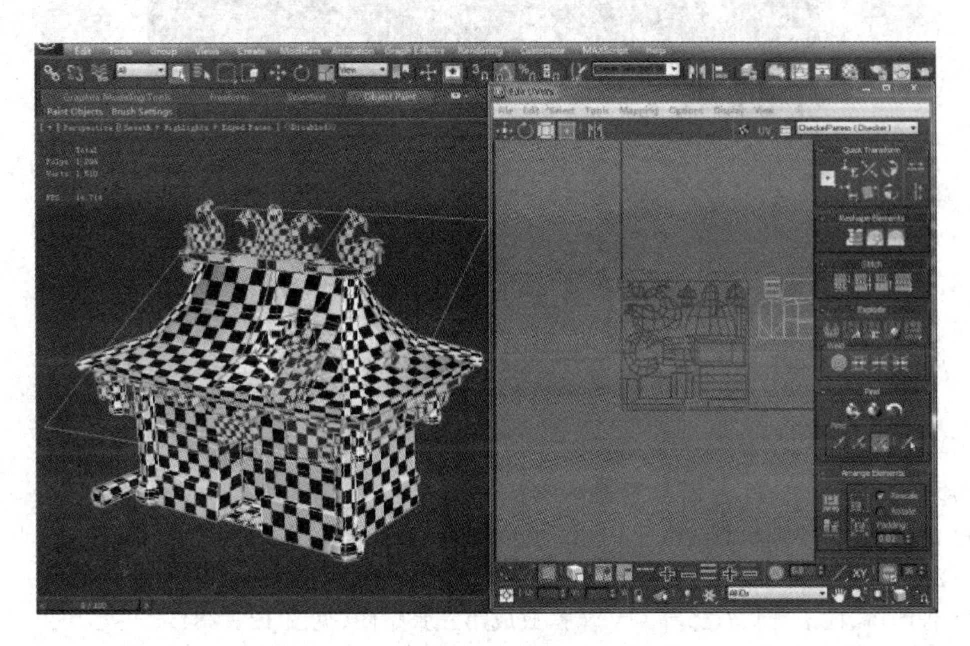

图 12－279

③ 选择摆放好的第二张贴图的 UVW 面，直接塌陷成 Ploy（见图 12－280）。

④ 单击进入到面级别，刚才选择的第二张 UVW 的状态还在保持中(见图 12－281)。

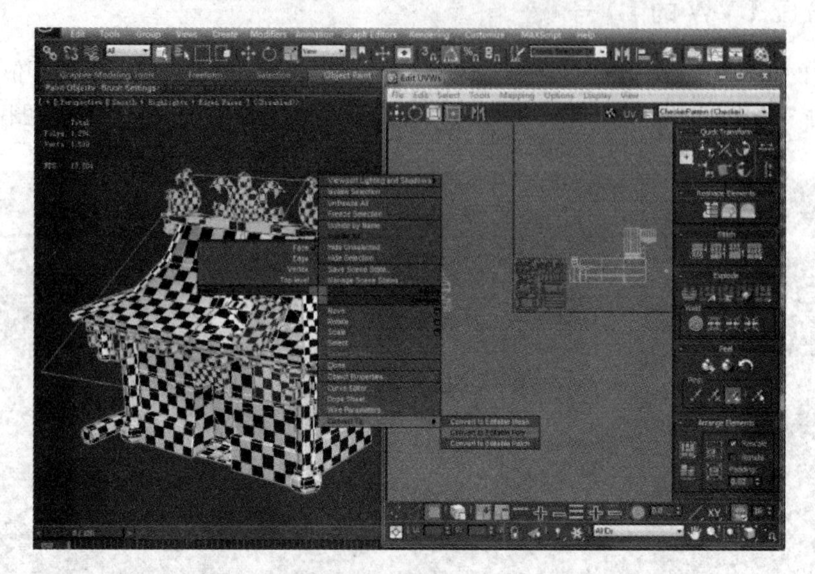

图 12－280

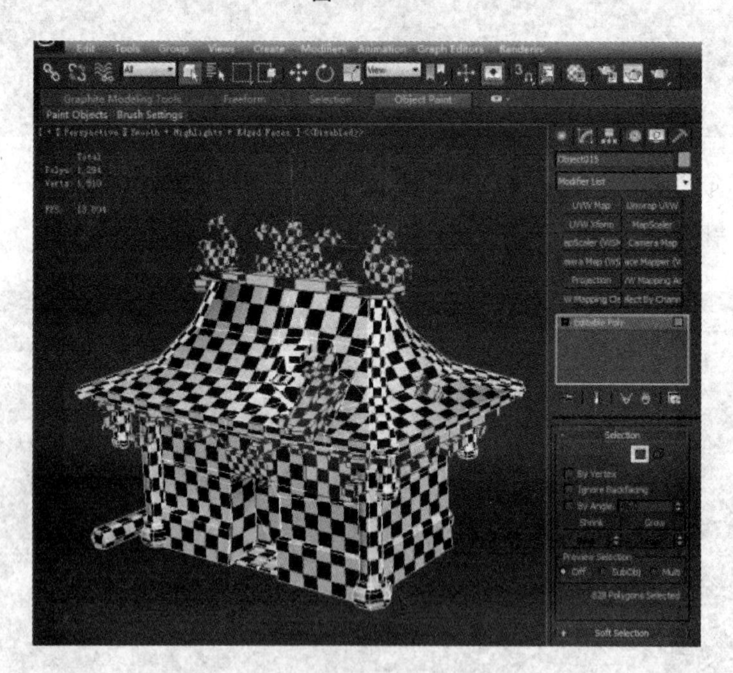

图 12－281

⑤ 将这些面的 ID 改为 2(见图 12－282)。

⑥ 添加 UVW 编辑器，将第一张的 UVW 使用同样的方法设置面的 ID 为 1(见图 12－283)。

⑦ 将墙体、柱子、门、石梯等 UVW 摆放成第三张贴图(见图 12－284)。

⑧ 选择第三张的 UVW 面，设置 ID 为 3(见图 12－285)。

⑨ 分配好 ID 后，添加 UVW 编辑器观察(见图 12－286)。

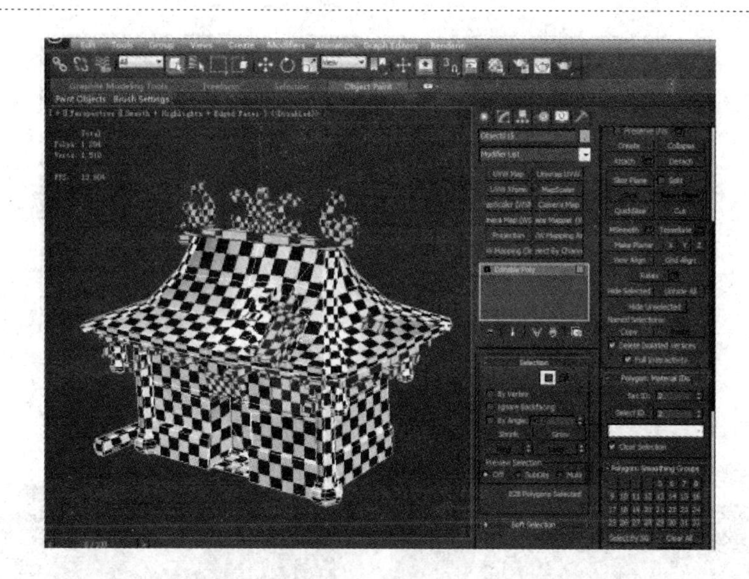

图 12－282

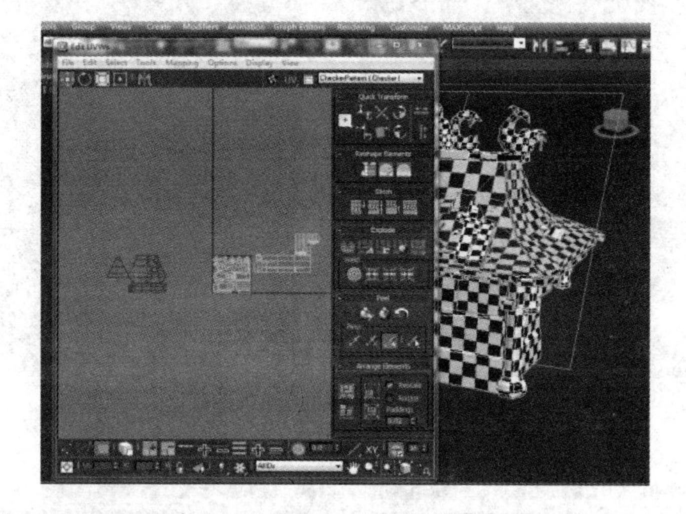

图 12－283

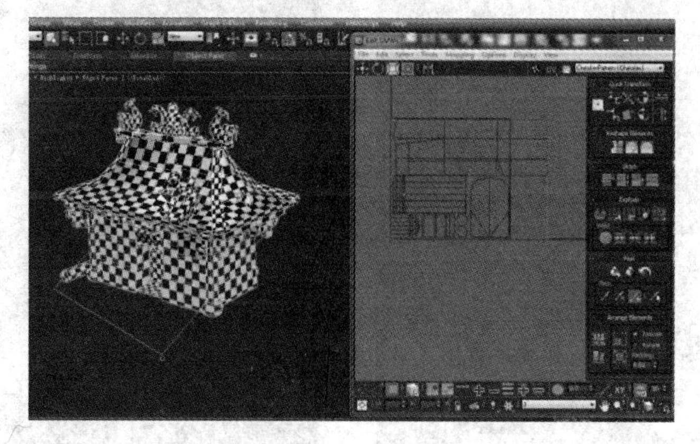

图 12－284

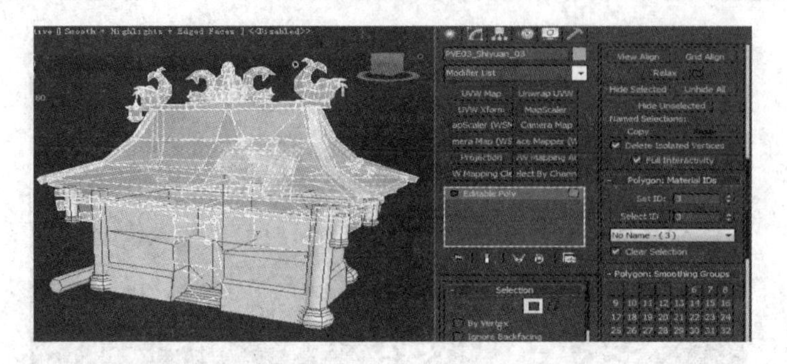

图 12-285

⑩ 选择 ID 号,查看分解好的 3 张 UVW(见图 12-287～图 12-289)。

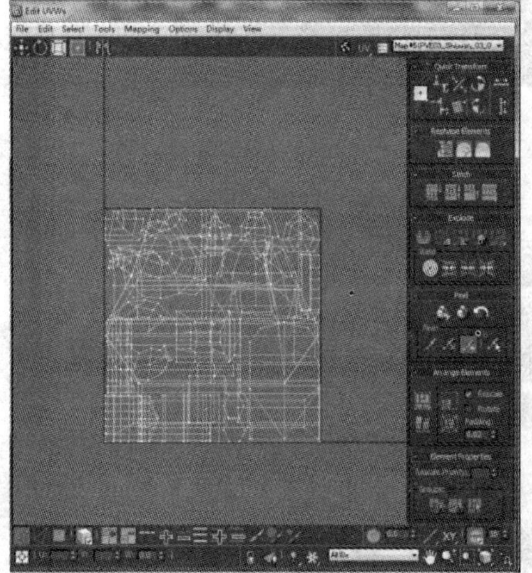

图 12-286

图 12-287

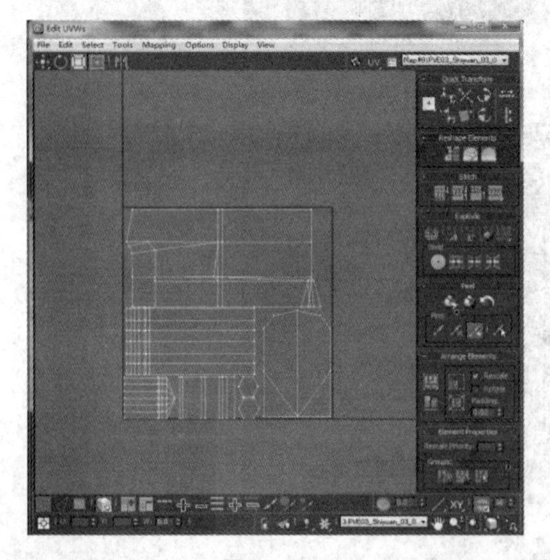

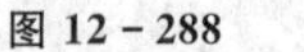

图 12-288

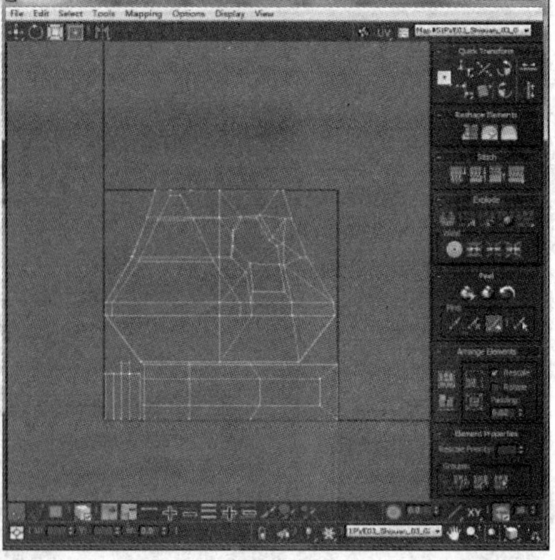

图 12-289

⑪ 给分解好的模型使用重置命令 Reset XForm(见图 12-290)。

⑫ 再塌陷模型(见图 12-291)。

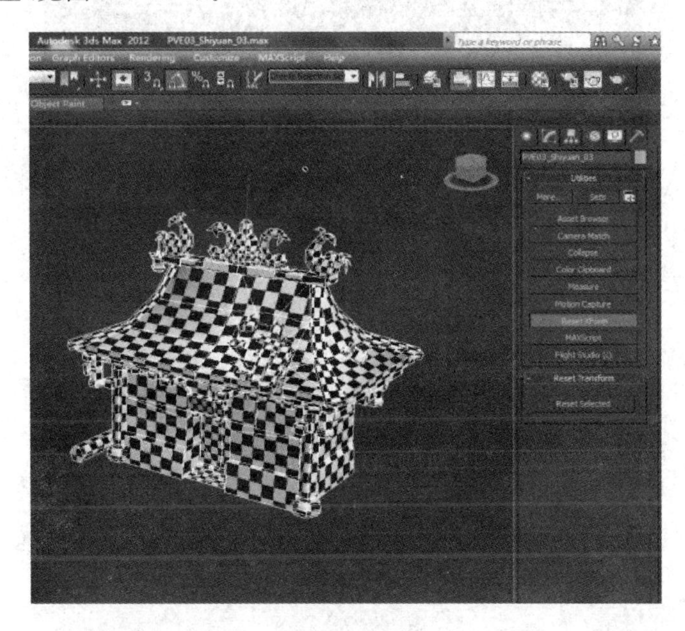

图 12-290

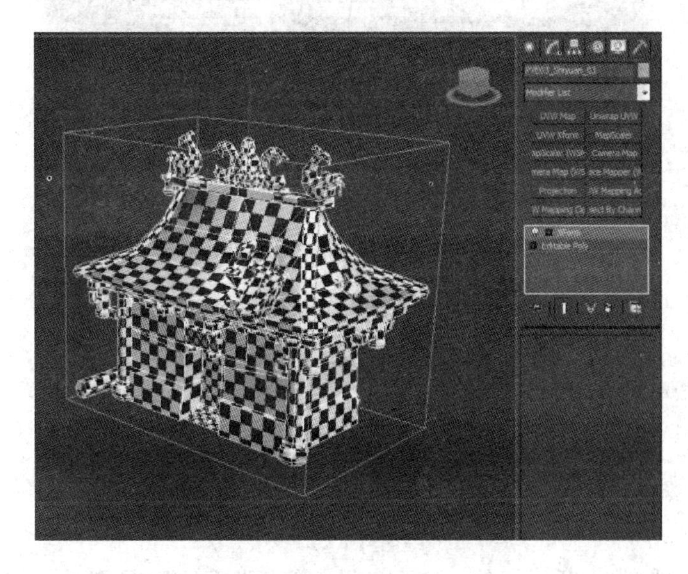

图 12-291

12.5.8 导出 UVW 贴图

① 下面开始导出第一张 UVW,选择 ID1,选择 Tools→Render UVs Template 命令(见图 12-292)。

② 设置贴图的尺寸为 512×512,单击 Render UV Template 按钮,弹出渲染 UVW 线框图,保存贴图为 PNG 格式(见图 12-293)。

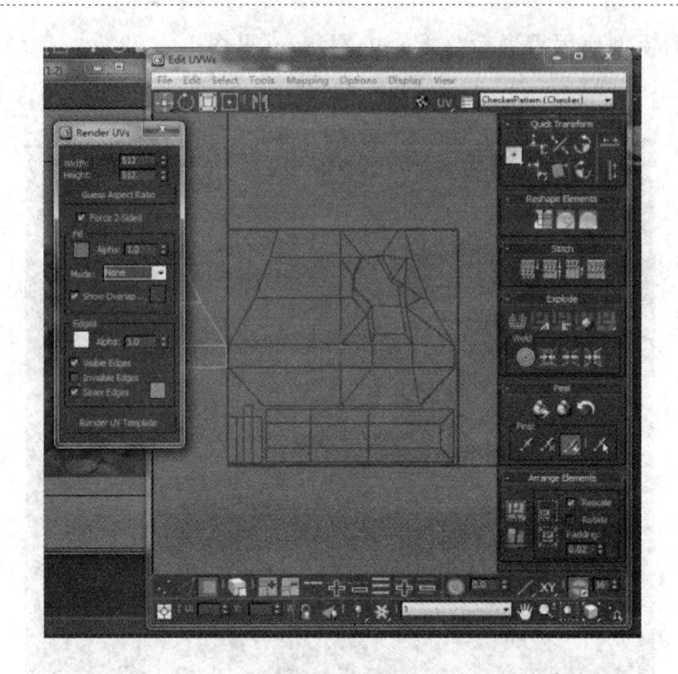

图 12-292

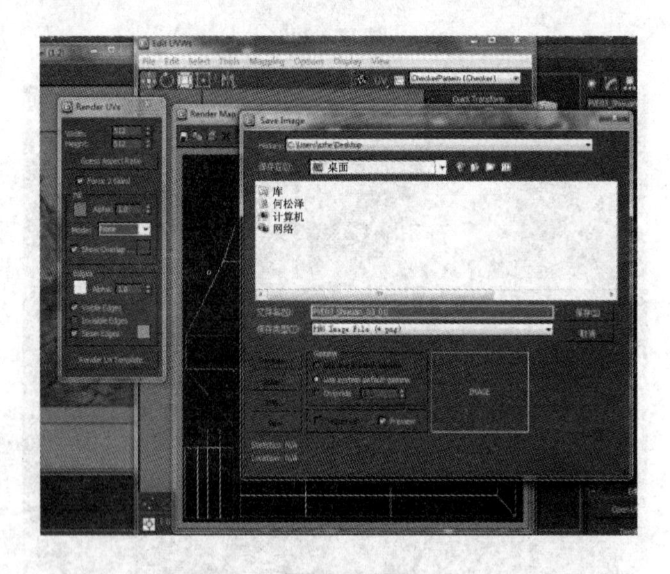

图 12-293

③ 运行 PS 软件，并打开保存的 PNG 格式的第一张 UVW（见图 12-294）。

④ PNG 格式的方便之处在于只保存线框，而背景透明（见图 12-295）。

⑤ 新建图层，命名为背景，填充为深色，这里背景选择的颜色最好偏向绘制贴图的色相（见图 12-296）。

⑥ 将 UVW 线框图层改名为 UV，绘制的时候避免图层绘制错误，可以将 UV 图层锁定（见图 12-297）。

⑦ 选择工具勾选屋顶的范围，新建图层为瓦片，在上面创建一个剪切蒙版层（见图 12-298）。

⑧ 将其他绘制部位的图层也创建好，准备进入绘制贴图的阶段（见图 12-299）。

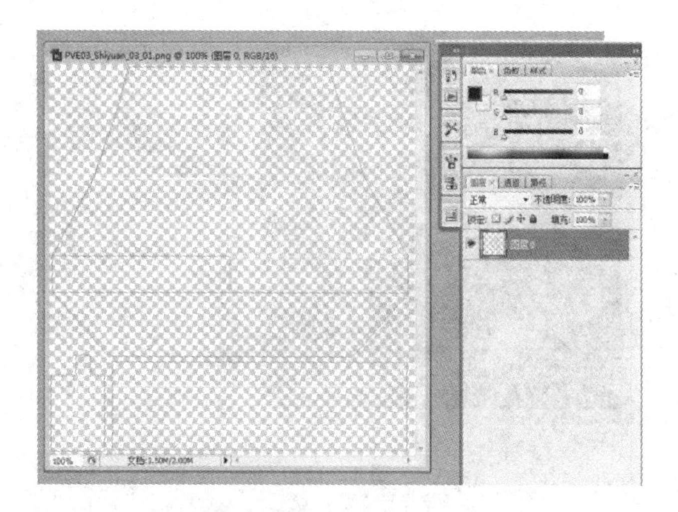

图 12 - 294

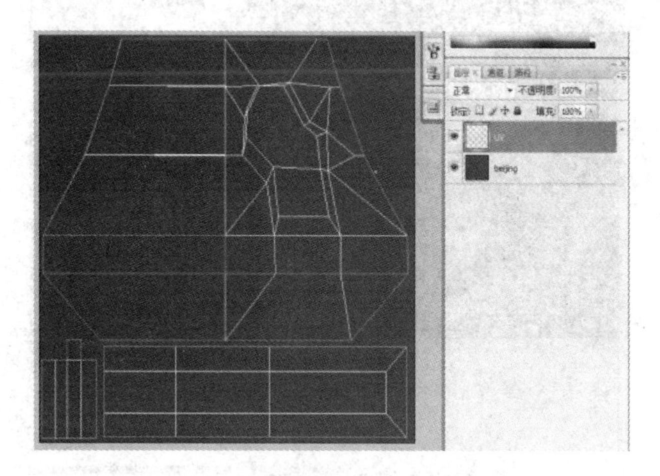

图 12 - 295

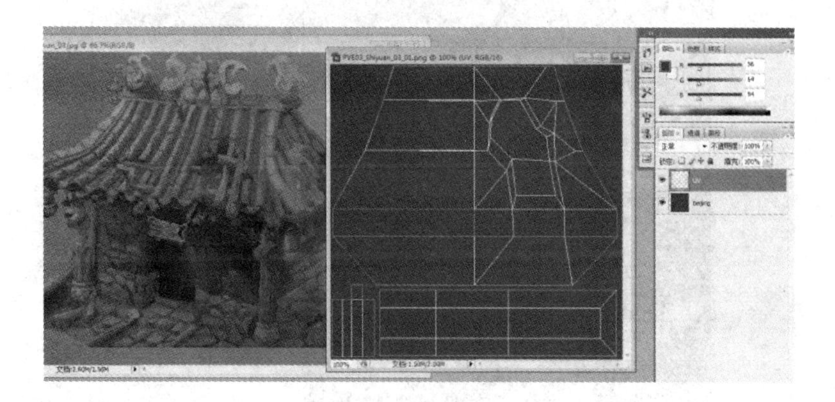

图 12 - 296

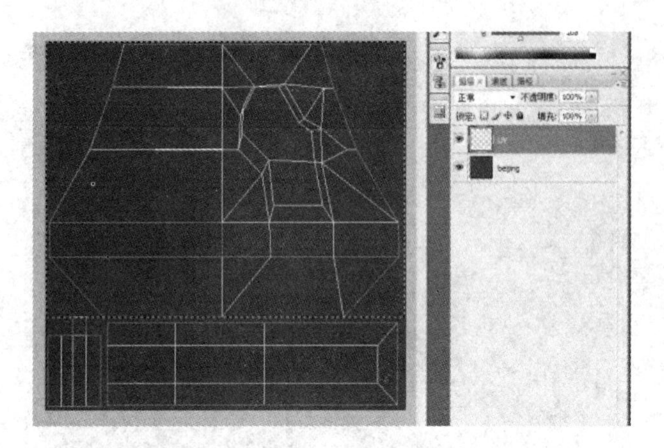

图 12-297

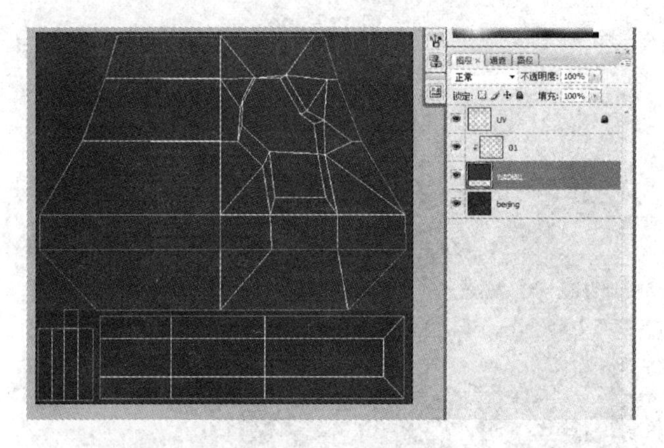

图 12-298

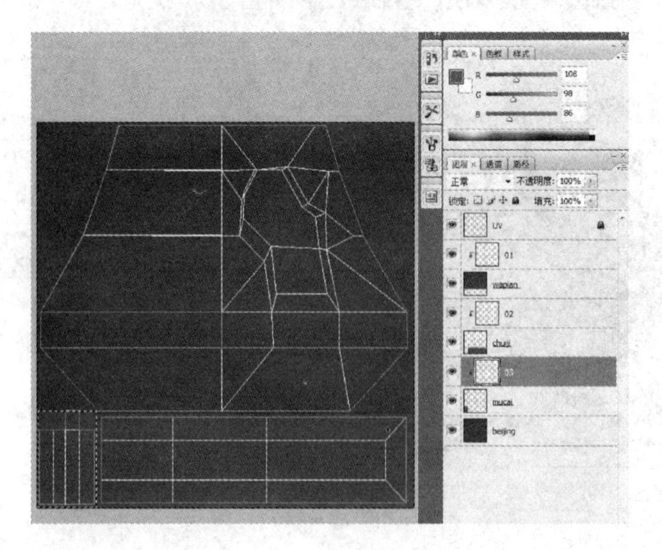

图 12-299

12.6　贴图的绘制

12.6.1　瓦片的绘制方法

① 用 PS 软件打开拆分好被并指定为“ID1”的第一张 UVW 贴图，创建好相应的图层，整个贴图分为屋顶、正脊、断木三部分，并各自建立好图层，均吸取原画色彩填充需要绘制的结构固有色(见图 12－300)。

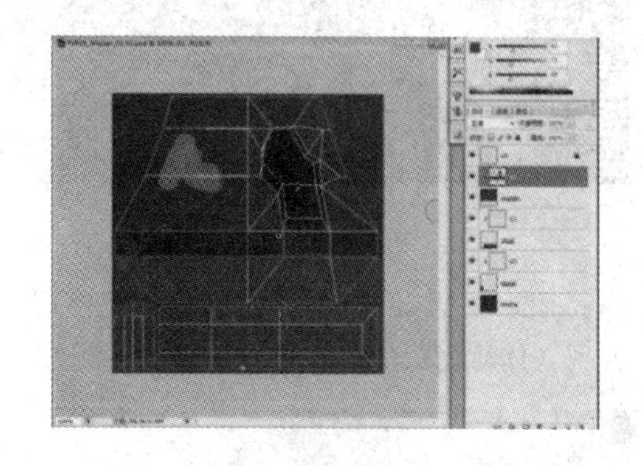

图 12－300

② 开始绘制贴图，选择 19 号笔刷。19 号笔刷是绘制贴图的标准笔刷，但不限制使用其他笔刷，可多样化选择笔刷，最终的效果才是最重要的(见图 12－301)。

③ 使用笔刷给屋顶由上至下绘制瓦片、破损屋顶基本的颜色和笔触(见图 12－302)。

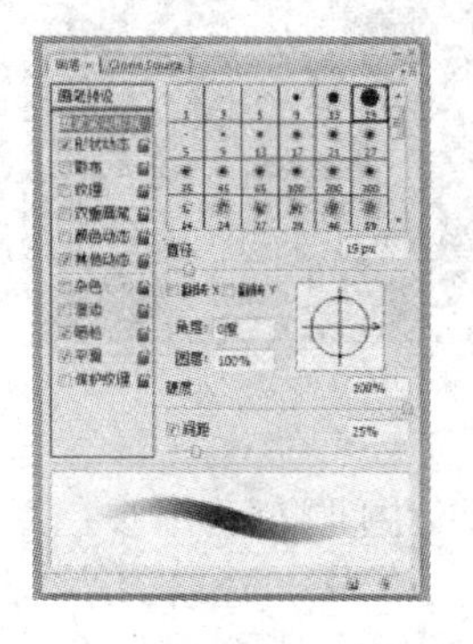

图 12－301

图 12－302

④ 不要急于绘制细节，先将贴图保存为 TGA 格式，指定给模型并观察一下效果，并将自发光改为白色，这样才能不带软件光照效果正确显示贴图的颜色与明度(见图 12－303)。

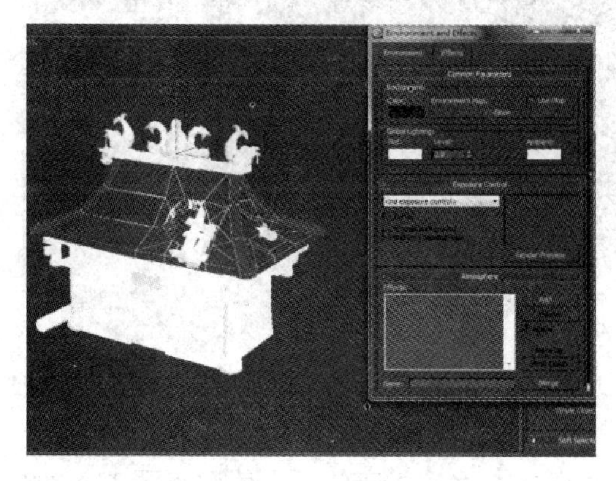

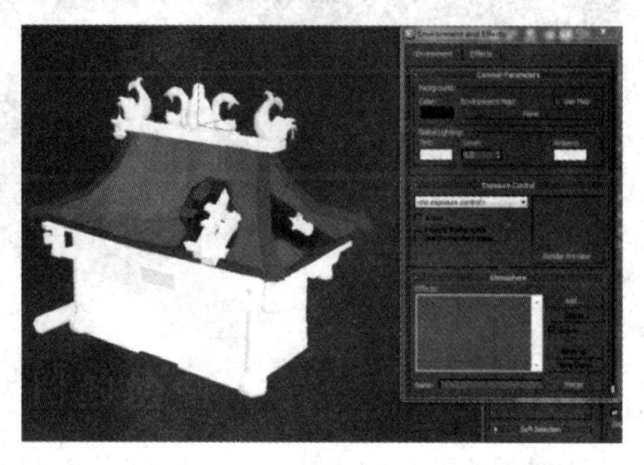

图 12－303

⑤ 用画笔绘制几条线段，作用是贴到模型上观察瓦片的间距是否合适(见图 12-304)。

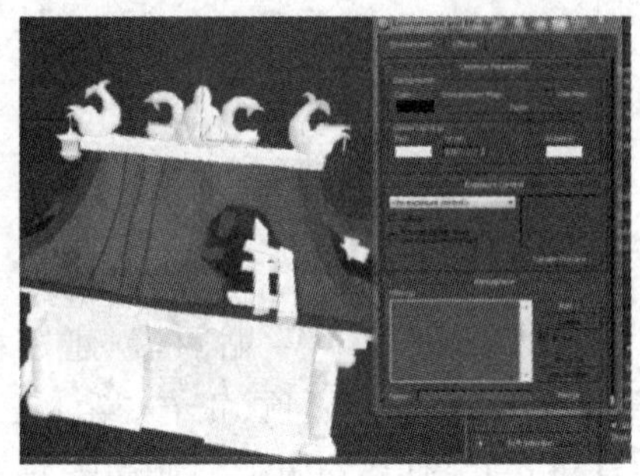

图 12-304

⑥ 瓦片只需要绘制一片，然后重复使用，用线勾出瓦片的结构，像素描一样由黑白灰关系去表现立体感(见图 12-305)。

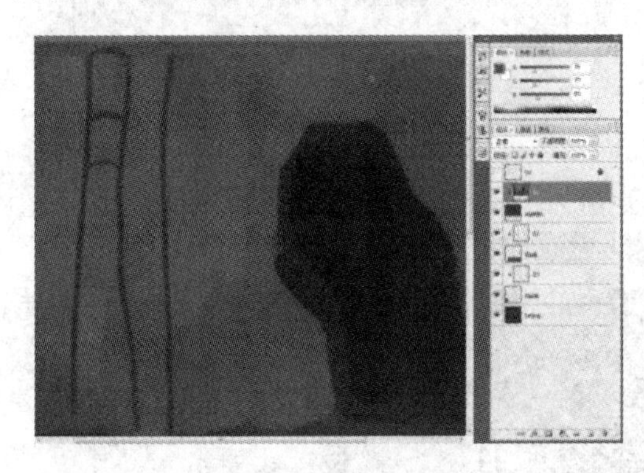
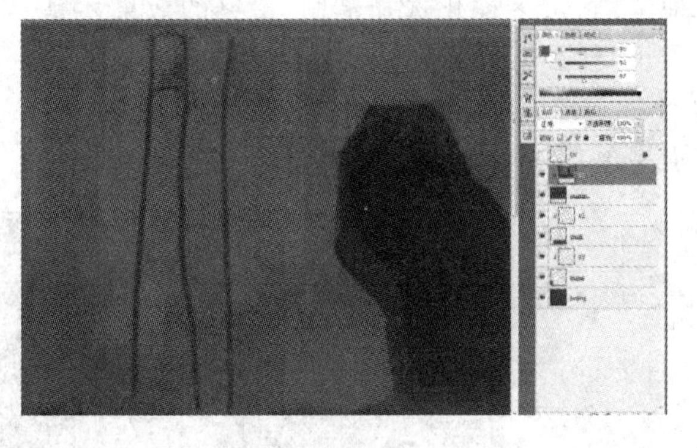

图 12-305

⑦ 瓦片是圆弧状物体，在绘制的时候两边用色要暗一些，中间较亮，用暖色系高饱和颜色去表现高光(见图 12-306)。

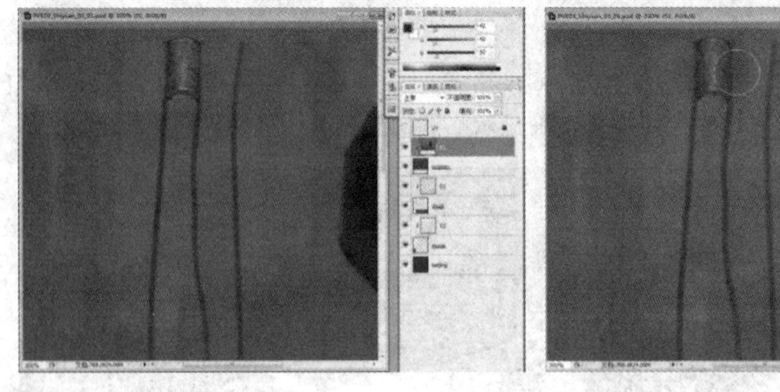
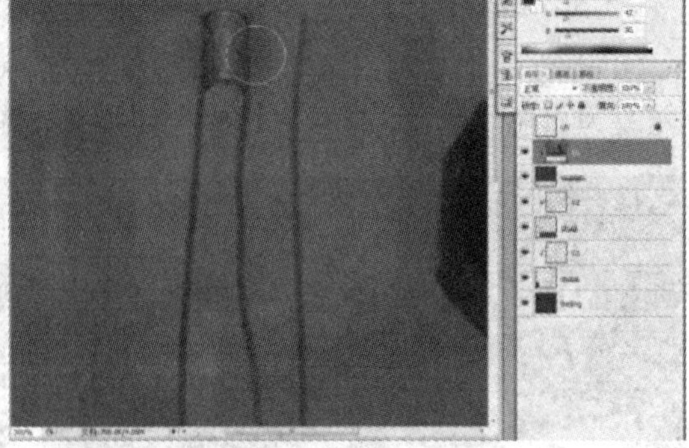

图 12-306

⑧ 局部高光亮度稍微突出一点，用笔触表现一些瓦片材质的质感，添加一些破损结构(见图 12-307)。

⑨ 使用加深减淡工具强化一下两边的暗部结构，注意整体，色彩过暗就“焦”掉了(见图 12-308)。

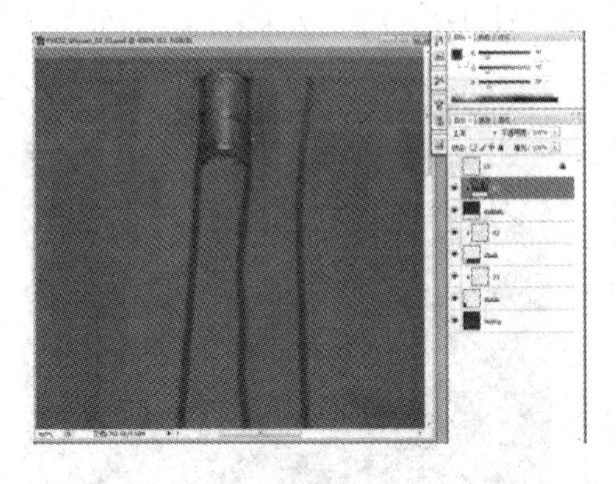

图 12-307

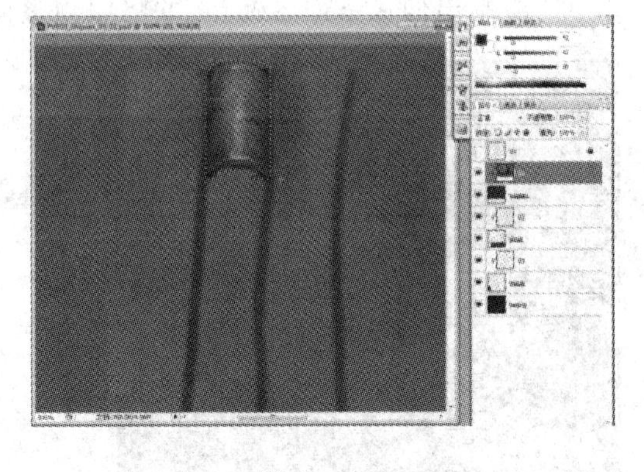

图 12-308

⑩ 将绘制好的瓦片复制使用，先选中瓦片选区，用 Ctrl＋Alt＋鼠标左键拖动瓦片即可快速复制，这种方法不会产生新的图层，可节约贴图容量(见图 12-309)。

⑪ 复制的瓦片使用变换工具对其做一些变化调整，避免重复过多使贴图看上去很“假”，由于用变换工具对瓦片做了调整，会丢失掉一些像素，可使用 PS 滤镜菜单→锐化→USM 锐化工具，作用是给贴图增加些像素颗粒，弥补丢失的像素(见图 12-310)。

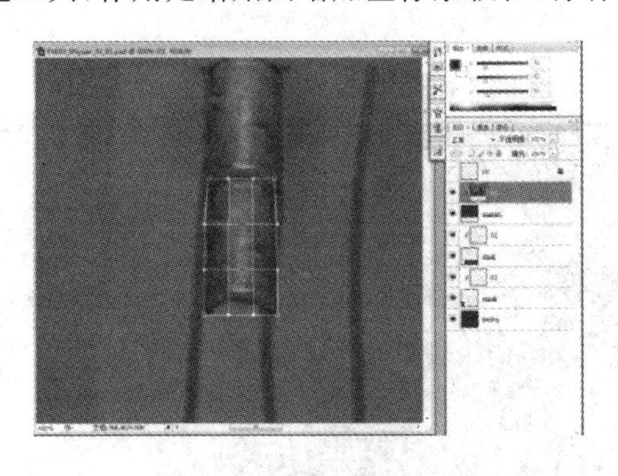

图 12-309

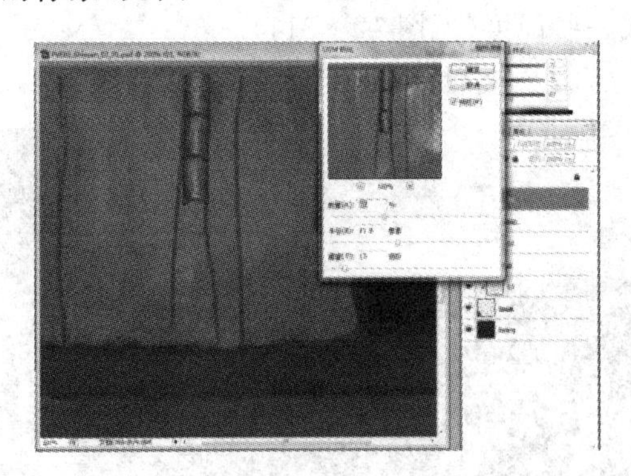

图 12-310

⑫ 复制拼接出一组瓦片，绘制两组瓦片中间的仰瓦结构，仰瓦由于被两边瓦片遮挡压住，在绘制中让两边处理暗一些(见图 12-311)。

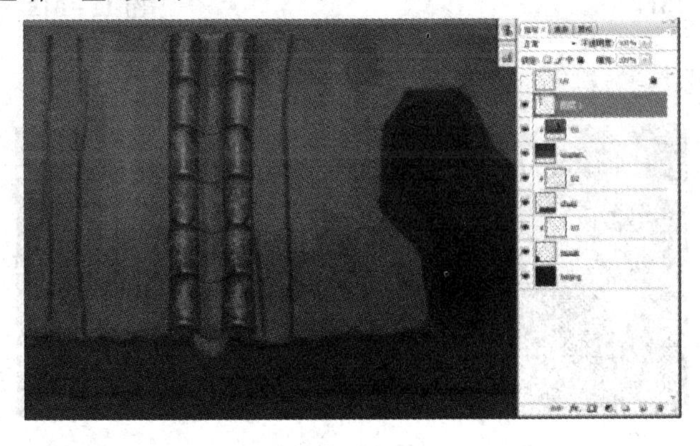

图 12-311

⑬ 绘制出仰瓦下面的瓦当，并将屋顶整体都铺上瓦片（见图 12－312 和图 12－313）。

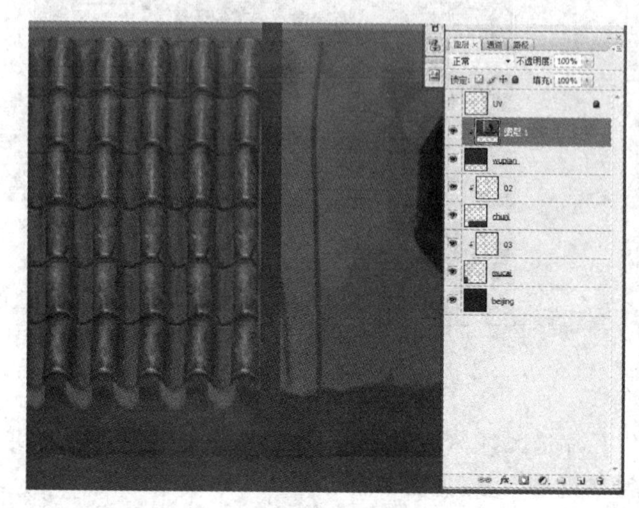

图 12－312

图 12－313

⑭ 绘制瓦当，瓦当的 UVW 比较窄，无需绘制复杂的纹理结构，简单的几何图案绘制偏中式一些即可（见图 12－314）。

⑮ 重复使用，铺满整个屋檐（见图 12－315）。

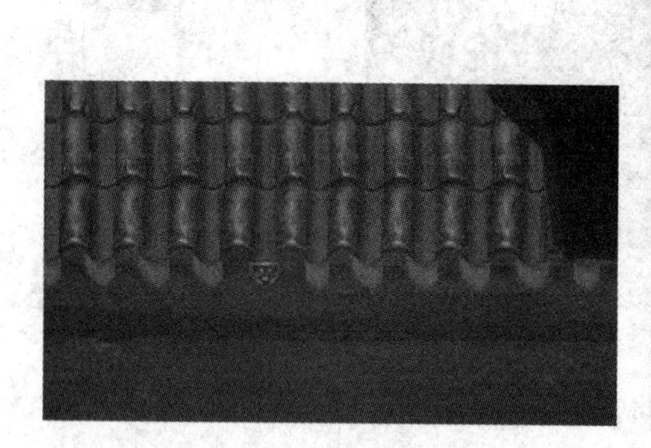

图 12－314

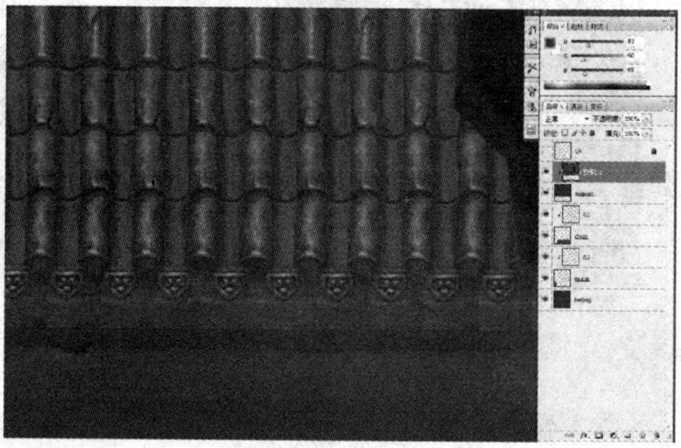

图 12－315

⑯ 修理好产生的接缝，绘制屋檐下部的木制横梁（见图 12－316）。

图 12－316

⑰ 斗拱结构是屋檐与墙体间重要的衔接结构，需要在贴图中重点表现，通常在制作中都是直接绘制贴图而不创建模型，绘制可以参考斗拱结构的建筑结构图，并按此绘制出效果（见图 12 - 317 和图 12 - 318）。

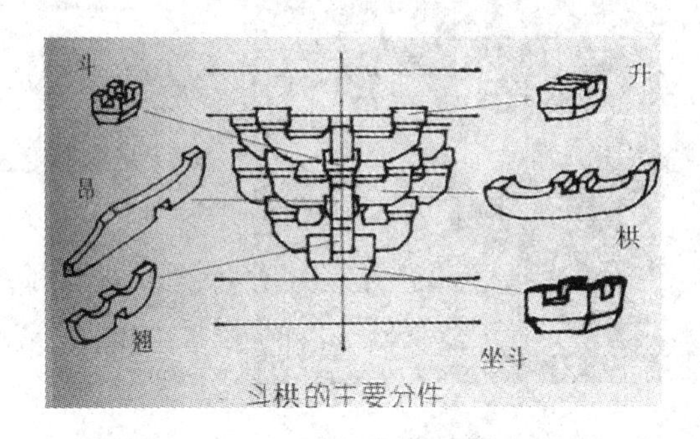

图 12 - 317

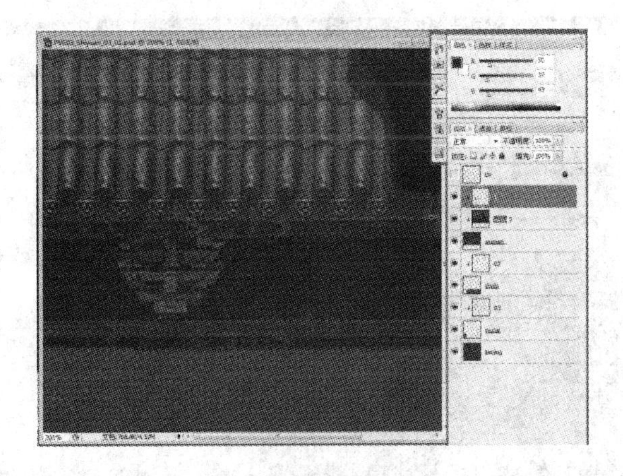

图 12 - 318

⑱ 将斗拱明度调暗一些，使斗拱融入屋檐里面（见图 12 - 319）。

图 12 - 319

⑲ 给斗拱下面绘制出木梁，增加贴图的丰富层次，重复复制斗拱结构（见图 12 - 320）。

⑳ 选中所有斗拱贴图，整体降低明度（见图 12 - 321）。

㉑ 屋顶处的破损受力应该是向外扩散的，有个屋顶裂开的衰减过程，将这种效果绘制添加到贴图中（见图 12 - 322）。

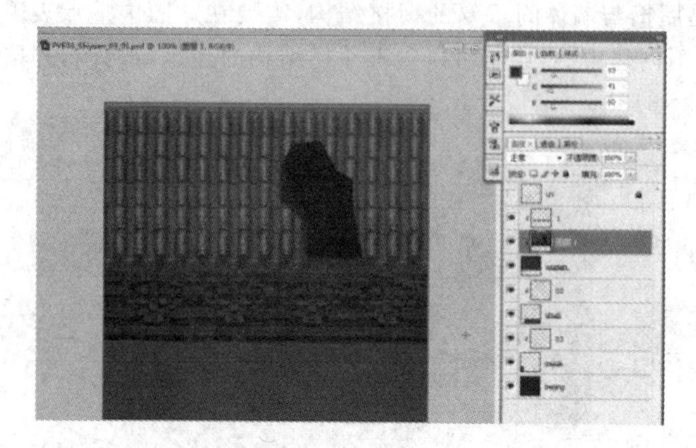

图 12 - 320

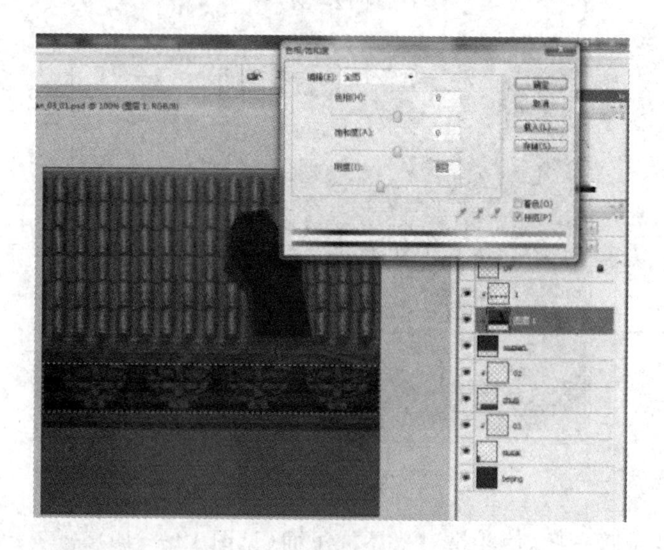

图 12 - 321

图 12 - 322

㉒ 继续添加破损结构(见图 12－323)。

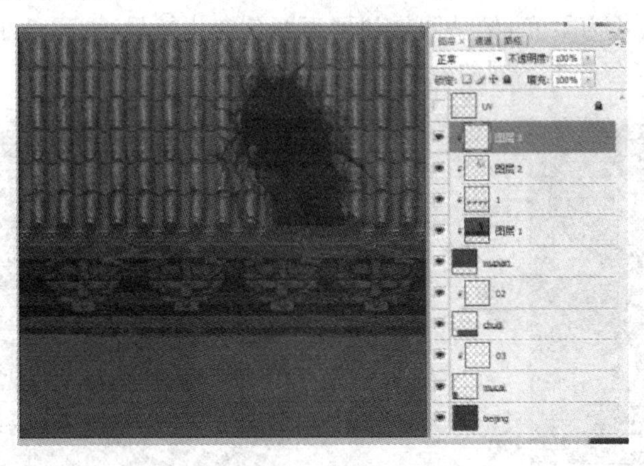

图 12－323

㉓ 给破损处加上断掉的横梁结构,避免贴图效果为一个黑洞显得单调(见图 12－324)。

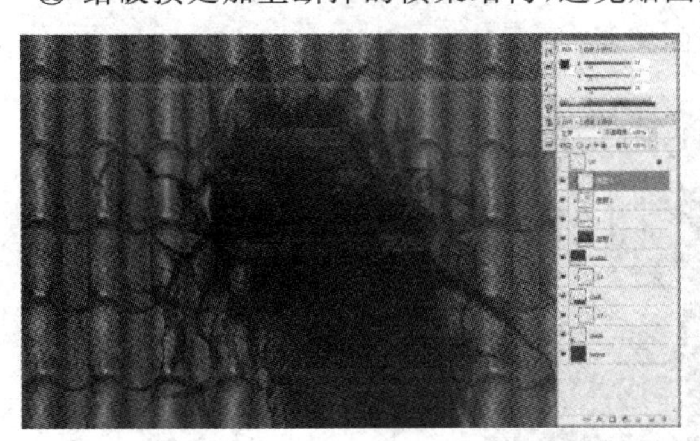

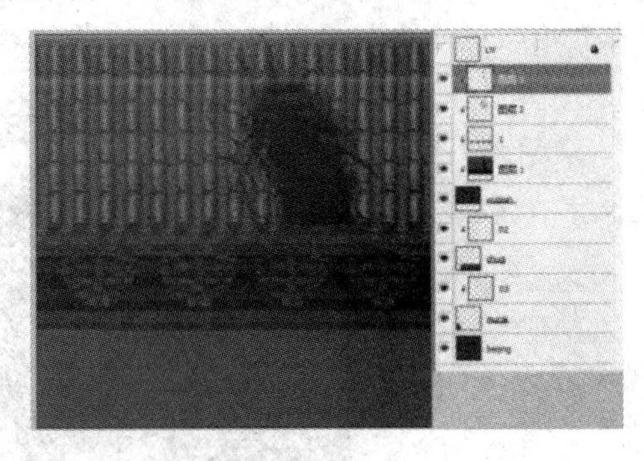

图 12－324

㉔ 新建图层,选择绿色的前景色,选择“滤镜”→“渲染”→“云彩”命令(见图 12－325)。

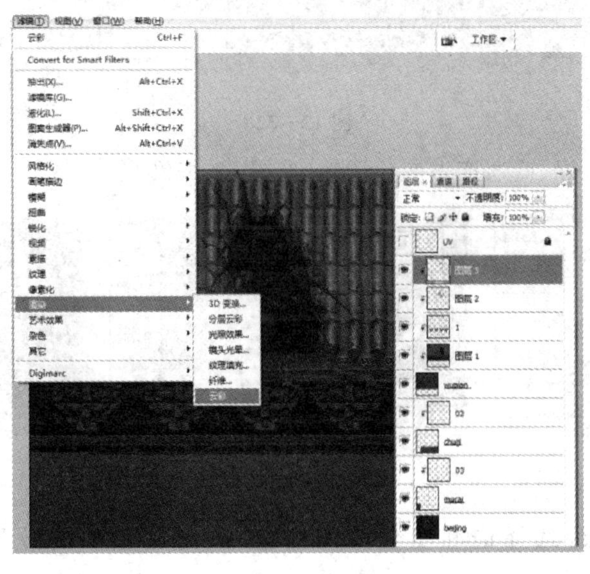

图 12－325

㉕ 得到随机的云彩效果，可以反复使用以获得不同的云彩效果(见图 12－326)。

㉖ 改变图层的模式为柔光，给贴图增加屋顶颜色变化效果，图层的模式不限于更换柔光，多尝试几种改变模式，会产生不同的效果(见图 12－327)。

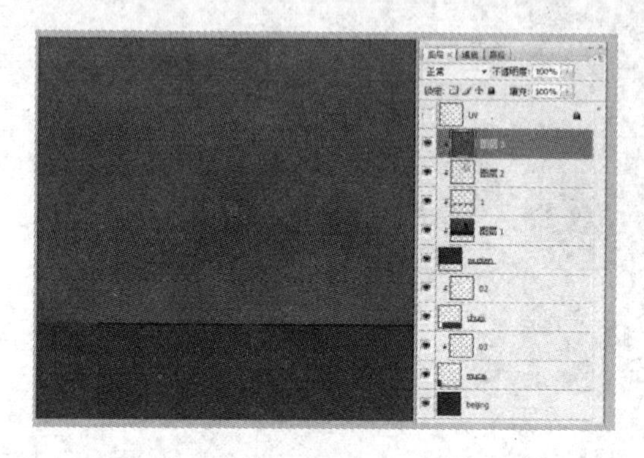

图 12－326

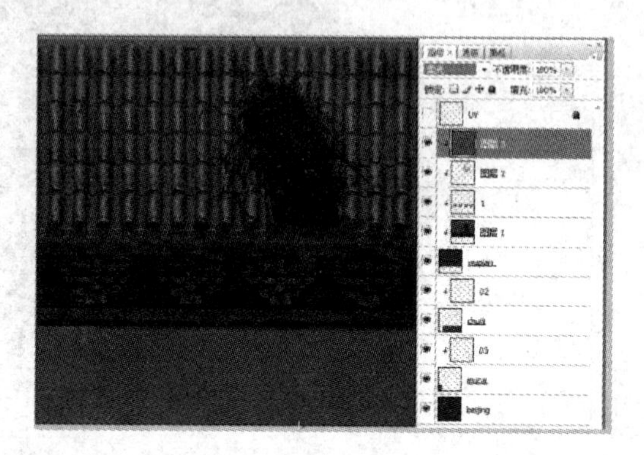

图 12－327

㉗ 给颜色变化图层添加一个曲线调节器的蒙版(见图 12－328)。

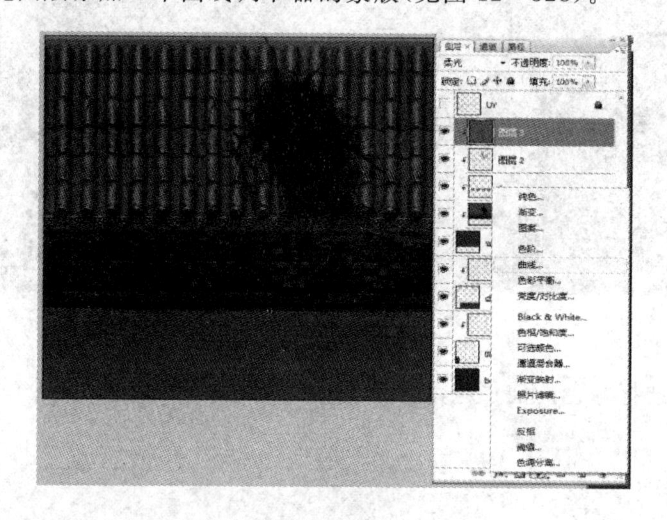

图 12－328

㉘ 分别对色彩红、绿、蓝通道做变化调整(见图 12－329)。

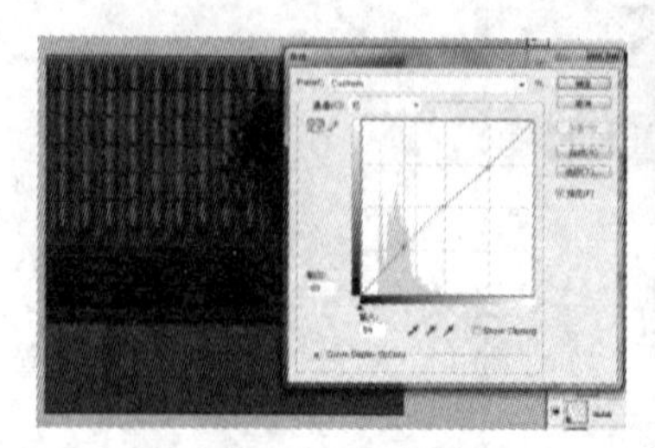

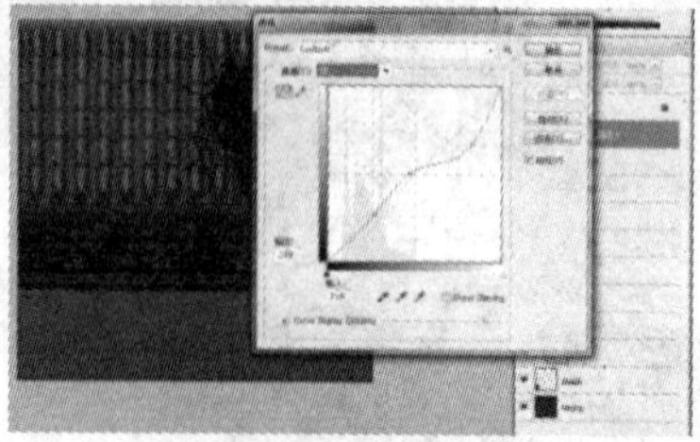

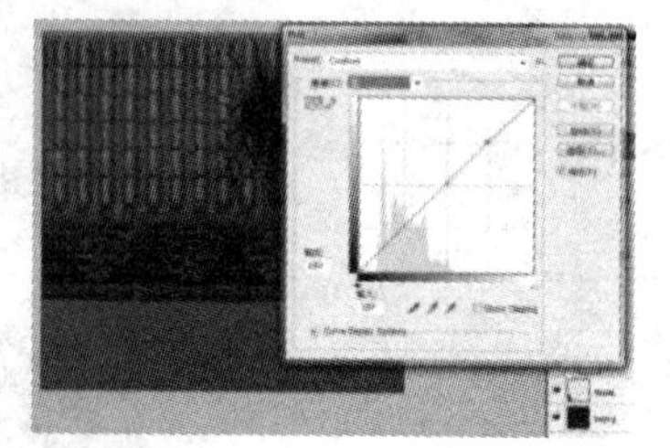

图 12－329

㉙ 创建新的图层，选择饱和度偏灰的绿色，绘制屋顶草的效果(见图 12－330 和图 12－331)。

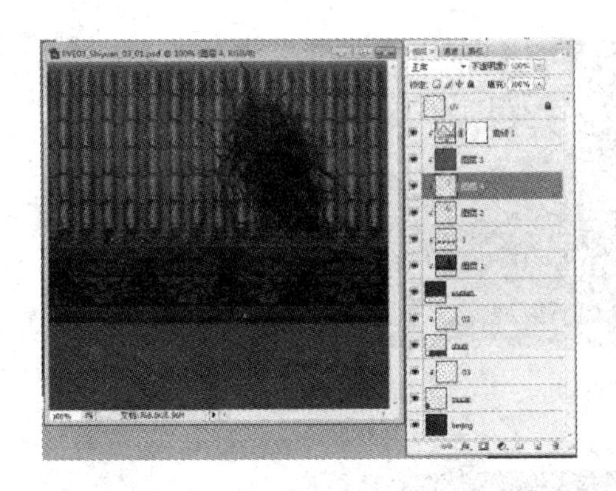

图 12 - 330

图 12 - 331

㉚ 绘制草的时候，顺着瓦片的体积走势结构去添加(见图 12 - 332 和图 12 - 333)。

图 12 - 332

图 12 - 333

㉛ 局部增加一些亮色和暗色，加强草的立体感(见图 12 - 334 和图 12 - 335)。

图 12 - 334

图 12 - 335

㉜ 把斗拱部分的颜色做一下变化，选区框选，使用色相、饱和度做局部调整(见图 12 - 336)。

㉝ 绘制垂脊部分的贴图，绘制受光的大块结构，区分出顶面和 3 个侧面的受光程度(见图 12 - 337)。

㉞ 赋给模型，观察受光的效果是否正确(见图 12 - 338 和图 12 - 339)。

图 12-336

图 12-337

图 12-338

图 12-339

㉟ 给垂脊上面的设计绘制出结构(见图 12-340)。

图 12-340

㊱ 表现出上面石墩材质的体积结构，很多的笔触可以作为材质的纹理，利用这样的无意识的笔触就地取材表现材质感(见图 12－341 和图 12－342)。

图 12－341

图 12－342

㊲ 利用选区将两部分结构颜色区别开(见图 12－343 和图 12－344)。

图 12－343

图 12－344

㊳ 强化石墩的立体感，给朝向外面的一侧绘制装饰性的花纹纹理(见图 12－345 和图 12－346)。

图 12－345

图 12－346

㊴ 利用笔触，给石墩绘制细节，需要在边缘处描上高光线，这些高光线不要绘制得太一致，应虚实变化相结合(见图 12－347)。

图 12-347

㊵ 使用加深工具给整体处理暗部色调(见图 12-348)。

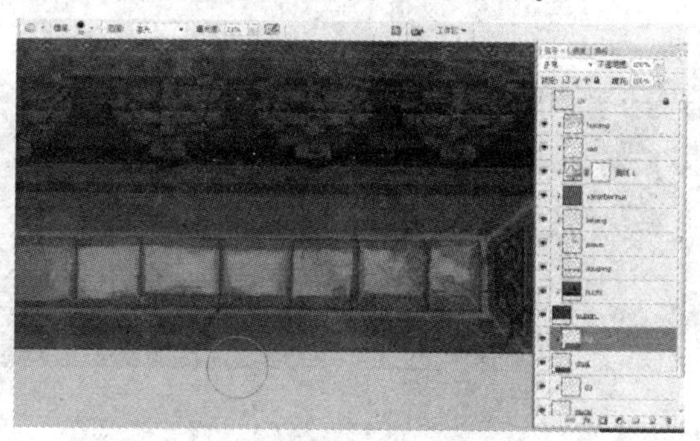

图 12-348

㊶ 创建新图层,绘制草的效果,可以直接用前面绘制的草来进行修改,以节省时间(见图 12-349)。

图 12-349

㊷ 添加一层颜色变化图层(见图 12-350)。

图 12-350

㊸ 选择柔光模式，若效果太过，则需降低图层不透明度和填充度（见图 12－351 和图 12－352）。

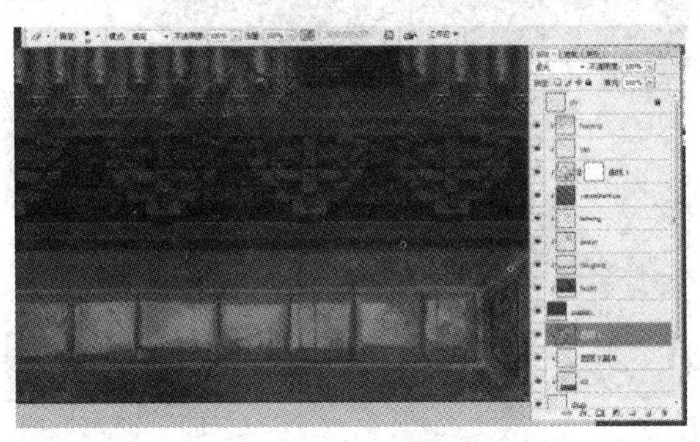

图 12－351

图 12－352

㊹ 绘制屋顶的木梁结构，按照之前的制作步骤先绘制出木梁的各个面的受光与固有色变化，打开 UV 线框图层进行确认（见图 12－353）。

㊺ 木梁断掉的横侧面与其他面部一样，木头被锯开或者破损，里面的颜色和饱和度将会比外面亮一些（见图 12－354）。

图 12－353

图 12－354

㊻ 给木梁绘制上木质竖直的肌理纹理（见图 12－355）。

㊼ 木纹的绘制不要都画成从头至尾的竖直线，可以让开头地方的破损画得大一些，中间的纹理淡化，横向绘制破损，打破都是竖线的走势（见图 12－356）。

㊽ 使用加深、减淡工具对下部做加深处理（见图 12－357 和图 12－358）。

㊾ 同样要添加上草（见图 12－359）。

㊿ 至此屋顶的贴图绘制完毕（见图 12－360）。

图 12－355

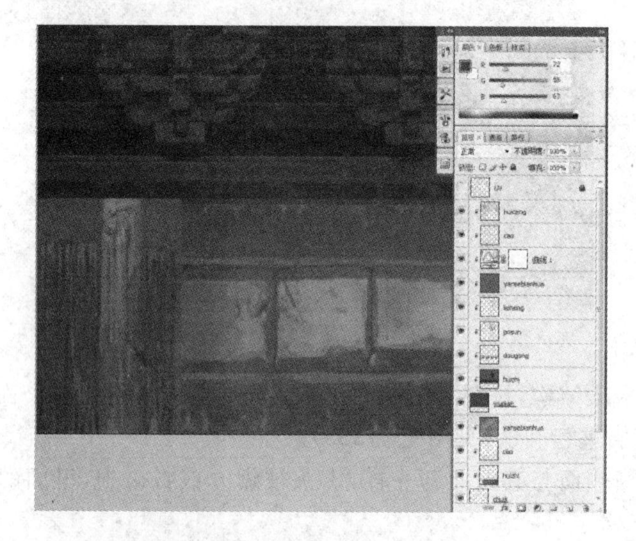

图 12－356

图 12－357

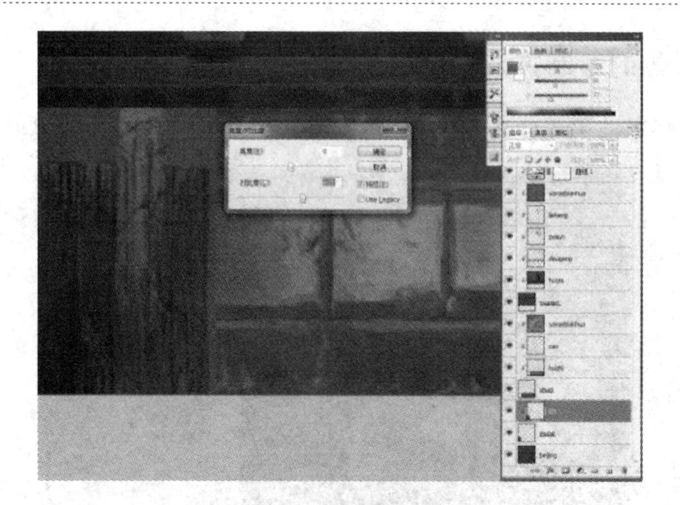

图 12 - 358

图 12 - 359

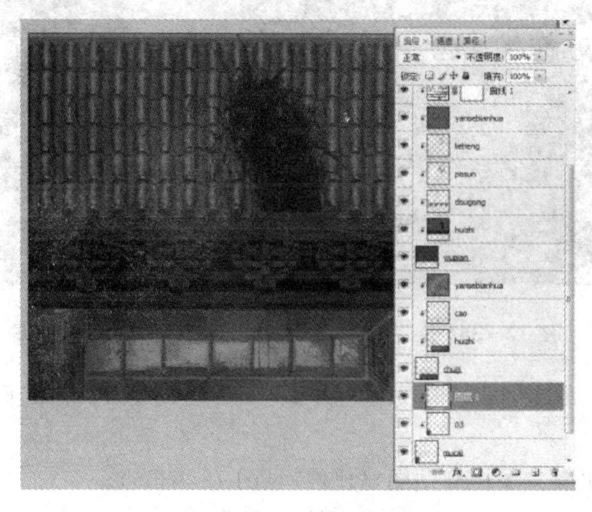

图 12 - 360

12.6.2 装饰雕像的绘制方法

① PS 打开分解好的第二张 UVW 贴图，将背景和 UVW 线框图层分好(见图 12－361)。

图 12－361

② 勾选两种吻兽装饰 UVW 选区，并创建剪切蒙版图层，吸取原画色彩的吻兽填充固有色(见图 12－362)。

③ 使用 1 号笔刷，勾选湿边效果，这样绘制的贴图会带有水彩效果，对于处理剥落效果非常方便(见图 12－363)。

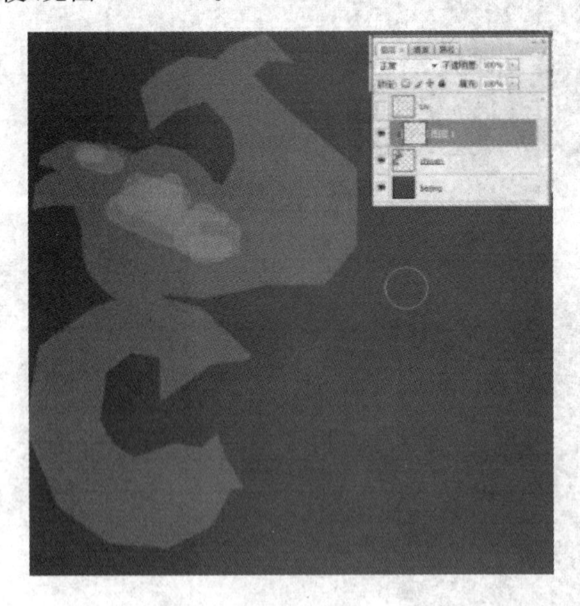

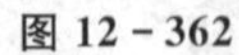

图 12－362

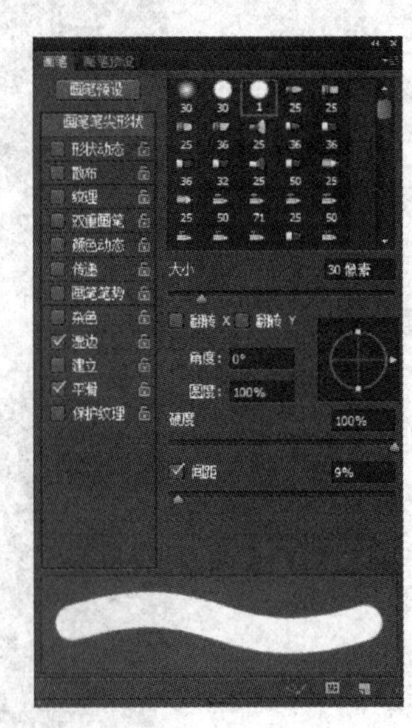

图 12－363

④ 按照 UVW 线框绘制吻兽的素描，添加一些冷紫色丰富画面的色彩关系(见图 12－364)。

⑤ 使用亮度、对比度命令提高贴图对比度(见图 12－365)。

⑥ 添加一些破损纹理结构，注意破损力的衰减变化(见图 12－366 和图 12－367)。

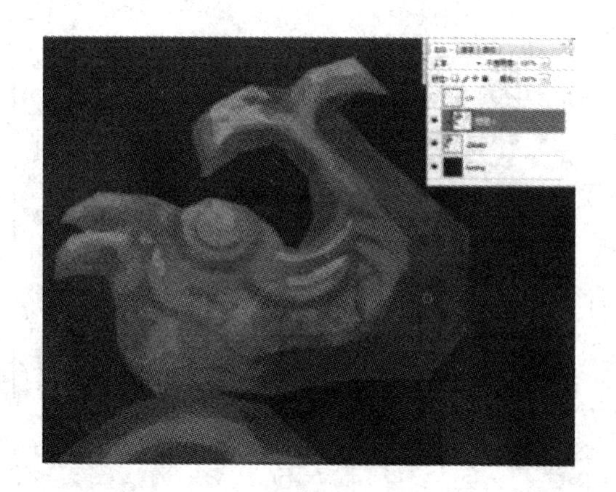
图 12-364

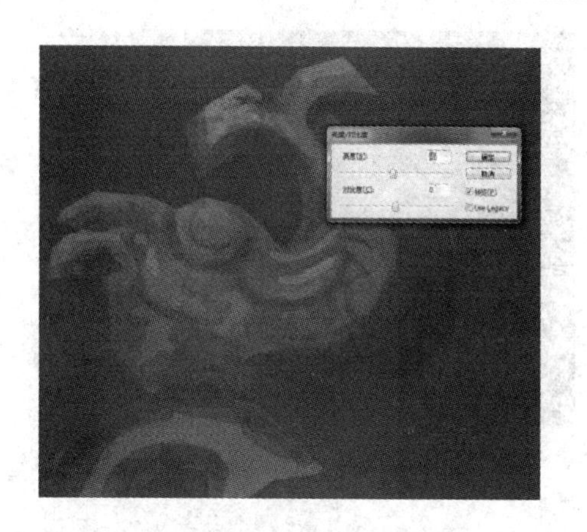
图 12-365

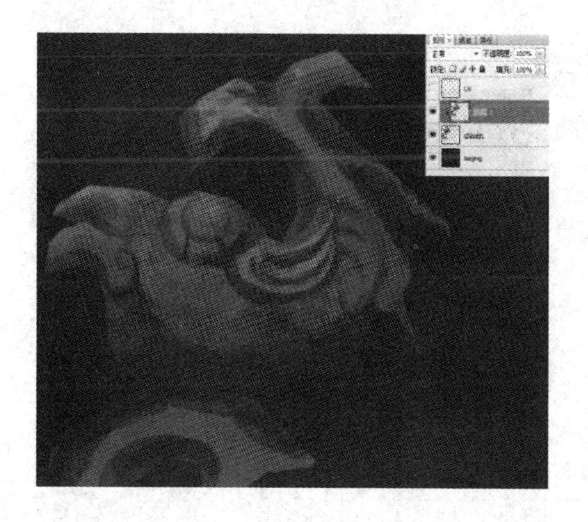
图 12-366

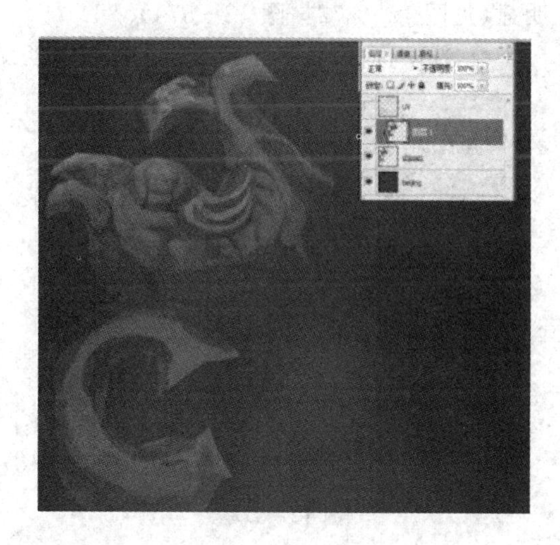
图 12-367

⑦ 再次提高对比度(见图 12-368)。

⑧ 使用曲线工具对颜色通道进行调整(见图 12-369 和图 12-370)。

⑨ 整理一下笔触,不让笔触过多,吸取笔触边缘颜色,抹掉一些(见图 12-371)。

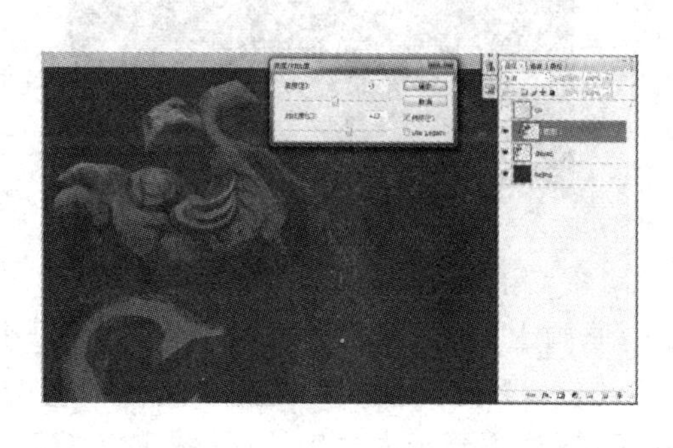
图 12-368

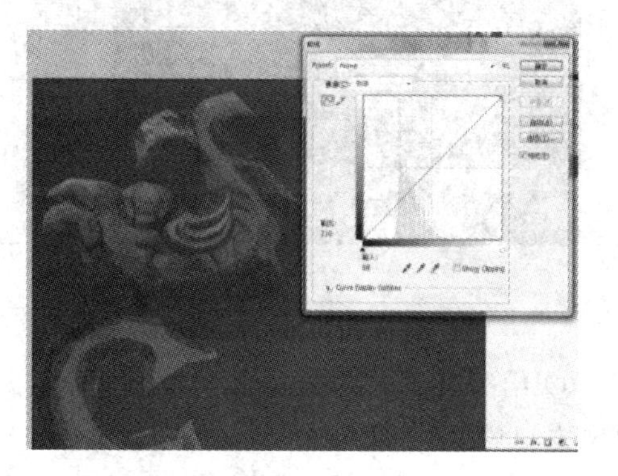
图 12-369

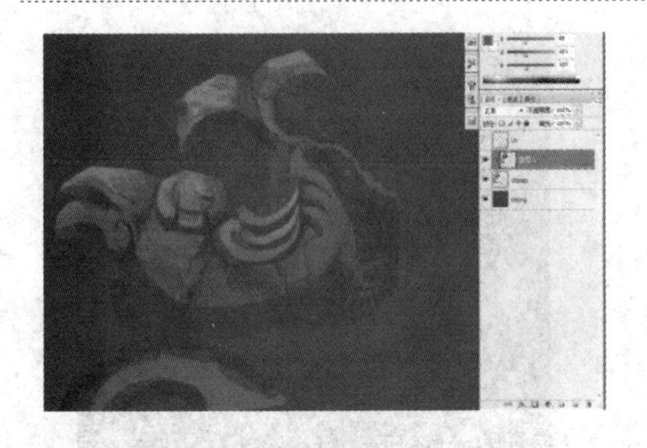

图 12 - 370

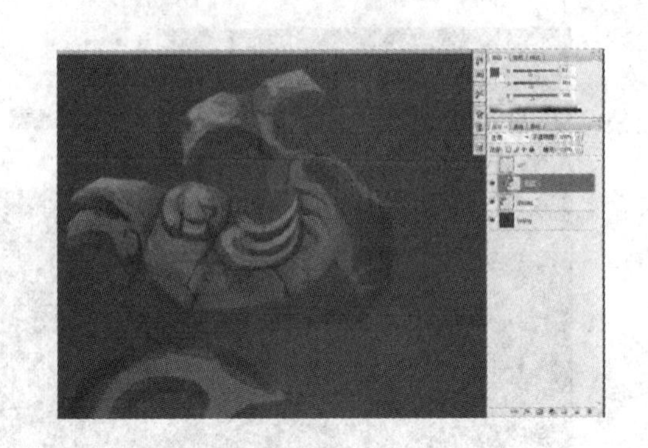

图 12 - 371

⑩ 另一种吻兽的绘制按照同样方法处理，把表皮的用色深一些，这样可使风化和剥落感明显(见图 12 - 372～图 12 - 374)。

⑪ 选中选区，提高对比度(见图 12 - 375)。

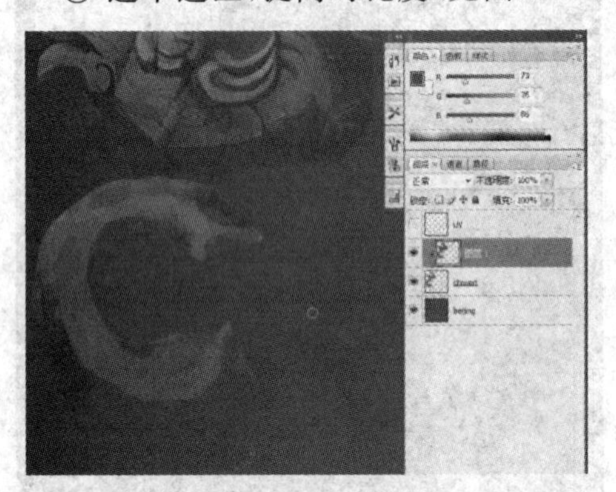

图 12 - 372

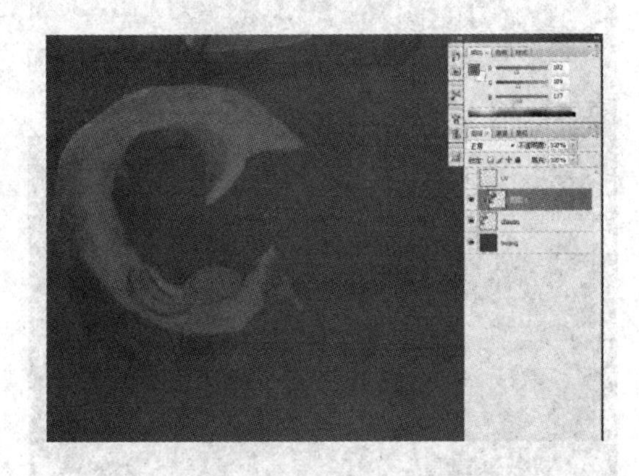

图 12 - 373

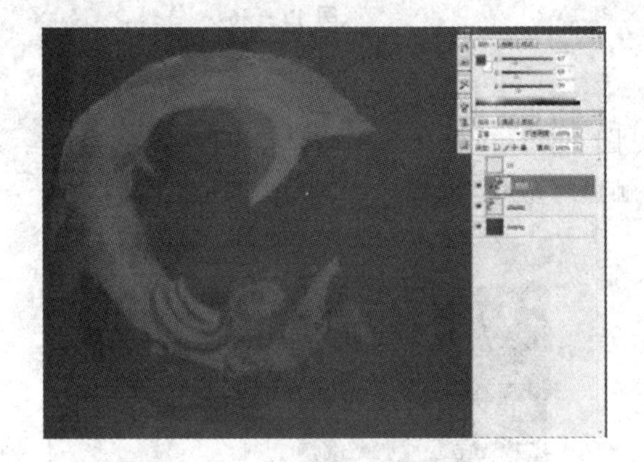

图 12 - 374

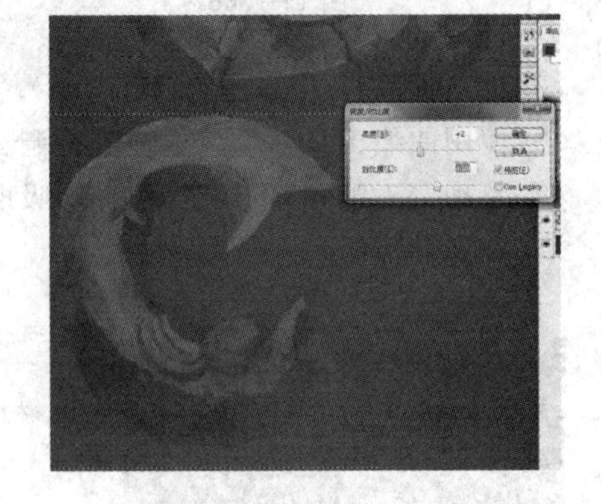

图 12 - 375

⑫ 给身体部分添加深色的纹理，避免太多单一，原画上画得很粗糙，3D 制作者可以发挥想象力，将贴图做得丰满漂亮些(见图 12 - 376)。

⑬ 使用加深工具加深整体暗色调，让贴图的质感厚重，不至于太过轻浮(见图 12 - 377)。

⑭ 加深后使用减淡工具对高光部分提亮(见图 12 - 378)。

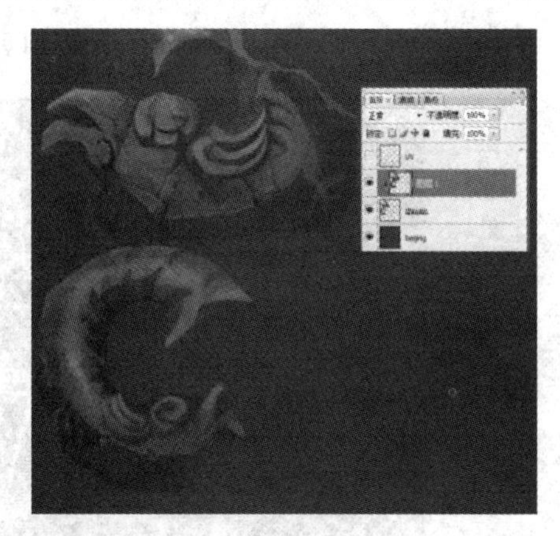

图 12－376

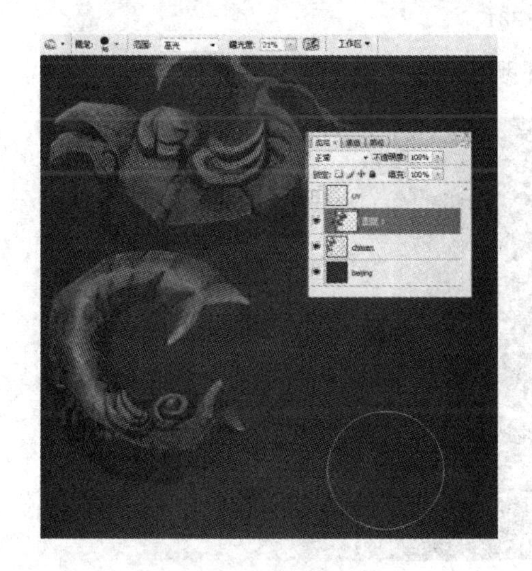

图 12－377

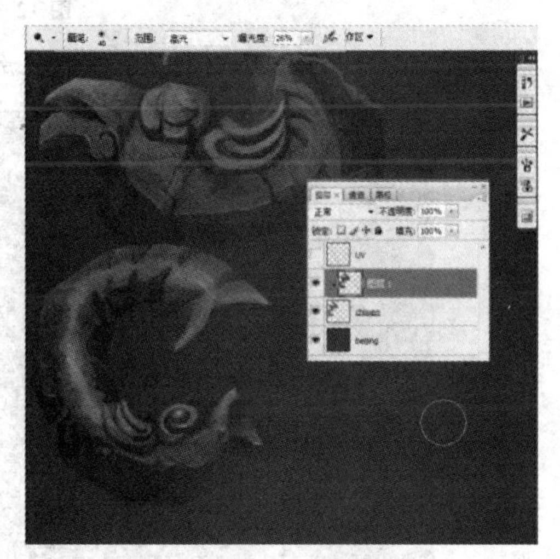

图 12－378

⑮ 使用锐化工具增加贴图细节(见图 12－379)。

⑯ 增加草的图层,覆盖到吻兽贴图上(见图 12－380)。

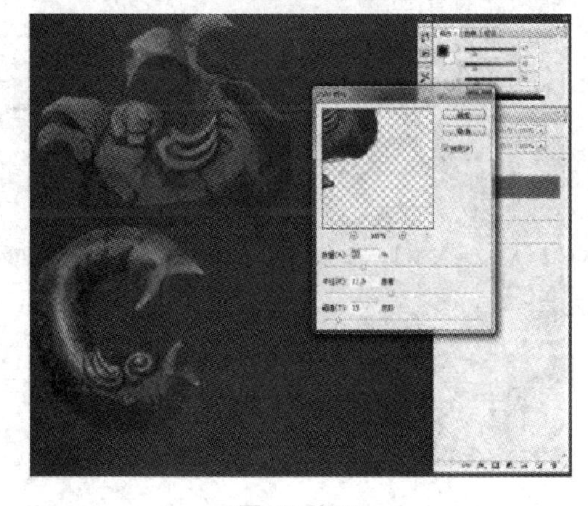

图 12－379

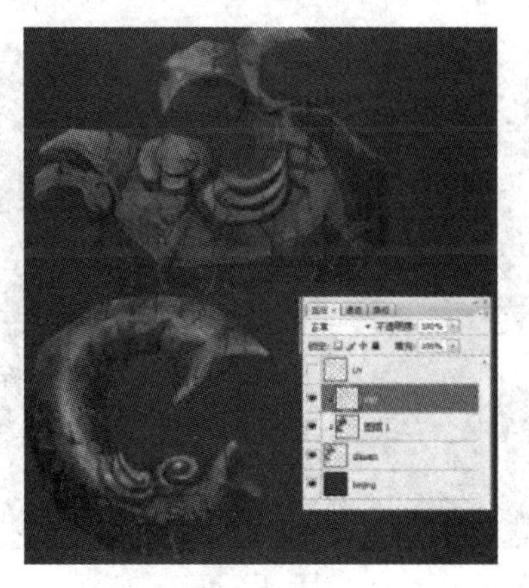

图 12－380

⑰ 绘制屋顶中间部位的佛像，用笔刷大笔绘制固有色(见图 12－381)。

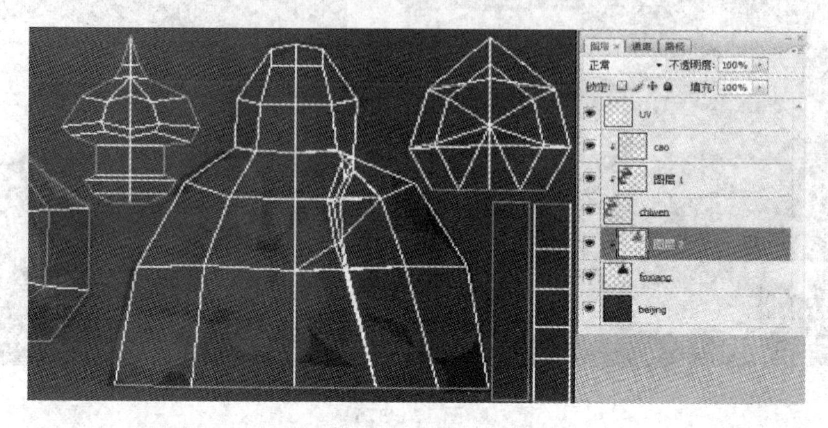

图 12－381

⑱ 绘制佛像贴图的整体素描结构，加入亮部颜色(见图 12－382)。

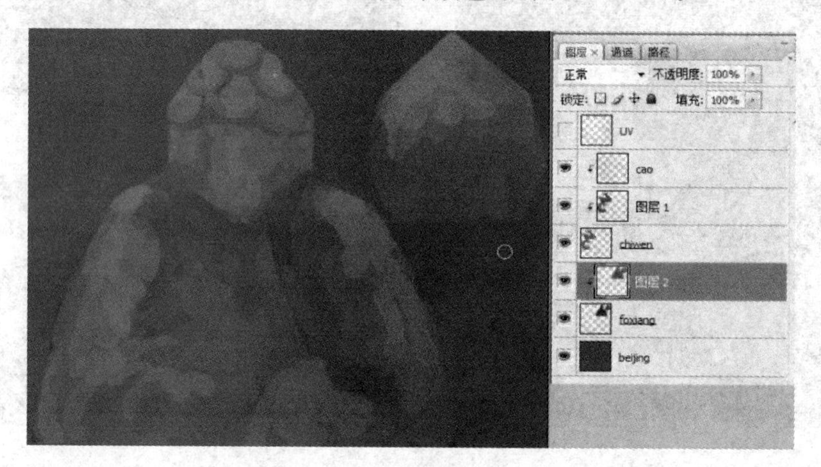

图 12－382

⑲ 将破损严重的肩部到身体部位加深(见图 12－383)。

⑳ 面部的表现避免太过写实和具象，绘制破损严重的效果(见图 12－384)。

图 12－383

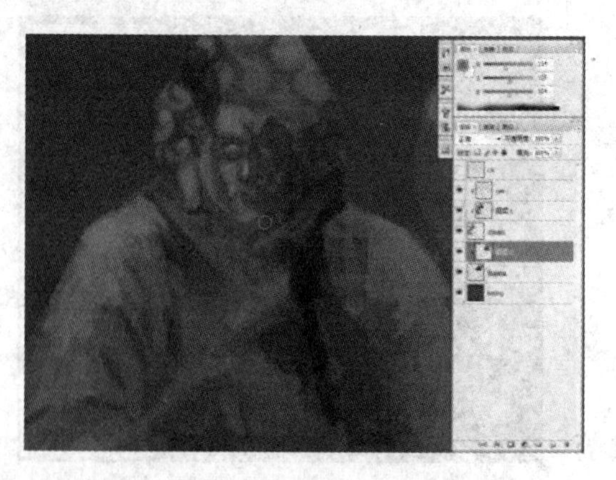

图 12－384

㉑ 添加衣服的褶皱纹理(见图 12 - 385)。

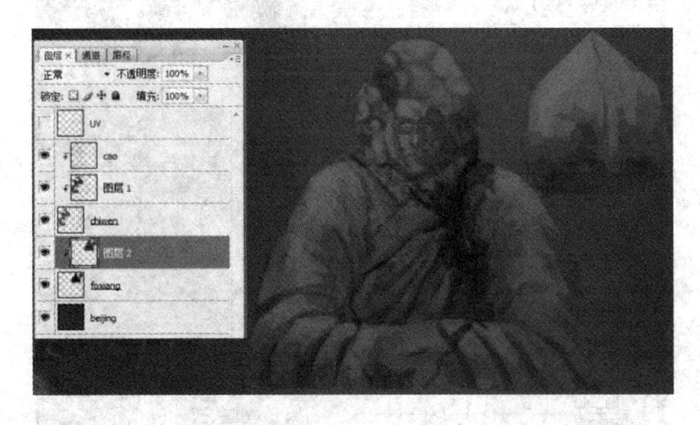

图 12 - 385

㉒ 提高整体对比度,加深暗部结构,提亮受光面结构(见图 12 - 386)。

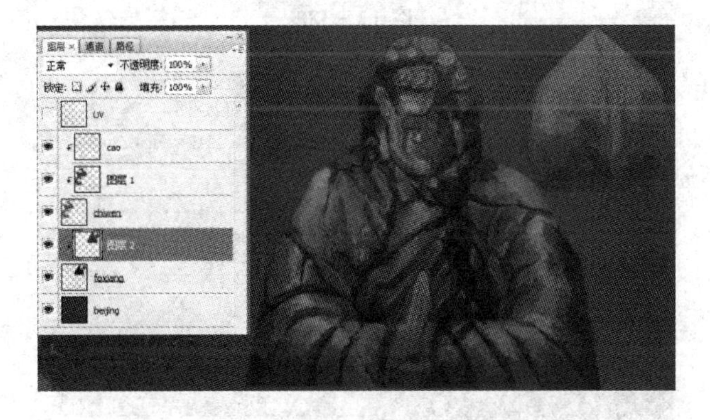

图 12 - 386

㉓ 增加草的图层(见图 12 - 387)。

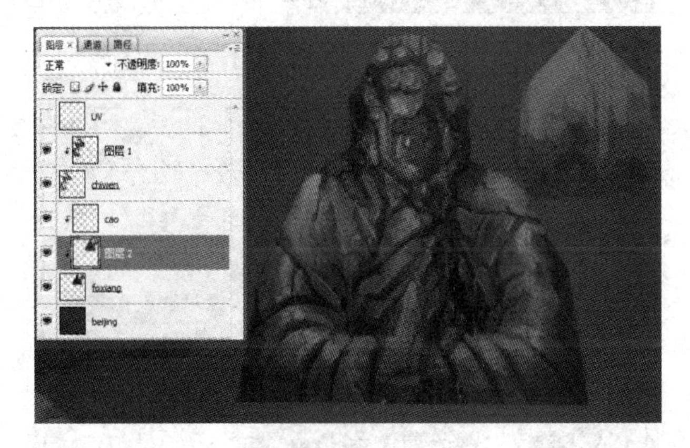

图 12 - 387

㉔ 对佛像莲花瓣进行绘制(见图 12 - 388)。

㉕ 调整一下色相,让佛像的色彩和花瓣的色彩近似(见图 12 - 389)。

㉖ 加入纹理图案结构,强调纹理的立体感(见图 12 - 390)。

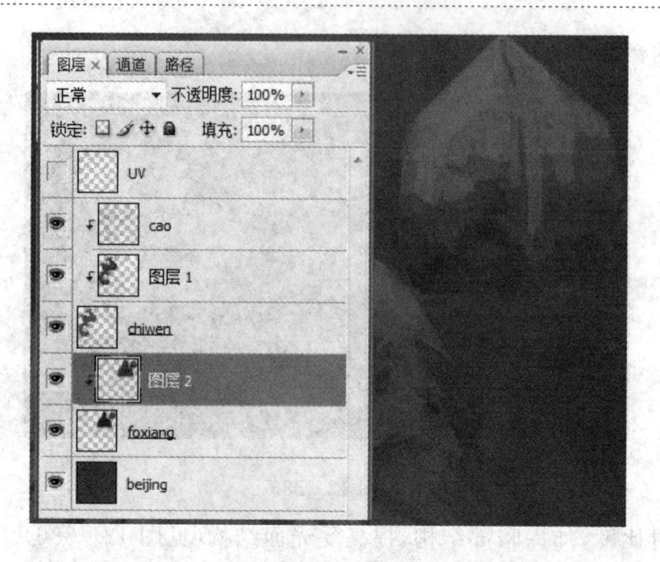

图 12 - 388

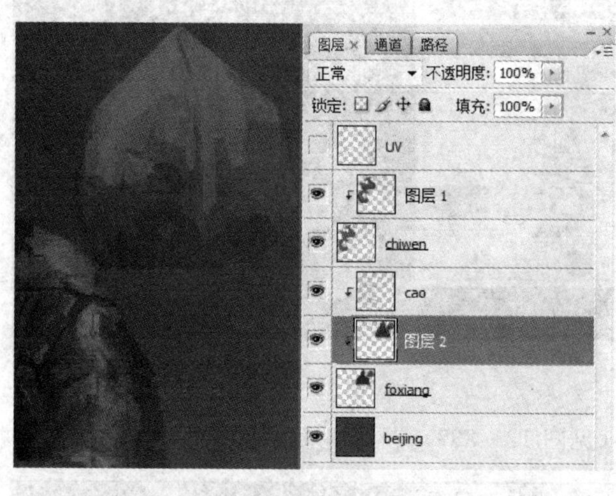

图 12 - 389

图 12 - 390

㉗ 使用减淡工具加强高光的效果(见图 12－391)。

㉘ 按照 UVW 绘制吻兽下方的宫灯贴图,绘制材质偏金属效果些,在亮部上高光效果强烈些(见图 12－392)。

图 12－391

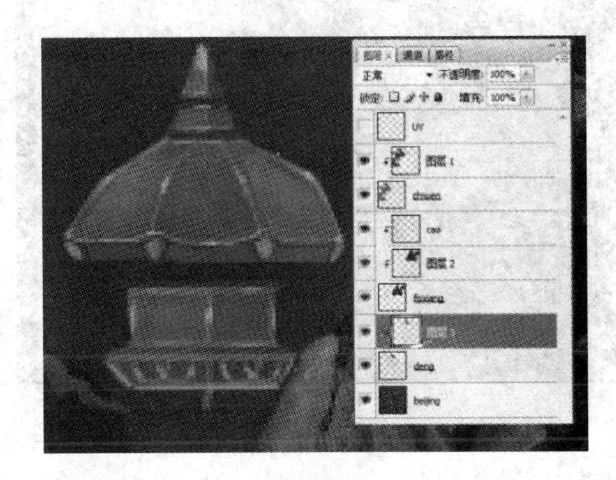

图 12－392

㉙ 使用减淡工具提亮整体贴图效果(见图 12－393)。

㉚ 添加草的图层(见图 12－394)。

图 12－393

图 12－394

㉛ 绘制出正脊的木纹加底座石质贴图(见图 12－395)。

㉜ 使用之前绘制的木纹贴图修改出另一种木纹,对横断面的贴图绘制两种,这样可以替换使用,不至于过于重复单一(见图 12－396)。

㉝ 绘制门匾的木质纹理,将色彩偏绿一些(见图 12－397)。

㉞ 原画上门匾表现破损比较严重(见图 12－398)。

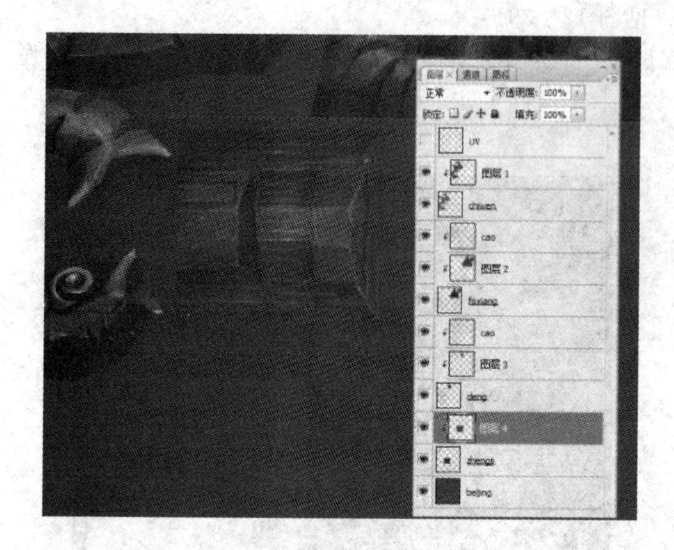

图 12 - 395

图 12 - 396

图 12 - 397

图 12 - 398

㉟ 提高饱和度，增加色彩（见图 12 - 399）。

图 12 - 399

㊱ 给破损绘制高光边线，利用笔触绘制木纹层剥落效果（见图 12 - 400）。

图 12－400

㊲ 使用文字工具快捷键 T，绘制门匾上的文字“山神庙”（见图 12－401）。

图 12－401

㊳ 调整好文字的大小，单击文字图层，将其转换为栅格化文字，图层模式选择为柔光（见图 12－402）。

图 12－402

㊴ 围绕文字描绘高光线，做出文字凹进门匾雕刻的效果(见图 12-403)。

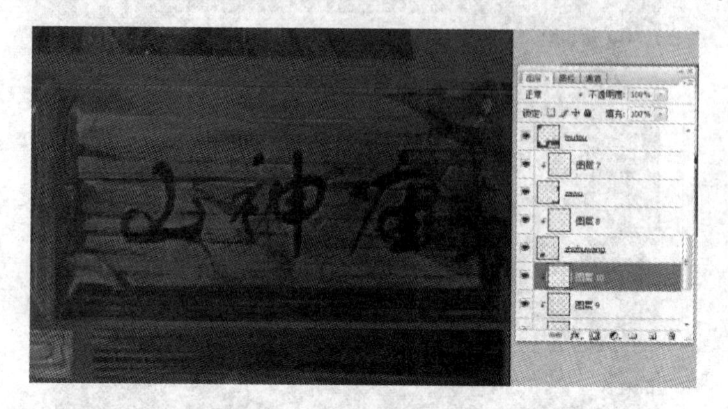

图 12-403

㊵ 更换一种特殊笔刷(见图 12-404)。

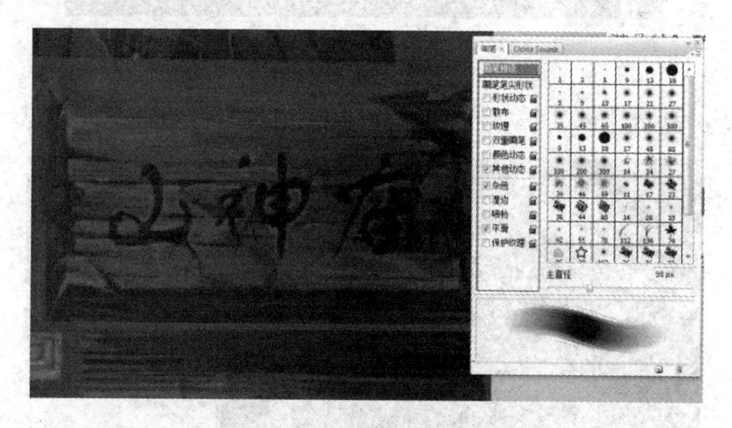

图 12-404

㊶ 新建图层，选择绿色调，给门匾增加一些青苔效果，降低图层的不透明度(见图 12-405)。

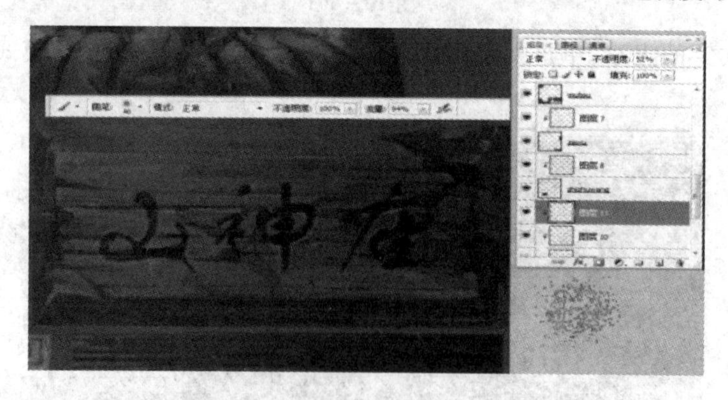

图 12-405

㊷ 刻画门匾的纹理细节(见图 12-406)。

㊸ 绘制铁链效果，用色块勾画出铁链的剪影效果(见图 12-407)。

㊹ 将铁链的结构绘制出来(见图 12-408)。

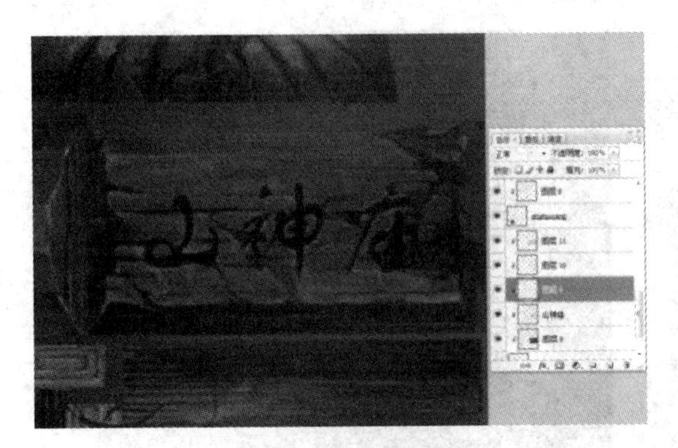

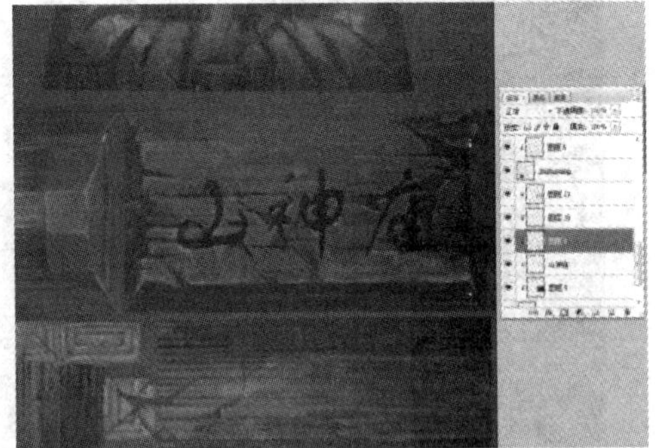

图 12－406

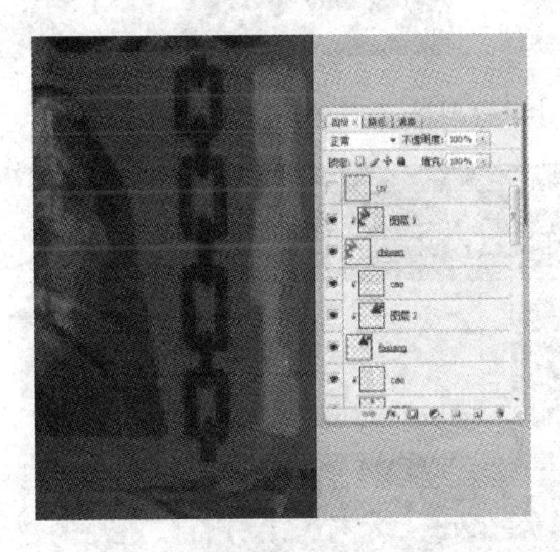

图 12－407

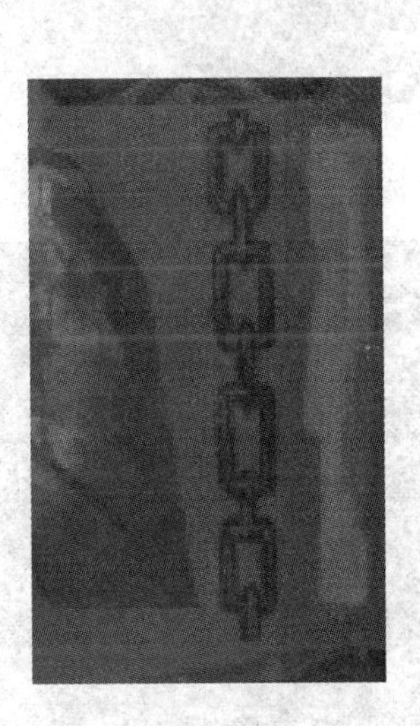

图 12－408

㊺ 使用加深工具降低铁链的暗部色调(见图 12－409)。

㊻ 使用减淡工具提高铁链亮部的金属效果(见图 12－410)。

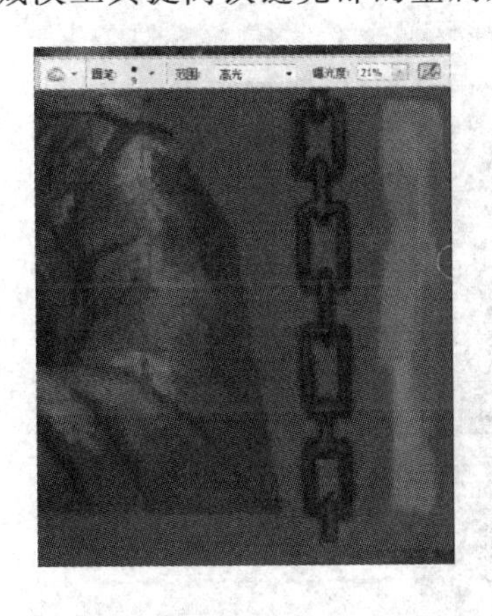

图 12－409

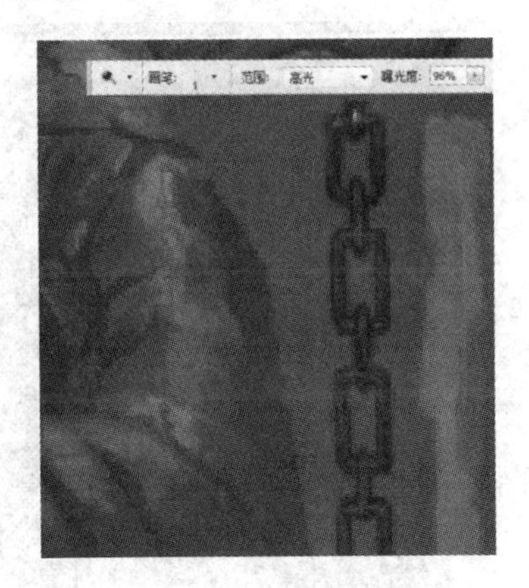

图 12－410

㊼ 局部转折部分的高光需要更亮一些(见图 12－411)。

㊽ 使用色彩平衡工具对铁链进行调整(见图 12－412)。

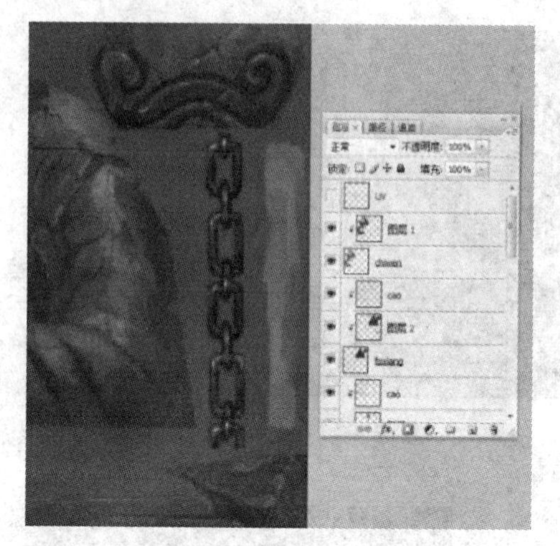

图 12－411

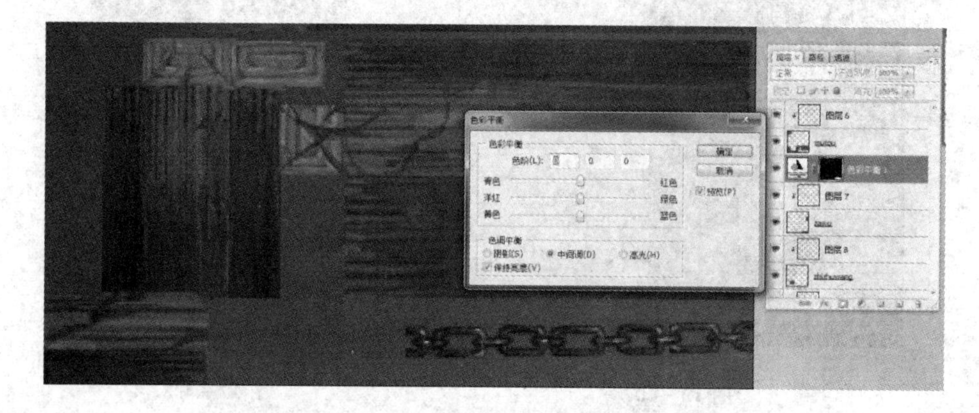

图 12－412

㊾ 门匾上的铁扣使用同样的方法进行绘制(见图 12－413)。

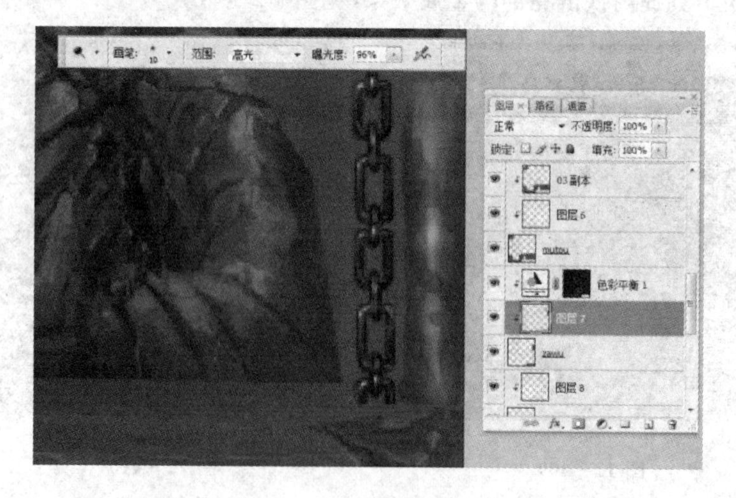

图 12－413

㊿ 使用减淡工具加强金属的质感(见图 12－414)。

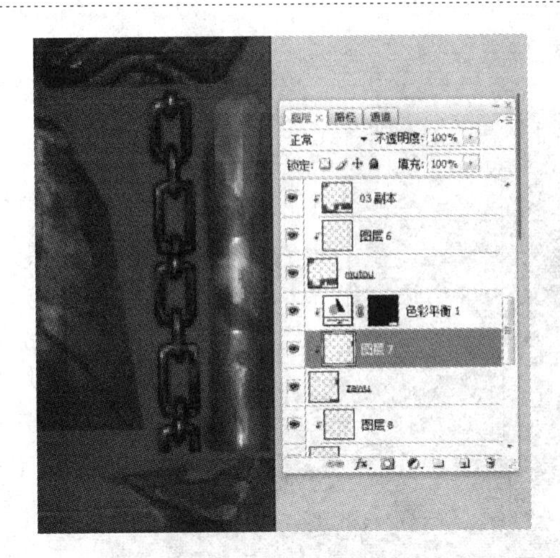

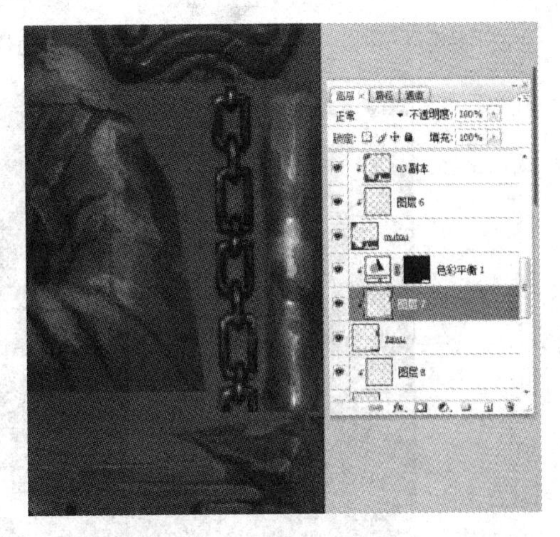

图 12 - 414

12.6.3　透明贴图的制作

① 新建图层,使用偏白色的颜色绘制蜘蛛网形状(见图 12 - 415)。

图 12 - 415

② 在蛛网接头处的贴图绘制大点笔触(见图 12 - 416)。

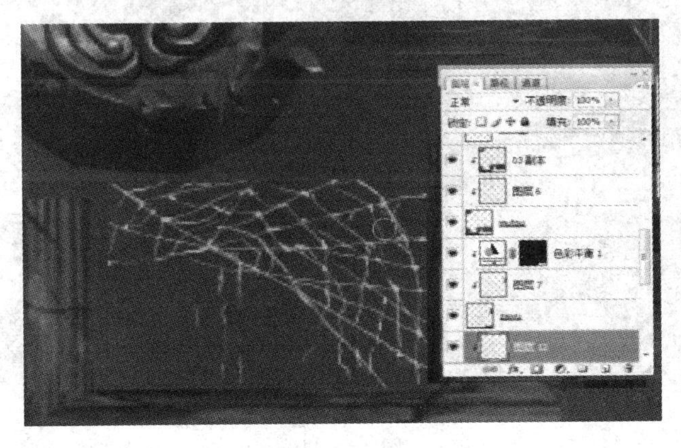

图 12 - 416

③ 使用减淡工具对某些局部提亮颜色(见图 12 - 417)。

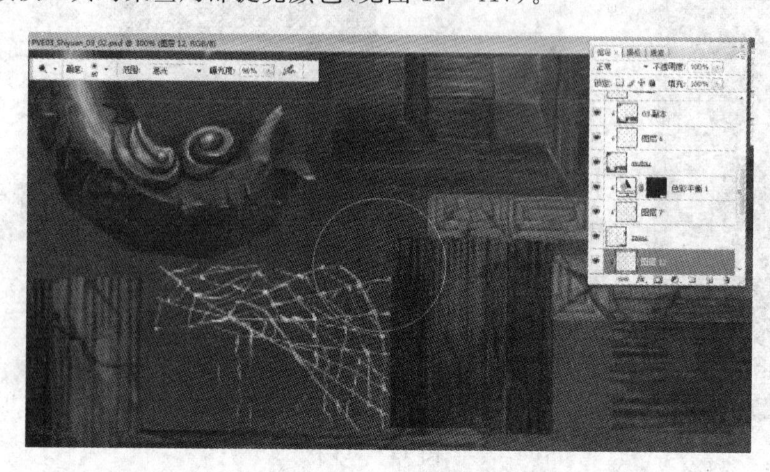

图 12 - 417

④ 使用减淡工具绘制出蛛网的层次感和虚实关系(见图 12 - 418 和图 12 - 419)。

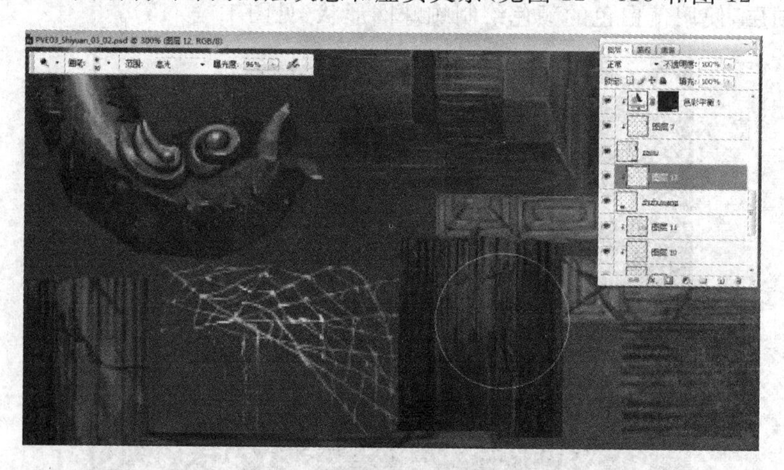

图 12 - 418

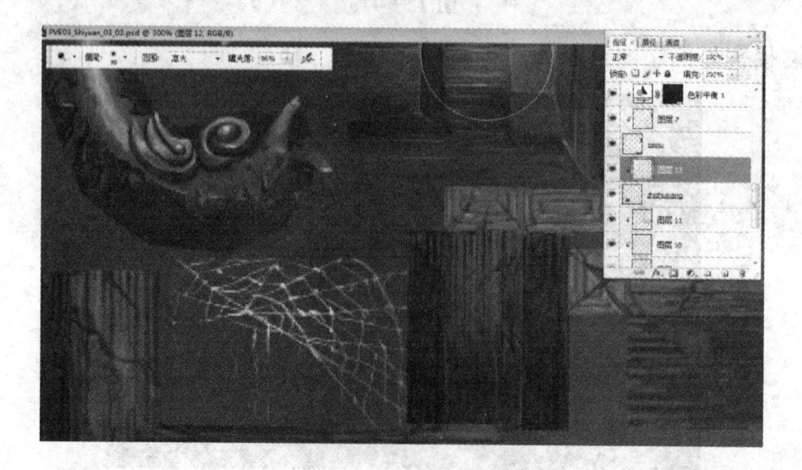

图 12 - 419

⑤ 在通道里，新建 Alpha 1 通道，默认颜色为黑色(见图 12 - 420)。

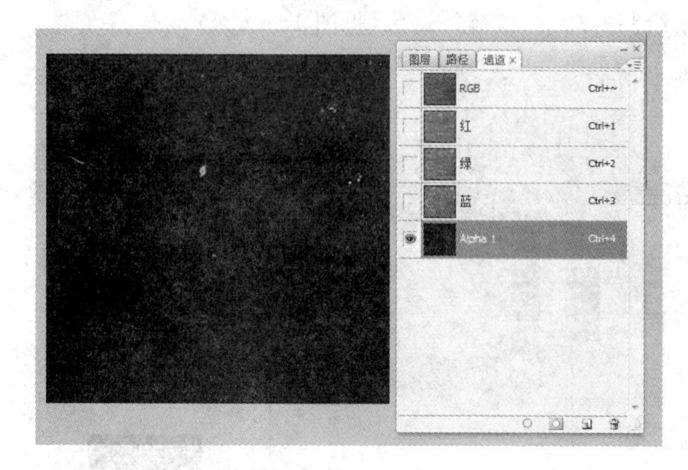

图 12 - 420

⑥ 将其填充为白色(见图 12 - 421)。

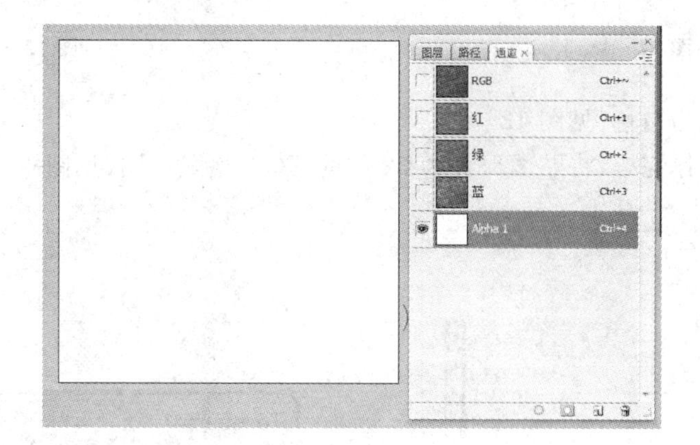

图 12 - 421

⑦ 将铁链和蛛网的贴图选区选中(见图 12 - 422)。

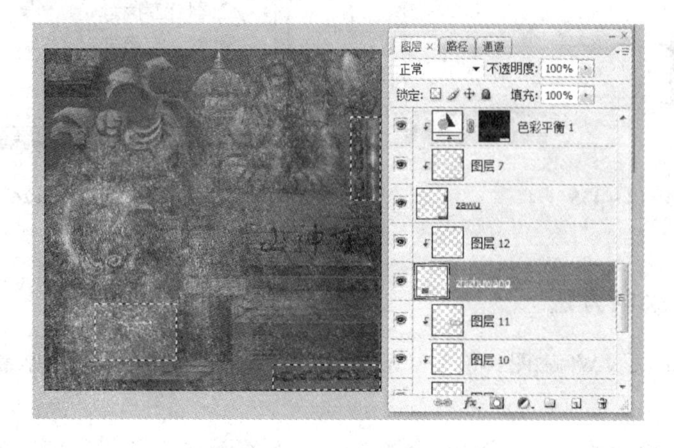

图 12 - 422

⑧ 切换的通道 Alpha 1 填充为黑色(见图 12 - 423)。

⑨ 图层里选中绘制的蛛网、铁链等选区(见图 12 - 424)。

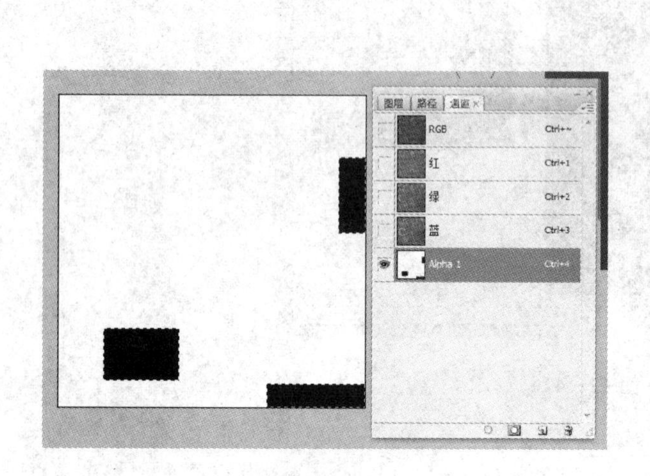

图 12 - 423

图 12 - 424

⑩ 将选区填充为白色(见图 12 - 425)。

⑪ 透明贴图制作完毕,将贴图保存为 32 位的 TGA 格式贴图(见图 12 - 426)。

图 12 - 425

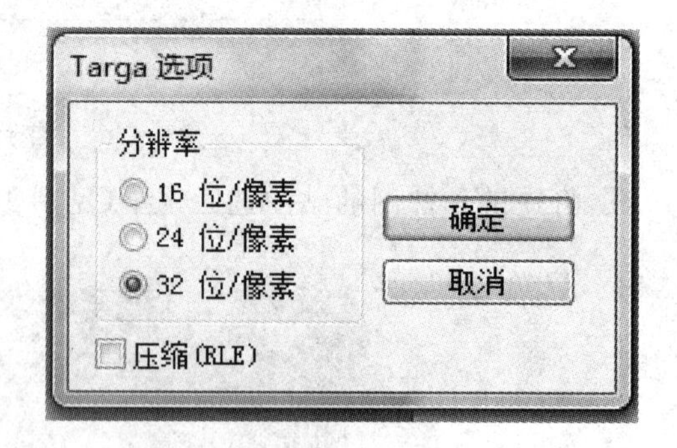

图 12 - 426

12.6.4 墙壁的绘制方法

① 打开第三张 UVW 贴图,将 UVW 线框和背景层分开,填充背景层为深色调(见图 12 - 427)。

② 建立好需要绘制的各部位图层,并填充其基本的固有色(见图 12 - 428)。

③ 按照原画设计,绘制墙壁的基座与墙体色彩,绘制出破裂处的结构(见图 12 - 429)。

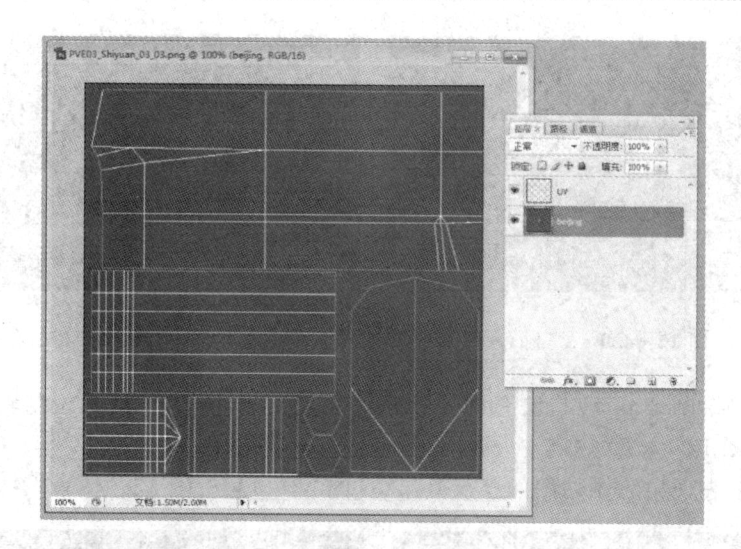

图 12－427

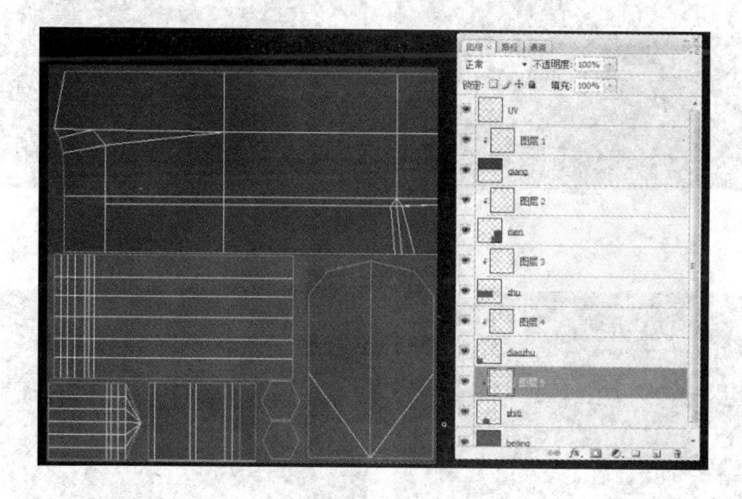

图 12－428

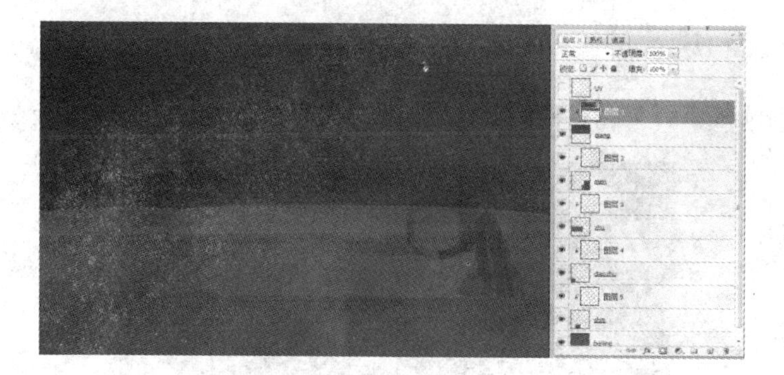

图 12－429

④ 选择亮的颜色绘制基座石头顶面(见图 12－430)。

⑤ 大块色调绘制出基座石头拼接的效果(见图 12－431)。

图 12-430

图 12-431

⑥ 不要立刻绘制细节，应将所有的要素整体表现出来，其中包括先绘制剥落墙壁里露出的石砖结构（见图 12-432）。

⑦ 添加笔触表现出墙体贴图的层次效果（见图 12-433～图 12-435）。

图 12-432

图 12-433

图 12-434

图 12-435

⑧ 进一步刻画基座石头和石砖的结构，把结构交代清晰（见图 12-436）。

图 12-436

⑨ 传统美术上讲“石分三面”，即绘制石头需要从三个受光面上去表现，在游戏贴图的绘制原理上也是相同的，石砖的绘制也是同理(见图 12－437 和图 12－438)。

图 12－437

图 12－438

⑩ 贴图的绘制要从整体到局部，逐渐对贴图进行细化处理(见图 12－439 和图 12－440)。

图 12－439

图 12－440

⑪ 将石头缝的结构画清晰，不要画得太“死”不透气，对几块石头交汇处的处理要重点强调，添加一些小的石头，丰富一下画面的组成(见图 12－441)。

⑫ 按照原画的设计再添加一些露出的石砖(见图 12－442)。

图 12－441

图 12－442

⑬ 石头间会产生投影关系，用笔刷降低不透明度的方法绘制一些投影(见图 12-443 和图 12-444)。

图 12-443

图 12-444

⑭ 使用色阶工具调整黑白灰的关系，目前看上去不够厚重(见图 12-445)。

图 12-445

⑮ 使用曲线工具对红、绿、蓝三个通道上的色彩进行调整(见图 12-446)。

图 12-446

⑯ 让调整的贴图亮部偏一点冷蓝色(见图 12-447 和图 12-448)。

图 12-447

图 12－448

⑰ 还欠缺一些石头的凸出感觉，新建图层用于绘制一些石头的高光（见图 12－449 和图 12－450）。

图 12－449

图 12－450

⑱ 表现石头的高光有重点，圆形石头的受光集中在石头的中间部位，方形石头表面比较平整，高光表现在周围比较合适（见图 12－451～图 12－453）。

图 12－451

图 12－452

图 12－453

⑲ 增加饱和度，降低一些明度上的色彩调整(见图 12－454)。

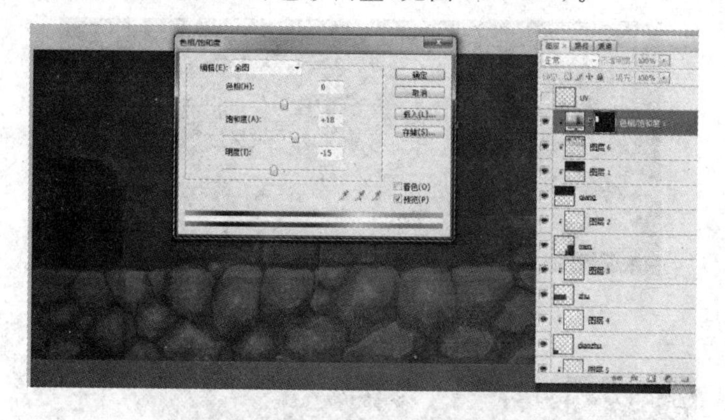

图 12－454

⑳ 对基座部分添加草的效果(见图 12－455)。

图 12－455

㉑ 将草的绘制表现在石头的间距里面(见图 12－456 和图 12－457)。

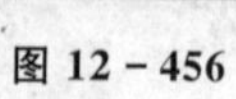

图 12－456

图 12－457

㉒ 墙角处也添加一些，这样可以让基座与墙体衔接得更自然(见图 12－458)。

图 12－458

㉓ 大门的绘制，做出选区，使用笔刷绘制基本的固有色(见图 12－459)。

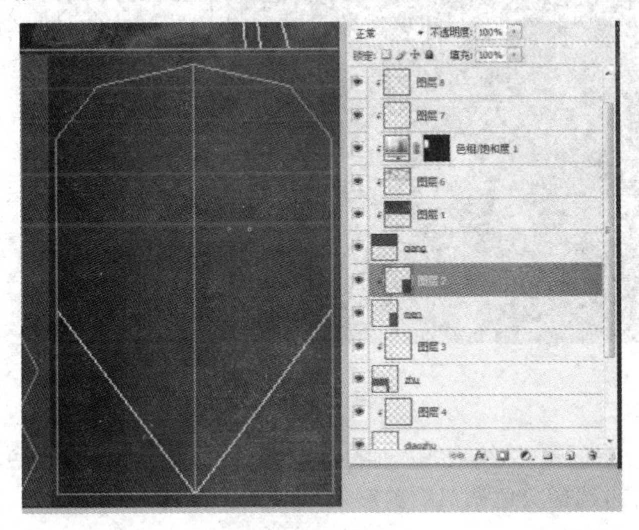

图 12－459

㉔ 大门的设计为木板相互拼接而成，绘制出木板的纹理和结构(见图 12－460)。

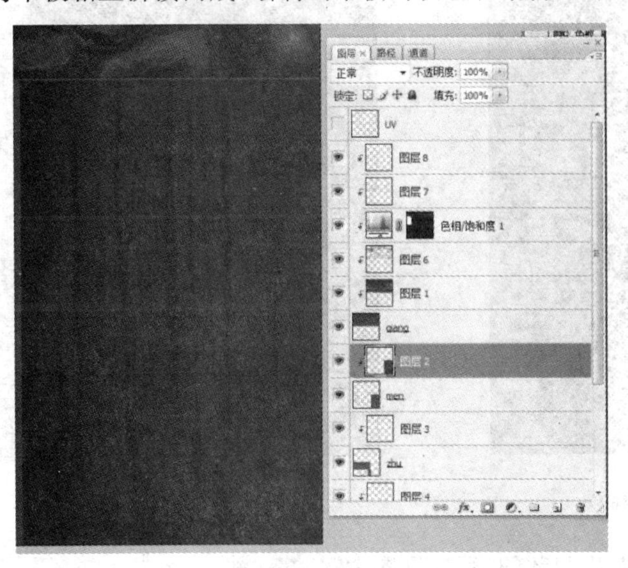

图 12－460

㉕ 使用 19 号笔刷绘制门上的破损结构(见图 12－461)。

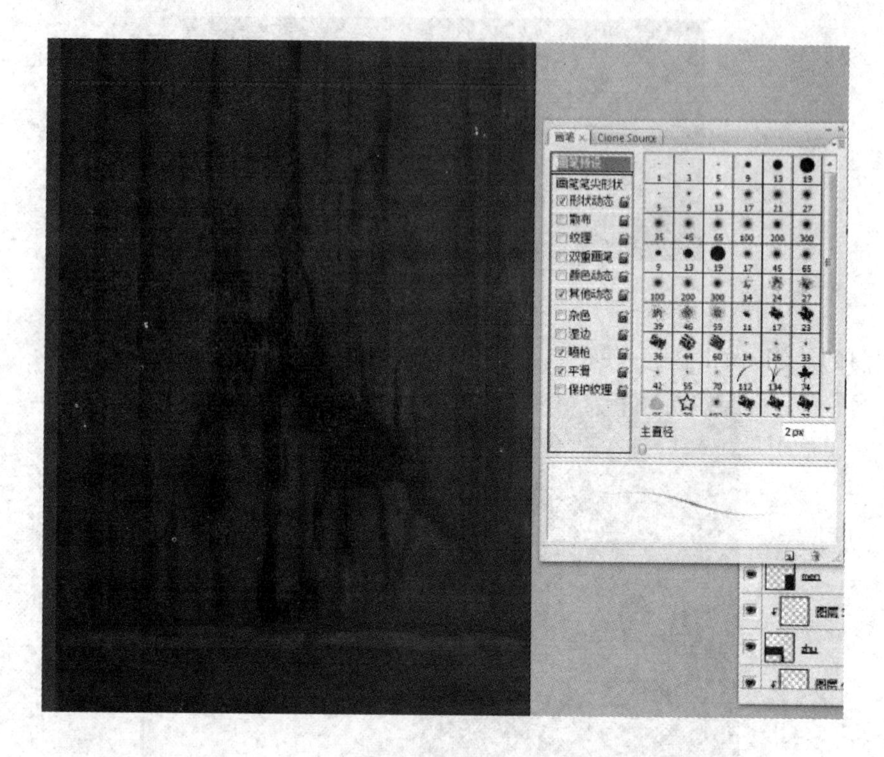

图 12－461

㉖ 横向上绘制一根门槛,给纹理线添加高光线,颜色不要选择太亮的色彩(见图 12－462)。

㉗ 绘制门扣结构,选择灰色调描绘剪影效果(见图 12－463 和图 12－464)。

图 12－462

图 12－463

㉘ 使用橡皮擦擦出门环的形状(见图 12－465)。

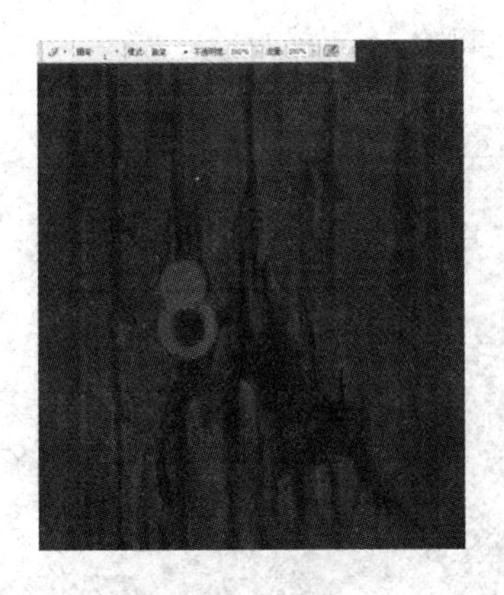

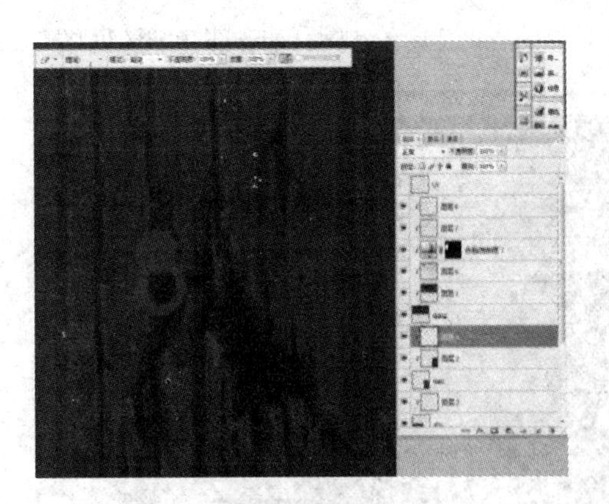

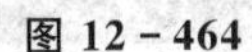

图 12－464　　　　图 12－465

㉙ 加深工具绘制出门扣立体感(见图 12－466 和图 12－467)。

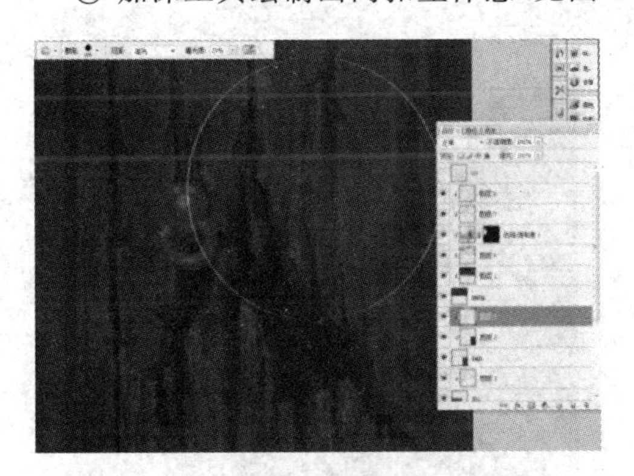

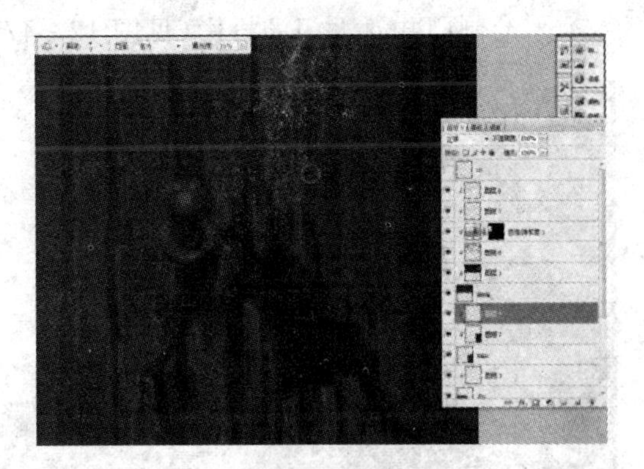

图 12－466　　　　图 12－467

㉚ 使用画笔给门扣添加受光亮部(见图 12－468)。

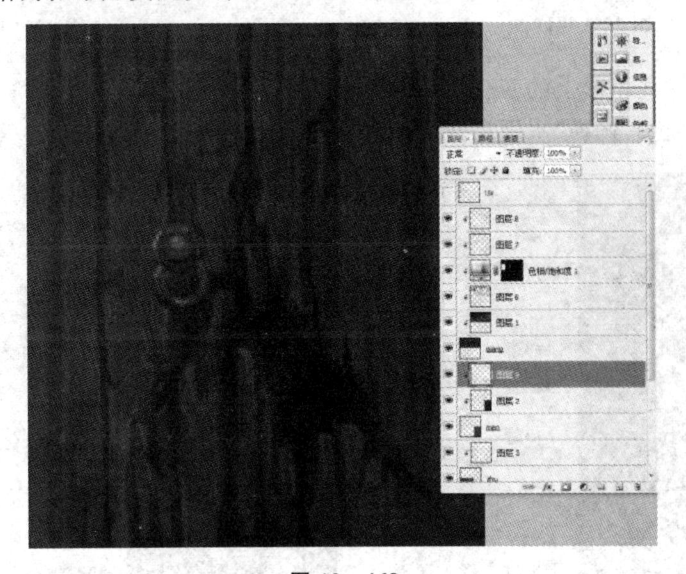

图 12－468

㉛ 使用加深工具绘制大门暗部色调(见图 12－469 和图 12－470)。

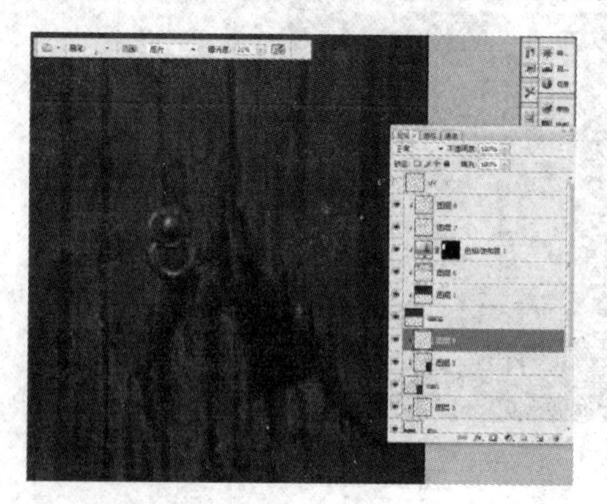

图 12－469

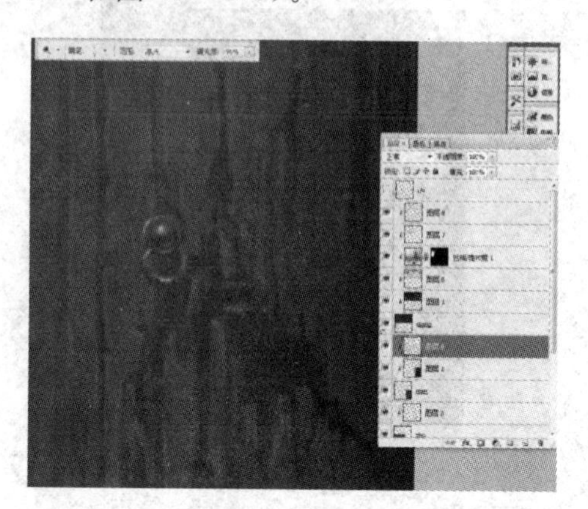

图 12－470

㉜ 绘制门扣对大门的投影(见图 12－471 和图 12－472)。

图 12－471

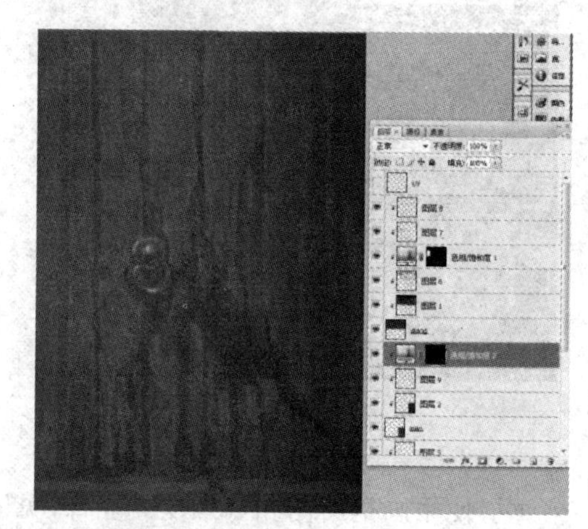

图 12－472

㉝ 对门扣做一些色彩上的变化(见图 12－473)。

㉞ 复制一个门扣,选择“水平翻转”命令,橡皮擦做断损处理(见图 12－474)。

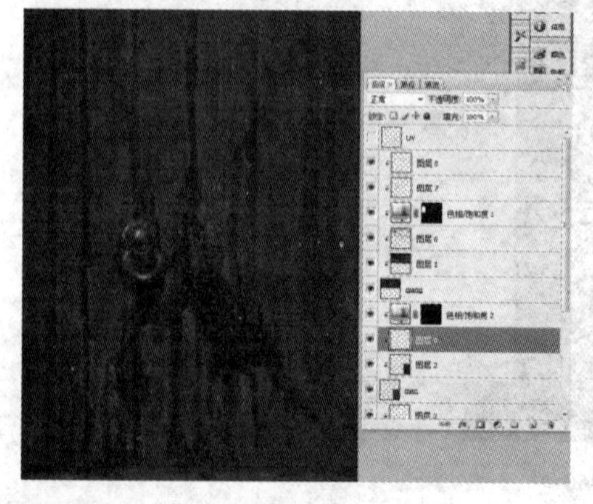

图 12－473

图 12－474

㉟ 使用套索工具勾选一个选区，创建选区的色相、饱和度的蒙版(见图 12－475)。

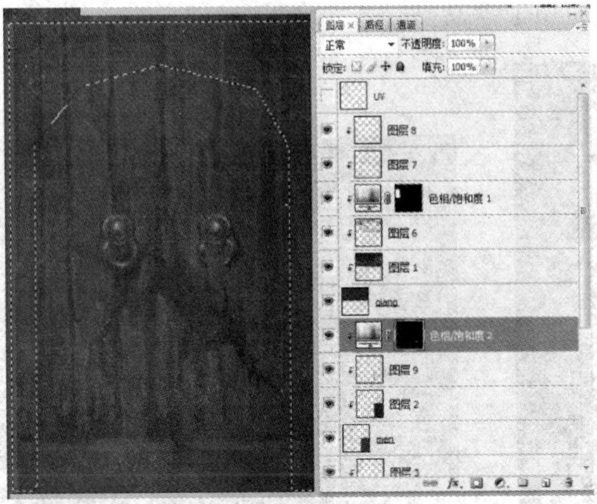

图 12－475

㊱ 降低选区的明度(见图 12－476)。

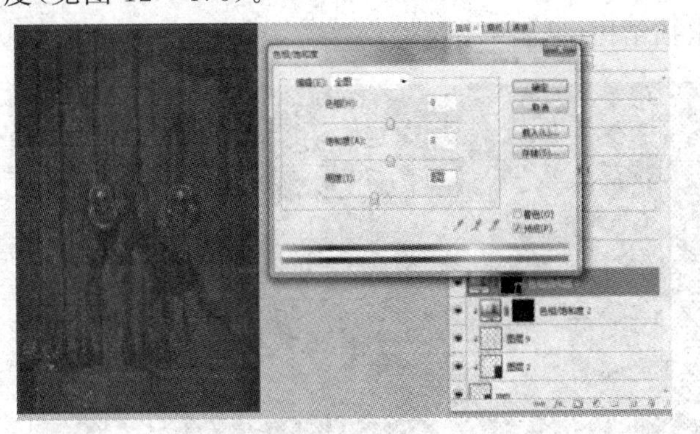

图 12－476

㊲ 制作出墙壁对大门的投影效果(见图 12－477)。

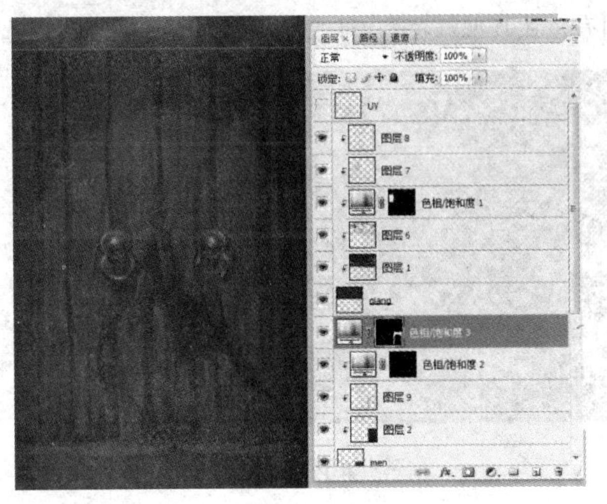

图 12－477

㊳ 最后给大门添加草的图层(见图 12-478)。

㊴ 绘制柱子贴图(见图 12-479)。

图 12-478

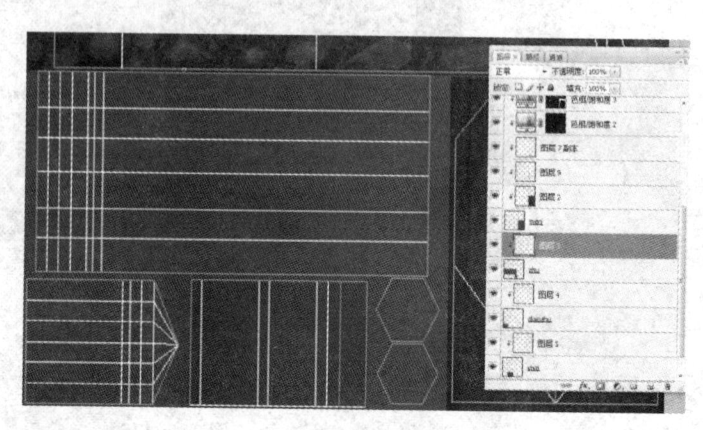

图 12-479

㊵ 绘制柱子的素描结构(见图 12-480)。

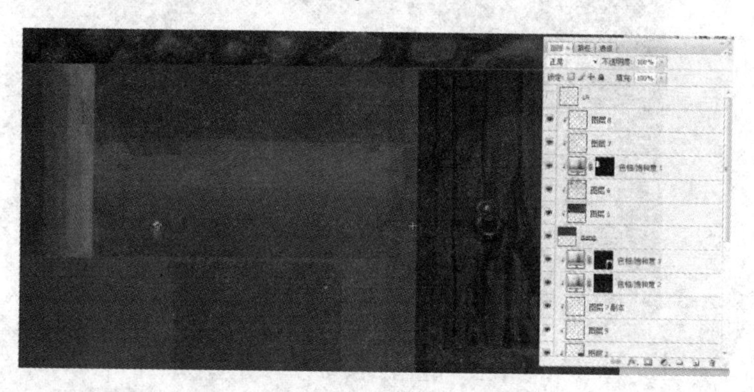

图 12-480

㊶ 调整柱子的固有色让其偏红色调,对上下两部分框选做个矩形选区(见图 12-481)。

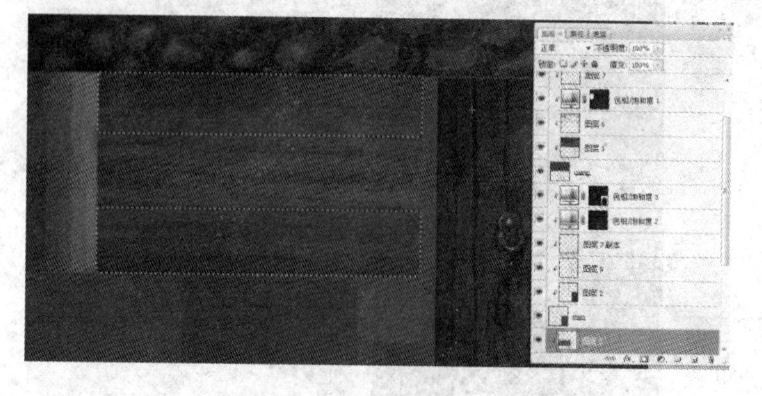

图 12-481

㊷ 使用羽化命令，选择羽化 2 个像素(见图 12－482)。

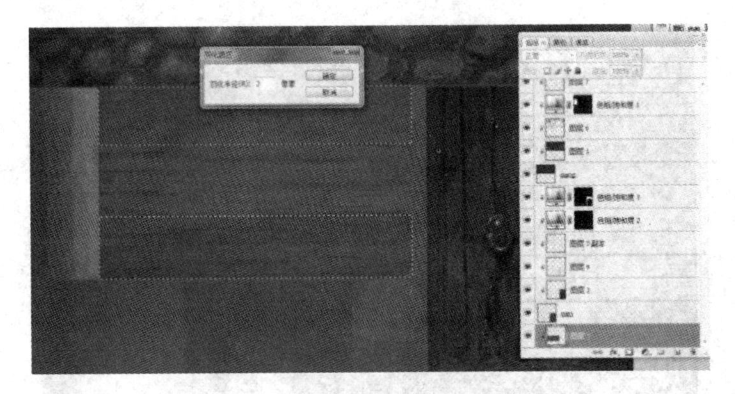

图 12－482

㊸ 降低明度，突出柱子中间的亮色调(见图 12－483)。

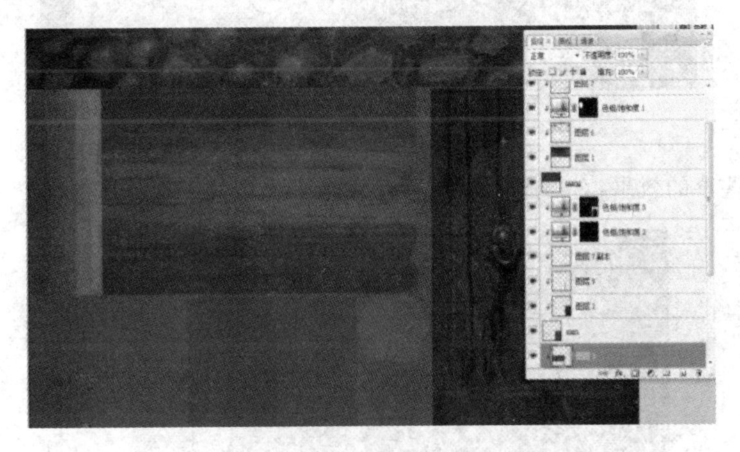

图 12－483

㊹ 整理笔触，绘制柱子的木纹材质(见图 12－484)。

图 12－484

㊺ 绘制木纹的高光，同时绘制柱子的石质基座纹理(见图 12－485)。

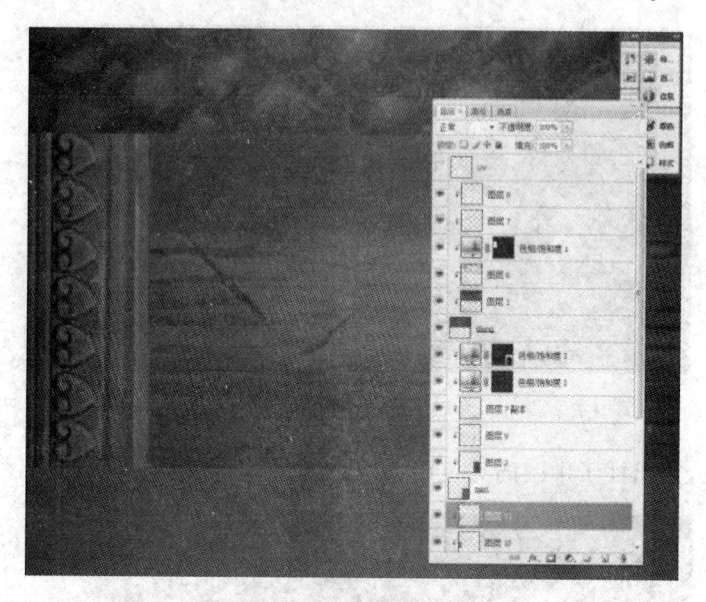

图 12－485

㊻ 添加一些草的效果，对柱子顶端选择矩形选区(见图 12－486)。

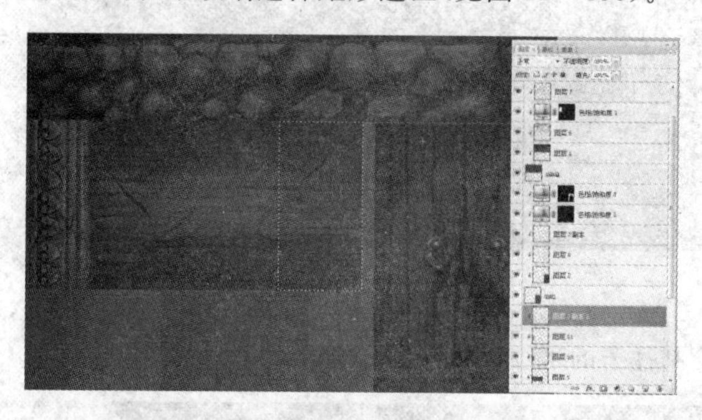

图 12－486

㊼ 对选区羽化 2 个像素(见图 12－487)。

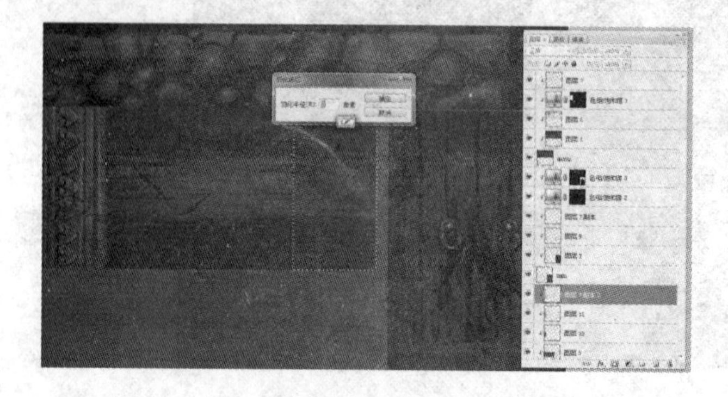

图 12－487

㊽ 新建一个图层，打开渐变工具，选择竖形渐变(见图 12－488)。

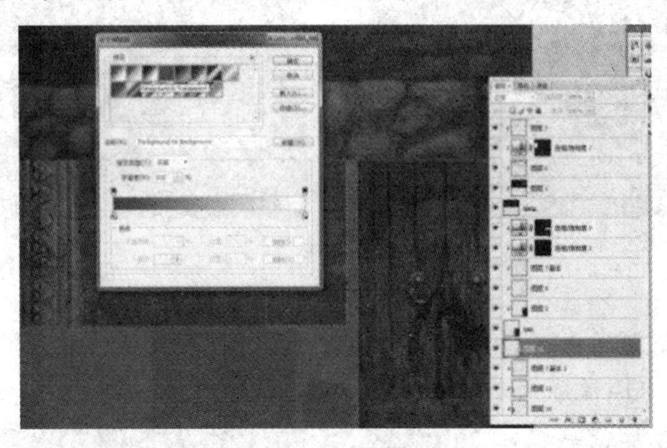

图 12－488

㊾ 对选区进行渐变工具的使用(见图 12－489)。

图 12－489

㊿ 对渐变的图层降低其不透明度，不然效果会很黑，这种方法也是制作投影贴图的一种(见图 12－490)。

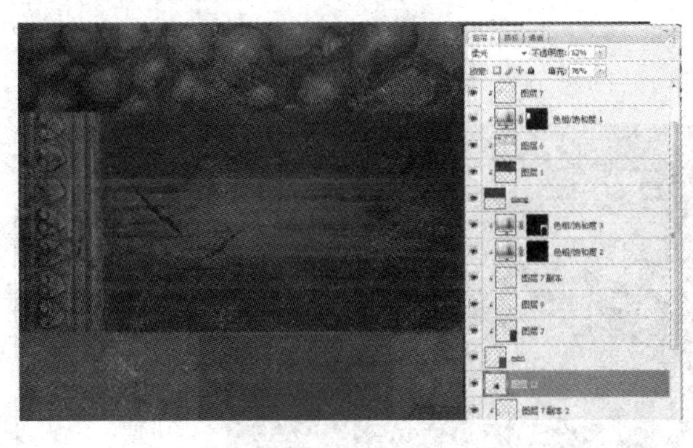

图 12－490

㉛ 绘制石梯的贴图，填充石头的灰色调(见图 12－491)。

㉜ 将石梯的台阶绘制划分出来(见图 12－492)。

图 12－491

图 12－492

㉝ 由于巨大屋顶的遮光影响，下面露在外面位置的台阶受光要稍强一些(见图 12－493)。

㉞ 确定好石梯的大体素描关系(见图 12－494)。

图 12－493

图 12－494

㉟ 将石梯贴图细化(见图 12－495)。

图 12－495

㊱ 给石梯添加杂草，贴图绘制结束(见图 12－496)。

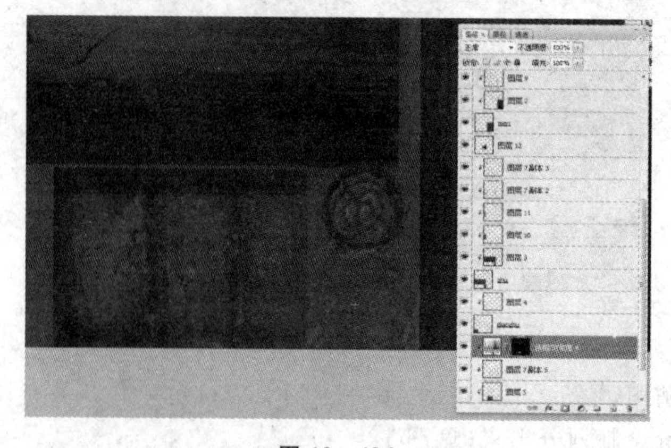

图 12－496

12.6.5　将贴图赋予材质球

① 左击模型(见图 12－497)。

图 12－497

② 打开材质编辑器,选择多维子材质球(见图 12－498 和图 12－499)。

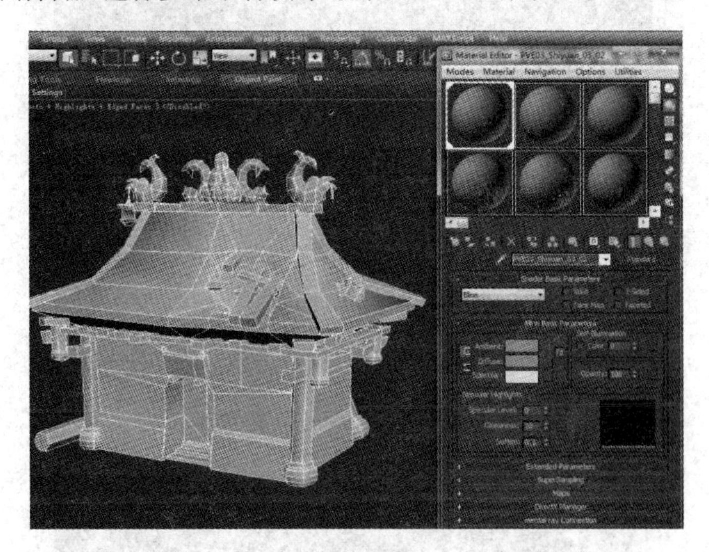

图 12－498

③ 这里的模型只需要 3 个子材质,所以将其他的材质球删除(见图 12－500)。

④ 分别给 3 个子材质球选择贴图(见图 12－501)。

⑤ 3 个材质球分别指定贴图(见图 12－502)。

⑥ 在漫反射通道上全部贴上贴图(见图 12－503)。

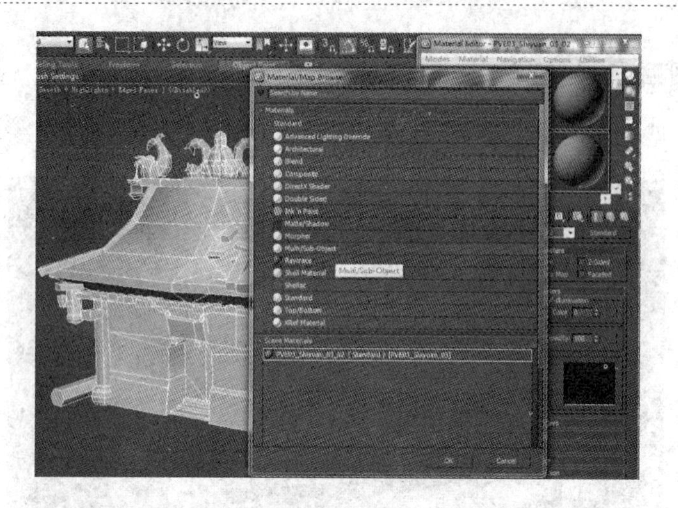

图 12-499

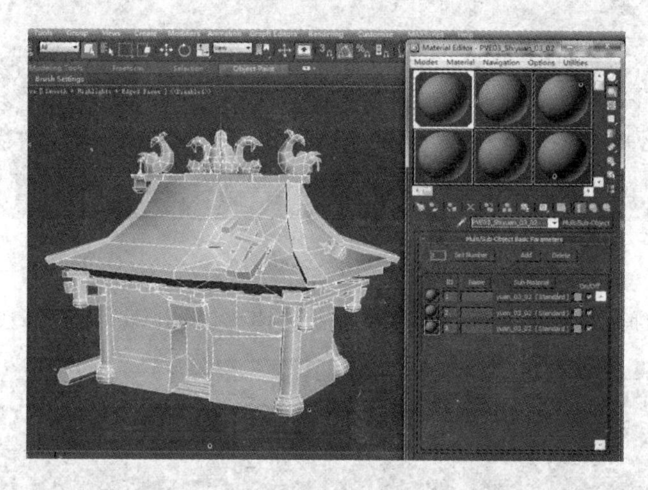

图 12-500

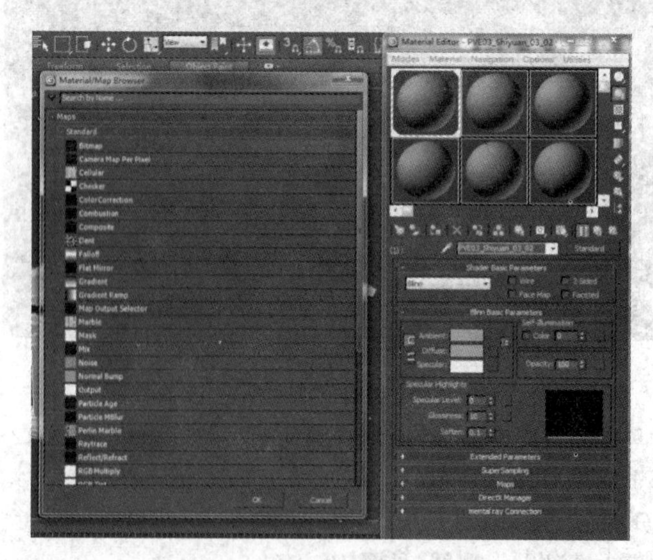

图 12-501

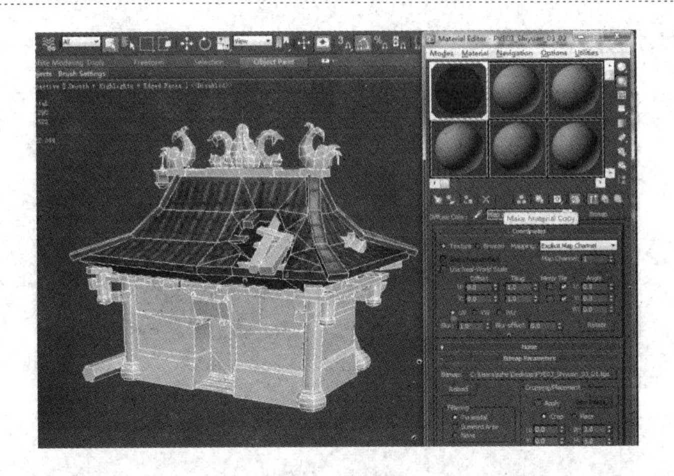

图 12－502

图 12－503

⑦ 打开渲染效果设置(快捷键为数字 8),单击 Ambient 将自发光改为白色调(见图 12－504)。

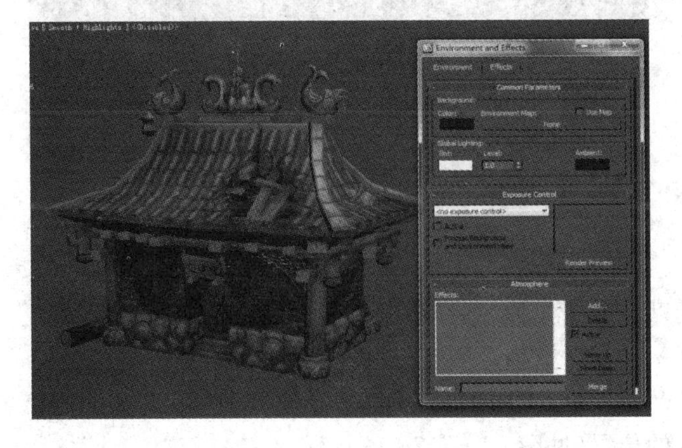

图 12－504

⑧ 这样得到的才是贴图的明度(见图 12－505)。

图 12－505

⑨ 复制出一些蛛网模型,增加细节搭配(见图 12－506～图 12－508)。

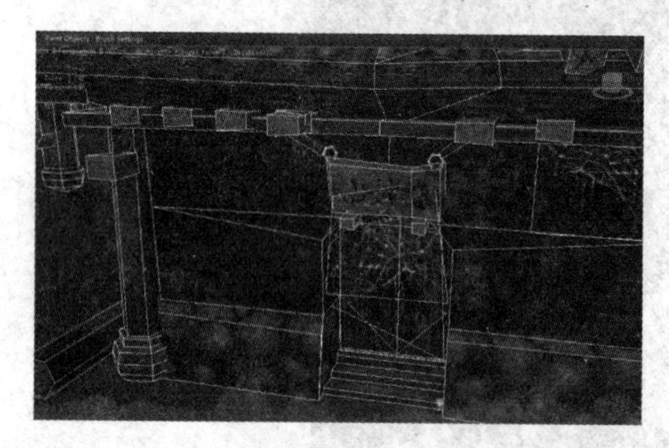

图 12－506

图 12－507

图 12－508

⑩ 发觉屋檐的贴图有些拉伸,选择屋檐的面(见图 12－509)。

⑪ 将屋檐 UVW 使用分离命令断开(见图 12－510)。

⑫ 再调整 UVW 的长度(见图 12－511)。

⑬ 扩展到合适的位置(见图 12－512)。

⑭ 得到最终的贴图效果(见图 12－513～图 12－515)。

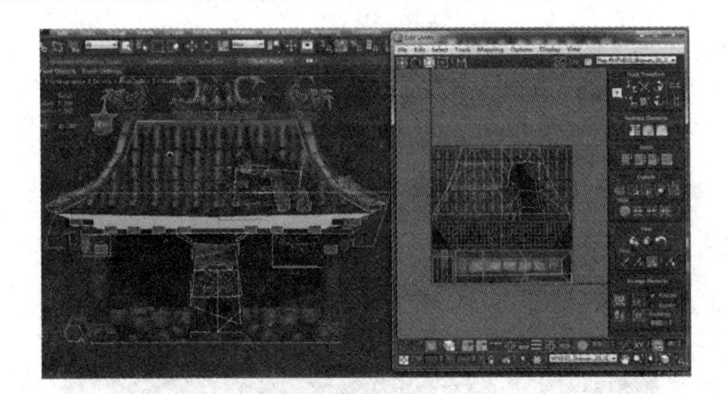

图 12-509

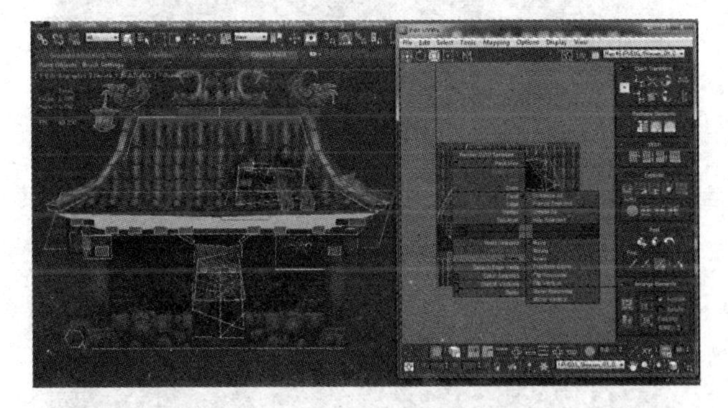

图 12-510

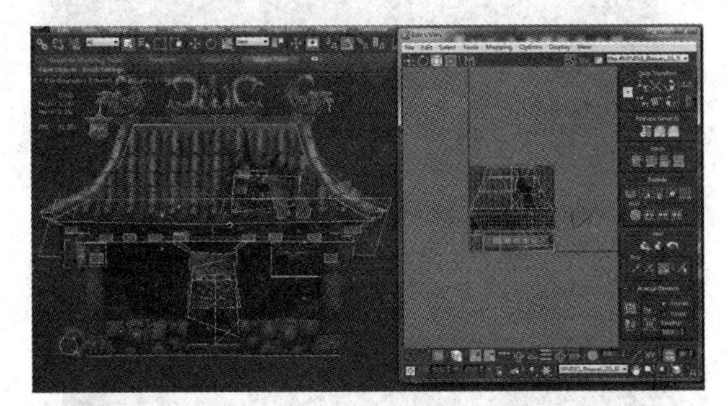

图 12-511

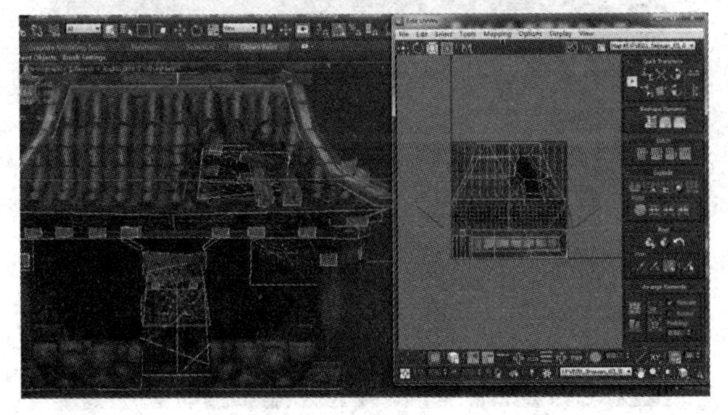

图 12-512

图 12－513

图 12－514

图 12－515

12.7 本章小结

本章节花了很多篇幅去讲解建筑物的制作，建筑物的制作是游戏场景制作中最主要的工作之一，要想做好建筑必须要熟悉各种建筑的基本结构，其中包括中式和欧式，还要熟悉各种用于建筑的材料。合理地分配UVW贴图，正确使用UVW的共用同样是非常重要的。

12.8 课后练习

1. 按照本章讲解的方法制作图12－516所示原画的模型、UVW和贴图，其参考效果如图12－517所示。

图12－516

图12－517

第13章　3D卡通角色制作

章节要点：

本章讲解的重点是角色装备的制作，分析了装备的结构。注意在制作中要合理地拆分装备模型，不要一味将模型做成一块整体，灵活地使用模型的穿插、贴图的配合等手段来完成最后的效果。因为角色的模型通常都会使用到动画中，所以对于模型的布线比较讲究，在角色的骨节部分要相应地添加2～3圈线来满足动画的需求。

卡通类型制作出来的效果通常都是非常可爱的，所以在制作卡通类型的角色时要注意几个要点：

① 制作的模型都有一个头大身小的感觉，身体比例一般都在2头身到3头身左右。

② 身上一些结构的比例会比正常情况下大很多，突显一个夸张的元素。

③ 贴图通常也会比较干净，颜色饱和度比较高，颜色变化非常丰富。

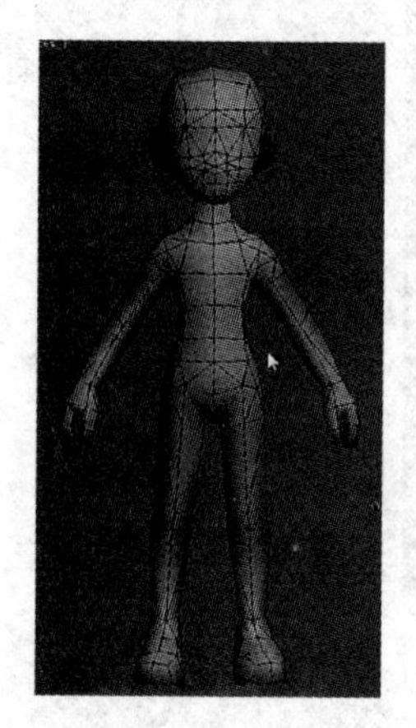

图13-1

在游戏角色制作中，通常大部分的制作都是在角色的装备上，同样一个角色模型可能会用到几套甚至几十套装备，所以对于角色装备的制作就显得尤为重要。

3D卡通角色制作的详细步骤如下：

① 首先在3ds Max2014软件里打开一个人体素模，通常项目制作时客户会提供制作好的角色模型，通过提供的模型制作出需要的模型来（见图13-1）。

② 选中角色颈部的一圈面，使用Shift＋缩放键，快速地复制出新的面（见图13-2和图13-3）。

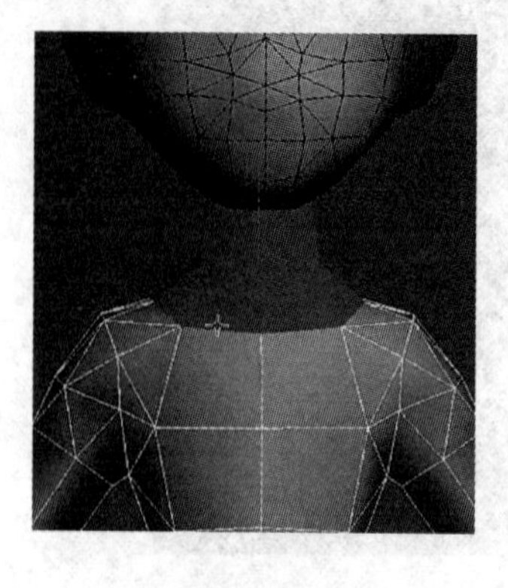

图13-2

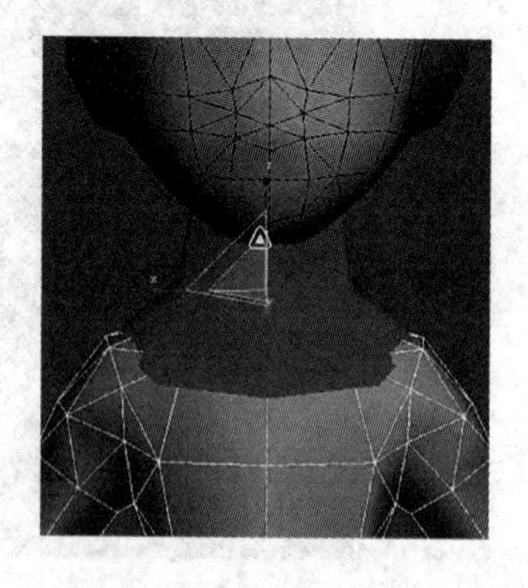

图13-3

③ 调整复制出的面，并且将角色的头部进行一定程度上的缩小（见图13-4和图13-5）。

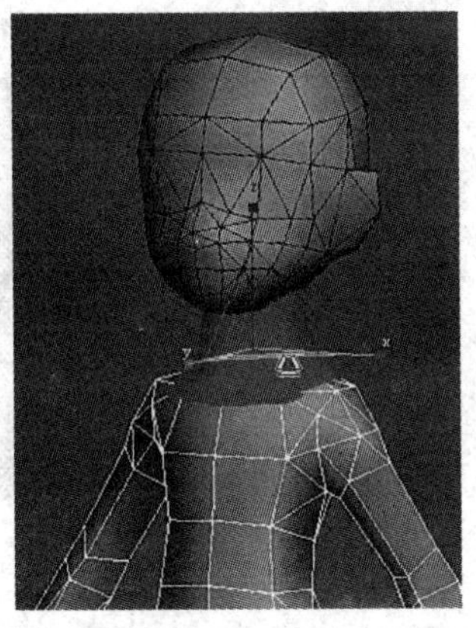

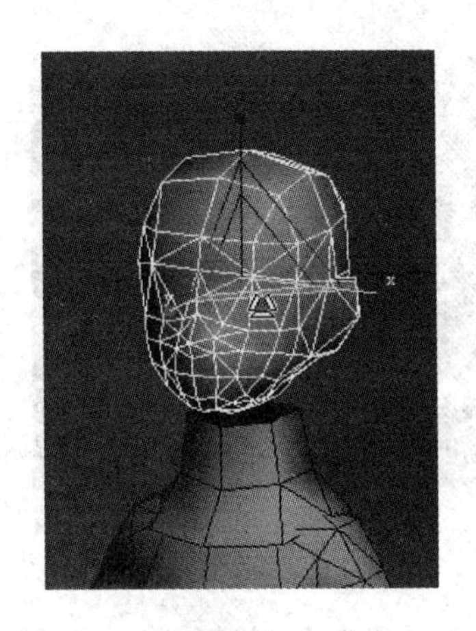

图 13－4　　　　图 13－5

④ 使用分离命令将复制出的面分离(见图 13－6)。

⑤ 调整模型的大小,这部分用来制作角色的围脖(见图 13－7)。

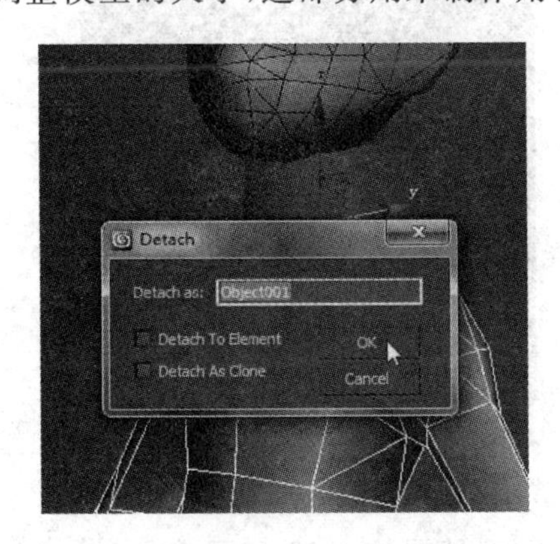

图 13－6

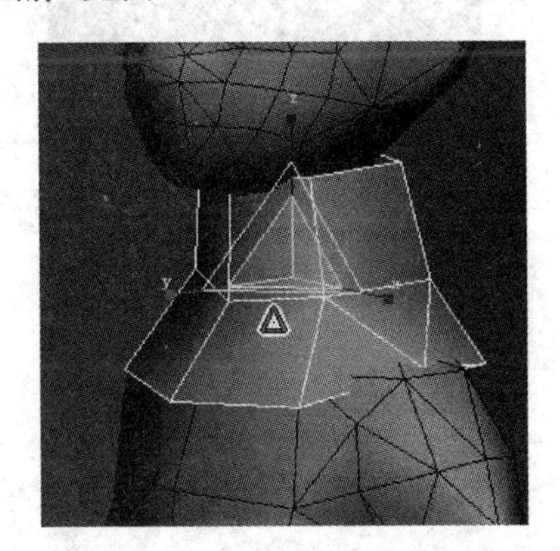

图 13－7

⑥ 使用旋转工具,将围脖模型调整到合适位置(见图 13－8～图 13－10)。

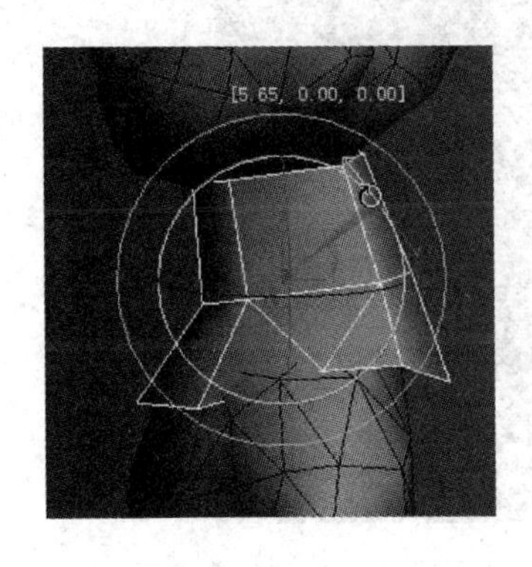

图 13－8

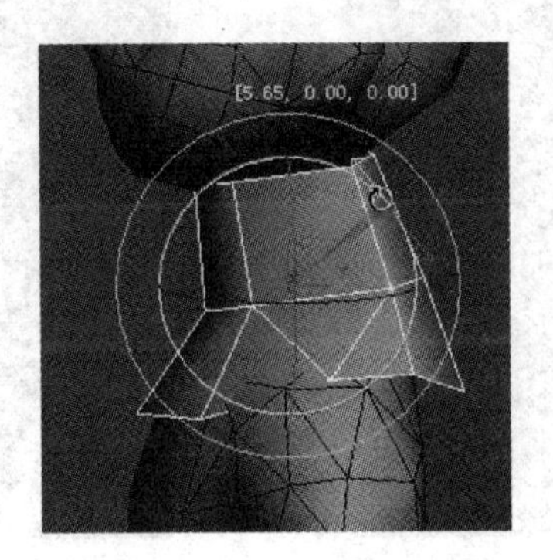

图 13－9

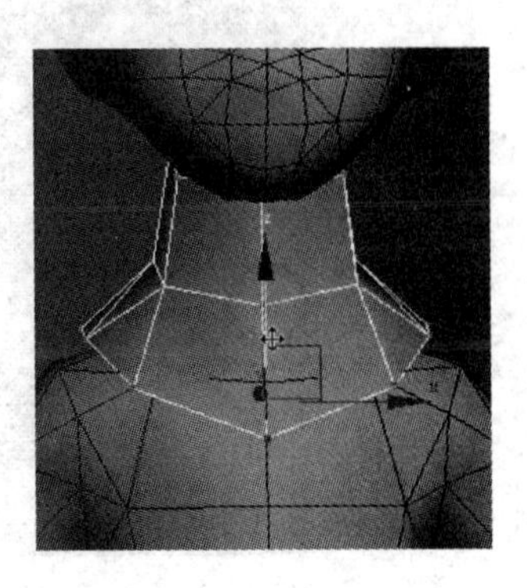

图 13－10

⑦ 使用加线,制作出转折结构(见图 13－11 和图 13－12)。

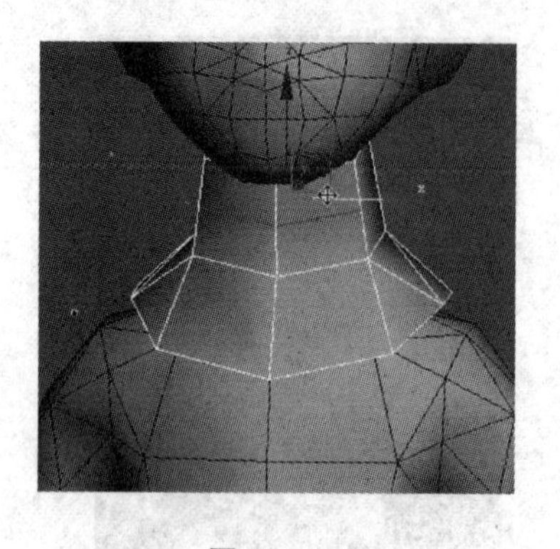

图 13－11

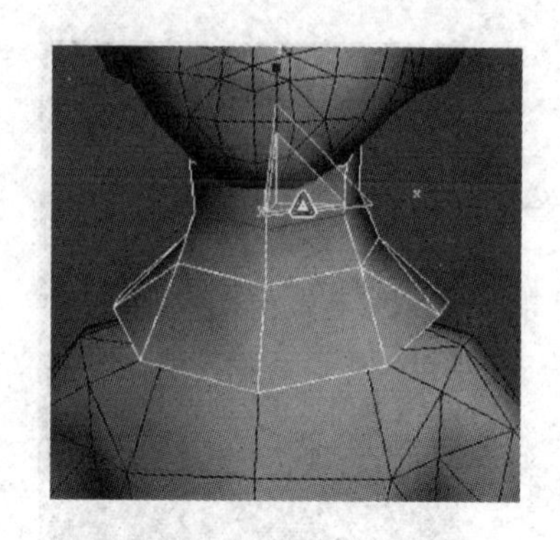

图 13－12

⑧ 将颈部的线圈向外扩大，移动点的位置，制作好围脖部分的模型（见图 13－13 和图 13－14）。

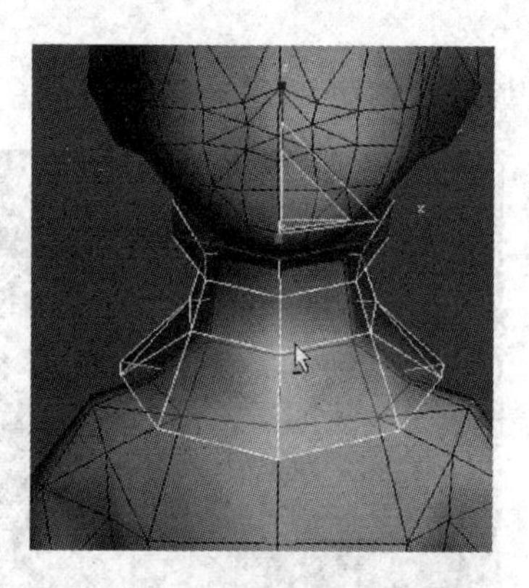

图 13－13

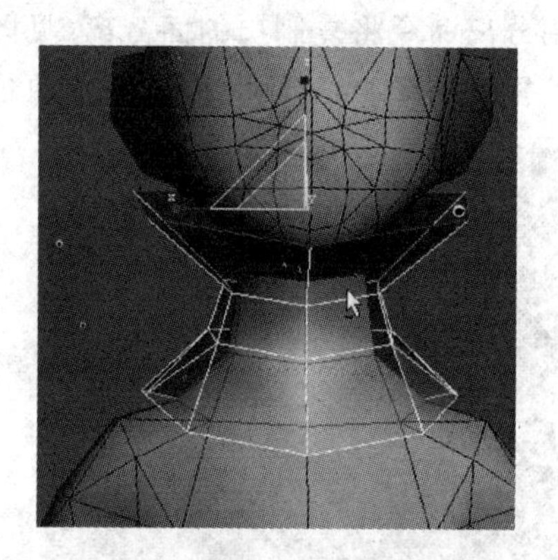

图 13－14

⑨ 选择角色肩部的面，同样复制出肩部盔甲部分（见图 13－15 和图 13－16）。

图 13－15

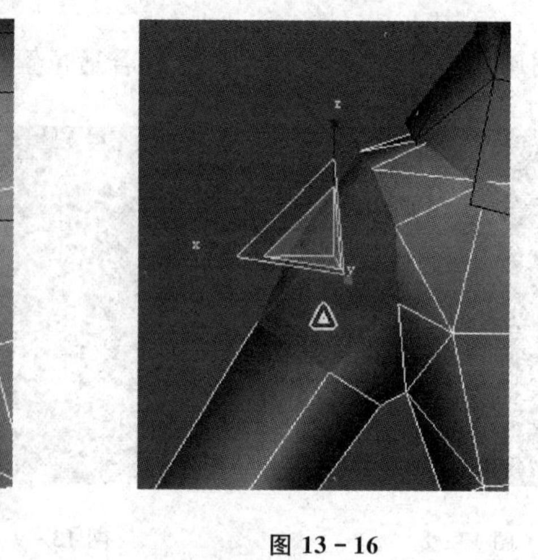

图 13－16

⑩ 移动、旋转、缩放三个工具切换使用，将肩甲模型调整好位置（见图 13－17～图 13－20）。

图 13-17

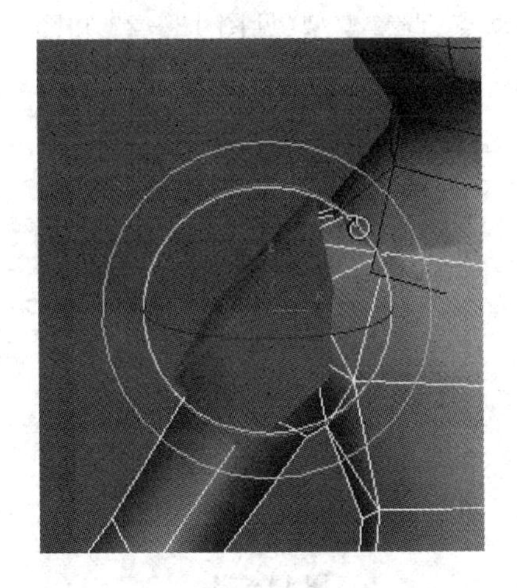

图 13-18

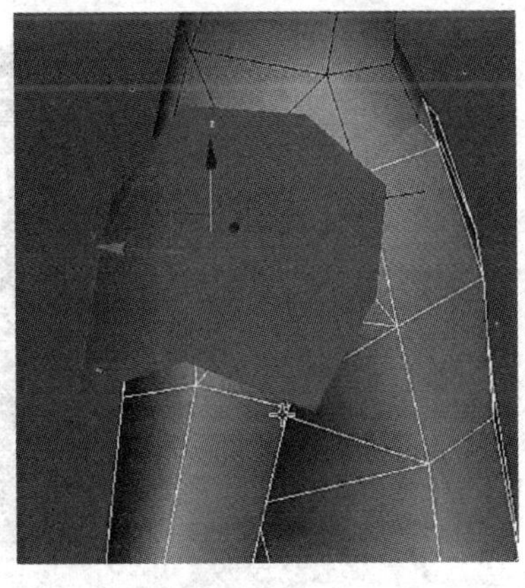

图 13-19

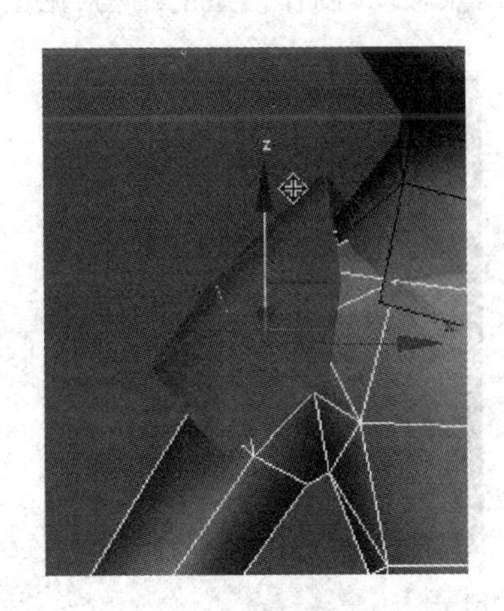

图 13-20

⑪ 选择多余的线，使用移除命令将其删掉，保持模型的整洁(见图 13-21 和图 13-22)。

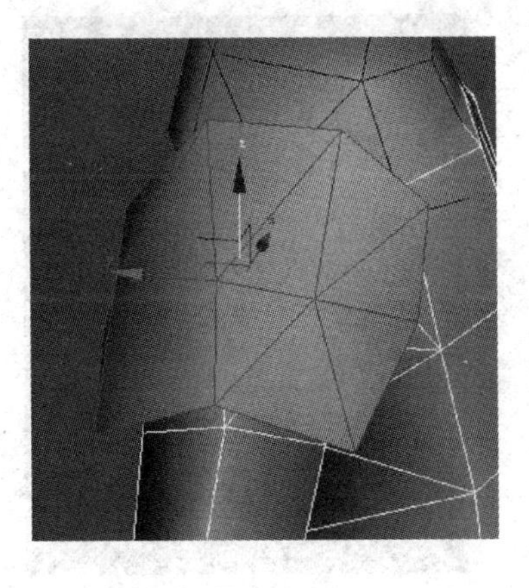

图 13-21

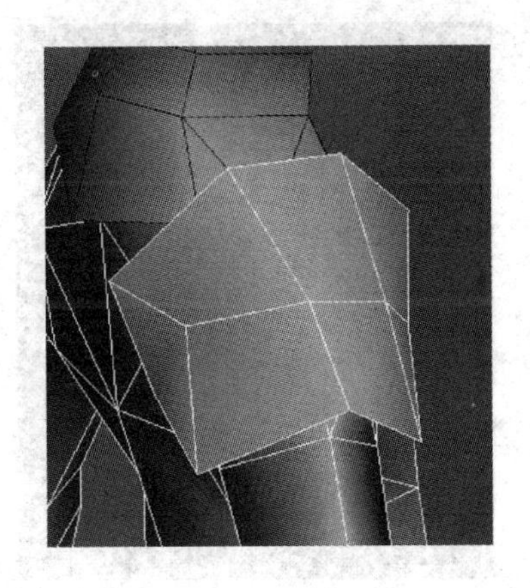

图 13-22

⑫ 移动点，调整模型(见图 13-23 和图 13-24)。

图 13-23

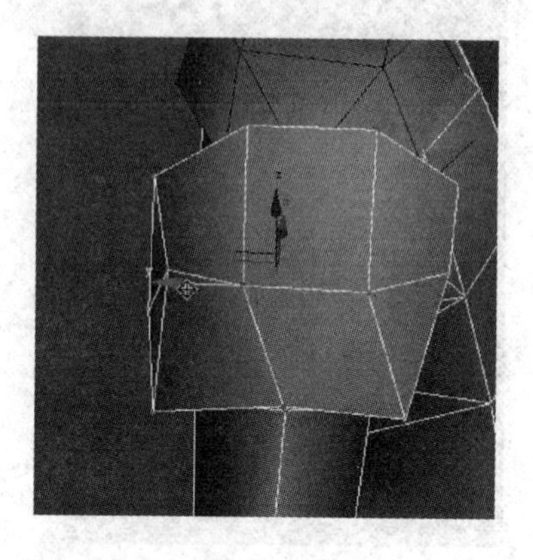

图 13-24

⑬ 使用点移动，制作模型的结构(见图 13-25 和图 13-26)。

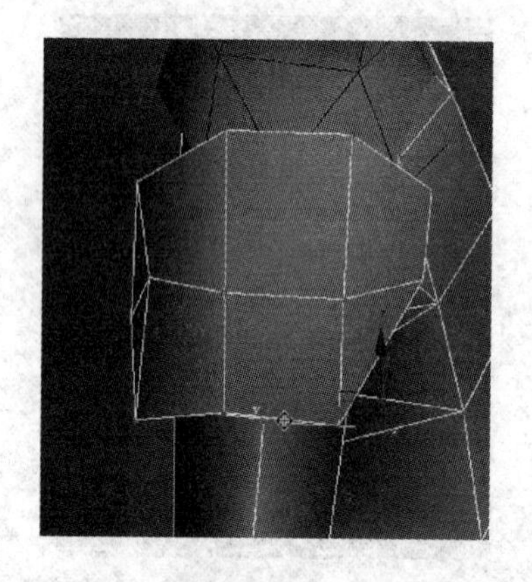

图 13-25

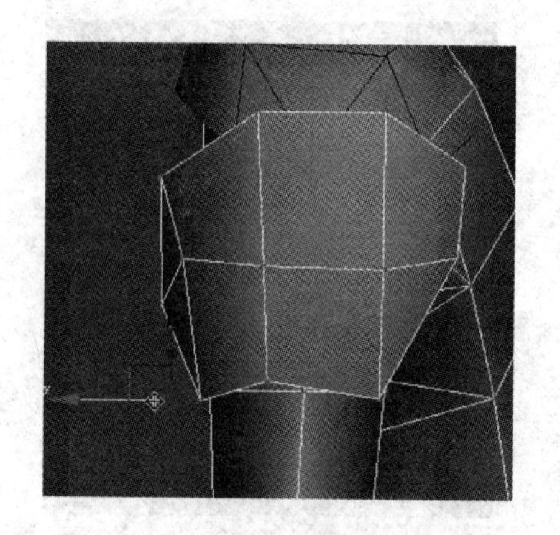

图 13-26

⑭ 选择中间 3 条边，使用连接命令给模型加上线(见图 13-27 和图 13-28)。

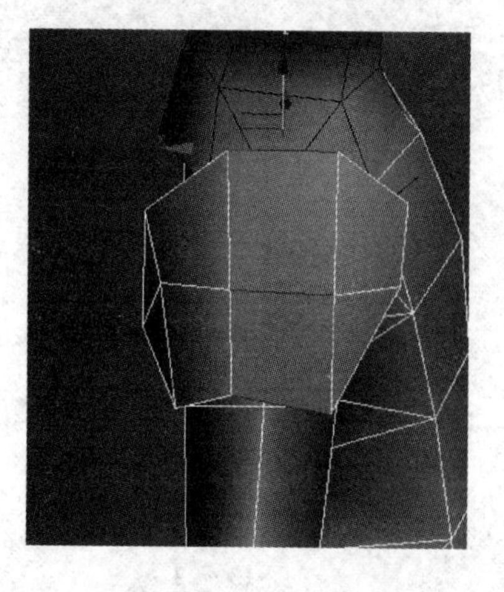

图 13-27

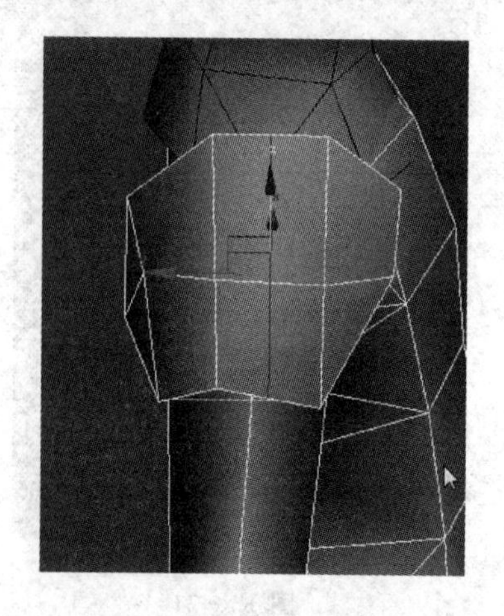

图 13-28

⑮ 通过新加的线段，制作模型外形结构（见图 13－29 和图 13－30）。

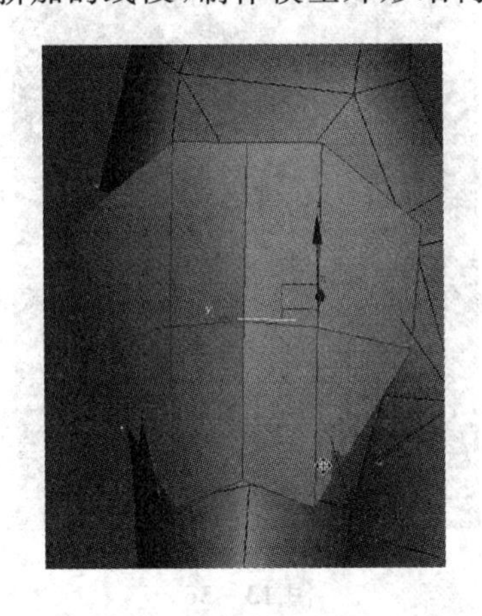

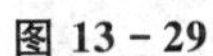

图 13－29

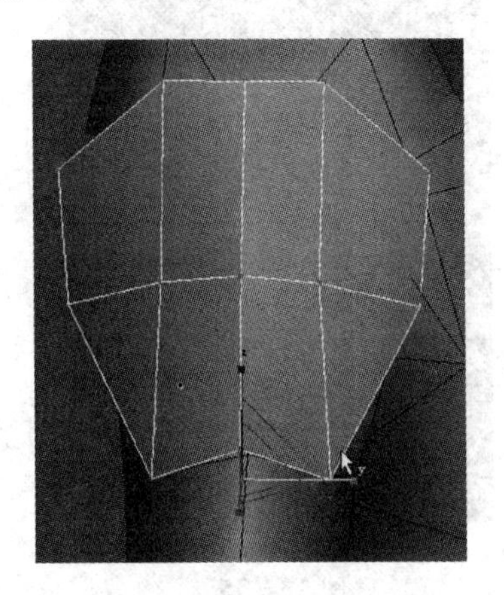

图 13－30

⑯ 让肩甲的模型更加饱满（见图 13－31 和图 13－32）。

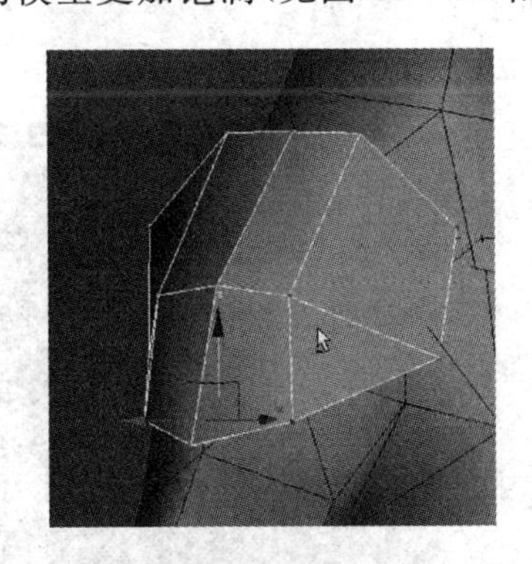

图 13－31

图 13－32

⑰ 加线，通过侧视图让其包裹角色肩部（见图 13－33 和图 13－34）。

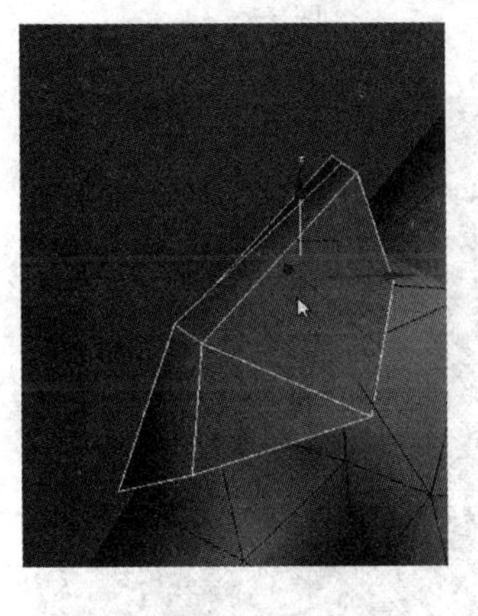

图 13－33

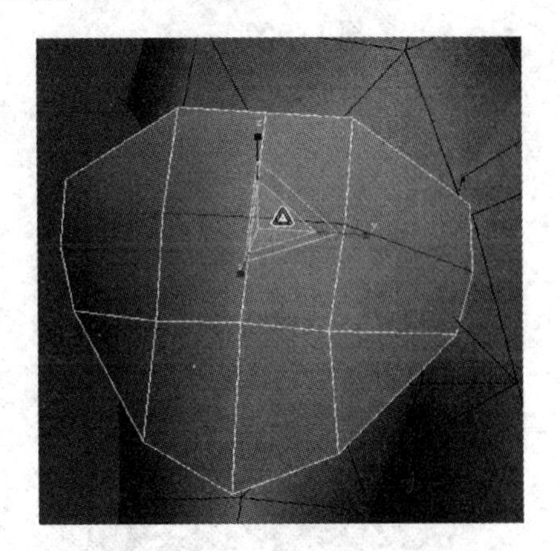

图 13－34

⑱ 选择模型边线，按住 Shift 键拉出里面的模型（见图 13－35 和图 13－36）。

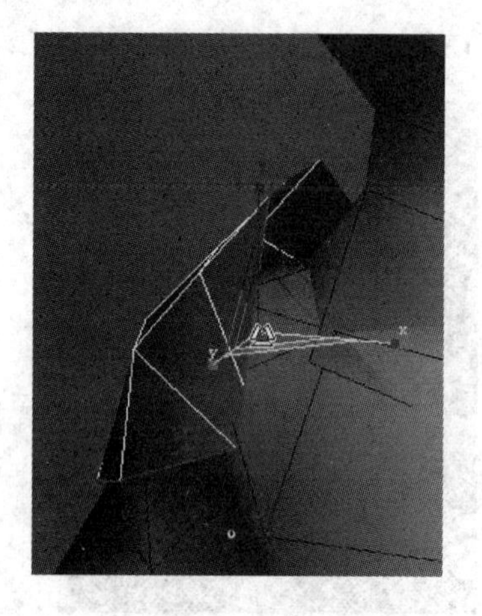

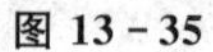

图 13-35

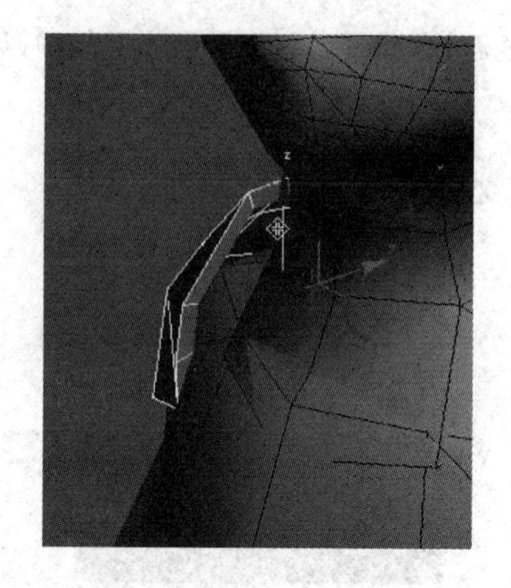

图 13-36

⑲ 复制出另一边的肩甲模型(见图 13-37)。

⑳ 旋转摆放到合适的位置(见图 13-38 和图 13-39)。

㉑ 从顶视图观察位置是否合适(见图 13-40)。

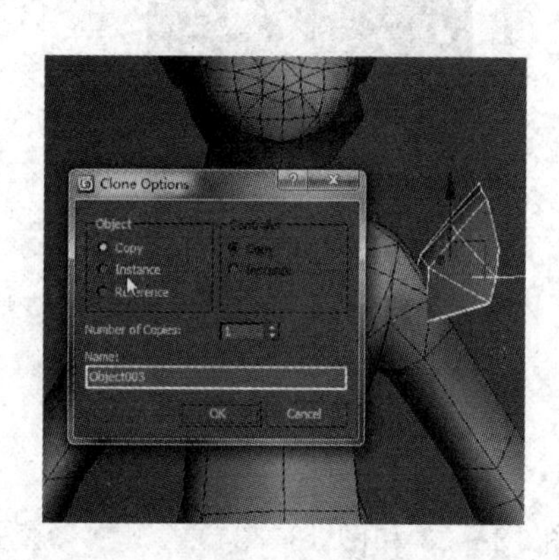

图 13-37

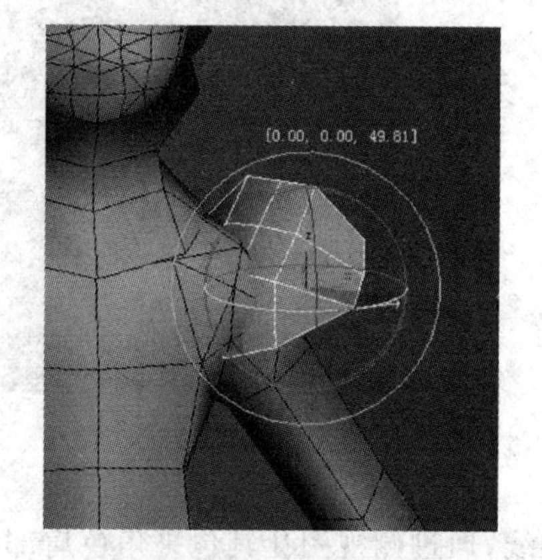

图 13-38

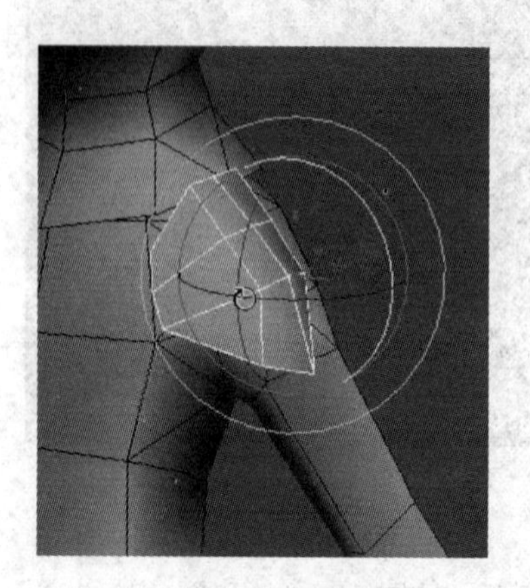

图 13-39

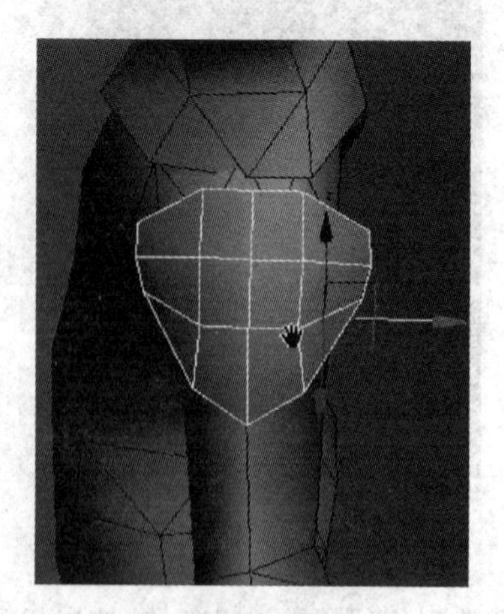

图 13-40

㉒ 将模型放大(见图 13－41)。

㉓ 向上移动(见图 13－42)。

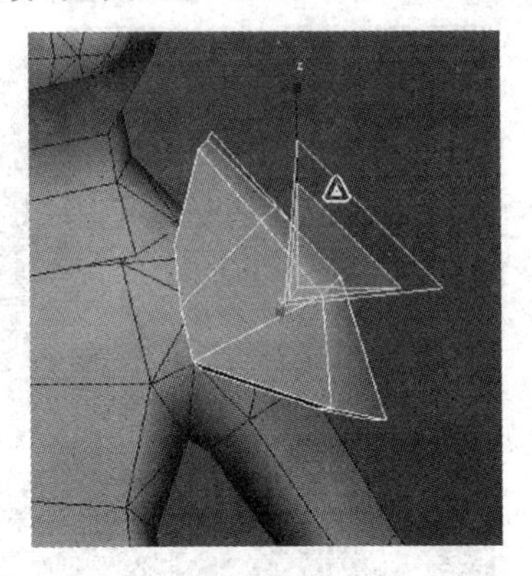

图 13－41

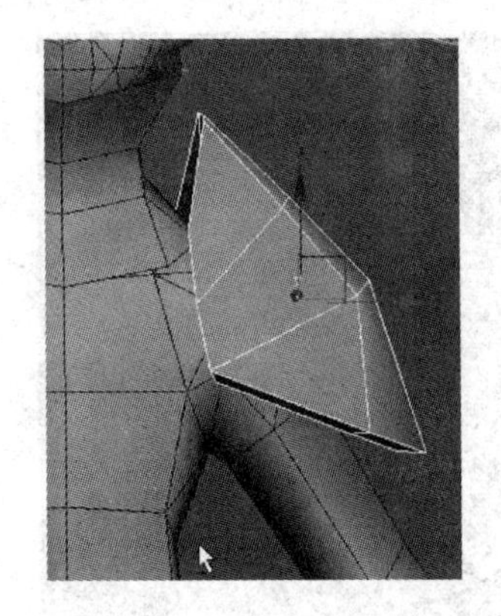

图 13－42

㉔ 复制出另一层的模型(见图 13－43)。

㉕ 给上下肩甲加线(见图 13－44)。

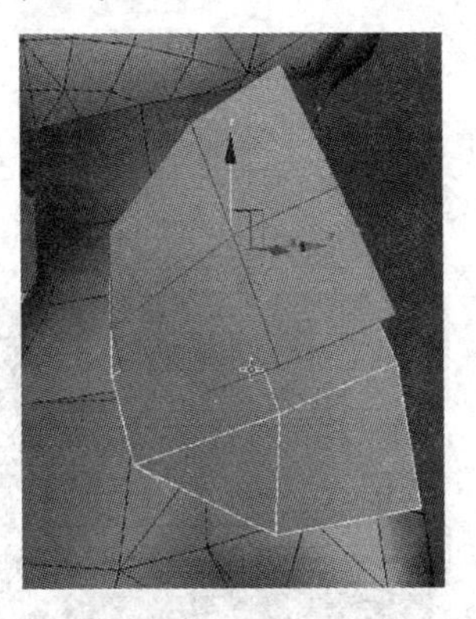

图 13－43

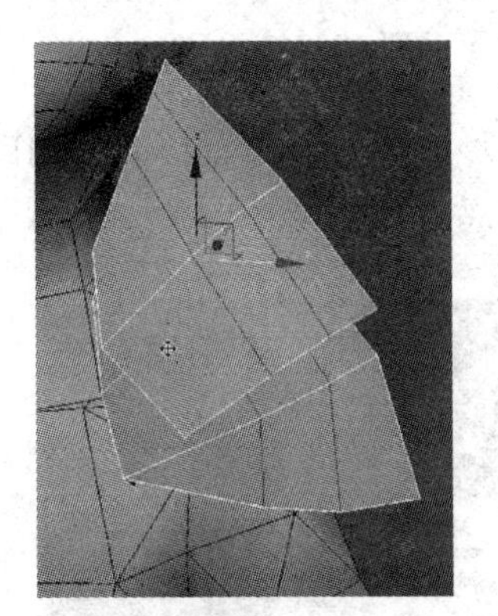

图 13－44

㉖ 移动新增的边线,让模型凸起来(见图 13－45)。

㉗ 调整点的位置(见图 13－46)。

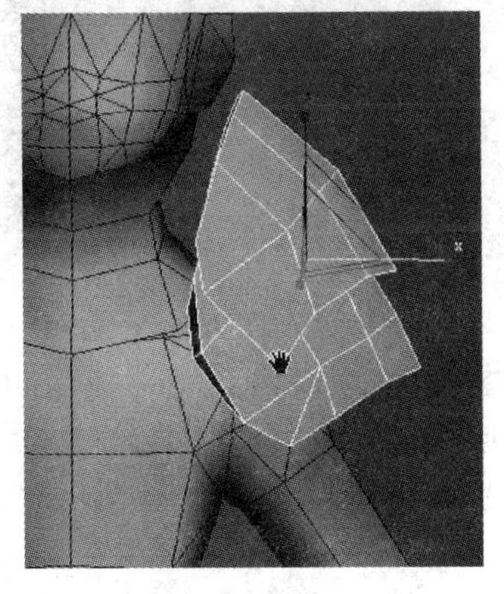

图 13－45

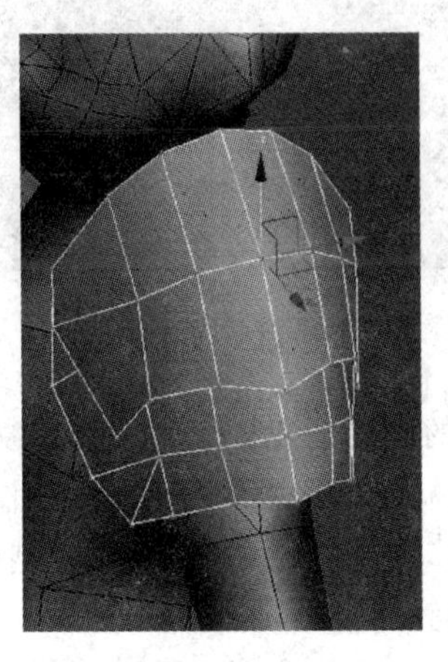

图 13－46

㉘ 选择中间的点，使用扩展命令制作出四边形(见图 13-47 和图 13-48)。

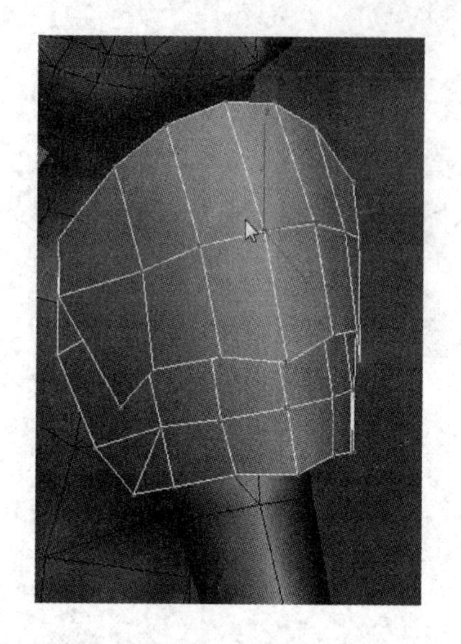

图 13-47

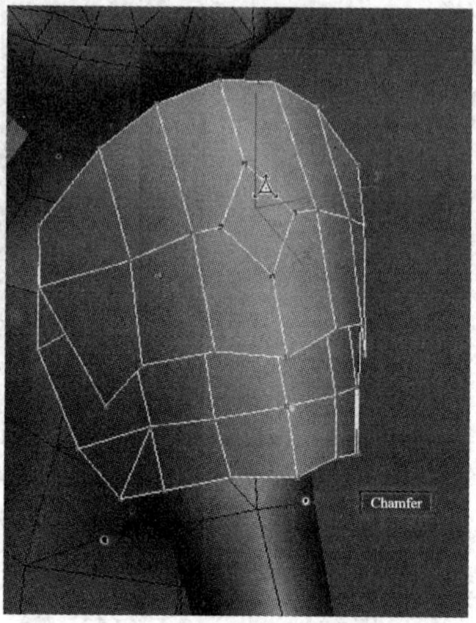

图 13-48

㉙ 选择四边形的面，使用挤压命令制作出肩甲上的角部结构(见图 13-49 和图 13-50)。

㉚ 通过调整点将模型调至图 7-51 所示的形态。

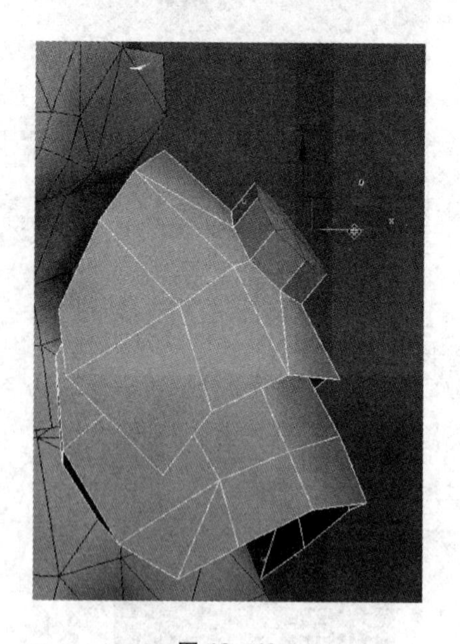

图 13-49

图 13-50

制作角色的胸甲使用和上面一样的方法步骤(见图 13-52)。

① 分离复制出的胸甲，这样方便制作模型(见图 13-53)。

② 通过移动点来制作出胸甲的大型(见图 13-54)。

③ 调整侧面的视图(见图 13-55)。

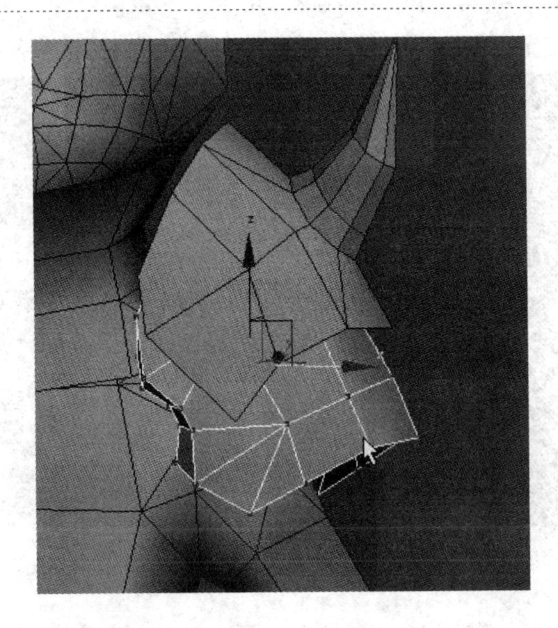

图 13－51

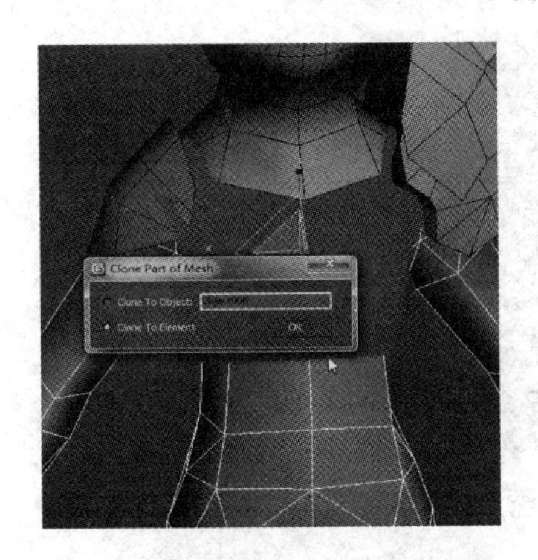

图 13－52

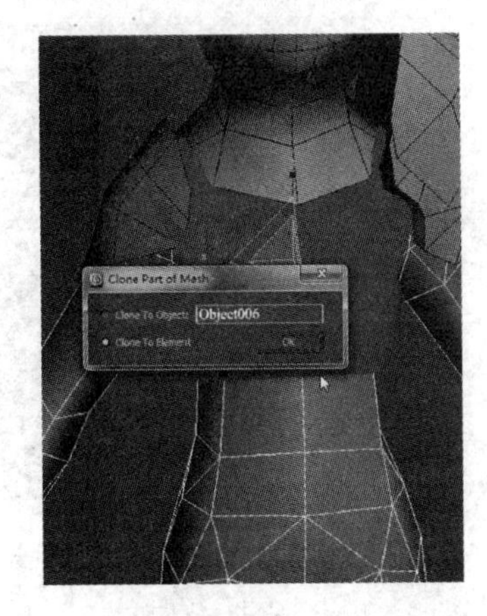

图 13－53

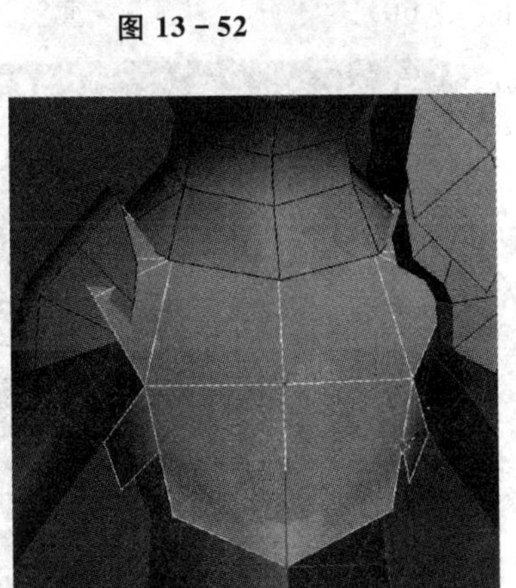

图 13－54

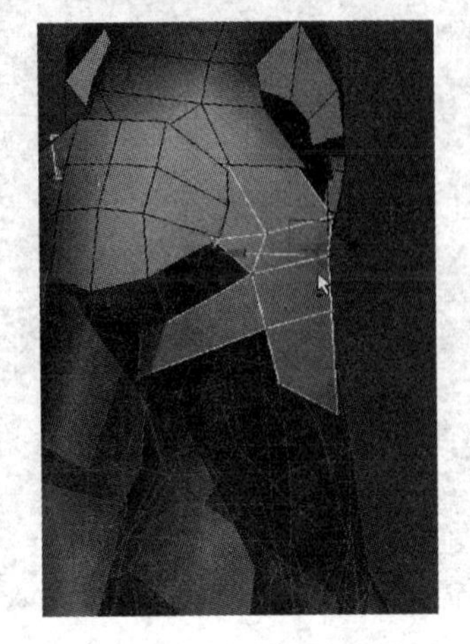

图 13－55

④ 制作出更多的细节(见图 13 - 56 和图 13 - 57)。

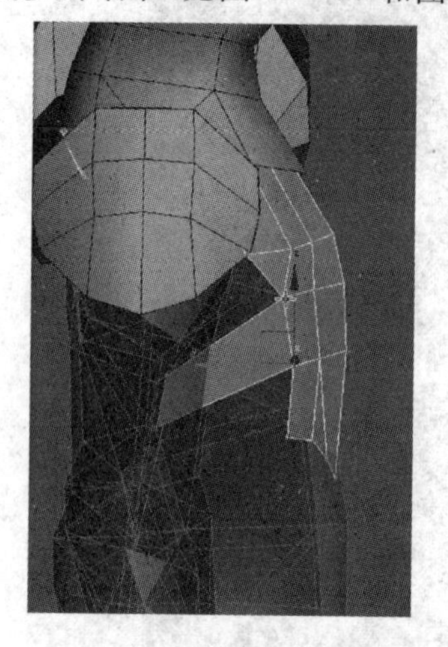

图 13 - 56

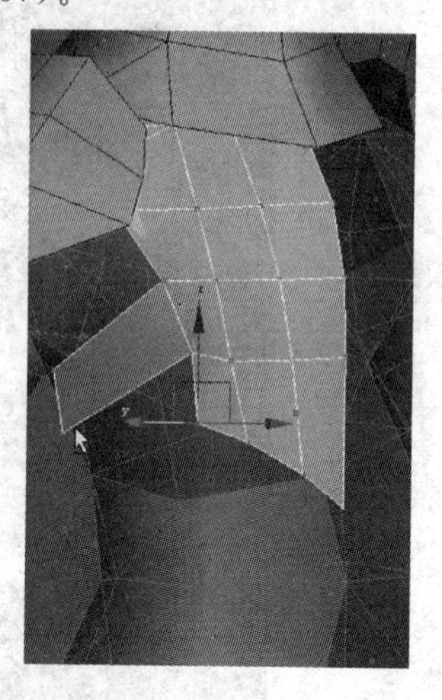

图 13 - 57

⑤ 胸甲下部的突起结构(见图 13 - 58)。

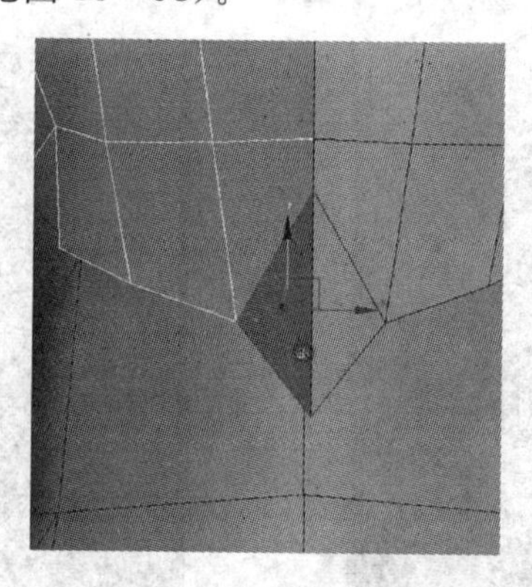

图 13 - 58

⑥ 制作胸甲背部的结构(见图 13 - 59 和图 13 - 60)。

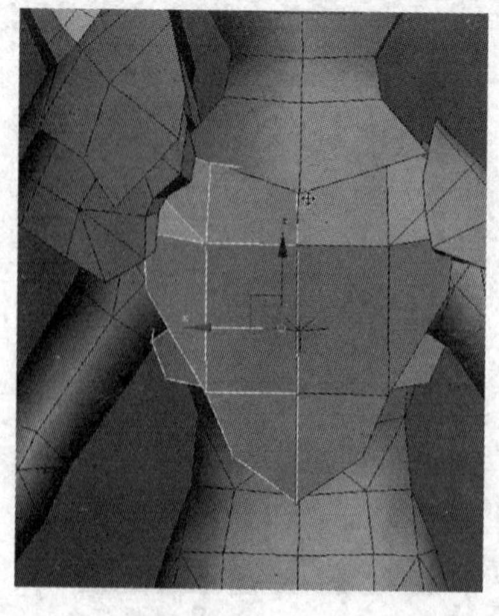

图 13 - 59

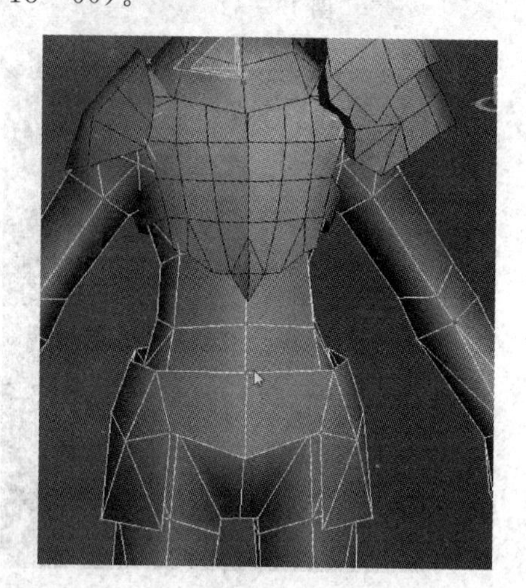

图 13 - 60

⑦ 腰部盔甲制作方法也是如此(见图 13－61)。

⑧ 通过这样的方法还可以制作出手部盔甲的模型(见图 13－62)。

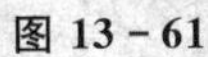

图 13－61

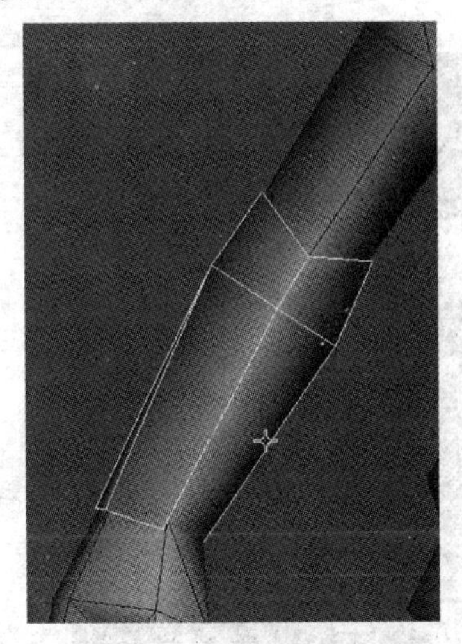

图 13－62

⑨ 将手部的模型制作得更加饱满(见图 13－63 和图 13－64)。

图 13－63

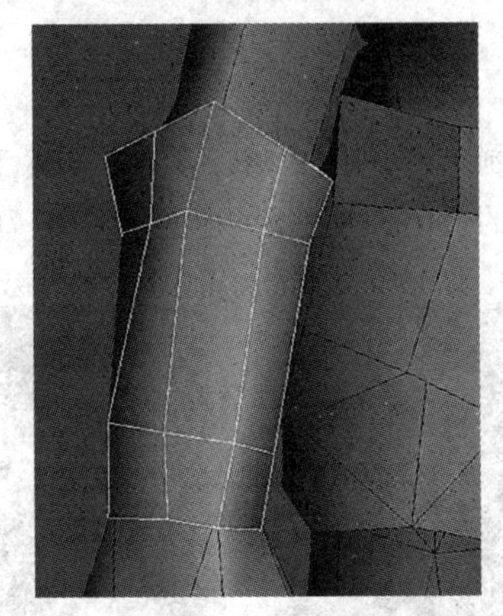

图 13－64

⑩ 挤压面,制作手部盔甲的结构(见图 13－65)。

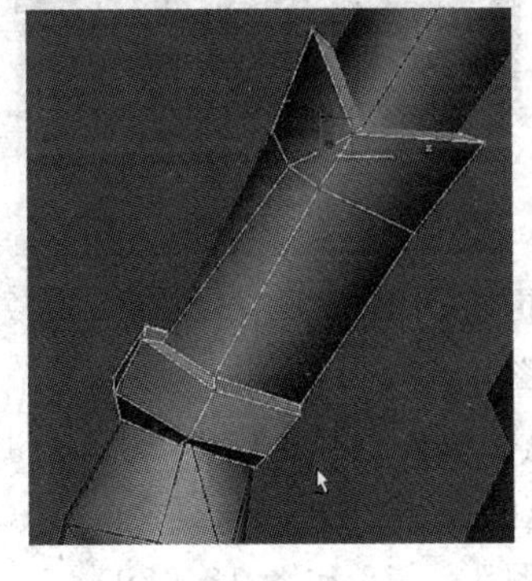

图 13－65

⑪ 开始制作角色下半身的模型(见图 13-66)。

⑫ 复制面,来制作护膝盔甲(见图 13-67)。

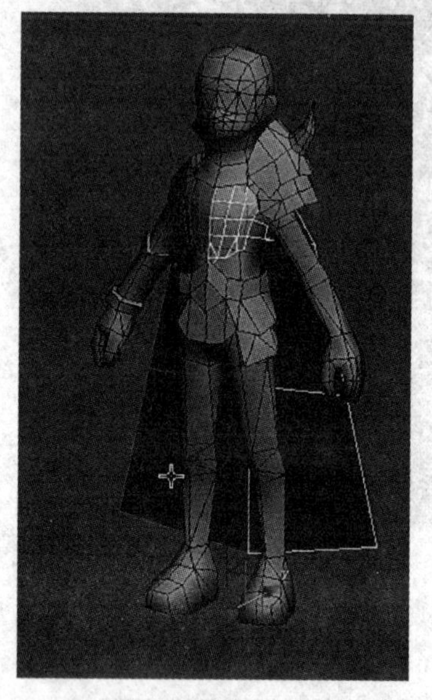

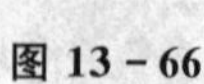

图 13-66

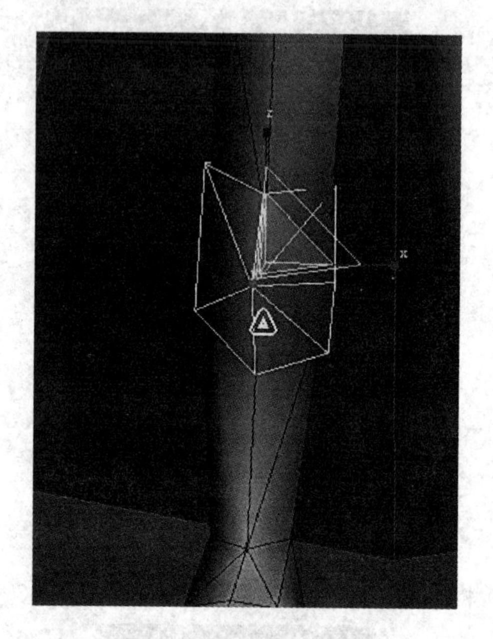

图 13-67

⑬ 调整复制出的护膝模型(见图 13-68 和图 13-69)。

⑭ 将中间的点向四周移动开(见图 13-70)。

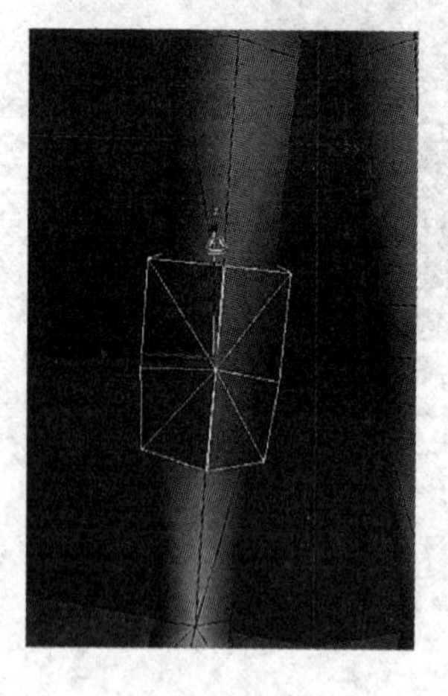

图 13-68

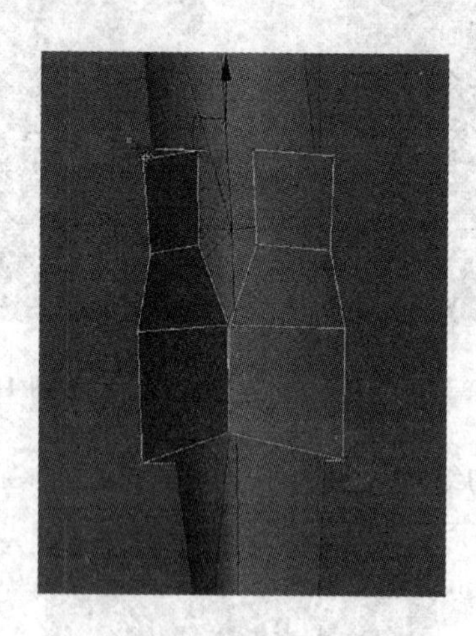

图 13-69

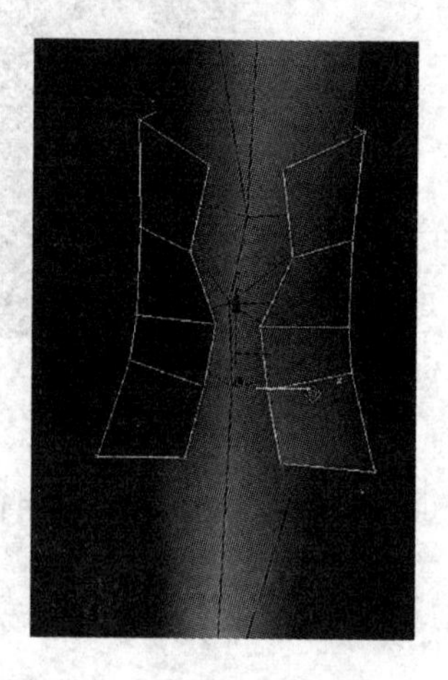

图 13-70

⑮ 给小腿部分加线,制作出更多的结构细节(见图 13-71～图 13-73)。

⑯ 完成身体部分的模型(见图 13-74)。

⑰ 利用复制的面来制作角色的头发(见图 13-75 和图 13-76)。

⑱ 使用切线命令来切出角色的发型(见图 13-77)。

⑲ 移动点的位置来调整(见图 13-78 和图 13-79)。

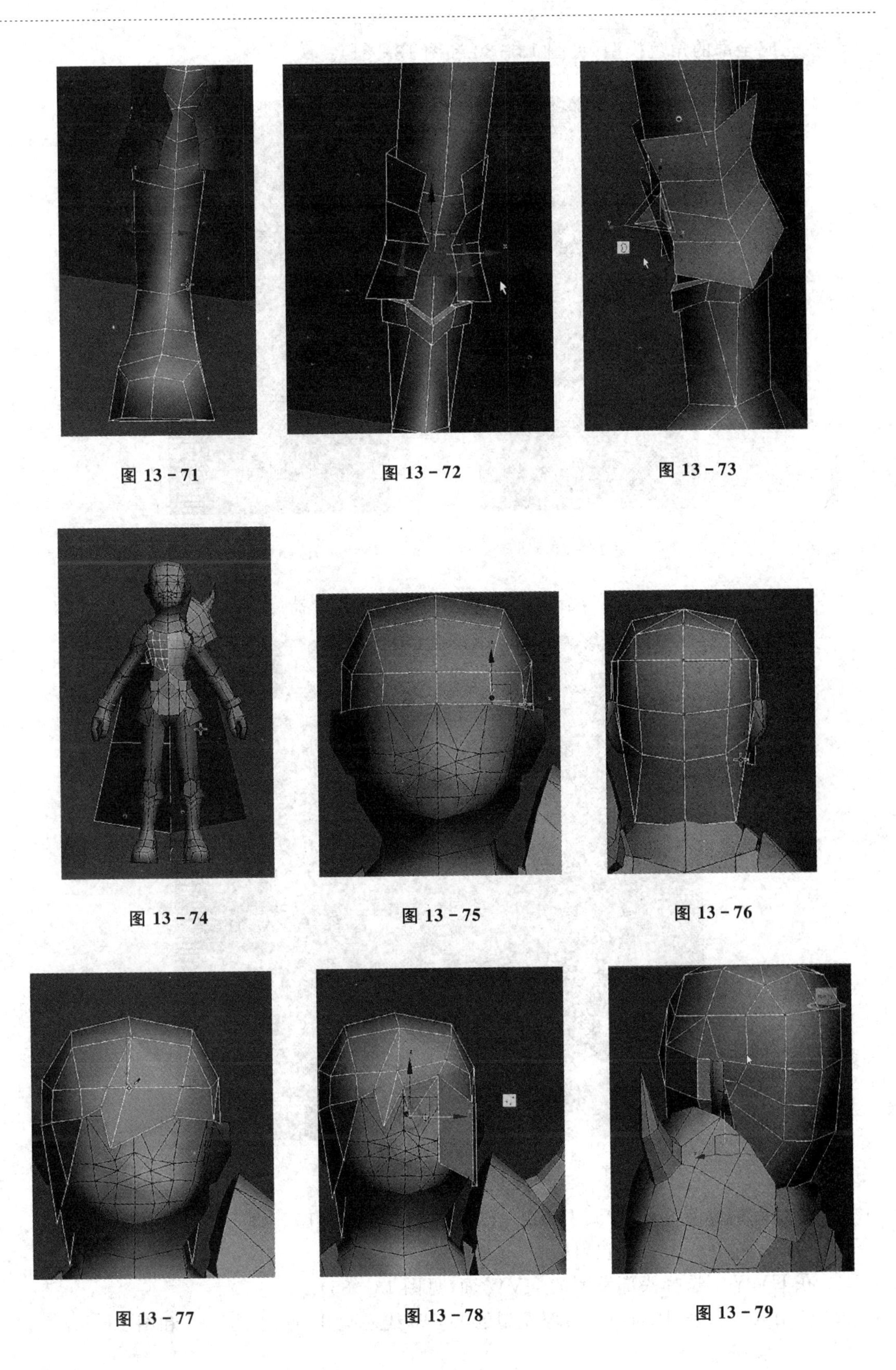

图 13－71

图 13－72

图 13－73

图 13－74

图 13－75

图 13－76

图 13－77

图 13－78

图 13－79

⑳ 完成全部的角色模型(见图 13－80 和图 13－81)。

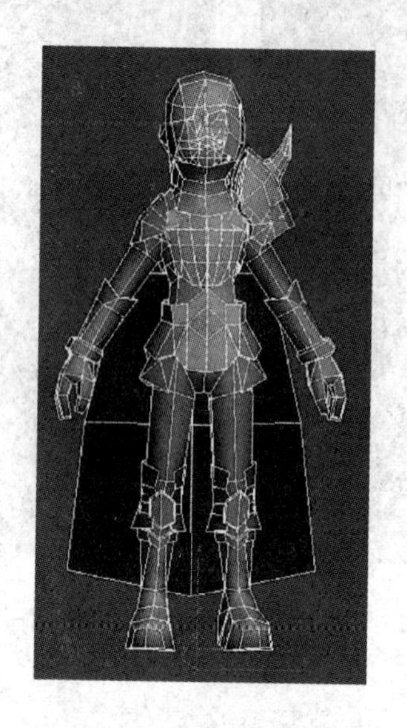

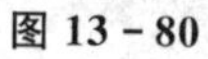

图 13－80

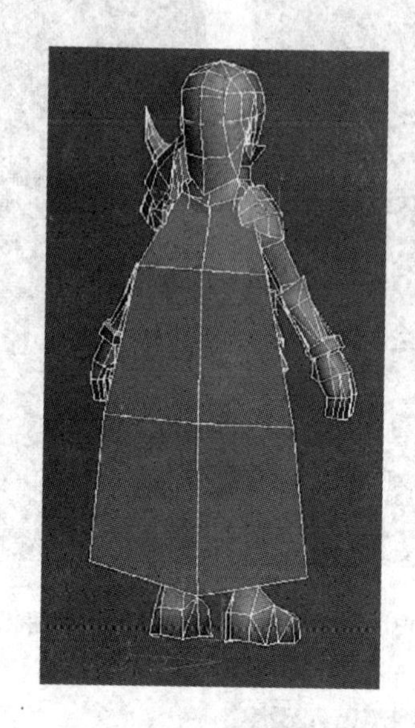

图 13－81

㉑ 开始分解模型的 UVW,给模型添加一个 UVW 拆分器(见图 13－82)。

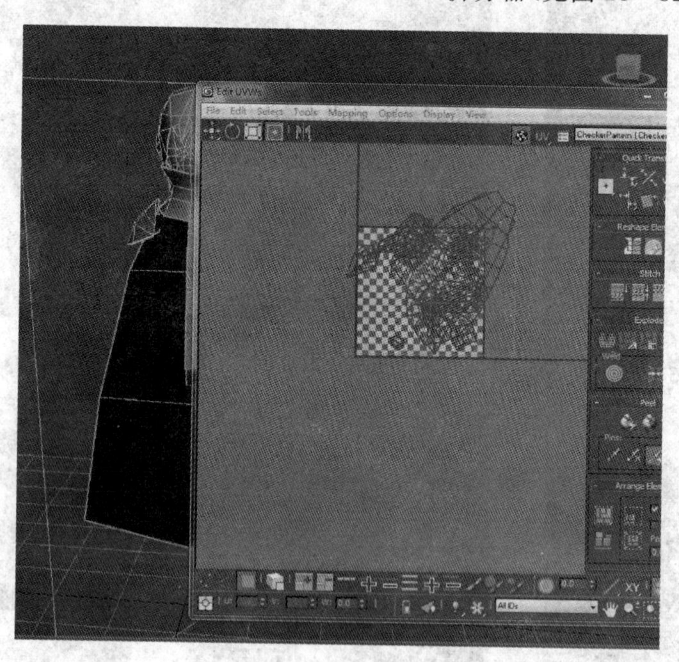

图 13－82

㉒ 在没有拆分前,可以看到 UVW 是比较凌乱的(见图 13－83)。

㉓ 给模型选择一个自动映射类型(见图 13－84)。

㉔ 在 UVW 上选择头部发型的 UVW 面(见图 13－85)。

㉕ 使用放松命令(Relax)将头部发型的 UVW 线松弛开(见图 13－86 和图 13－87)。

图 13-83

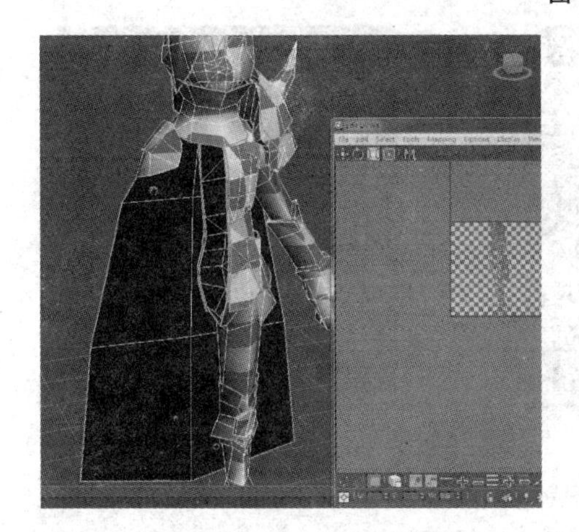

图 13-84

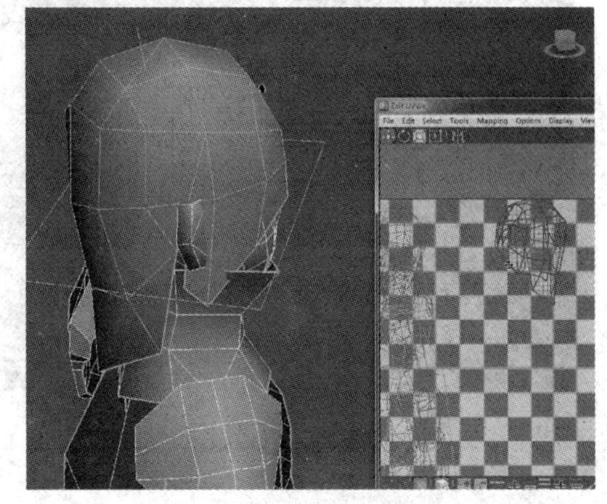

图 13-85

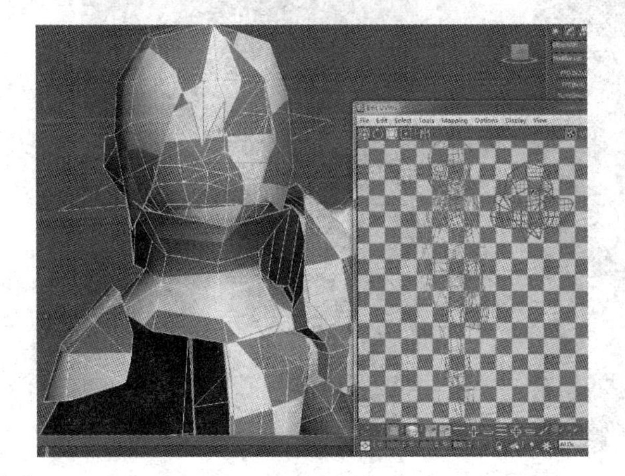

图 13-86

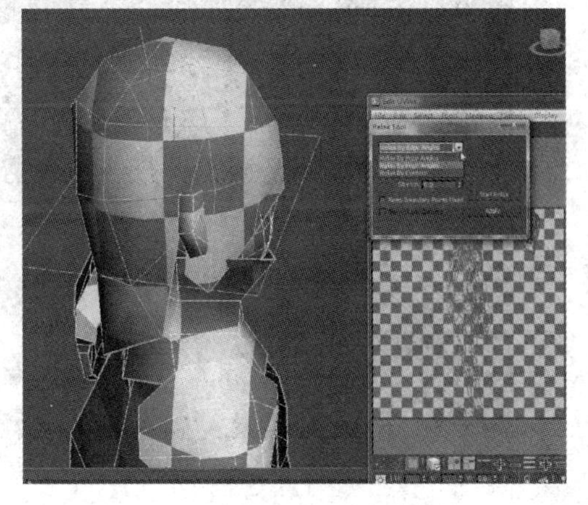

图 13-87

㉖ 分好头部的 UVW，选择颈部的面，展开颈部的 UVW(见图 13－88)。

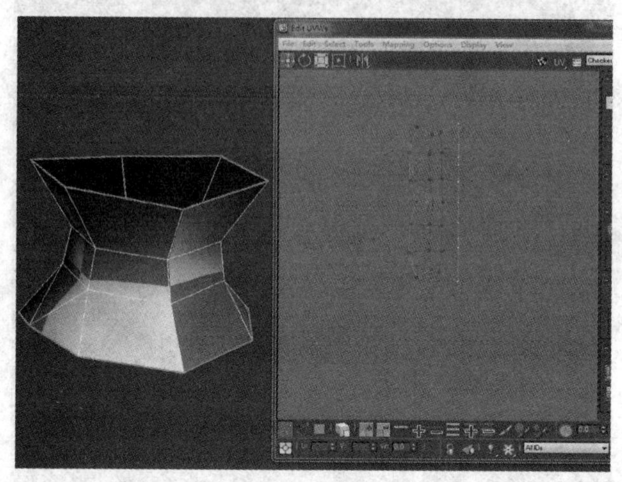

图 13－88

㉗ 选择脸部的面，使用放松命令得到脸部的 UVW(见图 13－89 和图 13－90)。

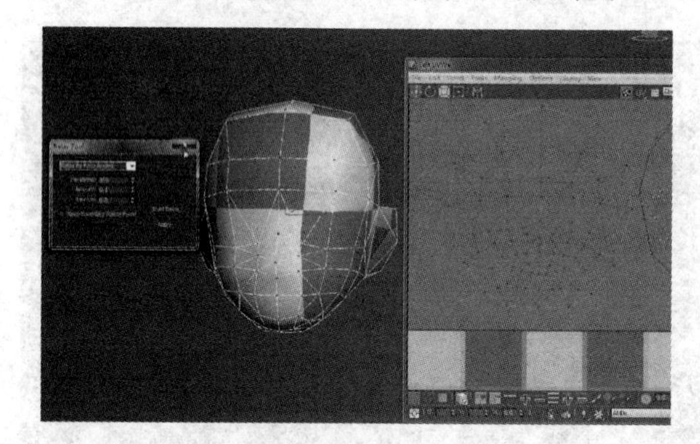

图 13－89

图 13－90

㉘ 使用同样的方法得到肩甲的 UVW(见图 13－91 和图 13－92)。

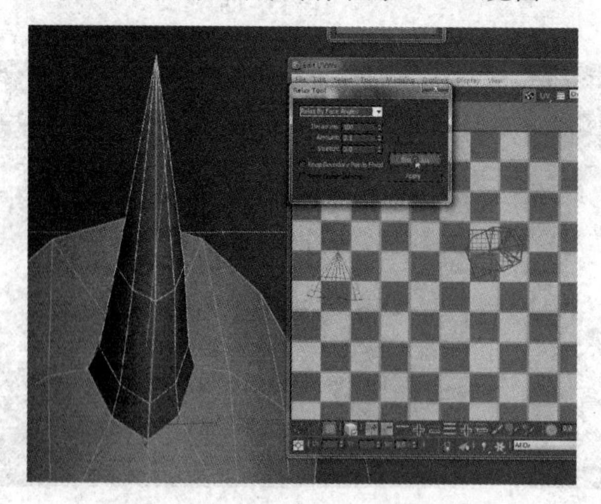

图 13－91

图 13－92

㉙ 给披风平面映射，得到披风的 UVW(见图 13－93)。

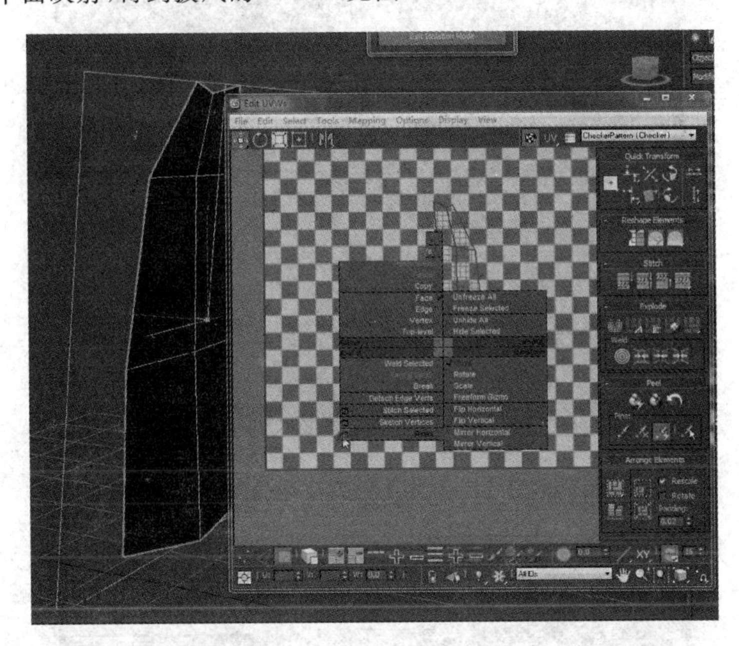

图 13－93

㉚ 腰部的结构也分解开(见图 13－94)。

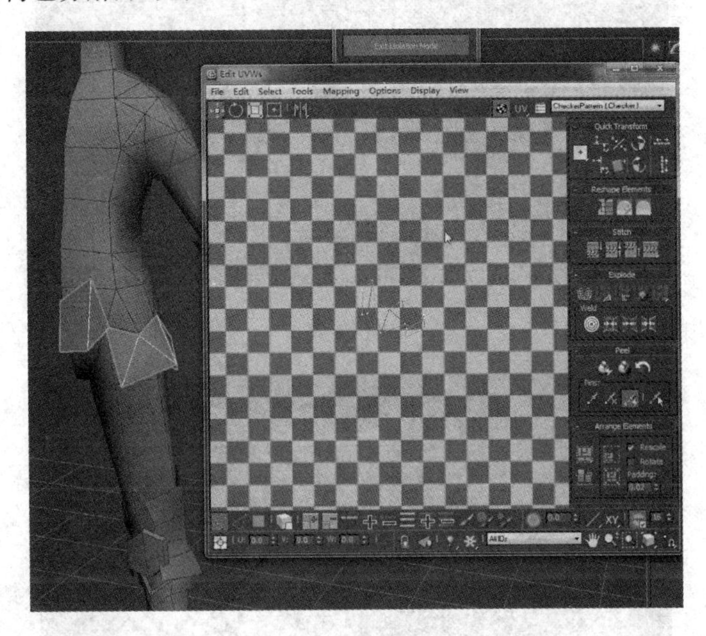

图 13－94

㉛ 护膝部分使用平面映射得到 UVW(见图 13－95)。

㉜ 放松命令松弛手腕盔甲部分(见图 13－96)。

㉝ 选择手部的面，配合松弛命令分解好(见图 13－97 和图 13－98)。

㉞ 角色臂部结构的分解步骤与前面一样(见图 13－99 和图 13－100)。

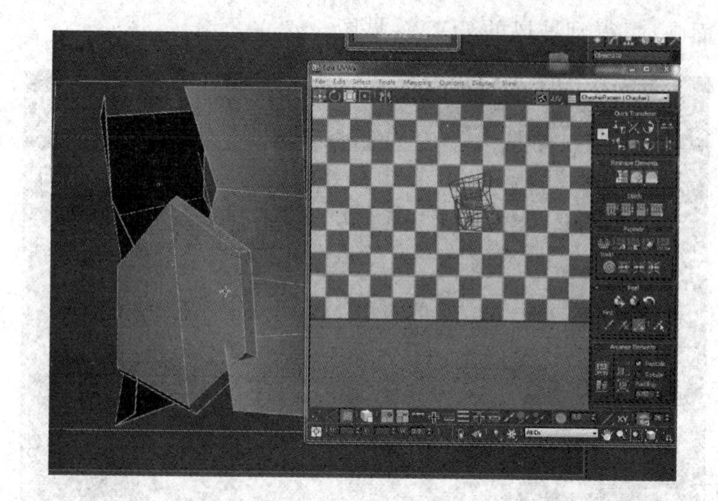

图 13-95

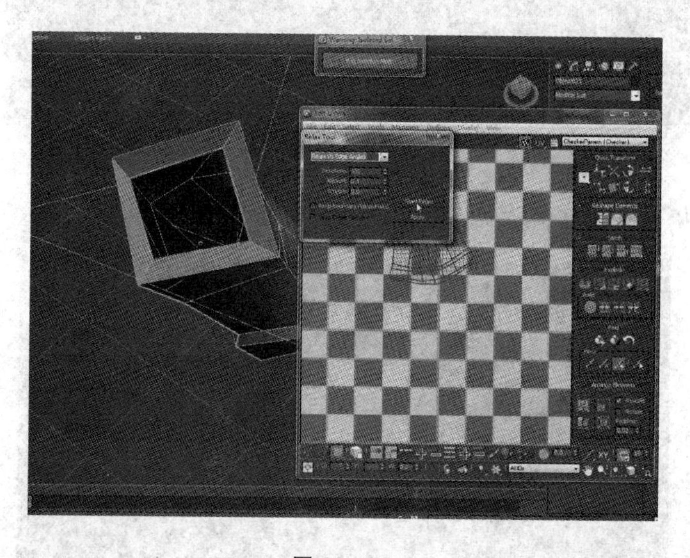

图 13-96

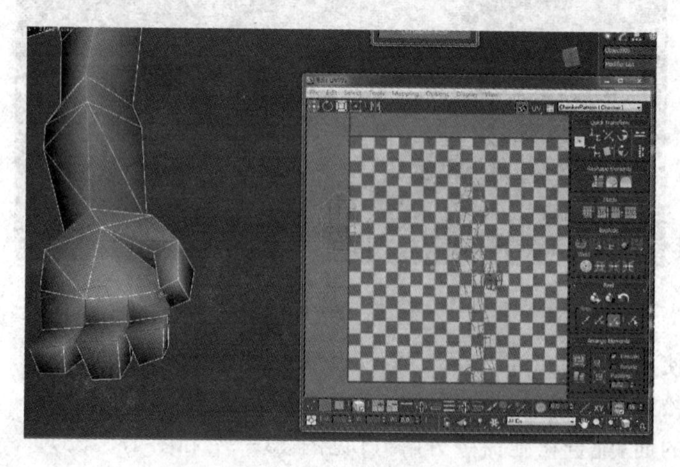

图 13-97

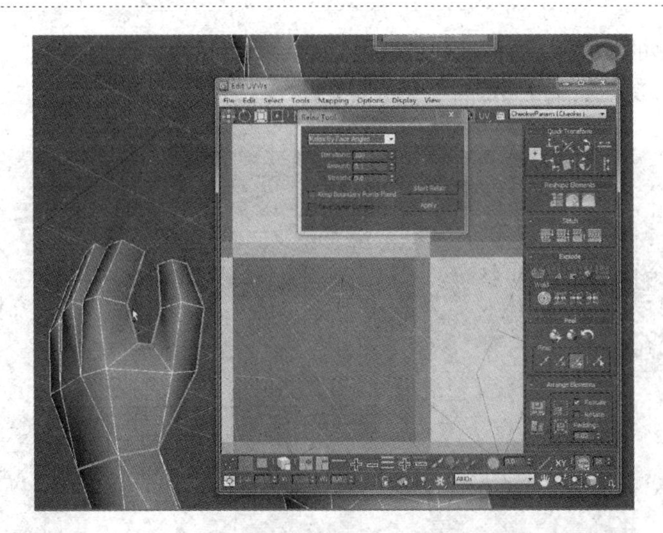

图 13－98

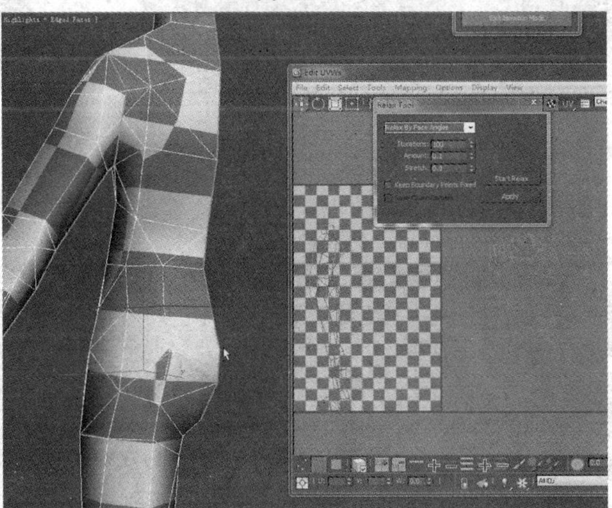

图 13－99

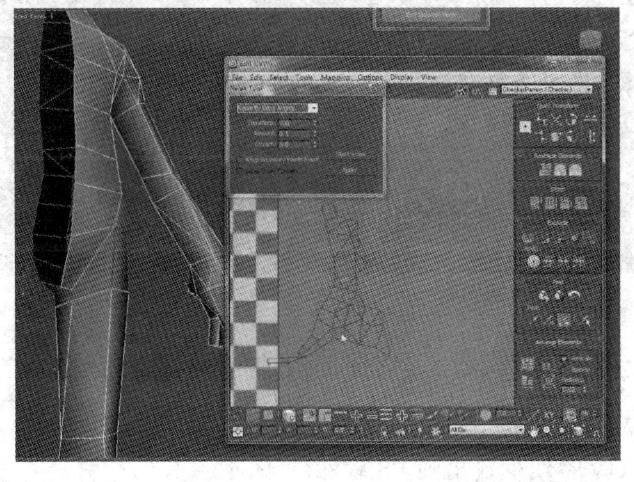

图 13－100

㉟ 分解好腿部的 UVW(见图 13－101)。

㊱ 整个角色的身体只需要分解一半的 UVW(见图 13－102)。

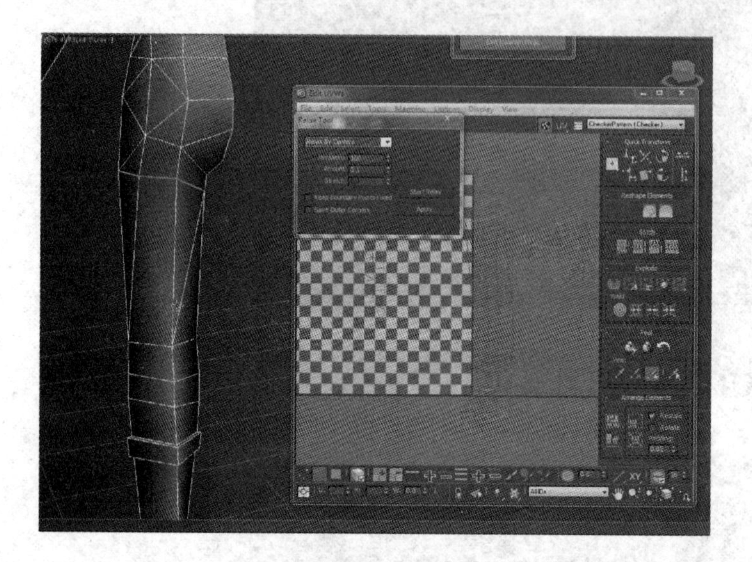

图 13－101

图 13－102

㊲ 将所有分解好的 UVW,全部放松一次,注意不要松弛过度(见图 13－103)。

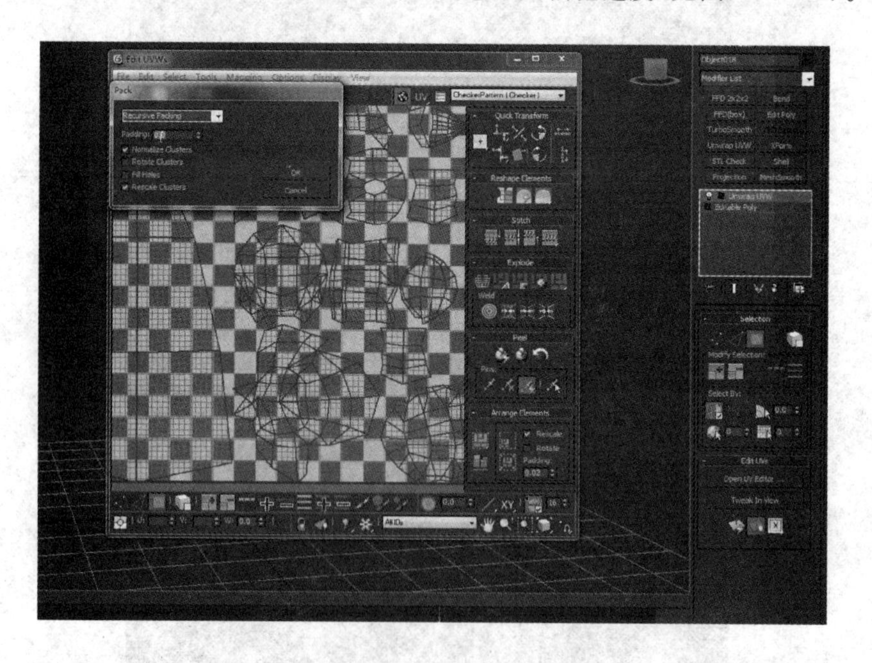

图 13－103

㊳ 将分解好的 UVW 摆放到合适的位置(见图 13－104)。

㊴ 尽量将 UVW 最大化利用有效空间(见图 13－105)。

㊵ 将摆放好的 UVW 线框输出到 PS 软件(见图 13－106)。

㊶ 绘制好角色的贴图,如图 13－107 所示。

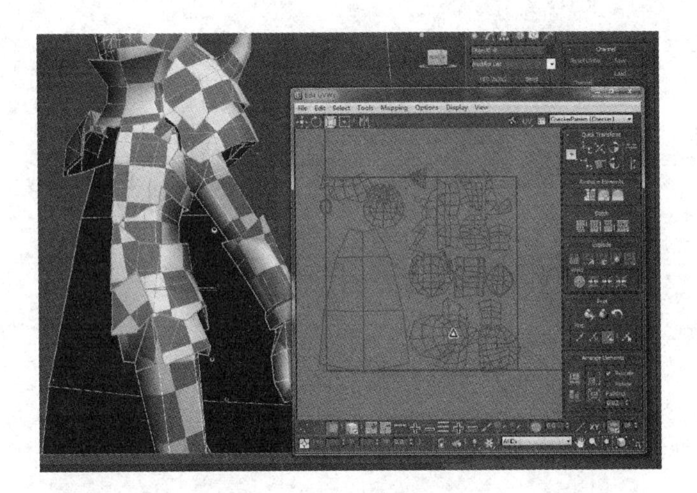

图 13-104

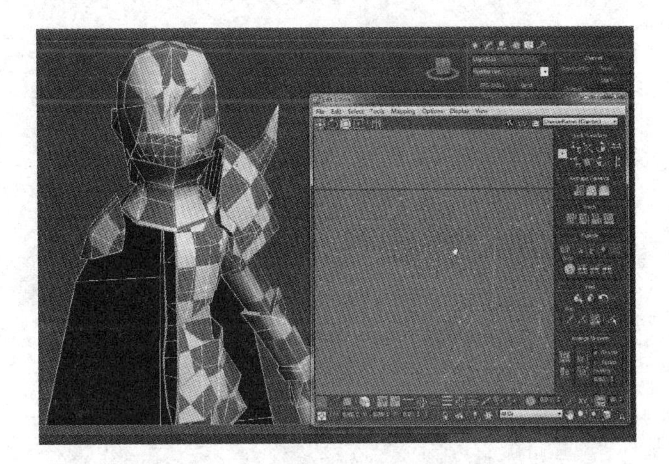

图 13-105

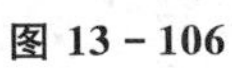

图 13-106

图 13-107